Java

应用开发

关键技术与面试技巧

周冠亚 著

U0227997

清华大学出版社

北京

内 容 简 介

本书全面介绍了现代Java应用开发核心技术和最佳实践，旨在帮助读者掌握企业级Java应用开发技术并能够成功地应对名企的面试和挑战。本书共19章，内容主要包括Spring框架、MyBatis与ORM、高并发处理、分布式协调服务、Dubbo框架、缓存技术、消息队列、数据库分片、分布式事务、NoSQL数据库、微服务架构、服务治理、容错机制、API网关。除每章章末提供的核心知识点和面试题外，本书还单独就面试列出一章"面试筹划"，从简历构造、面试攻略、面试心态、面试刷题、面试技巧、面试跟进以及面试总结，详尽地指导读者了解整个面试过程。

本书不仅覆盖Java应用开发的核心技术，还结合丰富的案例分析和面试指导，既适合想学习Java企业级开发的在校学生和程序员，也适合准备Java技术面试的求职者阅读。

图书在版编目（CIP）数据

Java 应用开发关键技术与面试技巧 / 周冠亚著.

北京 ：清华大学出版社，2025. 1. -- ISBN 978-7-302
-67687-4

Ⅰ. TP312. 8

中国国家版本馆 CIP 数据核字第 2024P8Q427 号

责任编辑：王金柱
封面设计：王　翔
责任校对：闫秀华
责任印制：刘　菲

出版发行：清华大学出版社
　　　　网　　　址：https://www.tup.com.cn，https://www.wqxuetang.com
　　　　地　　　址：北京清华大学学研大厦 A 座　　　　邮　　编：100084
　　　　社 总 机：010-83470000　　　　　　　　　　　邮　　购：010-62786544
　　　　投稿与读者服务：010-62776969，c-service@tup.tsinghua.edu.cn
　　　　质量反馈：010-62772015，zhiliang@tup.tsinghua.edu.cn
印 装 者：三河市铭诚印务有限公司
经　　销：全国新华书店
开　　本：190mm×260mm　　　　印　张：39　　　　字　数：1052 千字
版　　次：2025 年 1 月第 1 版　　　　　　　　　印　次：2025 年 1 月第 1 次印刷
定　　价：149.00 元

产品编号：090605-01

前　　言

随着Java生态系统的快速发展，软件开发行业对软件质量和性能等方面的诉求也在不断增加，这导致企业在招聘时对候选人的专业能力要求更为严格。如何在当前激烈的招聘竞争中脱颖而出，获得满意的Offer，这是每个求职者都非常关注的问题。

作为曾面试超过400多位应聘者的一个资深开发人，笔者写作本书的目的，一是帮助读者梳理Java企业级开发中用到的关键技术，以提升读者的技能水平；二是试图为读者提供一个了解行业需求的面试指南，以帮助读者获得满意的工作机会。

以下是笔者的一些想法。

【宏观视角】

你不应该只将自己定位成执行代码的机器，而应该主动培养自己的架构能力和全局视角，以实现向架构师的成功转型。

本书介绍并总结了目前行业主流的Java应用开发技术，包括概念、原理剖析、产品优缺点和技术选型等，旨在帮助读者构建全局的系统架构视角，使你在面试时可以站在架构师或团队Leader的视角与面试官就技术、架构、管理、团队和职场等方面进行深入交流。

例如本书第3章介绍高并发分流，笔者从20多年的Web 1.0时代开始讲起，逐步讲解企业系统架构的演进过程，分析为什么现在大多数企业都要采用分布式、为什么越来越多的面试题都跟高并发相关。

又如本书第9章介绍ShardingSphere，该技术并非现代企业的必备技术，因为很多企业的用户体量、数据规模还很小，还没有ShardingSphere的用武之地。笔者讲解了在什么样的业务场景、用户体量和数据规模下选择ShardingSphere是明智之举。

本书的定位不仅仅是为了使你可以应对日常工作，还为你自身的发展和未来有可能应对的高并发、海量数据场景做准备。

【微观洞察】

开源项目提供了透明度，使得开发者可以查看并学习技术组件的内部实现，从而更好地掌握和使用这些技术。但开源软件也有一定的弊端，如开源软件是技术爱好者利用业余时间兼职创作的，少不了有一些缺陷（bug）。为了帮助读者理解复杂系统的工作方式，在系统出现故障时快速分析和定位问题，本书对很多工具或技术进行了源码级别的分析，其意义在于：

（1）源码解读可以帮助你加深对编程语言、设计模式、算法和数据结构等专业知识的理解。

（2）在技术面试中展示对源码的熟悉和理解可以提高你的职业竞争力，增加获得理想工作的机会。

（3）对源码的深入理解可以提升个人在团队中的技术领导力，使你能够更好地指导和带领团队。

（4）随着技术深度的提升，你将更有可能获得晋升机会，向架构师、技术经理等高级职位迈进。

（5）深入理解源码可以增强你的技术决策能力，帮助你在项目中做出更明智的技术选型。

例如本书第1章介绍Spring，笔者对Spring IoC、BeanFactory和FactoryBean等Spring的关键源码进行了分析，使读者可以更好地理解Spring，为日后学习和理解其他技术框架的源码打下基础（很多技术组件，如数据库连接池、MQ等技术都会用到第1章中分析的源代码）。

又如本书第2章介绍MyBatis，要知道很多企业系统中存在大量的慢SQL，这不仅会影响系统的性能，而且存在一定的安全隐患——随着时间的积累，企业系统中积累的数据越来越多，大量的慢SQL最终会导致系统崩溃。如果能够优雅地监控系统中的慢SQL，你需要懂得MyBatis插件机制的工作原理，这样才能开发出优雅的慢SQL监控插件，为团队产生额外的价值。

【面试预测】

仔细复习面试题不仅能够提高获得工作的机会，还能够促进个人技术成长、增强职业技能，并为未来的职业发展打下坚实的基础。面试题可以帮助你评估自己的技术水平，识别知识盲点，了解当前市场上的技术趋势和最新技术，促使你不断学习和更新知识。

本书介绍的每一种技术都配有高频面试题及答案，通过面试题的复习，读者可以更好地了解行业需求，帮助自己在市场上定位。

笔者还创建了免费的星球【IT职场说】，会在其中不断更新面试题及答案，欢迎读者的加入。

【面试洞察】

技术实力是基础，但在面试时的临门一脚同样至关重要。例如，面试官会考查你的职业热情（面试时的热情和对工作的兴趣可以感染面试官，展示你对职业的热爱）、文化契合度（面试官会通过你的言行举止来评估你是否符合公司文化）、职业规划（你如何谈论自己的职业规划和目标，可以反映你对未来的规划和期望）、诚信和专业（面试中的言行是否一致，可以体现你的诚信和专业性）、综合能力展示（面试是展示个人技术能力、问题解决能力、沟通能力等综合能力的机会）、沟通技巧（技术实力需要通过有效的沟通技巧来表达，这对于评估你是否适合团队环境很重要）、压力管理（面试时的临场发挥可以体现你在压力下工作和管理压力的能力）、个人潜力（面试官会通过面试时的临场表现来评估你的潜力）。

例如本书第19章的面试技巧中，笔者对简历编写、个人亮点塑造、投递简历的策略、可能遇到的面试形式、面试技巧和面试总结等方面做了总结，助你在面试前知己知彼，在面试中披荆斩棘，在面试后总结经验。

最后，感谢王金柱、王叶编辑的热情指导，感谢出版社其他人员的辛勤工作，感谢笔者的家人一直以来的支持，感谢各位师长的谆谆教导。没有他们的鼎力相助，本书就无法顺利完成。

如果你在阅读本书时遇到问题，请发邮件至booksaga@126.com获得帮助，邮件标题为"Java应用开发关键技术与面试技巧"。

周冠亚

2024年8月

目　　录

第 1 篇　应用框架

第 2 篇　分布式高并发

第3篇　微服务架构

第 4 篇　面试技巧

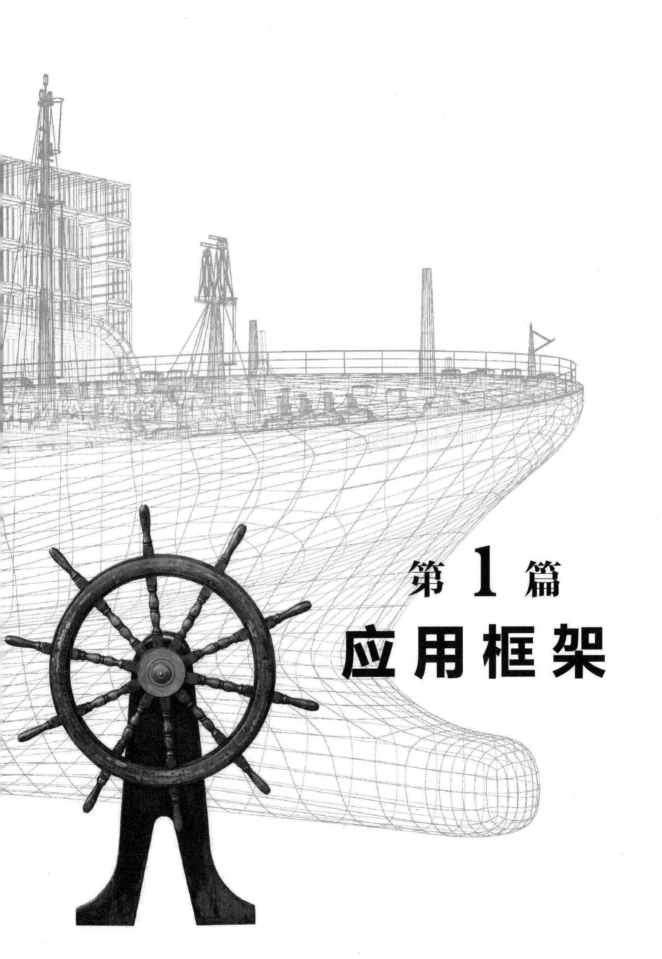

第1篇
应用框架

第 1 章
Spring

Spring框架，自2002年问世以来，已成为Java企业级应用开发领域的标志性力量，以其强大的功能、设计哲学的前瞻性及对新技术的迅速吸纳，深刻推动了Java生态的繁荣。

在企业级应用架构中，Spring占据核心地位。其核心的控制反转与依赖注入机制促进了代码的模块化和低耦合设计，优化了大型项目的组织与管理。Spring的面向切面编程特性有效解决了跨领域关注点，如安全、日志与事务管理，增强了应用的健壮性和安全性。此外，Spring提供的数据访问解决方案简化了数据处理流程，加速了开发进程。

随着Spring Boot与Spring Cloud等现代技术栈的集成，Spring进一步赋能微服务架构与云原生应用的构建。Spring Boot通过简化配置，降低了应用部署门槛；而Spring Cloud则为分布式系统提供了全面支持，涵盖服务发现、配置管理、容错机制等，助力构建高可用、可扩展的微服务架构。

作为Java企业级开发的基石，Spring广泛集成各类开发框架与中间件，成为企业开发者不可或缺的技能，同时也是技术评估中的关键考量因素。

1.1 Spring 概述

1.1.1 Spring 是什么

Spring框架是一个开源的、轻量级的、基于Java语言的企业级应用开发框架。Spring框架的主要目标是简化企业级应用的开发过程，提高应用的可维护性和可扩展性。Spring框架由多个模块组成，包括Spring Core、Spring AOP、Spring ORM等，每个模块都提供了特定的功能，以满足不同的开发需求。

Spring框架的核心功能包含IoC和AOP。IoC容器负责管理对象的生命周期和依赖关系，通过依赖注入的方式，将对象之间的依赖关系交由Spring容器管理，实现了对象之间的松耦合。这一特性使开发者可以更加专注于业务逻辑的实现，而无须过多关注对象的创建和管理。AOP则提供了一种将横切关注点（如日志、事务管理等）与核心业务逻辑分离的方法，使得这些关注点可以模块化地管理和复用。

Spring框架提供了丰富的数据访问支持。通过Spring ORM模块，开发者可以方便地使用各种关系数据库和非关系数据库，如Hibernate、MyBatis等。Spring DAO模块则提供了对JDBC的抽象和封装，简化了数据库操作的过程。这一特性使开发者可以更加便捷地进行数据持久化操作，提高开发效率。

Spring框架还提供了强大的Web开发支持。通过Spring Web和Spring Web MVC模块，开发者可以轻松地构建高性能、可扩展的Web应用程序。Spring框架还支持RESTful风格的Web服务开发，使得开发者可以更加灵活地构建Web服务。

1.1.2　Spring 的优点是什么

Spring技术的出现为开发人员带来了以下便捷。

1. 非侵入式代码开发

基于Spring开发的应用程序中的对象可以不依赖于Spring的API而存在。Spring在为开发人员提供高效开发方式的同时，确保不会对开发人员的代码造成入侵。

2. IoC

IoC是将对象的创建权交给Spring管理。如果没有Spring技术的帮助，开发人员在编程时需要通过new关键字创建所需的对象。当使用Spring技术后，对象的创建交由Spring管理，大大简化了开发人员的开发工作，提升了开发效率。

3. DI

DI是一种由Spring框架提供的机制，它自动化地管理对象间的依赖关系，实现动态装配。这一机制使开发人员能专注于业务逻辑的实现，而无须手动管理复杂的依赖网络，从而提高了开发效率和代码的可维护性。Spring框架负责统一处理这些依赖关系，确保了系统的灵活性和可扩展性。

4. AOP

AOP（面向切面编程）特性可以为开发人员的核心业务功能加上一些通用的切面逻辑，这部分切面逻辑可能并不是业务功能必需的部分，但对于整个企业系统的运行却很重要，如为所有交易类的方法增加日志打印、为所有的远程调用增加执行时间监控等。如果没有AOP特性，开发人员需要投入更多的精力实现这些与程序本身逻辑并无太大关联的辅助性逻辑，这无疑会导致代码重复和开发资源的浪费。通过AOP方式实现切面增强功能可以极大地简化开发过程，提升代码的整洁度和开发效率。

5. 容器化

Spring可以看作一个很大的容器，其中包含开发人员所需的各种对象，容器中维护了每个对象的生命周期。Spring实现了组件化的开发模式，基于IoC和AOP可以整合各种企业应用框架和第三方类库，为Java开发人员提供了更加丰富的开发和编程环境。

1.2　IoC

在传统编程中，开发人员经常在代码内部直接创建对象并管理它们之间的依赖关系和生命周期，这就像自己亲手组装一台计算机，每个配件都得自己挑选和安装。IoC是将这种权力"反转"给一个"硬件专家"（通常称为容器），让这个"硬件专家"来为开发人员组装计算机，开发人员只需告诉"硬件专家"需要什么，"硬件专家"就会为开发人员准备好一切。

很多读者和面试候选人对IoC和DI这两个概念都很模糊，说不清IoC和DI两者的区别和联系。本节将重点分析Spring IoC出现的背景、IoC的设计思路及其实现原理。

1.2.1　软件设计的七大原则分别是什么

在软件开发中，为了提高软件系统的可维护性和可复用性，增加软件的可扩展性和灵活性，开发人员应当尽量根据软件设计的七大原则来开发和维护程序，从而提高软件的开发效率，降低软件的开发成本和维护成本。

1. 开闭原则

开闭原则（Open/Closed Principle，OCP）由Bertrand Meyer在其著作《面向对象软件构造》中提出，该原则要求软件实体（如类、模块）对扩展持开放态度，对修改持封闭态度。此原则旨在通过抽象构建灵活且稳定的系统架构，提高软件的可复用性和维护性，确保系统能轻松应对需求变化而不需频繁修改既有代码。

2. 里氏替换原则

里氏替换原则（Liskov Substitution Principle，LSP）由麻省理工学院计算机科学实验室的里斯科夫（Liskov）女士于1987年的"面向对象技术的高峰会议"（Conference on Object-Oriented Programming, Systems, Languages, and Applications，OOPSLA）上发表的一篇文章《数据抽象和层次》中提出。该原则强调，继承必须确保超类（基类或父类）所拥有的性质在其子类中仍然成立。

里氏替换原则主要对面向对象编程中有关继承的特性进行了阐述，即在软件编程中，什么时候应该使用继承，什么时候不应该使用继承，以及继承蕴含的方法论。里氏替换原则是高级编程语言中继承和代码复用的基础，反映了超类（基类或父类）与子类之间的关系，是对开闭原则的补充。

3. 依赖倒置原则

依赖倒置原则（Dependence Inversion Principle，DIP）由Object Mentor公司总裁罗伯特·马丁（Robert C.Martin）于1996年在C++ Report上发表的文章中提出。该原则规定：软件系统中的高层级模块不应该依赖于低层级模块，两者都应该依赖于抽象；抽象不应该依赖于细节，而细节应该依赖于抽象。

依赖倒置原则的核心思想是：在软件开发中，开发人员应该面向接口编程，而不应该面向具体的细节实现编程。

4. 单一职责原则

单一职责原则（Single Responsibility Principle，SRP）又称单一功能原则，由罗伯特·C.马丁（Robert C. Martin）于《敏捷软件开发：原则、模式和实践》一书中提出。这里的职责是指类/代码块的职责。单一职责原则规定一个类/代码块应该有且仅有一个引起它变化的原因，即一个类/代码块在一个软件系统中只能处理一件事情，不应该同时处理多件事情，如果出现类/代码块承担了多个职责，则类/代码块应该被拆分。

单一职责原则的优点是降低类/代码块的复杂度，提高类/代码块的可读性，提高系统的可维护性，降低因类/代码块的变更而引发的系统风险。

5. 接口隔离原则

罗伯特·C.马丁于2002年提出接口隔离原则（Interface Segregation Principle，ISP）。接口隔离原

则的定义是：客户端不应该被迫依赖于该客户端不使用的方法。该原则还有另一个定义：一个类对另一个类的依赖应该建立在最小的接口上。

接口隔离原则要求开发人员使用多个专享的、功能有限的接口，而不使用单一的、功能庞大的、通用的接口进行开发。客户端不应该依赖它不需要的接口。一个类对另一个类的依赖应该建立在最小的接口上。软件系统应该多建立单一的接口，不建立庞大臃肿的接口。开发人员应该尽量细化接口，使接口中的方法尽可能少。

6. 迪米特法则

迪米特法则（Law of Demeter，LoD）又称作最少知识原则（Least Knowledge Principle，LKP），诞生于1987年美国东北大学（Northeastern University）的一个名为迪米特（Demeter）的研究项目。该法则由伊恩·荷兰（Ian Holland）提出，被UML创始者之一的布奇（Booch）普及。在经典著作《程序员修炼之道》一书中被提及从而广为人知。

迪米特法则要求一个对象应该保持对其他对象最少的了解，尽量降低对象之间的关联度和耦合性。

7. 合成复用原则

合成复用原则（Composite Reuse Principle，CRP）也称作组合/聚合复用原则（Composition/Aggregate Reuse Principle，CARP）。该原则要求在组件复用时，尽量优先使用组合或者聚合等关联关系来实现。如果组合或者聚合等关联关系不能满足要求，再考虑使用继承关系来实现。如果一定要使用继承关系，则必须严格遵循里氏替换原则。合成复用原则与里氏替换原则相辅相成，两者都是开闭原则的具体实现规范。

1.2.2　依赖倒置原则与案例分析

Spring的设计理念遵循了依赖倒置原则。下面通过汽车设计的案例向读者详细阐述依赖倒置原则。假设现在有一个汽车设计的场景，设计一辆汽车需要车轮、底盘和车身三个部分。

首先设计出车轮，然后根据车轮的大小设计出合适的底盘，紧接着根据底盘设计出合适的车身，最后根据车身设计出一辆汽车。

在这个场景中，汽车各个零部件之间的依赖关系如图1-1所示。

图1-1所示的依赖关系的可维护性和扩展性较低。假设所有零部件都已经设计完成，需求方根据市场调研结果，要求将车轮调整得更大一些以满足市场需要。此时，这个依赖关系不仅需要修改车轮的大小，还要修改底盘、车身等各个零部件的大小。因此，图1-1所示的依赖关系可能导致整个汽车的各个零部件都要跟着车轮尺寸的变动而变动。这显然不是最佳的设计方案。

下面我们换一种设计思路。首先设计出汽车大概的雏形，然后根据汽车的雏形设计出所需的车身，紧接着根据车身设计出所需的底盘，最后根据底盘设计出车轮。按照这种思路设计出的汽车，其各个零部件的依赖关系如图1-2所示。

当所有零部件都已经设计完成后，需求方根据市场调研结果，要求将车轮调整得更大一些以满足市场需要。此时，只需改动车轮的设计方案，而不需要改动底盘、车身等零部件的设计方案。这就是所谓的依赖倒置原则——把原本的高层建筑依赖于底层建筑的关系倒置过来，变成底层建筑依赖于高层建筑。由高层建筑决定其需要的各个组成部分，底层建筑根据高层建筑的需求来实现。在这样的倒置关系中，高层建筑并不关心底层建筑的具体实现细节，高层建筑只给底层建筑提要求——底盘要求什么尺寸的车轮，车轮就必须按要求生产和适配。通过这样的设计理念，我们可以有效避免需求变更而导致的牵一发而动全身的情况，有效提升软件开发、需求变更和系统维护的效率。

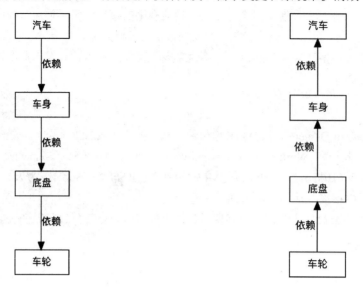

图 1-1　汽车设计场景中的依赖关系　　　　　图 1-2　汽车设计场景中的依赖倒置关系

1.2.3　控制反转与案例分析

Spring的控制反转（IoC）是依赖倒置原则在工程代码设计层面的一个具体实现。我们可以理解为：要想使软件开发中的代码设计符合依赖倒置原则，可以使用Spring控制反转这种代码设计思路来优化程序的实现。

对于开发人员来说，如果不使用Spring技术开发应用程序，则开发人员需要手动控制每个对象的生命周期和对象之间的关系。这会造成应用程序的各个对象之间紧耦合的关系。以1.2.2节中的汽车设计场景为例，在不使用Spring控制反转技术的情况下，汽车设计的代码如下：

汽车类有一个车身属性，汽车类的代码如下：

```
/**
 * @Author : zhouguanya
 * @Project : java-it-interview-guide
 * @Date : 2020-05-17 23:00
 * @Version : V1.0
 * @Description : 汽车类
 */
public class Car {
    /**
     * 每一辆汽车都有一个车身属性
     */
    private Bodywork bodywork;

    /**
     * 构造器
     */
    public Car() {
```

```
        this.bodywork = new Bodywork();
    }

    /**
     * 驾驶方法
     */
    public void drive() {

    }
}
```

车身类有一个底盘属性，车身类的代码如下：

```
/**
 * @Author : zhouguanya
 * @Project : java-it-interview-guide
 * @Date : 2020-05-17 23:04
 * @Version : V1.0
 * @Description : 车身类
 */
public class Bodywork {
    /**
     * 每个车身都有一个底盘属性
     */
    private Chassis chassis;

    /**
     * 车身类构造器
     */
    public Bodywork() {
        this.chassis = new Chassis();
    }
}
```

底盘类有多个车轮属性，底盘类的代码如下：

```
/**
 * @Author : zhouguanya
 * @Project : java-it-interview-guide
 * @Date : 2020-05-17 23:10
 * @Version : V1.0
 * @Description : 底盘类
 */
public class Chassis {
    /**
     * 每个底盘有若干车轮属性
     */
    private List<Wheel> wheels;

    /**
     * 底盘类构造器
     */
    public Chassis() {
```

```java
        List<Wheel> wheels = new ArrayList<Wheel>();
        for (int i = 0; i < 4; i++) {
            Wheel wheel = new Wheel();
            wheels.add(wheel);
        }
        this.wheels = wheels;
    }
}
```

车轮类有尺寸属性，车轮类的代码如下：

```java
/**
 * @Author : zhouguanya
 * @Project : java-it-interview-guide
 * @Date : 2020-05-17 23:12
 * @Version : V1.0
 * @Description : 车轮类
 */
public class Wheel {
    /**
     * 尺寸
     */
    private int size;

    /**
     * 车轮构造器
     */
    public Wheel() {
        this.size = 50;
    }
}
```

根据以上设计，当车轮尺寸发生变化时，整个程序需要进行以下修改：

```java
/**
 * 汽车类构造器，因车轮尺寸变动而进行修改
 *
 * @param size 车轮尺寸
 */
public Car(int size) {
    this.bodywork = new Bodywork(size);
}

/**
 * 车身类构造器，因车轮尺寸变动而进行修改
 *
 * @param size 车轮尺寸
 */
public Bodywork(int size) {
    this.chassis = new Chassis(size);
}

/**
 * 底盘类构造器，因车轮尺寸变动而进行修改
```

```
   *
   * @param size 车轮尺寸
   */
public Chassis(int size) {
    List<Wheel> wheels = new ArrayList<Wheel>();
    for (int i = 0; i < 4; i++) {
        Wheel wheel = new Wheel(size);
        wheels.add(wheel);
    }
    this.wheels = wheels;
}

/**
 * 车轮类构造器,因车轮尺寸变动而进行修改,增加有参构造器
 *
 * @param size 车轮尺寸
 */
public Wheel(int size) {
    this.size = size;
}
```

通过对以上程序改动点的分析可知,仅仅是为了修改车轮的尺寸,整个设计中的每个类都需要做出相应的修改。这种设计在软件工程中是非常不可取的。在实际的企业级开发中,某个类可能是多个类的基础,如果每次都要修改这个基础类,则会导致依赖这个基础类的其他类发生功能变化,那么这样的软件设计带来的维护成本太高了。

为了解决以上设计方案带来的高昂的维护成本,软件工程领域逐步演化出控制反转这种设计理念。控制反转的实现离不开依赖注入(DI)。依赖注入将基础的类作为参数传入上层类中,实现上层类对下层类的松耦合的控制。通过使用构造器传递的依赖注入方式重新实现汽车设计方案,核心设计代码如下:

汽车类Car通过构造器注入车身Bodywork属性,代码如下:

```
/**
 * @Author : zhouguanya
 * @Project : java-it-interview-guide
 * @Date : 2020-05-19 06:22
 * @Version : V1.0
 * @Description : 汽车类
 */
public class Car {
    /**
     * 每一辆汽车都有一个车身属性
     */
    private Bodywork bodywork;

    /**
     * 构造器
     *
     * @param bodywork 注入Bodywork属性
     */
    public Car(Bodywork bodywork) {
```

```
            this.bodywork = bodywork;
        }

        /**
         * 驾驶方法
         */
        public void drive() {

        }
    }
```

车身类Bodywork通过构造器注入底盘Chassis属性，代码如下：

```
/**
 * @Author : zhouguanya
 * @Project : java-it-interview-guide
 * @Date : 2020-05-19 06:24
 * @Version : V1.0
 * @Description : 车身类
 */
public class Bodywork {
    /**
     * 每个车身都有一个底盘属性
     */
    private Chassis chassis;

    /**
     * 车身类构造器
     * @param chassis 注入底盘
     */
    public Bodywork(Chassis chassis) {
        this.chassis = chassis;
    }
}
```

底盘类Chassis通过构造器注入车轮wheels属性，代码如下：

```
/**
 * @Author : zhouguanya
 * @Project : java-it-interview-guide
 * @Date : 2020-05-19 06:29
 * @Version : V1.0
 * @Description : 底盘类
 */
public class Chassis {
    /**
     * 每个底盘有若干个车轮属性
     */
    private List<Wheel> wheels;

    /**
     * 底盘类构造器
     *
     * @param wheels 注入车轮
```

```
    */
    public Chassis(List<Wheel> wheels) {
        this.wheels = wheels;
    }
}
```

车轮类Wheel通过构造器注入尺寸size属性，代码如下：

```
/**
 * @Author : zhouguanya
 * @Project : java-it-interview-guide
 * @Date : 2020-05-19 06:30
 * @Version : V1.0
 * @Description : 车轮类
 */
public class Wheel {
    /**
     * 尺寸
     */
    private int size;

    /**
     * 车轮构造器
     */
    public Wheel(int size) {
        this.size = size;
    }

}
```

以上通过控制反转方式实现的汽车设计方案具有更好的扩展性和可维护性。当需求发生变化，需要调整车轮尺寸时，只需通过Wheel类的构造器修改其size属性即可实现，无须对Wheel类的上层Chassis、Bodywork和Car等类进行修改。

1.2.4　Spring IoC 的配置方式有哪些

Spring IoC主要有XML和注解两种配置方式。

1. XML配置方式

使用XML方式配置汽车设计场景中的Bean，具体配置如下。

创建汽车类Car，车身属性通过XML方式注入。Car类的代码如下：

```
/**
 * @Author : zhouguanya
 * @Project : java-it-interview-guide
 * @Date : 2020-05-22 10:38
 * @Version : V1.0
 * @Description : 汽车类
 */
public class Car {
    /**
```

```java
 * 每一辆汽车都有一个车身属性
 * 通过Spring IoC注入
 */
private Bodywork bodywork;

/**
 * 驾驶方法
 */
public void drive() {
    System.out.println("驾驶汽车中...");
    System.out.println("汽车的车身是: " + bodywork);
    Chassis chassis = bodywork.getChassis();
    System.out.println("汽车的底盘是: " + chassis);
    List<Wheel> wheels = chassis.getWheels();
    System.out.println("汽车的车轮是: " + wheels);
    System.out.print("汽车车轮的尺寸分别是: ");
    for (int i = 0; i < wheels.size(); i++) {
        System.out.print(wheels.get(i).getSize() + " ");
    }
}

/**
 * 注入时使用
 *
 * @param bodywork 车身属性
 */
public void setBodywork(Bodywork bodywork) {
    this.bodywork = bodywork;
}

@Override
public String toString() {
    return "Car{" +
            "bodywork=" + bodywork +
            '}';
}
}
```

创建车身类Bodywork，底盘属性Chassis通过XML方式注入。Bodywork类的代码如下：

```java
/**
 * @Author : zhouguanya
 * @Project : java-it-interview-guide
 * @Date : 2020-05-22 17:06
 * @Version : V1.0
 * @Description : 车身类
 */
public class Bodywork {
    /**
     * 每个车身都有一个底盘属性
     */
    private Chassis chassis;

    /**
```

```
 *  注入时使用
 *
 *  @param chassis 底盘属性
 */
public void setChassis(Chassis chassis) {
    this.chassis = chassis;
}

/**
 *  返回底盘
 *
 *  @return 底盘属性
 */
public Chassis getChassis() {
    return chassis;
}

@Override
public String toString() {
    return "Bodywork{" +
            "chassis=" + chassis +
            '}';
}
}
```

创建底盘类Chassis，车轮属性wheels通过XML方式注入。Chassis类的代码如下：

```
/**
 * @Author : zhouguanya
 * @Project : java-it-interview-guide
 * @Date : 2020-05-22 17:07
 * @Version : V1.0
 * @Description : 底盘类
 */
public class Chassis {
    /**
     *  每个底盘有若干车轮属性
     */
    private List<Wheel> wheels;

    /**
     *  注入时使用
     *
     *  @param wheels 底盘类
     */
    public void setWheels(List<Wheel> wheels) {
        this.wheels = wheels;
    }

    public List<Wheel> getWheels() {
        return wheels;
    }

    @Override
```

```
    public String toString() {
        return "Chassis{" +
                "wheels=" + wheels +
                '}';
    }
}
```

创建车轮类Wheel，尺寸属性size通过XML方式注入。Wheel类的代码如下：

```
/**
 * @Author : zhouguanya
 * @Project : java-it-interview-guide
 * @Date : 2020-05-22 17:07
 * @Version : V1.0
 * @Description : 车轮类
 */
public class Wheel {
    /**
     * 尺寸
     */
    private int size;

    /**
     * 车轮构造器
     */
    public Wheel(int size) {
        this.size = size;
    }

    public int getSize() {
        return size;
    }

    @Override
    public String toString() {
        return "Wheel{" +
                "size=" + size +
                '}';
    }
}
```

通过以下代码使用XML方式配置IoC，代码如下：

```
    <bean id="car" class="com.example.java.interview.guide.part2.car.spring.ioc.Car">
        <property name="bodywork" ref="bodyWork"/>
    </bean>

    <bean id="bodyWork"
class="com.example.java.interview.guide.part2.car.spring.ioc.Bodywork">
        <property name="chassis" ref="chassis"/>
    </bean>

    <bean id="chassis"
class="com.example.java.interview.guide.part2.car.spring.ioc.Chassis">
        <property name="wheels">
```

```
            <list>
                <ref bean="wheel1"/>
                <ref bean="wheel2"/>
                <ref bean="wheel3"/>
                <ref bean="wheel4"/>
            </list>
        </property>
    </bean>

    <bean id="wheel1"
class="com.example.java.interview.guide.part2.car.spring.ioc.Wheel">
        <constructor-arg value="50"/>
    </bean>

    <bean id="wheel2"
class="com.example.java.interview.guide.part2.car.spring.ioc.Wheel">
        <constructor-arg value="50"/>
    </bean>

    <bean id="wheel3"
class="com.example.java.interview.guide.part2.car.spring.ioc.Wheel">
        <constructor-arg value="50"/>
    </bean>

    <bean id="wheel4"
class="com.example.java.interview.guide.part2.car.spring.ioc.Wheel">
        <constructor-arg value="50"/>
    </bean>
```

创建测试代码如下：

```
/**
 * @Author : zhouguanya
 * @Project : java-it-interview-guide
 * @Date : 2020-05-22 17:33
 * @Version : V1.0
 * @Description : 使用Spring IoC方式演示
 */
public class SpringIocDemo {
    public static void main(String[] args) {
        ClassPathXmlApplicationContext classPathXmlApplicationContext
                = new ClassPathXmlApplicationContext("car.xml");
        Car car = classPathXmlApplicationContext.getBean("car", Car.class);
        car.drive();
    }
}
```

执行以上测试代码，测试结果如下：

```
驾驶汽车中...
汽车的车身是: Bodywork{chassis=Chassis{wheels=[Wheel{size=50}, Wheel{size=50},
Wheel{size=50}, Wheel{size=50}]}}
汽车的底盘是: Chassis{wheels=[Wheel{size=50}, Wheel{size=50}, Wheel{size=50},
Wheel{size=50}]}
```

```
汽车的车轮是：[Wheel{size=50}, Wheel{size=50}, Wheel{size=50}, Wheel{size=50}]
汽车车轮的尺寸分别是：50 50 50 50
```

通过以上Spring IoC的方式注入Bean对象，可以轻松地将Bean之间的依赖关系进行解耦。如果需求发生变更，汽车的前轮尺寸修改为45、后轮尺寸修改为55，那么只需修改4个车轮的尺寸，对于其余的Bean来说是无感知的。

```xml
<bean id="wheel1" class="com.example.java.interview.guide.part2.car.spring.ioc.Wheel">
    <constructor-arg value="45"/>
</bean>

<bean id="wheel2" class="com.example.java.interview.guide.part2.car.spring.ioc.Wheel">
    <constructor-arg value="45"/>
</bean>

<bean id="wheel3" class="com.example.java.interview.guide.part2.car.spring.ioc.Wheel">
    <constructor-arg value="55"/>
</bean>

<bean id="wheel4" class="com.example.java.interview.guide.part2.car.spring.ioc.Wheel">
    <constructor-arg value="55"/>
</bean>
```

修改前后车轮的尺寸后，测试代码的执行结果如下：

```
驾驶汽车中...
汽车的车身是：Bodywork{chassis=Chassis{wheels=[Wheel{size=45}, Wheel{size=45},
Wheel{size=55}, Wheel{size=55}]}}
汽车的底盘是：Chassis{wheels=[Wheel{size=45}, Wheel{size=45}, Wheel{size=55},
Wheel{size=55}]}
汽车的车轮是：[Wheel{size=45}, Wheel{size=45}, Wheel{size=55}, Wheel{size=55}]
汽车车轮的尺寸分别是：45 45 55 55
```

2. 注解配置方式

除使用XML方式配置Spring IoC外，通过注解配置也很常见。下面以电影制作场景为例，阐述注解方式配置Spring IoC。

创建编剧类Playwright，该类用于创建剧本。代码如下：

```java
/**
 * @Author : zhouguanya
 * @Project : java-it-interview-guide
 * @Date : 2020-05-23 17:37
 * @Version : V1.0
 * @Description : 编剧类
 */
@Component
public class Playwright {
    /**
     * 编剧创建剧本
     */
    public void wright() {
```

```
        System.out.println("编剧创作一个剧本");
    }
}
```

创建演员类Actor，演员类用于按剧本表演。代码如下：

```
/**
 * @Author : zhouguanya
 * @Project : java-it-interview-guide
 * @Date : 2020-05-23 17:40
 * @Version : V1.0
 * @Description : 演员类
 */
@Component
public class Actor {
    /**
     * 演员表演
     */
    public void act() {
        System.out.println("演员按剧本开始表演");
    }
}
```

创建导演类Director，导演类按照剧本指导演员进行表演。代码如下：

```
/**
 * @Author : zhouguanya
 * @Project : java-it-interview-guide
 * @Date : 2020-05-23 17:40
 * @Version : V1.0
 * @Description : 导演类
 */
@Component
public class Director {

    @Autowired
    private Playwright playwright;

    @Autowired
    private Actor actor;

    /**
     * 导演拍电影
     */
    public void make() {
        System.out.println("导演打算拍一部电影");
        playwright.wright();
        actor.act();
    }
}
```

创建配置类，用于配置Spring扫描的Bean的范围。代码如下：

```
/**
 * @Author : zhouguanya
```

```
 * @Project : java-it-interview-guide
 * @Date : 2020-05-23 17:56
 * @Version : V1.0
 * @Description : 配置类
 * 扫描com.example.java.interview.guide.part2.car.spring.annotation
 * 包路径下的Bean
 */
@Configuration
@ComponentScan("com.example.java.interview.guide.part2.car.spring.annotation")
public class MovieConfiguration {

}
```

创建测试类代码如下：

```
/**
 * @Author : zhouguanya
 * @Project : java-it-interview-guide
 * @Date : 2020-05-23 17:50
 * @Version : V1.0
 * @Description : 使用注解方式演示
 */
public class AnnotationDemo {
    public static void main(String[] args) {
        ApplicationContext applicationContext =
                new AnnotationConfigApplicationContext(MovieConfiguration.class);
        Director director = applicationContext.getBean(Director.class);
        director.make();
    }
}
```

执行测试代码，执行结果如下：

```
导演打算拍一部电影
编剧创作一个剧本
演员按剧本开始表演
```

1.2.5　BeanFactory 是什么

1. BeanFactory解析

BeanFactory是Spring框架的基础接口，BeanFactory负责Bean的定义、配置读取、实例化管理、生命周期控制及依赖关系维护，是Spring IoC容器的核心组件。

Spring的本质是一个BeanFactory（Bean工厂）或Bean容器。Spring按照开发人员的要求，生产出开发人员所需的各种各样的Bean供开发人员使用。只是，在生产Bean的过程中，需要解决Bean之间的依赖问题。因此，Spring引入了依赖注入（DI）技术，即依赖注入是BeanFactory生产Bean时解决Bean之间的依赖的一种技术。

Spring框架的BeanFactory功能是将原本硬编码的依赖关系，通过Spring框架提供的BeanFactory这个工厂来注入依赖，即原本不使用Spring框架时，只有依赖方和被依赖方，现在引入了第三方——Spring的BeanFactory，由这个第三方BeanFactory来解决Bean之间的依赖问题，从而实现了代码层面松耦合的效果。在没有Spring的BeanFactory之前，开发人员都是直接通过关键字new来实例化各种对象。当BeanFactory出现后，各种Bean的生产都是通过BeanFactory来实例化的。这样一来，Spring的BeanFactory就可以在实例化Bean的过程中，做一些额外动作，如BeanFactory会在Bean的生命周期的各个阶段对Bean进行各种维度的管理。Spring将这些阶段通过各种接口暴露给开发人员，让开发人员可以对Bean的生命周期进行各种处理。开发人员只需要让Bean实现对应的接口，Spring就会在Bean的生命周期中调用开发人员实现的接口来处理该Bean。

BeanFactory接口的代码如下：

```java
public interface BeanFactory {

    /**
     * 转义符号
     */
    String FACTORY_BEAN_PREFIX = "&";

    /**
     * 根据指定的Bean名称获取Bean对象
     */
    Object getBean(String name) throws BeansException;

    /**
     * 根据指定的Bean名称和类型获取Bean对象
     */
    <T> T getBean(String name, Class<T> requiredType) throws BeansException;

    /**
     * 根据指定的Bean名称和显式指定的构造器参数/工厂方法参数获取Bean对象
     */
    Object getBean(String name, Object... args) throws BeansException;

    /**
     * 根据指定的类型获取Bean对象
     */
    <T> T getBean(Class<T> requiredType) throws BeansException;

    /**
     * 根据指定的Bean类型和显式指定的构造器参数/工厂方法参数获取Bean对象
     */
    <T> T getBean(Class<T> requiredType, Object... args) throws BeansException;

    /**
     * 获取指定Bean的提供者
     */
    <T> ObjectProvider<T> getBeanProvider(Class<T> requiredType);

    /**
     * 获取指定Bean的提供者
     */
    <T> ObjectProvider<T> getBeanProvider(ResolvableType requiredType);

    /**
     * 返回该Bean工厂是否包含具有给定名称的Bean
     */
```

```java
    boolean containsBean(String name);

    /**
     *
     * 返回该Bean是否为单例模式
     */
    boolean isSingleton(String name) throws NoSuchBeanDefinitionException;

    /**
     * 返回该Bean是否为原型模式
     */
    boolean isPrototype(String name) throws NoSuchBeanDefinitionException;

    /**
     * 检查具有指定名称的Bean是否与指定的类型匹配
     */
    boolean isTypeMatch(String name, ResolvableType typeToMatch) throws
NoSuchBeanDefinitionException;

    /**
     * 检查具有指定名称的Bean是否与指定的类型匹配
     */
    boolean isTypeMatch(String name, Class<?> typeToMatch) throws
NoSuchBeanDefinitionException;

    /**
     * 确定具有指定名称的Bean的类型
     */
    @Nullable
    Class<?> getType(String name) throws NoSuchBeanDefinitionException;

    /**
     * 确定具有指定名称的Bean的类型
     */
    @Nullable
    Class<?> getType(String name, boolean allowFactoryBeanInit) throws
NoSuchBeanDefinitionException;

    /**
     * 返回指定Bean名称的别名
     */
    String[] getAliases(String name);
}
```

BeanFactory是用于访问Spring Bean容器的根接口。BeanFactory提供了Bean容器的基本视图。诸如ListableBeanFactory和ConfigurableBeanFactory之类的接口可实现更多的用途。

BeanFactory接口由保存Bean定义的对象组成，每个Bean对应一个唯一的字符串类型的名称。根据Bean的定义，BeanFactory将返回所包含对象的独立实例（如果是原型设计模式，则返回独立的实例）或单个共享实例（如果是单例设计模式，则返回唯一的、共享的实例）。

BeanFactory是应用程序组件的中央注册表，用于集中配置应用程序组件。在企业级开发中，最好通过setter方法或构造器注入（push配置方式）应用程序对象，而不是使用pull配置方式（如BeanFactory查找）管理应用程序对象。

通常情况下，BeanFactory会加载存储在配置源（如XML文件）中的Bean的定义，并使用org.springframework.beans包来配置Bean对象。定义Bean的存储方式没有任何限制，可以是RDBMS、XML、属性文件等。

开发人员在实现一个Bean工厂时，应尽可能支持标准Bean生命周期接口。常见的Bean工厂的初始化方法及其标准顺序如下：

- BeanNameAware#setBeanName方法。
- BeanClassLoaderAware#setBeanClassLoader方法。
- BeanFactoryAware#setBeanFactory方法。
- EnvironmentAware#setEnvironment方法。
- EmbeddedValueResolverAware#setEmbeddedValueResolver方法。
- ResourceLoaderAware#setResourceLoader方法（仅在应用程序上下文中运行时适用）。
- ApplicationEventPublisherAware#setApplicationEventPublisher方法（仅在应用程序上下文中运行时适用）。
- MessageSourceAware#setMessageSource方法（仅在应用程序上下文中运行时适用）。
- ApplicationContextAware#setApplicationContext方法（仅在应用程序上下文中运行时适用）。
- ServletContextAware#setServletContext方法（仅在Web应用程序上下文中运行时适用）。
- BeanPostProcessor#postProcessBeforeInitialization方法。
- InitializingBean#afterPropertiesSet方法。
- 用户自定义的init-method方法。
- BeanPostProcessor#postProcessAfterInitialization方法。

在关闭Bean工厂时，以下生命周期方法将会被执行：

- DestructionAwareBeanPostProcessor#postProcessBeforeDestruction方法。
- DisposableBean#destroy方法。
- 用户自定义的destroy-method方法。

2. BeanFactory的属性和方法详解

下面将依次分析BeanFactory中的各属性及方法的含义及其作用。

```
String FACTORY_BEAN_PREFIX = "&";
```

Spring中有一个与BeanFactory名称很相似的接口叫作FactoryBean。这两者很容易混淆。BeanFactory是一个工厂。FactoryBean是一个Bean，这种Bean比较特殊，它会产生另一种Bean。大部分普通的Bean，通过BeanFactory的getBean()方法可以获取到这个Bean对象。对于FactoryBean来说，如果使用getBean()方法，将得到FactoryBean产生出来的Bean对象，而不是FactoryBean本身。因此，如果想要获取FactoryBean本身，需要使用"&"进行转义。例如，有一个名为myJndiObject的FactoryBean类型的Bean对象，那么通过&myJndiObject形式将返回FactoryBean本身，而不是返回FactoryBean产生的对象。

```
Object getBean(String name) throws BeansException;
```

此方法根据Bean名称获取Bean的实例，返回的实例可以是指定Bean的共享或独立的实例化对象。

该方法其实使用的是Spring的BeanFactory替代单例（Singleton）或原型（Prototype）设计模式。对于单例模式的Bean，调用者可以保留对返回对象的引用。此方法还可以将别名转换为相应规范的Bean名称。对于该工厂实例中找不到的Bean，此方法将询问父工厂进行查找。如果此方法要获取名称不存在的Bean，则抛出NoSuchBeanDefinitionException异常；如果Bean对象不能被获取，则抛出BeansException异常。

```
<T> T getBean(String name, Class<T> requiredType) throws BeansException;
```

此方法根据Bean名称指定的类型获取Bean的实例。该实例可以是指定Bean的共享或独立的实例化对象。此方法与getBean(String name)方法的功能类似。对于该工厂实例中找不到的Bean，此方法将询问父工厂进行查找。如果此方法要获取名称不存在的Bean，则抛出NoSuchBeanDefinitionException异常；如果此方法获取到的Bean不是指定的类型，则抛出BeanNotOfRequiredTypeException异常；如果Bean对象不能被获取，则抛出BeansException异常。

```
Object getBean(String name, Object... args) throws BeansException;
```

此方法用于返回一个实例，该实例可以是指定Bean的共享或独立的实例化对象。此方法允许显式指定构造器参数/工厂方法参数，覆盖Bean定义中指定的默认参数（如果存在）。如果不存在指定名称的Bean的定义，则抛出NoSuchBeanDefinitionException异常。如果给定参数，但是Bean不是原型模式，则抛出BeanDefinitionStoreException异常。如果无法创建该Bean对象，则抛出BeansException异常。

```
<T> T getBean(Class<T> requiredType) throws BeansException;
```

此方法返回与给定对象类型唯一匹配的Bean实例。此方法先进入ListableBeanFactory按类型查找，但也可以根据给定类型的名称转换为常规的按名称查找。对Bean的更广范围的检索可以使用ListableBeanFactory或者BeanFactoryUtils。如果不存在指定名称的Bean的定义，则抛出NoSuchBeanDefinitionException异常。如果找到符合指定类型的Bean的数量大于1，则抛出NoUniqueBeanDefinitionException异常。如果无法创建该Bean对象，则抛出BeansException异常。

```
<T> T getBean(Class<T> requiredType, Object... args) throws BeansException;
```

此方法的作用是从Spring IoC容器中根据给定的requiredType类型获取一个Bean实例。此方法会进入ListableBeanFactory中按类型查找Bean实例，也可以根据给定类型的名称转换为常规的按名称查找。对Bean的更广范围的检索可以使用ListableBeanFactory或BeanFactoryUtils。如果Spring IoC容器中不存在要查找的Bean的定义，则抛出NoSuchBeanDefinitionException异常。如果返回的Bean不是原型模式，则抛出BeanDefinitionStoreException异常。

```
<T> ObjectProvider<T> getBeanProvider(Class<T> requiredType);
```

ObjectProvider接口是ObjectFactory接口的扩展，是专门为注入点设计的，可以让注入变得更加灵活和可选。此方法返回指定Bean的ObjectProvider对象，以允许按需延迟检索对象实例。

```
<T> ObjectProvider<T> getBeanProvider(ResolvableType requiredType);
```

此方法返回指定类型的Bean的ObjectProvider对象，以允许按需延迟检索对象实例。

```
boolean containsBean(String name);
```

此方法返回该Bean工厂是否包含具有给定名称的Bean定义或外部注册的单例实例对象。如果提供的参数是一个别名,它将被转换为相应的规范Bean名称。如果存在与给定名称匹配的Bean定义或单例实例,则方法返回true。值得注意的是,此方法返回true并不代表一定可以通过getBean()方法获得具有相同名称的Bean的实例化对象。

```
boolean isSingleton(String name) throws NoSuchBeanDefinitionException;
```

此方法用于判断指定的Bean对象是否为单例模式,即getBean()方法是否始终返回同一个实例对象。

```
boolean isPrototype(String name) throws NoSuchBeanDefinitionException;
```

此方法用于判断指定的Bean对象是否为原型模式,即getBean()方法是否始终返回不同的实例对象。

```
boolean isTypeMatch(String name, ResolvableType typeToMatch) throws
NoSuchBeanDefinitionException;
```

此方法用于检查具有给定名称的Bean是否与指定的类型相匹配。具体来说,检查对给定名称的getBean()方法的调用是否会返回指定目标类型的对象。

```
boolean isTypeMatch(String name, Class<?> typeToMatch) throws
NoSuchBeanDefinitionException;
```

此方法用于检查具有给定名称的Bean是否与指定的类型相匹配。更确切地说,检查对给定名称的getBean()方法的调用是否会返回指定目标类型的对象。

```
Class<?> getType(String name) throws NoSuchBeanDefinitionException;
```

返回具有给定名称的Bean的类型。更确切地说,确定getBean()方法根据指定名称返回的对象的类型。

```
Class<?> getType(String name, boolean allowFactoryBeanInit) throws
NoSuchBeanDefinitionException;
```

返回具有给定名称的Bean的类型。更确切地说,确定getBean()方法根据指定名称返回的对象的类型。对于FactoryBean而言,此方法可以返回FactoryBean创建的对象的类型。

```
String[] getAliases(String name);
```

如果给定名称的Bean存在别名,则返回其别名。在调用getBean方法时,所有的别名都指向同一个Bean对象。

BeanFactory接口有多个子接口和实现类,限于篇幅,本书仅展示了BeanFactory接口的部分类图,如图1-3所示。详细的BeanFactory接口类图可参考本书配套的GitHub资源。

1.2.6　FactoryBean 及其应用案例

1. FactoryBean解析

Spring管理的Bean对象可以分为两大类:一种是普通的Bean对象;另一种是工厂Bean对象,即FactoryBean。普通的Bean对象直接通过XML或注解配置即可。如果创建Bean的过程涉及很多其他的Bean和复杂的逻辑,可以考虑使用FactoryBean。

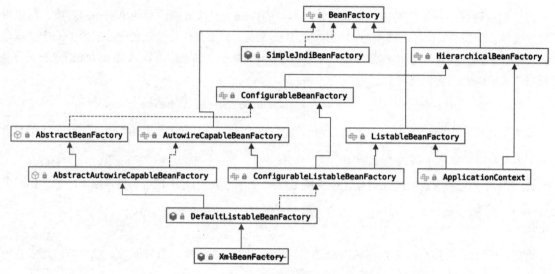

图 1-3   BeanFactory 接口部分类图示意图

FactoryBean与普通的Bean不同，其返回的对象不是指定类型的实例化对象，而是FactoryBean的getObject()方法返回的对象。在Spring框架中，FactoryBean在许多地方被使用，例如Spring AOP、ORM、事务管理以及与其他第三方框架的集成等。

FactoryBean可以支持单例模式和原型模式，也可以按照需求指定延迟创建对象或在容器启动时创建对象。FactoryBean的子接口SmartFactoryBean接口允许暴露更细粒度的行为元数据。

FactoryBean 接口在框架中被大量使用，如 ProxyFactoryBean 或 JndiObjectFactoryBean 等。FactoryBean也可以用于自定义组件，但是通常这种使用方式仅在基础结构代码中出现。

Spring容器仅负责管理FactoryBean实例的生命周期，而不负责管理FactoryBean创建出来的对象的生命周期。因此，FactoryBean应该实现DisposableBean接口并将关闭调用委托给基础对象。

FactoryBean接口的代码如下：

```java
public interface FactoryBean<T> {

    /**
     * AttributeAccessor#setAttribute设置的属性名称
     * 当无法从FactoryBean推导对象时，FactoryBean可以发出信号通知其对象
     */
    String OBJECT_TYPE_ATTRIBUTE = "factoryBeanObjectType";

    /**
     * 返回此工厂管理的对象的实例（可能是共享的或独立的）
     */
    @Nullable
    T getObject() throws Exception;

    /**
     * 返回此FactoryBean创建的对象的类型，如果事先不知道，则返回null
     */
    @Nullable
    Class<?> getObjectType();

    /**
```

```
     * 判断该工厂管理的对象是否为单例
     */
    default boolean isSingleton() {
        return true;
    }

}
```

2. FactoryBean应用案例

下面将通过一个案例阐述FactoryBean的用法，本例只使用XML方式配置Bean。读者可以自行分析基于注解的配置方式。

步骤 **01** 创建一个HelloWorldService接口，其中定义一个抽象方法。代码如下：

```
/**
 * @Author : zhouguanya
 * @Project : java-it-interview-guide
 * @Date : 2020-09-07 11:33
 * @Version : V1.0
 * @Description : 定义一个接口
 */
public interface HelloWorldService {
    /**
     * 打招呼方法
     */
    void sayHello();
}
```

步骤 **02** 创建一个HelloWorldService接口的实现类，重写抽象方法。代码如下：

```
/**
 * @Author : zhouguanya
 * @Project : java-it-interview-guide
 * @Date : 2020-09-07 11:34
 * @Version : V1.0
 * @Description : HelloWorldService接口实现类
 */
public class HelloWorldServiceImpl implements HelloWorldService {
    @Override
    public void sayHello() {
        System.out.println("HelloWorldServiceImpl#sayHello()方法输出: Hello World");
    }
}
```

步骤 **03** 创建LogInvocationHandler类，实现InvocationHandler接口。代码如下：

```
/**
 * @Author : zhouguanya
 * @Project : java-it-interview-guide
 * @Date : 2020-09-07 11:22
 * @Version : V1.0
 * @Description : InvocationHandler实现类
 */
```

```java
public class LogInvocationHandler implements InvocationHandler {
    /**
     * 被代理的对象
     */
    private Object target;

    /**
     * 构造器
     */
    public LogInvocationHandler(Object target) {
        this.target = target;
    }

    /**
     * 重写invoke方法
     */
    @Override
    public Object invoke(Object proxy, Method method, Object[] args) throws Throwable {
        System.out.println("进入LogInvocationHandler#invoke()方法。");
        InvocationHandler invocationHandler = Proxy.getInvocationHandler(proxy);
        System.out.println("获取代理对象proxy的invocationHandler属性:" + invocationHandler);
        // 如果代理对象proxy的invocationHandler属性与当前对象是同一个对象
        if (invocationHandler == this) {
            System.out.println("代理类proxy的invocationHandler属性与当前对象是同一个对象。");
            System.out.println("当前调用的是" + this.target + "对象的方法。");
        }
        System.out.println("调用" + method.getDeclaringClass().getCanonicalName()
                + "#" + method.getName() + "()方法之前。" );
        Object result = method.invoke(target, args);
        System.out.println("调用" + method.getDeclaringClass().getCanonicalName()
                + "#" + method.getName() + "()方法之后。" );
        return result;
    }
}
```

步骤 **04** 创建LogFactoryBean类，实现FactoryBean、InitializingBean和DisposableBean接口。代码如下：

```java
/**
 * @Author : zhouguanya
 * @Project : java-it-interview-guide
 * @Date : 2020-09-07 11:14
 * @Version : V1.0
 * @Description : 代理一个类，拦截该类的所有方法，在方法的调用前后进行日志的输出
 */
public class LogFactoryBean implements FactoryBean<Object>, InitializingBean,
DisposableBean {
    /**
     * 接口名
     */
    private String interfaceName;
    /**
     * 代理对象
     */
```

```
private Object proxyObj;
/**
 * InvocationHandler对象
 */
private InvocationHandler invocationHandler;

/**
 * 重写DisposableBean接口的destroy()方法
 */
@Override
public void destroy() throws Exception {
    System.out.println("调用LogFactoryBean#destroy()方法。");
}

/**
 * 重写FactoryBean接口的getObject()方法
 */
@Override
public Object getObject() throws Exception {
    System.out.println("调用LogFactoryBean#getObject()方法。");
    return proxyObj;
}

/**
 * 重写FactoryBean接口的getObjectType()方法
 */
@Override
public Class<?> getObjectType() {
    return proxyObj == null ? Object.class : proxyObj.getClass();
}

/**
 * 重写InitializingBean接口的afterPropertiesSet()方法
 * 通过JDK动态代理生成一个代理对象
 */
@Override
public void afterPropertiesSet() throws Exception {
    System.out.println("调用LogFactoryBean#afterPropertiesSet()方法。");
    proxyObj = Proxy.newProxyInstance(this.getClass().getClassLoader(),
            new Class[]{Class.forName(interfaceName)}, invocationHandler);
}

/**
 * 设置interfaceName属性
 */
public void setInterfaceName(String interfaceName) {
    this.interfaceName = interfaceName;
}

/**
 * 设置invocationHandler属性
 */
public void setInvocationHandler(InvocationHandler invocationHandler) {
```

```
                this.invocationHandler = invocationHandler;
        }
    }
```

步骤 05 创建XML配置文件factorybean.xml。代码如下：

```xml
    <bean id="logFactoryBean"
class="com.example.java.interview.guide.part2.factorybean.LogFactoryBean">
        <property name="interfaceName"
value="com.example.java.interview.guide.part2.factorybean.HelloWorldService"/>
        <property name="invocationHandler" ref="logInvocationHandler"/>
    </bean>

    <bean id="helloWordService"
class="com.example.java.interview.guide.part2.factorybean.HelloWorldServiceImpl"/>

    <bean id="logInvocationHandler"
class="com.example.java.interview.guide.part2.factorybean.LogInvocationHandler">
        <constructor-arg ref="helloWordService"/>
    </bean>
```

步骤 06 创建单元测试类FactoryBeanTest。代码如下：

```java
/**
 * @Author : zhouguanya
 * @Project : java-it-interview-guide
 * @Date : 2020-09-07 12:03
 * @Version : V1.0
 * @Description : FactoryBean测试类
 */
@RunWith(SpringJUnit4ClassRunner.class)
@ContextConfiguration(locations = {"classpath:factorybean.xml"})
public class FactoryBeanTest {
    @Autowired
    private ApplicationContext context;

    @Test
    public void test() {
        // 从Spring上下文中获取LogFactoryBean对象
        // 因为LogFactoryBean返回的是getObject()方法返回的对象
        // 所以得到的其实是一个代理对象
        // 代理对象其实代理的是HelloWorldServiceImpl对象
        HelloWorldService helloWordService = (HelloWorldService) context
                .getBean("logFactoryBean");
        // 调用代理对象的sayHello()方法
        helloWordService.sayHello();
    }
}
```

步骤 07 执行测试类FactoryBeanTest的test()方法，执行结果如下：

```
调用LogFactoryBean#afterPropertiesSet()方法。
调用LogFactoryBean#getObject()方法。
进入LogInvocationHandler#invoke()方法。
```

获取代理对象proxy的invocationHandler属性：com.example.java.interview.guide.part2.
factorybean.LogInvocationHandler@56528192。

代理类proxy的invocationHandler属性与当前对象是同一个对象。

当前调用的是com.example.java.interview.guide.part2.factorybean.
HelloWorldServiceImpl@6e0dec4a对象的方法。

调用com.example.java.interview.guide.part2.factorybean.HelloWorldService#sayHello()方法
之前。

HelloWorldServiceImpl#sayHello()方法输出：Hello World。

调用com.example.java.interview.guide.part2.factorybean.HelloWorldService#sayHello()方法
之后。

调用LogFactoryBean#destroy()方法。

有测试代码中，虽然从Spring上下文中获取了名为logFactoryBean的Bean对象，但其实Spring返回
的是LogFactoryBean的getObject()方法返回的代理对象。通过DEBUG断点调试可知，helloWordService
对象的相关信息如图1-4所示。

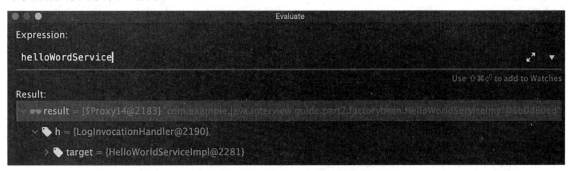

图 1-4　helloWordService 信息示意图

从Spring容器中获取名为logFactoryBean的Bean对象时，Spring进行了怎样的处理？为什么Spring
返回的是代理对象呢？下面将通过DEBUG断点的方式查看Spring的处理过程。

步骤01　将程序的断点打在context.getBean("logFactoryBean");这一行，进入DEBUG调试模式。

步骤02　分析context.getBean("logFactoryBean")方法。

context.getBean("logFactoryBean")调用AbstractApplicationContext类的getBean()方法。代码如下：

```
@Override
public Object getBean(String name) throws BeansException {
    assertBeanFactoryActive();
    return getBeanFactory().getBean(name);
}
```

步骤03　分析AbstractApplicationContext类的getBean()方法。

AbstractApplicationContext类的getBean()方法将调用AbstractBeanFactory的getBean()方法。代码
如下：

```
@Override
public Object getBean(String name) throws BeansException {
    return doGetBean(name, null, null, false);
}
```

步骤 04 分析AbstractBeanFactory的getBean()方法。

AbstractBeanFactory的getBean()调用内部的doGetBean()方法，doGetBean()方法的部分代码如下：

```
protected <T> T doGetBean(final String name, @Nullable final Class<T> requiredType,
      @Nullable final Object[] args, boolean typeCheckOnly) throws BeansException {

   final String beanName = transformedBeanName(name);
   Object bean;

   // Eagerly check singleton cache for manually registered singletons.
   Object sharedInstance = getSingleton(beanName);
   if (sharedInstance != null && args == null) {
      if (logger.isTraceEnabled()) {
         if (isSingletonCurrentlyInCreation(beanName)) {
            logger.trace("Returning eagerly cached instance of singleton bean '" +
beanName +
                  "' that is not fully initialized yet - a consequence of a circular
reference");
         }
         else {
            logger.trace("Returning cached instance of singleton bean '" + beanName + "'");
         }
      }
      bean = getObjectForBeanInstance(sharedInstance, name, beanName, null);
   }
   else {
      ...省略部分代码...
   }
   return (T) bean;
}
```

步骤 05 分析AbstractBeanFactory的doGetBean()方法。

doGetBean()方法调用getObjectForBeanInstance()方法。代码如下：

```
@Override
protected Object getObjectForBeanInstance(
      Object beanInstance, String name, String beanName, @Nullable RootBeanDefinition mbd) {

   String currentlyCreatedBean = this.currentlyCreatedBean.get();
   if (currentlyCreatedBean != null) {
      registerDependentBean(beanName, currentlyCreatedBean);
   }

   return super.getObjectForBeanInstance(beanInstance, name, beanName, mbd);
}
```

步骤 06 分析getObjectForBeanInstance()方法。

getObjectForBeanInstance()方法调用父类的getObjectForBeanInstance()方法。代码如下：

```
protected Object getObjectForBeanInstance(
      Object beanInstance, String name, String beanName, @Nullable RootBeanDefinition mbd) {
```

```
    // Don't let calling code try to dereference the factory if the bean isn't a factory.
    if (BeanFactoryUtils.isFactoryDereference(name)) {
        if (beanInstance instanceof NullBean) {
            return beanInstance;
        }
        if (!(beanInstance instanceof FactoryBean)) {
            throw new BeanIsNotAFactoryException(beanName, beanInstance.getClass());
        }
        if (mbd != null) {
            mbd.isFactoryBean = true;
        }
        return beanInstance;
    }

    // Now we have the bean instance, which may be a normal bean or a FactoryBean.
    // If it's a FactoryBean, we use it to create a bean instance, unless the
    // caller actually wants a reference to the factory.
    if (!(beanInstance instanceof FactoryBean)) {
        return beanInstance;
    }

    Object object = null;
    if (mbd != null) {
        mbd.isFactoryBean = true;
    }
    else {
        object = getCachedObjectForFactoryBean(beanName);
    }
    if (object == null) {
        // Return bean instance from factory.
        FactoryBean<?> factory = (FactoryBean<?>) beanInstance;
        // Caches object obtained from FactoryBean if it is a singleton.
        if (mbd == null && containsBeanDefinition(beanName)) {
            mbd = getMergedLocalBeanDefinition(beanName);
        }
        boolean synthetic = (mbd != null && mbd.isSynthetic());
        object = getObjectFromFactoryBean(factory, beanName, !synthetic);
    }
    return object;
}
```

父类的getObjectForBeanInstance()调用FactoryBeanRegistrySupport的getObjectFromFactoryBean()方法。代码如下：

```
protected Object getObjectFromFactoryBean(FactoryBean<?> factory, String beanName, boolean
shouldPostProcess) {
    if (factory.isSingleton() && containsSingleton(beanName)) {
        synchronized (getSingletonMutex()) {
            Object object = this.factoryBeanObjectCache.get(beanName);
            if (object == null) {
                object = doGetObjectFromFactoryBean(factory, beanName);
```

```
                    // Only post-process and store if not put there already during getObject()
call above
                    // (e.g. because of circular reference processing triggered by custom getBean
calls)
                    Object alreadyThere = this.factoryBeanObjectCache.get(beanName);
                    if (alreadyThere != null) {
                        object = alreadyThere;
                    }
                    else {
                        if (shouldPostProcess) {
                            if (isSingletonCurrentlyInCreation(beanName)) {
                                // Temporarily return non-post-processed object, not storing it
yet..
                                return object;
                            }
                            beforeSingletonCreation(beanName);
                            try {
                                object = postProcessObjectFromFactoryBean(object, beanName);
                            }
                            catch (Throwable ex) {
                                throw new BeanCreationException(beanName,
                                        "Post-processing of FactoryBean's singleton object failed",
ex);
                            }
                            finally {
                                afterSingletonCreation(beanName);
                            }
                        }
                        if (containsSingleton(beanName)) {
                            this.factoryBeanObjectCache.put(beanName, object);
                        }
                    }
                }
                return object;
            }
        }
        else {
            Object object = doGetObjectFromFactoryBean(factory, beanName);
            if (shouldPostProcess) {
                try {
                    object = postProcessObjectFromFactoryBean(object, beanName);
                }
                catch (Throwable ex) {
                    throw new BeanCreationException(beanName, "Post-processing of FactoryBean's
object failed", ex);
                }
            }
            return object;
        }
    }
```

步骤 07 分析FactoryBeanRegistrySupport的getObjectFromFactoryBean()方法。

FactoryBeanRegistrySupport的getObjectFromFactoryBean()方法调用内部doGetObjectFromFactory-Bean()方法实现功能。代码如下：

```
private Object doGetObjectFromFactoryBean(final FactoryBean<?> factory, final String
beanName)
        throws BeanCreationException {
    Object object;
    try {
        if (System.getSecurityManager() != null) {
            AccessControlContext acc = getAccessControlContext();
            try {
                object = AccessController.doPrivileged((PrivilegedExceptionAction<Object>)
factory::getObject, acc);
            }
            catch (PrivilegedActionException pae) {
                throw pae.getException();
            }
        }
        else {
            // 调用FactoryBean的getObject方法
            object = factory.getObject();
        }
    }
    catch (FactoryBeanNotInitializedException ex) {
        throw new BeanCurrentlyInCreationException(beanName, ex.toString());
    }
    catch (Throwable ex) {
        throw new BeanCreationException(beanName, "FactoryBean threw exception on object
creation", ex);
    }

    // Do not accept a null value for a FactoryBean that's not fully
    // initialized yet: Many FactoryBeans just return null then.
    if (object == null) {
        if (isSingletonCurrentlyInCreation(beanName)) {
            throw new BeanCurrentlyInCreationException(
                    beanName, "FactoryBean which is currently in creation returned null from
getObject");
        }
        object = new NullBean();
    }
    return object;
}
```

doGetObjectFromFactoryBean()方法中调用的factory.getObject()方法其实就是调用了本例中的LogFactoryBean的getObject()方法。factory运行时相关信息如图1-5所示。

分析图1-5的内容可知，doGetObjectFromFactoryBean()方法返回的就是如图1-5所示的代理对象。至此，我们就找出单元测试的代码context.getBean("logFactoryBean")返回的是一个代理对象的原因了。

图 1-5　DEBUG 调试 factory 变量相关信息示意图

1.2.7　BeanDefinition 是什么

在Java编程中，一切皆为对象，而Java开发工具包（JDK）中的 java.lang.Class 类提供了描述类的基本属性和行为的能力。类似地，在Spring框架中，BeanDefinition 类扮演着核心角色，用于描述和定义Bean的元数据。每当Spring容器需要创建和管理一个Bean时，它都会根据BeanDefinition获取所有必要的信息，包括类信息、作用域、依赖关系、初始化方法、销毁方法等。

那么，为什么Spring不直接使用Class对象来创建Bean的信息呢？原因在于Class对象本身不足以完全抽象和描述一个Bean的所有特性。例如，Bean的作用域（如单例、原型等）、注入模型（如构造器注入、字段注入等）、是否懒加载等配置信息无法直接通过Class对象来表达。因此，BeanDefinition成为Spring框架中更为全面和灵活的元数据描述方式，它不仅包含类信息，还能携带更多的配置细节，从而更好地支持Spring容器的功能需求。

简而言之，BeanDefinition提供了一个更丰富、更详细的Bean描述，使得Spring IoC容器能够根据这些元数据来准确地创建、配置和管理Bean实例。

BeanDefinition包含以下信息：

- 类信息。

  - Bean 的作用域。
  - Bean 的初始化方法。
  - Bean 的销毁方法。
  - Bean 的依赖关系。
  - Bean 的构造参数。
  - Bean 的懒加载信息。
  - Bean 的别名。
  - Bean 的 Primary 信息。
  - Bean 的自动装配模式。

- 其他元数据信息。

BeanDefinition相关类图如图1-6所示。

BeanDefinition接口继承了AttributeAccessor接口和BeanMetadataElement接口。

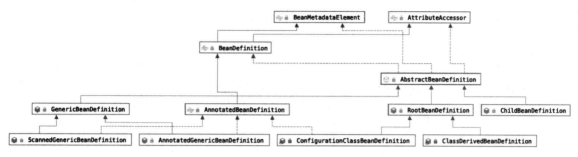

图 1-6　BeanDefinition 相关类图

AttributeAccessor接口是属性访问器，提供了属性访问的能力。AttributeAccessor接口的代码如下：

```java
public interface AttributeAccessor {

    /**
     * 设置属性值
     */
    void setAttribute(String name, @Nullable Object value);

    /**
     * 获取属性值
     */
    @Nullable
    Object getAttribute(String name);

    /**
     * 删除属性值
     */
    @Nullable
    Object removeAttribute(String name);

    /**
     * 如果属性存在，则返回true，否则返回false
     */
    boolean hasAttribute(String name);

    /**
     * 返回所有的属性名
     */
    String[] attributeNames();

}
```

BeanMetadataElement接口用来获取元数据元素的配置源对象，BeanMetadataElement接口的代码如下：

```java
public interface BeanMetadataElement {

    /**
     * 返回元数据元素的配置源信息
     */
    @Nullable
    default Object getSource() {
```

```
            return null;
        }

    }
```

BeanDefinition接口是Spring对Bean定义的抽象，BeanDefinition接口的代码如下：

```java
public interface BeanDefinition extends AttributeAccessor, BeanMetadataElement {

    /**
     * 标准单例范围的范围标识符
     */
    String SCOPE_SINGLETON = ConfigurableBeanFactory.SCOPE_SINGLETON;

    /**
     * 标准原型范围的范围标识符
     */
    String SCOPE_PROTOTYPE = ConfigurableBeanFactory.SCOPE_PROTOTYPE;

    /**
     * 角色提示，指示BeanDefinition是应用程序的主要部分。通常对应于用户定义的Bean
     */
    int ROLE_APPLICATION = 0;

    /**
     * 角色提示，指示BeanDefinition是某些较大配置的支持部分，典型的有外部ComponentDefinition
     */
    int ROLE_SUPPORT = 1;

    /**
     * 角色提示，表明BeanDefinition正在提供完全的后台角色，与最终用户无关
     */
    int ROLE_INFRASTRUCTURE = 2;

    // Modifiable attributes

    /**
     * 如果此BeanDefinition对象存在父对象，则设置父对象的名称
     */
    void setParentName(@Nullable String parentName);

    /**
     * 如果此BeanDefinition对象存在父对象，则返回父对象的名称
     */
    @Nullable
    String getParentName();

    /**
     * 设置此BeanDefinition对象的类名
     */
    void setBeanClassName(@Nullable String beanClassName);

    /**
     * 返回此BeanDefinition对象的类名
     */
    @Nullable
```

```
String getBeanClassName();

/**
 * 覆盖此Bean的目标作用域，并指定一个新的作用域名称
 */
void setScope(@Nullable String scope);

/**
 * 返回此Bean的目标作用域
 */
@Nullable
String getScope();

/**
 * 设置是否应延迟初始化此Bean
 * 如果设置为false，则此Bean将在启动时由Bean工厂进行初始化
 */
void setLazyInit(boolean lazyInit);

/**
 * 返回此Bean是否应该延迟初始化
 */
boolean isLazyInit();

/**
 * 设置该Bean初始化所依赖的Bean，Bean工厂将保证这些依赖的Bean优先被初始化
 */
void setDependsOn(@Nullable String... dependsOn);

/**
 * 返回此Bean依赖的Bean的名称
 */
@Nullable
String[] getDependsOn();

/**
 * 设置此Bean是否适合自动装配到其他Bean
 * 注意，此标志仅影响基于类型的自动装配，它不会影响基于名称的显式引用
 */
void setAutowireCandidate(boolean autowireCandidate);

/**
 * 返回此Bean是否适合自动连接到其他Bean
 */
boolean isAutowireCandidate();

/**
 * 设置此Bean是否为自动装配的主要候选对象
 * 如果其他对象按照类型自动装配时发现有多个符合类型的bean,
 * 则以primary为true的优先。例如，一个应用有多个数据源对象时使用此属性
 */
void setPrimary(boolean primary);

/**
 * 返回此Bean是否为自动装配的主要候选对象
 */
```

```
    boolean isPrimary();

    /**
     * 设置FactoryBean的名称
     */
    void setFactoryBeanName(@Nullable String factoryBeanName);

    /**
     * 返回FactoryBean的名称
     */
    @Nullable
    String getFactoryBeanName();

    /**
     * 指定工厂方法。此方法将在执行的FactoryBean上被调用
     */
    void setFactoryMethodName(@Nullable String factoryMethodName);

    /**
     * 返回工厂方法的名称
     */
    @Nullable
    String getFactoryMethodName();

    /**
     * 返回此Bean的构造器参数值
     */
    ConstructorArgumentValues getConstructorArgumentValues();

    /**
     * 如果为此Bean定义了构造器参数值，则返回true，否则返回false
     */
    default boolean hasConstructorArgumentValues() {
        return !getConstructorArgumentValues().isEmpty();
    }

    /**
     * 返回要应用于新的Bean实例的属性值
     */
    MutablePropertyValues getPropertyValues();

    /**
     * 返回是否为此Bean定义属性值
     */
    default boolean hasPropertyValues() {
        return !getPropertyValues().isEmpty();
    }

    /**
     * 设置初始化方法的名称
     */
    void setInitMethodName(@Nullable String initMethodName);

    /**
     * 获取初始化方法的名称
     */
```

```java
@Nullable
String getInitMethodName();

/**
 * 设置destroy方法的名称
 */
void setDestroyMethodName(@Nullable String destroyMethodName);

/**
 * 获取destroy方法的名称
 */
@Nullable
String getDestroyMethodName();

/**
 * 设置此BeanDefinition的角色提示
 * 角色提示为框架和工具提供了BeanDefinition的角色和重要性的指示
 */
void setRole(int role);

/**
 * 返回此BeanDefinition的角色提示
 */
int getRole();

/**
 * 设置此BeanDefinition的可读描述
 */
void setDescription(@Nullable String description);

/**
 * 返回此BeanDefinition的可读描述
 */
@Nullable
String getDescription();


// Read-only attributes

/**
 * 根据Bean的类信息或其他特定的元数据，返回此BeanDefinition的可解析类型
 */
ResolvableType getResolvableType();

/**
 * 是否为单例模式
 */
boolean isSingleton();

/**
 * 是否为原型模式
 */
boolean isPrototype();

/**
 * 返回此Bean是否为“抽象的”，即不打算实例化
 */
```

```
    boolean isAbstract();

    /**
     * 返回此BeanDefinition的资源的描述（以在发生错误的情况下显示上下文）
     */
    @Nullable
    String getResourceDescription();

    /**
     * 返回原始的BeanDefinition
     */
    @Nullable
    BeanDefinition getOriginatingBeanDefinition();
}
```

下面将通过XML文件配置Bean的方式讲解Spring对BeanDefinition的解析过程。

BeanDefinitionReader接口是解析并加载用户配置的Bean信息的基本接口。加载Bean的大致步骤如下：

步骤 01 加载资源。通过配置文件的路径加载对应的配置信息。

步骤 02 解析资源。解析配置文件的内容得到具体的BeanDefinition对象。

BeanDefinitionReader接口的代码如下：

```
public interface BeanDefinitionReader {

    /**
     * 返回注册BeanDefinition的Bean工厂
     * 这个工厂通过BeanDefinitionRegistry接口暴露，封装与Bean定义相关的方法
     */
    BeanDefinitionRegistry getRegistry();

    /**
     * 返回资源加载器以用于资源位置
     */
    @Nullable
    ResourceLoader getResourceLoader();

    /**
     * 返回Bean的类加载器
     */
    @Nullable
    ClassLoader getBeanClassLoader();

    /**
     * 返回未显式指定Bean名称的匿名Bean的名称生成器
     */
    BeanNameGenerator getBeanNameGenerator();

    /**
     * 从指定的资源加载BeanDefinition对象
     */
    int loadBeanDefinitions(Resource resource) throws BeanDefinitionStoreException;
```

```
    /**
     * 从指定的多个资源加载BeanDefinition对象
     */
    int loadBeanDefinitions(Resource... resources) throws BeanDefinitionStoreException;

    /**
     * 从指定的资源加载BeanDefinition对象
     */
    int loadBeanDefinitions(String location) throws BeanDefinitionStoreException;

    /**
     * 从指定的多个资源加载BeanDefinition对象
     */
    int loadBeanDefinitions(String... locations) throws BeanDefinitionStoreException;

}
```

AbstractBeanDefinitionReader类是BeanDefinitionReader 接口的一个实现类。在1.2.6节的单元测试FactoryBeanTest中，代码执行流程将进入AbstractBeanDefinitionReader类的loadBeanDefinitions(String... locations)方法中。loadBeanDefinitions(String... locations)方法的代码如下：

```
@Override
public int loadBeanDefinitions(String... locations) throws BeanDefinitionStoreException {
    Assert.notNull(locations, "Location array must not be null");
    int count = 0;
    for (String location : locations) {
        count += loadBeanDefinitions(location);
    }
    return count;
}
```

从loadBeanDefinitions(String... locations)方法的参数可知，此方法可以接收一个或多个参数，也就是说，可以按照一个或多个资源文件的地址加载Bean。该方法会循环遍历每个资源文件的地址，并调用重载的 loadBeanDefinitions(String location) 方法实现对每个 Bean 定义的加载。loadBeanDefinitions(String location)方法的代码如下：

```
@Override
public int loadBeanDefinitions(String location) throws BeanDefinitionStoreException {
    return loadBeanDefinitions(location, null);
}
```

loadBeanDefinitions(location) 方法会调用另一个重载的 loadBeanDefinitions(String location, @Nullable Set<Resource> actualResources)方法实现Bean的加载。该重载的方法代码如下：

```
public int loadBeanDefinitions(String location, @Nullable Set<Resource> actualResources)
throws BeanDefinitionStoreException {
        // 获取资源加载器，如从classpath或文件系统加载资源
        ResourceLoader resourceLoader = getResourceLoader();
        // 如果resourceLoader为空，则抛出异常
        if (resourceLoader == null) {
            throw new BeanDefinitionStoreException(
                    "Cannot load bean definitions from location [" + location + "]: no
ResourceLoader available");
```

```
        }
        // 由于单元测试使用的资源文件以classpath开头
        // 因此ResourcePatternResolver接口可以解析以classpath开头的表达式
        if (resourceLoader instanceof ResourcePatternResolver) {
            // Resource pattern matching available.
            try {
                // 解析得到资源文件
                Resource[] resources = ((ResourcePatternResolver)
resourceLoader).getResources(location);
                // 调用重载的loadBeanDefinitions方法解析资源，加载Bean
                int count = loadBeanDefinitions(resources);
                if (actualResources != null) {
                    Collections.addAll(actualResources, resources);
                }
                if (logger.isTraceEnabled()) {
                    logger.trace("Loaded " + count + " bean definitions from location
pattern [" + location + "]");
                }
                return count;
            }
            catch (IOException ex) {
                throw new BeanDefinitionStoreException(
                        "Could not resolve bean definition resource pattern [" + location
+ "]", ex);
            }
        }
        else {
            // 按照URL的绝对路径加载单个资源
            Resource resource = resourceLoader.getResource(location);
            // 调用重载的loadBeanDefinitions方法解析资源，加载Bean
            int count = loadBeanDefinitions(resource);
            if (actualResources != null) {
                actualResources.add(resource);
            }
            if (logger.isTraceEnabled()) {
                logger.trace("Loaded " + count + " bean definitions from location [" +
location + "]");
            }
            return count;
        }
    }
```

loadBeanDefinitions(String location)调用重载的loadBeanDefinitions(Resource... resources)方法，代码如下：

```
@Override
public int loadBeanDefinitions(Resource... resources) throws BeanDefinitionStoreException {
    Assert.notNull(resources, "Resource array must not be null");
    int count = 0;
    // 加载每一个resource资源中的Bean
    for (Resource resource : resources) {
```

```
        count += loadBeanDefinitions(resource);
    }
    return count;
}
```

loadBeanDefinitions(Resource... resources)方法调用XmlBeanDefinitionReader类的loadBeanDefinitions (Resource resource)方法从XML文件中解析Bean。代码如下：

```
@Override
public int loadBeanDefinitions(Resource resource) throws BeanDefinitionStoreException {
    return loadBeanDefinitions(new EncodedResource(resource));
}
```

loadBeanDefinitions(Resource resource)方法调用XmlBeanDefinitionReader类的重载方法loadBeanDefinitions(EncodedResource encodedResource)从XML文件中解析Bean。代码如下：

```
public int loadBeanDefinitions(EncodedResource encodedResource) throws
BeanDefinitionStoreException {
    Assert.notNull(encodedResource, "EncodedResource must not be null");
    if (logger.isTraceEnabled()) {
        logger.trace("Loading XML bean definitions from " + encodedResource);
    }
    // 取得已加载的资源的集合，用于记录已加载的资源
    Set<EncodedResource> currentResources = this.resourcesCurrentlyBeingLoaded.get();
    // 将当前资源加入集合，如果该资源已被加载，抛出异常
    if (!currentResources.add(encodedResource)) {
        throw new BeanDefinitionStoreException(
            "Detected cyclic loading of " + encodedResource + " - check your import
definitions!");
    }
    // 将资源转换成流
    try (InputStream inputStream = encodedResource.getResource().getInputStream()) {
        InputSource inputSource = new InputSource(inputStream);
        if (encodedResource.getEncoding() != null) {
            通过流创建 InputSource对象，并设置编码
            inputSource.setEncoding(encodedResource.getEncoding());
        }
        // 通过 InputSource 加载 Bean
        return doLoadBeanDefinitions(inputSource, encodedResource.getResource());
    }
    catch (IOException ex) {
        throw new BeanDefinitionStoreException(
            "IOException parsing XML document from " + encodedResource.getResource(), ex);
    }
    finally {
        // 移除已完成解析的资源
        currentResources.remove(encodedResource);
        // 若集合为空，则一并删除
        if (currentResources.isEmpty()) {
            this.resourcesCurrentlyBeingLoaded.remove();
        }
    }
}
```

loadBeanDefinitions(Resource resource)方法首先解析XML文件，然后对Bean进行注册。代码如下：

```
protected int doLoadBeanDefinitions(InputSource inputSource, Resource resource)
        throws BeanDefinitionStoreException {

    try {
        // 解析 XML 文件
        Document doc = doLoadDocument(inputSource, resource);
        // 注册 Bean
        int count = registerBeanDefinitions(doc, resource);
        if (logger.isDebugEnabled()) {
            logger.debug("Loaded " + count + " bean definitions from " + resource);
        }
        return count;
    }
    catch (BeanDefinitionStoreException ex) {
        throw ex;
    }
    catch (SAXParseException ex) {
        throw new XmlBeanDefinitionStoreException(resource.getDescription(),
                "Line " + ex.getLineNumber() + " in XML document from " + resource + "
is invalid", ex);
    }
    catch (SAXException ex) {
        throw new XmlBeanDefinitionStoreException(resource.getDescription(),
                "XML document from " + resource + " is invalid", ex);
    }
    catch (ParserConfigurationException ex) {
        throw new BeanDefinitionStoreException(resource.getDescription(),
                "Parser configuration exception parsing XML from " + resource, ex);
    }
    catch (IOException ex) {
        throw new BeanDefinitionStoreException(resource.getDescription(),
                "IOException parsing XML document from " + resource, ex);
    }
    catch (Throwable ex) {
        throw new BeanDefinitionStoreException(resource.getDescription(),
                "Unexpected exception parsing XML document from " + resource, ex);
    }
}
```

loadBeanDefinitions(Resource resource)方法调用registerBeanDefinitions()方法实现Bean的注册。代码如下：

```
public int registerBeanDefinitions(Document doc, Resource resource) throws
BeanDefinitionStoreException {
    // 利用documentReader对配置文件的内容进行解析
    BeanDefinitionDocumentReader documentReader = createBeanDefinitionDocumentReader();
    // 取得已经注册的BeanDefinition
    int countBefore = getRegistry().getBeanDefinitionCount();
    // 注册BeanDefinition (包含解析过程)
    documentReader.registerBeanDefinitions(doc, createReaderContext(resource));
```

```
        return getRegistry().getBeanDefinitionCount() - countBefore;
    }
```

registerBeanDefinitions()方法调用DefaultBeanDefinitionDocumentReader类的registerBeanDefinitions()方法实现XML的解析。代码如下：

```
@Override
public void registerBeanDefinitions(Document doc, XmlReaderContext readerContext) {
    this.readerContext = readerContext;
    doRegisterBeanDefinitions(doc.getDocumentElement());
}
```

registerBeanDefinitions()方法的核心逻辑是通过调用doRegisterBeanDefinitions()方法实现的。doRegisterBeanDefinitions()方法的代码如下：

```
protected void doRegisterBeanDefinitions(Element root) {

    BeanDefinitionParserDelegate parent = this.delegate;
    this.delegate = createDelegate(getReaderContext(), root, parent);

    if (this.delegate.isDefaultNamespace(root)) {
        String profileSpec = root.getAttribute(PROFILE_ATTRIBUTE);
        if (StringUtils.hasText(profileSpec)) {
            String[] specifiedProfiles = StringUtils.tokenizeToStringArray(
                    profileSpec,
BeanDefinitionParserDelegate.MULTI_VALUE_ATTRIBUTE_DELIMITERS);
            // We cannot use Profiles.of(...) since profile expressions are not supported
            // in XML config. See SPR-12458 for details.
            if (!getReaderContext().getEnvironment().
acceptsProfiles(specifiedProfiles)) {
                if (logger.isDebugEnabled()) {
                    logger.debug("Skipped XML bean definition file due to specified
profiles [" + profileSpec +
                        "] not matching: " + getReaderContext().getResource());
                }
                return;
            }
        }
    }

    preProcessXml(root);
    parseBeanDefinitions(root, this.delegate);
    postProcessXml(root);

    this.delegate = parent;
}
```

doRegisterBeanDefinitions()方法调用parseBeanDefinitions()方法解析XML中的DOM元素。代码如下：

```
protected void parseBeanDefinitions(Element root, BeanDefinitionParserDelegate delegate) {
    if (delegate.isDefaultNamespace(root)) {
        NodeList nl = root.getChildNodes();
        for (int i = 0; i < nl.getLength(); i++) {
```

```
                Node node = nl.item(i);
                if (node instanceof Element) {
                    Element ele = (Element) node;
                    if (delegate.isDefaultNamespace(ele)) {
                        // 解析默认的元素标签
                        parseDefaultElement(ele, delegate);
                    }
                    else {
                        // 解析自定义的元素标签
                        delegate.parseCustomElement(ele);
                    }
                }
            }
        }
    else {
        // 解析自定义的元素标签
        delegate.parseCustomElement(root);
    }
}
```

本例中将调用parseDefaultElement()方法对Spring定义的默认标签进行解析。代码如下：

```
private void parseDefaultElement(Element ele, BeanDefinitionParserDelegate delegate) {
    // 解析import标签
    if (delegate.nodeNameEquals(ele, IMPORT_ELEMENT)) {
        importBeanDefinitionResource(ele);
    }
    // 解析alias标签
    else if (delegate.nodeNameEquals(ele, ALIAS_ELEMENT)) {
        processAliasRegistration(ele);
    }
    // 解析bean标签
    else if (delegate.nodeNameEquals(ele, BEAN_ELEMENT)) {
        processBeanDefinition(ele, delegate);
    }
    // 解析beans标签
    else if (delegate.nodeNameEquals(ele, NESTED_BEANS_ELEMENT)) {
        // recurse
        doRegisterBeanDefinitions(ele);
    }
}
```

当开发人员使用<bean/>标签配置Bean时，将会调用processBeanDefinition()方法处理<bean/>标签相关的配置。processBeanDefinition()方法的代码如下：

```
protected void processBeanDefinition(Element ele, BeanDefinitionParserDelegate delegate) {
    // 创建BeanDefinitionHolder对象用于保存Bean的名称和别名等信息
    BeanDefinitionHolder bdHolder = delegate.parseBeanDefinitionElement(ele);
    if (bdHolder != null) {
        // 按需装饰BeanDefinitionHolder对象
        bdHolder = delegate.decorateBeanDefinitionIfRequired(ele, bdHolder);
        try {
```

```
                // 注册BeanDefinition对象
                BeanDefinitionReaderUtils.registerBeanDefinition(bdHolder,
getReaderContext().getRegistry());
            }
            catch (BeanDefinitionStoreException ex) {
                getReaderContext().error("Failed to register bean definition with name '" +
                        bdHolder.getBeanName() + "'", ele, ex);
            }
            // 发送注册事件
            getReaderContext().fireComponentRegistered(new
BeanComponentDefinition(bdHolder));
        }
    }
```

其中，BeanDefinitionParserDelegate类的parseBeanDefinitionElement()方法用于创建并保存BeanDefinition对象。该方法的代码如下：

```
@Nullable
public BeanDefinitionHolder parseBeanDefinitionElement(Element ele) {
    return parseBeanDefinitionElement(ele, null);
}
```

parseBeanDefinitionElement() 方 法 会 调 用 重 载 的 parseBeanDefinitionElement(Element ele, @Nullable BeanDefinition containingBean)方法创建一个BeanDefinitionHolder对象。代码如下：

```
@Nullable
public BeanDefinitionHolder parseBeanDefinitionElement(Element ele, @Nullable
BeanDefinition containingBean) {
    // 获取id属性
    String id = ele.getAttribute(ID_ATTRIBUTE);
    // 获取name属性
    String nameAttr = ele.getAttribute(NAME_ATTRIBUTE);
    // Bean的别名
    List<String> aliases = new ArrayList<>();
    if (StringUtils.hasLength(nameAttr)) {
        String[] nameArr = StringUtils.tokenizeToStringArray(nameAttr,
MULTI_VALUE_ATTRIBUTE_DELIMITERS);
        aliases.addAll(Arrays.asList(nameArr));
    }

    String beanName = id;
    // 处理Bean名称为空的情况
    if (!StringUtils.hasText(beanName) && !aliases.isEmpty()) {
        beanName = aliases.remove(0);
        if (logger.isTraceEnabled()) {
            logger.trace("No XML 'id' specified - using '" + beanName +
                    "' as bean name and " + aliases + " as aliases");
        }
    }
    // 校验Bean名称和别名的唯一性
    if (containingBean == null) {
        checkNameUniqueness(beanName, aliases, ele);
```

```
        }
        // 创建AbstractBeanDefinition对象
        AbstractBeanDefinition beanDefinition = parseBeanDefinitionElement(ele, beanName,
containingBean);
        if (beanDefinition != null) {
            // 处理Bean名称为空的情况
            if (!StringUtils.hasText(beanName)) {
                try {
                    if (containingBean != null) {
                        beanName = BeanDefinitionReaderUtils.generateBeanName(
                                beanDefinition, this.readerContext.getRegistry(), true);
                    }
                    else {
                        beanName = this.readerContext.generateBeanName(beanDefinition);
                        String beanClassName = beanDefinition.getBeanClassName();
                        if (beanClassName != null &&
                                beanName.startsWith(beanClassName) && beanName.length() >
                                beanClassName.length() &&!this.readerContext.getRegistry().
                                isBeanNameInUse(beanClassName)) {
                            aliases.add(beanClassName);
                        }
                    }
                    if (logger.isTraceEnabled()) {
                        logger.trace("Neither XML 'id' nor 'name' specified - " +
                                "using generated bean name [" + beanName + "]");
                    }
                }
                catch (Exception ex) {
                    error(ex.getMessage(), ele);
                    return null;
                }
            }
            // 保存Bean的别名
            String[] aliasesArray = StringUtils.toStringArray(aliases);
            // 创建BeanDefinitionHolder对象，保存BeanDefinition、Bean名称和Bean别名
            return new BeanDefinitionHolder(beanDefinition, beanName, aliasesArray);
        }

    return null;
}
```

parseBeanDefinitionElement()方法调用parseBeanDefinitionElement()方法解析BeanDefinition对象。代码如下：

```
@Nullable
public AbstractBeanDefinition parseBeanDefinitionElement(
        Element ele, String beanName, @Nullable BeanDefinition containingBean) {

    this.parseState.push(new BeanEntry(beanName));
    // 解析class属性
    String className = null;
    if (ele.hasAttribute(CLASS_ATTRIBUTE)) {
```

```
        className = ele.getAttribute(CLASS_ATTRIBUTE).trim();
    }
    // 解析parent属性
    String parent = null;
    if (ele.hasAttribute(PARENT_ATTRIBUTE)) {
        parent = ele.getAttribute(PARENT_ATTRIBUTE);
    }

    try {
        // 创建AbstractBeanDefinition对象
        AbstractBeanDefinition bd = createBeanDefinition(className, parent);
        // 解析Bean的属性，如singleton、scope、lazy-init等属性
        parseBeanDefinitionAttributes(ele, beanName, containingBean, bd);
        // 解析description信息
        bd.setDescription(DomUtils.getChildElementValueByTagName(ele,
DESCRIPTION_ELEMENT));
        // 解析原信息，即meta配置
        parseMetaElements(ele, bd);
        // 解析lookup-method配置
        parseLookupOverrideSubElements(ele, bd.getMethodOverrides());
        // 解析replaced-method配置
        parseReplacedMethodSubElements(ele, bd.getMethodOverrides());
        // 解析constructor-arg配置
        parseConstructorArgElements(ele, bd);
        // 解析property配置
        parsePropertyElements(ele, bd);
        // 解析qualifier配置
        parseQualifierElements(ele, bd);

        bd.setResource(this.readerContext.getResource());
        bd.setSource(extractSource(ele));

        return bd;
    }
    catch (ClassNotFoundException ex) {
        error("Bean class [" + className + "] not found", ele, ex);
    }
    catch (NoClassDefFoundError err) {
        error("Class that bean class [" + className + "] depends on not found", ele, err);
    }
    catch (Throwable ex) {
        error("Unexpected failure during bean definition parsing", ele, ex);
    }
    finally {
        this.parseState.pop();
    }

    return null;
}
```

processBeanDefinition() 方 法 调 用 registerBeanDefinition() 方 法 实 现 Bean 的 注 册 功 能 ，registerBeanDefinition()方法的代码如下：

```java
public static void registerBeanDefinition(
        BeanDefinitionHolder definitionHolder, BeanDefinitionRegistry registry)
        throws BeanDefinitionStoreException {
    // 获取Bean的名称
    String beanName = definitionHolder.getBeanName();
    // 注册BeanDefinition对象
    registry.registerBeanDefinition(beanName, definitionHolder.getBeanDefinition());
    // 获取Bean的别名
    String[] aliases = definitionHolder.getAliases();
    if (aliases != null) {
        for (String alias : aliases) {
            // 注册Bean名称对应的别名
            registry.registerAlias(beanName, alias);
        }
    }
}
```

registerBeanDefinition()方法调用BeanDefinitionRegistry对象的registerBeanDefinition()方法注册BeanDefinition对象。代码如下：

```java
@Override
public void registerBeanDefinition(String beanName, BeanDefinition beanDefinition)
        throws BeanDefinitionStoreException {
    this.beanFactory.registerBeanDefinition(beanName, beanDefinition);
}
```

registerBeanDefinition()方法调用BeanFactory对象的registerBeanDefinition()方法注册Bean对象。代码如下：

```java
@Override
public void registerBeanDefinition(String beanName, BeanDefinition beanDefinition)
        throws BeanDefinitionStoreException {
    Assert.hasText(beanName, "Bean name must not be empty");
    Assert.notNull(beanDefinition, "BeanDefinition must not be null");

    if (beanDefinition instanceof AbstractBeanDefinition) {
        try {
            ((AbstractBeanDefinition) beanDefinition).validate();
        }
        catch (BeanDefinitionValidationException ex) {
            throw new
BeanDefinitionStoreException(beanDefinition.getResourceDescription(), beanName,
                    "Validation of bean definition failed", ex);
        }
    }
    // beanDefinitionMap是Bean名称与BeanDefinition对象的映射集合
    // 从beanDefinitionMap中按Bean名称查找BeanDefinition对象
    BeanDefinition existingDefinition = this.beanDefinitionMap.get(beanName);
    // 如果BeanDefinition对象已经存在于beanDefinitionMap集合中
    if (existingDefinition != null) {
        if (!isAllowBeanDefinitionOverriding()) {
```

```
                    throw new BeanDefinitionOverrideException(beanName, beanDefinition,
existingDefinition);
                }
            else if (existingDefinition.getRole() < beanDefinition.getRole()) {
                // e.g. was ROLE_APPLICATION, now overriding with ROLE_SUPPORT or
ROLE_INFRASTRUCTURE
                if (logger.isInfoEnabled()) {
                    logger.info("Overriding user-defined bean definition for bean '" +
beanName +
                            "' with a framework-generated bean definition: replacing [" +
                            existingDefinition + "] with [" + beanDefinition + "]");
                }
            }
            else if (!beanDefinition.equals(existingDefinition)) {
                if (logger.isDebugEnabled()) {
                    logger.debug("Overriding bean definition for bean '" + beanName +
                        "' with a different definition: replacing [" +
                        existingDefinition + "] with [" + beanDefinition + "]");
                }
            }
            else {
                if (logger.isTraceEnabled()) {
                    logger.trace("Overriding bean definition for bean '" + beanName +
                        "' with an equivalent definition: replacing [" +
                        existingDefinition + "] with [" + beanDefinition + "]");
                }
            }
            this.beanDefinitionMap.put(beanName, beanDefinition);
        }
        // 如果BeanDefinition对象不存在于beanDefinitionMap集合中
        else {
            // 如果Bean已经被创建
            if (hasBeanCreationStarted()) {
                // Cannot modify startup-time collection elements anymore (for stable
iteration)
                synchronized (this.beanDefinitionMap) {
                    this.beanDefinitionMap.put(beanName, beanDefinition);
                    List<String> updatedDefinitions = new
ArrayList<>(this.beanDefinitionNames.size() + 1);
                    updatedDefinitions.addAll(this.beanDefinitionNames);
                    updatedDefinitions.add(beanName);
                    this.beanDefinitionNames = updatedDefinitions;
                    removeManualSingletonName(beanName);
                }
            }
            // 如果Bean尚未被创建
            else {
                // 将Bean名称和BeanDefinition对象保存在beanDefinitionMap集合中
                this.beanDefinitionMap.put(beanName, beanDefinition);
                // 将Bean名称保存在beanDefinitionNames集合中
                this.beanDefinitionNames.add(beanName);
                removeManualSingletonName(beanName);
            }
            this.frozenBeanDefinitionNames = null;
        }
```

```
        if (existingDefinition != null || containsSingleton(beanName)) {
            resetBeanDefinition(beanName);
        }
        else if (isConfigurationFrozen()) {
            clearByTypeCache();
        }
    }
```

通过对以上代码的分析可知，Bean 名称与 BeanDefinition 对象的映射关系会被保存在 beanDefinitionMap集合中，Bean 名称会被保存在beanDefinitionNames集合中。beanDefinitionMap集合和beanDefinitionNames集合的代码分别如下：

```
/** Map of bean definition objects, keyed by bean name. */
private final Map<String, BeanDefinition> beanDefinitionMap = new
ConcurrentHashMap<>(256);
/** List of bean definition names, in registration order. */
private volatile List<String> beanDefinitionNames = new ArrayList<>(256);
```

Bean的别名注册是通过调用registerAlias()方法实现的。代码如下：

```
@Override
public void registerAlias(String beanName, String alias) {
    this.beanFactory.registerAlias(beanName, alias);
}
```

registerAlias()方法会调用SimpleAliasRegistry类的registerAlias()方法将Bean名称和别名保存在aliasMap集合中。代码如下：

```
@Override
public void registerAlias(String name, String alias) {
    Assert.hasText(name, "'name' must not be empty");
    Assert.hasText(alias, "'alias' must not be empty");
    synchronized (this.aliasMap) {
        if (alias.equals(name)) {
            this.aliasMap.remove(alias);
            if (logger.isDebugEnabled()) {
                logger.debug("Alias definition '" + alias + "' ignored since it points
to same name");
            }
        }
        else {
            String registeredName = this.aliasMap.get(alias);
            if (registeredName != null) {
                if (registeredName.equals(name)) {
                    // An existing alias - no need to re-register
                    return;
                }
                if (!allowAliasOverriding()) {
                    throw new IllegalStateException("Cannot define alias '" + alias +
"' for name '" +
                            name + "': It is already registered for name '" +
registeredName + "'.");
                }
                if (logger.isDebugEnabled()) {
                    logger.debug("Overriding alias '" + alias + "' definition for
registered name '" +
```

```
                                      registeredName + "' with new target name '" + name + "'");
                }
            }
            checkForAliasCircle(name, alias);
            this.aliasMap.put(alias, name);
            if (logger.isTraceEnabled()) {
                logger.trace("Alias definition '" + alias + "' registered for name '" +
name + "'");
            }
        }
    }
}
```

aliasMap是保存Bean名称和别名映射关系的集合，其代码如下：

```
/** Map from alias to canonical name. */
private final Map<String, String> aliasMap = new ConcurrentHashMap<>(16);
```

至此，就完成了Spring对一个Bean的解析和注册的过程。大体执行流程如图1-7所示。

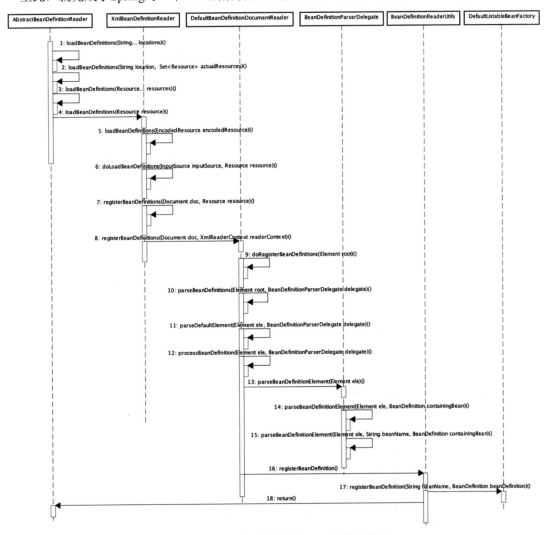

图 1-7　Spring 解析和注册 Bean 过程示意图

1.2.8   ApplicationContext 是什么

ApplicationContext接口是BeanFactory接口的子接口，通常可称之为应用上下文/上下文。ApplicationContext接口在BeanFactory接口的基础上提供了更加丰富的企业级服务，如解析配置文本信息、国际化支持等功能。

ApplicationContext接口的声明如下：

```
public interface ApplicationContext extends EnvironmentCapable, ListableBeanFactory,
        HierarchicalBeanFactory, MessageSource, ApplicationEventPublisher,
        ResourcePatternResolver
```

ApplicationContext是Spring框架中非常核心的一个接口，它是Spring IoC容器的高级实现，为应用程序提供了配置元数据的管理，Bean的创建、配置和管理等一系列功能。

ApplicationContext接口提供以下功能：

- 用于访问应用程序组件的Bean工厂方法。继承自ListableBeanFactory接口。
- 以通用方式加载文件资源的能力。继承自ResourceLoader接口。
- 可以将事件发布给注册的侦听者。继承自ApplicationEventPublisher接口。
- 支持消息处理，支持国际化。继承自MessageSource接口。
- 从父上下文继承。在子上下文中的定义将始终有高优先级。例如，整个Web应用程序都可以使用同一个父上下文，而每个Servlet都具有自己的子上下文，该子上下文独立于任何其他Servlet的子上下文。

在Spring应用运行时，ApplicationContext通过加载配置文件或注解信息为应用提供了一个高度可配置的运行环境，这个环境中的Bean的定义和配置信息默认是静态的，即一旦容器初始化完成，这些配置信息就被视为只读。尽管默认情况下ApplicationContext不支持动态重新加载配置，Spring框架提供了一些机制来支持配置信息的动态更新，以适应那些需要在运行时修改配置的场景。以下是几种常见的实现配置动态更新的方法。

- 使用refresh()方法：对于一些实现了ConfigurableApplicationContext接口的实现类，例如AbstractApplicationContext，可以调用refresh()方法来重新加载配置。但此方法会导致容器关闭后再重新启动，所有单例Bean会被销毁并重新创建，以此实现配置的更新。然而，这种方法较为粗暴，适用于不频繁的配置变更，并且开发人员需要特别注意处理Bean销毁和创建过程中的资源管理，从而避免潜在的资源泄露等问题。
- 使用Spring Cloud Config Server：在微服务架构中，Spring Cloud Config Server 提供了中心化的配置管理，支持配置的动态推送和客户端自动刷新。应用程序作为Config Server的客户端，可以在接收到Config Server的配置更新通知后，通过Actuator的/refresh端点来刷新配置，实现配置的无重启更新。
- 使用Spring Boot Actuator的Endpoint：Spring Boot Actuator提供了一系列端点，其中包括/refresh端点，允许开发者通过HTTP请求触发配置的重新加载。这要求应用使用Spring Cloud Config Client或其他机制来监听配置变化，并且配置了相应的自动刷新逻辑。
- 使用@RefreshScope注解：在Spring Cloud开发环境中，对于需要动态刷新的Bean，可以在其定义处增加@RefreshScope注解。当配置更新时，被该注解标记的Bean将会被重新创建，而不需要重启整个应用。

除标准的BeanFactory生命周期功能外，ApplicationContext实现了检测并调用ApplicationContextAware、
ResourceLoaderAware 、 ApplicationEventPublisherAware 和 MessageSourceAware 等 Bean 的 功 能 。
ApplicationContext类图如图1-8所示。下面将对ApplicationContext的各个父接口进行分析。

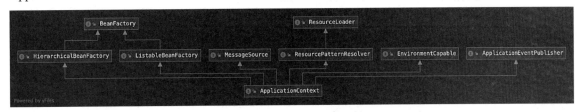

图 1-8　ApplicationContext 类图

由图1-8可知，ApplicationContext接口是BeanFactory的子接口。有关BeanFactory接口的功能可参
考1.2.5节。

ResourceLoader接口是用于加载资源（例如类路径或文件系统资源）的策略接口，通常需要结合
ApplicationContext接口和ResourcePatternResolver接口使用。ResourceLoader接口的代码如下：

```
public interface ResourceLoader {
    /** 表示从从类路径加载资源的伪URL前缀，如"classpath:" */
    String CLASSPATH_URL_PREFIX = ResourceUtils.CLASSPATH_URL_PREFIX;

    /**
     * 返回指定资源位置的资源句柄
     */
    Resource getResource(String location);

    /**
     * 返回ResourceLoader使用的类加载器
     */
    @Nullable
    ClassLoader getClassLoader();

}
```

ResourcePatternResolver接口继承自ResourceLoader接口，该接口是一个策略接口，用于将位置模
式（例如Ant风格的路径模式）解析为Resource对象。该接口仅指定转换方法，并不是特定的模式格
式。ResourcePatternResolver接口的代码如下：

```
public interface ResourcePatternResolver extends ResourceLoader {
    /**
     * 类路径中所有匹配资源的伪URL前缀，如classpath*:
     * 这与ResourceLoader的类路径URL前缀不同，
     * 因为它会检索给定名称（例如/beans.xml）的所有匹配资源，
     * 例如在所有已部署的JAR文件的根目录中检索
     */
    String CLASSPATH_ALL_URL_PREFIX = "classpath*:";

    /**
     * 将给定的位置模式解析为Resource对象
     */
```

```
        Resource[] getResources(String locationPattern) throws IOException;

    }
```

HierarchicalBeanFactory接口是BeanFactory的子接口。当需要使用有层级体系的容器时，应该使用此接口。此接口的getParentBeanFactory()方法可以得到此工厂的父工厂对象，但是设置工厂的父工厂的方法却没有在此接口中，而是在ConfigurableBeanFactory中。HierarchicalBeanFactory接口的代码如下：

```
public interface HierarchicalBeanFactory extends BeanFactory {
    /**
     * 返回当前工厂的父工厂对象
     */
    BeanFactory getParentBeanFactory();

    /**
     * 检测当前BeanFactory中是否包含指定名字的Bean
     * 不去检测其父工厂中是否包含该Bean
     */
    boolean containsLocalBean(String name);

}
```

ListableBeanFactory接口是BeanFactory的子接口。此接口可以枚举其所有Bean实例，而不是按名称一一查找对应的Bean。ListableBeanFactory接口的代码如下：

```
public interface ListableBeanFactory extends BeanFactory {
    /**
     * 检查此Bean工厂是否包含给定Bean名称对应的BeanDefinition对象
     */
    boolean containsBeanDefinition(String beanName);

    /**
     * 返回此工厂所有的BeanDefinition对象总数
     */
    int getBeanDefinitionCount();

    /**
     * 返回此工厂中所有Bean的名称
     */
    String[] getBeanDefinitionNames();

    /**
     * 根据Bean的类型获取Bean
     */
    String[] getBeanNamesForType(ResolvableType type);

    /**
     * 返回与给定类型（包括子类）匹配的Bean的名称，
     * 根据Bean定义或getObjectType()方法的返回值判断
     */
    String[] getBeanNamesForType(ResolvableType type, boolean includeNonSingletons,
boolean allowEagerInit);
```

```
    /**
     * 返回与给定类型（包括子类）匹配的Bean的名称
     */
    String[] getBeanNamesForType(@Nullable Class<?> type);

    /**
     * 返回与给定类型（包括子类）匹配的Bean的名称
     */
    String[] getBeanNamesForType(@Nullable Class<?> type, boolean includeNonSingletons,
boolean allowEagerInit);

    /**
     * 返回与给定对象（包括子类）匹配的Bean实例
     */
    <T> Map<String, T> getBeansOfType(@Nullable Class<T> type) throws BeansException;

    /**
     * 返回与给定对象（包括子类）匹配的Bean实例
     */
    <T> Map<String, T> getBeansOfType(@Nullable Class<T> type, boolean includeNonSingletons,
boolean allowEagerInit)
            throws BeansException;

    /**
     * 查找所有使用提供的注解类型进行注释的Bean名称，而不创建相应的Bean实例
     */
    String[] getBeanNamesForAnnotation(Class<? extends Annotation> annotationType);

    /**
     * 查找所有使用提供的注解类型进行注释的Bean,
     * 返回带有Bean名称与Bean实例的Map集合对象
     */
    Map<String, Object> getBeansWithAnnotation(Class<? extends Annotation> annotationType)
throws BeansException;

    /**
     * 在指定的Bean上找到对应的注解类型
     */
    @Nullable
    <A extends Annotation> A findAnnotationOnBean(String beanName, Class<A> annotationType)
            throws NoSuchBeanDefinitionException;

}
```

ApplicationEventPublisher接口是封装事件发布功能的接口。ApplicationEventPublisher接口的代码
如下：

```
@FunctionalInterface
public interface ApplicationEventPublisher {

    /**
     * 向此应用程序注册的所有监听器通知一个应用程序事件
     */
    default void publishEvent(ApplicationEvent event) {
        publishEvent((Object) event);
```

```
    }
    /**
     * 唤醒此应用程序符合条件的监听器
     */
    void publishEvent(Object event);
}
```

实现了 EnvironmentCapable 接口的类都有一个 Environment 类型的属性，并且可以通过
getEnvironment() 方法取得。Spring 中所有的应用上下文类都实现了 EnvironmentCapable 接口。
EnvironmentCapable 接口的代码如下：

```
public interface EnvironmentCapable {
    /**
     * 返回与此组件关联的Environment对象
     */
    Environment getEnvironment();
}
```

getEnvironment() 方法返回 Environment 接口对象，该接口继承了 PropertyResolver 接口。
Environment 接口有 StandardEnvironment 和 StandardServletEnvironment 等实现类，分别用于非 Web 应用
和 Web 应用中。

MessageSource 是用于解析消息的策略接口，支持消息的参数化和国际化。Spring 提供了以下两种
开箱即用的实现。

- ResourceBundleMessageSource：构建在 ResourceBundle 之上，充当了消息解析器的角色，使
  得应用能够根据用户的区域设置（如语言和国家代码）显示相应的文本信息，从而提升用户
  体验。
- ReloadableResourceBundleMessageSource：增加了对资源文件自动重新加载的支持，这对于那
  些需要在不重启应用的情况下改变国际化消息文本的场景非常有用。

MessageSource 接口的代码如下：

```
public interface MessageSource {
    /**
     * 解析code对应的信息进行返回，如果code不能被解析，则返回默认信息defaultMessage
     */
    @Nullable
    String getMessage(String code, @Nullable Object[] args, @Nullable String defaultMessage,
Locale locale);

    /**
     * 解析code对应的信息进行返回，如果code不能被解析，则抛出异常
     */
    String getMessage(String code, @Nullable Object[] args, Locale locale) throws
NoSuchMessageException;

    /**
     * 通过传递的MessageSourceResolvable来解析对应的信息
```

```
    */
    String getMessage(MessageSourceResolvable resolvable, Locale locale) throws
NoSuchMessageException;

}
```

分析完 ApplicationContext 的父接口后，接下来将对 ApplicationContext 接口进行分析。
ApplicationContext接口的代码如下：

```
public interface ApplicationContext extends EnvironmentCapable, ListableBeanFactory,
HierarchicalBeanFactory,
        MessageSource, ApplicationEventPublisher, ResourcePatternResolver {
    /**
     * 返回此应用程序上下文的唯一ID
     */
    @Nullable
    String getId();

    /**
     * 返回此上下文所属的应用程序的名称
     */
    String getApplicationName();

    /**
     * 返回此上下文的友好的名称
     */
    String getDisplayName();

    /**
     * 返回第一次加载此上下文的时间戳
     */
    long getStartupDate();

    /**
     * 返回父上下文，如果没有，则返回null
     */
    @Nullable
    ApplicationContext getParent();

    /**
     * 返回AutowireCapableBeanFactory对象
     */
    AutowireCapableBeanFactory getAutowireCapableBeanFactory() throws
IllegalStateException;

}
```

ApplicationContext接口有如下几种实现类。

- AnnotationConfigApplicationContext：从一个或多个基于Java的配置类中加载上下文，适用于
  Java注解的方式配置Bean。
- ClassPathXmlApplicationContext：从类路径的一个或多个XML配置文件中加载上下文，适用
  于XML配置的方式配置Bean。

- FileSystemXmlApplicationContext：从文件系统的一个或多个XML配置文件中加载上下文，即从系统磁盘文件中加载XML配置文件。
- AnnotationConfigWebApplicationContext：专门为Web应用而设计，适用于注解方式配置Bean。
- XmlServletWebServerApplicationContext：从Web应用的一个或多个XML配置文件加载上下文，适用于XML方式配置Bean。

1.2.9　Spring IoC 的启动过程是什么

Spring IoC容器的启动过程较为复杂。本节将以1.2.4节的测试代码SpringIocDemo为例分析Spring IoC容器的启动过程。首先，回顾一下SpringIocDemo，代码如下：

```java
public class SpringIocDemo {
    public static void main(String[] args) {
        ClassPathXmlApplicationContext classPathXmlApplicationContext
                = new ClassPathXmlApplicationContext("car.xml");
        Car car = classPathXmlApplicationContext.getBean("car", Car.class);
        car.drive();
    }
}
```

SpringIocDemo代码的整体逻辑分为以下三个步骤：

步骤01 实例化ClassPathXmlApplicationContext对象。
步骤02 从ClassPathXmlApplicationContext对象中获取Car这个类的实例化对象。
步骤03 调用Car对象的drive()方法。

下面将以ClassPathXmlApplicationContext对象的实例化过程，逐步分析Spring IoC容器的启动。本例中使用的ClassPathXmlApplicationContext的构造器代码如下：

```java
public ClassPathXmlApplicationContext(String configLocation) throws BeansException {
    this(new String[] {configLocation}, true, null);
}
```

此构造器会调用另一个重载的构造器，重载构造器的代码如下：

```java
public ClassPathXmlApplicationContext(
        String[] configLocations, boolean refresh, @Nullable ApplicationContext parent)
        throws BeansException {

    super(parent);
    setConfigLocations(configLocations);
    if (refresh) {
        refresh();
    }
}
```

重载的构造器中各参数的含义如下。

- configLocations：表示要加载的资源文件的路径。
- refresh：表示是否自动刷新上下文，加载所有Bean定义并创建所有单例对象。默认值为true。
- parent：表示当前容器的父容器。默认无父容器。

此处重载的构造器会调用其父类AbstractXmlApplicationContext中定义的构造器。AbstractXmlApplicationContext构造器的代码如下：

```
public AbstractXmlApplicationContext(@Nullable ApplicationContext parent) {
    super(parent);
}
```

AbstractXmlApplicationContext 的 父 类 是 AbstractRefreshableConfigApplicationContext ，AbstractXmlApplicationContext构造器调用其父构造器的代码如下：

```
public AbstractRefreshableConfigApplicationContext(@Nullable ApplicationContext parent) {
    super(parent);
}
```

AbstractRefreshableConfigApplicationContext类的构造器没有任何实现逻辑，直接调用其父类AbstractRefreshableApplicationContext构造器。AbstractRefreshableApplicationContext构造器的代码如下：

```
public AbstractRefreshableApplicationContext(@Nullable ApplicationContext parent) {
    super(parent);
}
```

AbstractRefreshableConfigApplicationContext构造器调用父类AbstractApplicationContext的构造器，AbstractApplicationContext构造器的代码如下：

```
public AbstractApplicationContext(@Nullable ApplicationContext parent) {
    this();
    setParent(parent);
}
```

AbstractApplicationContext的有参构造器会调用其重载的构造器，其重载的构造器中实例化了一个ResourcePatternResolver对象，此对象的作用是根据资源文件的位置信息解析出资源对象。

```
public AbstractApplicationContext() {
    this.resourcePatternResolver = getResourcePatternResolver();
}
```

此 处 AbstractApplicationContext 构 造 器 通 过 getResourcePatternResolver() 方 法 实 例 化 了 一 个PathMatchingResourcePatternResolver对象。getResourcePatternResolver()方法的代码如下：

```
protected ResourcePatternResolver getResourcePatternResolver() {
    return new PathMatchingResourcePatternResolver(this);
}
```

无参构造器调用完成后，AbstractApplicationContext构造器还会调用setParent()方法设置父容器信息。setParent()方法的代码如下：

```
public void setParent(@Nullable ApplicationContext parent) {
    this.parent = parent;
    if (parent != null) {
        Environment parentEnvironment = parent.getEnvironment();
        if (parentEnvironment instanceof ConfigurableEnvironment) {
```

```
            getEnvironment().merge((ConfigurableEnvironment) parentEnvironment);
        }
    }
}
```

回到 ClassPathXmlApplicationContext 类中，当 refresh 为默认值 true 时，将会调用父类 AbstractApplicationContext的refresh()方法。代码如下：

```
@Override
public void refresh() throws BeansException, IllegalStateException {
    // 刷新或销毁进行同步处理
    synchronized (this.startupShutdownMonitor) {
        // 准备对上下文进行刷新，设置其启动日期和活跃标记，并进行初始化操作
        prepareRefresh();

        // 告诉子类刷新内部Bean工厂
        ConfigurableListableBeanFactory beanFactory = obtainFreshBeanFactory();

        // 配置工厂的标准上下文特征，例如上下文的ClassLoader和后处理器
        prepareBeanFactory(beanFactory);

        try {
            // 允许开发者在所有的Bean定义被加载完成后，在任何Bean实例化之前，
            // 对BeanFactory（Bean工厂）中的Bean定义进行自定义的修改或额外处理
            postProcessBeanFactory(beanFactory);

            // 调用在上下文中注册的Bean工厂后置处理器
            invokeBeanFactoryPostProcessors(beanFactory);

            // 注册拦截Bean创建的Bean处理器
            registerBeanPostProcessors(beanFactory);

            // 为此上下文初始化消息源
            initMessageSource();

            // 为此上下文初始化事件多播器
            initApplicationEventMulticaster();

            // 在特定上下文子类中初始化其他特殊Bean
            onRefresh();

            // 检查监听器并注册监听器
            registerListeners();

            // 实例化所有非延迟初始化的单例
            finishBeanFactoryInitialization(beanFactory);

            // 最后一步：发布相应的事件
            finishRefresh();
        }
        // 如果发生异常，则捕获异常
        catch (BeansException ex) {
            if (logger.isWarnEnabled()) {
                logger.warn("Exception encountered during context initialization - " +
                        "cancelling refresh attempt: " + ex);
            }
```

```
    // 销毁已创建的单例以避免资源悬空
    destroyBeans();

    // 重置active标志
    cancelRefresh(ex);

    // 将异常传播给调用者
    throw ex;
    }

    finally {
        // 在Spring中重置常见的缓存，因为可能不再需要单例Bean的元数据
        resetCommonCaches();
    }
    }
}
```

refresh()方法是实例化上下文最核心的方法，其中包含很多步骤，下面将依次对refresh()方法的各个步骤进行分析。

refresh()方法的整体逻辑是在一个同步环境中执行的。由synchronized关键字提供同步语义，可以保证上下文的初始化过程是线程安全的。由startupShutdownMonitor对象充当同步对象（对象锁），startupShutdownMonitor对象的代码如下：

```
/** Synchronization monitor for the "refresh" and "destroy". */
private final Object startupShutdownMonitor = new Object();
```

1. refresh()方法调用的prepareRefresh()方法分析

prepareRefresh()方法准备对此上下文进行刷新，主要包括设置启动日期、活跃标记和初始化属性源等操作。prepareRefresh()方法的代码如下：

```
protected void prepareRefresh() {
    // 记录上下文启动的时间
    this.startupDate = System.currentTimeMillis();
    // 标记此上下文是未关闭状态
    this.closed.set(false);
    // 标记当前上下文处于活跃状态
    this.active.set(true);

    if (logger.isDebugEnabled()) {
        if (logger.isTraceEnabled()) {
            logger.trace("Refreshing " + this);
        }
        else {
            logger.debug("Refreshing " + getDisplayName());
        }
    }

    // 在上下文环境中初始化占位符属性源
    initPropertySources();

    // 验证所有标记为必需的属性都是可解析的
    getEnvironment().validateRequiredProperties();

    // 存储预刷新的ApplicationListener对象
```

```
    if (this.earlyApplicationListeners == null) {
        this.earlyApplicationListeners = new LinkedHashSet<>(this.applicationListeners);
    }
    else {
        // 将本地应用程序监听器重置为预刷新状态
        this.applicationListeners.clear();
        this.applicationListeners.addAll(this.earlyApplicationListeners);
    }

    // 初始化在多播程序设置之前发布的ApplicationEvent对象
    this.earlyApplicationEvents = new LinkedHashSet<>();
}
```

2. refresh()方法调用的obtainFreshBeanFactory()方法分析

obtainFreshBeanFactory()方法主要用于获取刷新后的BeanFactory对象。代码如下：

```
protected ConfigurableListableBeanFactory obtainFreshBeanFactory() {
    // 刷新Bean工厂
    refreshBeanFactory();
    // 返回Bean工厂对象
    return getBeanFactory();
}
```

obtainFreshBeanFactory()方法调用refreshBeanFactory()方法实现对此上下文的基础Bean工厂执行实际的刷新：如果当前已经存在Bean工厂，则关闭现有的Bean工厂，并为上下文生命周期的下一阶段初始化一个新的Bean工厂。refreshBeanFactory()方法的代码如下：

```
@Override
protected final void refreshBeanFactory() throws BeansException {
    // 确定此上下文当前是否拥有Bean工厂，即已至少刷新一次且尚未关闭
    // 如果此上下文已有Bean工厂，则hasBeanFactory()方法返回true
    if (hasBeanFactory()) {
        // 用于销毁此上下文管理的所有Bean的模板方法
        // 默认实现是此上下文中销毁所有缓存的单例
        // 调用DisposableBean.destroy()方法/指定的destroy-method
        destroyBeans();
        // 关闭Bean工厂
        closeBeanFactory();
    }
    try {
        // 为此上下文创建一个内部Bean工厂
        DefaultListableBeanFactory beanFactory = createBeanFactory();
        // 指定一个ID以进行序列化
        // 如果需要的话，允许将该BeanFactory从该ID反序列化回BeanFactory对象
        beanFactory.setSerializationId(getId());
        // 对此上下文使用的内部Bean工厂进行定制化处理
        // 每次调用refresh()方法时都要调用此方法
        // 默认实现是：是否允许对Bean的定义进行重写
        // 是否允许在Bean之间进行循环引用，并自动尝试解决循环引用
        // 此方法可以在子类中重写以实现定制化
        customizeBeanFactory(beanFactory);
        // 加载Bean的定义。这是一个抽象方法
```

```
        // AbstractXmlApplicationContext有该方法的实现
        loadBeanDefinitions(beanFactory);
        // 同步代码，设置beanFactory对象
        synchronized (this.beanFactoryMonitor) {
            this.beanFactory = beanFactory;
        }
    }
    catch (IOException ex) {
        throw new ApplicationContextException("I/O error parsing bean definition source for "
+ getDisplayName(), ex);
    }
}
```

refreshBeanFactory()方法的核心在于通过loadBeanDefinitions()方法加载BeanDefinition对象。由于本例分析的是ClassPathXmlApplicationContext对象的初始化过程，因此这里抽象方法loadBeanDefinitions()具体实现在AbstractXmlApplicationContext中。该方法的实现代码如下：

```
@Override
protected void loadBeanDefinitions(DefaultListableBeanFactory beanFactory) throws
BeansException, IOException {
    // 用给定的BeanFactory对象创建一个XmlBeanDefinitionReader对象
    XmlBeanDefinitionReader beanDefinitionReader = new
XmlBeanDefinitionReader(beanFactory);

    // Configure the bean definition reader with this context's
    // resource loading environment.
    beanDefinitionReader.setEnvironment(this.getEnvironment());
    beanDefinitionReader.setResourceLoader(this);
    beanDefinitionReader.setEntityResolver(new ResourceEntityResolver(this));

    // Allow a subclass to provide custom initialization of the reader,
    // then proceed with actually loading the bean definitions.
    initBeanDefinitionReader(beanDefinitionReader);
    // 调用重载的loadBeanDefinitions()方法
    loadBeanDefinitions(beanDefinitionReader);
}
```

loadBeanDefinitions()方法调用重载的方法实现BeanDefinition的加载，重载方法的代码如下：

```
protected void loadBeanDefinitions(XmlBeanDefinitionReader reader) throws BeansException,
IOException {
    Resource[] configResources = getConfigResources();
    if (configResources != null) {
        reader.loadBeanDefinitions(configResources);
    }
    String[] configLocations = getConfigLocations();
    if (configLocations != null) {
        reader.loadBeanDefinitions(configLocations);
    }
}
```

上述重载的方法loadBeanDefinitions()将会调用XmlBeanDefinitionReader类中定义的loadBeanDefinitions(String... locations)，通过该方法实现对BeanDefinition的加载。

XmlBeanDefinitionReader类的loadBeanDefinitions(String...locations)方法在本书1.2.7节中已做出分析，这里不再赘述。

我们将目光拉回obtainFreshBeanFactory()方法这里，当refreshBeanFactory()方法创建Bean工厂和加载BeanDefinition对象都完成后，obtainFreshBeanFactory()方法将通过调用getBeanFactory()方法返回创建的Bean工厂对象。

3. refresh()方法调用的prepareBeanFactory()方法分析

prepareBeanFactory()方法的作用是配置工厂的标准上下文特征，如上下文的ClassLoader和后处理器。代码如下：

```
protected void prepareBeanFactory(ConfigurableListableBeanFactory beanFactory) {
    // 注册类加载器
    beanFactory.setBeanClassLoader(getClassLoader());
    // 配置EL表达式：在Bean初始化完成，填充属性的时候会用到
    beanFactory.setBeanExpressionResolver(new
StandardBeanExpressionResolver(beanFactory.getBeanClassLoader()));
    beanFactory.addPropertyEditorRegistrar(new ResourceEditorRegistrar(this,
getEnvironment()));

    // 为BeanFactory对象注册ApplicationContextAwareProcessor处理器
    beanFactory.addBeanPostProcessor(new ApplicationContextAwareProcessor(this));
    // 忽略以下接口自动装配
    beanFactory.ignoreDependencyInterface(EnvironmentAware.class);
    beanFactory.ignoreDependencyInterface(EmbeddedValueResolverAware.class);
    beanFactory.ignoreDependencyInterface(ResourceLoaderAware.class);
    beanFactory.ignoreDependencyInterface(ApplicationEventPublisherAware.class);
    beanFactory.ignoreDependencyInterface(MessageSourceAware.class);
    beanFactory.ignoreDependencyInterface(ApplicationContextAware.class);

    // 注册以下几个特殊的类型及其对应的自动装配值
    beanFactory.registerResolvableDependency(BeanFactory.class, beanFactory);
    beanFactory.registerResolvableDependency(ResourceLoader.class, this);
    beanFactory.registerResolvableDependency(ApplicationEventPublisher.class, this);
    beanFactory.registerResolvableDependency(ApplicationContext.class, this);

    // 为BeanFactory对象注册ApplicationListenerDetector处理器
    beanFactory.addBeanPostProcessor(new ApplicationListenerDetector(this));

    // Detect a LoadTimeWeaver and prepare for weaving, if found.
    if (beanFactory.containsBean(LOAD_TIME_WEAVER_BEAN_NAME)) {
        beanFactory.addBeanPostProcessor(new LoadTimeWeaverAwareProcessor(beanFactory));
        // Set a temporary ClassLoader for type matching.
        beanFactory.setTempClassLoader(new
ContextTypeMatchClassLoader(beanFactory.getBeanClassLoader()));
    }

    // 注册默认的环境Bean
    if (!beanFactory.containsLocalBean(ENVIRONMENT_BEAN_NAME)) {
        beanFactory.registerSingleton(ENVIRONMENT_BEAN_NAME, getEnvironment());
    }
    // 将当前系统配置（SystemProperties）注册为单例Bean
    if (!beanFactory.containsLocalBean(SYSTEM_PROPERTIES_BEAN_NAME)) {
```

```
      beanFactory.registerSingleton(SYSTEM_PROPERTIES_BEAN_NAME,
getEnvironment().getSystemProperties());
      }
      // 将当前系统环境（SystemEnvironment）注册为单例Bean
      if (!beanFactory.containsLocalBean(SYSTEM_ENVIRONMENT_BEAN_NAME)) {
         beanFactory.registerSingleton(SYSTEM_ENVIRONMENT_BEAN_NAME,
getEnvironment().getSystemEnvironment());
      }
   }
```

4. refresh()方法调用的postProcessBeanFactory()方法分析

postProcessBeanFactory()方法允许开发者在所有的Bean定义被加载完成后、所有的Bean实例化之前，对Bean工厂中的Bean定义进行自定义的修改或额外处理。这是Spring框架提供的一种高级扩展机制，通常用于定制和增强Spring容器的配置行为。

postProcessBeanFactory()方法没有实际的代码逻辑，因此开发人员可以在实际应用系统中为其实现具体的逻辑。postProcessBeanFactory()方法的代码如下：

```
protected void postProcessBeanFactory(ConfigurableListableBeanFactory beanFactory) {
}
```

5. refresh()方法调用的invokeBeanFactoryPostProcessors()方法分析

invokeBeanFactoryPostProcessors()方法调用Bean工厂的后置处理器，这一步必须要在Bean实例化之前执行。代码如下：

```
protected void invokeBeanFactoryPostProcessors(ConfigurableListableBeanFactory
beanFactory) {
      // 调用所有的BeanFactoryPostProcessor进行后置处理
      PostProcessorRegistrationDelegate.invokeBeanFactoryPostProcessors(beanFactory,
getBeanFactoryPostProcessors());
      // 代码织入，通过织入额外的代码，为程序增加新的功能或改进现有功能
      if (beanFactory.getTempClassLoader() == null &&
beanFactory.containsBean(LOAD_TIME_WEAVER_BEAN_NAME)) {
         beanFactory.addBeanPostProcessor(new LoadTimeWeaverAwareProcessor(beanFactory));
         beanFactory.setTempClassLoader(new
ContextTypeMatchClassLoader(beanFactory.getBeanClassLoader()));
      }
   }
```

invokeBeanFactoryPostProcessors() 方法调用 PostProcessorRegistrationDelegate 类的静态方法 invokeBeanFactoryPostProcessors()实现对Bean工厂的后置处理器进行调用，具体方法实现如下：

```
public static void invokeBeanFactoryPostProcessors(
      ConfigurableListableBeanFactory beanFactory,
      List<BeanFactoryPostProcessor> beanFactoryPostProcessors) {
   // 调用BeanDefinitionRegistryPostProcessors对象的postProcessBeanDefinitionRegistry方法
   // 这允许在下一个后处理阶段开始之前添加更多的Bean定义
   Set<String> processedBeans = new HashSet<>();
   // 如果当前的BeanFactory对象是BeanDefinitionRegistry类型
   if (beanFactory instanceof BeanDefinitionRegistry) {
```

```java
        BeanDefinitionRegistry registry = (BeanDefinitionRegistry) beanFactory;
        List<BeanFactoryPostProcessor> regularPostProcessors = new ArrayList<>();
        List<BeanDefinitionRegistryPostProcessor> registryProcessors = new ArrayList<>();

        for (BeanFactoryPostProcessor postProcessor : beanFactoryPostProcessors) {
            if (postProcessor instanceof BeanDefinitionRegistryPostProcessor) {
                BeanDefinitionRegistryPostProcessor registryProcessor =
                        (BeanDefinitionRegistryPostProcessor) postProcessor;
                registryProcessor.postProcessBeanDefinitionRegistry(registry);
                registryProcessors.add(registryProcessor);
            }
            else {
                regularPostProcessors.add(postProcessor);
            }
        }

        // 保存本次要执行的所有的BeanDefinitionRegistryPostProcessor
        List<BeanDefinitionRegistryPostProcessor> currentRegistryProcessors = new
ArrayList<>();

        ...省略部分代码...
    }

    else {
        // Invoke factory processors registered with the context instance.
        invokeBeanFactoryPostProcessors(beanFactoryPostProcessors, beanFactory);
    }

    // Do not initialize FactoryBeans here: We need to leave all regular beans
    // uninitialized to let the bean factory post-processors apply to them!
    String[] postProcessorNames =
            beanFactory.getBeanNamesForType(BeanFactoryPostProcessor.class, true, false);

    // 将实现了PriorityOrdered、Ordered接口的BeanFactoryPostProcessors
    // 与其他普通的BeanFactoryPostProcessors区分开来
    List<BeanFactoryPostProcessor> priorityOrderedPostProcessors = new ArrayList<>();
    List<String> orderedPostProcessorNames = new ArrayList<>();
    List<String> nonOrderedPostProcessorNames = new ArrayList<>();
    for (String ppName : postProcessorNames) {
        if (processedBeans.contains(ppName)) {
            // skip - already processed in first phase above
        }
        else if (beanFactory.isTypeMatch(ppName, PriorityOrdered.class)) {
            priorityOrderedPostProcessors.add(beanFactory.getBean(ppName,
BeanFactoryPostProcessor.class));
        }
        else if (beanFactory.isTypeMatch(ppName, Ordered.class)) {
            orderedPostProcessorNames.add(ppName);
        }
        else {
            nonOrderedPostProcessorNames.add(ppName);
        }
    }

    // 首先，调用实现了PriorityOrdered接口的BeanFactoryPostProcessor对象
```

```
        sortPostProcessors(priorityOrderedPostProcessors, beanFactory);
        invokeBeanFactoryPostProcessors(priorityOrderedPostProcessors, beanFactory);

        // 然后，调用实现了rdered接口的BeanFactoryPostProcessor对象
        List<BeanFactoryPostProcessor> orderedPostProcessors = new
ArrayList<>(orderedPostProcessorNames.size());
        for (String postProcessorName : orderedPostProcessorNames) {
            orderedPostProcessors.add(beanFactory.getBean(postProcessorName,
BeanFactoryPostProcessor.class));
        }
        sortPostProcessors(orderedPostProcessors, beanFactory);
        invokeBeanFactoryPostProcessors(orderedPostProcessors, beanFactory);

        // 最后，调用剩余的BeanFactoryPostProcessor对象
        List<BeanFactoryPostProcessor> nonOrderedPostProcessors = new
ArrayList<>(nonOrderedPostProcessorNames.size());
        for (String postProcessorName : nonOrderedPostProcessorNames) {
            nonOrderedPostProcessors.add(beanFactory.getBean(postProcessorName,
BeanFactoryPostProcessor.class));
        }
        invokeBeanFactoryPostProcessors(nonOrderedPostProcessors, beanFactory);

        // Clear cached merged bean definitions since the post-processors might have
        // modified the original metadata, e.g. replacing placeholders in values...
        beanFactory.clearMetadataCache();
    }
```

6. refresh()方法调用的registerBeanPostProcessors()方法分析

registerBeanPostProcessors()方法注册拦截Bean创建的后置处理器。代码如下：

```
protected void registerBeanPostProcessors(ConfigurableListableBeanFactory beanFactory) {
    PostProcessorRegistrationDelegate.registerBeanPostProcessors(beanFactory, this);
}
```

registerBeanPostProcessors() 方 法 调 用 PostProcessorRegistrationDelegate 类 的 静 态 方 法
registerBeanPostProcessors()，静态方法registerBeanPostProcessors()的代码如下：

```
public static void registerBeanPostProcessors(
        ConfigurableListableBeanFactory beanFactory,
        AbstractApplicationContext applicationContext) {
    // 从Bean工厂中获取类型为BeanPostProcessor的Bean名称
    String[] postProcessorNames =
beanFactory.getBeanNamesForType(BeanPostProcessor.class, true, false);

    // 注册BeanPostProcessorChecker
    // 当一个Bean不适合所有BeanPostProcessor处理时，记录一条信息消息
    int beanProcessorTargetCount = beanFactory.getBeanPostProcessorCount() + 1 +
postProcessorNames.length;
    beanFactory.addBeanPostProcessor(new BeanPostProcessorChecker(beanFactory,
beanProcessorTargetCount));

    // 区分实现PriorityOrdered接口、Ordered接口和普通的BeanPostProcessor
    List<BeanPostProcessor> priorityOrderedPostProcessors = new ArrayList<>();
    List<BeanPostProcessor> internalPostProcessors = new ArrayList<>();
```

```
        List<String> orderedPostProcessorNames = new ArrayList<>();
        List<String> nonOrderedPostProcessorNames = new ArrayList<>();
        for (String ppName : postProcessorNames) {
            if (beanFactory.isTypeMatch(ppName, PriorityOrdered.class)) {
                BeanPostProcessor pp = beanFactory.getBean(ppName, BeanPostProcessor.class);
                priorityOrderedPostProcessors.add(pp);
                if (pp instanceof MergedBeanDefinitionPostProcessor) {
                    internalPostProcessors.add(pp);
                }
            }
            else if (beanFactory.isTypeMatch(ppName, Ordered.class)) {
                orderedPostProcessorNames.add(ppName);
            }
            else {
                nonOrderedPostProcessorNames.add(ppName);
            }
        }

        // 首先，注册实现PriorityOrdered接口的BeanPostProcessor对象
        sortPostProcessors(priorityOrderedPostProcessors, beanFactory);
        registerBeanPostProcessors(beanFactory, priorityOrderedPostProcessors);

        // 然后，注册实现Ordered接口的BeanPostProcessor对象
        List<BeanPostProcessor> orderedPostProcessors = new
ArrayList<>(orderedPostProcessorNames.size());
        for (String ppName : orderedPostProcessorNames) {
            BeanPostProcessor pp = beanFactory.getBean(ppName, BeanPostProcessor.class);
            orderedPostProcessors.add(pp);
            if (pp instanceof MergedBeanDefinitionPostProcessor) {
                internalPostProcessors.add(pp);
            }
        }
        sortPostProcessors(orderedPostProcessors, beanFactory);
        registerBeanPostProcessors(beanFactory, orderedPostProcessors);

        // 接下来，注册所有普通的BeanPostProcessor对象
        List<BeanPostProcessor> nonOrderedPostProcessors = new
ArrayList<>(nonOrderedPostProcessorNames.size());
        for (String ppName : nonOrderedPostProcessorNames) {
            BeanPostProcessor pp = beanFactory.getBean(ppName, BeanPostProcessor.class);
            nonOrderedPostProcessors.add(pp);
            if (pp instanceof MergedBeanDefinitionPostProcessor) {
                internalPostProcessors.add(pp);
            }
        }
        registerBeanPostProcessors(beanFactory, nonOrderedPostProcessors);

        // 最后，对所有的BeanPostProcessor对象进行排序
        sortPostProcessors(internalPostProcessors, beanFactory);
        registerBeanPostProcessors(beanFactory, internalPostProcessors);

        // 在处理器链的末尾添加ApplicationListenerDetector处理器
        // 用于检测实现ApplicationListener接口的Bean
```

```
        beanFactory.addBeanPostProcessor(new ApplicationListenerDetector(applicationContext));
    }
```

7. refresh()方法调用的initMessageSource()方法分析

initMessageSource()方法用于初始化消息源。initMessageSource()方法的代码如下：

```
    protected void initMessageSource() {
        ConfigurableListableBeanFactory beanFactory = getBeanFactory();
        // 如果Bean工厂中存在名字为messageSource的Bean
        if (beanFactory.containsLocalBean(MESSAGE_SOURCE_BEAN_NAME)) {
            this.messageSource = beanFactory.getBean(MESSAGE_SOURCE_BEAN_NAME,
MessageSource.class);
            // Make MessageSource aware of parent MessageSource.
            if (this.parent != null && this.messageSource instanceof
HierarchicalMessageSource) {
                HierarchicalMessageSource hms = (HierarchicalMessageSource)
this.messageSource;
                if (hms.getParentMessageSource() == null) {
                    // Only set parent context as parent MessageSource if no parent
MessageSource
                    // registered already
                    hms.setParentMessageSource(getInternalParentMessageSource());
                }
            }
            if (logger.isTraceEnabled()) {
                logger.trace("Using MessageSource [" + this.messageSource + "]");
            }
        }
        else {
            // 如果Bean工厂中不存在名字为messageSource的Bean
            // 则设置父对象用于解析
            DelegatingMessageSource dms = new DelegatingMessageSource();
            dms.setParentMessageSource(getInternalParentMessageSource());
            this.messageSource = dms;
            beanFactory.registerSingleton(MESSAGE_SOURCE_BEAN_NAME, this.messageSource);
            if (logger.isTraceEnabled()) {
                logger.trace("No '" + MESSAGE_SOURCE_BEAN_NAME + "' bean, using [" +
this.messageSource + "]");
            }
        }
    }
```

8. refresh()方法调用的initApplicationEventMulticaster()方法分析

initApplicationEventMulticaster()方法用于为Spring上下文初始化ApplicationEventMulticaster对象。
如果该对象不存在，则默认使用SimpleApplicationEventMulticaster对象进行初始化。代码如下：

```
    protected void initApplicationEventMulticaster() {
        ConfigurableListableBeanFactory beanFactory = getBeanFactory();
        // 如果本地Bean工厂包含名称为applicationEventMulticaster的Bean
        if (beanFactory.containsLocalBean(APPLICATION_EVENT_MULTICASTER_BEAN_NAME)) {
            // 从Bean工厂中查找名称为applicationEventMulticaster的Bean
```

```
            // 并且初始化applicationEventMulticaster属性
            this.applicationEventMulticaster =
                    beanFactory.getBean(APPLICATION_EVENT_MULTICASTER_BEAN_NAME,
ApplicationEventMulticaster.class);
            if (logger.isTraceEnabled()) {
                logger.trace("Using ApplicationEventMulticaster [" +
this.applicationEventMulticaster + "]");
            }
        }
        else {
            // 如果本地Bean工厂不包含名称为applicationEventMulticaster的Bean
            // 默认使用SimpleApplicationEventMulticaster
            // 初始化applicationEventMulticaster属性
            this.applicationEventMulticaster = new
SimpleApplicationEventMulticaster(beanFactory);
            beanFactory.registerSingleton(APPLICATION_EVENT_MULTICASTER_BEAN_NAME,
this.applicationEventMulticaster);
            if (logger.isTraceEnabled()) {
                logger.trace("No '" + APPLICATION_EVENT_MULTICASTER_BEAN_NAME + "' bean, using
" +
                        "[" + this.applicationEventMulticaster.getClass().getSimpleName()
+ "]");
            }
        }
    }
```

9. refresh()方法调用的onRefresh()方法分析

onRefresh()方法在特定上下文子类中初始化其他特殊Bean。onRefresh()方法的代码如下：

```
protected void onRefresh() throws BeansException {
    // For subclasses: do nothing by default.
}
```

onRefresh()方法没有具体的实现逻辑，主要依靠AbstractApplicationContext类的子类重写此方法实现具体逻辑。以Spring Boot为例，ServletWebServerApplicationContext类重写了AbstractApplicationContext类的onRefresh()方法，重写后的onRefresh()方法的代码如下：

```
protected void onRefresh() {
    super.onRefresh();
    try {
        // 创建Web服务器，如Tomcat或Jetty
        createWebServer();
    }
    catch (Throwable ex) {
        throw new ApplicationContextException("Unable to start web server", ex);
    }
}
```

10. refresh()方法调用的registerListeners()方法分析

registerListeners()方法添加实现ApplicationListener接口的Bean对象作为监听器。registerListeners()方法的代码如下：

```
protected void registerListeners() {
    // Register statically specified listeners first.
    for (ApplicationListener<?> listener : getApplicationListeners()) {
        getApplicationEventMulticaster().addApplicationListener(listener);
    }

    // Do not initialize FactoryBeans here: We need to leave all regular beans
    // uninitialized to let post-processors apply to them!
    String[] listenerBeanNames = getBeanNamesForType(ApplicationListener.class, true,
false);
    for (String listenerBeanName : listenerBeanNames) {
        getApplicationEventMulticaster().addApplicationListenerBean(listenerBeanName);
    }

    // Publish early application events now that we finally have a multicaster...
    Set<ApplicationEvent> earlyEventsToProcess = this.earlyApplicationEvents;
    this.earlyApplicationEvents = null;
    if (earlyEventsToProcess != null) {
        for (ApplicationEvent earlyEvent : earlyEventsToProcess) {
            getApplicationEventMulticaster().multicastEvent(earlyEvent);
        }
    }
}
```

11. refresh()方法调用的finishBeanFactoryInitialization()方法分析

finishBeanFactoryInitialization()方法完成此上下文的Bean工厂的初始化，在此期间将初始化所有剩余的、非延迟初始化的单例Bean。finishBeanFactoryInitialization()方法的代码如下：

```
protected void finishBeanFactoryInitialization(ConfigurableListableBeanFactory
beanFactory) {
    // 为此上下文初始化转换服务
    if (beanFactory.containsBean(CONVERSION_SERVICE_BEAN_NAME) &&
            beanFactory.isTypeMatch(CONVERSION_SERVICE_BEAN_NAME,
ConversionService.class)) {
        beanFactory.setConversionService(
                beanFactory.getBean(CONVERSION_SERVICE_BEAN_NAME,
ConversionService.class));
    }

    // 如果之前没有任何Bean后处理器（例如PropertyPlaceholderConfigurer bean）注册过
    // 则注册默认的嵌入式值解析器，主要用于解析注释属性值
    if (!beanFactory.hasEmbeddedValueResolver()) {
        beanFactory.addEmbeddedValueResolver(strVal ->
getEnvironment().resolvePlaceholders(strVal));
    }

    // 尽早初始化LoadTimeWeaverAware Bean，以便尽早注册其转换器
    String[] weaverAwareNames =
beanFactory.getBeanNamesForType(LoadTimeWeaverAware.class, false, false);
    for (String weaverAwareName : weaverAwareNames) {
        getBean(weaverAwareName);
    }
```

```
    // 停止使用临时的ClassLoader进行类型匹配
    beanFactory.setTempClassLoader(null);

    // 允许缓存所有Bean定义元数据，而不期望进一步更改
    beanFactory.freezeConfiguration();

    // 实例化所有剩余的（非延迟初始化）单例
    beanFactory.preInstantiateSingletons();
}
```

finishBeanFactoryInitialization()方法调用Bean工厂的preInstantiateSingletons()方法确保所有非延迟初始单例都实例化。preInstantiateSingletons()方法的代码如下：

```
public void preInstantiateSingletons() throws BeansException {
    if (logger.isTraceEnabled()) {
        logger.trace("Pre-instantiating singletons in " + this);
    }

    // 获取beanDefinitionNames集合对象，并创建它的副本，将副本命名为beanNames
    // 接下来遍历beanNames集合
    List<String> beanNames = new ArrayList<>(this.beanDefinitionNames);

    // 触发所有非惰性单例Bean的初始化过程
    for (String beanName : beanNames) {
        // getMergedLocalBeanDefinition()方法返回一个RootBeanDefinition对象
        // RootBeanDefinition表示合并的Bean定义，在运行时支持Spring BeanFactory中的特定Bean
        // 它可能是由彼此继承的多个原始BeanDefinition创建的
        // 通常注册为GenericBeanDefinition
        // RootBeanDefinition本质上是运行时唯一的BeanDefinition视图
        RootBeanDefinition bd = getMergedLocalBeanDefinition(beanName);
        // 如果Bean的定义是非抽象类且是单例模式并且没有设置延迟初始化
        if (!bd.isAbstract() && bd.isSingleton() && !bd.isLazyInit()) {
            // 如果是FactoryBean类型
            if (isFactoryBean(beanName)) {
                Object bean = getBean(FACTORY_BEAN_PREFIX + beanName);
                if (bean instanceof FactoryBean) {
                    final FactoryBean<?> factory = (FactoryBean<?>) bean;
                    boolean isEagerInit;
                    if (System.getSecurityManager() != null && factory instanceof
SmartFactoryBean) {
                        isEagerInit = AccessController.doPrivileged
((PrivilegedAction<Boolean>)
                                        ((SmartFactoryBean<?>) factory)::isEagerInit,
                            getAccessControlContext());
                    }
                    else {
                        isEagerInit = (factory instanceof SmartFactoryBean &&
                            ((SmartFactoryBean<?>) factory).isEagerInit());
                    }
                    if (isEagerInit) {
                        getBean(beanName);
                    }
                }
```

```
        }
        // 如果不是FactoryBean，而是普通的Bean
        else {
            getBean(beanName);
        }
    }
}

// 触发所有适用Bean的初始化回调方法
for (String beanName : beanNames) {
    Object singletonInstance = getSingleton(beanName);
    if (singletonInstance instanceof SmartInitializingSingleton) {
        final SmartInitializingSingleton smartSingleton =
(SmartInitializingSingleton) singletonInstance;
        if (System.getSecurityManager() != null) {
            AccessController.doPrivileged((PrivilegedAction<Object>) () -> {
                smartSingleton.afterSingletonsInstantiated();
                return null;
            }, getAccessControlContext());
        }
        else {
            smartSingleton.afterSingletonsInstantiated();
        }
    }
}
```

preInstantiateSingletons()方法调用父类AbstractBeanFactory的getBean()方法实现对Bean的初始化操作。getBean()方法的代码如下：

```
@Override
public Object getBean(String name) throws BeansException {
    return doGetBean(name, null, null, false);
}
```

getBean()方法调用doGetBean()方法实现功能。doGetBean()方法代码如下：

```
protected <T> T doGetBean(final String name, @Nullable final Class<T> requiredType,
        @Nullable final Object[] args, boolean typeCheckOnly) throws BeansException {
    // 根据指定的名称获取被管理Bean的名称，如果指定的是别名，则将别名转换为规范的Bean名称
    final String beanName = transformedBeanName(name);
    Object bean;

    // 先从缓存中查询是否已经存在被创建过的单例模式的Bean。如果已存在，则不再创建
    Object sharedInstance = getSingleton(beanName);
    if (sharedInstance != null && args == null) {
        ...省略部分代码...
        bean = getObjectForBeanInstance(sharedInstance, name, beanName, null);
    }
    // 如果缓存中没有正在创建的单例模式的Bean对象
    else {
        // 如果此时已经在创建此Bean实例，则抛出异常
        if (isPrototypeCurrentlyInCreation(beanName)) {
```

```java
        throw new BeanCurrentlyInCreationException(beanName);
    }
    // 检查该工厂中是否存在Bean的定义
    BeanFactory parentBeanFactory = getParentBeanFactory();
    if (parentBeanFactory != null && !containsBeanDefinition(beanName)) {
        // Not found -> check parent
        String nameToLookup = originalBeanName(name);
        if (parentBeanFactory instanceof AbstractBeanFactory) {
            return ((AbstractBeanFactory) parentBeanFactory).doGetBean(
                    nameToLookup, requiredType, args, typeCheckOnly);
        }
        else if (args != null) {
            // Delegation to parent with explicit args
            return (T) parentBeanFactory.getBean(nameToLookup, args);
        }
        else if (requiredType != null) {
            // No args -> delegate to standard getBean method
            return parentBeanFactory.getBean(nameToLookup, requiredType);
        }
        else {
            return (T) parentBeanFactory.getBean(nameToLookup);
        }
    }
    ...省略部分代码...
    try {
        // 获取当前正在创建的Bean对象其内部依赖的其他Bean对象
        // 将被依赖的Bean对象找到后，一一对齐进行初始化
        String[] dependsOn = mbd.getDependsOn();
        if (dependsOn != null) {
            for (String dep : dependsOn) {
                registerDependentBean(dep, beanName);
                try {
                    getBean(dep);
                }
                ...省略部分代码...
            }
        }
        // 创建Bean实例
        // 如果是单例模式
        if (mbd.isSingleton()) {
            sharedInstance = getSingleton(beanName, () -> {
                try {
                    return createBean(beanName, mbd, args);
                }
                ...省略部分代码...
            });
            bean = getObjectForBeanInstance(sharedInstance, name, beanName, mbd);
        }
        // 如果是原型模式
        else if (mbd.isPrototype()) {
            // It's a prototype -> create a new instance.
```

```
            Object prototypeInstance = null;
            try {
                beforePrototypeCreation(beanName);
                prototypeInstance = createBean(beanName, mbd, args);
            }
            finally {
                afterPrototypeCreation(beanName);
            }
            bean = getScopeObjectForBeanInstance(prototypeInstance, name, beanName,
mbd);
        }
        else {
            ...省略部分代码...
        }
    }
    ...省略部分代码...
}

// 检查所需的类型是否与实际Bean实例的类型匹配
if (requiredType != null && !requiredType.isInstance(bean)) {
    ...省略部分代码...
}
return (T) bean;
}
```

由于Spring的Bean默认都是单例模式的，因此，接下来将针对doGetBean()方法创建单例Bean实例的方法进行解析（感兴趣的读者可以自行研究原型或其他作用域的Bean实例化过程），相关代码如下：

```
if (mbd.isSingleton()) {
sharedInstance = getSingleton(beanName, () -> {
    try {
        return createBean(beanName, mbd, args);
    }
    catch (BeansException ex) {
        // Explicitly remove instance from singleton cache: It might have been put there
        // eagerly by the creation process, to allow for circular reference resolution.
        // Also remove any beans that received a temporary reference to the bean.
        destroySingleton(beanName);
        throw ex;
    }
});
    bean = getObjectForBeanInstance(sharedInstance, name, beanName, mbd);
}
```

上述代码将会调用createBean()方法创建对象。createBean()方法的代码如下：

```
@Override
protected Object createBean(String beanName, RootBeanDefinition mbd, @Nullable Object[]
args)
        throws BeanCreationException {
    ...省略部分代码...
    try {
```

```
            Object beanInstance = doCreateBean(beanName, mbdToUse, args);
            if (logger.isTraceEnabled()) {
                logger.trace("Finished creating instance of bean '" + beanName + "'");
            }
            return beanInstance;
        }
        ...省略部分代码...
    }
```

createBean()方法调用doCreateBean()方法创建指定的Bean实例。doCreateBean()方法的代码如下：

```
    protected Object doCreateBean(final String beanName, final RootBeanDefinition mbd, final
@Nullable Object[] args)
            throws BeanCreationException {
        ...省略部分代码...
        if (instanceWrapper == null) {
            // 创建Bean实例
            instanceWrapper = createBeanInstance(beanName, mbd, args);
        }
        ...省略部分代码...
        // 允许后处理器修改合并的Bean定义
        synchronized (mbd.postProcessingLock) {
            if (!mbd.postProcessed) {
                try {
                    applyMergedBeanDefinitionPostProcessors(mbd, beanType, beanName);
                }
                ...省略部分代码...
                mbd.postProcessed = true;
            }
        }
        ...省略部分代码...
        // 初始化bean实例
        Object exposedObject = bean;
        try {
            // 填充Bean
            populateBean(beanName, mbd, instanceWrapper);
            // 初始化Bean
            exposedObject = initializeBean(beanName, exposedObject, mbd);
        }
        catch (Throwable ex) {
            if (ex instanceof BeanCreationException &&
beanName.equals(((BeanCreationException) ex).getBeanName())) {
                throw (BeanCreationException) ex;
            }
            else {
                throw new BeanCreationException(
                        mbd.getResourceDescription(), beanName, "Initialization of bean
failed", ex);
            }
        }
        ...省略部分代码...
        // Register bean as disposable.
```

```
    try {
        registerDisposableBeanIfNecessary(beanName, bean, mbd);
    }
    ...省略部分代码...
    return exposedObject;
}
```

doCreateBean()方法通过createBeanInstance()方法创建Bean实例。createBeanInstance()方法的代码如下：

```
protected BeanWrapper createBeanInstance(String beanName, RootBeanDefinition mbd,
@Nullable Object[] args) {
    ...省略部分代码...
    Supplier<?> instanceSupplier = mbd.getInstanceSupplier();
    if (instanceSupplier != null) {
        return obtainFromSupplier(instanceSupplier, beanName);
    }

    if (mbd.getFactoryMethodName() != null) {
        return instantiateUsingFactoryMethod(beanName, mbd, args);
    }

    // Shortcut when re-creating the same bean
    boolean resolved = false;
    boolean autowireNecessary = false;
    if (args == null) {
        synchronized (mbd.constructorArgumentLock) {
            if (mbd.resolvedConstructorOrFactoryMethod != null) {
                resolved = true;
                autowireNecessary = mbd.constructorArgumentsResolved;
            }
        }
    }
    if (resolved) {
        if (autowireNecessary) {
            return autowireConstructor(beanName, mbd, null, null);
        }
        else {
            return instantiateBean(beanName, mbd);
        }
    }

    // Candidate constructors for autowiring
    Constructor<?>[] ctors = determineConstructorsFromBeanPostProcessors(beanClass,
beanName);
    if (ctors != null || mbd.getResolvedAutowireMode() == AUTOWIRE_CONSTRUCTOR ||
            mbd.hasConstructorArgumentValues() || !ObjectUtils.isEmpty(args)) {
        return autowireConstructor(beanName, mbd, ctors, args);
    }

    // Preferred constructors for default construction
    ctors = mbd.getPreferredConstructors();
    if (ctors != null) {
```

```
            return autowireConstructor(beanName, mbd, ctors, null);
        }
        // 无特殊处理：只需使用无参构造函数
        return instantiateBean(beanName, mbd);
    }
```

createBeanInstance()方法调用instantiateBean()方法使用其默认构造函数实例化给定的Bean对象。instantiateBean()方法的代码如下：

```
    protected BeanWrapper instantiateBean(final String beanName, final RootBeanDefinition mbd) {
        try {
            Object beanInstance;
            final BeanFactory parent = this;
            if (System.getSecurityManager() != null) {
                beanInstance = AccessController.doPrivileged((PrivilegedAction<Object>) () ->
                        getInstantiationStrategy().instantiate(mbd, beanName, parent),
                        getAccessControlContext());
            }
            else {
                beanInstance = getInstantiationStrategy().instantiate(mbd, beanName,
parent);
            }
            BeanWrapper bw = new BeanWrapperImpl(beanInstance);
            initBeanWrapper(bw);
            return bw;
        }
        catch (Throwable ex) {
            throw new BeanCreationException(
                mbd.getResourceDescription(), beanName, "Instantiation of bean failed", ex);
        }
    }
```

instantiateBean()方法调用SimpleInstantiationStrategy类的instantiate()方法。instantiate()方法的代码如下：

```
    @Override
    public Object instantiate(RootBeanDefinition bd, @Nullable String beanName, BeanFactory
owner) {
        // 如果没有重写的方法，则不使用CGLIB覆盖该类
        if (!bd.hasMethodOverrides()) {
            Constructor<?> constructorToUse;
            synchronized (bd.constructorArgumentLock) {
                constructorToUse = (Constructor<?>) bd.resolvedConstructorOrFactoryMethod;
                if (constructorToUse == null) {
                    final Class<?> clazz = bd.getBeanClass();
                    if (clazz.isInterface()) {
                        throw new BeanInstantiationException(clazz, "Specified class is an
interface");
                    }
                    try {
                        if (System.getSecurityManager() != null) {
                            constructorToUse = AccessController.doPrivileged(
```

```
                                    (PrivilegedExceptionAction<Constructor<?>>)
clazz::getDeclaredConstructor);
                        }
                        else {
                            constructorToUse = clazz.getDeclaredConstructor();
                        }
                        bd.resolvedConstructorOrFactoryMethod = constructorToUse;
                    }
                    catch (Throwable ex) {
                        throw new BeanInstantiationException(clazz, "No default constructor
found", ex);
                    }
                }
            }
            // 使用给定构造函数实例化类
            return BeanUtils.instantiateClass(constructorToUse);
        }
        else {
            // 通过CGLIB生成代理对象。具体原理在1.3.5节、1.3.6节中讲解
            return instantiateWithMethodInjection(bd, beanName, owner);
        }
    }
```

12. refresh()方法调用的finishRefresh()方法分析

finishRefresh()方法用于发布相应的事件。finishRefresh()方法的代码如下：

```
protected void finishRefresh() {
    // 清除上下文级别的资源缓存（例如来自扫描的ASM元数据）
    clearResourceCaches();

    // 为此上下文初始化生命周期处理器
    initLifecycleProcessor();

    // 将刷新传播到生命周期处理器
    getLifecycleProcessor().onRefresh();

    // 发布最终事件
    publishEvent(new ContextRefreshedEvent(this));

    // 加入LiveBeansView中
    LiveBeansView.registerApplicationContext(this);
}
```

至此，ClassPathXmlApplicationContext构造器调用父类构造器的refresh()方法完成了一系列的初始化操作。该方法是Spring IoC启动过程中的一个非常重要的方法，也是面试中常常被问到的知识点，读者需要给予足够的重视。Spring IoC的启动过程如图1-9所示。

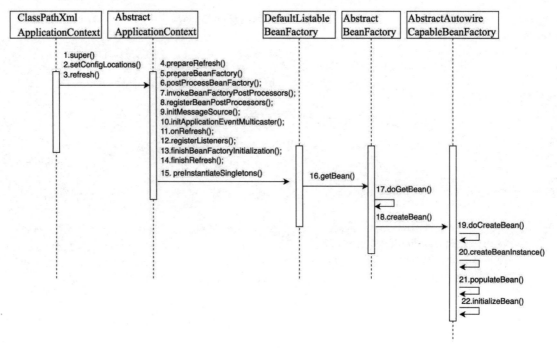

图 1-9　Spring IoC 的启动过程示意图

1.3　AOP

1.3.1　AOP 是什么

AOP（Aspect Oriented Programming，面向切面编程）是一种通过预编译期间或运行期间的动态代理统一增强和维护程序功能的一种技术。AOP技术可以对业务逻辑的各个部分进行隔离，从而使得业务逻辑各部分之间的耦合度降低，提高程序的可重用性，同时提高开发效率。

AOP是OOP（Object Oriented Programming，面向对象编程）的补充和完善。

OOP引入了封装、继承和多态等概念，建立了对象层次结构，方便软件开发人员对现实世界中事务的特征进行抽象建模。但当需要为软件系统中分散的对象引入公共的、不影响现有软件系统功能的额外的、通用的功能（如为每个对象增加统一的日志输出功能）时，面向对象编程就显得有些无能为力。

AOP就是为了解决面向对象编程的这种弱点而引入的。它利用一种称为"切面"的技术，剖开了封装对象的内部结构，并将那些影响多个类的公共行为封装到一个可复用的模块内，极大地减少了代码的重复度，降低了模块之间的耦合度，增强了系统的可操作性和可维护性。

下面以电商系统的几个主要业务流程为例，阐述AOP的设计原理。电商系统下单、支付和配送流程图如图1-10所示。

在图1-10中的纵向流程：下单、支付和配送是电商系统的开发人员最关注的业务逻辑，但每个流程必须对用户进行登录校验。如果把登录校验功能写入每个业务流程中，就会造成大量的代码冗余，且不易于软件系统的维护。此时最佳的实现方式是通过AOP把登录校验功能切入业务流程中，由切面统一控制登录校验，以简化业务流程开发的复杂度。

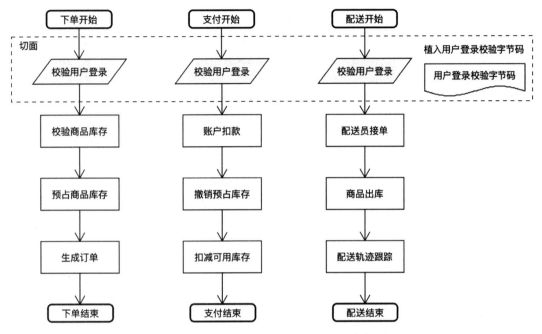

图 1-10　电商系统下单、支付和配送流程图

AOP中的一些核心概念说明如下。

- Aspect（切面）：决定将切面类中的代码织入目标类中方法的某个具体位置。Aspect的声明类似于Java中的类声明，在Aspect中包含着一些 Pointcut以及相应的Advice。
- JointPoint（连接点）：程序执行过程中明确的点，一般是方法的调用，还可以是字段或构造器。
- Pointcut（切点）：表示一组JointPoint的集合。这些JointPoint要么通过逻辑关系组合起来，要么通过通配符、正则表达式等方式集中起来，定义了相应的Advice将要发生的地方。
- Advice（通知）：定义了在Pointcut中定义的程序点具体要执行的操作，包含before、after、afterReturning、afterThrowing和around。
- Target（目标对象）：表示织入Advice的目标对象。
- Waving（织入）：将切面应用到目标对象并导致代理对象创建的过程。
- Introduction（引入）：在不修改代码的前提下，在运行期为类动态地添加一些方法或字段。
- 代理对象：AOP框架创建的对象，代理对象就是目标对象的加强版。Spring中的AOP代理可以是JDK动态代理，也可以是CGLIB代理，前者基于接口实现，后者基于子类实现。

1.3.2　企业开发中常用的 AOP 技术

AOP是一种高层次的设计思想，而动态代理是AOP的技术实现之一，二者相辅相成，共同促进了代码的模块化和解耦。常见的实现AOP的方式有以下4种。

1. JDK动态代理

JDK动态代理作用于运行期，在目标类加载后，为接口动态生成代理类，将切面逻辑植入代理类中。

JDK实现AOP的原理是：为被代理的业务接口动态生成一个具体的实现类，与实现该业务接口的具体业务实现类相比，这个实现类通常称为代理类。通过将通用的、增强的、业务无关的逻辑写入代理类中，在程序运行时动态织入AOP逻辑，并借助Java反射机制执行织入的AOP逻辑，从而实现对被代理对象的拦截和功能增强。

JDK动态代理的主要实现方式依赖java.lang.reflect包下的InvocationHandler和Proxy类，并要求被代理对象一定要实现某个抽象接口。

2. CGLib

CGLib实现AOP的原理是：在目标类加载后，动态构建字节码文件生成目标类的子类，将切面逻辑加入其子类中。CGLib是动态字节码生成的一种实现，CGLib内部封装了ASM字节码生成工具。

与JDK动态代理相比，CGLib技术不要求被代理对象一定要实现某个抽象接口。

3. AspectJ

AspectJ实现AOP的原理是：在编译期或运行时以字节码的形式编译到目标字节码文件中。

与JDK动态代理和CGLib技术相比，AspectJ对抽象接口没有要求，可以通过注解实现增强。

4. Javassist

Javassist是一个编辑字节码的框架，可以让开发人员更简单地操作字节码。Javassist可以在运行期定义或修改Class。使用Javassist实现AOP的原理是在字节码加载前直接修改需要切入的代码。

1.3.3　JDK 动态代理使用案例

JDK动态代理是基于接口生成代理对象的。因此，首先创建一个Subject接口，代码如下：

```
/**
 * @Author : zhouguanya
 * @Project : java-it-interview-guide
 * @Date : 2021-01-24 17:36
 * @Version : V1.0
 * @Description : 被代理的接口
 */
public interface Subject {

    /**
     * 你好
     *
     * @param name 姓名
     * @return
     */
    void sayHello(String name);

    /**
     * 再见
     *
     * @param name 姓名
     * @return
```

```
    */
    void sayGoodBye(String name);
}
```

创建一个实现Subject接口的类RealSubject如下：

```
/**
 * @Author : zhouguanya
 * @Project : java-it-interview-guide
 * @Date : 2021-01-24 17:39
 * @Version : V1.0
 * @Description : 被代理的真实对象
 */
public class RealSubject implements Subject {
    /**
     * 你好
     *
     * @param name 姓名
     * @return
     */
    @Override
    public void sayHello(String name) {
        System.out.println(name + "你好");
    }

    /**
     * 再见
     *
     * @param name 姓名
     * @return
     */
    @Override
    public void sayGoodBye(String name) {
        System.out.println(name + "再见 ");
    }
}
```

JDK动态代理需要使用到InvocationHandler接口，接下来创建InvocationHandler接口的实现类对目标方法进行拦截。代码如下：

```
/**
 * @Author : zhouguanya
 * @Project : java-it-interview-guide
 * @Date : 2021-01-24 17:40
 * @Version : V1.0
 * @Description : InvocationHandler实现类
 */
public class MyInvocationHandler implements InvocationHandler {
    /**
     * 被代理的对象
     */
    private Object subject;
```

```java
    /**
     * 构造器，给subject对象赋值
     *
     * @param subject 被代理的对象
     */
    public MyInvocationHandler(Object subject) {
        this.subject = subject;
    }

    /**
     * 该方法负责集中处理动态代理类上的所有方法调用
     * 调用处理器根据以下这三个参数进行预处理或分派到委托类实例上反射执行
     *
     * @param proxy 代理对象
     * @param method 被调用的方法对象
     * @param args 被调用的方法的参数
     * @return
     * @throws Throwable
     */
    @Override
    public Object invoke(Object proxy, Method method, Object[] args) throws Throwable {
        // 在被调用的方法执行之前可以加入一些自定义逻辑
        System.out.println(method.getName() + "方法执行开始");
        // 调用目标方法
        Object result = method.invoke(subject, args);
        // 在被调用的方法执行之后可以加入一些自定义逻辑
        System.out.println(method.getName() + "方法执行结束");
        return result;
    }
}
```

创建测试代码，其中会生成目标对象的代理对象，并对目标对象进行功能增强。测试代码如下：

```java
/**
 * @Author : zhouguanya
 * @Project : java-it-interview-guide
 * @Date : 2021-01-24 17:49
 * @Version : V1.0
 * @Description : JDK动态代理demo
 */
public class JdkDynamicProxyDemo {
    public static void main(String[] args) {
        // 代理的真实对象
        Subject realSubject = new RealSubject();
        InvocationHandler handler = new MyInvocationHandler(realSubject);
        // 获取RealSubject的类加载器
        ClassLoader loader = realSubject.getClass().getClassLoader();
        // 获取RealSubject类实现的接口
        Class<?>[] interfaces = realSubject.getClass().getInterfaces();
        // 创建代理对象
        Subject proxyInstance = (Subject) Proxy.newProxyInstance(loader, interfaces,
handler);
```

```
        // 打印代理对象的类型
        System.out.println("动态代理对象的类型：" + proxyInstance.getClass().getName());
        // 执行代理对象的sayHello()方法
        proxyInstance.sayHello("Michael");
        // 执行代理对象的sayGoodBye()方法
        proxyInstance.sayGoodBye("Michael");
    }
}
```

执行以上测试代码，测试结果如下：

```
动态代理对象的类型：com.sun.proxy.$Proxy0
sayHello方法执行开始
Michael你好
sayHello方法执行结束
sayGoodBye方法执行开始
Michael再见
sayGoodBye方法执行结束
```

1.3.4 JDK 动态代理的工作原理

JDK动态代理生成的代理类是在程序运行时由Java虚拟机（Java Virtual Machine，JVM）根据目标接口和InvocationHandler实现类动态创建出的一个特殊的类，通常称这个类为代理类。这个代理类会自动继承java.lang.reflect.Proxy类，并实现了与目标对象相同的接口。

程序运行中使用的实际上是代理类的对象，这个代理类的对象内部代理了被代理对象的所有功能，同时还增加了一些额外的增强功能。代理类的核心作用是拦截并处理对目标方法的调用，这一过程通过调用InvocationHandler接口中的invoke方法来完成。

JDK动态代理生成的代理对象是在程序运行时动态生成的，即开发人员编写的代码中并没有包含这个代理类的代码，因此要观察代理对象是如何实现的，我们可以在1.3.3节的测试代码中加入以下代码：

```
// 设置系统属性
System.getProperties().put("sun.misc.ProxyGenerator.saveGeneratedFiles", "true");
```

加入上述代码后，再次执行1.3.3节的测试代码，可以发现项目的编译文件中新增了一个$Proxy0.class文件，该文件位于com.sun.proxy目录下。

$Proxy0的声明如下：

```
public final class $Proxy0 extends Proxy implements Subject
```

由$Proxy0的声明可知，$Proxy0类继承自Proxy类并实现了Subject接口（这个接口是我们的业务接口）。

接下来分析Proxy类，发现Proxy类提供了创建动态代理的方法。Proxy类的部分代码如下：

```
public class Proxy implements java.io.Serializable {

    private static final long serialVersionUID = -2222568056686623797L;

    /** parameter types of a proxy class constructor */
    private static final Class<?>[] constructorParams =
        { InvocationHandler.class };

    /**
```

```
 * a cache of proxy classes
 */
private static final WeakCache<ClassLoader, Class<?>[], Class<?>>
    proxyClassCache = new WeakCache<>(new KeyFactory(), new ProxyClassFactory());

/**
 * InvocationHandler对象
 */
protected InvocationHandler h;

/**
 * 构造器
 */
private Proxy() {
}

...省略部代码...

/**
 * 创建代理对象
 */
public static Object newProxyInstance(ClassLoader loader,
                                      Class<?>[] interfaces,
                                      InvocationHandler h)
    throws IllegalArgumentException
{
    Objects.requireNonNull(h);

    final Class<?>[] intfs = interfaces.clone();
    final SecurityManager sm = System.getSecurityManager();
    if (sm != null) {
        checkProxyAccess(Reflection.getCallerClass(), loader, intfs);
    }

    /*
     * Look up or generate the designated proxy class
     */
    Class<?> cl = getProxyClass0(loader, intfs);

    /*
     * Invoke its constructor with the designated invocation handler
     */
    try {
        if (sm != null) {
            checkNewProxyPermission(Reflection.getCallerClass(), cl);
        }

        final Constructor<?> cons = cl.getConstructor(constructorParams);
        final InvocationHandler ih = h;
        if (!Modifier.isPublic(cl.getModifiers())) {
            AccessController.doPrivileged(new PrivilegedAction<Void>() {
                public Void run() {
                    cons.setAccessible(true);
                    return null;
                }
            }
```

```
                });
            }
            return cons.newInstance(new Object[]{h});
        } catch (IllegalAccessException|InstantiationException e) {
            throw new InternalError(e.toString(), e);
        } catch (InvocationTargetException e) {
            Throwable t = e.getCause();
            if (t instanceof RuntimeException) {
                throw (RuntimeException) t;
            } else {
                throw new InternalError(t.toString(), t);
            }
        } catch (NoSuchMethodException e) {
            throw new InternalError(e.toString(), e);
        }
    }
    ...省略部代码...
}
```

由以上代码可知，Proxy类包含InvocationHandler属性。由于$Proxy0类继承自Proxy类，且Proxy类的InvocationHandler属性是受保护的（protected），因此$Proxy0类的对象也可以访问此InvocationHandler属性。$Proxy0类主要是通过调用InvocationHandler对象实现对应的功能的。

```
public final class $Proxy0 extends Proxy implements Subject {
    // Object类的equals()方法
    private static Method m1;
    // Subject类的sayHello()方法
    private static Method m3;
    // Subject类的sayGoodBye()方法
    private static Method m4;
    // Object类的toString()方法
    private static Method m2;
    // Object类的hashCode()方法
    private static Method m0;

    // 代理类的构造器
    public $Proxy0(InvocationHandler var1) throws  {
        super(var1);
    }
    // 代理类重写的equals()方法
    public final boolean equals(Object var1) throws  {
        try {
            // 调用InvocationHandler的invoke()方法
            return (Boolean)super.h.invoke(this, m1, new Object[]{var1});
        } catch (RuntimeException | Error var3) {
            throw var3;
        } catch (Throwable var4) {
            throw new UndeclaredThrowableException(var4);
        }
    }
    // 代理类重写的sayHello()方法
```

```java
public final void sayHello(String var1) throws  {
    try {
        // 调用InvocationHandler的invoke()方法
        super.h.invoke(this, m3, new Object[]{var1});
    } catch (RuntimeException | Error var3) {
        throw var3;
    } catch (Throwable var4) {
        throw new UndeclaredThrowableException(var4);
    }
}

// 代理类重写的sayGoodBye()方法
public final void sayGoodBye(String var1) throws  {
    try {
        // 调用InvocationHandler的invoke()方法
        super.h.invoke(this, m4, new Object[]{var1});
    } catch (RuntimeException | Error var3) {
        throw var3;
    } catch (Throwable var4) {
        throw new UndeclaredThrowableException(var4);
    }
}

// 代理类重写的toString()方法
public final String toString() throws  {
    try {
        // 调用InvocationHandler的invoke()方法
        return (String)super.h.invoke(this, m2, (Object[])null);
    } catch (RuntimeException | Error var2) {
        throw var2;
    } catch (Throwable var3) {
        throw new UndeclaredThrowableException(var3);
    }
}

// 代理类重写的toString()方法
public final int hashCode() throws  {
    try {
        // 调用InvocationHandler的invoke()方法
        return (Integer)super.h.invoke(this, m0, (Object[])null);
    } catch (RuntimeException | Error var2) {
        throw var2;
    } catch (Throwable var3) {
        throw new UndeclaredThrowableException(var3);
    }
}

// 静态代码块
static {
    try {
        m1 = Class.forName("java.lang.Object").getMethod("equals",
Class.forName("java.lang.Object"));
```

```
            m3 = Class.forName("com.example.java.interview.guide.part2.aop.jdk.
Subject").getMethod("sayHello", Class.forName("java.lang.String"));
            m4 = Class.forName("com.example.java.interview.guide.part2.aop.jdk.
Subject").getMethod("sayGoodBye", Class.forName("java.lang.String"));
            m2 = Class.forName("java.lang.Object").getMethod("toString");
            m0 = Class.forName("java.lang.Object").getMethod("hashCode");
        } catch (NoSuchMethodException var2) {
            throw new NoSuchMethodError(var2.getMessage());
        } catch (ClassNotFoundException var3) {
            throw new NoClassDefFoundError(var3.getMessage());
        }
    }
}
```

1.3.5　CGLib 动态代理使用案例

CGLib（Code Generation Library）是一个开源项目，它是一个强大的、高性能的、高质量的代码生成类库，可以在运行期扩展Java类并实现Java代码中的接口。Hibernate框架用它来实现PO（Persistent Object，持久化对象）字节码的动态生成。CGLib被许多AOP框架使用。CGLib的底层是通过使用一个小而快的字节码处理框架ASM来转换字节码并生成新的类的。

下面以HelloService为例阐述CGLib动态代理的使用方法。

创建被代理对象HelloService的代码如下：

```
/**
 * @Author : zhouguanya
 * @Project : java-it-interview-guide
 * @Date : 2021/4/5 13:43
 * @Version : V1.0
 * @Description : 普通的没有实现任何接口的类
 */
public class HelloService {
    /**
     * 构造器
     */
    public HelloService() {
        System.out.println("HelloService构造器执行");
    }

    /**
     * CGlib可以代理此方法
     */
    public void sayHello() {
        System.out.println("sayHello()方法执行");
    }

    /**
     * 该方法不能被子类覆盖，Cglib是无法代理final修饰的方法的
     */
    final public void sayOthers() {
        System.out.println("sayOthers()方法执行");
    }
}
```

创建MethodInterceptor接口的实现类代码如下：

```
/**
 * @Author : zhouguanya
 * @Project : java-it-interview-guide
 * @Date : 2021/4/5 13:47
 * @Version : V1.0
 * @Description : 自定义MethodInterceptor实现类
 */
public class MyMethodInterceptor implements MethodInterceptor {
    /**
     * 生成CGLIB代理对象
     *
     * @param clazz 被增强的对象的类型
     * @return 代理对象
     */
    public Object getProxy(Class clazz) {
        //1.CGLIB enhancer增强类对象
        Enhancer enhancer = new Enhancer();
        //2.设置被增强的类型
        enhancer.setSuperclass(clazz);
        //3.定义代理逻辑对象为当前对象，要求当前对象实现 MethodInterceptor 接口
        enhancer.setCallback(this);
        //4.生成代理对象并返回
        return enhancer.create();
    }

    @Override
    public Object intercept(Object proxy, Method method, Object[] objects, MethodProxy
methodProxy) throws Throwable {
        System.out.println("=====" + method.getName() + "方法执行前=====");
        Object object = methodProxy.invokeSuper(proxy, objects);
        System.out.println("=====" + method.getName() + "方法执行后=====");
        return object;
    }
}
```

创建测试代码如下：

```
/**
 * @Author : zhouguanya
 * @Project : java-it-interview-guide
 * @Date : 2021/4/5 14:02
 * @Version : V1.0
 * @Description : CGLib测试
 */
public class CGLibProxyDemo {
    public static void main(String[] args) {
        // 打开此注释可以看到CGlib生成的代理类
        //System.setProperty(DebuggingClassWriter.DEBUG_LOCATION_PROPERTY, "cglib");
        MyMethodInterceptor cglib = new MyMethodInterceptor();
        HelloService proxy = (HelloService) cglib.getProxy(HelloService.class);
```

```
        proxy.sayHello();
        proxy.sayOthers();
    }
}
```

执行测试代码，执行结果如下：

```
HelloService构造器执行
=====sayHello方法执行前=====
sayHello()方法执行
=====sayHello方法执行后=====
sayOthers()方法执行
```

值得注意的是，CGLib是通过生成被代理类的子类实现功能增强的，因此HelloService类的sayHello()方法可以被CGLib生成的代理类增强；但由于HelloService类的sayOthers()方法无法被子类重写（因为该方法被final关键字修饰），因此无法被CGLib生成的代理类增强。

1.3.6　CGLib 动态代理的工作原理

CGLib生成代理类的原理是通过字节码操作技术在运行时动态地为一个目标类创建子类，并在该子类中插入拦截器来增强目标类的行为。CGLib生成的代理类具有以下特征。

1. 动态生成

代理类是在运行时由CGLib动态创建的，而非编译期静态存在的，因此CGLib技术可以适应灵活多变的代理需求。

2. 无须接口

与JDK动态代理要求目标类必须实现某个抽象接口不同，CGLib可以代理任何类，包括没有实现接口的类，提供了更广泛的适用性。

3. 继承关系

CGLib生成的代理类是目标类的子类，这意味着代理类可以访问目标类的protected和默认访问权限（包访问权限）成员。

4. 性能优化

尽管CGLib通过创建子类的方式实现动态代理可能涉及更多的字节码操作，但CGLib通过FastClass机制优化了方法调用，减少了反射带来的性能损耗。

5. Final限制

如果目标类或其中的方法被声明为final，CGLib将无法生成其代理类，因为final关键字禁止了继承和方法重写。

在1.3.5节的案例中，HelloService$$EnhancerByCGLIB$$d522487b类是CGLib生成的代理类。下面将通过1.3.5节的案例分析代理类的生成和工作原理。

CGLib动态代理的实现必须依赖于MethodInterceptor接口。MethodInterceptor接口的代码如下：

```
/**
 * 通用的增强回调方法，提供环绕通知功能
 */
public interface MethodInterceptor
extends Callback
{
    /**
     * 所有生成的代理方法调用这个方法代替原来的方法
     *
     * @param obj this对象，即增强的对象
     * @param method 拦截的方法
     * @param args 参数数组
     * @param proxy MethodProxy对象
     * @throws Throwable 抛出任何异常
     * @return 方法返回值
     * @see MethodProxy
     */
    public Object intercept(Object obj, java.lang.reflect.Method method, Object[] args,
                            MethodProxy proxy) throws Throwable;

}
```

MethodInterceptor接口只有一个intercept()方法，这个方法有以下4个参数。

- obj：表示增强的对象，即实现这个接口类的对象。
- method：表示要被拦截的方法。
- args：表示要被拦截方法的参数。
- proxy：表示要触发父类的方法对象。

在1.3.5节的代码中，通过Enhancer.create()方法创建代理对象，create()方法的代码如下：

```
public Object create() {
    classOnly = false;
    argumentTypes = null;
    return createHelper();
}
```

create()方法含义是：如果有必要，就创建一个新类，并且用指定的回调对象创建一个新的对象实例。create()方法的核心逻辑在createHelper()方法中，createHelper()方法的代码如下：

```
private Object createHelper() {
    preValidate();
    Object key = KEY_FACTORY.newInstance((superclass != null) ? superclass.getName() :
null,
                ReflectUtils.getNames(interfaces),
                filter == ALL_ZERO ? null : new WeakCacheKey<CallbackFilter>(filter),
                callbackTypes,
                useFactory,
                interceptDuringConstruction,
                serialVersionUID);
    this.currentKey = key;
    Object result = super.create(key);
```

```
        return result;
    }
```

createHelper()方法调用preValidate()方法校验callbackTypes和filter是否为空。createHelper()方法通过newInstance()方法创建EnhancerKey对象，EnhancerKey对象作为Enhancer父类AbstractClassGenerator类的create()方法的入参，create()方法的作用是创建代理对象。create()方法的代码如下：

```java
protected Object create(Object key) {
    try {
        ClassLoader loader = getClassLoader();
        Map<ClassLoader, ClassLoaderData> cache = CACHE;
        ClassLoaderData data = cache.get(loader);
        if (data == null) {
            synchronized (AbstractClassGenerator.class) {
                cache = CACHE;
                data = cache.get(loader);
                if (data == null) {
                    Map<ClassLoader, ClassLoaderData> newCache = new
WeakHashMap<ClassLoader, ClassLoaderData>(cache);
                    data = new ClassLoaderData(loader);
                    newCache.put(loader, data);
                    CACHE = newCache;
                }
            }
        }
        this.key = key;
        Object obj = data.get(this, getUseCache());
        if (obj instanceof Class) {
            return firstInstance((Class) obj);
        }
        return nextInstance(obj);
    } catch (RuntimeException e) {
        throw e;
    } catch (Error e) {
        throw e;
    } catch (Exception e) {
        throw new CodeGenerationException(e);
    }
}
```

真正创建代理对象的方法在nextInstance()方法中，该方法为抽象类AbstractClassGenerator的一个抽象方法，需要由AbstractClassGenerator类的子类对其进行实现。nextInstance()方法的签名如下：

```java
abstract protected Object nextInstance(Object instance) throws Exception;
```

nextInstance()方法在AbstractClassGenerator类的子类Enhancer类中的实现如下：

```java
protected Object nextInstance(Object instance) {
    EnhancerFactoryData data = (EnhancerFactoryData) instance;
    if (classOnly) {
        return data.generatedClass;
    }
```

```
        Class[] argumentTypes = this.argumentTypes;
        Object[] arguments = this.arguments;
        if (argumentTypes == null) {
            argumentTypes = Constants.EMPTY_CLASS_ARRAY;
            arguments = null;
        }
        return data.newInstance(argumentTypes, arguments, callbacks);
    }
```

nextInstance()方法调用静态内部类EnhancerFactoryData类的newInstance()方法，该方法通过反射生成代理对象。newInstance()方法的代码如下：

```
public Object newInstance(Class[] argumentTypes, Object[] arguments, Callback[] callbacks) {
    setThreadCallbacks(callbacks);
    try {
        // Explicit reference equality is added here just in case Arrays.equals does not
have one
        if (primaryConstructorArgTypes == argumentTypes ||
                Arrays.equals(primaryConstructorArgTypes, argumentTypes)) {
            // If we have relevant Constructor instance at hand, just call it
            // This skips "get constructors" machinery
            return ReflectUtils.newInstance(primaryConstructor, arguments);
        }
        // Take a slow path if observing unexpected argument types
        return ReflectUtils.newInstance(generatedClass, argumentTypes, arguments);
    } finally {
        // clear thread callbacks to allow them to be gc
        setThreadCallbacks(null);
    }

}
```

在1.3.5节的CGLibProxyDemo类中加入以下代码：

```
System.setProperty(DebuggingClassWriter.DEBUG_LOCATION_PROPERTY, "cglib");
```

再次执行测试程序，我们将会发现本地的开发环境出现了由CGLib生成的代理类。

观察CGLib生成的代理类，会发现CGLib生成了如下3个类：

```
HelloService$$EnhancerByCGLIB$$d522487b$$FastClassByCGLIB$$fc5bbec1
HelloService$$EnhancerByCGLIB$$d522487b
HelloService$$FastClassByCGLIB$$7aa08245
```

观察以上3个类的名称可以发现，CGLib使用了FastClass机制。JDK动态代理是通过反射机制来调用被被拦截方法的，反射机制的效率较低。CGLib使用FastClass机制实现对被拦截方法的调用，效率更高。

FastClass机制是对一个类中的方法建立索引，调用方法时根据方法的签名来计算该方法的索引，通过索引直接调用相应的方法，从而实现高效的方法调用。

上述生成的3个类中：

- HelloService\$\$EnhancerByCGLIB\$\$d522487b类是CGLib生成的代理类，其余两个类都是FastClass机制需要的类，且这两个类都继承自FastClass类。
- HelloService\$\$FastClassByCGLIB\$\$7aa08245类用于为被代理类HelloService中的方法建立索引。
- HelloService\$\$EnhancerByCGLIB\$\$d522487b\$\$FastClassByCGLIB\$\$fc5bbec1类用于为CGLib创建的代理类HelloService\$\$EnhancerByCGLIB\$\$d522487b类的方法建立索引。

下面以HelloService\$\$FastClassByCGLIB\$\$7aa08245类为例，观察FastClass机制是如何为被代理类HelloService的方法建立索引的。HelloService\$\$FastClassByCGLIB\$\$7aa08245类的代码如下：

```java
public class HelloService$$FastClassByCGLIB$$7aa08245 extends FastClass {
    public HelloService$$FastClassByCGLIB$$7aa08245(Class var1) {
        super(var1);
    }

    public int getIndex(Signature var1) {
        String var10000 = var1.toString();
        switch(var10000.hashCode()) {
        case 1504638343:
            if (var10000.equals("sayOthers()V")) {
                return 0;
            }
            break;
        case 1535311470:
            if (var10000.equals("sayHello()V")) {
                return 1;
            }
            break;
        case 1826985398:
            if (var10000.equals("equals(Ljava/lang/Object;)Z")) {
                return 2;
            }
            break;
        case 1913648695:
            if (var10000.equals("toString()Ljava/lang/String;")) {
                return 3;
            }
            break;
        case 1984935277:
            if (var10000.equals("hashCode()I")) {
                return 4;
            }
        }

        return -1;
    }

    public int getIndex(String var1, Class[] var2) {
        switch(var1.hashCode()) {
```

```java
            case -2059129042:
                if (var1.equals("sayOthers")) {
                    switch(var2.length) {
                    case 0:
                        return 0;
                    }
                }
                break;
            case -2012993625:
                if (var1.equals("sayHello")) {
                    switch(var2.length) {
                    case 0:
                        return 1;
                    }
                }
                break;
            case -1776922004:
                if (var1.equals("toString")) {
                    switch(var2.length) {
                    case 0:
                        return 3;
                    }
                }
                break;
            case -1295482945:
                if (var1.equals("equals")) {
                    switch(var2.length) {
                    case 1:
                        if (var2[0].getName().equals("java.lang.Object")) {
                            return 2;
                        }
                    }
                }
                break;
            case 147696667:
                if (var1.equals("hashCode")) {
                    switch(var2.length) {
                    case 0:
                        return 4;
                    }
                }
            }

        return -1;
    }

    public int getIndex(Class[] var1) {
        switch(var1.length) {
        case 0:
            return 0;
        default:
            return -1;
```

```
        }
    }

    public Object invoke(int var1, Object var2, Object[] var3) throws
InvocationTargetException {
        HelloService var10000 = (HelloService)var2;
        int var10001 = var1;

        try {
            switch(var10001) {
            case 0:
                var10000.sayOthers();
                return null;
            case 1:
                var10000.sayHello();
                return null;
            case 2:
                return new Boolean(var10000.equals(var3[0]));
            case 3:
                return var10000.toString();
            case 4:
                return new Integer(var10000.hashCode());
            }
        } catch (Throwable var4) {
            throw new InvocationTargetException(var4);
        }

        throw new IllegalArgumentException("Cannot find matching method/constructor");
    }
    ...省略部分代码...
}
```

下面将分析CGLib生成的代理类HelloService$$EnhancerByCGLIB$$d522487b如何实现对被代理类的功能进行增强。HelloService$$EnhancerByCGLIB$$d522487b类的声明如下：

```
public class HelloService$$EnhancerByCGLIB$$d522487b extends HelloService implements
Factory
```

从HelloService$$EnhancerByCGLIB$$d522487b类的声明可以看出，CGLib动态代理与JDK动态代理的一个明显区别在于：CGLib动态代理是通过生成被代理类的子类来实现对被代理类的增强的；JDK动态代理是通过实现与被代理类相同的接口来实现对被代理类的增强的。

在CGLib生成的代理类中，有一个静态代码块，其中调用CGLIB$STATICHOOK1()方法，代码如下：

```
static {
    CGLIB$STATICHOOK1();
}

static void CGLIB$STATICHOOK1() {
    CGLIB$THREAD_CALLBACKS = new ThreadLocal();
    CGLIB$emptyArgs = new Object[0];
    /**
    * 为被代理类所有方法生成一个MethodProxy对象，包含其所有父类的方法
    */
```

```
        Class var0 = Class.forName("com.example.java.interview.guide.part2.aop.cglib.
HelloService$$EnhancerByCGLIB$$d522487b");
        Class var1;
        // 获取HelloService这个父类的所有方法
        CGLIB$sayHello$0$Method = ReflectUtils.findMethods(new String[]{"sayHello", "()V"},
(var1 = Class.forName("com.example.java.interview.guide.part2.aop.cglib.
HelloService")).getDeclaredMethods())[0];
        CGLIB$sayHello$0$Proxy = MethodProxy.create(var1, var0, "()V", "sayHello",
"CGLIB$sayHello$0");
        // 获取Object这个父类的所有方法, 会将其所有的方法保存到一个本地变量上, 并且会生成一个MethodProxy
        // 这个MethodProxy的对象实例很重要, MethodInterceptor的intercept方法就需要该对象实例, 用来进
行快速调用
        Method[] var10000 = ReflectUtils.findMethods(new String[]{"equals",
"(Ljava/lang/Object;)Z", "toString", "()Ljava/lang/String;", "hashCode", "()I", "clone",
"()Ljava/lang/Object;"}, (var1 = Class.forName("java.lang.Object")).getDeclaredMethods());
        CGLIB$equals$1$Method = var10000[0];
        CGLIB$equals$1$Proxy = MethodProxy.create(var1, var0, "(Ljava/lang/Object;)Z",
"equals", "CGLIB$equals$1");
        CGLIB$toString$2$Method = var10000[1];
        CGLIB$toString$2$Proxy = MethodProxy.create(var1, var0, "()Ljava/lang/String;",
"toString", "CGLIB$toString$2");
        CGLIB$hashCode$3$Method = var10000[2];
        CGLIB$hashCode$3$Proxy = MethodProxy.create(var1, var0, "()I", "hashCode",
"CGLIB$hashCode$3");
        CGLIB$clone$4$Method = var10000[3];
        CGLIB$clone$4$Proxy = MethodProxy.create(var1, var0, "()Ljava/lang/Object;", "clone",
"CGLIB$clone$4");
    }
```

在CGLIB$STATICHOOK1()这个静态方法中执行了MethodProxy.create()方法, 为被代理类所有的方法都生成了对应的MethodProxy对象, 在调用代理类的每个方法时, 都会有一个对应的MethodProxy对象。当参数被传递到MethodInterceptor.intercept()方法时, 在intercept()中就能利用MethodProxy类的方法, 使用FastClass机制快速调用对应的方法。代码如下:

```
public class HelloService$$EnhancerByCGLIB$$d522487b extends HelloService implements
Factory {
    private boolean CGLIB$BOUND;
    public static Object CGLIB$FACTORY_DATA;
    private static final ThreadLocal CGLIB$THREAD_CALLBACKS;
    private static final Callback[] CGLIB$STATIC_CALLBACKS;
    private MethodInterceptor CGLIB$CALLBACK_0;
    private static Object CGLIB$CALLBACK_FILTER;
    private static final Method CGLIB$sayHello$0$Method;
    private static final MethodProxy CGLIB$sayHello$0$Proxy;
    private static final Object[] CGLIB$emptyArgs;
    private static final Method CGLIB$equals$1$Method;
    private static final MethodProxy CGLIB$equals$1$Proxy;
    private static final Method CGLIB$toString$2$Method;
    private static final MethodProxy CGLIB$toString$2$Proxy;
    private static final Method CGLIB$hashCode$3$Method;
    private static final MethodProxy CGLIB$hashCode$3$Proxy;
```

```java
    private static final Method CGLIB$clone$4$Method;
    private static final MethodProxy CGLIB$clone$4$Proxy;

    static void CGLIB$STATICHOOK1() {
        // 省略上文分析过的CGLIB$STATICHOOK1()方法的代码
    }

    final void CGLIB$sayHello$0() {
        super.sayHello();
    }

    public final void sayHello() {
        MethodInterceptor var10000 = this.CGLIB$CALLBACK_0;
        if (var10000 == null) {
            CGLIB$BIND_CALLBACKS(this);
            var10000 = this.CGLIB$CALLBACK_0;
        }

        if (var10000 != null) {
            var10000.intercept(this, CGLIB$sayHello$0$Method, CGLIB$emptyArgs,
CGLIB$sayHello$0$Proxy);
        } else {
            super.sayHello();
        }
    }

    /**
     * 用来调用代理类的父类（被代理类）中的原始方法
     * 由于CGLib生成代理类利用的是继承，因此此代理类包含被代理类的全部方法
     * 但是我们调用生成的代理类实例的toString()方法时，调用的是代理类中的方法
     * 如果需要调用被代理类的原始方法，则需要借助下面的这个方法
     * CGLib生成的代理类中每个原始方法都会有这两种类型的方法
     */
    final String CGLIB$toString$2() {
        return super.toString();
    }

    public final String toString() {
        MethodInterceptor var10000 = this.CGLIB$CALLBACK_0;
        if (var10000 == null) {
            CGLIB$BIND_CALLBACKS(this);
            var10000 = this.CGLIB$CALLBACK_0;
        }

        return var10000 != null ? (String)var10000.intercept(this, CGLIB$toString$2$Method,
CGLIB$emptyArgs, CGLIB$toString$2$Proxy) : super.toString();
    }
    ...省略部分代码...
    public static MethodProxy CGLIB$findMethodProxy(Signature var0) {
        String var10000 = var0.toString();
        switch(var10000.hashCode()) {
        case -508378822:
            if (var10000.equals("clone()Ljava/lang/Object;")) {
                return CGLIB$clone$4$Proxy;
```

```
            }
            break;
        case 1535311470:
            if (var10000.equals("sayHello()V")) {
                return CGLIB$sayHello$0$Proxy;
            }
            break;
        case 1826985398:
            if (var10000.equals("equals(Ljava/lang/Object;)Z")) {
                return CGLIB$equals$1$Proxy;
            }
            break;
        case 1913648695:
            if (var10000.equals("toString()Ljava/lang/String;")) {
                return CGLIB$toString$2$Proxy;
            }
            break;
        case 1984935277:
            if (var10000.equals("hashCode()I")) {
                return CGLIB$hashCode$3$Proxy;
            }
        }

        return null;
    }

}
```

通过上述对CGLib生成的代理类的代码分析可知，代理类中的增强方法（如代理类中的sayHello()方法是对被代理类HelloService的sayHello()方法进行增强）都是MethodProxy对象。相关代码如下：

```
CGLIB$sayHello$0$Proxy = MethodProxy.create(var1, var0, "()V", "sayHello",
"CGLIB$sayHello$0");
```

下面将分析MethodProxy如何做到对代理类中的方法进行增强，MethodProxy部分方法如下：

```
/**
 * 一个MethodProxy对象，包含两个方法的名称，一个是被代理类中的原始方法名
 * 另一个则是代理类中生成的用来调用被代理类原始方法的方法名
 * 当执行MethodProxy.invoke()方法时，其实使用的就是被代理类的方法索引
 * 当执行MethodProxy.invokeSuper()方法时，使用的是代理类中的方法的索引
 *
 * c1是被代理类的class
 * c2是代理类的class
 * name1是被代理类中的原始方法名
 * name2是代理类中新增的用来调用被代理类原始方法的增强方法的方法名
 */
public static MethodProxy create(Class c1, Class c2, String desc, String name1, String name2)
{
    MethodProxy proxy = new MethodProxy();
    // Signature用来标识一个唯一的方法
    // 该标识可以用来获取FastClass中每一个方法的索引
    proxy.sig1 = new Signature(name1, desc);
    proxy.sig2 = new Signature(name2, desc);
```

```
        proxy.createInfo = new CreateInfo(c1, c2);
        return proxy;
    }

    private void init()
    {
        /*
         * Using a volatile invariant allows us to initialize the FastClass and
         * method index pairs atomically.
         *
         * Double-checked locking is safe with volatile in Java 5.  Before 1.5 this
         * code could allow fastClassInfo to be instantiated more than once, which
         * appears to be benign.
         */
        if (fastClassInfo == null)
        {
            synchronized (initLock)
            {
                if (fastClassInfo == null)
                {
                    CreateInfo ci = createInfo;

                    FastClassInfo fci = new FastClassInfo();
                    // 在helper中生成了对应Class的FastClass实例，这里可以看出就是生成了两个Class的
FastClass
                    fci.f1 = helper(ci, ci.c1);
                    fci.f2 = helper(ci, ci.c2);
                    // 获取方法的下标，sig1原本的方法名，sig2是为了调用父类方法生成的增强方法的方法名
                    fci.i1 = fci.f1.getIndex(sig1);
                    fci.i2 = fci.f2.getIndex(sig2);
                    fastClassInfo = fci;
                    createInfo = null;
                }
            }
        }
    }

    public Object invokeSuper(Object obj, Object[] args) throws Throwable {
        try {
            init();
            FastClassInfo fci = fastClassInfo;
            // 这里的f2就是一个FastClass，fci.i2是在init方法中计算出来的索引
            return fci.f2.invoke(fci.i2, obj, args);
        } catch (InvocationTargetException e) {
            throw e.getTargetException();
        }
    }

    public Object invoke(Object obj, Object[] args) throws Throwable {
        try {
            init();
            FastClassInfo fci = fastClassInfo;
            return fci.f1.invoke(fci.i1, obj, args);
```

```
        } catch (InvocationTargetException e) {
            throw e.getTargetException();
        } catch (IllegalArgumentException e) {
            if (fastClassInfo.i1 < 0)
                throw new IllegalArgumentException("Protected method: " + sig1);
            throw e;
        }
    }

private static class FastClassInfo
{
    FastClass f1;
    FastClass f2;
    int i1;
    int i2;
}
```

1.3.7 Spring AOP 使用案例

Spring AOP模块通常可用于Authentication权限、Caching缓存、错误处理、事务管控等方面。下面将通过Spring AOP的方式实现在不侵入业务代码的前提下，监听计算器的每一个计算方法的执行过程。

创建一个计算器接口。代码如下：

```
/**
 * @Author : zhouguanya
 * @Project : java-it-interview-guide
 * @Date : 2021/4/17 19:43
 * @Version : V1.0
 * @Description : 计算器接口
 */
public interface Calculator {
    /**
     * 加法
     *
     * @param i
     * @param j
     * @return
     */
    int add(int i, int j);

    /**
     * 减法
     *
     * @param i
     * @param j
     * @return
     */
    int minus(int i, int j);
}
```

创建计算器实现类。代码如下：

```java
/**
 * @Author : zhouguanya
 * @Project : java-it-interview-guide
 * @Date : 2021/4/17 19:45
 * @Version : V1.0
 * @Description : 计算器实现类
 */
@Service
public class CalculatorImpl implements Calculator {
    @Override
    public int add(int i, int j) {
        int result = i + j;
        System.out.println("add->result:" + result);
        return result;
    }

    @Override
    public int minus(int i, int j) {
        int result = i - j;
        System.out.println("minus->result:" + result);
        return result;
    }
}
```

创建切面逻辑用于监听每个计算方法的执行。代码如下：

```java
/**
 * @Author : zhouguanya
 * @Project : java-it-interview-guide
 * @Date : 2021/4/17 20:07
 * @Version : V1.0
 * @Description : 切面逻辑
 */
@Aspect
@Component
public class CalculatorAspect {
    /**
     * execution 表达式，匹配需要的方法
     */
    @Pointcut("execution(* com.example.java.interview.guide.part2.aop.aspectj..*(..))")
    public void pointCut() {
        //定义切点
    }

    @Around("pointCut()")
    public Object around(ProceedingJoinPoint proceedingJoinPoint) {
        /*result为连接点的返回结果*/
        Object result = null;
        String methodName = proceedingJoinPoint.getSignature().getName();
        /*前置通知方法*/
        System.out.println("前置通知方法>目标方法名：" + methodName + ",参数为："
```

```
                            + Arrays.asList(proceedingJoinPoint.getArgs())));
        /*执行目标方法*/
        try {
            result = proceedingJoinPoint.proceed();
            /*返回通知方法*/
            System.out.println("返回通知方法>目标方法名" + methodName + ",返回结果为: " + result);
        } catch (Throwable e) {
            /*异常通知方法*/
            System.out.println("异常通知方法>目标方法名" + methodName + ",异常为: " + e);
        }
        /*后置通知*/
        System.out.println("后置通知方法>目标方法名" + methodName);
        return result;
    }
}
```

创建配置类。代码如下：

```
/**
 * @Author : zhouguanya
 * @Project : java-it-interview-guide
 * @Date : 2021/4/17 21:00
 * @Version : V1.0
 * @Description : 配置类
 */
@Configuration
@EnableAspectJAutoProxy(proxyTargetClass = true)
@ComponentScan("com.example.java.interview.guide.part2.aop.aspectj")
public class Config {
}
```

创建单元测试，验证切面功能。代码如下：

```
/**
 * @Author : zhouguanya
 * @Project : java-it-interview-guide
 * @Date : 2021-04-17 19:51
 * @Version : V1.0
 * @Description : AspectJ测试类
 */
@RunWith(SpringJUnit4ClassRunner.class)
@SpringJUnitConfig(Config.class)
public class AspectJTest {
    @Autowired
    private Calculator calculator;

    @Test
    public void test() {
        calculator.add(1, 1);
        calculator.minus(4, 2);
    }
}
```

执行以上测试代码，执行结果如下：

```
前置通知方法>目标方法名：add,参数为：[1, 1]
add->result:2
返回通知方法>目标方法名add,返回结果为：2
后置通知方法>目标方法名add
前置通知方法>目标方法名：minus,参数为：[4, 2]
minus->result:2
返回通知方法>目标方法名minus,返回结果为：2
后置通知方法>目标方法名minus
```

值得注意的是，虽然Spring AOP模块中的一些注解与AspectJ框架中的注解名称相同、功能相似，如@Around注解，但二者在实现和工作原理上确实有所不同。Spring AOP是基于动态代理技术实现的功能增强，AspectJ框架是在类编译阶段就通过字节码技术实现的功能增强。

1.3.8　Spring AOP 代理方式的选择

Spring AOP模块兼容了JDK动态代理和CGLib两种方式来生成代理对象。Spring AOP默认使用JDK动态代理生成代理对象，如果发现被代理的对象没有实现抽象接口，则Spring AOP会自动切换到使用CGLib来生成代理对象。

在应用系统运行过程中，具体使用哪种方式生成代理对象其实是由AopProxyFactory这个类根据AdvisedSupport对象的配置来决定的。代码如下：

```java
public interface AopProxyFactory {

    /**
     * Create an {@link AopProxy} for the given AOP configuration.
     * @param config the AOP configuration in the form of an
     * AdvisedSupport object
     * @return the corresponding AOP proxy
     * @throws AopConfigException if the configuration is invalid
     */
    AopProxy createAopProxy(AdvisedSupport config) throws AopConfigException;

}
```

AopProxyFactory接口的默认实现类是DefaultAopProxyFactory，DefaultAopProxyFactory重写createAopProxy()方法的代码如下：

```java
@Override
public AopProxy createAopProxy(AdvisedSupport config) throws AopConfigException {
    if (config.isOptimize() || config.isProxyTargetClass() ||
hasNoUserSuppliedProxyInterfaces(config)) {
        Class<?> targetClass = config.getTargetClass();
        if (targetClass == null) {
            throw new AopConfigException("TargetSource cannot determine target class: " +
                "Either an interface or a target is required for proxy creation.");
        }
        if (targetClass.isInterface() || Proxy.isProxyClass(targetClass)) {
            return new JdkDynamicAopProxy(config);
        }
```

```
        return new ObjenesisCglibAopProxy(config);
    }
    else {
        return new JdkDynamicAopProxy(config);
    }
}
```

从上述方法的命名可知，Spring对JDK动态代理和CGLib动态代理分别提供了不同的实现，读者可以参考1.3.2~1.3.6节的相关内容，来深入了解Spring是如何实现JDK动态代理和CGLib动态代理的。鉴于此，本小节不再赘述。

1.4　Spring 事务管理

数据库事务（Database Transaction）是数据库管理系统执行过程中的一个逻辑工作单元，数据库事务由一系列数据库操作组成，这些操作作为一个整体一起被提交或回滚。数据库事务的主要目的是保证数据的完整性和一致性，即使在出现故障的情况下，也不能打破数据的完整性和一致性。

1.4.1　事务的 ACID 特性

事务（Transaction）是为了保证数据完整性而存在的一种工具，其主要有四大特性：原子性（Atomicity）、一致性（Consistency）、隔离性（Isolation）和持久性（Durability）。

（1）原子性：一个事务中的所有操作，要么全部完成，要么全部失败，不会在中间某个环节结束，即不会出现部分成功，部分失败的场景。如果事务在执行过程中发生错误，整个事务中的所有操作都会被回滚（Rollback）到事务开始前的状态，就像这个事务从来没有执行过一样。

（2）一致性：在事务开始之前和事务结束以后，数据库的完整性没有被破坏。这表示写入的数据必须完全符合所有的预设规则，这包含数据的精确度、串联性以及后续数据库可以自发性地完成预定的工作。

（3）隔离性：数据库允许多个并发事务同时对其数据进行读、写和修改的能力，隔离性可以防止多个事务并发执行时由于交叉执行而导致数据的不一致。事务隔离级别包括读未提交（READ UNCOMMITTED）、读提交（READ COMMITTED）、可重复读（REPEATABLE READ）和串行化（SERIALIZABLE）。

（4）持久性：事务处理结束后，对数据的修改就是永久的，即便系统故障也不会丢失。

业界通常将严格遵循ACID特性的事务称为刚性事务。与之对应地，期望最终一致性，在事务执行的中间状态允许暂时不遵循ACID特性的事务称为柔性事务。

Spring事务管理机制实际上是依赖于数据库管理系统自身实现的刚性事务。通常所说的Spring事务管理是指Spring提供的一种能力，该能力以优雅的方式对数据库层面实现的刚性事务进行封装支持，从而实现降低开发复杂度，提升开发效率。

1.4.2　事务并发执行引发的问题

假设事务A和事务B操纵的是同一个资源,事务A包含多个执行语句,事务B也包含多个执行语句,事务A和事务B在并发较高的情况下,会出现各种各样的问题。

1. 脏读

事务A正在访问数据,并且对数据进行了修改,而这种修改还没有提交到数据库中,与此同时,事务B也访问了这个数据,然后使用了这个数据。因为事务A修改操作时还没有提交,因此另一个事务读到的这个数据是脏数据,依据脏数据所做的操作可能是不正确的。

2. 不可重复读

事务A多次读取同一数据,事务B在事务A多次读取的过程中,对数据进行了更新并提交,导致事务A多次读取同一数据时,发现读取到的数据内容不一致。

3. 幻读

在一个事务的操作过程中发现了未被操作的数据。比如学生信息,事务A开启事务,修改所有学生当天签到状况为false(未签到),此时切换到事务B,事务B开启事务,事务B插入了一条学生数据,此时切换回事务A,事务A提交的时候发现了一条自己没有修改过的数据,这就是幻读,就好像发生了幻觉一样。幻读出现的前提是并发执行的事务中有事务发生了插入或删除等操作。

1.4.3　事务隔离级别及案例分析

事务隔离级别是数据库管理系统中用来解决并发操作时可能出现的数据不一致问题的一种机制。在多用户环境中,不同的事务可能会同时访问和修改数据库中的数据,如果没有适当的隔离措施,可能会导致各种并发问题。选择合适的事务隔离级别对于确保数据库操作的正确性和系统的稳定性至关重要。为了适应不同项目的并发需求,数据库系统提供了多种事务隔离级别供选择。

下面将以MySQL数据库为例,阐述各种事务隔离级别的原理及每种事务隔离级别可能会产生的问题。MySQL数据库的事务隔离级别有4种,但Spring为开发人员提供了5种事务隔离级别。下面将针对Spring提供的5种事务隔离级别分别进行阐述。

1. DEFAULT

如果Spring配置事务时将事务隔离级别设置为DEFAULT,那么此时Spring将使用数据库的默认事务隔离级别(每种数据库支持的事务隔离级别不一样)。对于MySQL数据库而言,我们可以使用select @@tx_isolation来查看默认的事务级别(MySQL 8.0以后的版本需要使用select @@transaction_isolation查看事务隔离级别)。

2. READ_UNCOMMITTED

READ_UNCOMMITTED即读未提交,该隔离级别下的事务可以读取到其他事务没有提交的数据,所以该级别的隔离机制无法解决脏读、不可重复读、幻读中的任何一种问题,因此很少使用。

如图1-11所示,Transaction A在Transaction B更新学生Tom的成绩为100分后,紧接着查询了一次所有学生的成绩,发现这次得到的学生Tom的成绩为100分;而后Transaction B回滚事务,Transaction

A再次查询所有学生的成绩，发现学生Tom的成绩又恢复成92分。出现这种现象的原因是，Transaction A和Transaction B都使用了READ_UNCOMMITTED事务隔离级别，Transaction A读到了Transaction B尚未提交的数据，即出现脏读。

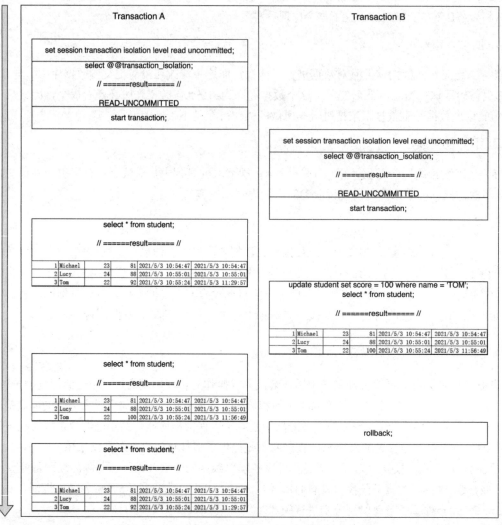

图 1-11　READ_UNCOMMITTED 隔离级别示意图

从图1-11可知，READ_UNCOMMITTED级别无法解决脏读、不可重复读和幻读的问题。

3. READ_COMMITED

READ_UNCOMMITTED即读已提交，该隔离级别下的事务能够读到其他事务已经提交的数据，READ_UNCOMMITTED能够防止脏读，但是无法限制不可重复读和幻读。

如图1-12所示，Transaction A在Transaction B更新学生Tom的成绩为100分后，紧接着查询了一次所有学生的成绩，发现这次得到的学生Tom的成绩为92分；而后Transaction B提交事务，Transaction A再次查询所有学生的成绩，发现学生Tom的成绩是92分。出现这种现象的原因是，Transaction A和Transaction B都使用了READ_COMMITTED事务隔离级别，Transaction A读到了Transaction B已提交的数据，即读已提交。

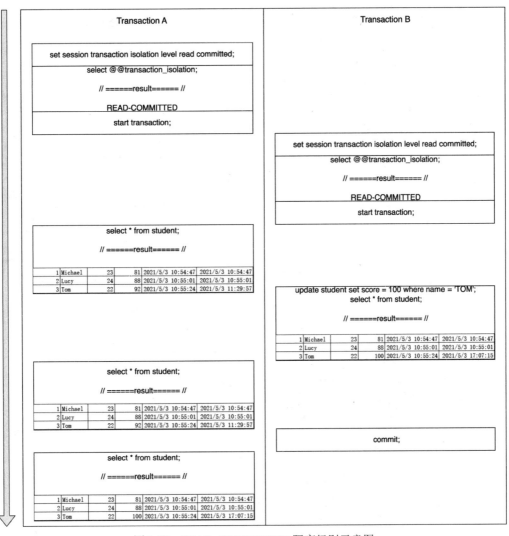

图 1-12　READ_COMMITTED 隔离级别示意图

仔细观察Transaction A中的语句执行过程，发现Transaction A在一个事务内，分别执行了3次查询操作，但最后一次的查询操作得到的结果与前两次查询操作得到的结果不符，即前两次查询学生Tom的成绩均为92分，第3次查询学生Tom的成绩为100分，这对于Transaction A来说，发生了不可重复读。

从图1-12可知，**READ_COMMITTED级别可以解决脏读问题，但无法解决不可重复读和幻读问题。**

4. REPEATABLE_READ

REPEATABLE_READ即可重复读，该隔离级别下的事务每次读取的结果集都相同，而不管其他事务有没有提交。REPEATABLE_READ能够防止脏读和不可重复读，但是无法限制幻读。

如图1-13所示，Transaction A在Transaction B更新学生Tom的成绩为60分后，紧接着查询了一次所有学生的成绩，发现这次得到的学生Tom的成绩为100分；而后Transaction B提交事务，Transaction A再次查询所有学生的成绩，发现学生Tom的成绩还是100分。出现这种现象的原因是，Transaction A和Transaction B都使用了REPEATABLE_READ事务隔离级别，Transaction A可以在当前事务内重复读取相同的数据，即可重复读。

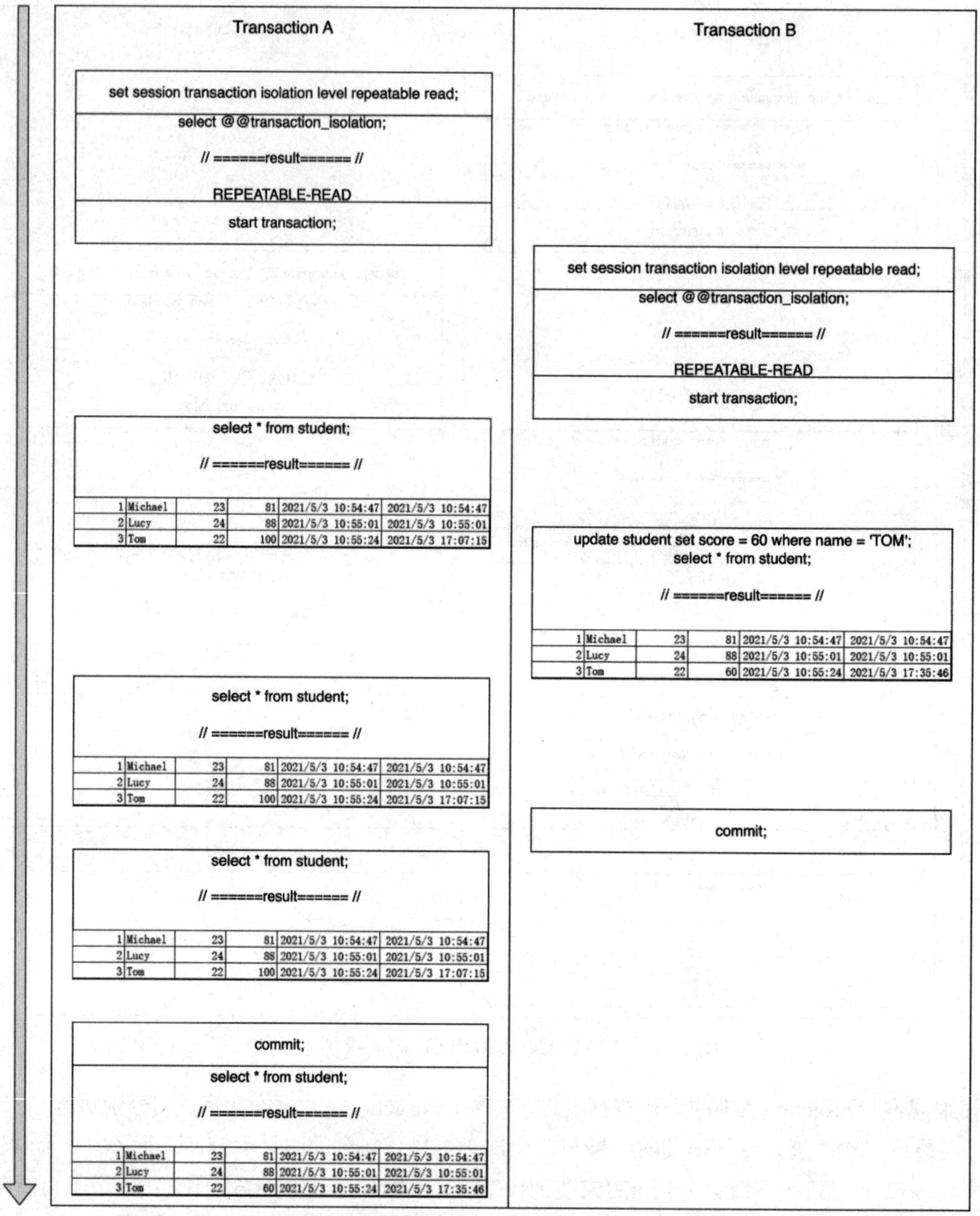

图 1-13   REPEATABLE_READ 隔离级别示意图

从图1-13可知，REPEATABLE_READ级别可以解决脏读和不可重复读问题，但该隔离级别无法解决幻读问题。

图1-14是在图1-13的实验基础上得出的，通过图1-14观察幻读产生的现象。分别设置Transaction A和Transaction B隔离级别为REPEATABLE_READ。在Transaction B中插入一条Tony的记录：insert into student(id,name, age, score) values (4,'Tony',25,85)，Transaction B提交后，Transaction A在Transaction B提交前后的两次查询所得的结果相同，即实现了可重复读。而后 Transaction A执行 insert into student(id,name, age, score) values (4,'Tony',25,85)，也想插入一套Tony学生的记录，却发现id=4的学生记录已存在。

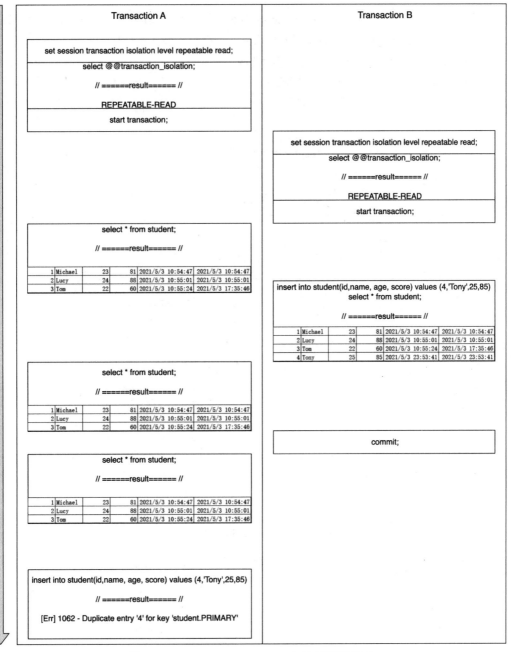

图 1-14　REPEATABLE_READ 幻读问题示意图

虽然在Transaction A中查询不到id=4的学生Tony的记录，但Transaction A也不可以再插入id=4的学生Tony的记录，对于Transaction A来说就像产生了幻觉一样，这样的问题就是幻读问题。

5. SERLALIZABLE

SERLALIZABLE即串行化，是最高的事务隔离级别，不管有多少事务并发执行，该隔离级别控制事务逐个运行，当前一个事务运行完所有语句之后，才可以执行下一个事务中的所有语句，这样就可以彻底解决脏读、不可重复读和幻读的问题。

在图1-15中的Transaction A和Transaction B分别使用了SERLALIZABLE事务隔离级别，Transaction A先开启事务，Transaction B后开启事务。在Transaction A未提交事务前，Transaction B执行update student set score = 90 where name = 'Tony';语句，会发现Transaction B执行的语句将会被阻塞，可以看到Transaction B阻塞了25.983秒。打破这种阻塞状态的原因是Transaction A提交了事务。

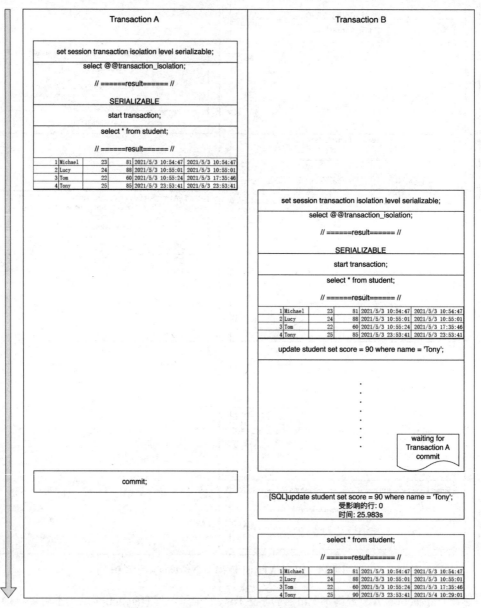

图 1-15   SERLALIZABLE 隔离级别示意图

通过对图1-15的分析可知，在SERLALIZABLE隔离级别下会造成其他并发事务的写操作被挂起，这是隔离级别中最严格的级别，但是使用SERLALIZABLE隔离级别势必对性能造成影响。

SERLALIZABLE是4种事务隔离级别中隔离效果最好的，解决了脏读、可重复读、幻读的问题。但是，SERLALIZABLE隔离级别并发性能最差，它将事务的执行变为顺序执行，与其他三个隔离级别相比，SERLALIZABLE就相当于单线程，后一个事务必须等待前一个事务结束才有机会执行。

以上各种事务隔离级别没有好坏之分，开发人员需要根据具体的业务场景选用合适的事务隔离级别。

1.4.4　Spring 事务传播行为

Spring支持7种事务传播行为，通过事务传播行为确定调用方代码和被调用方代码的事务边界，即多个具有事务控制的方法相互调用时所形成的复杂的事务边界控制。在Spring框架的Propagation枚举类中定义了7种事务传播行为。具体代码如下：

```java
public enum Propagation {
    REQUIRED(0),
    SUPPORTS(1),
    MANDATORY(2),
    REQUIRES_NEW(3),
    NOT_SUPPORTED(4),
    NEVER(5),
    NESTED(6);

    private final int value;

    private Propagation(int value) {
        this.value = value;
    }

    public int value() {
        return this.value;
    }
}
```

- REQUIRED：表示当前方法必须在一个具有事务的上下文中运行，如调用方代码有事务在进行中，那么被调用方代码将在该事务中运行；否则必须重新开启一个事务。如果被调用方代码发生异常，那么调用方和被调用方的事务都将回滚。
- SUPPORTS：表示如果当前的上下文存在事务，则支持当前事务，将当前的代码加入事务中执行；如果当前的上下文不存在事务，则使用非事务的方式执行当前的代码。
- MANDATORY：表示要求上下文中必须存在事务，否则抛出异常。这一机制是确保事务完整性、避免遗漏事务控制的重要手段。例如，开发人员想要控制一段代码不被单独调用执行，一旦被调用执行，必须有事务包含的场景，就可以使用这个传播行为。
- REQUIRES_NEW：表示每次执行都需要一个新的事务。该传播级别的特点是，每次都会新建一个事务，并且同时将上下文中已存在的事务挂起，当新建的事务执行完成以后，上下文事务再恢复执行。
- NOT_SUPPORTED：表示如果上下文中存在事务，则挂起已存在的事务，然后继续执行当前逻辑，当前逻辑执行完成后，恢复上下文的事务。该传播行为可以帮助开发人员将事务范围尽可能地缩小。事务覆盖的范围越大，存在的风险也就越多。因此，在处理事务的过程中，要保证尽可能地缩小事务覆盖范围。
- NEVER：表示上下文中不能存在事务，一旦有事务，就抛出运行时异常。

- NESTED：表示如果上下文中存在事务，则嵌套事务执行，如果不存在事务，则新建事务。嵌套事务指的是子事务套在父事务中执行，子事务是父事务的一部分，在进入子事务之前，父事务建立一个回滚点（save point），然后执行子事务，这个子事务的执行也算是父事务的一部分，子事务执行结束后，父事务继续执行。如果子事务抛出的异常被父事务捕获，则父事务仍然可以提交；如果父事务没有捕获异常，则父事务也会回滚。如果父事务回滚，子事务也会跟着回滚，因为父事务结束之前，子事务是不会提交的，子事务是父事务的一部分，由父事务统一提交。

1.4.5　Spring 事务使用案例

本节首先通过一个示例场景——批量新增多个用户来展示Spring事务管理为开发人员带来的便捷性。随后，我们将深入分析Spring事务的工作原理。

创建用户实体类User，代码如下：

```
/**
 * @Author : zhouguanya
 * @Project : java-it-interview-guide
 * @Date : 2021/4/18 12:59
 * @Version : V1.0
 * @Description : 用户类
 */
@Setter
@Getter
@AllArgsConstructor
public class User {
    /**
     * 姓名
     */
    private String name;
    /**
     * 年龄
     */
    private int age;
    /**
     * 性别
     */
    private String gender;
}
```

在上述代码中，@Setter、@Getter和@AllArgsConstructor注释是由Lombok框架提供的，其主要功能是在编译器中为Java类生成setter、getter和构造器等代码。更多细节读者可以参考本书配套源码，观察编译后的User.class文件，了解各注解的功能。

创建UserServiceImpl实现UserService接口，UserServiceImpl主要调用UserDao进行数据库操作。代码如下：

```
/**
 * @Author : zhouguanya
 * @Project : java-it-interview-guide
```

```
 * @Date : 2021/4/18 13:10
 * @Version : V1.0
 * @Description : 用户服务实现类
 */
@Service
public class UserServiceImpl implements UserService {
    @Autowired
    private UserDao userDao;

    @Override
    public boolean addUser(User user) {
        int result = userDao.saveUser(user);
        return result == 1;
    }

}
```

创建UserDao类。该类基于MyBatis实现数据库操作。代码如下：

```
/**
 * @Author : zhouguanya
 * @Project : java-it-interview-guide
 * @Date : 2021/4/18 13:10
 * @Version : V1.0
 * @Description :
 */
@Mapper
public interface UserDao {
    /**
     * 保存用户
     *
     * @param user
     * @return
     */
    int saveUser(User user);
}
```

创建MyBatis Mapper文件，代码如下：

```xml
<?xml version="1.0" encoding="UTF-8"?>
<!DOCTYPE mapper PUBLIC "-//MyBatis.org//DTD Mapper 3.0//EN"
"http://MyBatis.org/dtd/MyBatis-3-mapper.dtd">
<mapper namespace="com.example.java.interview.guide.part2.chapter9.transaction.UserDao">
    <resultMap id="BaseResultMap" type="com.example.java.interview.guide.part2.chapter9.
transaction.User">
        <constructor>
            <idArg column="id" javaType="java.lang.Integer" jdbcType="INTEGER" />
            <arg column="name" javaType="java.lang.String" jdbcType="VARCHAR" />
            <arg column="age" javaType="java.lang.Integer" jdbcType="INTEGER" />
            <arg column="gender" javaType="java.lang.String" jdbcType="VARCHAR" />
            <arg column="createTime" javaType="java.util.Date" jdbcType="TIMESTAMP" />
            <arg column="updateTime" javaType="java.util.Date" jdbcType="TIMESTAMP" />
        </constructor>
    </resultMap>
```

```
    <insert id="saveUser" parameterType="com.example.java.interview.guide.part2.chapter9.
transaction.User">
        insert into user (name, age, gender)
        values (#{name,jdbcType=VARCHAR}, #{age,jdbcType=INTEGER}, #{gender,jdbcType=VARCHAR})
    </insert>
</mapper>
```

创建Spring Boot配置文件。其中主要包含数据库连接、数据库用户名、密码和数据源等方面的配置，部分代码如下：

```
spring.datasource.username=root
spring.datasource.password=123456
spring.datasource.url=jdbc:mysql://localhost:3306/java-interview-guide?useUnicode=true
&characterEncoding=utf-8&useSSL=true&serverTimezone=GMT%2B8
spring.datasource.driver-class-name=com.mysql.cj.jdbc.Driver
spring.datasource.hikari.minimum-idle=10
spring.datasource.hikari.maximum-pool-size=20
spring.datasource.hikari.idle-timeout=500000
spring.datasource.hikari.max-lifetime=540000
spring.datasource.hikari.connection-timeout=60000
spring.datasource.hikari.connection-test-query=SELECT 1
MyBatis.mapper-locations=classpath:mapper/*Mapper.xml
```

创建测试代码，模拟在一个事务中同时保存Michael和Tom两个用户。核心代码如下：

```
@Transactional(rollbackFor = Exception.class)
public void test() {
    userService.addUser(new User("Michael", 22, "MALE"));
    // 模拟异常，观察事务回滚情况
    int a = 1/0;
    userService.addUser(new User("Tom", 23, "FEMALE"));
}
```

其中，int a=1/0;这行代码会出现异常，因此会造成整个事务回滚。数据库中不会保存Michael和Tom的用户信息。

1.4.6　Spring Boot 自动事务配置

为了深入理解1.4.5节案例中Spring事务的工作原理，需要先从依赖的相关JAR包讲起。在本书的案例代码中使用的是Spring Boot框架，Spring Boot框架与数据库进行交互都需要显式或隐式地添加JDBC依赖项。代码如下：

```
<dependency>
    <groupId>org.springframework.boot</groupId>
    <artifactId>spring-boot-starter-jdbc</artifactId>
</dependency>
```

本小节的代码中并未直接使用spring-boot-starter-jdbc依赖项，而是使用了MyBatis依赖项（本小节使用MyBatis作为对象关系映射框架，操作MySQL数据库）。代码如下：

```
<dependency>
    <groupId>org.MyBatis.spring.boot</groupId>
    <artifactId>MyBatis-spring-boot-starter</artifactId>
</dependency>
```

单击进入MyBatis-spring-boot-starter依赖项，可以发现该依赖项包含以下多个依赖项，其中也包含spring-boot-starter-jdbc依赖项。

```
<dependencies>
<dependency>
  <groupId>org.springframework.boot</groupId>
  <artifactId>spring-boot-starter</artifactId>
</dependency>
<dependency>
  <groupId>org.springframework.boot</groupId>
  <artifactId>spring-boot-starter-jdbc</artifactId>
</dependency>
<dependency>
  <groupId>org.MyBatis.spring.boot</groupId>
  <artifactId>MyBatis-spring-boot-autoconfigure</artifactId>
</dependency>
<dependency>
  <groupId>org.MyBatis</groupId>
  <artifactId>MyBatis</artifactId>
</dependency>
<dependency>
  <groupId>org.MyBatis</groupId>
  <artifactId>MyBatis-spring</artifactId>
</dependency>
</dependencies>
```

观察以上MyBatis-spring-boot-starter包含的依赖项，可以发现MyBatis-spring-boot-starter包含的依赖项中包含MyBatis-spring-boot-autoconfigure这个依赖项，单击进入该依赖项的详情，可以发现其中包含spring-boot-autoconfigure依赖项。

```
<dependency>
  <groupId>org.springframework.boot</groupId>
  <artifactId>spring-boot-autoconfigure</artifactId>
</dependency>
```

打开spring-boot-autoconfigure的JAR包，可以看到其中包含spring.factories文件，该文件中包含大量的Spring Boot的默认配置项，其中jdbc相关的配置项如下：

```
# Auto Configure
org.springframework.boot.autoconfigure.EnableAutoConfiguration=\
org.springframework.boot.autoconfigure.jdbc.DataSourceAutoConfiguration,\
org.springframework.boot.autoconfigure.jdbc.JdbcTemplateAutoConfiguration,\
org.springframework.boot.autoconfigure.jdbc.JndiDataSourceAutoConfiguration,\
org.springframework.boot.autoconfigure.jdbc.XADataSourceAutoConfiguration,\
org.springframework.boot.autoconfigure.jdbc.DataSourceTransactionManagerAutoConfigurat
ion,\
org.springframework.boot.autoconfigure.transaction.TransactionAutoConfiguration
```

　　Spring Factories（spring.factories文件）的设计是Spring Boot模仿Java SPI（Service Provider Interface）设计的扩展机制。下面将简单介绍Java SPI机制的功能。读者可以结合5.7节的内容深入学习Java领域内的一些常见SPI技术。

　　一个软件系统中抽象的各个模块往往有很多不同的实现方案，比如日志输出、XML解析模块、JDBC模块实现等。在面向对象的程序设计中，推荐模块之间基于接口编程，模块之间不对实现类进行硬编码（参考1.2.1节软件设计的七大原则）。为了实现在模块装配时无须本身修改应用程序，需要一种服务发现机制。

　　Java SPI提供了这样一种机制：为某个接口寻找其实现类。Java SPI类似于Spring IoC的思想，就是将装配的控制权移到程序之外。在模块化程序设计中，这个机制尤为重要。Java SPI约定：当服务的提供者提供了接口的一种实现之后，在JAR包的META-INF/services/目录中会同时创建一个以服务接口命名的文件，该文件中就是实现该接口的具体实现类。当外部程序装配这个模块的时候，就能通过该JAR包META-INF/services/中的配置文件找到具体的实现类名，并装载实例化，完成模块的注入。基于这样一个约定，就能很好地找到接口的实现类。Java提供的SPI工具类是java.util.ServiceLoader。

　　在Spring Boot中也有一种类似于Java SPI的加载机制。它在META-INF/spring.factories文件中配置接口的实现类名称，然后在程序中读取这些配置文件并实例化。这种自定义的SPI机制是Spring Boot Starter实现的基础。在spring-core包中定义了SpringFactoriesLoader类，这个类实现了检索META-INF/spring.factories文件，并获取指定接口配置的功能，解析META-INF/spring.factories文件的代码如下：

```
private static Map<String, List<String>> loadSpringFactories(ClassLoader classLoader) {
    Map<String, List<String>> result = cache.get(classLoader);
    if (result != null) {
        return result;
    }

    result = new HashMap<>();
    try {
        Enumeration<URL> urls = classLoader.getResources(FACTORIES_RESOURCE_LOCATION);
        while (urls.hasMoreElements()) {
            URL url = urls.nextElement();
            UrlResource resource = new UrlResource(url);
            Properties properties = PropertiesLoaderUtils.loadProperties(resource);
            for (Map.Entry<?, ?> entry : properties.entrySet()) {
                String factoryTypeName = ((String) entry.getKey()).trim();
                String[] factoryImplementationNames =
                        StringUtils.commaDelimitedListToStringArray((String)
entry.getValue());
                for (String factoryImplementationName : factoryImplementationNames) {
                    result.computeIfAbsent(factoryTypeName, key -> new ArrayList<>())
                            .add(factoryImplementationName.trim());
                }
            }
        }

        // Replace all lists with unmodifiable lists containing unique elements
        result.replaceAll((factoryType, implementations) ->
implementations.stream().distinct()
```

```
                .collect(Collectors.collectingAndThen(Collectors.toList(),
Collections::unmodifiableList)));
            cache.put(classLoader, result);
        }
        catch (IOException ex) {
            throw new IllegalArgumentException("Unable to load factories from location [" +
                    FACTORIES_RESOURCE_LOCATION + "]", ex);
        }
        return result;
    }
```

为UrlResource resource = new UrlResource(url);这一行代码加上断点，以调试模式运行本小节的示例代码，观察变量url的值，可以发现Spring Boot会加载到META-INF/spring.factories文件中。调试模式如图1-16所示。

图 1-16　SpringFactoriesLoader 解析 META-INF/spring.factories 文件示意图

在SpringFactoriesLoader类中，定义了以下两个对外的方法。

- loadFactories()方法：根据接口类获取其实现类的实例，这个方法返回的是对象列表。
- loadFactoryNames()方法：根据接口获取其接口类的名称，这个方法返回的是类名的列表。

通过对上述代码的分析可知，SpringFactoriesLoader类将加载spring-boot-autoconfigure的JAR包中的DataSourceAutoConfiguration、DataSourceTransactionManagerAutoConfiguration等类。下面先来分析DataSourceAutoConfiguration类。

DataSourceAutoConfiguration的字面意思是数据源自动配置，该类的部分代码如下：

```
@Configuration(proxyBeanMethods = false)
@ConditionalOnClass({ DataSource.class, EmbeddedDatabaseType.class })
@ConditionalOnMissingBean(type = "io.r2dbc.spi.ConnectionFactory")
@EnableConfigurationProperties(DataSourceProperties.class)
@Import({ DataSourcePoolMetadataProvidersConfiguration.class,
DataSourceInitializationConfiguration.class })
public class DataSourceAutoConfiguration {
@Configuration(proxyBeanMethods = false)
@Conditional(EmbeddedDatabaseCondition.class)
@ConditionalOnMissingBean({ DataSource.class, XADataSource.class })
@Import(EmbeddedDataSourceConfiguration.class)
protected static class EmbeddedDatabaseConfiguration {
```

```
}
@Configuration(proxyBeanMethods = false)
@Conditional(PooledDataSourceCondition.class)
@ConditionalOnMissingBean({ DataSource.class, XADataSource.class })
@Import({ DataSourceConfiguration.Hikari.class, DataSourceConfiguration.Tomcat.class,
        DataSourceConfiguration.Dbcp2.class, DataSourceConfiguration.OracleUcp.class,
        DataSourceConfiguration.Generic.class, DataSourceJmxConfiguration.class })
protected static class PooledDataSourceConfiguration {
}
    ...省略部分代码...
}
```

上述代码中包含多个注解，其含义分别如下。

- @Configuration：用于定义配置类，可替换XML配置文件，被注解的类可以包含一个或多个被 @Bean 注解的方法，这些方法将会被 AnnotationConfigApplicationContext 或 AnnotationConfigWebApplicationContext类进行扫描，并用于构建Bean定义、初始化Spring容器。proxyBeanMethods = false的含义是不使用CGLib进行增强。
- @ConditionalOnClass：当某些类存在于类路径上时，才会实例化一个Bean对象。
- @ConditionalOnMissingBean：在当前上下文中不存在某个对象时，才会实例化一个Bean对象。
- @EnableConfigurationProperties：让使用@ConfigurationProperties注解的类生效。
- @Import：用来导入配置类或一些需要前置加载的类。

通过对上述注解的分析可知，@EnableConfigurationProperties(DataSourceProperties.class)注解的作用是加载并使DataSourceProperties类生效。DataSourceProperties类的部分代码如下：

```
@ConfigurationProperties(prefix = "spring.datasource")
public class DataSourceProperties implements BeanClassLoaderAware, InitializingBean {
    /**
     * Fully qualified name of the JDBC driver. Auto-detected based on the URL by default
     */
    private String driverClassName;

    /**
     * JDBC URL of the database
     */
    private String url;

    /**
     * Login username of the database
     */
    private String username;

    /**
     * Login password of the database
     */
    private String password;
}
```

DataSourceProperties中的属性对应本小节实例代码中的application.properties配置文件中的如下配置项：

```
spring.datasource.username
spring.datasource.password
spring.datasource.url
spring.datasource.driver-class-name
```

通过以上分析可知，DataSourceAutoConfiguration会根据application.properties配置文件中提供的相关配置项进行数据源的配置。

DataSourceAutoConfiguration会触发DataSourceConfiguration进行数据源的选型和相关配置，1.4.5节案例中使用的是Hikari数据源。DataSourceConfiguration对Hikari数据源的加载及初始化代码如下：

```
/**
 * Hikari DataSource configuration.
 */
@Configuration(proxyBeanMethods = false)
@ConditionalOnClass(HikariDataSource.class)
@ConditionalOnMissingBean(DataSource.class)
@ConditionalOnProperty(name = "spring.datasource.type", havingValue =
"com.zaxxer.hikari.HikariDataSource",
        matchIfMissing = true)
static class Hikari {

    @Bean
    @ConfigurationProperties(prefix = "spring.datasource.hikari")
    HikariDataSource dataSource(DataSourceProperties properties) {
        HikariDataSource dataSource = createDataSource(properties,
HikariDataSource.class);
        if (StringUtils.hasText(properties.getName())) {
            dataSource.setPoolName(properties.getName());
        }
        return dataSource;
    }

}
```

Spring Boot自动配置HikariDataSource数据源的示意图如图1-17所示。至此，可以得出结论：Spring Boot帮助我们自动完成了数据源对象的创建和管理。

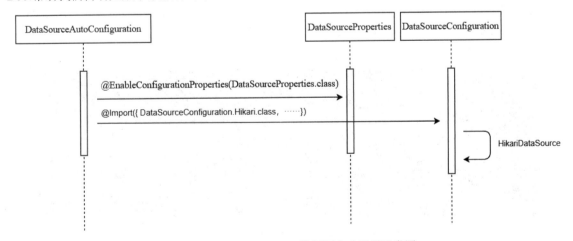

图 1-17　HikariDataSource 数据源自动配置示意图

将目光重新拉回spring.factories文件中，DataSourceTransactionManagerAutoConfiguration是Spring Boot为开发人员准备的关于事务管理器方面的一些默认配置。代码如下：

```
@Configuration(proxyBeanMethods = false)
@ConditionalOnClass({ JdbcTemplate.class, TransactionManager.class })
@AutoConfigureOrder(Ordered.LOWEST_PRECEDENCE)
@EnableConfigurationProperties(DataSourceProperties.class)
public class DataSourceTransactionManagerAutoConfiguration {

    @Configuration(proxyBeanMethods = false)
    @ConditionalOnSingleCandidate(DataSource.class)
    static class JdbcTransactionManagerConfiguration {

        @Bean
        @ConditionalOnMissingBean(TransactionManager.class)
        DataSourceTransactionManager transactionManager(Environment environment,
DataSource dataSource,
                ObjectProvider<TransactionManagerCustomizers>
transactionManagerCustomizers) {
            DataSourceTransactionManager transactionManager =
createTransactionManager(environment, dataSource);
            transactionManagerCustomizers.ifAvailable((customizers) ->
customizers.customize(transactionManager));
            return transactionManager;
        }

        private DataSourceTransactionManager createTransactionManager(Environment
environment, DataSource dataSource) {
            return environment.getProperty("spring.dao.exceptiontranslation.enabled",
Boolean.class, Boolean.TRUE)
                    ? new JdbcTransactionManager(dataSource) : new
DataSourceTransactionManager(dataSource);
        }

    }

}
```

通过以上DataSourceTransactionManagerAutoConfiguration类的代码可知，Spring Boot会在Spring容器中自动注入DataSourceTransactionManager对象，即事务管理器对象。DataSourceTransactionManager类图如图1-18所示。

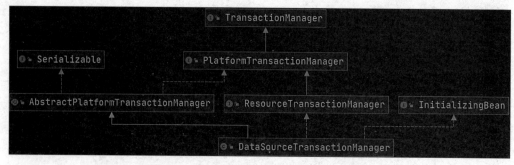

图 1-18　DataSourceTransactionManager 类图

AbstractPlatformTransactionManager 是 DataSourceTransactionManager 的父类，它实现了
PlatformTransactionManager接口。PlatformTransactionManager接口中定义了获取上下文事务、事务提
交和事务回滚三个方法。PlatformTransactionManager接口的代码如下：

```
public interface PlatformTransactionManager extends TransactionManager {

    /**
     * 返回当前活跃的事务或创建一个新事务
     */
    TransactionStatus getTransaction(@Nullable TransactionDefinition definition)
            throws TransactionException;

    /**
     * 事务提交
     */
    void commit(TransactionStatus status) throws TransactionException;

    /**
     * 事务回滚
     */
    void rollback(TransactionStatus status) throws TransactionException;

}
```

AbstractPlatformTransactionManager实现了PlatformTransactionManager接口，提供了对事务的基本
控制行为。AbstractPlatformTransactionManager实现的事务提交代码如下：

```
public final void commit(TransactionStatus status) throws TransactionException {
    if (status.isCompleted()) {
        throw new IllegalTransactionStateException(
                "Transaction is already completed - do not call commit or rollback more
than once per transaction");
    }

    DefaultTransactionStatus defStatus = (DefaultTransactionStatus) status;
    if (defStatus.isLocalRollbackOnly()) {
        if (defStatus.isDebug()) {
            logger.debug("Transactional code has requested rollback");
        }
        processRollback(defStatus, false);
        return;
    }

    if (!shouldCommitOnGlobalRollbackOnly() && defStatus.isGlobalRollbackOnly()) {
        if (defStatus.isDebug()) {
            logger.debug("Global transaction is marked as rollback-only but transactional
code requested commit");
        }
        processRollback(defStatus, true);
        return;
    }

    processCommit(defStatus);
}
```

commit()方法调用的processCommit()方法使用了模板设计模式，预留了doCommit()方法由其子类实现。doCommit()方法的代码如下：

```
protected abstract void doCommit(DefaultTransactionStatus status) throws
TransactionException;
```

AbstractPlatformTransactionManager实现的事务回滚代码如下：

```
public final void rollback(TransactionStatus status) throws TransactionException {
    if (status.isCompleted()) {
        throw new IllegalTransactionStateException(
                "Transaction is already completed - do not call commit or rollback more
than once per transaction");
    }

    DefaultTransactionStatus defStatus = (DefaultTransactionStatus) status;
    processRollback(defStatus, false);
}
```

rollback()方法调用的processRollback()方法使用了模板设计模式，预留了doRollback()方法由其子类实现。doRollback()方法的代码如下：

```
protected abstract void doRollback(DefaultTransactionStatus status) throws
TransactionException;
```

Spring Boot自动配置事务管理器示意图如图1-19所示。

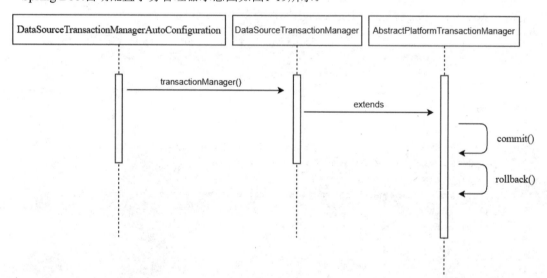

图 1-19　自动配置事务管理器示意图

将目光重新拉回spring.factories文件中，TransactionAutoConfiguration是Spring Boot为开发人员准备的关于事务方面的一些默认配置。TransactionAutoConfiguration类的声明如下：

```
@Configuration(proxyBeanMethods = false)
@ConditionalOnClass(PlatformTransactionManager.class)
@AutoConfigureAfter({ JtaAutoConfiguration.class, HibernateJpaAutoConfiguration.class,
        DataSourceTransactionManagerAutoConfiguration.class,
Neo4jDataAutoConfiguration.class })
```

```
@EnableConfigurationProperties(TransactionProperties.class)
public class TransactionAutoConfiguration {

}
```

通过nAutoConfiguration类的声明及相关注解可知，在满足以下条件后TransactionAutoConfiguration将会生效：

- 类路径上存在PlatformTransactionManager类时，TransactionAutoConfiguration将生效。
- JtaAutoConfiguration和DataSourceTransactionManagerAutoConfiguration等4个自动配置类生效后，TransactionAutoConfiguration将生效。

TransactionAutoConfiguration类中的内部类EnableTransactionManagementConfiguration的代码如下：

```
// 嵌套配置类
@Configuration(proxyBeanMethods = false)
// 仅在IoC容器中存在PlatformTransactionManager的Bean对象时才生效
@ConditionalOnBean(TransactionManager.class)
// 仅在IoC容器中不存在AbstractTransactionManagementConfiguration的Bean对象时才生效
@ConditionalOnMissingBean(AbstractTransactionManagementConfiguration.class)
public static class EnableTransactionManagementConfiguration {
    // 嵌套配置类
    // 在属性 spring.aop.proxy-target-class 被明确设置为 false 时启用注解
    // @EnableTransactionManagement(proxyTargetClass = false)
    @Configuration(proxyBeanMethods = false)
    @EnableTransactionManagement(proxyTargetClass = false)
    @ConditionalOnProperty(prefix = "spring.aop", name = "proxy-target-class",
havingValue = "false",
            matchIfMissing = false)
    public static class JdkDynamicAutoProxyConfiguration {

    }
    // 嵌套配置类
    // 在属性 spring.aop.proxy-target-class 缺失或被明确设置为 true 时启用注解
    // @EnableTransactionManagement(proxyTargetClass = true)
    @Configuration(proxyBeanMethods = false)
    @EnableTransactionManagement(proxyTargetClass = true)
    @ConditionalOnProperty(prefix = "spring.aop", name = "proxy-target-class",
havingValue = "true",
            matchIfMissing = true)
    public static class CglibAutoProxyConfiguration {

    }

}
```

TransactionAutoConfiguration用到了@EnableTransactionManagement注解，该注解代码如下：

```
@Target(ElementType.TYPE)
@Retention(RetentionPolicy.RUNTIME)
@Documented
@Import(TransactionManagementConfigurationSelector.class)
public @interface EnableTransactionManagement {

    /**
```

```
     * 使用CGLib创建动态代理
     */
    boolean proxyTargetClass() default false;

    /**
     * 指定事务通知的模式
     */
    AdviceMode mode() default AdviceMode.PROXY;

    /**
     * 事务增强器的执行顺序
     */
    int order() default Ordered.LOWEST_PRECEDENCE;

}
```

　　@EnableTransactionManagement注解引入了TransactionManagementConfigurationSelector类，因为该注解mode()的默认属性是PROXY，所以TransactionManagementConfigurationSelector类会相应地引入AutoProxyRegistrar类和ProxyTransactionManagementConfiguration类。代码如下：

```
@Override
protected String[] selectImports(AdviceMode adviceMode) {
    switch (adviceMode) {
        case PROXY:
            return new String[] {AutoProxyRegistrar.class.getName(),
                    ProxyTransactionManagementConfiguration.class.getName()};
        case ASPECTJ:
            return new String[] {determineTransactionAspectClass()};
        default:
            return null;
    }
}
```

　　1.4.7节将分别分析AutoProxyRegistrar类和ProxyTransactionManagementConfiguration类实现的功能，这两个类也是理解Spring事务的关键和核心。

1.4.7　Spring 事务管理原理

　　1.4.6节我们通过层层分析Spring Boot自动事务配置，找到了关键的两个类：AutoProxyRegistrar类和ProxyTransactionManagementConfiguration类。
　　本小节将对这两个类逐步展开分析。

1. AutoProxyRegistrar类

AutoProxyRegistrar类的声明如下：

```
public class AutoProxyRegistrar implements ImportBeanDefinitionRegistrar
```

AutoProxyRegistrar实现了ImportBeanDefinitionRegistrar接口并重写了此接口定义的默认方法registerBeanDefinitions()方法：

```
@Override
public void registerBeanDefinitions(AnnotationMetadata importingClassMetadata,
```

```
BeanDefinitionRegistry registry) {
        boolean candidateFound = false;
        // 获取当前类上的所有注解
        Set<String> annTypes = importingClassMetadata.getAnnotationTypes();
        // 遍历注解
        for (String annType : annTypes) {
            // 获取注解的所有属性
            AnnotationAttributes candidate =
AnnotationConfigUtils.attributesFor(importingClassMetadata, annType);
            if (candidate == null) {
                continue;
            }
            // 获取mode、proxyTargetClass 属性
            Object mode = candidate.get("mode");
            Object proxyTargetClass = candidate.get("proxyTargetClass");
            if (mode != null && proxyTargetClass != null && AdviceMode.class ==
                    mode.getClass() && Boolean.class == proxyTargetClass.getClass()) {
                candidateFound = true;
                // 如果是PROXY模式，即默认模式，注册自动代理创建器
                if (mode == AdviceMode.PROXY) {
                    AopConfigUtils.registerAutoProxyCreatorIfNecessary(registry);
                    // 如果需要代理目标类，则强制自动代理创建器使用子类代理(CGLIB)
                    if ((Boolean) proxyTargetClass) {
                        AopConfigUtils.forceAutoProxyCreatorToUseClassProxying
(registry);

                        return;
                    }
                }
            }
        }
        ...省略部分代码...
    }
```

通过以上分析可知，registerBeanDefinitions()方法解析了@EnableTransactionManagement注解，并注册了自动代理创建器。

在registerBeanDefinitions()方法中重点分析以下这行代码：

```
AopConfigUtils.registerAutoProxyCreatorIfNecessary(registry);
```

此方法经过数次调用后，最终会调用如下方法：

```
AopConfigUtils.registerOrEscalateApcAsRequired(InfrastructureAdvisorAutoProxyCreator.c
lass, registry, source);
```

观察 AopConfigUtils.registerOrEscalateApcAsRequired() 方法调用，其中第一个参数为InfrastructureAdvisorAutoProxyCreator 类，即 Spring 事务默认自动注入的自动代理创建器是InfrastructureAdvisorAutoProxyCreator这个类型。

AopConfigUtils.registerOrEscalateApcAsRequired()方法的代码如下：

```
// 这里的cls参数是InfrastructureAdvisorAutoProxyCreator.class
private static BeanDefinition registerOrEscalateApcAsRequired(
        Class<?> cls, BeanDefinitionRegistry registry, @Nullable Object source) {
```

```java
        Assert.notNull(registry, "BeanDefinitionRegistry must not be null");
        // 如果当前Spring IoC容器已注册了自动代理创建器相关的Bean，则判断优先级，将优先级高的保存
        if (registry.containsBeanDefinition(AUTO_PROXY_CREATOR_BEAN_NAME)) {
            BeanDefinition apcDefinition =
registry.getBeanDefinition(AUTO_PROXY_CREATOR_BEAN_NAME);
            if (!cls.getName().equals(apcDefinition.getBeanClassName())) {
                int currentPriority =
findPriorityForClass(apcDefinition.getBeanClassName());
                int requiredPriority = findPriorityForClass(cls);
                if (currentPriority < requiredPriority) {
                    apcDefinition.setBeanClassName(cls.getName());
                }
            }
            return null;
        }
        // 如果当前Spring IoC容器未注册自动代理创建器相关的Bean，则注册
InfrastructureAdvisorAutoProxyCreator.class
        RootBeanDefinition beanDefinition = new RootBeanDefinition(cls);
        beanDefinition.setSource(source);
        beanDefinition.getPropertyValues().add("order", Ordered.HIGHEST_PRECEDENCE);
        beanDefinition.setRole(BeanDefinition.ROLE_INFRASTRUCTURE);
        registry.registerBeanDefinition(AUTO_PROXY_CREATOR_BEAN_NAME, beanDefinition);
        return beanDefinition;
    }
```

InfrastructureAdvisorAutoProxyCreator类图如图1-20所示。

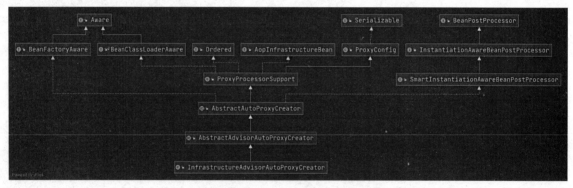

图 1-20   InfrastructureAdvisorAutoProxyCreator 类图

在InfrastructureAdvisorAutoProxyCreator的基类AbstractAutoProxyCreator中定义了一个抽象方法getAdvicesAndAdvisorsForBean()，此方法用于查找并返回被代理类的通知（Advice）和增强器（Advisor），此方法在InfrastructureAdvisorAutoProxyCreator类的父类中实现，代码如下：

```java
@Override
@Nullable
protected Object[] getAdvicesAndAdvisorsForBean(
        Class<?> beanClass, String beanName, @Nullable TargetSource targetSource) {

    List<Advisor> advisors = findEligibleAdvisors(beanClass, beanName);
    if (advisors.isEmpty()) {
```

```
            return DO_NOT_PROXY;
        }
        return advisors.toArray();
    }
```

AbstractAdvisorAutoProxyCreator类重写getAdvicesAndAdvisorsForBean()方法，调用其内部的findEligibleAdvisors()方法，代码如下：

```
protected List<Advisor> findEligibleAdvisors(Class<?> beanClass, String beanName) {
    List<Advisor> candidateAdvisors = findCandidateAdvisors();
    List<Advisor> eligibleAdvisors = findAdvisorsThatCanApply(candidateAdvisors,
beanClass, beanName);
    extendAdvisors(eligibleAdvisors);
    if (!eligibleAdvisors.isEmpty()) {
        eligibleAdvisors = sortAdvisors(eligibleAdvisors);
    }
    return eligibleAdvisors;
}
```

findEligibleAdvisors()方法调用findCandidateAdvisors()方法查找所有候选的增强器（Advisor）对象，调用 findAdvisorsThatCanApply() 方法搜索适用于指定 Bean 的增强器（Advisor）对象。findCandidateAdvisors()方法的代码如下：

```
protected List<Advisor> findCandidateAdvisors() {
    Assert.state(this.advisorRetrievalHelper != null, "No
BeanFactoryAdvisorRetrievalHelper available");
    return this.advisorRetrievalHelper.findAdvisorBeans();
}
```

findCandidateAdvisors()方法通过调用BeanFactoryAdvisorRetrievalHelper类的findAdvisorBeans()方法实现对增强器（Advisor）对象的查找。findAdvisorBeans()方法的代码如下：

```
public List<Advisor> findAdvisorBeans() {
    // Determine list of advisor bean names, if not cached already.
    String[] advisorNames = this.cachedAdvisorBeanNames;
    if (advisorNames == null) {
        // Do not initialize FactoryBeans here: We need to leave all regular beans
        // uninitialized to let the auto-proxy creator apply to them
        advisorNames = BeanFactoryUtils.beanNamesForTypeIncludingAncestors(
                this.beanFactory, Advisor.class, true, false);
        this.cachedAdvisorBeanNames = advisorNames;
    }
    if (advisorNames.length == 0) {
        return new ArrayList<>();
    }

    List<Advisor> advisors = new ArrayList<>();
    for (String name : advisorNames) {
        if (isEligibleBean(name)) {
            if (this.beanFactory.isCurrentlyInCreation(name)) {
                if (logger.isTraceEnabled()) {
                    logger.trace("Skipping currently created advisor '" + name + "'");
```

```
                }
            }
            else {
                try {
                    advisors.add(this.beanFactory.getBean(name, Advisor.class));
                }
                catch (BeanCreationException ex) {
                    ...省略部分异常处理代码...
                }
            }
        }
    }
    return advisors;
}
```

findAdvisorBeans()方法实现对增强器（Advisor）对象的查找，包括当前Bean工厂及其所有父Bean工厂中满足条件的增强器（Advisor）对象。

findAdvisorsThatCanApply()方法搜索适用于指定的Bean的增强器（Advisor）对象。findAdvisorsThatCanApply()方法的代码如下：

```
protected List<Advisor> findAdvisorsThatCanApply(
        List<Advisor> candidateAdvisors, Class<?> beanClass, String beanName) {

    ProxyCreationContext.setCurrentProxiedBeanName(beanName);
    try {
        return AopUtils.findAdvisorsThatCanApply(candidateAdvisors, beanClass);
    }
    finally {
        ProxyCreationContext.setCurrentProxiedBeanName(null);
    }
}
```

findAdvisorsThatCanApply()方法主要通过AopUtils.findAdvisorsThatCanApply()方法实现功能。AopUtils.findAdvisorsThatCanApply()方法的代码如下：

```
public static List<Advisor> findAdvisorsThatCanApply(List<Advisor> candidateAdvisors,
Class<?> clazz) {
    if (candidateAdvisors.isEmpty()) {
        return candidateAdvisors;
    }
    List<Advisor> eligibleAdvisors = new ArrayList<>();
    // 首先处理引介增强
    for (Advisor candidate : candidateAdvisors) {
        if (candidate instanceof IntroductionAdvisor && canApply(candidate, clazz)) {
            eligibleAdvisors.add(candidate);
        }
    }
    boolean hasIntroductions = !eligibleAdvisors.isEmpty();
    for (Advisor candidate : candidateAdvisors) {
        // 引介增强已处理
        if (candidate instanceof IntroductionAdvisor) {
            // already processed
```

```
            continue;
        }
        // 对于普通Bean的处理
        if (canApply(candidate, clazz, hasIntroductions)) {
            eligibleAdvisors.add(candidate);
        }
    }
    return eligibleAdvisors;
}
```

引介增强和普通的增强处理是不同的，所以需要分开处理。而通过上面的代码，可以看到关键逻辑在canApply()方法中，canApply()的方法代码如下：

```
public static boolean canApply(Advisor advisor, Class<?> targetClass, boolean
hasIntroductions) {
    // 处理引介增强
    if (advisor instanceof IntroductionAdvisor) {
        return ((IntroductionAdvisor) advisor).getClassFilter().matches(targetClass);
    }
    // 处理普通增强
    else if (advisor instanceof PointcutAdvisor) {
        PointcutAdvisor pca = (PointcutAdvisor) advisor;
        return canApply(pca.getPointcut(), targetClass, hasIntroductions);
    }
    else {
        // It doesn't have a pointcut so we assume it applies.
        return true;
    }
}
```

canApply()方法调用重载的canApply()方法，重载的canApply()方法的代码如下：

```
public static boolean canApply(Pointcut pc, Class<?> targetClass, boolean hasIntroductions) {
    Assert.notNull(pc, "Pointcut must not be null");
    if (!pc.getClassFilter().matches(targetClass)) {
        return false;
    }
    // 获取切点的方法匹配器
    MethodMatcher methodMatcher = pc.getMethodMatcher();
    if (methodMatcher == MethodMatcher.TRUE) {
        // No need to iterate the methods if we're matching any method anyway...
        return true;
    }

    IntroductionAwareMethodMatcher introductionAwareMethodMatcher = null;
    if (methodMatcher instanceof IntroductionAwareMethodMatcher) {
        introductionAwareMethodMatcher = (IntroductionAwareMethodMatcher) methodMatcher;
    }

    Set<Class<?>> classes = new LinkedHashSet<>();
    if (!Proxy.isProxyClass(targetClass)) {
        classes.add(ClassUtils.getUserClass(targetClass));
    }
```

```
        classes.addAll(ClassUtils.getAllInterfacesForClassAsSet(targetClass));

        for (Class<?> clazz : classes) {
            // 获取当前Bean的所有方法
            Method[] methods = ReflectionUtils.getAllDeclaredMethods(clazz);
            for (Method method : methods) {
                // 在这里判断方法是否匹配
                if (introductionAwareMethodMatcher != null ?
                        introductionAwareMethodMatcher.matches(method, targetClass,
                        hasIntroductions) :
                        methodMatcher.matches(method, targetClass)) {
                    return true;
                }
            }
        }

        return false;
    }
```

从上面的代码可以看出，Pointcut匹配需要满足以下两个条件。

1）条件 1：pc.getClassFilter().matches(targetClass)

判断某个类（targetClass）是否符合特定的过滤条件。

2）条件 2：pc.getMethodMatcher().matches(method, targetClass)

判断某个方法（method）在给定的类（targetClass）中是否满足特定的匹配条件。

至此，AutoProxyRegistrar类分析完成。

2. ProxyTransactionManagementConfiguration类

ProxyTransactionManagementConfiguration类并没有复杂的逻辑，只是将一些Bean注入Spring IoC容器中。ProxyTransactionManagementConfiguration类的代码如下：

```
@Configuration(proxyBeanMethods = false)
@Role(BeanDefinition.ROLE_INFRASTRUCTURE)
public class ProxyTransactionManagementConfiguration extends
AbstractTransactionManagementConfiguration {

    @Bean(name = TransactionManagementConfigUtils.TRANSACTION_ADVISOR_BEAN_NAME)
    @Role(BeanDefinition.ROLE_INFRASTRUCTURE)
    public BeanFactoryTransactionAttributeSourceAdvisor transactionAdvisor(
            TransactionAttributeSource transactionAttributeSource,
TransactionInterceptor transactionInterceptor) {

        BeanFactoryTransactionAttributeSourceAdvisor advisor = new
BeanFactoryTransactionAttributeSourceAdvisor();
        advisor.setTransactionAttributeSource(transactionAttributeSource);
        advisor.setAdvice(transactionInterceptor);
        if (this.enableTx != null) {
            advisor.setOrder(this.enableTx.<Integer>getNumber("order"));
        }
        return advisor;
    }
```

```
@Bean
@Role(BeanDefinition.ROLE_INFRASTRUCTURE)
public TransactionAttributeSource transactionAttributeSource() {
    return new AnnotationTransactionAttributeSource();
}

@Bean
@Role(BeanDefinition.ROLE_INFRASTRUCTURE)
public TransactionInterceptor transactionInterceptor(TransactionAttributeSource
transactionAttributeSource) {
    TransactionInterceptor interceptor = new TransactionInterceptor();
    interceptor.setTransactionAttributeSource(transactionAttributeSource);
    if (this.txManager != null) {
        interceptor.setTransactionManager(this.txManager);
    }
    return interceptor;
}

}
```

ProxyTransactionManagementConfiguration配置了Spring事务相关的核心Bean：

- BeanFactoryTransactionAttributeSourceAdvisor：事务的增强器。
- TransactionAttributeSource：保存了事务相关的一些信息。
- TransactionInterceptor：事务拦截器，生成代理类时使用的代理拦截器。

下面将依次对以上Spring事务的3个核心Bean进行分析。

BeanFactoryTransactionAttributeSourceAdvisor事务增强器是事务判断的核心类，此类实现了Advisor接口。代码如下：

```
public class BeanFactoryTransactionAttributeSourceAdvisor extends
AbstractBeanFactoryPointcutAdvisor {

    @Nullable
    private TransactionAttributeSource transactionAttributeSource;
    /**
     * 初始化pointcut属性
     */
    private final TransactionAttributeSourcePointcut pointcut = new
TransactionAttributeSourcePointcut() {
        @Override
        @Nullable
        protected TransactionAttributeSource getTransactionAttributeSource() {
            return transactionAttributeSource;
        }
    };

    /**
     * 设置transactionAttributeSource属性
     */
    public void setTransactionAttributeSource(TransactionAttributeSource
transactionAttributeSource) {
```

```
            this.transactionAttributeSource = transactionAttributeSource;
    }
    /**
     * 设置pointcut的ClassFilter属性
     */
    public void setClassFilter(ClassFilter classFilter) {
        this.pointcut.setClassFilter(classFilter);
    }
    /**
     * 返回pointcut属性
     */
    @Override
    public Pointcut getPointcut() {
        return this.pointcut;
    }

}
```

BeanFactoryTransactionAttributeSourceAdvisor类图如图1-21所示。从类图中可以发现两个关键属性：Pointcut和Advice（从其父类AbstractBeanFactoryPointcutAdvisor中继承的属性）。

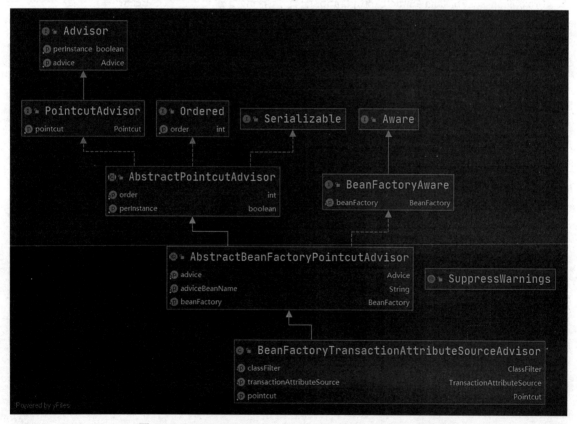

图 1-21　BeanFactoryTransactionAttributeSourceAdvisor 类图

这两个关键属性的用途分别说明如下。

- Pointcut：判断是否可以作用于当前方法。

- Advice：作用于当前方法的具体增强的逻辑。AbstractBeanFactoryPointcutAdvisor类中提供了setAdvice()方法设置Advice属性。ProxyTransactionManagementConfiguration调用advisor.setAdvice(transactionInterceptor)方法将事务拦截器作为Advice设置到advisor对象中。

下面将分析BeanFactoryTransactionAttributeSourceAdvisor的属性Pointcut，此处Pointcut属性是TransactionAttributeSourcePointcut实现类。TransactionAttributeSourcePointcut的代码如下：

```
abstract class TransactionAttributeSourcePointcut extends StaticMethodMatcherPointcut
implements Serializable {
    /**
     * 构造器，默认设置classFilter属性为内部类TransactionAttributeSourceClassFilter
     */
    protected TransactionAttributeSourcePointcut() {
        setClassFilter(new TransactionAttributeSourceClassFilter());
    }

    @Override
    public boolean matches(Method method, Class<?> targetClass) {
        TransactionAttributeSource tas = getTransactionAttributeSource();
        return (tas == null || tas.getTransactionAttribute(method, targetClass) != null);
    }
...省略部分代码...

    @Nullable
    protected abstract TransactionAttributeSource getTransactionAttributeSource();

    /**
     * 内部类，实现ClassFilter接口
     */
    private class TransactionAttributeSourceClassFilter implements ClassFilter {

        @Override
        public boolean matches(Class<?> clazz) {
            // 如果是一些基础类，则返回false
            if (TransactionalProxy.class.isAssignableFrom(clazz) ||
                    TransactionManager.class.isAssignableFrom(clazz) ||
                    PersistenceExceptionTranslator.class.isAssignableFrom(clazz)) {
                return false;
            }
            // 调用TransactionAttributeSource.isCandidateClass()方法来匹配
            TransactionAttributeSource tas = getTransactionAttributeSource();
            return (tas == null || tas.isCandidateClass(clazz));
        }
    }
}
```

结合上述TransactionAttributeSourcePointcut的分析可知，Pointcut匹配的两个关键条件在TransactionAttributeSourcePointcut类中转换为以下两个条件。

1）条件 1：pc.getClassFilter().matches(targetClass)的转换

TransactionAttributeSourcePointcut类调用内部类的TransactionAttributeSourceClassFilter的matches()方法，即调用TransactionAttributeSource类的isCandidateClass()方法。

2）条件 2：pc.getMethodMatcher().matches(method, targetClass)的转换

由于pc.getMethodMatcher()方法在TransactionAttributeSourcePointcut类的实现其实是调用了父类StaticMethodMatcher的getMethodMatcher()方法，返回的是this对象，因此可以将Pointcut匹配的条件2转换为TransactionAttributeSourcePointcut类的matches()方法，即调用TransactionAttributeSource类的getTransactionAttribute()方法进行匹配。

通过上述分析可知，TransactionAttributeSource是Pointcut匹配的关键实现类。接下来我们对上述两个条件涉及的关键类TransactionAttributeSourcePointcut进行分析。

TransactionAttributeSourcePointcut 类 的 matches() 方法调用 TransactionAttributeSource 类的 getTransactionAttribute()方法进行匹配。

至此，可以得出阶段性结论，判断一个Bean中的方法是否需要事务代理，可以通过以下两个方法校验：

- TransactionAttributeSource#isCandidateClass()方法。
- TransactionAttributeSource#getTransactionAttribute()方法。

上 述 TransactionAttributeSource 对 象 是 ProxyTransactionManagementConfiguration 类中注入的AnnotationTransactionAttributeSource对象。接下来，将分析isCandidateClass()方法和getTransactionAttribute()方法在AnnotationTransactionAttributeSource类中的实现逻辑。

AnnotationTransactionAttributeSource类的部分代码如下：

```java
// 无论什么场景，SpringTransactionAnnotationParser都是必定存在的解析器
public AnnotationTransactionAttributeSource(boolean publicMethodsOnly) {
    this.publicMethodsOnly = publicMethodsOnly;
    // 如果当前运行环境是JTA或EJB
    if (jta12Present || ejb3Present) {
        this.annotationParsers = new LinkedHashSet<>(4);
        // 添加SpringTransactionAnnotationParse解析器
        this.annotationParsers.add(new SpringTransactionAnnotationParser());
        if (jta12Present) {
            this.annotationParsers.add(new JtaTransactionAnnotationParser());
        }
        if (ejb3Present) {
            this.annotationParsers.add(new Ejb3TransactionAnnotationParser());
        }
    }
    // 如果当前运行环境不是JTA和EJB
    else {
        // 添加SpringTransactionAnnotationParse解析器
        this.annotationParsers = Collections.singleton(new
SpringTransactionAnnotationParser());
    }
}
```

```
@Override
public boolean isCandidateClass(Class<?> targetClass) {
    // SpringTransactionAnnotationParser#isCandidateClass()方法用于判断目标类
    // org.springframework.transaction.annotation.Transactional注解是否存在
    for (TransactionAnnotationParser parser : this.annotationParsers) {
        if (parser.isCandidateClass(targetClass)) {
            return true;
        }
    }
    return false;
}
```

通过对以上AnnotationTransactionAttributeSource类的代码分析可知，无论当前运行的场景是什么，SpringTransactionAnnotationParser都是必定存在的解析器，isCandidateClass()方法用于判断该目标类是否存在org.springframework.transaction.annotation.Transactional注解，如果存在org.springframework.transaction.annotation.Transactional注解，则该方法返回true，校验通过。

AnnotationTransactionAttributeSource 的 父 类 AbstractFallbackTransactionAttributeSource 实 现 了 getTransactionAttribute()方法，getTransactionAttribute()方法的部分代码如下：

```
public TransactionAttribute getTransactionAttribute(Method method, @Nullable Class<?>
targetClass) {
    // 如果声明的类是Object类，则返回null
    if (method.getDeclaringClass() == Object.class) {
        return null;
    }

    // 尝试从缓存中获取事务属性
    Object cacheKey = getCacheKey(method, targetClass);
    TransactionAttribute cached = this.attributeCache.get(cacheKey);
    if (cached != null) {
        // Value will either be canonical value indicating there is no transaction attribute
        // or an actual transaction attribute
        if (cached == NULL_TRANSACTION_ATTRIBUTE) {
            return null;
        }
        else {
            return cached;
        }
    }
    else {
        // 若缓存未命中，则开始解析
        TransactionAttribute txAttr = computeTransactionAttribute(method, targetClass);
        // 放入缓存
        if (txAttr == null) {
            this.attributeCache.put(cacheKey, NULL_TRANSACTION_ATTRIBUTE);
        }
        else {
            String methodIdentification = ClassUtils.getQualifiedMethodName(method,
targetClass);
            if (txAttr instanceof DefaultTransactionAttribute) {
                DefaultTransactionAttribute dta = (DefaultTransactionAttribute) txAttr;
```

```
                    dta.setDescriptor(methodIdentification);
                    dta.resolveAttributeStrings(this.embeddedValueResolver);
                }
                this.attributeCache.put(cacheKey, txAttr);
            }
            return txAttr;
        }
    }
```

从上述代码可知，getTransactionAttribute()方法调用computeTransactionAttribute()方法解析事务注解属性。computeTransactionAttribute()方法的代码如下：

```
protected TransactionAttribute computeTransactionAttribute(Method method, @Nullable
Class<?> targetClass) {
    // 是否只允许pulic方法拥有事务语义 && 当前方法不是public方法，则返回null
    if (allowPublicMethodsOnly() && !Modifier.isPublic(method.getModifiers())) {
        return null;
    }

    // 此方法可能位于接口中，我们需要找到接口的实现类
    // 如果实现类为空，则该方法将保持不变
    Method specificMethod = AopUtils.getMostSpecificMethod(method, targetClass);
    // 首选查找实现类的方法上是否有事务属性
    TransactionAttribute txAttr = findTransactionAttribute(specificMethod);
    if (txAttr != null) {
        return txAttr;
    }

    // 其次查找在实现类上是否有事务属性的声明
    txAttr = findTransactionAttribute(specificMethod.getDeclaringClass());
    if (txAttr != null && ClassUtils.isUserLevelMethod(method)) {
        return txAttr;
    }

    // 如果存在接口方法，则从接口方法中尝试获取事务属性
    if (specificMethod != method) {
        // Fallback is to look at the original method
        txAttr = findTransactionAttribute(method);
        if (txAttr != null) {
            return txAttr;
        }
        // Last fallback is the class of the original method
        txAttr = findTransactionAttribute(method.getDeclaringClass());
        if (txAttr != null && ClassUtils.isUserLevelMethod(method)) {
            return txAttr;
        }
    }

    return null;
}
```

上述代码的逻辑可以总结如下：

步骤01 从实现类方法上获取事务注解属性，若获取到，则返回，否则进入 **步骤02** 。

步骤02 从实现类的声明上获取事务注解属性，若获取到，则返回，否则进入 **步骤03** 。

步骤03 如果存在接口方法，则从接口方法中获取事务注解属性，若获取到，则返回，否则进入 **步骤04** 。

步骤04 若 **步骤01** 、 **步骤02** 和 **步骤03** 均未获取到事务注解属性，则返回null，即认为当前方法没有被事务注解修饰。

观察上述代码中的findTransactionAttribute()方法，Spring就是通过这个方法查找事务注解属性的，findTransactionAttribute()的实现在AnnotationTransactionAttributeSource类中。其实现代码如下：

```
protected TransactionAttribute findTransactionAttribute(Method method) {
    return determineTransactionAttribute(method);
}
```

findTransactionAttribute() 方法调用determineTransactionAttribute() 方法获取事务注解属性，determineTransactionAttribute()方法的代码如下：

```
protected TransactionAttribute determineTransactionAttribute(AnnotatedElement element) {
    for (TransactionAnnotationParser parser : this.annotationParsers) {
        TransactionAttribute attr = parser.parseTransactionAnnotation(element);
        if (attr != null) {
            return attr;
        }
    }
    return null;
}
```

通过findTransactionAttribute()方法的代码可以看出，在AnnotationTransactionAttributeSource类中获取事务注解通过调用TransactionAnnotationParser#parseTransactionAnnotation()方法实现，而在前文中，我们已经分析过TransactionAnnotationParser在此处的实现类是SpringTransactionAnnotationParser类。下面将分析SpringTransactionAnnotationParser类中的parseTransactionAnnotation()方法解析事务注解的逻辑。代码如下：

```
public TransactionAttribute parseTransactionAnnotation(AnnotatedElement element) {
    AnnotationAttributes attributes =
AnnotatedElementUtils.findMergedAnnotationAttributes(
            element, Transactional.class, false, false);
    if (attributes != null) {
        return parseTransactionAnnotation(attributes);
    }
    else {
        return null;
    }
}
```

以上parseTransactionAnnotation()方法调用了重载的parseTransactionAnnotation()方法解析事务注解，重载的parseTransactionAnnotation()方法代码如下：

```
protected TransactionAttribute parseTransactionAnnotation(AnnotationAttributes
attributes) {
    RuleBasedTransactionAttribute rbta = new RuleBasedTransactionAttribute();
```

```
        Propagation propagation = attributes.getEnum("propagation");
        rbta.setPropagationBehavior(propagation.value());
        Isolation isolation = attributes.getEnum("isolation");
        rbta.setIsolationLevel(isolation.value());

        rbta.setTimeout(attributes.getNumber("timeout").intValue());
        String timeoutString = attributes.getString("timeoutString");
        Assert.isTrue(!StringUtils.hasText(timeoutString) || rbta.getTimeout() < 0,
                "Specify 'timeout' or 'timeoutString', not both");
        rbta.setTimeoutString(timeoutString);

        rbta.setReadOnly(attributes.getBoolean("readOnly"));
        rbta.setQualifier(attributes.getString("value"));
        rbta.setLabels(Arrays.asList(attributes.getStringArray("label")));

        List<RollbackRuleAttribute> rollbackRules = new ArrayList<>();
        for (Class<?> rbRule : attributes.getClassArray("rollbackFor")) {
            rollbackRules.add(new RollbackRuleAttribute(rbRule));
        }
        for (String rbRule : attributes.getStringArray("rollbackForClassName")) {
            rollbackRules.add(new RollbackRuleAttribute(rbRule));
        }
        for (Class<?> rbRule : attributes.getClassArray("noRollbackFor")) {
            rollbackRules.add(new NoRollbackRuleAttribute(rbRule));
        }
        for (String rbRule : attributes.getStringArray("noRollbackForClassName")) {
            rollbackRules.add(new NoRollbackRuleAttribute(rbRule));
        }
        rbta.setRollbackRules(rollbackRules);

        return rbta;
    }
```

通过上述 parseTransactionAnnotation() 方 法 可 知 ， parseTransactionAnnotation() 方 法 对
@Transactional事务注解的属性进行了解析。

将目光拉回ProxyTransactionManagementConfiguration代码处，在此类初始化时，默认为
BeanFactoryTransactionAttributeSourceAdvisor注入了TransactionInterceptor对象，此对象主要负责事务
的执行逻辑。TransactionInterceptor类图如图1-22所示。

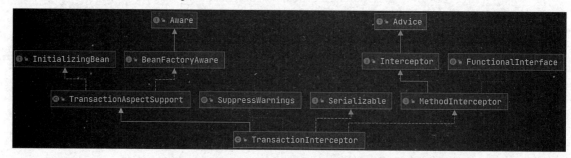

图 1-22　TransactionInterceptor 类图

TransactionInterceptor类的invoke()方法代码如下：

```
public Object invoke(MethodInvocation invocation) throws Throwable {
```

```
    // Work out the target class: may be {@code null}
    // The TransactionAttributeSource should be passed the target class
    // as well as the method, which may be from an interface
    Class<?> targetClass = (invocation.getThis() != null ?
            AopUtils.getTargetClass(invocation.getThis()) : null);

    // Adapt to TransactionAspectSupport's invokeWithinTransaction
    return invokeWithinTransaction(invocation.getMethod(), targetClass,
            new CoroutinesInvocationCallback() {
        @Override
        @Nullable
        public Object proceedWithInvocation() throws Throwable {
            return invocation.proceed();
        }
        @Override
        public Object getTarget() {
            return invocation.getThis();
        }
        @Override
        public Object[] getArguments() {
            return invocation.getArguments();
        }
    });
}
```

invoke()方法调用的invokeWithinTransaction()方法是保证在事务的环境中运行目标方法，invokeWithinTransaction()方法的代码如下：

```
protected Object invokeWithinTransaction(Method method, @Nullable Class<?> targetClass,
        final InvocationCallback invocation) throws Throwable {

    // 获取事务数据源
    TransactionAttributeSource tas = getTransactionAttributeSource();
    // 获取对应的事务属性
    final TransactionAttribute txAttr = (tas != null ? tas.getTransactionAttribute(method,
targetClass) : null);
    // 获取对应的事务管理器
    final TransactionManager tm = determineTransactionManager(txAttr);
    // 处理响应式事务。【Spring5】支持响应式编程
    if (this.reactiveAdapterRegistry != null && tm instanceof ReactiveTransactionManager)
{
        ...省略部分代码...
    }

    PlatformTransactionManager ptm = asPlatformTransactionManager(tm);
    final String joinpointIdentification = methodIdentification(method, targetClass,
txAttr);
    // 声明式事务的处理流程
    if (txAttr == null || !(ptm instanceof CallbackPreferringPlatformTransactionManager))
{
        // 判断是否需要开启事务
        TransactionInfo txInfo = createTransactionIfNecessary(ptm, txAttr,
joinpointIdentification);
```

```
            Object retVal;
            try {
                // 执行目标方法
                retVal = invocation.proceedWithInvocation();
            }
            catch (Throwable ex) {
                // 执行异常回滚逻辑
                completeTransactionAfterThrowing(txInfo, ex);
                throw ex;
            }
            finally {
                // 提交之前清除事务信息
                cleanupTransactionInfo(txInfo);
            }

            if (retVal != null && vavrPresent && VavrDelegate.isVavrTry(retVal)) {
                // Set rollback-only in case of Vavr failure matching our rollback rules...
                TransactionStatus status = txInfo.getTransactionStatus();
                if (status != null && txAttr != null) {
                    retVal = VavrDelegate.evaluateTryFailure(retVal, txAttr, status);
                }
            }
            // 提交事务
            commitTransactionAfterReturning(txInfo);
            return retVal;
        }
        // 编程式事务处理流程
        else {
            Object result;
            final ThrowableHolder throwableHolder = new ThrowableHolder();

            // It's a CallbackPreferringPlatformTransactionManager:
            pass a TransactionCallback in
            try {
                result = ((CallbackPreferringPlatformTransactionManager)
                        ptm).execute(txAttr, status -> {
                    TransactionInfo txInfo = prepareTransactionInfo(ptm, txAttr,
                        joinpointIdentification, status);
                    try {
                        Object retVal = invocation.proceedWithInvocation();
                        if (retVal != null && vavrPresent && VavrDelegate.isVavrTry(retVal)) {
                            // Set rollback-only in case of Vavr failure matching our rollback
rules
                            retVal = VavrDelegate.evaluateTryFailure(retVal, txAttr,
status);
                        }
                        return retVal;
                    }
                    ...省略部分代码...
                    finally {
                        cleanupTransactionInfo(txInfo);
                    }
                }
```

```
                });
            }
            return result;
        }
    }
```

TransactionInterceptor实现事务增强的处理流程总结如下：

步骤01 获取事务属性。

步骤02 获取事务管理器。

步骤03 处理响应式事务。

步骤04 处理声明式事务，即处理通过@Transactional注解开启事务的方式。

步骤05 在目标方法执行前获取当前环境的事务信息。

步骤06 执行目标方法。

步骤07 如果目标方法在执行过程中出现异常，则将事务进行回滚。

步骤08 如果目标方法在执行过程中未出现异常，则在提交事务前清除事务信息。

步骤09 提交事务。

步骤10 如果要处理编程式事务，则处理逻辑与处理声明式事务类似。

BeanFactoryTransactionAttributeSourceAdvisor 类、 TransactionAttributeSourcePointcut 类和 TransactionInterceptor类三者的关系如图1-23所示。至此，就解释了开发人员使用Spring框架的原因，只需要一些简单的配置和@Transactional就可以实现对事务的管理。

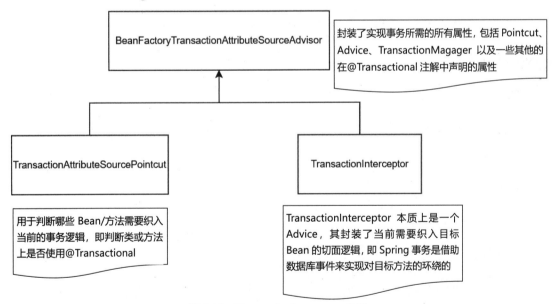

图 1-23　TransactionInterceptor 类图

1.5　Spring Web MVC

Spring Web MVC是一种基于Java实现Web MVC设计模式的请求驱动类型的轻量级Web框架，即使用了MVC架构模式的思想，将Web层进行职责解耦。Spring Web MVC框架的目的就是帮助开发人员简化开发。

1.5.1　Spring Boot 搭建 MVC 案例

Spring Boot集成了运行Spring Web MVC框架所需的依赖项，如JAR包、配置文件、Web容器等组件。因此，开发人员使用Spring Boot可以快速搭建Spring Web MVC框架，简化开发和配置。

Spring Boot搭建Spring Web MVC框架的步骤如下：

步骤 01 引入相关的Spring Boot Starter依赖。

```xml
<!-- Spring MVC相关依赖 -->
<dependency>
    <groupId>org.springframework.boot</groupId>
    <artifactId>spring-boot-starter-web</artifactId>
</dependency>
<!-- thymeleaf视图解析器相关依赖 -->
<dependency>
    <groupId>org.springframework.boot</groupId>
    <artifactId>spring-boot-starter-thymeleaf</artifactId>
</dependency>
```

步骤 02 创建模型，即MVC框架中的Model。这里以当前时间和时区构建一个模型。

```java
/**
 * @Author : zhouguanya
 * @Date : 2021/8/1 10:47
 * @Version : V1.0
 * @Description : 时间模型
 */
@Setter
@Getter
public class TimeModel {
    /**
     * 时间
     */
    private String time;
    /**
     * 时区
     */
    private String timezone;
}
```

步骤 03 创建视图，即MVC框架中的View。这里以HTML页面作为视图层。

```html
<!doctype html>
<!--注意：引入thymeleaf的命名空间-->
<html lang="en" xmlns:th="http://www.thymeleaf.org">
    <head>
        <meta charset="UTF-8">
        <meta name="viewport"
              content="width=device-width, user-scalable=no,
              initial-scale=1.0, maximum-scale=1.0, minimum-scale=1.0">
        <meta http-equiv="X-UA-Compatible" content="ie=edge">
        <title>Document</title>
    </head>
    <body>
        <p>当前时间：</p>
        <p th:text="${timeModel.getTime()}"></p>
        <p>当前时区：</p>
        <p th:text="${timeModel.getTimezone()}"></p>
    </body>
</html>
```

步骤 04 创建控制器，即MVC框架中的Controller。

```java
/**
 * @Author : zhouguanya
 * @Date : 2021/8/1 10:47
 * @Version : V1.0
 * @Description : 时间控制器
 */
@Controller
public class TimeController {
    @GetMapping("time")
    public String timeQuery(Model model) {
        TimeModel timeModel = new TimeModel();
        SimpleDateFormat simpleDateFormat = new SimpleDateFormat("yyyy-MM-dd HH:mm:ss");
        timeModel.setTime(simpleDateFormat.format(new Date()));
        ZoneId defaultZone = ZoneId.systemDefault();
        timeModel.setTimezone(defaultZone.toString());
        model.addAttribute("timeModel", timeModel);
        return "time";
    }
}
```

运行Spring Boot程序，在浏览器中访问http://localhost:8080/time，即可得到如图1-24所示的页面展示。

当前时间：
2021-08-01 12:16:05
当前时区：
Asia/Shanghai

图 1-24　MVC 运行示意图

1.5.2 Spring MVC 的工作原理及关键代码分析

Spring Web MVC是Java Web开发中最流行的框架之一，掌握并了解Spring Web MVC的工作原理是现代企业开发人员的必备技能之一。Spring Web MVC的工作原理主要可以概括为以下几个关键步骤：

步骤01 请求接收。

客户端发起HTTP请求到服务器，请求首先到达Spring MVC的DispatcherServlet（前端控制器）。这个DispatcherServlet作为所有请求的统一入口，负责请求转发。

步骤02 处理器映射。

DispatcherServlet通过查询一个或多个HandlerMapping（处理器映射器），从而判断该请求由哪个Controller（控制器）处理。HandlerMapping根据请求的URL和其他条件找到对应的Controller。

步骤03 控制器调用。

找到合适的Controller后，DispatcherServlet将请求传递给Controller。Controller包含业务逻辑，处理请求并最终返回一个包含模型和视图名称的ModelAndView对象或一个视图名称。

步骤04 视图解析。

接下来，DispatcherServlet将使用ViewResolver（视图解析器）根据模型和视图名称找到实际的视图对象，如JSP页面。ViewResolver将视图名转换为实际的视图对象。

步骤05 视图渲染。

视图对象负责渲染模型数据，生成动态HTML页面或其他类型的响应内容，如JSON或XML。最后，DispatcherServlet将渲染后的响应内容返回给客户端。

接下来将逐步分析Spring Web MVC的工作原理，并依次对以下关键代码进行深入分析：

- DispatcherServlet
- HandlerMapping
- HandlerAdapter
- ModelAndView
- ViewResolver
- View

1. DispatcherServlet

DispatcherServlet类图如图1-25所示。由类图可知，DispatcherServlet的基类是HttpServlet，因此DispatcherServlet可以轻松地处理HTTP请求。

下面以1.5.1节的案例为例阐述DispatcherServlet处理浏览器发起的HTTP请求的过程。以一个GET请求为例，浏览器发起一个GET请求后，由HttpServlet的doGet()方法进行处理，doGet()方法的代码如下：

```
protected void doGet(HttpServletRequest req, HttpServletResponse resp)
    throws ServletException, IOException
{
    String msg = lStrings.getString("http.method_get_not_supported");
    sendMethodNotAllowed(req, resp, msg);
}
```

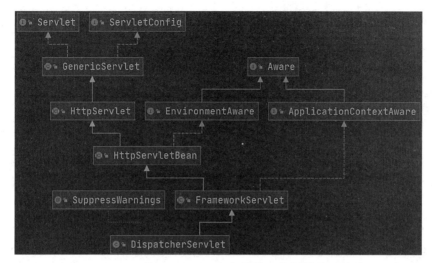

图 1-25　DispatcherServlet 类图

HttpServlet的doGet()方法在子类中被重写，由图1-25可知，其子类是FrameworkServlet。
FrameworkServlet重写的doGet()方法代码如下：

```
protected final void doGet(HttpServletRequest request, HttpServletResponse response)
        throws ServletException, IOException {

    processRequest(request, response);

}
```

FrameworkServlet类的doGet()方法的核心逻辑在processRequest()方法中，此方法的代码如下：

```
protected final void processRequest(HttpServletRequest request, HttpServletResponse
response)
        throws ServletException, IOException {
    long startTime = System.currentTimeMillis();
    Throwable failureCause = null;

    LocaleContext previousLocaleContext = LocaleContextHolder.getLocaleContext();
    LocaleContext localeContext = buildLocaleContext(request);

    RequestAttributes previousAttributes = RequestContextHolder.getRequestAttributes();
    ServletRequestAttributes requestAttributes = buildRequestAttributes(request,
response, previousAttributes);

    WebAsyncManager asyncManager = WebAsyncUtils.getAsyncManager(request);
    asyncManager.registerCallableInterceptor(FrameworkServlet.class.getName(), new
RequestBindingInterceptor());

    initContextHolders(request, localeContext, requestAttributes);

    try {
        doService(request, response);
    }
    catch (ServletException | IOException ex) {
        failureCause = ex;
        throw ex;
    }
```

```
        catch (Throwable ex) {
            failureCause = ex;
            throw new NestedServletException("Request processing failed", ex);
        }
        finally {
            resetContextHolders(request, previousLocaleContext, previousAttributes);
            if (requestAttributes != null) {
                requestAttributes.requestCompleted();
            }
            logResult(request, response, failureCause, asyncManager);
            publishRequestHandledEvent(request, response, startTime, failureCause);
        }
    }
```

processRequest()方法中处理HTTP请求的核心逻辑在doService()方法中，doService()方法在FrameworkServlet类中并未提供具体实现，而是由其子类DispatcherServlet实现的，此方法的部分代码如下：

```
    protected void doService(HttpServletRequest request, HttpServletResponse response) throws
Exception {
        logRequest(request);
        ...省略部分代码...

        // Make framework objects available to handlers and view objects
        request.setAttribute(WEB_APPLICATION_CONTEXT_ATTRIBUTE,
getWebApplicationContext());
        request.setAttribute(LOCALE_RESOLVER_ATTRIBUTE, this.localeResolver);
        request.setAttribute(THEME_RESOLVER_ATTRIBUTE, this.themeResolver);
        request.setAttribute(THEME_SOURCE_ATTRIBUTE, getThemeSource());
        ...省略部分代码...

        RequestPath previousRequestPath = null;
        if (this.parseRequestPath) {
            previousRequestPath = (RequestPath)
request.getAttribute(ServletRequestPathUtils.PATH_ATTRIBUTE);
            ServletRequestPathUtils.parseAndCache(request);
        }
        try {
            doDispatch(request, response);
        }
        ...省略部分代码...
    }
```

doService()方法的核心逻辑在doDispatch()方法中，doDispatch()方法的代码如下：

```
    protected void doDispatch(HttpServletRequest request, HttpServletResponse response) throws
Exception {
        HttpServletRequest processedRequest = request;
        HandlerExecutionChain mappedHandler = null;
        boolean multipartRequestParsed = false;
```

```
        WebAsyncManager asyncManager = WebAsyncUtils.getAsyncManager(request);

        try {
            ModelAndView mv = null;
            Exception dispatchException = null;

            try {
                processedRequest = checkMultipart(request);
                multipartRequestParsed = (processedRequest != request);

                // 获取当前请求的处理程序。doDispatch()方法中会传入所有@RequestMapping注解的方法
                mappedHandler = getHandler(processedRequest);
                if (mappedHandler == null) {
                    noHandlerFound(processedRequest, response);
                    return;
                }

                // 确定当前请求的处理程序适配器
                HandlerAdapter ha = getHandlerAdapter(mappedHandler.getHandler());

                ...省略部分代码...

                // 使用MVC拦截器执行前置处理程序
                if (!mappedHandler.applyPreHandle(processedRequest, response)) {
                    return;
                }

                // 实际调用处理程序,返回ModelAndView对象。根据请求路径来调用Controller实现逻辑
                mv = ha.handle(processedRequest, response, mappedHandler.getHandler());

                if (asyncManager.isConcurrentHandlingStarted()) {
                    return;
                }
                // 当视图为空时,根据request设置默认视图对象
                applyDefaultViewName(processedRequest, mv);
                // 执行MVC拦截器执行后置处理程序
                mappedHandler.applyPostHandle(processedRequest, response, mv);
            }
            ...省略部分代码...
            // 处理页面跳转和调用拦截器的afterCompletion()方法
            processDispatchResult(processedRequest, response, mappedHandler, mv,
dispatchException);
        }
        ...省略部分代码...
    }
```

doDispatch()方法执行的逻辑总结如下:

(1)检查请求类型是否为文件上传类,如果是文件上传类,则把request转换为MultipartHttpServletRequest类型。

(2)根据request信息查找对应的Handler,如果没有找到对应的Handler,则通过response反馈错误信息。

(3)通过当前的handler查找对应的HandlerAdapter。

（4）判断该HTTP请求是不是HEAD或GET请求，如果是，则检查HTTP请求头部的LastModified属性来判断该页面是否需要重新加载。

（5）applyPreHandle()方法执行该请求所匹配的拦截器，并调用所有匹配拦截器的preHandle()方法进行处理。

（6）调用handle()方法根据请求路径来调用用户实现的Controller逻辑。

（7）applyPostHandle()方法执行该请求所有匹配的拦截器，并调用所有匹配拦截器的postHandle()方法进行处理。

（8）processDispatchResult()处理页面跳转和调用拦截器的afterCompletion()方法。

2. HandlerMapping

HandlerMapping代码隐藏较深，读者需要按照以下步骤进行学习。

步骤 01 Servlet接口定义的init()方法代码学习。

从图1-25所示的类图中可知，DispatcherServlet实现了Servlet接口。Servlet接口中定义了init()方法。在Servlet实例化之后，Servlet容器会调用init()方法来初始化该对象，init()方法主要是为了让Servlet对象在处理客户请求前可以完成一些初始化的工作。例如，建立数据库的连接、获取配置信息等。对于每一个Servlet实例，init()方法只能被调用一次。Servlet接口定义的init()方法的代码如下：

```
public void init(ServletConfig config) throws ServletException;
```

接着对照图1-25的类图可知，Servlet的子类是GenericServlet，在GenericServlet类中实现了对init()方法的重写，重写的init()方法的代码如下：

```
public void init(ServletConfig config) throws ServletException {
    this.config = config;
    this.init();
}
```

GenericServlet中重写的init()方法将会调用本类中重载的init()方法，重载的init()方法没有任何实现逻辑，需要由GenericServlet的子类来实现。重载的init()方法的代码如下：

```
public void init() throws ServletException {
    // NOOP by default
}
```

GenericServlet中重载的init()方法在其子类HttpServletBean中得以实现，实现代码如下：

```
public final void init() throws ServletException {

    // Set bean properties from init parameters
    PropertyValues pvs = new ServletConfigPropertyValues(getServletConfig(),
this.requiredProperties);
    if (!pvs.isEmpty()) {
        try {
            BeanWrapper bw = PropertyAccessorFactory.forBeanPropertyAccess(this);
            ResourceLoader resourceLoader = new
ServletContextResourceLoader(getServletContext());
            bw.registerCustomEditor(Resource.class, new ResourceEditor(resourceLoader,
getEnvironment()));
```

```
                initBeanWrapper(bw);
                bw.setPropertyValues(pvs, true);
            }
        catch (BeansException ex) {
            if (logger.isErrorEnabled()) {
                logger.error("Failed to set bean properties on servlet '" +
getServletName() + "'", ex);
            }
            throw ex;
        }
    }

    // Let subclasses do whatever initialization they like
    initServletBean();
}
```

步骤 02　FrameworkServlet类的initServletBean()方法学习。

HttpServletBean类中的init()方法预留了一个模板方法initServletBean()，由其子类实现此方法。在HttpServletBean类的子类FrameworkServlet中实现了initServletBean()方法。代码如下：

```
protected final void initServletBean() throws ServletException {
    getServletContext().log("Initializing Spring " + getClass().getSimpleName() + " '" +
getServletName() + "'");
    if (logger.isInfoEnabled()) {
        logger.info("Initializing Servlet '" + getServletName() + "'");
    }
    long startTime = System.currentTimeMillis();

    try {
        this.webApplicationContext = initWebApplicationContext();
        initFrameworkServlet();
    }
    catch (ServletException | RuntimeException ex) {
        logger.error("Context initialization failed", ex);
        throw ex;
    }

    if (logger.isDebugEnabled()) {
        String value = this.enableLoggingRequestDetails ?
                "shown which may lead to unsafe logging of potentially sensitive data" :
                "masked to prevent unsafe logging of potentially sensitive data";
        logger.debug("enableLoggingRequestDetails='" +
this.enableLoggingRequestDetails +
                "': request parameters and headers will be " + value);
    }

    if (logger.isInfoEnabled()) {
        logger.info("Completed initialization in " + (System.currentTimeMillis() -
startTime) + " ms");
    }
}
```

FrameworkServlet 类的 initServletBean() 方法调用本类中的 initWebApplicationContext() 方法，initWebApplicationContext()方法的代码如下：

```
protected WebApplicationContext initWebApplicationContext() {
    WebApplicationContext rootContext =
            WebApplicationContextUtils.getWebApplicationContext(getServletContext());
    WebApplicationContext wac = null;
    // 如果当前WebApplicationContext对象非空
    if (this.webApplicationContext != null) {
        ...省略部分代码...
    }
    // 如果当前webApplicationContext对象为空，则查找或创建一个WebApplicationContext对象

    if (!this.refreshEventReceived) {
        // Either the context is not a ConfigurableApplicationContext with refresh
        // support or the context injected at construction time had already been
        // refreshed -> trigger initial onRefresh manually here
        synchronized (this.onRefreshMonitor) {
            onRefresh(wac);
        }
    }

    if (this.publishContext) {
        // Publish the context as a servlet context attribute.
        String attrName = getServletContextAttributeName();
        getServletContext().setAttribute(attrName, wac);
    }

    return wac;
}
```

步骤 03　FrameworkServlet类的onRefresh()方法学习。

重点关注 initWebApplicationContext() 方法中调用的 onRefresh() 方法，此方法具体实现由 FrameworkServlet类的子类完成，即由DispatcherServlet类实现。DispatcherServlet类中实现的onRefresh() 方法的代码如下：

```
protected void onRefresh(ApplicationContext context) {
    initStrategies(context);
}
```

onRefresh()方法通过调用initStrategies()实现功能，initStrategies()方法的代码如下：

```
protected void initStrategies(ApplicationContext context) {
    initMultipartResolver(context);
    initLocaleResolver(context);
    initThemeResolver(context);
    initHandlerMappings(context);
    initHandlerAdapters(context);
    initHandlerExceptionResolvers(context);
    initRequestToViewNameTranslator(context);
    initViewResolvers(context);
```

```
        initFlashMapManager(context);
    }
```

initStrategies()方法会为Spring Web MVC功能中需要用到的全局变量进行初始化，主要的初始化工作包括：

- initMultipartResolver(context)用于初始化文件上传的处理类。
- initLocaleResolver(context)用于处理国际化配置的处理类。
- initThemeResolver(context)用于初始化主题资源的处理类。
- initHandlerMappings(context)用于初始化处理请求的类，即Controller类。
- initHandlerAdapters(context)用于初始化HandlerAdapter的适配器。
- initHandlerExceptionResolvers(context)用于初始化异常处理类。
- initRequestToViewNameTranslator(context)用于初始化视图转换器。
- initViewResolvers(context)用于初始化视图解析器。
- initFlashMapManager(context)用于初始化Flash Map。

步骤 04　HandlerMapping代码学习。

在上述初始化工作中，initHandlerMappings()方法为Spring Web MVC初始化HandlerMapping对象。代码如下：

```
private void initHandlerMappings(ApplicationContext context) {
    this.handlerMappings = null;

    if (this.detectAllHandlerMappings) {
        // Find all HandlerMappings in the ApplicationContext, including ancestor contexts
        Map<String, HandlerMapping> matchingBeans =
                BeanFactoryUtils.beansOfTypeIncludingAncestors(context,
HandlerMapping.class, true, false);
        if (!matchingBeans.isEmpty()) {
            this.handlerMappings = new ArrayList<>(matchingBeans.values());
            // We keep HandlerMappings in sorted order
            AnnotationAwareOrderComparator.sort(this.handlerMappings);
        }
    }
    else {
        try {
            HandlerMapping hm = context.getBean(HANDLER_MAPPING_BEAN_NAME,
HandlerMapping.class);
            this.handlerMappings = Collections.singletonList(hm);
        }
        catch (NoSuchBeanDefinitionException ex) {
            // Ignore, we'll add a default HandlerMapping later
        }
    }
    ...省略部分代码...
}
```

通过以上initHandlerMappings()方法的代码可知，initHandlerMappings()方法通过在容器中查找所有满足条件的HandlerMapping对象给DispatcherServlet的List<HandlerMapping>handlerMappings属性赋值。

HandlerMapping的作用是根据当前请求找到对应的Handler（处理程序），并将 Handler（处理程序）与多个HandlerInterceptor（拦截器）封装到HandlerExecutionChain（处理程序执行链）对象中。下面将分析HandlerMapping常用的子类及其使用场景。HandlerMapping类图如图1-26所示。

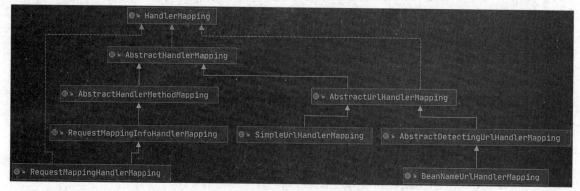

图 1-26　HandlerMapping 类图

从图1-26可知，AbstractHandlerMapping类实现了HandlerMapping接口并实现了HandlerMapping接口中的getHandler()方法。AbstractHandlerMapping类的getHandler()方法的代码如下：

```java
public final HandlerExecutionChain getHandler(HttpServletRequest request) throws Exception {
    // 根据请求获取处理程序，具体的获取方式由子类决定，getHandlerInternal()是抽象方法
    Object handler = getHandlerInternal(request);
    if (handler == null) {
        handler = getDefaultHandler();
    }
    if (handler == null) {
        return null;
    }
    // Bean name or resolved handler
    if (handler instanceof String) {
        String handlerName = (String) handler;
        handler = obtainApplicationContext().getBean(handlerName);
    }

    // Ensure presence of cached lookupPath for interceptors and others
    if (!ServletRequestPathUtils.hasCachedPath(request)) {
        initLookupPath(request);
    }
    // 将处理程序与多个拦截器包装到HandlerExecutionChain对象中
    HandlerExecutionChain executionChain = getHandlerExecutionChain(handler, request);

    ...省略部分代码...

    return executionChain;
}
```

从上述AbstractHandlerMapping类的getHandler()方法的代码可以看到，在这个方法中又调用了getHandlerInternal()方法获取Handler对象，而Handler对象的具体内容是由它的子类来定义的。下面将挑选AbstractHandlerMapping的两个子类并进行分析。

　　AbstractHandlerMapping的一个子类是AbstractUrlHandlerMapping类，该类的作用是获取Handler对应的Controller对象，即一个Controller只能对应一类请求。

　　AbstractUrlHandlerMapping类中的getHandlerInternal()方法的代码如下：

```
protected Object getHandlerInternal(HttpServletRequest request) throws Exception {
    // 初始化查找路径
    String lookupPath = initLookupPath(request);
    Object handler;
    // 如果设置了URI路径解析器
    if (usesPathPatterns()) {
        RequestPath path = ServletRequestPathUtils.getParsedRequestPath(request);
        // 根据路径获取Handler——使用URI路径解析器
        handler = lookupHandler(path, lookupPath, request);
    }
    else {
        // 根据路径获取Handler——不使用URI路径解析器
        handler = lookupHandler(lookupPath, request);
    }
    if (handler == null) {
        // We need to care for the default handler directly, since we need to
        // expose the PATH_WITHIN_HANDLER_MAPPING_ATTRIBUTE for it as well
        Object rawHandler = null;
        if (StringUtils.matchesCharacter(lookupPath, '/')) {
            rawHandler = getRootHandler();
        }
        if (rawHandler == null) {
            rawHandler = getDefaultHandler();
        }
        if (rawHandler != null) {
            // Bean name or resolved handler
            if (rawHandler instanceof String) {
                String handlerName = (String) rawHandler;
                rawHandler = obtainApplicationContext().getBean(handlerName);
            }
            validateHandler(rawHandler, request);
            handler = buildPathExposingHandler(rawHandler, lookupPath, lookupPath,
null);
        }
    }
    return handler;
}
```

　　AbstractUrlHandlerMapping类图如图1-27所示。

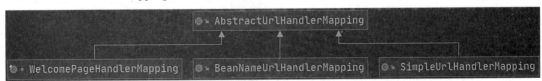

图 1-27　AbstractUrlHandlerMapping 类图

其中各子类的作用如下。

- BeanNameUrlHandlerMapping：将BeanName作为URL使用。
- SimpleUrlHandlerMapping：将URL与处理器的定义分离，还可以对URL进行统一的映射管理。
- WelcomePageHandlerMapping：配置欢迎页映射。欢迎页即项目的首页。

AbstractHandlerMapping的另一个子类是AbstractHandlerMethodMapping，该类获取的Handler的类型是HandlerMethod，即这个Handler是一个方法对象，它保存了方法的信息，这样一个Controller就可以处理多个请求了。AbstractHandlerMethodMapping类中的getHandlerInternal()方法的代码如下：

```java
protected HandlerMethod getHandlerInternal(HttpServletRequest request) throws Exception {
    // 根据当前请求获取查找路径
    String lookupPath = initLookupPath(request);
    this.mappingRegistry.acquireReadLock();
    try {
        // 获取当前请求最佳匹配的处理方法（即Controller类的方法中）
        HandlerMethod handlerMethod = lookupHandlerMethod(lookupPath, request);
        return (handlerMethod != null ? handlerMethod.createWithResolvedBean() : null);
    }
    finally {
        this.mappingRegistry.releaseReadLock();
    }
}
```

上述代码中，lookupHandlerMethod()方法的主要功能是查找 HandlerMethod 对象。那么，HandlerMethod 对象是如何创建的呢？这里需要分析 AbstractHandlerMethodMapping 类中的afterPropertiesSet()方法，此方法是在这个类对应的Bean对象创建后被调用的。代码如下：

```java
@Override
public void afterPropertiesSet() {
    initHandlerMethods();
}
```

上述afterPropertiesSet()方法中调用了initHandlerMethods()。initHandlerMethods()方法的代码如下：

```java
protected void initHandlerMethods() {
    for (String beanName : getCandidateBeanNames()) {
        if (!beanName.startsWith(SCOPED_TARGET_NAME_PREFIX)) {
            processCandidateBean(beanName);
        }
    }
    handlerMethodsInitialized(getHandlerMethods());
}
```

initHandlerMethods()方法调用processCandidateBean()确定候选Bean的类型。代码如下：

```java
protected void processCandidateBean(String beanName) {
    Class<?> beanType = null;
    try {
        beanType = obtainApplicationContext().getType(beanName);
    }
    catch (Throwable ex) {
```

```
        // An unresolvable bean type, probably from a lazy bean - let's ignore it
        if (logger.isTraceEnabled()) {
            logger.trace("Could not resolve type for bean '" + beanName + "'", ex);
        }
    }
    // isHandler()方法用于判断类型上是否有@Controller或@RequestMapping注解
    if (beanType != null && isHandler(beanType)) {
        detectHandlerMethods(beanName);
    }
}
```

processCandidateBean() 方 法 调 用 detectHandlerMethods() 方 法 将 Bean 中 的 方 法 封 装 为
HandlerMethod对象。代码如下：

```
protected void detectHandlerMethods(Object handler) {
    // 获取这个Bean的Class对象
    Class<?> handlerType = (handler instanceof String ?
            obtainApplicationContext().getType((String) handler) : handler.getClass());

    if (handlerType != null) {
        // 获取被代理前的原始类型
        Class<?> userType = ClassUtils.getUserClass(handlerType);
        // 获取Method
        Map<Method, T> methods = MethodIntrospector.selectMethods(userType,
                (MethodIntrospector.MetadataLookup<T>) method -> {
                    try {
                        // 根据Method和它的@RequestMapping注解创建RequestMappingInfo对象
                        return getMappingForMethod(method, userType);
                    }
                    catch (Throwable ex) {
                        throw new IllegalStateException("Invalid mapping on handler
                            class [" + userType.getName() + "]: " + method, ex);
                    }
                });
        if (logger.isTraceEnabled()) {
            logger.trace(formatMappings(userType, methods));
        }
        else if (mappingsLogger.isDebugEnabled()) {
            mappingsLogger.debug(formatMappings(userType, methods));
        }
        methods.forEach((method, mapping) -> {
            Method invocableMethod = AopUtils.selectInvocableMethod(method, userType);
            // 注册Method和它的映射，RequestMappingInfo储存着映射信息
            registerHandlerMethod(handler, invocableMethod, mapping);
        });
    }
}
```

在detectHandlerMethods()最后，调用registerHandlerMethod()方法注册处理程序方法及其唯一的映
射。代码如下：

```
public void register(T mapping, Object handler, Method method) {
    this.readWriteLock.writeLock().lock();
    try {
```

```
            HandlerMethod handlerMethod = createHandlerMethod(handler, method);
            validateMethodMapping(handlerMethod, mapping);

            Set<String> directPaths =
AbstractHandlerMethodMapping.this.getDirectPaths(mapping);
            for (String path : directPaths) {
                this.pathLookup.add(path, mapping);
            }

            String name = null;
            if (getNamingStrategy() != null) {
                name = getNamingStrategy().getName(handlerMethod, mapping);
                addMappingName(name, handlerMethod);
            }

            CorsConfiguration corsConfig = initCorsConfiguration(handler, method, mapping);
            if (corsConfig != null) {
                corsConfig.validateAllowCredentials();
                this.corsLookup.put(handlerMethod, corsConfig);
            }

            this.registry.put(mapping,
                    new MappingRegistration<>(mapping, handlerMethod, directPaths, name,
corsConfig != null));
        }
        finally {
            this.readWriteLock.writeLock().unlock();
        }
    }
```

3. HandlerAdapter

根据Handler找到支持它的HandlerAdapter，通过HandlerAdapter执行这个Handler得到ModelAndView对象。HandlerAdapter接口的代码如下：

```
public interface HandlerAdapter {

    /**
     * 当前HandlerAdapter是否支持这个Handler
     */
    boolean supports(Object handler);

    /**
     * 利用Handler处理请求
     */
    @Nullable
    ModelAndView handle(HttpServletRequest request, HttpServletResponse response, Object
handler) throws Exception;

    /**
     * 与HttpServlet的getLastModified()方法的功能相同
     */
    long getLastModified(HttpServletRequest request, Object handler);
}
```

HandlerAdapter类图如图1-28所示。

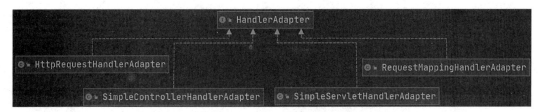

图 1-28　HandlerAdapter 类图

HandlerAdapter有多个实现类，图中各个实现类的功能如下。

1）HttpRequestHandlerAdapter

HttpRequestHandlerAdapter主要负责调用实现了HttpRequestHandler接口的处理器。这种处理器通常用于处理简单的HTTP请求，如静态资源的请求或特定的业务逻辑处理。

2）RequestMappingHandlerAdapter

RequestMappingHandlerAdapter是专门用来处理由@RequestMapping注解或由其派生出来的如@GetMapping、@PostMapping等注解标注的处理器的适配器。当DispatcherServlet根据请求找到对应的处理器后，会由RequestMappingHandlerAdapter来负责执行该方法。

3）SimpleControllerHandlerAdapter

SimpleControllerHandlerAdapter是用于适配实现了org.springframework.web.servlet.mvc.Controller接口的Bean的处理器适配器。

4）SimpleServletHandlerAdapter

SimpleServletHandlerAdapter专门用于处理实现了javax.servlet.Servlet接口的Bean。如果开发人员自己编写的代码是基于Servlet API实现的，那么Spring MVC可以通过SimpleServletHandlerAdapter来调用这些Servlet的service()方法来处理HTTP请求。

4. ModelAndView

HandlerAdapter类的handle()方法将返回ModelAndView对象。ModelAndView对象是Spring Web MVC框架中模型和视图的持有者。代码如下：

```
public class ModelAndView {

    /** View instance or view name String */
    @Nullable
    private Object view;

    /** Model Map */
    @Nullable
    private ModelMap model;

    ...省略部分代码...

}
```

ModelAndView类中的model属性主要用于传递控制方法处理数据到结果页面，即把结果页面上需要的数据放到ModelMap对象中，它的作用类似于Servlet中request对象的setAttribute()方法，ModelMap中的数据在一次请求转发中有效，用来在一个请求过程中传递处理的数据。ModelAndView 类中的view属性表示视图实例或视图名称字符串。

5. ViewResolver

ViewResolver对象的主要职责是根据控制器所返回的ModelAndView中的逻辑视图名解析出一个可用的View对象。

将目光拉回DispatcherServlet类的initStrategies()方法，initStrategies()方法的代码如下：

```java
protected void initStrategies(ApplicationContext context) {
    initMultipartResolver(context);
    initLocaleResolver(context);
    initThemeResolver(context);
    initHandlerMappings(context);
    initHandlerAdapters(context);
    initHandlerExceptionResolvers(context);
    initRequestToViewNameTranslator(context);
    initViewResolvers(context);
    initFlashMapManager(context);
}
```

上述代码中，initViewResolvers()方法用于初始化ViewResolver对象。initViewResolvers()方法的代码如下：

```java
private void initViewResolvers(ApplicationContext context) {
    this.viewResolvers = null;

    if (this.detectAllViewResolvers) {
        // Find all ViewResolvers in the ApplicationContext, including ancestor contexts
        Map<String, ViewResolver> matchingBeans =
                BeanFactoryUtils.beansOfTypeIncludingAncestors(context,
ViewResolver.class, true, false);
        if (!matchingBeans.isEmpty()) {
            this.viewResolvers = new ArrayList<>(matchingBeans.values());
            // We keep ViewResolvers in sorted order
            AnnotationAwareOrderComparator.sort(this.viewResolvers);
        }
    }
    else {
        try {
            ViewResolver vr = context.getBean(VIEW_RESOLVER_BEAN_NAME,
ViewResolver.class);
            this.viewResolvers = Collections.singletonList(vr);
        }
        catch (NoSuchBeanDefinitionException ex) {
            // Ignore, we'll add a default ViewResolver later
        }
    }

    // Ensure we have at least one ViewResolver, by registering
    // a default ViewResolver if no other resolvers are found
    if (this.viewResolvers == null) {
        this.viewResolvers = getDefaultStrategies(context, ViewResolver.class);
        if (logger.isTraceEnabled()) {
            logger.trace("No ViewResolvers declared for servlet '" + getServletName() +
```

```
                            "': using default strategies from DispatcherServlet.properties");
        }
    }
}
```

再将目光拉回DispatcherServlet类的doDispatch()方法，可以发现HandlerAdapter类的handle()方法执行后返回了ModelAndView对象。代码如下：

```
// Actually invoke the handler
mv = ha.handle(processedRequest, response, mappedHandler.getHandler());
```

接下来，doDispatch()方法通过调用processDispatchResult()方法解析ModelAndView对象。代码如下：

```
private void processDispatchResult(HttpServletRequest request, HttpServletResponse
response,
        @Nullable HandlerExecutionChain mappedHandler, @Nullable ModelAndView mv,
        @Nullable Exception exception) throws Exception {

    boolean errorView = false;

    if (exception != null) {
        if (exception instanceof ModelAndViewDefiningException) {
            logger.debug("ModelAndViewDefiningException encountered", exception);
            mv = ((ModelAndViewDefiningException) exception).getModelAndView();
        }
        else {
            Object handler = (mappedHandler != null ? mappedHandler.getHandler() : null);
            mv = processHandlerException(request, response, handler, exception);
            errorView = (mv != null);
        }
    }

    // Did the handler return a view to render
    if (mv != null && !mv.wasCleared()) {
        // 渲染视图
        render(mv, request, response);
        if (errorView) {
            WebUtils.clearErrorRequestAttributes(request);
        }
    }
    ...省略部分代码...
}
```

processDispatchResult()方法调用render()方法进行视图渲染。render()方法的代码如下：

```
protected void render(ModelAndView mv, HttpServletRequest request, HttpServletResponse
response) throws Exception {
    // Determine locale for request and apply it to the response
    Locale locale =
            (this.localeResolver != null ? this.localeResolver.resolveLocale(request) :
request.getLocale());
    response.setLocale(locale);

    View view;
```

```
        String viewName = mv.getViewName();
        if (viewName != null) {
            // 解析视图名
            view = resolveViewName(viewName, mv.getModelInternal(), locale, request);
            if (view == null) {
                throw new ServletException("Could not resolve view with name '" +
mv.getViewName() +
                        "' in servlet with name '" + getServletName() + "'");
            }
        }
        else {
            // No need to lookup: the ModelAndView object contains the actual View object
            view = mv.getView();
            if (view == null) {
                throw new ServletException("ModelAndView [" + mv + "] neither contains a view
name nor a " +
                        "View object in servlet with name '" + getServletName() + "'");
            }
        }
        ...省略部分代码...
    }
```

render()方法调用resolveViewName()方法解析视图名并得到视图对象。代码如下：

```
protected View resolveViewName(String viewName, @Nullable Map<String, Object> model,
        Locale locale, HttpServletRequest request) throws Exception {

    if (this.viewResolvers != null) {
        for (ViewResolver viewResolver : this.viewResolvers) {
            View view = viewResolver.resolveViewName(viewName, locale);
            if (view != null) {
                return view;
            }
        }
    }
    return null;
}
```

resolveViewName()方法使用到的ViewResolver对象正是在initViewResolvers()方法中初始化的
ViewResolver对象。

ViewResolver 有 多 个 实 现 类 ， 如 ThymeleafViewResolver 、 FreeMarkerViewResolver 、
GroovyMarkupViewResolver和MustacheViewResolver等，感兴趣的读者可以自行研究学习。

6. View

View对象是用于Web交互的MVC视图对象。上述resolveViewName()方法返回的对象就是View对
象。代码如下：

```
public interface View {
    String RESPONSE_STATUS_ATTRIBUTE = View.class.getName() + ".responseStatus";
    String PATH_VARIABLES = View.class.getName() + ".pathVariables";
    String SELECTED_CONTENT_TYPE = View.class.getName() + ".selectedContentType";
```

```
@Nullable
default String getContentType() {
    return null;
}

void render(@Nullable Map<String, ?> var1, HttpServletRequest var2, HttpServletResponse
var3) throws Exception;
}
```

View接口有多种实现类，如ThymeleafView、FreeMarkerView、GroovyMarkupView和MustacheView等，感兴趣的读者可以自行研究学习。

通过对DispatcherServlet、HandlerMapping、HandlerAdapter、ModelAndView、ViewResolver、View这6个类的核心代码进行学习和分析，我们总结出Spring Web MVC这6个核心组件配合工作实现请求/响应架构的原理如图1-29所示。

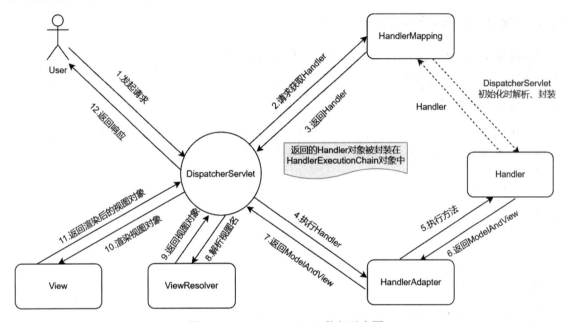

图 1-29　Spring Web MVC 执行示意图

1.6　Spring 面试押题

面试题目的类型和考察重点繁多，涵盖多个维度和领域。鉴于篇幅和具体应用场景的限制，本节仅挑选部分常见的Spring相关面试题作为示例，以供读者参考和借鉴。

鉴于候选人各自的专业背景、工作经验和岗位角色的不同，他们对于同一面试问题的理解和回答方式往往呈现出多样性。因此，本节提供了一些常见面试问题的示例性回答，旨在为读者提供一个参考框架，而非固定的答案模板。读者在准备面试时，应结合自身实际情况，灵活调整和优化回答内容，以展现个人的专业能力和经验。

对于更多深入和全面的面试题资源，建议读者参考本书配套的社区资料或专业网站，以获取更全面和详细的面试准备材料。

1.6.1 Spring IoC 的设计思想是什么

IoC（控制反转）是一种广泛应用于软件工程中的设计原则，特别是在面向对象编程领域中，用于实现松耦合的软件架构。

控制反转意味着将对象的创建、管理和依赖关系的处理从应用程序的主体逻辑中"反转"出去，交给外部容器或框架来负责。在传统的程序设计中，一个对象通常自行创建或直接访问它所依赖的对象。而在采用IoC的系统中，对象不再自行控制其依赖对象的获取，而是由一个统一的外部实体（如IoC容器）来负责提供这些依赖。

在现代软件开发中，IoC常与面向切面编程（AOP）、依赖注入框架（如Spring等）紧密关联。这些框架提供了强大的IoC容器，支持自动装配、生命周期管理、依赖解析等功能，极大地简化了复杂软件系统的构建和维护工作。

1.6.2 BeanFactory 和 FactoryBean 有什么区别

BeanFactory和FactoryBean在Spring框架中都有各自独特的角色，尽管它们的名字相似，但它们的功能和用途却有着显著的区别。二者的区别可以从以下几个方面进行对比。

1. 角色和功能

- BeanFactory是工厂，是Spring IoC容器的核心接口，负责实例化、配置和组装Bean。
- FactoryBean是一个特殊的Bean，它允许用户自定义Bean的创建过程。

2. 使用方式

- 当从BeanFactory中请求一个普通Bean时，BeanFactory会直接返回该Bean的实例。
- 当从BeanFactory中请求一个FactoryBean时，那么BeanFactory会调用该FactoryBean的getObject()方法来获取实际的Bean实例。

3. 用途

- BeanFactory是Spring IoC容器的基础，用于管理应用程序中的Bean。
- FactoryBean则更适用于需要自定义Bean创建过程的场景，例如创建代理对象或实现特定接口的包装对象。

1.6.3 BeanFactory 和 ApplicationContext 有什么区别

Spring框架中的BeanFactory和ApplicationContext都是用于实现IoC和DI的核心容器，但二者在功能、特性和使用场景上存在显著差异。以下是二者的主要区别。

1. 继承关系

- BeanFactory作为Spring IoC容器的基础接口，提供了最基础的Bean管理功能，如Bean的定义、实例化、依赖注入等。BeanFactory是Spring框架中最底层的容器接口，主要关注Bean的基本生命周期管理。
- ApplicationContext是BeanFactory的子接口，继承并扩展了BeanFactory的功能。它不仅包含BeanFactory的所有特性，还提供了许多面向企业级应用的附加服务。

2. 功能扩展

- BeanFactory提供的功能相对基础，专注于Bean的生命周期管理、依赖解析与注入，适用于轻量级或嵌入式场景。
- ApplicationContext除基本的Bean管理外，还提供了其他功能，如AOP、事件发布、国际化等。

3. 加载模式

- BeanFactory默认采用懒加载（Lazy Initialization）模式，即只有在首次请求某个Bean时，BeanFactory才会创建对应的实例。
- ApplicationContext默认采用预加载（Eager Loading）模式，ApplicationContext会在启动时一次性创建所有非懒加载的单例Bean。这有助于提前发现配置问题，同时对于那些需要在应用启动时就准备就绪的服务非常有用。

1.6.4　Spring Bean 的生命周期包含哪些过程

Spring Bean的生命周期主要包括以下6个过程。

（1）定义：在Spring配置文件中定义Bean，例如使用XML、注解或Java配置来指定Bean的属性和依赖关系。

（2）实例化：当容器加载Bean的定义时，容器会实例化Bean对象。

（3）依赖注入：容器会将Bean的属性注入Bean实例中。

（4）初始化：在Bean实例化和属性注入完成后，容器会调用Bean的初始化方法，可以通过@Bean注解的init-method属性指定初始化方法。

（5）使用：Bean实例化、属性注入和初始化完成后，Bean可以被容器或其他Bean使用。

（6）销毁：当容器关闭时，会调用Bean的销毁方法，可以通过@Bean注解的destroy-method属性指定销毁方法。

1.6.5　Spring Bean 的作用域有哪几种

Spring Bean的作用域有以下几种。

- Singleton：Singleton作用域控制在整个Spring IoC容器中，对于给定的Bean定义，只存在一个唯一的Bean实例。
- Prototype：每次从容器中请求一个Prototype类型的Bean时，Spring IoC容器会都创建一个新的Bean实例。
- Request：对于每个HTTP请求，Spring IoC容器都会创建一个新的Bean实例，该实例仅在当前请求范围内有效。
- Session：对于每个HTTP会话，Spring IoC容器会创建一个Bean实例，该实例仅在对应的会话范围内有效。
- Application：在一个Web应用程序的上下文中，对于给定的Bean定义，只存在一个唯一的Bean实例，所有用户/请求都可以访问到。

- WebSocket：对于每个WebSocket连接，Spring容器会创建一个Bean实例，该实例仅在对应的WebSocket连接生命周期内有效。
- Custom：除上述内置的作用域外，Spring还支持开发人员自定义作用域，某些扩展或特定的框架可能会定义自己的作用域。

1.6.6　Spring 如何解决循环依赖

循环依赖是指在Spring容器中，两个或多个Bean之间形成了相互依赖的关系，形成一个闭环。例如，Bean A依赖于Bean B，而Bean B又反过来依赖于Bean A。这种情况会导致Spring IoC容器在初始化时陷入无限递归的问题，或者无法成功完成Bean的依赖注入。

Spring通过三级缓存机制来解决循环依赖问题。

- 一级缓存：存储已经完成初始化的单例Bean实例。
- 二级缓存：存储已经实例化但尚未完成初始化的单例Bean实例。
- 三级缓存：存储能够生成单例Bean实例的ObjectFactory对象（工厂对象），这个ObjectFactory对象用于生成对应的Bean实例。

1.6.7　Spring 的自动装配是如何实现的

自动装配是Spring框架的核心特性之一，它允许开发者通过少量的配置甚至不进行显式配置就能实现Bean之间的依赖注入。自动装配的主要原理是依赖注入，Spring容器负责创建Bean并自动注入Bean之间的依赖关系。

Spring实现自动装配有以下几种方式。

- byName方式：在定义Bean的时候，如果设置autowire属性为byName，Spring会自动寻找一个与该属性名称相同或id相同的Bean，并将其注入进来。
- byType方式：在定义Bean的时候，如果设置autowire属性为byType，Spring会自动寻找一个与该属性类型相同的Bean，并将其注入。
- constructor方式：在定义Bean时，如果设置autowire属性为constructor，Spring会寻找与该Bean的构造函数各个参数类型相匹配的Bean，并通过构造函数注入进来。
- autodetect方式：设置为autodetect时，Spring容器会首先尝试构造器注入，然后尝试按类型注入。

1.6.8　Spring 框架中使用到哪些常用的设计模式

Spring框架采用了多种设计模式，以促进松耦合、可测试性和可维护性。以下是一些在Spring中常用的设计模式。

- 工厂模式（Factory Pattern）：Spring使用BeanFactory和ApplicationContext作为工厂类，根据配置管理Bean的创建、Bean配置和管理，实现了控制反转（IoC）。
- 单例模式（Singleton Pattern）：Spring容器默认管理的Bean是单例的，确保每个Bean在应用中只被实例化一次。

- 代理模式（Proxy Pattern）：在Spring AOP（面向切面编程）中，通过JDK动态代理或CGLIB代理为对象创建代理实例，以实现诸如事务管理、日志记录等横切关注点的织入。
- 模板方法模式（Template Method Pattern）：模板方法模式提供了一个固定的操作流程框架，子类只需要实现具体步骤即可，简化了数据库操作，如JdbcTemplate、JpaTemplate等。
- 观察者模式（Observer Pattern）：观察者模式主要用于事件驱动模型中，如通过ApplicationEvent和ApplicationListener实现事件发布与订阅。
- 策略模式（Strategy Pattern）：Spring支持依赖注入，允许在运行时切换注入策略，如在数据访问层中选择不同的数据源策略。

1.6.9　Spring 框架中有哪些类型的事件

Spring框架支持多种不同类型的事件，这些事件允许应用组件以松耦合的方式相互通信。以下是Spring中的一些核心事件类型。

- 应用事件（ApplicationEvent）：这是最基本的事件类型，这种事件类型允许开发者自定义事件并在应用程序内部传播。通过实现ApplicationEvent接口并使用ApplicationEventPublisher发布事件，可以轻松地创建和处理应用事件。
- 上下文更新事件（ContextRefreshedEvent）：当ConfigurableApplicationContext的refresh()方法被调用后触发此类事件。这通常发生在容器启动时或配置更新之后。
- 上下文关闭事件（ContextClosedEvent）：当ApplicationContext关闭时触发此类事件，此时容器管理的所有单例Bean都将被销毁。
- 请求处理事件（RequestHandledEvent）：在Web应用中，当一个HTTP请求处理完毕后触发此类事件。此类事件允许监听器执行请求处理后的操作，如日志记录或统计分析。

1.6.10　什么是 AOP

AOP（面向切面编程）是一种编程范式，它补充了面向对象编程（OOP），旨在通过将横切关注点（cross-cutting concerns）从核心业务逻辑中分离出来，以提高代码的模块化程度和可维护性。横切关注点是指那些遍布于多个模块中的代码，比如日志记录、事务管理、安全权限验证等，这些功能通常与业务逻辑无关，但在多个地方都需要实现。

AOP有以下使用场景。

- 日志记录：在方法执行前后记录日志，监控程序的运行情况。
- 权限验证：在访问敏感资源前检查用户权限，确保操作的合法性。
- 事务管理：自动管理数据库事务，确保数据的一致性。
- 性能监控：跟踪方法执行时间，帮助识别性能瓶颈。
- 缓存管理：自动缓存方法的返回结果，提高系统的响应速度。
- 异常处理：统一处理特定类型的异常，提升错误处理的整洁度和效率。

1.6.11　引入 AOP 能解决什么问题

引入AOP（面向切面编程）主要能解决以下几类问题。

- 降低代码重复：在开发过程中，经常会有一些非业务性的、跨多个业务模块的代码，如日志记录、性能监控、事务管理等。如果将这些代码直接嵌入每个业务模块中，就会导致代码重复和难以维护。AOP可以将这些通用的、与业务无关的代码（横切关注点代码）从业务逻辑中抽离出来，从而避免代码重复。
- 降低耦合度：在传统编程模式中，实际的产品功能业务逻辑和横切关注点代码往往是紧密耦合的，修改横切关注点代码往往需要同时修改多个业务模块的代码。AOP通过将横切关注点代码与业务逻辑分离，降低了它们之间的耦合度，使得系统更加模块化，易于维护和扩展。
- 提高代码的可读性：当业务逻辑中混杂着大量的横切关注点代码时，代码的可读性会大大降低。AOP可以将这些代码集中在一个或多个切面中，使得业务逻辑更加清晰，易于理解。

1.6.12　项目中使用 AOP 的场景

项目中使用AOP的场景有以下几种。

- 日志管理：使用AOP可以在项目代码的执行前后记录日志，用于跟踪、审计和监控，无须在每个方法中手动添加日志代码。
- 性能监控：使用AOP可以测量方法的调用关系、执行时间等信息，帮助开发人员识别和优化性能瓶颈。
- 事务控制：使用AOP可以自动管理数据库事务，如在方法开始前开启事务，在方法结束后根据执行情况提交或回滚事务。
- 接口鉴权：使用AOP可以在接口调用前后进行鉴权验证，确保只有合法的请求才能访问接口。

1.6.13　AOP 中有哪些比较重要的概念

在AOP中有几个比较重要的概念，它们共同构成了AOP的基础和核心。

- 切面（Aspect）：切面代表了横切关注点（cross-cutting concern）的模块化。一个切面可以定义横切多个对象或模块的通用功能。
- 通知（Advice）：通知是切面在特定连接点（join point）上执行的动作。通知定义了切面在何时、如何应用其逻辑。
- 连接点（Join Point）：连接点是程序执行过程中能够插入切面的一个点。
- 切入点（Pointcut）：切入点是一个表达式，用于定义哪些连接点应该被通知所拦截。切入点表达式可以基于方法名、参数类型、返回值类型等条件进行匹配。
- AOP代理（AOP Proxy）：AOP代理是AOP框架在运行时创建的、用于实现切面功能的对象。
- 织入（Weaving）：织入是将切面应用到目标对象并创建代理对象的过程。这个过程可以在编译时、类加载时或运行时进行。

1.6.14　什么是 JDK 动态代理

JDK动态代理是Java开发工具包（Java Development Kit，JDK）提供的一种创建代理对象的机制，它允许在运行时动态地创建一个实现给定接口的新类实例。动态代理是代理设计模式的一种实现，适用于需要在不修改目标对象源码的情况下，为其添加额外功能（如日志记录、权限检查、事务管理等）的场景。

JDK动态代理主要涉及以下核心组件和技术。

- InvocationHandler接口：该接口是JDK动态代理的核心，开发人员需要实现这个接口来定义当代理对象上的方法被调用时所需执行的额外逻辑。
- Proxy类：该类是JDK提供的用于创建动态代理类的工具类。
- 反射机制：JDK动态代理利用Java的反射机制来发起对方法的调用。

1.6.15　什么是 CGLib 动态代理

CGLib（Code Generation Library）是一个强大的高性能代码生成库，主要用于在Java应用程序中实现动态代理。CGLib能够为没有实现接口的类生成代理对象，提供了更加灵活的代理机制。

CGLib动态代理主要涉及以下核心组件和技术。

- 子类代理：CGLib在运行时动态生成一个目标类的子类，这个子类重写了目标类的方法，并在重写的方法中加入代理逻辑。因此，CGLib不需要目标类实现任何接口。
- MethodInterceptor接口：开发人员需要提供一个实现了net.sf.cglib.proxy.MethodInterceptor接口的对象，该接口定义了一个intercept方法。当代理对象上的任何方法被调用时，都会转到这个intercept方法中，开发人员可以在该方法中实现自己的拦截和增强逻辑。
- ASM字节码技术：CGLib内部使用ASM框架来转换字节码，这是一种非常快速的操作Java字节码的方式，允许在运行时高效地创建和修改类。

1.6.16　JDK 动态代理与 CGLib 动态代理有什么区别

JDK动态代理和CGLib动态代理是Java中两种常用的动态代理技术，二者之间的主要区别如下。

1. 实现方式

- JDK动态代理基于接口实现功能。
- CGLib动态代理基于子类继承实现功能。

2. 性能与效率

- JDK动态代理通过反射机制调用方法，性能相对较低。
- CGLib动态代理利用ASM字节码技术实现增强，性能相对较高。

1.6.17　Spring AOP 中有哪些 Advice 类型

在Spring AOP中，存在5种类型的Advice（通知/增强处理），分别说明如下。

- 前置通知（Before Advice）：在目标方法被调用之前执行对应的操作。
- 后置通知（After Advice）/返回后通知（After Returning Advice）：在目标方法正常执行完毕后执行对应的操作。如果开发人员需要访问方法执行后的返回值，则可以使用返回后通知。
- 异常后通知（After Throwing Advice）：在目标方法抛出异常后执行对应的操作。这类通知可以用来处理或记录异常信息。
- 最终通知（After Finally Advice）：无论目标方法是否正常执行或抛出异常，都会执行对应的操作。类似于try-catch-finally中的finally块，常用于资源清理等工作。

- 环绕通知（Around Advice）：环绕通知是最灵活的一种通知类型，它包裹了目标方法的调用。环绕通知可以在方法调用前后自定义行为，并且可以选择是否调用目标方法，以及何时调用。

1.6.18 动态代理与静态代理的区别是什么

动态代理与静态代理在代理机制中存在明显的区别，这些区别主要体现在以下几个方面：

1. 代理对象的生成方式

- 静态代理在程序编译时确定代理类的代码，代理类和目标类实现了相同的接口。
- 动态代理在运行时动态生成代理对象，无须开发人员手动编写代理类的代码。

2. 代理的类和接口数量

- 静态代理通常只代理一个类，且这个类需要实现特定的接口。
- 动态代理可以代理多个实现类，只需要这些实现类都遵循相同的接口即可。

3. 性能

- 静态代理在编译期间就已经确定，因此其性能相对较高。
- 动态代理在运行时生成代理对象，因此其性能相对较低。

1.6.19 什么是事务，为什么需要事务

事务（Transaction）是数据库操作中的一个概念，它定义了一个逻辑上完整的操作单元，这些操作要么全部成功执行，要么全部不执行。事务主要用于维护数据库的一致性和完整性，确保数据的正确性和可靠性。

在数据库操作中，特别是在涉及多个步骤的复杂操作中，事务是至关重要的，其作用包括以下几点。

- 保证数据完整性：在转账和库存管理等场景中，需要确保一系列的数据库操作要么全部成功，要么全部失败，以防止数据处于不一致的状态，如资金转出成功但没有转入成功的情况。
- 处理并发问题：事务的隔离性可以防止多个事务同时操作同一数据时产生冲突，避免出现脏读、不可重复读、幻读等问题。
- 恢复机制：事务持久性保障在系统崩溃或错误发生时，可以通过事务日志等机制恢复到事务开始前的一致状态，保护数据不被破坏。
- 简化编程模型：事务提供了一种高级抽象，使得开发者不需要关心底层的复杂细节，只需要关注业务逻辑，提高了开发效率和代码的可维护性。

1.6.20 事务有哪些特性

事务具有4个基本特性，简称为ACID特性，具体说明如下。

- 原子性（Atomicity）：事务的原子性是指事务必须是一个原子的操作序列单元。事务中包含的各项操作在一次执行过程中只允许出现两种状态之一，要么都成功，要么都失败。

- 一致性（Consistency）：事务的一致性是指事务的执行不能破坏数据库数据的完整性和一致性。一个事务在执行之前和执行之后，数据库都必须处于一致性状态。例如，如果从A账户转账到B账户，不可能出现A账户扣了钱，而B账户没有收到钱的场景。
- 隔离性（Isolation）：事务的隔离性是指在并发环境中，并发的事务是互相隔离的，一个事务的执行不能被其他事务干扰。并发执行的各个事务之间不能互相干扰。
- 持久性（Durability）：事务的持久性是指一个事务一旦提交，它对数据库中的数据的改变就应该是永久性的，即已被提交的事务对数据库的修改应该永久保存在数据库中。

1.6.21　MySQL 支持哪些事务隔离级别

MySQL支持以下几种事务隔离级别。

- 读未提交：读未提交级别是最宽松的隔离级别，该隔离级别允许一个事务读取其他事务尚未提交的数据变更，这可能会导致脏读、不可重复读和幻读问题。
- 读已提交：读已提交隔离级别要求一个事务只能读取已经提交的数据，可以避免脏读问题，但仍然可能遇到不可重复读和幻读。
- 可重复读：该级别是MySQL的默认事务隔离级别。这个级别允许事务在执行期间多次读取同一数据的结果是一致的，可以防止脏读和不可重复读，但幻读仍有可能发生。
- 串行化：串行化是最严格的隔离级别，通过强制事务串行执行，避免了脏读、不可重复读和幻读的问题，但这样会降低系统的并发性能。

1.6.22　Spring 中有哪些事务传播行为

Spring框架支持7种事务传播行为，这些事务传播行为定义了当一个方法被另一个方法调用时，这两个方法及其事务应该如何交互。下面说明这7种事务传播行为。

- PROPAGATION_REQUIRED：如果当前运行的上下文中不存在事务，则创建一个新的事务并执行方法；如果当前上下文存在事务，则加入这个事务中执行。
- PROPAGATION_SUPPORTS：如果当前运行的上下文中存在事务，则方法加入这个事务中执行；如果当前不存在事务，则以非事务方式执行方法。
- PROPAGATION_MANDATORY：方法必须在一个已存在的事务中执行，否则抛出异常。如果当前运行的上下文中存在事务，则加入这个事务中执行。
- PROPAGATION_REQUIRES_NEW：总是启动一个新的事务执行方法。如果当前运行的上下文中存在事务，则将该事务挂起。
- PROPAGATION_NOT_SUPPORTED：总是以非事务方式执行方法，如果当前运行的上下文中存在事务，则将当前事务挂起。
- PROPAGATION_NEVER：方法不应该在一个事务中执行，如果当前运行的上下文中存在事务，则抛出异常。
- PROPAGATION_NESTED：如果当前运行的上下文中存在事务，则在嵌套事务中执行方法。如果当前不存在事务，则其行为类似于PROPAGATION_REQUIRED。

1.6.23　Spring 事务在什么场景下会失效

Spring事务在以下场景下会失效。

- 非公开方法调用：如果被@Transactional注解的方法不是public的，则Spring事务管理失效。
- 类的内部方法自调用：在同一个类中，一个事务方法直接调用另一个事务方法，由于在类的内部进行方法调用是不经过动态代理对象的，因此事务可能不会生效。
- 异常被捕获：如果事务方法内的异常被捕获后未重新抛出异常，则Spring事务管理失效。
- 数据库引擎限制：如果开发人员使用的数据库引擎不支持事务，如MySQL的MyISAM引擎不支持事务管理，则Spring事务管理失效。
- 类未被Spring管理：如果开发人员编写的类或方法没有被Spring容器扫描并管理，则Spring事务管理失效。
- 被final修饰的方法：final方法不能被Spring的代理类覆盖，因此Spring事务管理失效。
- 多线程环境中事务上下文丢失：在多线程环境中，若事务上下文未能正确传递，则Spring事务管理失效。
- 事务传播行为配置错误：如果开发人员设置了不恰当的事务传播行为，则可能会导致Spring事务管理失效。

1.6.24　Spring 事务管理遇到哪些异常不会回滚

Spring事务管理遇到以下类型的异常可能不会自动回滚。

- 已检查异常：默认情况下，Spring事务管理对于Checked Exceptions不会自动回滚事务。这类异常包括IOException、SQLException和InterruptedException等。
- 已捕获的异常：即使异常是未检查异常，如RuntimeException及其子类，但如果在事务方法内部被捕获并且没有再次抛出，事务也不会回滚。
- 非Spring事务管理的代码出现异常：没有被Spring事务管理的方法抛出异常，不会触发事务回滚。
- 配置了特定回滚规则的异常：如果在@Transactional注解中显式指定了rollbackFor或noRollbackFor属性，则只有符合这些规则的异常才会触发或不触发事务回滚。不符合配置的异常类型将不会导致事务回滚。

1.6.25　什么是 Spring MVC

Spring MVC是Spring框架中的一个模块，它提供了一种基于Model-View-Controller（模型-视图-控制器）设计模式的轻量级Web开发框架。作为Java平台上的一个流行选择，Spring MVC旨在简化Web应用程序的开发，同时推动实现松耦合、易于测试和代码重用。

1.6.26　Spring MVC 的主要组件有哪些

Spring MVC的主要组件有以下几种。

- DispatcherServlet：作为整个Spring MVC的入口点，负责接收HTTP请求，处理请求，并返回响应给客户端。它实现了请求与响应的分离，降低了系统的耦合度。
- HandlerMapping：负责将接收到的请求映射到具体的Controller。根据请求的URL等信息，查找并决定用哪个Controller来处理请求。
- HandlerAdapter：用于调用Controller中的具体处理方法。它为DispatcherServlet和Controller之间提供适配，确保Controller的执行能够符合DispatcherServlet的要求。
- Controller：处理请求的组件，负责业务逻辑的实现。
- Model：承载了应用程序数据和业务逻辑的对象。
- ViewResolver：根据Controller返回的逻辑视图名解析为实际的视图对象，如JSP页面。它的任务是将逻辑视图名映射到实际的视图实现上。
- View：负责渲染模型数据，生成响应给客户端的HTML、JSON等格式的输出。它是用户界面的展示层。

1.6.27　DispatcherServlet 是什么，它有什么作用

DispatcherServlet是Spring MVC框架中的一个核心组件，它是Java Servlet的一种实现，继承自HttpServlet类。作为前端控制器，DispatcherServlet负责拦截并处理所有进入Web应用的HTTP请求，并根据请求的具体情况将请求转发给适当的Controller。其主要作用和职责包括以下几个方面。

- 请求分发与处理：DispatcherServlet拦截所有请求，然后根据请求的URL和其他条件来决定由哪个具体的Controller来处理该请求。
- 处理器适配：通过HandlerAdapter接口的实现，DispatcherServlet支持多种类型的处理器，确保不同类型的控制器方法能够被正确执行。
- 视图解析：当控制器完成业务逻辑处理并返回一个逻辑视图名时，DispatcherServlet使用ViewResolver将逻辑视图名解析为实际的视图对象，以便生成响应内容。
- 异常处理：DispatcherServlet还可以配置异常处理器来捕获并处理在处理请求过程中可能抛出的异常，从而提供统一的异常处理机制。
- 文件上传解析：对于文件类的请求，DispatcherServlet可以利用MultipartResolver进行文件上传的解析。
- 本地化支持：DispatcherServlet支持国际化和本地化，可以根据用户的区域设置来提供相应的资源和内容。

1.6.28　Spring MVC 中的控制器是不是线程安全的

Spring MVC中的控制器默认采用单例模式（Singleton），这意味着在整个应用生命周期中只有一个实例。由于单例模式的特性，理论上Spring MVC中的控制器是存在线程安全问题的，特别是当控制器中包含变量时，程序中一旦使用多线程并发修改这个变量，则可能出现线程安全问题。

1.6.29　Spring MVC 的工作流程

Spring MVC的工作流程可以概括为以下几个步骤。

步骤01 客户端请求：用户通过浏览器发起HTTP请求到服务器，请求指向Spring MVC的DispatcherServlet。

步骤02 请求分发：DispatcherServlet接收到请求后，首先会查询一个或多个HandlerMapping，寻找能处理该请求的Controller。HandlerMapping会根据请求的URL和HTTP方法等信息匹配到合适的处理方法。

步骤03 控制器执行：找到合适的Controller后，DispatcherServlet会将请求及上下文信息传递给选定的Controller。Controller负责处理业务逻辑。处理完成后，Controller会返回一个ModelAndView对象给DispatcherServlet，该对象包含视图名称和需要展示的数据模型。

步骤04 视图解析：DispatcherServlet接收到ModelAndView后，会将其中的视图名称交给ViewResolver（视图解析器）进行解析。ViewResolver负责将逻辑视图名映射到实际的物理视图，比如一个JSP页面或Thymeleaf模板。

步骤05 视图渲染：得到实际的视图对象后，DispatcherServlet会使用该视图对象，并结合ModelAndView中的数据模型来渲染视图。这个过程可能涉及将数据填充到模板中，以生成最终的HTML页面。

步骤06 响应客户端：渲染好的视图作为HTTP响应体，由DispatcherServlet发送回客户端的浏览器，浏览器解析响应内容并展示给用户。

1.6.30 Spring MVC 与 Struts2 有哪些异同点

Spring MVC与Struts2有以下相同点。

（1）MVC架构模式：Spring MVC与Struts2二者都是基于经典的模型（Model）、视图（View）、控制器（Controller）设计模式的Java Web框架，用于构建Web应用程序。

（2）表现层框架：Spring MVC与Struts2二者都位于应用的表示层，用于处理HTTP请求，控制业务逻辑与界面显示的分离。

（3）Java EE兼容性：Spring MVC与Struts2二者都是Java平台上的技术，兼容Java EE标准，可集成到企业级Java应用中。

Spring MVC与Struts2有以下不同点。

（1）前端控制器：Spring MVC的前端控制器是一个Servlet，即DispatcherServlet，负责拦截和分发请求。而Struts2使用的是Filter，即StrutsPrepareAndExecuteFilter，来进行请求的预处理和执行。

（2）请求处理方式：Spring MVC倾向于基于方法的处理，通过方法直接接收请求参数。Struts2则是基于类的处理，通过Action类的属性接收请求参数，通常需要实例化新的Action对象。

（3）性能与扩展性：由于Spring MVC支持单例模式的Controller，通常被认为在处理并发请求时具有更高的性能。同时，Spring框架的强大功能使得Spring MVC在扩展性和与其他模块集成方面更为灵活。

（4）设计理念：Spring MVC侧重于面向接口编程、依赖注入和面向切面编程，强调组件和服务的解耦。Struts2则通过拦截器和配置驱动的方式，提供了一套简单直接的编程模型，侧重于简化开发和快速构建应用。

第 2 章

MyBatis

MyBatis是一个优秀的持久层框架，它支持定制化SQL、存储过程以及高级映射。MyBatis避免了几乎所有的JDBC代码，无须手动设置参数以及获取结果集。MyBatis可以使用简单的XML或注解用于配置和原始映射，将接口和Java的POJOs（Plain Old Java Objects，普通的Java对象）映射成数据库中的记录。

MyBatis在企业中使用的场景说明如下。

（1）数据访问：在分层架构中，MyBatis常用于实现数据访问层，负责与数据库交互，处理数据的增删改查。

（2）复杂查询：当业务需求涉及复杂的SQL查询时，如多表连接、子查询等，MyBatis的动态SQL功能能够很好地满足需求。

（3）性能优化：对于性能敏感的应用，MyBatis允许直接编写SQL语句，可以更精细地控制查询逻辑，从而优化查询效率。

（4）事务管理：MyBatis可以整合到Spring框架中，利用Spring的事务管理能力，确保数据的一致性和完整性。

（5）动态SQL：MyBatis支持动态SQL，这意味着用户可以根据不同的条件动态构建SQL语句，非常适合处理复杂多变的业务逻辑。

（6）多数据库支持：MyBatis易于配置，可以轻松地在不同的数据库之间切换，这对于需要支持多种数据库的应用来说非常有用。

2.1 MyBatis 概述

MyBatis是一个半ORM（Object-Relational Mapping，对象关系映射）框架，其内部封装了JDBC的实现，使开发人员在开发时只需要关注SQL语句本身，不需要花费精力来处理加载驱动、创建数据库连接、创建Statement等繁杂的过程。开发人员使用MyBatis时可以直接编写原生SQL语句，可以严格控制SQL语句的执行性能，MyBatis为开发人员保留了较高的代码灵活度。

MyBatis可以使用XML或注解方式来配置和映射原生信息，将POJO映射成数据库中的记录，避免了JDBC代码和手动设置参数以及结果集转换等繁杂的操作，大幅度提高了开发人员的工作效率。

MyBatis通过XML文件或注解方式将要执行的各种Statement配置起来，并通过Java对象和Statement中SQL文件的动态参数进行映射，最终生成可执行的SQL语句。最后由MyBatis框架执行SQL，将结果映射转换为Java对象并返回给使用方，即从执行SQL语句到返回Java对象的过程全交由MyBatis完成。

使用MyBatis进行企业级系统开发的优势在于：

（1）易学易用：MyBatis的入门门槛相对较低，对于初学者来说，很容易上手。

（2）灵活性强：MyBatis允许开发人员直接编写SQL，这意味着用户可以充分利用数据库的特性进行更精细的操作。

（3）性能强大：由于MyBatis不会像ORM那样进行全表映射，因此在执行复杂查询时，性能通常优于ORM框架。

（4）轻量级：MyBatis是一个轻量级框架，没有太多的依赖，这使得它在项目中更容易集成和维护。

（5）支持动态SQL：MyBatis支持动态SQL，可以根据不同的条件动态构建SQL语句，这在处理复杂业务逻辑时非常有用。

（6）易于调试：开发人员可以用MyBatis直接编写SQL语句，因此这部分代码调试起来相对容易，开发人员可以直接看到执行的SQL语句，更容易定位问题。

2.2 Spring Boot 集成 MyBatis 案例

本节采用Spring Boot搭建MyBatis示例程序，并逐步对MyBatis的工作原理进行展开。
Spring Boot集成MyBatis需要以下4个步骤。

步骤 01 配置Spring Boot。

在Spring Boot配置文件中增加数据源配置、MyBatis配置等信息。例如，在Spring Boot配置文件application.properties中加入以下配置项：

```
MyBatis.type-aliases-package=com.example.java.interview.guide.part2.chapter10
MyBatis.mapper-locations=classpath:mapper/*.xml
logging.level.com.example.java.interview.guide.part2.chapter10.dao=debug
spring.datasource.url=jdbc:mysql://localhost:3306/java-interview-guide?useUnicode=true
&characterEncoding=utf-8&useSSL=true&serverTimezone=GMT%2B8
spring.datasource.username=root
spring.datasource.password=123456
spring.datasource.driver-class-name=com.mysql.cj.jdbc.Driver
```

步骤 02 创建数据库表。

在 **步骤 01** 对应的数据库中创建数据库表。接下来将以图书（book）这个实体对象为例，创建与之对应的数据库表。

```
CREATE TABLE `book` (
  `id` int NOT NULL AUTO_INCREMENT,
  `name` varchar(64) NOT NULL,
  `price` bigint NOT NULL,
  `create_time` datetime NOT NULL DEFAULT CURRENT_TIMESTAMP,
  `update_time` datetime NOT NULL DEFAULT CURRENT_TIMESTAMP ON UPDATE CURRENT_TIMESTAMP,
```

```
    PRIMARY KEY (`id`)
) ENGINE=InnoDB DEFAULT CHARSET=utf8
```

步骤 **03**　创建实体类。

创建与 步骤 **02** 中的数据库表对应的实体类。

```
/**
 * @Author : zhouguanya
 * @Project : java-it-interview-guide
 * @Date : 2021/8/22 12:28
 * @Version : V1.0
 * @Description : 图书类
 */
@Getter
@Setter
@ToString
public class Book {
    /**
     * 图书编号
     */
    private Integer id;
    /**
     * 书名
     */
    private String name;
    /**
     * 价格 单位：分
     */
    private Long price;
    /**
     * 创建时间
     */
    private Date createTime;

    /**
     * 更新时间
     */
    private Date updateTime;
}
```

步骤 **04**　创建数据访问类。

因为**MyBatis**是基于接口实现对数据库的操作的，所以开发人员需要在接口中定义与业务逻辑相关的数据库操作方法。

```
/**
 * @Author : zhouguanya
 * @Project : java-it-interview-guide
 * @Date : 2021/8/22 12:32
 * @Version : V1.0
 * @Description : 图书数据访问对象
 */
@Mapper
```

```java
public interface BookDao {
    /**
     * 保存图书
     *
     * @param book Book
     * @return 影响的行数
     */
    int save(Book book);

    /**
     * 查询图书
     *
     * @param id 图书编号
     * @return Book
     */
    Book query(int id);
}
```

通过上述4个步骤，Spring Boot集成MyBatis就完成了。下面通过单元测试代码验证MyBatis的执行是否正常。

```java
/**
 * @Author : zhouguanya
 * @Project : java-it-interview-guide
 * @Date : 2021/8/22 16:23
 * @Version : V1.0
 * @Description : 图书数据访问对象测试
 */
@RunWith(SpringRunner.class)
@Spring BootTest(classes = Chapter10Application.class)
@Slf4j
public class BookDaoTest {
    @Resource
    private BookDao bookDao;

    /**
     * 测试保存图书对象
     */
    @Test
    public void testSave() {
        Book book = new Book();
        book.setName("《Java应用开发高薪之路：关键技术与面试技巧》");
        book.setPrice(20000L);
        int result = bookDao.save(book);
        log.info("testSave result = {}", result);
    }

    /**
     * 测试保存图书对象
     */
    @Test
```

```
public void testQuery() {
    Book book = bookDao.query(1);
    log.info("testQuery result = {}", book);
}
}
```

执行以上testSave()方法，日志打印如下：

```
testSave result = 1
```

执行以上testQuery()方法，日志打印如下：

```
testQuery result = Book(id=1, name=《Java应用开发关键技术与面试技巧》, price=20000,
createTime=Sun Aug 22 16:34:01 CST 2021, updateTime=Sun Aug 22 16:34:01 CST 2021)
```

2.3　使用 MyBatis Generator 案例分析

　　MyBatis Generator（MBG）是一款MyBatis代码生成器，可以为不同版本的MyBatis生成代码。MyBatis Generator可以通过数据库连接信息、数据库表信息自动生成访问数据库所需的所有组件及其代码，如与数据表对应的POJO实体、MyBatis接口和XML文件等。MyBatis Generator的目的是最大限度地生成通用的简单的数据库操作代码，如新增、检索、更新、删除（Create，Retrieve，Update，Delete，CRUD）。

　　下面通过示例来介绍MyBatis Generator的使用方法。

步骤 01 创建一张数据库表，如教师（teacher）表。MyBatis Generator将基于这张表自动生成相关代码。

```
CREATE TABLE `teacher` (
  `id` int NOT NULL AUTO_INCREMENT,
  `name` varchar(64) NOT NULL,
  `age` int NOT NULL,
  `gender` varchar(8) NOT NULL,
  `course` varchar(32) NOT NULL,
  `create_time` datetime NOT NULL DEFAULT CURRENT_TIMESTAMP,
  `update_time` datetime NOT NULL DEFAULT CURRENT_TIMESTAMP ON UPDATE CURRENT_TIMESTAMP,
  PRIMARY KEY (`id`)
) ENGINE=InnoDB DEFAULT CHARSET=utf8
```

步骤 02 创建MyBatisGeneratorConfig.xml文件。

```
<?xml version="1.0" encoding="UTF-8"?>
<!DOCTYPE generatorConfiguration
    PUBLIC "-//MyBatis.org//DTD MyBatis Generator Configuration 1.0//EN"
    "http://MyBatis.org/dtd/MyBatis-generator-config_1_0.dtd">
<generatorConfiguration>
    <!-- context 是逆向工程的主要配置信息 -->
    <!-- id: 配置名称 -->
    <!-- targetRuntime: 设置生成的文件适用于某个MyBatis版本 -->
    <context id="default" targetRuntime="MyBatis3">
```

```xml
<!-- 生成Java POJO实现序列化接口：Serializable -->
<plugin type="org.MyBatis.generator.plugins.SerializablePlugin"/>
<!-- 生成Java POJO时，自动生成toString()方法 -->
<plugin type="org.MyBatis.generator.plugins.ToStringPlugin" />
<!--可选项，指在创建类文件时，对注释进行控制-->
<commentGenerator>
    <!-- 禁止生成的注释包含时间戳 -->
    <property name="suppressDate" value="true"/>
    <!-- 是否去除自动生成的注释： true表示是，false表示否 -->
    <property name="suppressAllComments" value="true"/>
</commentGenerator>
<!--jdbc的数据库连接配置，java-interview-guide为数据库名字-->
<jdbcConnection driverClass="com.mysql.cj.jdbc.Driver"
                connectionURL="jdbc:mysql://localhost:3306/java-interview-guide?
useUnicode=true&amp;characterEncoding=utf-8&amp;serverTimezone=GMT%2B8"
                userId="root"
                password="123456"/>
<!--非必需，类型处理器，用于在数据库的数据类型和Java数据类型之间转换控制 -->
<javaTypeResolver>
    <!-- 是否强制DECIMAL和NUMERIC类型的字段转换为Java中的java.math.BigDecimal类型 -->
    <property name="forceBigDecimals" value="false"/>
</javaTypeResolver>
<!-- targetPackage：生成的实体类所在的包路径 -->
<!-- targetProject：生成的实体类所在的项目位置，即在硬盘上的位置 -->
<javaModelGenerator targetPackage="com.example.java.interview.guide.part2.
                chapter10.model" targetProject="src/main/java">
    <!-- 是否允许子包 -->
    <property name="enableSubPackages" value="false"/>
    <!-- 是否对POJO添加构造函数 -->
    <property name="constructorBased" value="true"/>
    <!-- 是否清理从数据库中查询出的字符串左右两边的空白字符 -->
    <property name="trimStrings" value="true"/>
    <!-- 创建的POJO对象是否不可改变，即生成的POJP对象不会有setter方法，只有构造方法 -->
    <property name="immutable" value="false"/>
</javaModelGenerator>
<!-- 生成的mapper文件（即XML文件）的包路径和位置 -->
<sqlMapGenerator targetPackage="mapper"
                targetProject="src/main/resources">
    <!-- 针对数据库的一个配置项，是否把schema作为包名 -->
    <property name="enableSubPackages" value="false"/>
</sqlMapGenerator>
<!-- targetPackage和targetProject：生成的接口文件的包和位置 -->
<javaClientGenerator type="XMLMAPPER"
                    targetPackage="com.example.java.interview.guide.part2.
chapter10.dao" targetProject="src/main/java">
    <!-- 是否把schema作为包名 -->
    <property name="enableSubPackages" value="false"/>
</javaClientGenerator>
<!-- tableName是数据库中的表名，domainObjectName是生成的JAVA模型名，后面的参数不用改，要生
成更多的表，就在下面继续加table标签 -->
<table tableName="teacher" domainObjectName="Teacher"
```

```
            enableCountByExample="false" enableUpdateByExample="false"
            enableDeleteByExample="false" enableSelectByExample="false"
            selectByExampleQueryId="false"/>
    </context>
</generatorConfiguration>
```

步骤 03　引入MyBatis Generator插件。

```
<!-- MyBatis代码生成器插件-->
<plugin>
    <groupId>org.MyBatis.generator</groupId>
    <artifactId>MyBatis-generator-maven-plugin</artifactId>
    <version>1.4.0</version>
    <executions>
        <execution>
            <id>Generate MyBatis Artifacts</id>
            <goals>
                <goal>generate</goal>
            </goals>
        </execution>
    </executions>
    <configuration>
        <!-- 输出详细信息 -->
        <verbose>true</verbose>
        <!-- 覆盖生成文件 -->
        <overwrite>true</overwrite>
        <!-- 定义配置文件路径信息 -->
        <configurationFile>${basedir}/src/main/resources/MyBatisGeneratorConfig.xml
</configurationFile>
    </configuration>
    <dependencies>
        <dependency>
            <groupId>mysql</groupId>
            <artifactId>mysql-connector-java</artifactId>
            <version>8.0.21</version>
        </dependency>
    </dependencies>
</plugin>
```

步骤 04　执行generate命令。

引入 步骤 02 中的MyBatis Generator插件后，右击，执行MyBatis Generator插件的generate命令，将会自动生成相应的代码。MyBatis Generator插件示意图如图2-1所示。

执行 步骤 03 的generate命令后，会生成以下三个文件：

- Teacher.java
- TeacherMapper.java
- TeacherMapper.xml

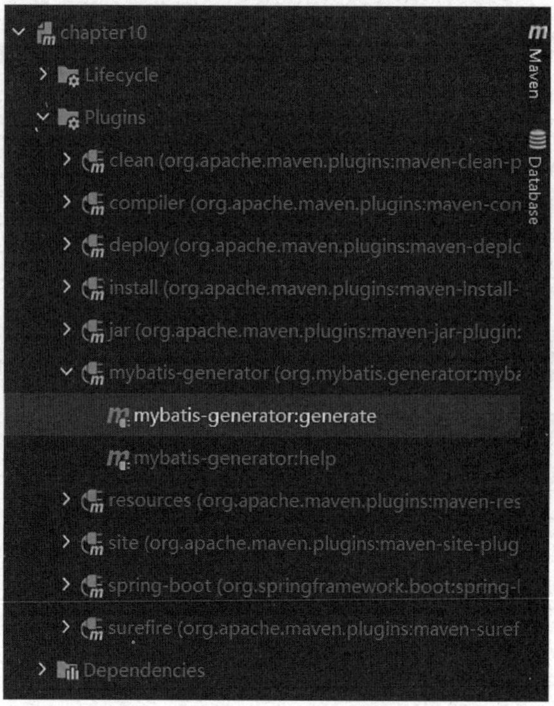

图 2-1　MyBatis Generator 插件示意图

2.4　MyBatis 缓存分为哪几种

MyBatis的缓存分为一级缓存和二级缓存。

1. 一级缓存

一级缓存的作用范围是SqlSession级别。当执行查询后，查询结果会同时存入SqlSession提供的一块区域中，该区域的结构是一个Map类型，当再次执行相同的SQL语句时，MyBatis会先从SqlSession中检查缓存是否命中查询条件。如果缓存命中，则直接将缓存中的结果返回；否则让SQL语句与数据库进行交互。当SqlSession对象消失时，MyBatis的一级缓存也将随之消失。当调用SqlSession的修改、添加、删除等方法时，也会清空一级缓存。

2. 二级缓存

二级缓存的作用范围是namespace级别，也称为Mapper级别的缓存。二级缓存可以被多个SqlSession共享，从而避免了一级缓存不能跨会话共享的问题。当开启MyBatis二级缓存，并且Mapper文件和SQL语句也使用了二级缓存后，MyBatis的执行过程将变为：首先查询二级缓存，其次查询一级缓存，最后查询数据库。

MyBatis缓存的作用是将相同查询条件的SQL语句执行一遍后所得到的结果保存在内存或者某种缓存介质（如EhCache或Redis）中，当下次遇到相同的查询SQL时，不再让相同的SQL与数据库交互，而是直接从缓存中获取执行结果，通过这种方式可以减少数据库的访问压力。

2.5　MyBatis 一级缓存有哪些特性

MyBatis的一级缓存是默认开启的，本节将以2.3节创建的teacher表为例，阐述MyBatis一级缓存的作用及其特性。

2.5.1　一级缓存默认是开启的

创建以下测试代码，验证MyBatis一级缓存是否被默认启动。

```
/**
 * 实验1——一级缓存默认开启验证
 */
@Test
public void showDefaultCacheConfiguration() {
    System.out.println("本地缓存范围: " +
factory.getConfiguration().getLocalCacheScope());
    System.out.println("一级缓存是否被启用: " +
factory.getConfiguration().isCacheEnabled());
}
```

执行以上测试代码，执行结果如下：

```
本地缓存范围: SESSION
一级缓存是否被启用: true
```

2.5.2　一级缓存可以优化查询效率

我们通过以下代码来验证：

```
/**
 * 实验2:
 * 开启一级缓存，范围为会话级别
 * 验证同一SqlSession范围，只有第一次真正查询了数据库，后续查询均使用一级缓存
 */
@Test
public void testLocalCache() {
    SqlSession sqlSession = factory.openSession(true); // 自动提交事务
    TeacherMapper teacherMapper = sqlSession.getMapper(TeacherMapper.class);
    Teacher teacher = buildTeacher("Mr Zhou", "Java Programming");
    teacherMapper.insertSelective(teacher);
    System.out.println(teacherMapper.selectByPrimaryKey(teacher.getId()));
    System.out.println(teacherMapper.selectByPrimaryKey(teacher.getId()));
    System.out.println(teacherMapper.selectByPrimaryKey(teacher.getId()));
    sqlSession.close();
}

/**
 * 公共测试代码，维护老师姓名及课程
```

```
    * @param name
    * @param course
    * @return
    */
private Teacher buildTeacher(String name, String course) {
    Teacher teacher = new Teacher();
    teacher.setName(name);
    teacher.setAge(35);
    teacher.setGender("MALE");
    teacher.setCourse(course);
    teacher.setCreateTime(new Date());
    teacher.setUpdateTime(new Date());
    return teacher;
}
```

执行以上测试代码，执行结果如下：

```
2021-08-23 19:19:45.653 DEBUG 15280 --- [          main]
c.e.j.i.g.p.c.d.T.insertSelective        : ==>  Preparing: insert into teacher ( name, age,
gender, course, create_time, update_time ) values ( ?, ?, ?, ?, ?, ? )
2021-08-23 19:19:45.683 DEBUG 15280 --- [          main]
c.e.j.i.g.p.c.d.T.insertSelective        : ==> Parameters: Mr Zhou(String), 35(Integer),
MALE(String), Java Programming(String), 2021-08-23 19:19:45.017(Timestamp), 2021-08-23
19:19:45.017(Timestamp)
2021-08-23 19:19:45.696 DEBUG 15280 --- [          main]
c.e.j.i.g.p.c.d.T.insertSelective        : <==    Updates: 1
2021-08-23 19:19:45.712 DEBUG 15280 --- [          main]
c.e.j.i.g.p.c.d.T.selectByPrimaryKey     : ==>  Preparing: select id, name, age, gender, course,
create_time, update_time from teacher where id = ?
2021-08-23 19:19:45.713 DEBUG 15280 --- [          main]
c.e.j.i.g.p.c.d.T.selectByPrimaryKey     : ==> Parameters: 1(Integer)
2021-08-23 19:19:45.728 DEBUG 15280 --- [          main]
c.e.j.i.g.p.c.d.T.selectByPrimaryKey     : <==      Total: 1
Teacher [Hash = 13014406, id=1, name=Mr Zhou, age=35, gender=MALE, course=Java Programming,
createTime=Mon Aug 23 19:19:45 CST 2021, updateTime=Mon Aug 23 19:19:45 CST 2021,
serialVersionUID=1]
Teacher [Hash = 13014406, id=1, name=Mr Zhou, age=35, gender=MALE, course=Java Programming,
createTime=Mon Aug 23 19:19:45 CST 2021, updateTime=Mon Aug 23 19:19:45 CST 2021,
serialVersionUID=1]
Teacher [Hash = 13014406, id=1, name=Mr Zhou, age=35, gender=MALE, course=Java Programming,
createTime=Mon Aug 23 19:19:45 CST 2021, updateTime=Mon Aug 23 19:19:45 CST 2021,
serialVersionUID=1]
```

从以上运行测试代码产生的日志可以观察到，select查询语句只执行了一次，即在第一次调用teacherMapper.selectByPrimaryKey()方法时触发了与数据库之间的交互，后续的两次teacherMapper.selectByPrimaryKey()方法调用均未与数据库产生交互，即后续的两次查询请求命中了第一次查询请求生成的缓存。

2.5.3 一级缓存会因修改而失效

我们通过以下代码来验证：

```
/**
 * 实验3:
 * 增加了对数据库的修改操作，验证在一次数据库会话中，如果对数据库产生了修改操作，一级缓存是否会失效
 * 在修改操作执行后，接着执行一次查询操作，我们可以发现代码触发了数据库查询，即一级缓存失效了
 */
@Test
public void testLocalCacheClear() {
    SqlSession sqlSession = factory.openSession(true); // 自动提交事务
    TeacherMapper teacherMapper = sqlSession.getMapper(TeacherMapper.class);
    Teacher teacher = buildTeacher("Mr Wu", "English");
    teacherMapper.insertSelective(teacher);
    System.out.println(teacherMapper.selectByPrimaryKey(teacher.getId()));
    System.out.println(teacherMapper.selectByPrimaryKey(teacher.getId()));
    System.out.println(teacherMapper.selectByPrimaryKey(teacher.getId()));
    System.out.println("增加了" + teacherMapper.insertSelective(buildTeacher("Mr Wang",
"Data Structure")) + "个老师");
    System.out.println(teacherMapper.selectByPrimaryKey(teacher.getId()));
    sqlSession.close();
}
```

执行以上测试代码，执行结果如下：

```
2021-08-24 22:34:22.699 DEBUG 7188 --- [          main]
c.e.j.i.g.p.c.d.T.insertSelective      : ==> Preparing: insert into teacher ( name, age,
gender, course, create_time, update_time ) values ( ?, ?, ?, ?, ?, ? )
2021-08-24 22:34:22.724 DEBUG 7188 --- [          main]
c.e.j.i.g.p.c.d.T.insertSelective      : ==> Parameters: Mr Wu(String), 35(Integer),
MALE(String), English(String), 2021-08-24 22:34:22.02(Timestamp), 2021-08-24
22:34:22.02(Timestamp)
2021-08-24 22:34:22.731 DEBUG 7188 --- [          main]
c.e.j.i.g.p.c.d.T.insertSelective      : <==    Updates: 1
2021-08-24 22:34:22.744 DEBUG 7188 --- [          main]
c.e.j.i.g.p.c.d.T.selectByPrimaryKey   : ==> Preparing: select id, name, age, gender, course,
create_time, update_time from teacher where id = ?
2021-08-24 22:34:22.744 DEBUG 7188 --- [          main]
c.e.j.i.g.p.c.d.T.selectByPrimaryKey   : ==> Parameters: 2(Integer)
2021-08-24 22:34:22.758 DEBUG 7188 --- [          main]
c.e.j.i.g.p.c.d.T.selectByPrimaryKey   : <==      Total: 1
Teacher [Hash = 9037898, id=2, name=Mr Wu, age=35, gender=MALE, course=English,
createTime=Tue Aug 24 22:34:22 CST 2021, updateTime=Tue Aug 24 22:34:22 CST 2021,
serialVersionUID=1]
Teacher [Hash = 9037898, id=2, name=Mr Wu, age=35, gender=MALE, course=English,
createTime=Tue Aug 24 22:34:22 CST 2021, updateTime=Tue Aug 24 22:34:22 CST 2021,
serialVersionUID=1]
Teacher [Hash = 9037898, id=2, name=Mr Wu, age=35, gender=MALE, course=English,
createTime=Tue Aug 24 22:34:22 CST 2021, updateTime=Tue Aug 24 22:34:22 CST 2021,
serialVersionUID=1]
2021-08-24 22:34:22.763 DEBUG 7188 --- [          main]
c.e.j.i.g.p.c.d.T.insertSelective      : ==> Preparing: insert into teacher ( name, age,
gender, course, create_time, update_time ) values ( ?, ?, ?, ?, ?, ? )
2021-08-24 22:34:22.764 DEBUG 7188 --- [          main]
c.e.j.i.g.p.c.d.T.insertSelective      : ==> Parameters: Mr Wang(String), 35(Integer),
```

```
MALE(String), Data Structure(String), 2021-08-24 22:34:22.763(Timestamp), 2021-08-24
22:34:22.763(Timestamp)
    2021-08-24 22:34:22.767 DEBUG 7188 --- [          main]
c.e.j.i.g.p.c.d.T.insertSelective        : <==    Updates: 1
    增加了1个老师
    2021-08-24 22:34:22.768 DEBUG 7188 --- [          main]
c.e.j.i.g.p.c.d.T.selectByPrimaryKey     : ==> Preparing: select id, name, age, gender, course,
create_time, update_time from teacher where id = ?
    2021-08-24 22:34:22.768 DEBUG 7188 --- [          main]
c.e.j.i.g.p.c.d.T.selectByPrimaryKey     : ==> Parameters: 2(Integer)
    2021-08-24 22:34:22.769 DEBUG 7188 --- [          main]
c.e.j.i.g.p.c.d.T.selectByPrimaryKey     : <==    Total: 1
    Teacher [Hash = 32226804, id=2, name=Mr Wu, age=35, gender=MALE, course=English,
createTime=Tue Aug 24 22:34:22 CST 2021, updateTime=Tue Aug 24 22:34:22 CST 2021,
serialVersionUID=1]
```

从以上运行测试代码产生的日志可以观察到，在向数据库插入Mr Wu老师之后，3次查询语句
teacherMapper.selectByPrimaryKey()只执行了一次，即在第一次调用teacherMapper.selectByPrimaryKey()
方法时触发了与数据库之间的交互，后续的两次teacherMapper.selectByPrimaryKey()方法调用均未与
数据库产生交互，即命中了一级缓存。但当向数据库插入Mr Wang老师之后，再次调用
teacherMapper.selectByPrimaryKey()方法发现又与数据库交互了1次，这次与数据库交互的原因是发生
数据库修改操作后，一级缓存失效了。

2.5.4　一级缓存仅在会话内共享

我们通过以下代码来验证：

```
@Test
public void testLocalCacheScope() {
    SqlSession sqlSession1 = factory.openSession(true); // 自动提交事务
    SqlSession sqlSession2 = factory.openSession(true); // 自动提交事务
    TeacherMapper teacherMapper1 = sqlSession1.getMapper(TeacherMapper.class);
    TeacherMapper teacherMapper2 = sqlSession2.getMapper(TeacherMapper.class);
    System.out.println("teacherMapper1读取数据: " +
teacherMapper1.selectByPrimaryKey(1));
    System.out.println("teacherMapper1读取数据: " +
teacherMapper1.selectByPrimaryKey(1));
    // 更新id为1的老师姓名
    Teacher teacher = new Teacher();
    teacher.setId(1);
    teacher.setName("Mr Zhang");
    System.out.println("teacherMapper2更新了" +
teacherMapper2.updateByPrimaryKeySelective(teacher) + "个老师的数据");
    System.out.println("teacherMapper1读取数据: " +
teacherMapper1.selectByPrimaryKey(1));
    System.out.println("teacherMapper2读取数据: " +
teacherMapper2.selectByPrimaryKey(1));
    sqlSession1.close();
    sqlSession2.close();
}
```

执行以上测试代码，执行结果如下：

```
2021-08-29 09:48:03.071 DEBUG 21064 --- [            main]
c.e.j.i.g.p.c.d.T.selectByPrimaryKey     : ==> Preparing: select id, name, age, gender, course,
create_time, update_time from teacher where id = ?
2021-08-29 09:48:03.093 DEBUG 21064 --- [            main]
c.e.j.i.g.p.c.d.T.selectByPrimaryKey     : ==> Parameters: 1(Integer)
2021-08-29 09:48:03.123 DEBUG 21064 --- [            main]
c.e.j.i.g.p.c.d.T.selectByPrimaryKey     : <==      Total: 1
teacherMapper1读取数据: Teacher [Hash = 29425533, id=1, name=Mr Zhou, age=35, gender=MALE,
course=Java Programming, createTime=Mon Aug 23 19:19:45 CST 2021, updateTime=Mon Aug 23 19:19:45
CST 2021, serialVersionUID=1]
teacherMapper1读取数据: Teacher [Hash = 29425533, id=1, name=Mr Zhou, age=35, gender=MALE,
course=Java Programming, createTime=Mon Aug 23 19:19:45 CST 2021, updateTime=Mon Aug 23 19:19:45
CST 2021, serialVersionUID=1]
2021-08-29 09:48:03.162 DEBUG 21064 ---
[        main] .i.g.p.c.d.T.updateByPrimaryKeySelective : ==> Preparing: update teacher SET
name = ? where id = ?
2021-08-29 09:48:03.162 DEBUG 21064 ---
[        main] .i.g.p.c.d.T.updateByPrimaryKeySelective : ==> Parameters: Mr Zhang(String),
1(Integer)
2021-08-29 09:48:03.173 DEBUG 21064 ---
[        main] .i.g.p.c.d.T.updateByPrimaryKeySelective : <==      Updates: 1
teacherMapper2更新了1个老师的数据
teacherMapper1读取数据: Teacher [Hash = 29425533, id=1, name=Mr Zhou, age=35, gender=MALE,
course=Java Programming, createTime=Mon Aug 23 19:19:45 CST 2021, updateTime=Mon Aug 23 19:19:45
CST 2021, serialVersionUID=1]
2021-08-29 09:48:03.173 DEBUG 21064 --- [            main]
c.e.j.i.g.p.c.d.T.selectByPrimaryKey     : ==> Preparing: select id, name, age, gender, course,
create_time, update_time from teacher where id = ?
2021-08-29 09:48:03.173 DEBUG 21064 --- [            main]
c.e.j.i.g.p.c.d.T.selectByPrimaryKey     : ==> Parameters: 1(Integer)
2021-08-29 09:48:03.174 DEBUG 21064 --- [            main]
c.e.j.i.g.p.c.d.T.selectByPrimaryKey     : <==      Total: 1
teacherMapper2读取数据: Teacher [Hash = 28393277, id=1, name=Mr Zhang, age=35, gender=MALE,
course=Java Programming, createTime=Mon Aug 23 19:19:45 CST 2021, updateTime=Sun Aug 29 09:48:03
CST 2021, serialVersionUID=1]
```

从以上运行测试代码产生的日志可以观察到，在sqlSession2更新id=1的老师信息后，sqlSession1依旧读取的是旧值，而sqlSession2读取到的是新值。由此可以证明，MyBatis一级缓存只在数据库会话内部共享，不同的会话间不共享一级缓存。

2.6 MyBatis 一级缓存的原理是什么

MyBatis一级缓存的原理是在SqlSession层面维护一个缓存，将用户近一段时间内的查询结果保存下来。当再次发生查询请求时，优先检索本地缓存，如果本地缓存命中，即可直接将结果返回，从而避免了直接与数据库的网络交互。如果缓存未命中，则会触发与数据库的网络交互，并将此次查询到的结果写入本地缓存中，为下一次查询做准备。

MyBatis一级缓存的原理如图2-2所示。

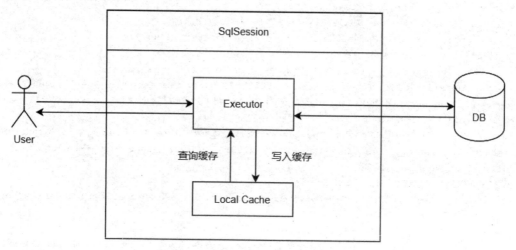

图 2-2　MyBatis 一级缓存的原理示意图

每个SqlSession对象中都有一个Executor对象，每个Executor对象中都有一个缓存对象。当用户发起查询请求时，MyBatis会根据当前执行的SQL语句生成MappedStatement对象，然后在缓存中进行查询，如果缓存命中，直接将结果返回给用户，如果缓存没有命中，则会触发查询数据库，并将结果写入缓存对象中，最后将结果返回给用户。

接下来将对MyBatis一级缓存的原理进行深入分析。

2.6.1　SqlSession 分析

每个SqlSession对象对应着一次数据库会话，SqlSession对象向用户提供了数据库的操作方法，如新增、查询、更新和删除等。由于数据库会话是有过期时间限制的，因此SqlSession对象是需要被回收的。SqlSession部分代码如下：

```java
public interface SqlSession extends Closeable {

  /**
   * 查询单行数据
   */
  <T> T selectOne(String statement);

  /**
   * 查询多行数据
   */
  <E> List<E> selectList(String statement);

  /**
   * 查询单行数据
   */
  void select(String statement, Object parameter, ResultHandler handler);
```

```java
/**
 * 插入数据
 */
int insert(String statement);

/**
 * 更新数据
 */
int update(String statement);

/**
 * 删除数据
 */
int delete(String statement);

/**
 * 提交数据库连接
 */
void commit(boolean force);

/**
 * 回滚数据库连接
 */
void rollback(boolean force);

/**
 * 关闭会话
 */
@Override
void close();

/**
 * 清理会话缓存
 */
void clearCache();

/**
 * 获取要执行的Mapper对象
 */
<T> T getMapper(Class<T> type);

/**
 * 获取数据库连接
 */
Connection getConnection();
}
```

SqlSession类图如图2-3所示。

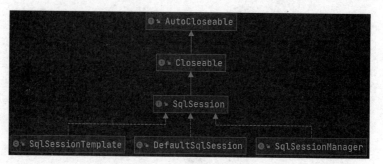

图 2-3　SqlSession 类图

2.6.2　SqlSessionFactory 分析

　　SqlSessionFactory 是 MyBatis 框架中的关键对象，SqlSessionFactory 对象的实例可以通过 SqlSessionFactoryBuilder 对象类获得，而 SqlSessionFactoryBuilder 则可以从 XML 配置文件或一个预先定制的 Configuration 的实例构建出 SqlSessionFactory 的实例。每一个 MyBatis 的应用程序都以一个 SqlSessionFactory 对象的实例为核心，同时 SqlSessionFactory 也是线程安全的，SqlSessionFactory 一旦被创建，在应用执行期间都存在。在应用运行期间不要重复创建多次，建议使用单例模式。 SqlSessionFactory 的主要作用是创建 SqlSession 对象的工厂。代码如下：

```
public interface SqlSessionFactory {

  SqlSession openSession();

  SqlSession openSession(boolean autoCommit);

  SqlSession openSession(Connection connection);

  SqlSession openSession(TransactionIsolationLevel level);

  SqlSession openSession(ExecutorType execType);

  SqlSession openSession(ExecutorType execType, boolean autoCommit);

  SqlSession openSession(ExecutorType execType, TransactionIsolationLevel level);

  SqlSession openSession(ExecutorType execType, Connection connection);

  Configuration getConfiguration();

}
```

　　SqlSessionFactory 类图如图 2-4 所示。

图 2-4　SqlSessionFactory 类图

2.6.3　Executor 分析

　　SqlSession 向用户提供操作数据库的方法，但实际与数据库操作有关的职责都会委托给 Executor 对象。Executor 代码如下：

```
public interface Executor {

    ResultHandler NO_RESULT_HANDLER = null;

    int update(MappedStatement ms, Object parameter) throws SQLException;

    <E> List<E> query(MappedStatement ms, Object parameter, RowBounds rowBounds,
ResultHandler resultHandler, CacheKey cacheKey, BoundSql boundSql) throws SQLException;

    <E> List<E> query(MappedStatement ms, Object parameter, RowBounds rowBounds,
ResultHandler resultHandler) throws SQLException;

    <E> Cursor<E> queryCursor(MappedStatement ms, Object parameter, RowBounds rowBounds)
throws SQLException;

    List<BatchResult> flushStatements() throws SQLException;

    void commit(boolean required) throws SQLException;

    void rollback(boolean required) throws SQLException;

    CacheKey createCacheKey(MappedStatement ms, Object parameterObject, RowBounds rowBounds,
BoundSql boundSql);

    boolean isCached(MappedStatement ms, CacheKey key);

    void clearLocalCache();

    void deferLoad(MappedStatement ms, MetaObject resultObject, String property, CacheKey
key, Class<?> targetType);

    Transaction getTransaction();

    void close(boolean forceRollback);

    boolean isClosed();

    void setExecutorWrapper(Executor executor);

}
```

Executor类图如图2-5所示。

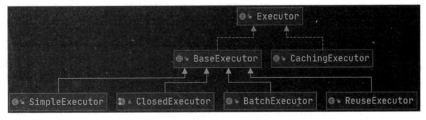

图 2-5　Executor 类图

2.6.4　Cache 分析

Cache是MyBatis提供的缓存接口，Cache接口提供了与缓存相关的基本操作。Cache代码如下：

```
public interface Cache {
    /**
     * 返回此缓存的标识符
     */
```

```java
    String getId();

    /**
     * 写入缓存
     */
    void putObject(Object key, Object value);

    /**
     * 获取缓存
     */
    Object getObject(Object key);

    /**
     * 删除缓存
     */
    Object removeObject(Object key);

    /**
     * 清除此缓存实例
     */
    void clear();

    /**
     * 返回缓存中存储的元素数量
     */
    int getSize();

    /**
     * 返回读写锁
     */
    default ReadWriteLock getReadWriteLock() {
      return null;
    }

}
```

Cache接口的实现类较多，其部分实现类如图2-6所示。

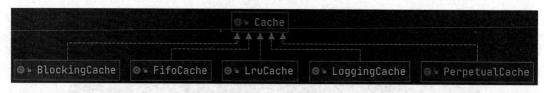

图2-6　Cache 类图

2.6.5　一级缓存执行原理分析

MyBatis为了执行与数据库的交互，首先需要初始化SqlSession对象。默认情况下，MyBatis是通过DefaultSqlSessionFactory来创建SqlSession对象的。DefaultSqlSessionFactory类中提供了多种方法创建SqlSession对象。代码如下：

```java
@Override
public SqlSession openSession() {
return openSessionFromDataSource(configuration.getDefaultExecutorType(), null, false);
}
```

```
    @Override
    public SqlSession openSession(boolean autoCommit) {
    return openSessionFromDataSource(configuration.getDefaultExecutorType(), null,
autoCommit);
    }

    @Override
    public SqlSession openSession(ExecutorType execType) {
    return openSessionFromDataSource(execType, null, false);
    }

    @Override
    public SqlSession openSession(TransactionIsolationLevel level) {
    return openSessionFromDataSource(configuration.getDefaultExecutorType(), level, false);
    }
```

多个重载的 openSessionFromDataSource() 方法都会调用 openSessionFromDataSource() 方法。openSessionFromDataSource() 方法的代码如下：

```
    private SqlSession openSessionFromDataSource(ExecutorType execType,
TransactionIsolationLevel level, boolean autoCommit) {
        Transaction tx = null;
        try {
          final Environment environment = configuration.getEnvironment();
          final TransactionFactory transactionFactory =
getTransactionFactoryFromEnvironment(environment);
          tx = transactionFactory.newTransaction(environment.getDataSource(), level,
autoCommit);
          final Executor executor = configuration.newExecutor(tx, execType);
          return new DefaultSqlSession(configuration, executor, autoCommit);
        } catch (Exception e) {
          closeTransaction(tx); // may have fetched a connection so lets call close()
          throw ExceptionFactory.wrapException("Error opening session. Cause: " + e, e);
        } finally {
          ErrorContext.instance().reset();
        }
    }
```

在初始化 SqlSesion 对象时会使用 Configuration 类创建一个全新的 Executor 对象，作为 DefaultSqlSession 构造函数的参数，创建 Executor 的代码如下：

```
    public Executor newExecutor(Transaction transaction, ExecutorType executorType) {
        executorType = executorType == null ? defaultExecutorType : executorType;
        executorType = executorType == null ? ExecutorType.SIMPLE : executorType;
        Executor executor;
        if (ExecutorType.BATCH == executorType) {
          executor = new BatchExecutor(this, transaction);
        } else if (ExecutorType.REUSE == executorType) {
          executor = new ReuseExecutor(this, transaction);
        } else {
          executor = new SimpleExecutor(this, transaction);
        }
```

```
    if (cacheEnabled) {
      executor = new CachingExecutor(executor);
    }
    executor = (Executor) interceptorChain.pluginAll(executor);
    return executor;
}
```

上述newExecutor()方法返回的Executor对象将会作为一个参数实例化DefaultSqlSession对象。DefaultSqlSession部分代码如下：

```
public class DefaultSqlSession implements SqlSession {

  private final Configuration configuration;
  private final Executor executor;

  private final boolean autoCommit;
  private boolean dirty;
  private List<Cursor<?>> cursorList;

  public DefaultSqlSession(Configuration configuration, Executor executor, boolean
autoCommit) {
    this.configuration = configuration;
    this.executor = executor;
    this.dirty = false;
    this.autoCommit = autoCommit;
  }
  ...省略部分代码...
}
```

SqlSession创建完毕后，根据Statment的不同类型，会调用SqlSession的不同方法，如果执行的是select语句，最后会调用SqlSession的selectList()方法，代码如下：

```
@Override
public <T> T selectOne(String statement) {
    return this.selectOne(statement, null);
}

@Override
public <T> T selectOne(String statement, Object parameter) {
    //因为selectOne只查询返回一条数据
    //因此当this.selectList()方法返回的list长度大于1时，代码抛出异常
    List<T> list = this.selectList(statement, parameter);
    if (list.size() == 1) {
      return list.get(0);
    } else if (list.size() > 1) {
      throw new TooManyResultsException("Expected one result (or null) to be returned by
selectOne(), but found: " + list.size());
    } else {
      return null;
    }
}

@Override
public <K, V> Map<K, V> selectMap(String statement, String mapKey) {
```

```
    return this.selectMap(statement, null, mapKey, RowBounds.DEFAULT);
    }
```

上述几个查询方法最终都会调用selectList()方法。selectList()方法的实现代码如下：

```
@Override
public <E> List<E> selectList(String statement, Object parameter, RowBounds rowBounds) {
    try {
        MappedStatement ms = configuration.getMappedStatement(statement);
        return executor.query(ms, wrapCollection(parameter), rowBounds,
Executor.NO_RESULT_HANDLER);
    } catch (Exception e) {
        throw ExceptionFactory.wrapException("Error querying database. Cause: " + e, e);
    } finally {
        ErrorContext.instance().reset();
    }
}
```

通过selectList()方法的代码可知，SqlSession把具体的查询职责委托给了Executor对象。如果只开启了MyBatis一级缓存，则首先会进入BaseExecutor的query()方法。代码如下：

```
@Override
public <E> List<E> query(MappedStatement ms, Object parameter, RowBounds rowBounds,
ResultHandler resultHandler) throws SQLException {
    BoundSql boundSql = ms.getBoundSql(parameter);
    CacheKey key = createCacheKey(ms, parameter, rowBounds, boundSql);
    return query(ms, parameter, rowBounds, resultHandler, key, boundSql);
}
```

上述query()方法的代码会先调用createCacheKey()方法根据传入的参数生成CacheKey，进入该方法查看CacheKey是如何生成的，代码如下：

```
@Override
public CacheKey createCacheKey(MappedStatement ms, Object parameterObject, RowBounds
rowBounds, BoundSql boundSql) {
    if (closed) {
        throw new ExecutorException("Executor was closed.");
    }
    CacheKey cacheKey = new CacheKey();
    cacheKey.update(ms.getId());
    cacheKey.update(rowBounds.getOffset());
    cacheKey.update(rowBounds.getLimit());
    cacheKey.update(boundSql.getSql());
    List<ParameterMapping> parameterMappings = boundSql.getParameterMappings();
    TypeHandlerRegistry typeHandlerRegistry =
ms.getConfiguration().getTypeHandlerRegistry();
        // 模仿DefaultParameterHandler的逻辑
    for (ParameterMapping parameterMapping : parameterMappings) {
        if (parameterMapping.getMode() != ParameterMode.OUT) {
            Object value;
            String propertyName = parameterMapping.getProperty();
            if (boundSql.hasAdditionalParameter(propertyName)) {
                value = boundSql.getAdditionalParameter(propertyName);
```

```
        } else if (parameterObject == null) {
         value = null;
        } else if (typeHandlerRegistry.hasTypeHandler(parameterObject.getClass())) {
         value = parameterObject;
        } else {
         MetaObject metaObject = configuration.newMetaObject(parameterObject);
         value = metaObject.getValue(propertyName);
        }
        cacheKey.update(value);
      }
    }
    if (configuration.getEnvironment() != null) {
     // 问题 #176
     cacheKey.update(configuration.getEnvironment().getId());
    }
    return cacheKey;
}
```

上述createCacheKey()方法将MappedStatement的Id、SQL语句中的Offset、Limit、SQL语句本身以及SQL语句中的参数传入了CacheKey这个类，最终构成CacheKey。CacheKey的内部结构如下：

```
public class CacheKey implements Cloneable, Serializable {
  public static final CacheKey NULL_CACHE_KEY = new CacheKey() {

  private static final int DEFAULT_MULTIPLIER = 37;
  private static final int DEFAULT_HASHCODE = 17;

  private final int multiplier;
  private int hashcode;
  private long checksum;
  private int count;
  private List<Object> updateList;
  public CacheKey() {
    this.hashcode = DEFAULT_HASHCODE;
    this.multiplier = DEFAULT_MULTIPLIER;
    this.count = 0;
    this.updateList = new ArrayList<>();
  }
}
```

从以上代码可知，CacheKey中包含一些成员变量和构造函数，有一个初始的hashcode和乘数，同时维护了一个内部的updateList对象。在CacheKey的update()方法中，会对hashcode和checksum进行计算，同时把传入的参数添加到updateList中。代码如下：

```
public void update(Object object) {
    int baseHashCode = object == null ? 1 : ArrayUtil.hashCode(object);

    count++;
    checksum += baseHashCode;
    baseHashCode *= count;

    hashcode = multiplier * hashcode + baseHashCode;
```

```
        updateList.add(object);
    }
```

同时，CacheKey重写了equals()方法，代码如下：

```
@Override
public boolean equals(Object object) {
    if (this == object) {
      return true;
    }
    if (!(object instanceof CacheKey)) {
      return false;
    }

    final CacheKey cacheKey = (CacheKey) object;

    if (hashcode != cacheKey.hashcode) {
      return false;
    }
    if (checksum != cacheKey.checksum) {
      return false;
    }
    if (count != cacheKey.count) {
      return false;
    }

    for (int i = 0; i < updateList.size(); i++) {
      Object thisObject = updateList.get(i);
      Object thatObject = cacheKey.updateList.get(i);
      if (!ArrayUtil.equals(thisObject, thatObject)) {
        return false;
      }
    }
    return true;
}
```

除去hashcode、checksum和count的比较外，只要updatelist中的元素一一对应相等，就可以认为CacheKey相等，即只要两条SQL的下列5个值相同，即可认为是相同的SQL：

相同的SQL语句=Statement Id + Offset + Limit + SQL+ Params

继续分析BaseExecutor的query()方法，可以发现将调用重载的query()方法。重载的query()方法代码如下：

```
@Override
public <E> List<E> query(MappedStatement ms, Object parameter, RowBounds rowBounds,
ResultHandler resultHandler, CacheKey key, BoundSql boundSql) throws SQLException {
    ErrorContext.instance().resource(ms.getResource()).activity("executing a
query").object(ms.getId());
    if (closed) {
      throw new ExecutorException("Executor was closed.");
    }
    if (queryStack == 0 && ms.isFlushCacheRequired()) {
      clearLocalCache();
```

```
    }
    List<E> list;
    try {
      queryStack++;
      list = resultHandler == null ? (List<E>) localCache.getObject(key) : null;
      if (list != null) {
        handleLocallyCachedOutputParameters(ms, key, parameter, boundSql);
      } else {
        list = queryFromDatabase(ms, parameter, rowBounds, resultHandler, key, boundSql);
      }
    } finally {
      queryStack--;
    }
    if (queryStack == 0) {
      for (DeferredLoad deferredLoad : deferredLoads) {
        deferredLoad.load();
      }
      // 问题 #601
      deferredLoads.clear();
      if (configuration.getLocalCacheScope() == LocalCacheScope.STATEMENT) {
        // 问题 #482
        clearLocalCache();
      }
    }
    return list;
}
```

query()方法将首先在localCache中查询缓存，如果缓存命中，则返回缓存中查找到的结果；如果缓存未命中，则从数据库查找，在queryFromDatabase()方法中会对localCache进行写入。

在query()方法执行的最后，判断一级缓存是否为STATEMENT级别，如果是就清空缓存，这也是STATEMENT级别的一级缓存无法共享localCache的原因。

2.7 MyBatis 二级缓存有哪些特性

MyBatis的二级缓存不是默认开启的，本节以2.3节创建的teacher表为例，阐述MyBatis二级缓存的作用及其特性。

2.7.1 二级缓存非默认开启

想要开启MyBatis二级缓存，需要以下两个配置步骤：

步骤 01 通过在Spring Boot配置文件中添加以下配置项：

```
#使全局的映射器启用或禁用缓存
MyBatis.configuration.cache-enabled=true
```

步骤 02 在MyBatis的映射文件中配置<cache>或<cache-ref>标签。

<cache>标签中有以下属性。

- type：设置MyBatis使用的二级缓存类型，默认是PerpetualCache。
- eviction：设置缓存回收的策略，常见的有FIFO（First In First Out，先进先出，是一种按照先进入缓存的资源先被回收的策略）和LRU（Least Recently Used，最近最少使用，是一种按照资源的使用频率来回收的策略，这种策略规定最近一段时间最少被用到的资源会被优先回收）。
- flushInterval：设置一定时间后自动刷新缓存，单位为毫秒。
- size：设置最多允许缓存的对象数量。
- readOnly：设置缓存是否为只读。如果要配置为可读写，则需要对应的实体类能够支持序列化。
- blocking：设置如果缓存中找不到对应的key值，是否一直阻塞，直到有对应的数据进入缓存。
- cache-ref：设置引用其他命名空间的缓存，即两个命名空间使用的是相同的二级缓存。

2.7.2　在事务提交前二级缓存不生效

读者可以通过以下代码来验证二级缓存在事务提交前不生效的特性：

```
/**
 * 实验5：
 * 测试二级缓存效果
 * sqlSession1查询完数据后，不提交事务
 * sqlSession2相同的查询不会从二级缓存中获取数据
 */
@Test
public void testCacheWithoutCommitOrClose() throws Exception {
    SqlSession sqlSession1 = factory.openSession(true); // 自动提交事务
    SqlSession sqlSession2 = factory.openSession(true); // 自动提交事务

    TeacherMapper teacherMapper = sqlSession1.getMapper(TeacherMapper.class);
    TeacherMapper teacherMapper2 = sqlSession2.getMapper(TeacherMapper.class);
    Teacher teacher = buildTeacher("Mr Wang", "Spring Programming");
    teacherMapper.insertSelective(teacher);
    System.out.println("teacherMapper读取数据: " +
teacherMapper.selectByPrimaryKey(teacher.getId()));
    System.out.println("teacherMapper2读取数据: " +
teacherMapper2.selectByPrimaryKey(teacher.getId()));
}

/**
 * 公共测试代码，维护老师姓名及课程
 * @param name 老师姓名
 * @param course 课程
 * @return 老师对象
 */
private Teacher buildTeacher(String name, String course) {
    Teacher teacher = new Teacher();
    teacher.setName(name);
    teacher.setAge(35);
    teacher.setGender("MALE");
    teacher.setCourse(course);
```

```
                teacher.setCreateTime(new Date());
                teacher.setUpdateTime(new Date());
                return teacher;
        }
```

执行以上测试代码，执行结果如下：

```
    2021-09-12 19:59:54.584 DEBUG 8520 --- [          main]
c.e.j.i.g.p.c.d.T.insertSelective       : ==> Preparing: insert into teacher ( name, age,
gender, course, create_time, update_time ) values ( ?, ?, ?, ?, ?, ? )
    2021-09-12 19:59:54.607 DEBUG 8520 --- [          main]
c.e.j.i.g.p.c.d.T.insertSelective       : ==> Parameters: Mr Wang(String), 35(Integer),
MALE(String), Spring Programming(String), 2021-09-12 19:59:53.894(Timestamp), 2021-09-12
19:59:53.894(Timestamp)
    2021-09-12 19:59:54.629 DEBUG 8520 --- [          main]
c.e.j.i.g.p.c.d.T.insertSelective       : <==    Updates: 1
    2021-09-12 19:59:54.646 DEBUG 8520 --- [          main]
c.e.j.i.g.p.chapter10.dao.TeacherMapper : Cache Hit Ratio
[com.example.java.interview.guide.part2.chapter10.dao.TeacherMapper]: 0.0
    2021-09-12 19:59:54.647 DEBUG 8520 --- [          main]
c.e.j.i.g.p.c.d.T.selectByPrimaryKey    : ==> Preparing: select id, name, age, gender, course,
create_time, update_time from teacher where id = ?
    2021-09-12 19:59:54.647 DEBUG 8520 --- [          main]
c.e.j.i.g.p.c.d.T.selectByPrimaryKey    : ==> Parameters: 4(Integer)
    2021-09-12 19:59:54.655 DEBUG 8520 --- [          main]
c.e.j.i.g.p.c.d.T.selectByPrimaryKey    : <==    Total: 1
    teacherMapper读取数据: Teacher [Hash = 14083418, id=4, name=Mr Wang, age=35, gender=MALE,
course=Spring Programming, createTime=Sun Sep 12 19:59:54 CST 2021, updateTime=Sun Sep 12
19:59:54 CST 2021, serialVersionUID=1]
    2021-09-12 19:59:54.661 DEBUG 8520 --- [          main]
c.e.j.i.g.p.chapter10.dao.TeacherMapper : Cache Hit Ratio
[com.example.java.interview.guide.part2.chapter10.dao.TeacherMapper]: 0.0
    2021-09-12 19:59:54.678 DEBUG 8520 --- [          main]
c.e.j.i.g.p.c.d.T.selectByPrimaryKey    : ==> Preparing: select id, name, age, gender, course,
create_time, update_time from teacher where id = ?
    2021-09-12 19:59:54.678 DEBUG 8520 --- [          main]
c.e.j.i.g.p.c.d.T.selectByPrimaryKey    : ==> Parameters: 4(Integer)
    2021-09-12 19:59:54.680 DEBUG 8520 --- [          main]
c.e.j.i.g.p.c.d.T.selectByPrimaryKey    : <==    Total: 1
```

从以上执行结果可以看到，两次查询输出的Cache Hit Ratio（缓存命中率）都是0.0，即当SqlSession没有调用commit()方法时，二级缓存不会生效。

2.7.3　在事务提交后二级缓存会生效

读者可以通过以下代码来验证二级缓存在事务提交后会生效的特性：

```
/**
 * 实验6:
 * 测试二级缓存效果
 * sqlSession1查询完数据后，提交事务时
 * sqlSession2执行相同的查询会从缓存中获取数据
```

```
    */
    @Test
    public void testCacheWithCommitOrClose() throws Exception {
        SqlSession sqlSession1 = factory.openSession(true); // 自动提交事务
        SqlSession sqlSession2 = factory.openSession(true); // 自动提交事务

        TeacherMapper teacherMapper = sqlSession1.getMapper(TeacherMapper.class);
        TeacherMapper teacherMapper2 = sqlSession2.getMapper(TeacherMapper.class);
        Teacher teacher = buildTeacher("Mr Zhang", "MyBatis Programming");
        teacherMapper.insertSelective(teacher);
        System.out.println("teacherMapper读取数据: " +
teacherMapper.selectByPrimaryKey(teacher.getId()));
        sqlSession1.commit();
        System.out.println("teacherMapper2读取数据: " +
teacherMapper2.selectByPrimaryKey(teacher.getId()));
    }
```

执行以上测试代码，执行结果如下：

```
    2021-09-12 20:32:28.446 DEBUG 13976 --- [          main]
c.e.j.i.g.p.c.d.T.insertSelective        : ==> Preparing: insert into teacher ( name, age,
gender, course, create_time, update_time ) values ( ?, ?, ?, ?, ?, ? )
    2021-09-12 20:32:28.470 DEBUG 13976 --- [          main]
c.e.j.i.g.p.c.d.T.insertSelective        : ==> Parameters: Mr Zhang(String), 35(Integer),
MALE(String), MyBatis Programming(String), 2021-09-12 20:32:27.725(Timestamp), 2021-09-12
20:32:27.725(Timestamp)
    2021-09-12 20:32:28.480 DEBUG 13976 --- [          main]
c.e.j.i.g.p.c.d.T.insertSelective        : <==    Updates: 1
    2021-09-12 20:32:28.492 DEBUG 13976 --- [          main]
c.e.j.i.g.p.chapter10.dao.TeacherMapper  : Cache Hit Ratio
[com.example.java.interview.guide.part2.chapter10.dao.TeacherMapper]: 0.0
    2021-09-12 20:32:28.493 DEBUG 13976 --- [          main]
c.e.j.i.g.p.c.d.T.selectByPrimaryKey     : ==> Preparing: select id, name, age, gender, course,
create_time, update_time from teacher where id = ?
    2021-09-12 20:32:28.493 DEBUG 13976 --- [          main]
c.e.j.i.g.p.c.d.T.selectByPrimaryKey     : ==> Parameters: 5(Integer)
    2021-09-12 20:32:28.542 DEBUG 13976 --- [          main]
c.e.j.i.g.p.c.d.T.selectByPrimaryKey     : <==    Total: 1
    teacherMapper读取数据: Teacher [Hash = 31790409, id=5, name=Mr Zhang, age=35, gender=MALE,
course=MyBatis Programming, createTime=Sun Sep 12 20:32:28 CST 2021, updateTime=Sun Sep 12
20:32:28 CST 2021, serialVersionUID=1]
    2021-09-12 20:32:28.551 DEBUG 13976 --- [          main]
c.e.j.i.g.p.chapter10.dao.TeacherMapper  : Cache Hit Ratio
[com.example.java.interview.guide.part2.chapter10.dao.TeacherMapper]: 0.5
    teacherMapper2读取数据: Teacher [Hash = 3470813, id=5, name=Mr Zhang, age=35, gender=MALE,
course=MyBatis Programming, createTime=Sun Sep 12 20:32:28 CST 2021, updateTime=Sun Sep 12
20:32:28 CST 2021, serialVersionUID=1]
```

从以上执行结果可以看到，第一次查询输出的Cache Hit Ratio（缓存命中率）是0.0，第二次查询输出的Cache Hit Ratio（缓存命中率）是0.5，即当sqlSession1调用commit()方法后，写入了二级缓存，sqlSession2执行相同的查询时命中了sqlSession1之前写入的二级缓存。

2.7.4　当发生更新时二级缓存会被刷新

读者可以通过以下代码来验证二级缓存在发生更新时会被刷新的特性：

```
/**
 * 实验7:
 * 测试更新操作会使得该namespace下对应的二级缓存失效
 */
@Test
public void testCacheWithUpdate() throws Exception {
    SqlSession sqlSession1 = factory.openSession(true); // 自动提交事务
    SqlSession sqlSession2 = factory.openSession(true); // 自动提交事务
    SqlSession sqlSession3 = factory.openSession(true); // 自动提交事务

    TeacherMapper teacherMapper = sqlSession1.getMapper(TeacherMapper.class);
    TeacherMapper teacherMapper2 = sqlSession2.getMapper(TeacherMapper.class);
    TeacherMapper teacherMapper3 = sqlSession3.getMapper(TeacherMapper.class);

    Teacher teacher = buildTeacher("Mr Liu", "Redis Programming");
    teacherMapper.insertSelective(teacher);

    System.out.println("teacherMapper读取数据: " +
teacherMapper.selectByPrimaryKey(teacher.getId()));
    sqlSession1.commit();
    System.out.println("teacherMapper2读取数据: " +
teacherMapper2.selectByPrimaryKey(teacher.getId()));
    // 更新 Mr Liu 为 Mr Li
    teacherMapper3.updateNameByPrimaryKey(teacher.getId(), "Mr Li");
    sqlSession3.commit();
    System.out.println("teacherMapper2读取数据: " +
teacherMapper2.selectByPrimaryKey(teacher.getId()));
    }
```

执行以上测试代码，执行结果如下：

```
    2021-09-12 20:58:21.798 DEBUG 16276 --- [          main]
c.e.j.i.g.p.c.d.T.insertSelective      : ==> Preparing: insert into teacher ( name, age,
gender, course, create_time, update_time ) values ( ?, ?, ?, ?, ?, ? )
    2021-09-12 20:58:21.826 DEBUG 16276 --- [          main]
c.e.j.i.g.p.c.d.T.insertSelective      : ==> Parameters: Mr Liu(String), 35(Integer),
MALE(String), Redis Programming(String), 2021-09-12 20:58:21.108(Timestamp), 2021-09-12
20:58:21.108(Timestamp)
    2021-09-12 20:58:21.837 DEBUG 16276 --- [          main]
c.e.j.i.g.p.c.d.T.insertSelective      : <==    Updates: 1
    2021-09-12 20:58:21.849 DEBUG 16276 --- [          main]
c.e.j.i.g.p.chapter10.dao.TeacherMapper : Cache Hit Ratio
[com.example.java.interview.guide.part2.chapter10.dao.TeacherMapper]: 0.0
    2021-09-12 20:58:21.849 DEBUG 16276 --- [          main]
c.e.j.i.g.p.c.d.T.selectByPrimaryKey   : ==> Preparing: select id, name, age, gender, course,
create_time, update_time from teacher where id = ?
    2021-09-12 20:58:21.849 DEBUG 16276 --- [          main]
c.e.j.i.g.p.c.d.T.selectByPrimaryKey   : ==> Parameters: 7(Integer)
    2021-09-12 20:58:21.858 DEBUG 16276 --- [          main]
c.e.j.i.g.p.c.d.T.selectByPrimaryKey   : <==    Total: 1
```

teacherMapper读取数据: Teacher [Hash = 27257634, id=7, name=Mr Liu, age=35, gender=MALE, course=Redis Programming, createTime=Sun Sep 12 20:58:21 CST 2021, updateTime=Sun Sep 12 20:58:21 CST 2021, serialVersionUID=1]
```
    2021-09-12 20:58:21.868 DEBUG 16276 --- [         main]
c.e.j.i.g.p.chapter10.dao.TeacherMapper  : Cache Hit Ratio
[com.example.java.interview.guide.part2.chapter10.dao.TeacherMapper]: 0.5
```
teacherMapper2读取数据: Teacher [Hash = 8718321, id=7, name=Mr Liu, age=35, gender=MALE, course=Redis Programming, createTime=Sun Sep 12 20:58:21 CST 2021, updateTime=Sun Sep 12 20:58:21 CST 2021, serialVersionUID=1]
```
    2021-09-12 20:58:21.884 DEBUG 16276 --- [         main]
c.e.j.i.g.p.c.d.T.updateNameByPrimaryKey : ==> Preparing: update teacher set name = ? where
id = ?
    2021-09-12 20:58:21.884 DEBUG 16276 --- [         main]
c.e.j.i.g.p.c.d.T.updateNameByPrimaryKey : ==> Parameters: Mr Li(String), 7(Integer)
    2021-09-12 20:58:21.889 DEBUG 16276 --- [         main]
c.e.j.i.g.p.c.d.T.updateNameByPrimaryKey : <==      Updates: 1
    2021-09-12 20:58:21.889 DEBUG 16276 --- [         main]
c.e.j.i.g.p.chapter10.dao.TeacherMapper  : Cache Hit Ratio
[com.example.java.interview.guide.part2.chapter10.dao.TeacherMapper]: 0.3333333333333333
    2021-09-12 20:58:21.905 DEBUG 16276 --- [         main]
c.e.j.i.g.p.c.d.T.selectByPrimaryKey     : ==> Preparing: select id, name, age, gender, course,
create_time, update_time from teacher where id = ?
    2021-09-12 20:58:21.905 DEBUG 16276 --- [         main]
c.e.j.i.g.p.c.d.T.selectByPrimaryKey     : ==> Parameters: 7(Integer)
    2021-09-12 20:58:21.907 DEBUG 16276 --- [         main]
c.e.j.i.g.p.c.d.T.selectByPrimaryKey     : <==      Total: 1
```
teacherMapper2读取数据: Teacher [Hash = 16467766, id=7, name=Mr Li, age=35, gender=MALE, course=Redis Programming, createTime=Sun Sep 12 20:58:21 CST 2021, updateTime=Sun Sep 12 20:58:21 CST 2021, serialVersionUID=1]

从以上执行结果可以看到，在sqlSession3更新数据库并提交事务后，sqlsession2的查询并没有命中二级缓存，而是进入了数据库，触发了一次新的查询。

值得注意的是，通常开发人员为每个单表创建单独的映射文件，由于MyBatis的二级缓存是基于namespace的，多表查询语句所在的namespace无法感应到其他namespace中的语句对多表查询中涉及的表进行的修改，容易引发脏数据问题。这也是很多企业禁止使用复杂SQL（如多个表关联查询）的原因之一。

2.8　MyBatis 二级缓存的原理是什么

2.6节中提到MyBatis的一级缓存作用范围是SqlSession级别，不同的SqlSession之间不会共享一级缓存。如果想在多个SqlSession之间共享缓存，则需要使用MyBatis的二级缓存。

开启MyBatis的二级缓存后，MyBatis将使用CachingExecutor装饰Executor，在进入一级缓存执行逻辑前，MyBatis将先在CachingExecutor中进行二级缓存的查找过程。二级缓存开启后，同一个namespace下的所有操作语句都影响着相同的缓存，即二级缓存被多个SqlSession共享，是一个全局的变量。当开启缓存后，数据的查询执行的流程就变成：二级缓存→一级缓存→数据库。

MyBatis二级缓存的具体执行流程如图2-7所示。

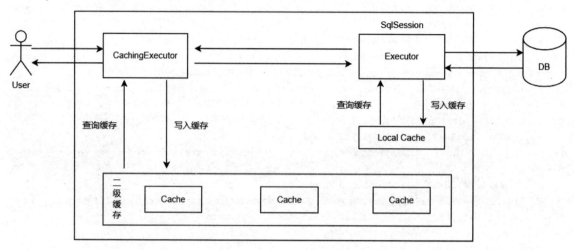

图 2-7　MyBatis 二级缓存原理示意图

MyBatis为了执行与数据库的交互，首先需要初始化SqlSession对象。默认情况下，MyBatis是通过DefaultSqlSessionFactory来创建SqlSession对象的。DefaultSqlSessionFactory类中提供了多种方法创建SqlSession对象。

DefaultSqlSessionFactory 类的 openSessionFromDataSource() 方法将创建一个 SqlSession 对象，openSessionFromDataSource()方法代码如下：

```java
private SqlSession openSessionFromDataSource(ExecutorType execType,
TransactionIsolationLevel level, boolean autoCommit) {
    Transaction tx = null;
    try {
      final Environment environment = configuration.getEnvironment();
      final TransactionFactory transactionFactory =
getTransactionFactoryFromEnvironment(environment);
      tx = transactionFactory.newTransaction(environment.getDataSource(), level,
autoCommit);
      final Executor executor = configuration.newExecutor(tx, execType);
      return new DefaultSqlSession(configuration, executor, autoCommit);
    } catch (Exception e) {
      closeTransaction(tx); // may have fetched a connection so lets call close()
      throw ExceptionFactory.wrapException("Error opening session.  Cause: " + e, e);
    } finally {
      ErrorContext.instance().reset();
    }
  }
```

openSessionFromDataSource()方法将调用Configuration类的newExecutor()方法创建一个Executor对象。newExecutor()方法代码如下：

```java
public Executor newExecutor(Transaction transaction, ExecutorType executorType) {
    executorType = executorType == null ? defaultExecutorType : executorType;
    executorType = executorType == null ? ExecutorType.SIMPLE : executorType;
    Executor executor;
```

```
      if (ExecutorType.BATCH == executorType) {
        executor = new BatchExecutor(this, transaction);
      } else if (ExecutorType.REUSE == executorType) {
        executor = new ReuseExecutor(this, transaction);
      } else {
        executor = new SimpleExecutor(this, transaction);
      }
      if (cacheEnabled) {
        executor = new CachingExecutor(executor);
      }
      executor = (Executor) interceptorChain.pluginAll(executor);
      return executor;
    }
```

MyBatis二级缓存的工作流程和2.6.5节提到的一级缓存类似，只是在一级缓存处理前，用CachingExecutor装饰了BaseExecutor的子类，在委托具体职责给delegate之前，实现了二级缓存的查询和写入功能，具体类图如图2-8所示。

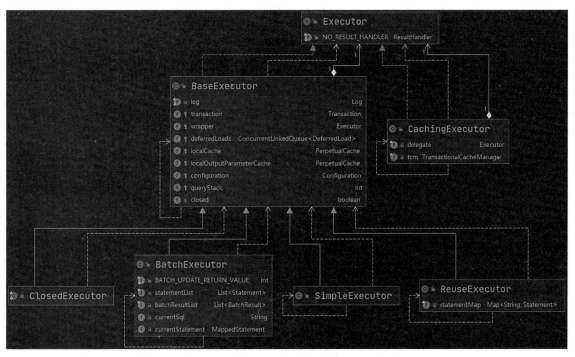

图 2-8　Executor 类图

以CachingExecutor类的query()方法为例，分析MyBatis二级缓存的工作原理。query()方法代码如下：

```
    @Override
    public <E> List<E> query(MappedStatement ms, Object parameterObject, RowBounds rowBounds,
    ResultHandler resultHandler) throws SQLException {
        BoundSql boundSql = ms.getBoundSql(parameterObject);
        CacheKey key = createCacheKey(ms, parameterObject, rowBounds, boundSql);
        return query(ms, parameterObject, rowBounds, resultHandler, key, boundSql);
    }
```

query()方法首先组装SQL和缓存key，然后调用重载的query()方法。重载的query()方法代码如下：

```
@Override
public <E> List<E> query(MappedStatement ms, Object parameterObject, RowBounds rowBounds,
ResultHandler resultHandler, CacheKey key, BoundSql boundSql)
    throws SQLException {
      Cache cache = ms.getCache();
      if (cache != null) {
        flushCacheIfRequired(ms);
        if (ms.isUseCache() && resultHandler == null) {
          ensureNoOutParams(ms, boundSql);
          @SuppressWarnings("unchecked")
          List<E> list = (List<E>) tcm.getObject(cache, key);
          if (list == null) {
            list = delegate.query(ms, parameterObject, rowBounds, resultHandler, key,
boundSql);
            tcm.putObject(cache, key, list); // issue #578 and #116
          }
          return list;
        }
      }
      return delegate.query(ms, parameterObject, rowBounds, resultHandler, key, boundSql);
}
```

重载的query()方法通过调用Cache接口的方法维护和使用MyBatis二级缓存。Cache接口的实现如图2-9所示。

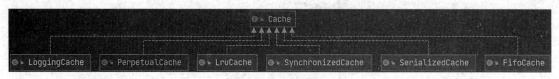

图 2-9　Cache 类图

Cache各子类的功能如下。

- LoggingCache：日志功能装饰类，用于记录缓存的命中率，如果开启了DEBUG模式，则会输出命中率日志。
- PerpetualCache：作为最基础的缓存类，其底层实现比较简单，直接使用了HashMap作为缓存容器。
- LruCache：采用了LRU算法的Cache实现，移除最近最少使用的缓存对象。
- SynchronizedCache：同步Cache，实现比较简单，直接使用Synchronized修饰缓存操作相关的方法。
- SerializedCache：序列化功能，将数据序列化后保存到缓存中。
- FifoCache：基于先进先出的淘汰策略的Cache实现，优先移除最先被缓存的对象。

回到CachingExecutor类的query()方法继续分析，query()方法调用flushCacheIfRequired()方法判断是否需要刷新缓存。默认情况下，select语句不会刷新缓存，insert、update、delete语句会刷新缓存。flushCacheIfRequired()方法代码如下：

```
private void flushCacheIfRequired(MappedStatement ms) {
    Cache cache = ms.getCache();
    if (cache != null && ms.isFlushCacheRequired()) {
      tcm.clear(cache);
    }
}
```

MyBatis的CachingExecutor持有了TransactionalCacheManager对象，即上述代码中的tcm变量。TransactionalCacheManager中持有了一个Map，代码如下：

```
private final Map<Cache, TransactionalCache> transactionalCaches = new HashMap<>();
```

这个Map保存了Cache和用TransactionalCache包装后的Cache的映射关系。

TransactionalCache实现了Cache接口，其作用是：如果事务提交，对缓存的操作才会生效，如果事务回滚或不提交事务，则不对缓存产生影响。

在TransactionalCache的clear()方法中清空了需要在提交时加入缓存的列表，同时设定提交时清空缓存，clear()方法代码如下：

```
@Override
public void clear() {
    clearOnCommit = true;
    entriesToAddOnCommit.clear();
}
```

回到CachingExecutor的query()方法继续分析，其中调用的ensureNoOutParams()方法主要用来处理存储过程，暂时不进行分析。

接下来，query()方法调用TransactionalCacheManager的getObject()方法获取缓存的列表。

```
List<E> list = (List<E>) tcm.getObject(cache, key);
```

在getObject()方法中，会把获取值的职责一路传递，最终到PerpetualCache。如果没有查到缓存，会把key加入Miss集合，这个主要是为了统计命中率。

```
@Override
public Object getObject(Object key) {
    // 问题 #116
    Object object = delegate.getObject(key);
    if (object == null) {
      entriesMissedInCache.add(key);
    }
    // 问题 #146
    if (clearOnCommit) {
      return null;
    } else {
      return object;
    }
}
```

继续分析CachingExecutor的query()方法，如果缓存没有查询到数据，则从数据库查询数据。如果从数据库中查询到数据，则调用tcm.putObject()方法往缓存中放入值。

```
if (list == null) {
  list = delegate.query(ms, parameterObject, rowBounds, resultHandler, key, boundSql);
  tcm.putObject(cache, key, list);        // 问题 #578 和 #116
}
```

TransactionalCacheManager的putObject()方法也不是直接操作缓存，只是把这次的数据和key放入待提交的Map中。

```
@Override
public void putObject(Object key, Object object) {
    entriesToAddOnCommit.put(key, object);
}
```

分析以上代码可以得知，如果不调用commit()方法，由于TranscationalCache的作用，并不会对二级缓存造成直接的影响。因此，我们分析一下Sqlsession的commit()方法到底做了什么。代码如下：

```
@Override
public void commit(boolean force) {
    try {
      executor.commit(isCommitOrRollbackRequired(force));
      dirty = false;
    } catch (Exception e) {
      throw ExceptionFactory.wrapException("Error committing transaction. Cause: " + e, e);
    } finally {
      ErrorContext.instance().reset();
    }
}
```

因为MyBatis二级缓存使用了CachingExecutor，所以首先会进入CachingExecutor实现的commit()方法中。commit()方法代码如下：

```
@Override
public void commit(boolean required) throws SQLException {
    delegate.commit(required);
    tcm.commit();
}
```

CachingExecutor的commit()方法会把具体事务提交的职责委托给包装的Executor。主要来看tcm.commit()，此方法最终会调用TrancationalCache类的commit()方法。
TrancationalCache类的commit()方法代码如下：

```
public void commit() {
    if (clearOnCommit) {
      delegate.clear();
    }
    flushPendingEntries();
    reset();
}
```

commit()方法调用的flushPendingEntries()方法代码如下：

```
private void flushPendingEntries() {
    for (Map.Entry<Object, Object> entry : entriesToAddOnCommit.entrySet()) {
```

```
        delegate.putObject(entry.getKey(), entry.getValue());
    }
    for (Object entry : entriesMissedInCache) {
        if (!entriesToAddOnCommit.containsKey(entry)) {
            delegate.putObject(entry, null);
        }
    }
}
```

后续的查询操作会重复执行这套流程。如果是insert、update或delete语句，则会统一进入CachingExecutor的update()方法，其中调用flushCacheIfRequired()方法刷新缓存：

```
private void flushCacheIfRequired(MappedStatement ms) {
    Cache cache = ms.getCache();
    if (cache != null && ms.isFlushCacheRequired()) {
        tcm.clear(cache);
    }
}
```

在二级缓存执行流程结束后，就会进入一级缓存的执行流程，此处不再赘述。

2.9　如何编写 MyBatis 插件

一般开源框架都会提供插件或其他形式的拓展点,供开发者自行拓展。这样的好处是显而易见的:一是增加了框架的灵活性；二是开发者可以结合实际需求对框架进行扩展，使框架能够更好地为业务系统工作。

MyBatis插件机制可以使开发人员实现分页、数据分片、SQL监控等扩展功能。由于插件和业务无关，业务也无法感知插件的存在，因此业务系统可以无缝地植入插件，在无形中增强MyBatis的功能。

2.9.1　实现 Interceptor 接口

MyBatis为插件开发提供了Interceptor接口，所有的插件都需要实现这个接口。Interceptor接口代码如下：

```
public interface Interceptor {

  Object intercept(Invocation invocation) throws Throwable;

  default Object plugin(Object target) {
    return Plugin.wrap(target, this);
  }

  default void setProperties(Properties properties) {

  }

}
```

在编写插件时，除需要让插件类实现Interceptor接口外，还需要通过注解标注该插件的拦截点。所谓拦截点，指的是插件所能拦截的方法。MyBatis允许拦截的方法如下：

- Executor的update()、query()、flushStatements()、commit()、rollback()、getTransaction()、close()
  和isClosed()等方法。
- ParameterHandler的getParameterObject()方法和setParameters()方法。
- ResultSetHandler的handleResultSets()和handleOutputParameters()等方法。
- StatementHandler的prepare()、parameterize()、batch()、update()和query()等方法。

如果开发人员要实现一个拦截Executor的query()方法的插件，那么可以按照如下方式定义一个
MyBatis插件：

```
@Intercepts({
    @Signature(
        type = Executor.class,
        method = "query",
        args ={MappedStatement.class, Object.class, RowBounds.class, ResultHandler.class}
    )
})
public class ExampleQueryPlugin implements Interceptor {
    // 省略逻辑
}
```

2.9.2　MyBatis 插件植入

开发人员自定义的MyBatis插件如何植入MyBatis的执行逻辑中呢？下面将通过对Executor的分析，
阐述MyBatis是如何为Executor实例植入插件逻辑的。

回到DefaultSqlSessionFactory的openSession()方法，此方法将返回一个SqlSession对象：

```
@Override
public SqlSession openSession() {
    return openSessionFromDataSource(configuration.getDefaultExecutorType(), null,
false);
}
```

DefaultSqlSessionFactory的openSession()方法会调用openSessionFromDataSource()方法：

```
private SqlSession openSessionFromDataSource(ExecutorType execType,
TransactionIsolationLevel level, boolean autoCommit) {
    Transaction tx = null;
    try {
      final Environment environment = configuration.getEnvironment();
      final TransactionFactory transactionFactory =
getTransactionFactoryFromEnvironment(environment);
      tx = transactionFactory.newTransaction(environment.getDataSource(), level,
autoCommit);
      final Executor executor = configuration.newExecutor(tx, execType);
      return new DefaultSqlSession(configuration, executor, autoCommit);
    } catch (Exception e) {
      closeTransaction(tx);           //如果获取了连接，则关闭事务
      throw ExceptionFactory.wrapException("Error opening session.  Cause: " + e, e);
    } finally {
```

```
        ErrorContext.instance().reset();
    }
}
```

openSessionFromDataSource()方法将调用Configuration类的newExecutor()方法创建Executor对象:

```
public Executor newExecutor(Transaction transaction, ExecutorType executorType) {
    executorType = executorType == null ? defaultExecutorType : executorType;
    executorType = executorType == null ? ExecutorType.SIMPLE : executorType;
    Executor executor;
    if (ExecutorType.BATCH == executorType) {
      executor = new BatchExecutor(this, transaction);
    } else if (ExecutorType.REUSE == executorType) {
      executor = new ReuseExecutor(this, transaction);
    } else {
      executor = new SimpleExecutor(this, transaction);
    }
    if (cacheEnabled) {
      executor = new CachingExecutor(executor);
    }
    executor = (Executor) interceptorChain.pluginAll(executor);
    return executor;
}
```

在newExecutor()方法的最后,将调用InterceptorChain的pluginAll()方法植入插件逻辑:

```
public class InterceptorChain {

  private final List<Interceptor> interceptors = new ArrayList<>();

  public Object pluginAll(Object target) {
    for (Interceptor interceptor : interceptors) {
      target = interceptor.plugin(target);
    }
    return target;
  }

  public void addInterceptor(Interceptor interceptor) {
    interceptors.add(interceptor);
  }

  public List<Interceptor> getInterceptors() {
    return Collections.unmodifiableList(interceptors);
  }

}
```

如果有多个插件需要植入MyBatis执行逻辑中,则pluginAll()方法会循环多次调用Interceptor类的plugin()方法,最终生成一个层层嵌套的JDK动态代理类。

MyBatis插件植入逻辑如图2-10所示。当Executor执行时,插件逻辑会先执行,执行顺序是由外而内的,图2-10中的执行顺序为plugin3→plugin2→plugin1→Executor。

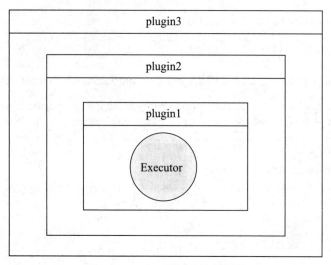

图 2-10   MyBatis 插件植入逻辑

2.9.3   MyBatis 插件执行逻辑

Interceptor接口的plugin()方法会被InterceptorChain多次调用，plugin()方法通过调用Plugin的wrap()方法实现功能。Plugin的wrap()方法代码如下：

```
public static Object wrap(Object target, Interceptor interceptor) {
  Map<Class<?>, Set<Method>> signatureMap = getSignatureMap(interceptor);
  Class<?> type = target.getClass();
  Class<?>[] interfaces = getAllInterfaces(type, signatureMap);
  if (interfaces.length > 0) {
    return Proxy.newProxyInstance(
        type.getClassLoader(),
        interfaces,
        new Plugin(target, interceptor, signatureMap));
  }
  return target;
}
```

通过对wrap()方法的代码分析可知，wrap()方法使用JDK动态代理为目标对象生成了代理对象，通过这个代理对象实现对目标对象的功能的增强。

Plugin除通过JDK动态代理创建了代理对象外，还实现了InvocationHandler接口，并且重写了invoke()方法。

invoke()方法会检测被拦截方法是否被@Signature注解标注了，若是，则执行插件逻辑，否则执行被拦截方法。

```
@Override
public Object invoke(Object proxy, Method method, Object[] args) throws Throwable {
  try {
    Set<Method> methods = signatureMap.get(method.getDeclaringClass());
    if (methods != null && methods.contains(method)) {
      return interceptor.intercept(new Invocation(target, method, args));
    }
```

```
      return method.invoke(target, args);
    } catch (Exception e) {
      throw ExceptionUtil.unwrapThrowable(e);
    }
  }
```

插件逻辑封装在intercept()方法中，该方法的参数类型为Invocation。Invocation主要用于存储目标类、方法和方法参数列表。

```
public class Invocation {

  private final Object target;
  private final Method method;
  private final Object[] args;

  public Invocation(Object target, Method method, Object[] args) {
    this.target = target;
    this.method = method;
    this.args = args;
  }

  public Object getTarget() {
    return target;
  }

  public Method getMethod() {
    return method;
  }

  public Object[] getArgs() {
    return args;
  }

  public Object proceed() throws InvocationTargetException, IllegalAccessException {
    return method.invoke(target, args);
  }

}
```

2.10　简述 MyBatis 执行 SQL 的过程

MyBatis执行SQL的过程如下：

步骤 01 初始化配置。

MyBatis的工作起始于SqlSessionFactory的创建，这个过程会读取MyBatis配置文件以及相关的映射文件。构建配置对象，并据此创建SqlSessionFactory实例。这个工厂类负责创建SqlSession对象。

步骤 02 创建SqlSession。

应用程序通过调用SqlSessionFactory的openSession()方法来获取SqlSession对象。SqlSession代表一次数据库会话，可以执行SQL命令、提交或回滚事务等。

步骤 03 构建执行Executor。

SqlSession在执行SQL之前会根据配置创建Executor实例。Executor是MyBatis的核心执行器，它根据SqlSession传递的参数动态生成SQL语句，并负责查询缓存的维护。

步骤 04 解析 SQL。

MyBatis使用MappedStatement对象来表示一个已经编译好的SQL语句，它包含SQL语句本身、参数映射信息、结果映射等。当执行SQL时，MyBatis会根据传入的Mapper方法和参数找到对应的MappedStatement。

步骤 05 参数处理。

MyBatis会使用ParameterHandler来处理SQL语句中的参数，根据参数类型和映射规则，将Java对象转换成SQL语句中的参数值。

步骤 06 执行SQL。

Executor使用JDBC API发送SQL到数据库并执行。在执行过程中，如果开启了缓存且缓存命中，MyBatis会直接从缓存中获取结果，否则执行真实的数据库查询。

步骤 07 结果映射。

查询结果由ResultSetHandler处理，它根据MappedStatement中定义的结果映射规则，将查询结果集转换成Java对象，包括单个对象、列表或Map等。

步骤 08 事务管理。

SqlSession在执行完SQL后，根据业务需求调用commit()或rollback()方法来提交或回滚事务。Executor会委托给底层的数据源管理事务。

步骤 09 关闭资源。

使用完SqlSession后，应该及时关闭它并释放资源。

结合2.2节的案例及上述MyBatis执行SQL的过程可知，MyBatis一定在幕后帮助开发者完成了诸如SQL解析、SQL执行、结果映射和事务管理等工作。MyBatis为开发者提供的这些额外且便利的功能与动态代理密不可分。

2.10.1　MyBatis 创建代理对象分析

在使用MyBatis编程时，通常只需要开发人员定义一个Mapper接口。在Java中，接口不可以直接实例化出对象。因此，我们大胆猜测，MyBatis一定是通过某些方式为开发人员定义的Mapper接口创建了具体的对象。

回到本书使用的TeacherMapper案例中，在该案例中，笔者使用SqlSession的getMapper()方法获取了TeacherMapper对象。DefaultSqlSession类的getMapper()方法代码如下：

```
@Override
public <T> T getMapper(Class<T> type) {
  return configuration.getMapper(type, this);
}
```

DefaultSqlSession的getMapper()方法直接调用Configuration类的getMapper()方法：

```
public <T> T getMapper(Class<T> type, SqlSession sqlSession) {
  return mapperRegistry.getMapper(type, sqlSession);
}
```

Configuration类的getMapper()方法又会直接调用MapperRegistry的getMapper()方法：

```
public <T> T getMapper(Class<T> type, SqlSession sqlSession) {
  final MapperProxyFactory<T> mapperProxyFactory = (MapperProxyFactory<T>)
knownMappers.get(type);
  if (mapperProxyFactory == null) {
    throw new BindingException("Type " + type + " is not known to the MapperRegistry.");
  }
  try {
    return mapperProxyFactory.newInstance(sqlSession);
  } catch (Exception e) {
    throw new BindingException("Error getting mapper instance. Cause: " + e, e);
  }
}
```

MapperRegistry的getMapper()方法调用MapperProxyFactory的newInstance()方法：

```
public T newInstance(SqlSession sqlSession) {
  final MapperProxy<T> mapperProxy = new MapperProxy<>(sqlSession, mapperInterface,
methodCache);
  return newInstance(mapperProxy);
}
```

MapperProxyFactory的newInstance()方法调用其内部重载的newInstance()方法。

```
protected T newInstance(MapperProxy<T> mapperProxy) {
  return (T) Proxy.newProxyInstance(mapperInterface.getClassLoader(), new Class[]
{ mapperInterface }, mapperProxy);
}
```

从上述两个重载的newInstance()方法可知，MyBatis会将SqlSession对象包装成MapperProxy对象，并最终通过JDK动态代理为开发人员定义的Mapper接口创建动态代理对象。创建Mapper接口代理对象的时序图如图2-11所示。

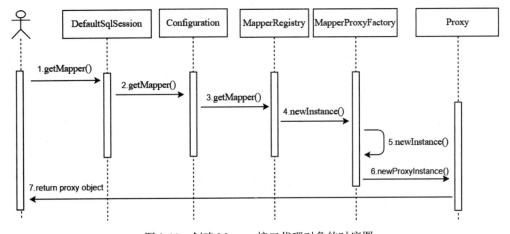

图 2-11　创建 Mapper 接口代理对象的时序图

2.10.2 MyBatis 代理对象逻辑分析

MapperProxy的invoke()方法首先会对拦截的方法进行一些检测，以决定是否执行后续的数据库操作。MapperProxy部分代码如下：

```java
public class MapperProxy<T> implements InvocationHandler, Serializable {

  private static final long serialVersionUID = -4724728412955527868L;
  private static final int ALLOWED_MODES = MethodHandles.Lookup.PRIVATE |
MethodHandles.Lookup.PROTECTED
      | MethodHandles.Lookup.PACKAGE | MethodHandles.Lookup.PUBLIC;
  private static final Constructor<Lookup> lookupConstructor;
  private static final Method privateLookupInMethod;
  private final SqlSession sqlSession;
  private final Class<T> mapperInterface;
  private final Map<Method, MapperMethodInvoker> methodCache;

  public MapperProxy(SqlSession sqlSession, Class<T> mapperInterface, Map<Method,
MapperMethodInvoker> methodCache) {
    this.sqlSession = sqlSession;
    this.mapperInterface = mapperInterface;
    this.methodCache = methodCache;
  }

  @Override
  public Object invoke(Object proxy, Method method, Object[] args) throws Throwable {
    try {
      if (Object.class.equals(method.getDeclaringClass())) {
        return method.invoke(this, args);
      } else {
        return cachedInvoker(method).invoke(proxy, method, args, sqlSession);
      }
    } catch (Throwable t) {
      throw ExceptionUtil.unwrapThrowable(t);
    }
  }
      ...省略部分代码...
  private static class DefaultMethodInvoker implements MapperMethodInvoker {
    private final MethodHandle methodHandle;

    public DefaultMethodInvoker(MethodHandle methodHandle) {
      super();
      this.methodHandle = methodHandle;
    }

    @Override
    public Object invoke(Object proxy, Method method, Object[] args, SqlSession sqlSession)
throws Throwable {
      return methodHandle.bindTo(proxy).invokeWithArguments(args);
    }
  }
}
```

在invoke()方法中会先检测被拦截的方法是不是定义在Object类中的方法，如equals()方法、hashCode()方法等。对于这类直接从Object类继承的方法，直接执行即可。对于不是直接从Object类继承的方法，将会执行cachedInvoker()方法。cachedInvoker()方法代码如下：

```java
private MapperMethodInvoker cachedInvoker(Method method) throws Throwable {
  try {
    // 从缓存中获取
    MapperMethodInvoker invoker = methodCache.get(method);
    if (invoker != null) {
      return invoker;
    }
    // 缓存没有命中
    return methodCache.computeIfAbsent(method, m -> {
      // 如果是默认方法
      if (m.isDefault()) {
        try {
          if (privateLookupInMethod == null) {
            return new DefaultMethodInvoker(getMethodHandleJava8(method));
          } else {
            return new DefaultMethodInvoker(getMethodHandleJava9(method));
          }
        } catch (IllegalAccessException | InstantiationException |
InvocationTargetException
            | NoSuchMethodException e) {
          throw new RuntimeException(e);
        }
      } else {
        // 如果不是默认方法，则创建MapperMethod对象和PlainMethodInvoker对象
        return new PlainMethodInvoker(new MapperMethod(mapperInterface, method,
sqlSession.getConfiguration()));
      }
    });
  } catch (RuntimeException re) {
    Throwable cause = re.getCause();
    throw cause == null ? re : cause;
  }
}
```

cachedInvoker() 方法用于创建 MapperMethod 对象，此对象包含 SqlCommand 属性和MethodSignature属性。MapperMethod类的部分代码如下：

```java
public class MapperMethod {

    private final SqlCommand command;
    private final MethodSignature method;

    public MapperMethod(Class<?> mapperInterface, Method method, Configuration config) {
        // 创建 SqlCommand 对象，该对象包含一些和SQL相关的信息
        this.command = new SqlCommand(config, mapperInterface, method);
        // 创建 MethodSignature 对象，从类名中可知，该对象包含被拦截方法的一些信息
        this.method = new MethodSignature(config, mapperInterface, method);
    }

}
```

MapperMethod类的构造器逻辑很简单,主要是创建SqlCommand和MethodSignature对象。这两个对象分别记录了不同的信息,这些信息在后续的方法调用中都会被用到。下面我们深入这两个类的构造器中,探索它们的初始化逻辑。

SqlCommand类的部分代码如下:

```java
public static class SqlCommand {

    private final String name;
    private final SqlCommandType type;

    public SqlCommand(Configuration configuration, Class<?> mapperInterface, Method method) {
        final String methodName = method.getName();
        final Class<?> declaringClass = method.getDeclaringClass();
        // 解析 MappedStatement
        MappedStatement ms = resolveMappedStatement(mapperInterface, methodName,
declaringClass, configuration);
        // 检测当前方法是否有对应的MappedStatement
        if (ms == null) {
            // 检测当前方法是否有@Flush注解
            if (method.getAnnotation(Flush.class) != null) {
                // 设置name和type遍历
                name = null;
                type = SqlCommandType.FLUSH;
            } else {
                /*
                 * 若 ms == null 且方法无 @Flush 注解,则抛出异常
                 */
                throw new BindingException("Invalid bound statement (not found): "
                    + mapperInterface.getName() + "." + methodName);
            }
        } else {
            // 设置 name 和 type 变量
            name = ms.getId();
            type = ms.getSqlCommandType();
            if (type == SqlCommandType.UNKNOWN) {
                throw new BindingException("Unknown execution method for: " + name);
            }
        }
    }
}
```

MethodSignature即方法签名,顾名思义,该类保存了一些和目标方法相关的信息,例如目标方法的返回值类型,目标方法的参数列表信息等。MethodSignature的部分代码如下:

```java
public static class MethodSignature {
    private final boolean returnsMany;
    private final boolean returnsMap;
    private final boolean returnsVoid;
    private final boolean returnsCursor;
    private final Class<?> returnType;
    private final String mapKey;
    private final Integer resultHandlerIndex;
```

```
        private final Integer rowBoundsIndex;
        private final ParamNameResolver paramNameResolver;

        public MethodSignature(Configuration configuration, Class<?> mapperInterface, Method
method) {
            // 通过反射解析方法返回类型
            Type resolvedReturnType = TypeParameterResolver.resolveReturnType(method,
mapperInterface);
            if (resolvedReturnType instanceof Class<?>) {
                this.returnType = (Class<?>) resolvedReturnType;
            } else if (resolvedReturnType instanceof ParameterizedType) {
                this.returnType = (Class<?>) ((ParameterizedType)
resolvedReturnType).getRawType();
            } else {
                this.returnType = method.getReturnType();
            }

            // 检测返回值类型是不是 void、集合或数组、Cursor、Map等
            this.returnsVoid = void.class.equals(this.returnType);
            this.returnsMany = configuration.getObjectFactory().isCollection(this.returnType)
|| this.returnType.isArray();
            this.returnsCursor = Cursor.class.equals(this.returnType);
            // 解析 @MapKey 注解，获取注解内容
            this.mapKey = getMapKey(method);
            this.returnsMap = this.mapKey != null;
            /*
             * 获取 RowBounds 参数在参数列表中的位置，如果参数列表中
             * 包含多个 RowBounds 参数，此方法会抛出异常
             */
            this.rowBoundsIndex = getUniqueParamIndex(method, RowBounds.class);
            // 获取 ResultHandler 参数在参数列表中的位置
            this.resultHandlerIndex = getUniqueParamIndex(method, ResultHandler.class);
            // 解析参数列表
            this.paramNameResolver = new ParamNameResolver(configuration, method);
        }
    }
```

MapperMethod类的execute()方法主要用于执行insert、update、delete和select等操作。示例代码如下：

```
    public Object execute(SqlSession sqlSession, Object[] args) {
        Object result;
        // 根据 SQL 类型执行相应的数据库操作
        switch (command.getType()) {
            case INSERT: {
                // 对用户传入的参数进行转换，下同
                Object param = method.convertArgsToSqlCommandParam(args);
                // 执行插入操作，rowCountResult()方法用于处理返回值
                result = rowCountResult(sqlSession.insert(command.getName(), param));
                break;
            }
            case UPDATE: {
```

```java
            Object param = method.convertArgsToSqlCommandParam(args);
            // 执行更新操作
            result = rowCountResult(sqlSession.update(command.getName(), param));
            break;
        }
        case DELETE: {
            Object param = method.convertArgsToSqlCommandParam(args);
            // 执行删除操作
            result = rowCountResult(sqlSession.delete(command.getName(), param));
            break;
        }
        case SELECT:
            // 根据目标方法的返回类型进行相应的查询操作
            if (method.returnsVoid() && method.hasResultHandler()) {
                /*
                 * 如果方法返回值为void，但参数列表中包含ResultHandler，表明使用者
                 * 想通过ResultHandler的方式获取查询结果，而非通过返回值获取结果
                 */
                executeWithResultHandler(sqlSession, args);
                result = null;
            } else if (method.returnsMany()) {
                // 执行查询操作，并返回多个结果
                result = executeForMany(sqlSession, args);
            } else if (method.returnsMap()) {
                // 执行查询操作，并将结果封装在Map中返回
                result = executeForMap(sqlSession, args);
            } else if (method.returnsCursor()) {
                // 执行查询操作，并返回一个Cursor对象
                result = executeForCursor(sqlSession, args);
            } else {
                Object param = method.convertArgsToSqlCommandParam(args);
                // 执行查询操作，并返回一个结果
                result = sqlSession.selectOne(command.getName(), param);
            }
            break;
        case FLUSH:
            // 执行刷新操作
            result = sqlSession.flushStatements();
            break;
        default:
            throw new BindingException("Unknown execution method for: " + command.getName());
    }
    // 如果方法的返回值为基本类型，而返回值却为 null，这种情况下应抛出异常
    if (result == null && method.getReturnType().isPrimitive() && !method.returnsVoid()) {
        throw new BindingException("Mapper method '" + command.getName()
            + " attempted to return null from a method with a primitive return type (" +
method.getReturnType()
            + ").");
    }
    return result;
}
```

代理逻辑的执行时序图如图2-12所示。

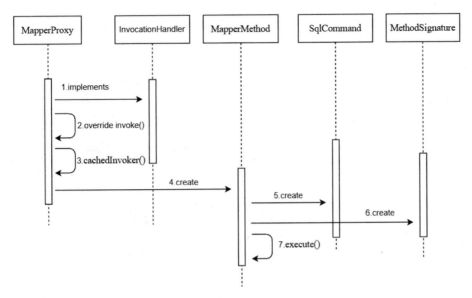

图 2-12　代理逻辑的执行时序图

2.10.3　SQL 语句执行过程分析

本小节以查询语句为例，分析查询语句在MyBatis中的执行过程。

MyBatis封装的查询语句较多，如executeWithResultHandler()方法、executeForMany()方法和executeForMap()方法等。这些方法在内部调用了SqlSession中的一些selectXXX方法，比如selectList()、selectMap()和selectCursor()等。

下面以查询单条记录的selectOne()方法为例，分析查询语句的执行过程。

DefaultSqlSession类的selectOne()方法代码如下：

```
public <T> T selectOne(String statement) {
  return this.selectOne(statement, null);
}
```

selectOne()方法调用重载的selectOne()方法，重载的selectOne()方法代码如下：

```
public <T> T selectOne(String statement, Object parameter) {
    // 调用 selectList 获取结果
    List<T> list = this.<T>selectList(statement, parameter);
    if (list.size() == 1) {
        // 返回结果
        return list.get(0);
    } else if (list.size() > 1) {
        // 如果查询结果大于1，则抛出异常，这个异常也是很常见的
        throw new TooManyResultsException(
            "Expected one result (or null) to be returned by selectOne(), but found: " +
list.size());
    } else {
        return null;
    }
}
```

selectOne()方法在内部调用selectList()方法，并取selectList()方法返回值的第1个元素作为自己的返回值。如果selectList()返回的列表元素大于1，则抛出异常。下面来看selectList()方法的实现。

```
public <E> List<E> selectList(String statement, Object parameter) {
    // 调用重载方法
    return this.selectList(statement, parameter, RowBounds.DEFAULT);
}
```

selectList()方法调用重载的selectList()方法，重载的selectList()方法代码如下：

```
public <E> List<E> selectList(String statement, Object parameter, RowBounds rowBounds) {
    try {
        // 获取 MappedStatement
        MappedStatement ms = configuration.getMappedStatement(statement);
        // 调用 Executor 实现类中的 query 方法
        return executor.query(ms, wrapCollection(parameter), rowBounds,
Executor.NO_RESULT_HANDLER);
    } catch (Exception e) {
        throw ExceptionFactory.wrapException("Error querying database. Cause: " + e, e);
    } finally {
        ErrorContext.instance().reset();
    }
}
```

重载的selectList()方法将进入一级缓存和二级缓存的执行流程中，读者可以参考2.6节和2.8节的内容，此处不再赘述。

当MyBatis从数据库查询到数据后，需要将结果集自动映射成实体类对象。这样开发人员就无须再手动操作结果集，并将数据填充到实体类对象中。这样可以大大降低开发人员的工作量，提升工作效率。MyBatis结果集的处理工作由ResultSetHandler执行。ResultSetHandler是一个接口，其代码如下：

```
public interface ResultSetHandler {

    <E> List<E> handleResultSets(Statement stmt) throws SQLException;

    <E> Cursor<E> handleCursorResultSets(Statement stmt) throws SQLException;

    void handleOutputParameters(CallableStatement cs) throws SQLException;

}
```

ResultSetHandler接口只有一个实现类DefaultResultSetHandler。DefaultResultSetHandler结果集的处理入口是handleResultSets()方法，handleResultSets()方法的部分代码如下：

```
public List<Object> handleResultSets(Statement stmt) throws SQLException {

    final List<Object> multipleResults = new ArrayList<Object>();

    int resultSetCount = 0;
    // 获取第一个结果集
    ResultSetWrapper rsw = getFirstResultSet(stmt);

    List<ResultMap> resultMaps = mappedStatement.getResultMaps();
    int resultMapCount = resultMaps.size();
    validateResultMapsCount(rsw, resultMapCount);

    while (rsw != null && resultMapCount > resultSetCount) {
```

```
        ResultMap resultMap = resultMaps.get(resultSetCount);
        // 处理结果集
        handleResultSet(rsw, resultMap, multipleResults, null);
        // 获取下一个结果集
        rsw = getNextResultSet(stmt);
        cleanUpAfterHandlingResultSet();
        resultSetCount++;
    }

    // 以下逻辑均与多结果集有关，就不分析了，代码省略
    String[] resultSets = mappedStatement.getResultSets();
    if (resultSets != null) {...}

    return collapseSingleResultList(multipleResults);
}
```

handleResultSets()方法调用handleResultSet()方法对结果集进行处理。一般情况下，如果我们不调用存储过程，就不会涉及多结果集的问题。由于存储过程并不是很常用，因此关于多结果集的处理逻辑，本书暂不分析。下面我们把目光聚焦在单结果集的处理逻辑上。

```
private void handleResultSet(ResultSetWrapper rsw, ResultMap resultMap, List<Object>
multipleResults, ResultMapping parentMapping) throws SQLException {
    try {
        if (parentMapping != null) {
            // 多结果集相关逻辑，不分析了
            handleRowValues(rsw, resultMap, null, RowBounds.DEFAULT, parentMapping);
        } else {
            /*
             * 检测 resultHandler 是否为空。ResultHandler 是一个接口，使用者可实现该接口
             * 这样我们可以通过 ResultHandler 自定义接收查询结果的动作。比如可以将结果存储到
             * List、Map或Set中，甚至丢弃，这完全取决于自己的实现逻辑
             */
            if (resultHandler == null) {
                // 创建默认的结果处理器
                DefaultResultHandler defaultResultHandler = new
DefaultResultHandler(objectFactory);
                // 处理结果集的行数据
                handleRowValues(rsw, resultMap, defaultResultHandler, rowBounds, null);
                multipleResults.add(defaultResultHandler.getResultList());
            } else {
                // 处理结果集的行数据
                handleRowValues(rsw, resultMap, resultHandler, rowBounds, null);
            }
        }
    } finally {
        closeResultSet(rsw.getResultSet());
    }
}
```

handleRowValues()方法用于处理结果集中的数据。下面来看这个方法的逻辑。

```
public void handleRowValues(ResultSetWrapper rsw, ResultMap resultMap, ResultHandler<?>
resultHandler,
```

```
                RowBounds rowBounds, ResultMapping parentMapping) throws SQLException {
        if (resultMap.hasNestedResultMaps()) {
            ensureNoRowBounds();
            checkResultHandler();
            // 处理嵌套映射，关于嵌套映射，这里就不分析了
            handleRowValuesForNestedResultMap(rsw, resultMap, resultHandler, rowBounds,
parentMapping);
        } else {
            // 处理简单映射
            handleRowValuesForSimpleResultMap(rsw, resultMap, resultHandler, rowBounds,
parentMapping);
        }
    }
```

在handleRowValues()方法中针对这两种映射方式进行了处理，一种是嵌套映射，另一种是简单映射。下面详细分析简单映射的处理逻辑。

```
    private void handleRowValuesForSimpleResultMap(ResultSetWrapper rsw, ResultMap resultMap,
            ResultHandler<?> resultHandler, RowBounds rowBounds, ResultMapping parentMapping)
throws SQLException {

        DefaultResultContext<Object> resultContext = new DefaultResultContext<Object>();
        // 根据 RowBounds 定位到指定行记录
        skipRows(rsw.getResultSet(), rowBounds);
        // 检测是否还有更多行的数据需要处理
        while (shouldProcessMoreRows(resultContext, rowBounds) && rsw.getResultSet().next()) {
            // 获取经过鉴别器处理的ResultMap
            ResultMap discriminatedResultMap =
resolveDiscriminatedResultMap(rsw.getResultSet(), resultMap, null);
            // 从 resultSet 中获取结果
            Object rowValue = getRowValue(rsw, discriminatedResultMap);
            // 存储结果
            storeObject(resultHandler, resultContext, rowValue, parentMapping,
rsw.getResultSet());
        }
    }
```

SQL语句的执行过程时序图如图2-13所示。

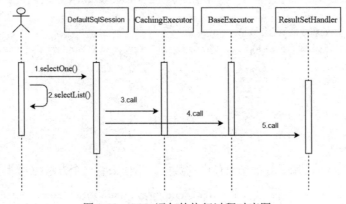

图 2-13   SQL 语句的执行过程时序图

2.11　MyBatis 面试押题

2.11.1　什么是 MyBatis

MyBatis是一个用于Java应用程序的优秀持久层框架，它专注于简化数据库访问，帮助开发人员处理Java对象与数据库对象之间的数据映射。MyBatis允许开发人员使用XML或注解来描述原生SQL语句或存储过程，将这些SQL查询结果映射到Java对象（Plain Old Java Objects，POJOs）中。通过这种方式，MyBatis在提高SQL灵活性的同时，减少了编写重复的JDBC代码的工作量。

在企业级开发中，MyBatis因其灵活性和强大的映射能力而广受欢迎。以下是MyBatis在企业级开发中常用的几个功能。

1）动态 SQL

MyBatis支持动态SQL，开发人员可以在XML映射文件中编写灵活的SQL语句，根据传入参数的不同动态地构建SQL语句。

2）插件机制

MyBatis提供了强大的插件机制，允许开发者通过实现特定的接口来扩展MyBatis的功能。这包括分页插件、日志插件、性能监控插件等，开发人员可以方便地集成到项目中以满足特定的需求。

3）二级缓存

MyBatis支持二级缓存，可以实现在不同的SqlSession之间共享数据，提高查询效率。

2.11.2　MyBatis 有哪些优缺点

MyBatis的优点如下。

- 灵活性高：MyBatis支持动态SQL，可以应对复杂的查询逻辑，适应多变的业务需求。
- 易于学习：相较于一些复杂的ORM框架，MyBatis的学习曲线较为平缓，对于初学者更友好。
- 轻量级：MyBatis没有过多的第三方依赖，核心组件简单，易于理解和维护。
- 社区活跃：MyBatis拥有活跃的社区和丰富的文档资源，便于开发者获取帮助和解决问题。

MyBatis的缺点如下。

- SQL编写工作量大：MyBatis需要开发人员手动编写大量的SQL语句，增加了开发负担。
- 数据库移植性差：MyBatis要求开发人员直接编写数据库相关的SQL，导致切换数据库时存在较大的改动。
- 异常处理复杂：MyBatis的异常需要手动捕获和处理，这对于新手来说可能较为复杂。

2.11.3　MyBatis 框架的适用场景有哪些

MyBatis适用于以下场景。

- 对性能要求高的项目：在对数据库访问速度和效率有严格要求的应用中，开发人员可以使用MyBatis编写原生SQL，对SQL进行细致的调优，提高执行效率。

- 中小型项目或初创项目：虽然大型项目也可以使用MyBatis，但对于规模较小或中等的项目，MyBatis的轻量级特性和易用性使其成为理想的选择。
- 复杂的业务逻辑处理：当业务规则复杂，需要执行复杂的SQL查询或操作时，MyBatis提供的动态SQL功能允许编写条件语句、循环等逻辑，更好地满足特定业务需求。
- 需求变化频繁的项目：对于需求经常变动的项目，MyBatis的灵活性可以快速适应需求的变化，开发人员通过修改SQL映射文件或注解即可调整数据访问逻辑，而无须大量改动代码。

2.11.4　MyBatis 与 Hibernate 有哪些异同点

MyBatis与Hibernate作为两个流行的Java持久层框架，它们在设计理念、使用方式以及适用场景方面有很多相同之处，也存在一些不同之处。

MyBatis与Hibernate有以下相同之处。

- 功能相似：两者都是为了简化Java应用程序中的数据库操作，提高开发效率，减少开发人员直接使用JDBC的烦琐。
- 持久化框架：MyBatis和Hibernate都属于ORM（Object-Relational Mapping，对象关系映射）框架，致力于解决对象模型与关系数据库模型之间的匹配和映射问题。
- 事务管理：MyBatis和Hibernate都提供了事务管理的支持，开发人员可以方便地在应用程序中控制事务边界。

MyBatis与Hibernate有以下不同之处。

- SQL控制程度。
  - MyBatis 提供了灵活的 SQL 控制权，开发者需要手动编写 SQL 语句，适合需要精确控制 SQL 执行或进行 SQL 优化的场景。
  - Hibernate 采用全自动 ORM 映射，通过 HQL（Hibernate Query Language）或 JPAQL（Java Persistence Query Language）进行查询，框架内部自动生成 SQL，使开发者无须直接触 SQL，更加面向对象。
- 适用场景。
  - MyBatis 适用于需求多变、需要灵活进行 SQL 处理的项目，如互联网应用，或者需要与现有复杂 SQL 逻辑和数据库结构紧密集成的系统。
  - Hibernate 适用于领域模型清晰、业务逻辑不太复杂且数据库操作相对标准的项目。
- 性能优化：
  - 由于开发人员可以使用 MyBatis 直接编写 SQL，针对特定查询进行优化，因此更适合对性能有严格要求的应用。
  - Hibernate 虽然自动化程度高，但在某些情况下自动生成的 SQL 可能不如手动优化的 SQL 高效，但通过合理的配置和缓存策略也能达到很好的性能表现。

2.11.5　MyBatis 中的#{}和${}的区别是什么

MyBatis中的#{}和${}都是用于动态地向SQL语句中插入参数的占位符，但它们在处理方式和安全性上有本质的不同，二者的区别主要体现在以下几点。

- 预编译与字符串替换。
  - #{}这种方式用于参数化 SQL 语句，MyBatis 会将#{}视为一个预编译的参数标记。在运行时，MyBatis 会将#{}中的内容替换为一个参数占位符，然后通过 PreparedStatement 的 set()方法来安全地设置这些参数值。这有助于防止 SQL 注入攻击。
  - $\{\}$与#{}相反，$\{\}$中的内容会被直接替换为对应的参数值，不进行任何转义处理。这意味着生成的 SQL 中会直接包含变量的值，类似于字符串拼接。这种方式不安全，容易导致 SQL 注入，因为它不对输入进行转义处理。使用$\{\}$时，需要确保传入的参数值是安全的，或者已经进行了适当的转义处理。
- 适用场景。
  - #{}用于处理 where 子句中的条件、in 语句的值列表等，任何需要动态传递值并希望 MyBatis 处理安全性和转义的情况。
  - $\{\}$通常只在需要将参数值直接拼接到 SQL 中时使用，比如表名、列名或者在 ORDER BY、GROUP BY 子句中使用动态字段名时。但需要注意，这样做有安全隐患，应谨慎使用，并需确保传入的值不会引起 SQL 注入。

推荐在大多数需要动态传递参数的场景下使用#{}，以保障SQL安全；$\{\}$则应限制在那些确实需要字符串拼接并且能确保安全的特殊场景。

2.11.6　Mapper 接口的工作原理是什么

MyBatis Mapper接口的工作原理主要基于Java的动态代理机制。MyBatis Mapper接口的工作流程说明如下：

步骤01 定义Mapper接口与XML映射文件。

开发人员需要定义一个Mapper接口，其中声明一些操作数据库的方法。同时创建一个与Mapper接口对应的XML映射文件，该文件中包含具体的SQL语句以及结果映射等信息。接口方法名通常与XML中定义的id匹配，以建立方法与SQL之间的关联。

步骤02 SqlSessionFactory初始化。

当MyBatis初始化时，会读取配置文件并通过这些配置构建SqlSessionFactory。在这个过程中，MyBatis会扫描指定的包路径来寻找Mapper接口，并解析对应的XML映射文件。

步骤03 MapperRegistry注册。

MyBatis使用MapperRegistry来管理Mapper接口。在初始化阶段，每个Mapper接口都会被注册到MapperRegistry中，并与相应的XML映射文件关联起来。

步骤04 动态代理生成。

当应用程序需要使用Mapper接口时，通过SqlSession的getMapper(Class<T> type)方法获取Mapper实例。此方法内部会利用MapperProxyFactory为Mapper接口生成一个动态代理对象。

步骤05 方法调用与SQL执行。

当应用程序调用Mapper接口的方法时，实际上是在调用动态代理对象上的方法。这个调用会被转发给MapperProxy的invoke()方法。在invoke()方法中，MyBatis会根据方法名和参数找到对应的MappedStatement，然后使用SqlSession执行SQL语句。

步骤06 结果映射。

执行完SQL语句后，MyBatis会根据映射文件中的配置将查询结果映射为Java对象，并返回给调用者。

2.11.7　MyBatis 分页插件的原理是什么

MyBatis分页插件的原理主要是基于拦截器（Interceptor）机制来实现在查询过程中动态地添加分页逻辑。以下是其工作原理的详细步骤。

步骤01 拦截SQL执行。

MyBatis分页插件作为一个拦截器，它会在MyBatis执行SQL查询之前介入。MyBatis的拦截器机制允许在SQL被执行前后插入自定义的行为，分页插件正是利用这一机制，在SQL实际发送到数据库执行前进行拦截。

步骤02 分析分页参数。

MyBatis分页插件拦截到查询请求后，会分析调用时传入的分页参数，如当前页码、每页记录数等。

步骤03 动态修改SQL。

基于分页参数，MyBatis分页插件会动态修改原始的SQL语句，为其添加分页限定语句。例如，在MySQL数据库语法中，MyBatis分页插件会添加LIMIT和OFFSET子句来实现分页；在MySQL数据库语法中，MyBatis分页插件则会使用ROWNUM、FETCH FIRST、OFFSET等语法。这样动态修改SQL就可以使查询结果被限制在指定的分页范围内。

步骤04 计算总记录数。

为了获取详细的分页数信息（如总页数等），分页插件可能还需要执行额外的SQL来计算总的记录数，通常是通过执行一个SELECT COUNT(*)查询实现的。有些插件支持自动执行计数查询，也允许开发者自定义是否需要插件帮助完成这个行为。

步骤05 处理查询结果。

插件还会处理查询后的结果集，比如封装成带有分页信息的对象（如PageInfo类），以便在应用层更容易处理分页数据和展示分页导航。

步骤06 透明化分页处理。

以上所有步骤对于开发人员来说都是透明的，开发人员只需要调用Mapper接口的查询方法，并传入分页参数，分页插件就会自动完成分页逻辑，无须在Mapper XML文件中手动编写分页SQL。

2.11.8 简述 MyBatis 缓存的工作原理

1. MyBatis一级缓存的工作原理

MyBatis一级缓存是基于SqlSession级别的，每个SqlSession都有自己的缓存空间。当执行一个查询时，MyBatis会首先查看当前SqlSession的一级缓存中是否有相应的查询结果。如果有，则直接从缓存中返回结果，不再执行数据库查询；如果没有，则执行查询并将结果放入缓存。

2. MyBatis二级缓存的工作原理

MyBatis二级缓存是基于Mapper级别的。这意味着二级缓存可以在跨SqlSession的查询中复用，提高了数据共享的范围和效率。当执行查询时，MyBatis会先检查二级缓存中是否有可用的结果，如果有，则直接返回，否则查询一级缓存。如果一级缓存中有数据，则直接使用一级缓存的结果。如果一级缓存中也没有数据，则查询数据库。

2.11.9 为什么 MyBatis 是半自动 ORM 框架

MyBatis被称为半自动ORM框架，主要基于以下几点原因。

（1）手动SQL控制。在MyBatis中，开发者需要手动编写SQL语句（包括查询、插入、更新和删除等操作），并明确指定这些SQL语句如何与Java对象进行映射。虽然这增加了开发者的控制力，但也意味着需要更多的开发投入。

（2）关联对象处理。在处理对象之间的关联关系时，MyBatis要求开发者手动编写SQL语句来完成关联对象或关联集合的查询，而不是自动根据对象关系模型来检索。相比之下，全自动ORM工具（如Hibernate）能够根据实体之间的映射关系自动处理关联查询，减少了显式SQL语句书写的需要。

（3）结果集映射。虽然MyBatis提供了强大的映射功能，允许通过XML或注解来定义结果集到Java对象的映射，但它并不自动管理这些映射的全过程。开发者必须显式地定义映射规则，包括如何从查询结果中构建复杂对象和对象集合。

（4）事务和SQL执行管理。虽然MyBatis简化了JDBC代码，如参数绑定和结果集处理，但仍然需要开发者手动管理事务边界和执行SQL的时机，这与全自动ORM工具自动管理事务和执行计划有所不同。

2.11.10 如何提升基于 MyBatis 开发的应用程序的性能

1. 使用数据库连接池

开发人员可以集成如HikariCP、Druid等高性能连接池，可以有效管理数据库连接，减少连接创建和关闭的开销，从而提高系统的响应速度。

2. SQL语句优化

开发人员应确保SQL语句简洁高效，避免全表扫描，尽量使用索引。此外，应减少查询字段的数量，只选择必要的列。

3. 缓存策略

开发人员可以通过合理利用MyBatis的一级缓存、二级缓存，避免对相同的查询重复执行SQL语句，以此提高查询效率。

4. 批处理操作

对于需要进行批量插入、批量更新等操作的场景，开发人员可以利用MyBatis的<foreach>标签进行批量处理，减少数据库交互次数，从而显著提高性能。

5. 配置文件优化

开发人员应确保MyBatis配置文件设置合理，例如调整查询超时时间、事务隔离级别等参数，以优化性能。

6. 数据库层面优化

在数据库层面，应优化索引策略，为常用的查询路径创建合适的索引，以加快查询速度。

2.11.11　MyBatis 如何实现数据库的读写分离

在企业级项目中，通常涉及配置多个数据源，并且需要一种机制来动态切换这些数据源，以便在执行读操作时使用读数据库，在执行写操作时使用写数据库。以下是几种常见的实现方法：

1. MyBatis Plugin拦截器

利用MyBatis的插件机制，可以通过拦截Executor的查询方法，在执行SQL之前动态地切换数据源。

2. 第三方插件

开源社区也有一些成熟的第三方插件，如MyBatis-Plus，这些插件提供了开箱即用的读写分离支持，只需简单的配置即可实现。

3. Spring的AbstractRoutingDataSource

Spring框架提供的AbstractRoutingDataSource是一个抽象类，可以用来动态切换数据源。开发人员需要继承它并重写determineCurrentLookupKey()方法，该方法决定当前使用哪个数据源。

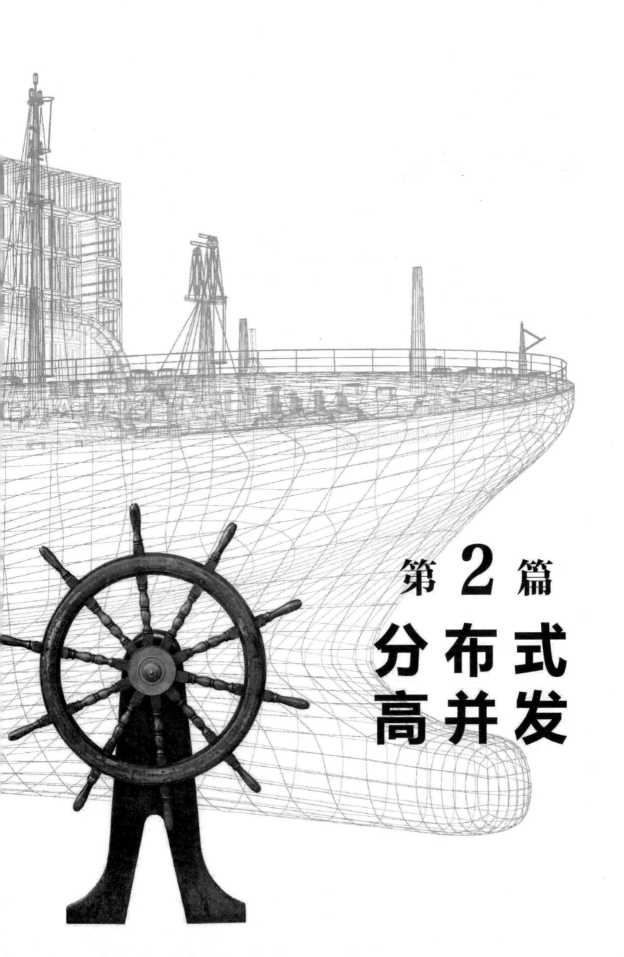

第2篇
分布式
高并发

第 3 章
高并发分流

高并发分流是指在网络系统或应用程序面临大量并发请求时,通过一系列技术手段将请求分散到多个处理单元(如服务器、缓存系统和数据库等),以减轻单一处理单元的压力,提高系统的整体处理能力和响应速度。高并发分流核心思想是通过合理的资源分配和调度,实现系统请求的负载均衡和资源利用率的最大化。

在企业级开发中,高并发分流技术的应用场景有:

(1)电商秒杀和抢购活动:在电商平台的秒杀和抢购活动(如每年的618和双十一活动等)中,由于用户数量众多且请求较为集中,系统需要处理大量的并发请求。此时,通过高并发分流技术可以将请求分散到多个服务器或缓存系统中,确保系统能够稳定运行并快速响应应用用户请求。

(2)春运火车票购票系统:类似于12306等火车票购票系统,在春运等高峰期间会面临巨大的访问压力。通过分流技术,可以有效缓解服务器压力,提高系统的并发处理能力和用户购票成功率。

(3)大型网站和应用:对于访问量巨大的大型网站和应用,如门户网站、社交媒体平台等,高并发分流技术可以帮助它们应对高并发访问,提高系统的稳定性和可用性。

(4)金融交易系统:金融交易系统对实时性和稳定性要求极高。在高并发交易场景下,通过高并发分流技术可以确保交易请求的及时处理和系统的稳定运行,降低交易延迟和故障风险。

3.1 分布式架构概念解释

1. 什么是分布式系统

将一个系统中的多个模块部署在不同服务器上,即可称为分布式系统,如将Tomcat和数据库分别部署在不同的服务器上,或者将两个相同功能的Tomcat分别部署在不同的服务器上,即可称这个系统为一个分布式系统。

2. 什么是高可用

在一个分布式系统中,系统中部分节点故障或失效时,其他节点能够接替故障节点继续提供服务,则可认为这个分布式系统实现了高可用。

3. 什么是集群

将一个特定领域的软件部署在多台服务器上，并将多台服务器作为一个整体提供一类服务，则称这个整体为集群。例如，ZooKeeper中的Master节点和Slave节点分别部署在多台服务器上，共同组成一个整体，提供集中配置服务。

在常见的集群中，客户端往往能够连接任意一个节点获得所需的服务，并且当集群中任意一个节点故障失效时，其他节点往往能够自动接替这个故障节点继续提供服务，这时说明集群具有高可用性。

4. 什么是负载均衡

当请求发送到一个系统时，把请求按照一定的规则分发到集群中的多个节点上，使系统中的每个节点都能够按照既定的规则分摊并处理请求，则可认为系统是负载均衡的。

5. 什么是正向代理

正向代理是一个位于客户端和目标服务器之间的服务器，为了从原始服务器获取内容，客户端向正向代理发送一个请求并指定目标服务器，然后正向代理向目标服务器转交请求并将获得的内容返回给客户端。

例如，一个内网系统要访问外部网络时，统一通过一个正向代理服务器把请求转发出去，在外部网络看来就是代理服务器发起的访问，此时代理服务器实现的就是正向代理。

6. 什么是反向代理

反向代理服务器位于用户与目标服务器之间，但是对于用户而言，反向代理服务器相当于目标服务器，即用户直接访问反向代理服务器就可以获得目标服务器的资源。同时，用户不需要知道目标服务器的地址，也无须在用户端进行任何设定。

反向代理服务器通常用于Web加速，它作为Web服务器的前置机，可以减轻网络和服务器的负载，从而提高访问效率。

例如，当外部请求进入系统时，代理服务器把该请求转发到分布式系统集群中的某台服务器上。对外部请求来说，与之交互的只有代理服务器，此时代理服务器实现的是反向代理。

3.2 企业系统架构的演进历程

3.2.1 单机架构

当网站应用数量和用户数量较少时，只需一台服务器即可提供服务。这时的系统架构就是单机架构。单机架构如图3-1所示。

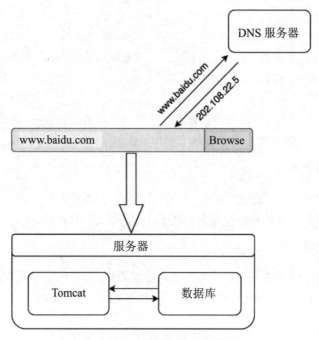

图 3-1   单机架构示意图

3.2.2   第一次演进：Web 服务器与数据库独立部署

随着用户数的增长，Web服务器和数据库之间出现资源竞争，单机架构的性能已经无法满足日益增长的业务需求和用户规模。

随着用户数量的增长和系统架构的演进，Web服务器和数据库开始独立部署，分别使用不同的服务器资源，显著提高了二者各自的性能。Web服务器与数据库独立部署的架构示意图如图3-2所示。

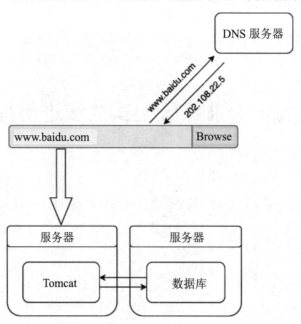

图 3-2   Web 服务器与数据库独立部署的架构示意图

3.2.3　第二次演进：引入本地缓存和分布式缓存

第一次架构演进后，随着用户数的持续增长，Web服务器和数据库的并发读写性能可能会成为新的瓶颈。此时，可以在Web服务器上或Java虚拟机（JVM）中增加本地缓存，或者在系统外部增加分布式缓存。通过缓存能把大多数重复的请求拦截掉，大大降低了Web服务器和数据库的压力。

本地缓存和分布式缓存的架构示意图如图3-3所示。

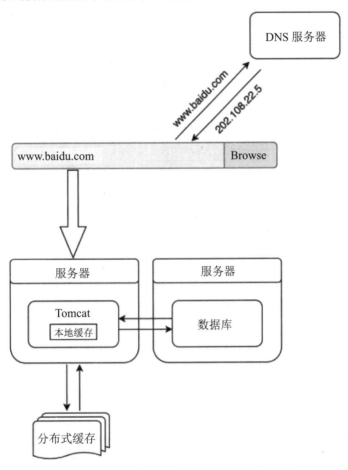

图 3-3　本地缓存和分布式缓存的架构示意图

3.2.4　第三次演进：引入反向代理

第二次架构演进后，缓存系统已经成功处理了大部分用户访问请求。然而，随着用户数的继续增长，Web服务器面临的并发压力逐渐增大，单个Web服务器已无法支撑大量的用户请求，导致系统响应速度逐渐变慢。

此时，可以在多台服务器上分别部署多个Web服务器，使用反向代理软件（如Nginx、Tengine或OpenResty）把请求分发到多个Web服务器中。假设每个Web服务器最多支持100个并发，反向代理软件最多支持50 000个并发，那么理论上反向代理软件可以把请求分发到500个Web服务器上，这样就可以支撑住50 000个并发用户同时访问网站。

反向代理的架构示意图如图3-4所示。

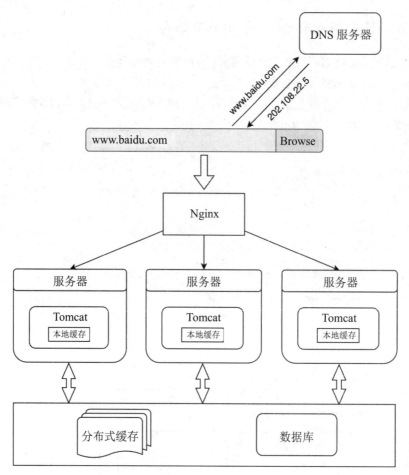

图 3-4　引入反向代理的架构示意图

3.2.5　第四次演进：引入数据库读写分离

　　虽然反向代理显著提升了应用系统支持的并发量，但随着并发量持续攀升，加剧了对后端数据库的压力，可能引发性能瓶颈的问题，业界广泛采用数据库读写分离架构作为优化手段。

　　数据库读写分离架构的核心在于将数据库系统明确划分为写集群和读集群：写集群专注于执行新增、更新及删除等写操作，确保数据的一致性和完整性；而读集群则专门承载大量的查询请求，通过水平扩展多个读库实例，结合负载均衡机制，显著增强了查询响应速度和吞吐量。为实现写库与读库间数据的一致性，通常采用高效的数据同步技术，如基于二进制日志（binlog）的实时复制机制，确保数据变更能迅速且准确地同步至所有读库，从而在提升系统扩展性的同时，保障了数据的最终一致性。

　　数据库读写分离的架构示意图如图3-5所示。

3.2.6　第五次演进：引入按业务拆分数据库

　　随着系统承载的业务逐渐增多，不同业务之间的访问量、数据量差距较大，不同业务互相竞争数据库资源，相互影响性能。此时，可以把不同业务的数据保存到不同的数据库中，使业务之间的资源竞争降低，从而提升系统性能。按业务拆分数据库的架构示意图如图3-6所示。

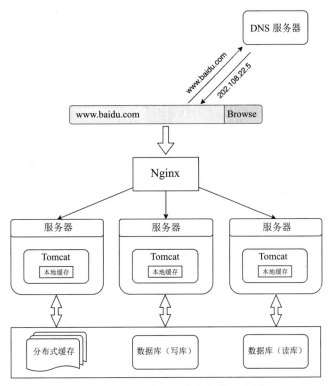

图 3-5　数据库读写分离的架构示意图

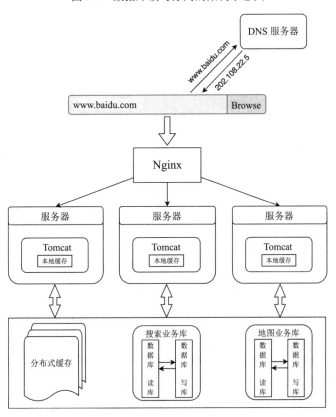

图 3-6　按业务拆分数据库的架构示意图

3.2.7　第六次演进：引入分库分表

随着业务量的不断增长，单机写库会逐渐达到性能瓶颈。此时，可以针对不同的业务按不同的维度进行拆分，如将位置信息按照省份拆分为不同的数据库，再将每一个数据库中的信息按照市区拆分为多个分表，使每张表中的数据量足够少，从而提升每一个库每一张表的性能。分库分表的架构示意图如图3-7所示。

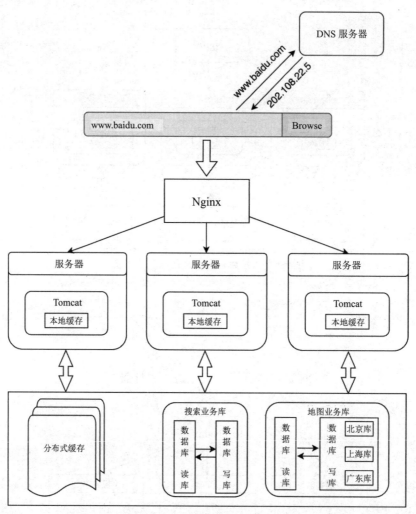

图 3-7　分库分表的架构示意图

3.2.8　第七次演进：引入使用 LVS 或 F5

数据库和Web服务器都实现了水平扩展，可支撑的并发量大幅提高，随着业务量的持续增长，最终单机的反向代理架构会遇到性能瓶颈。此时，可以在反向代理服务器上部署负载均衡解决方案，例如使用工作在网络第四层的LVS或F5等负载均衡服务。

LVS是负载均衡软件，运行于操作系统内核态，可以对TCP请求或更高层的网络请求进行转发。

F5是负载均衡硬件，与LVS提供的功能类似，性能比LVS更高，但价格昂贵。

LVS或F5架构示意图如图3-8所示。

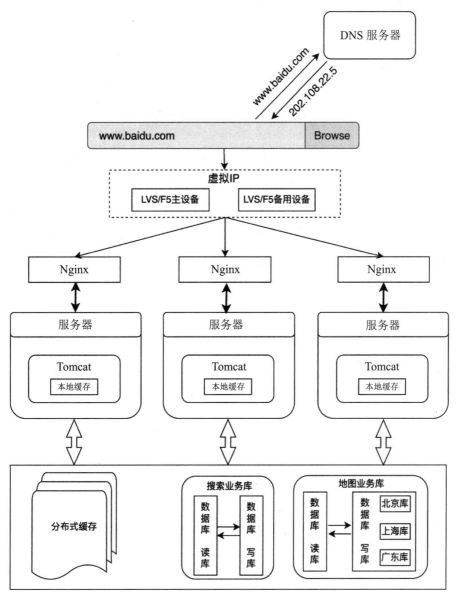

图 3-8　LVS 或 F5 架构示意图

3.2.9　第八次演进：通过 DNS 实现机房间的负载均衡

　　随着系统用户量的不断增长，当系统的并发数增长到几十万时，LVS/F5服务器最终会达到性能瓶颈。此时，用户数达到千万甚至上亿级别，用户分布在不同的地区，因为用户与服务器所在的机房距离不同，导致不同的用户访问的延迟出现明显的差异。此时，在DNS服务器中可配置一个域名对应多个IP地址，每个IP地址对应不同的机房中的虚拟IP。当不同的用户访问相应的网址时，DNS服务器会按照对应的策略选择某个IP供用户访问。这种方式能实现机房间的负载均衡。至此，系统可以做到机房级别的水平扩展。

　　DNS架构示意图如图3-9所示。

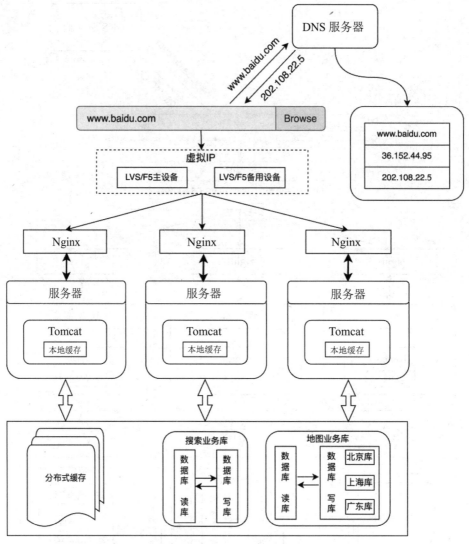

图 3-9　通过 DNS 实现机房间的负载均衡示意图

3.2.10　第九次演进：引入 NoSQL/NewSQL 等技术

当数据库中的数据量达到一定规模时，传统的关系数据库就不能满足复杂的查询场景了。例如，对于统计报表场景，在数据量较大时，不一定能准时计算出预期的结果，而且在传统的关系数据库上处理复杂查询时，会导致其他的业务查询功能变慢（如查询购物车或查询用户历史订单）。对于全文检索、可变数据结构等场景，传统的关系数据库就不适用了。因此，需要针对特定的场景，引入合适的解决方案。例如，对于海量文件存储，可通过分布式文件系统HDFS解决；对于key-value类型的数据，可通过HBase或Redis等方案解决；对于全文检索场景，可通过搜索引擎如Solr或Elasticsearch解决；对于多维分析场景，可通过Kylin或ClickHouse等技术提供解决方案。

常见的NoSQL/NewSQL有以下几种：

（1）MongoDB　　　　　　　　　　（6）Neo4j

（2）Cassandra　　　　　　　　　　（7）DynamoDB

（3）Redis
（4）HBase
（5）CouchDB
（8）Lucence
（9）Elasticsearch
（10）TiDB

引入NoSQL/NewSQL等技术示意图如图3-10所示。

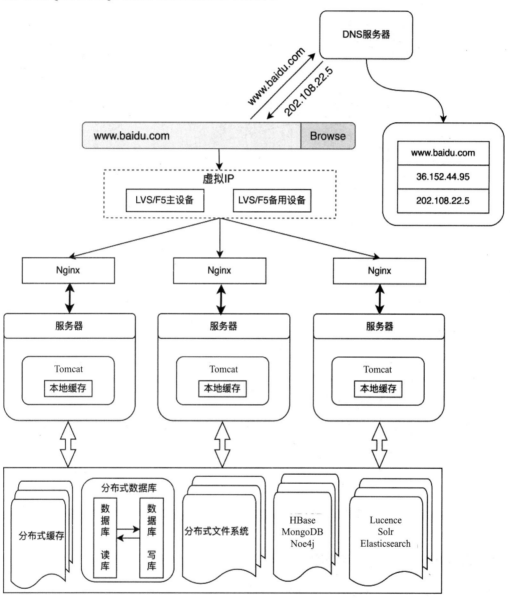

图 3-10　引入 NoSQL/NewSQL 等技术示意图

3.2.11　第十次演进：应用拆分

随着企业的业务不断发展，不同业务相互耦合的弊端开始显现。系统架构迎来应用拆分时代：按照业务板块来划分应用代码，使单个应用的职责更清晰，不同的业务模块之间可以做到独立升级迭代。

应用拆分的架构示意图如图3-11所示。

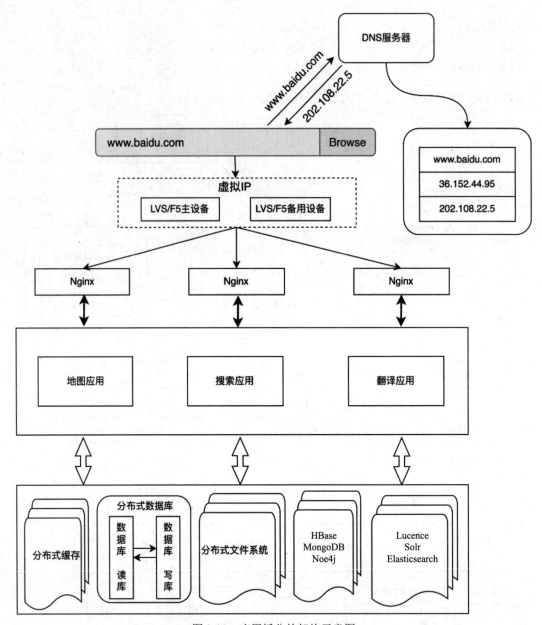

图 3-11　应用拆分的架构示意图

3.2.12　第十一次演进：引入 ESB 架构

　　通过ESB（Enterprise Service Bus，企业服务总线）进行访问协议转换，应用程序统一通过ESB来访问服务，不同的服务之间也可以通过ESB来相互调用，以此降低系统的耦合程度。

　　通过将传统的单个应用拆分为多个应用，再将多个应用间的公共服务单独抽取出来管理，并使用ESB来解除服务之间耦合问题的架构，就形成了SOA（Service-Oriented Architecture，面向服务的架构）。

　　ESB架构示意图如图3-12所示。

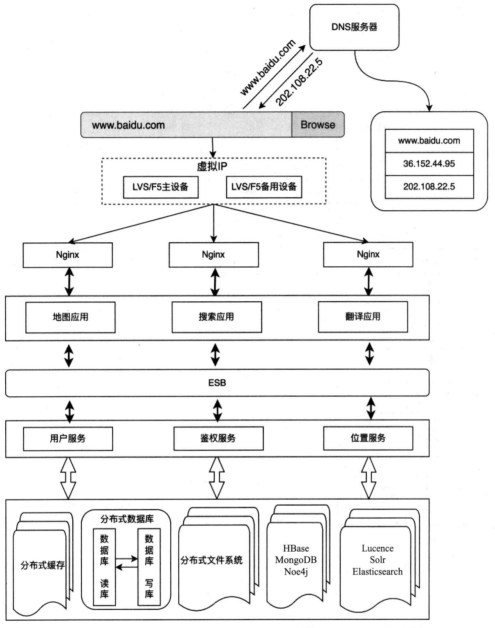

图 3-12 ESB 架构示意图

3.2.13 第十二次演进：微服务拆分

如果像用户管理、鉴权管理等功能在多个应用中普遍存在，那么可以把这些功能的代码抽取出来，形成一个单独的服务来管理，这样的服务就是通常所说的微服务。每个单独的服务都可以由单独的团队来管理。

微服务拆分架构示意图如图3-13所示。

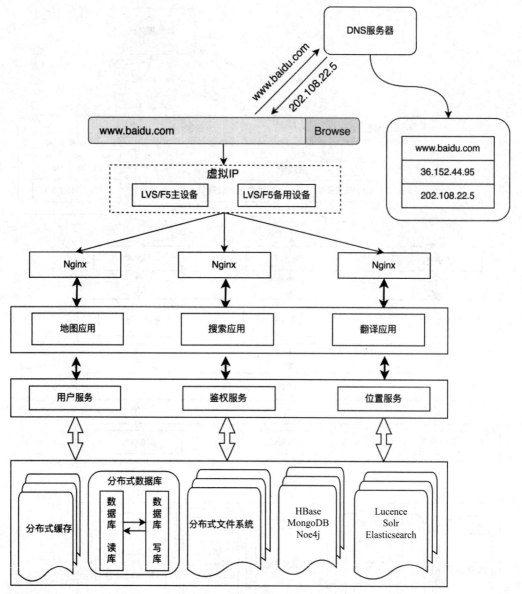

图 3-13　微服务拆分架构示意图

3.2.14　第十三次演进：引入容器化架构

将应用程序代码打包为Docker镜像后，可以使用Kubernetes（K和s之间有8个字母，以下简称K8s）动态分发和部署镜像。

Docker镜像可理解为一个能运行的最小的系统，该系统中存放着应用程序的运行代码。把这个系统打包为一个镜像后，就可以将该镜像分发到需要部署相关服务的机器上，然后启动Docker镜像就可以运行服务。通过Docker和K8s技术的结合使用，可以使服务的部署和运维变得简单、高效。

在促销或周年庆等大型促销活动开始时，可以在现有的机器集群上划出一部分服务器来启动Docker镜像，以增强服务的性能。等到大型活动结束后，就可以关闭镜像，这对机器上的其他服务不会造成影响。

引入容器化架构示意图如图3-14所示。

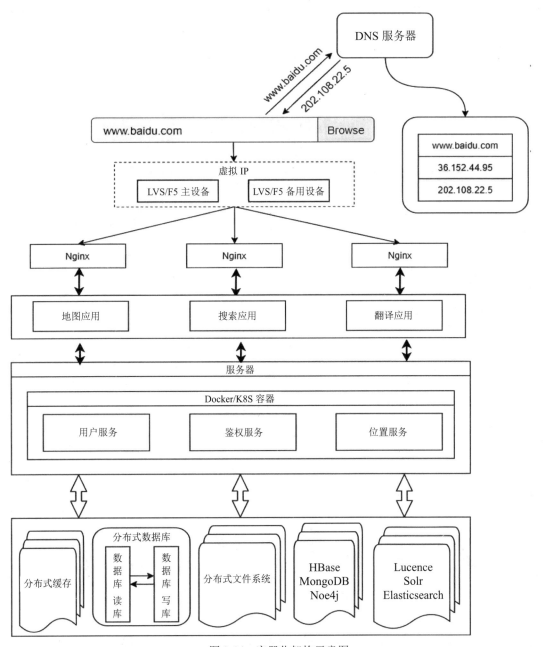

图 3-14　容器化架构示意图

3.2.15　第十四次演进：引入云平台架构

使用容器化架构后，服务动态扩容、回收问题得以解决，但是服务器资源还是需要企业自身进行管理。在非大型活动中，企业可能需要闲置大量的机器资源来应对大型活动的到来。机器自身的成本和运维成本都极高，在大型活动到来之前，这对于企业来说是一种资源浪费。

云平台可以对海量机器资源进行统一管理，将海量机器资源抽象为一个资源整体，在其上可以按需动态申请硬件资源（如CPU、内存和网络等），并且提供通用的操作系统，提供常用的技术组件供用户使用，用户无须关心使用的技术及细节，就能够解决用户的需求（如音视频转码服务、邮件服务、博客论坛等）。

云平台架构示意图如图3-15所示。

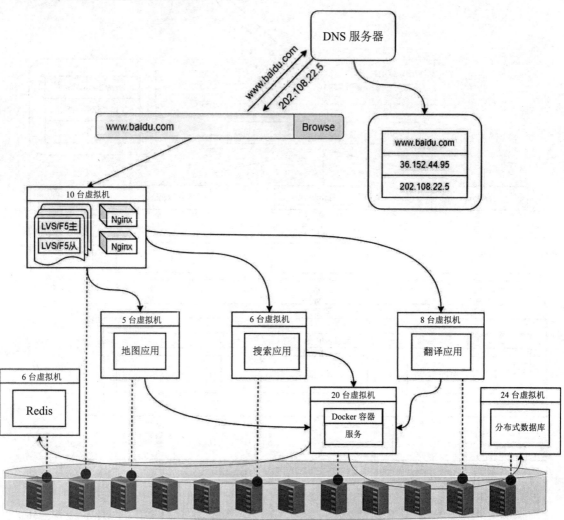

图 3-15　云平台架构示意图

3.3　Nginx 反向代理与负载均衡

开发人员在进行日常代码开发时，通常使用公司的内网（局域网），这意味着所开发的程序不能被外网（互联网）访问。为了使所开发的程序/服务能够被外网访问，必须通过代理服务器来转发请求。

3.3.1　正向代理

代理是指个体或机构在法律允许的范围内，以被代理人的名义实施法律行为，此等行为的法律后果直接归属于被代理人。根据这一定义，在日常生活实践中，以"代理车检"为例，深刻体现了代理制度的便捷性与专业性。

在车辆年检场景中，传统流程往往烦琐冗长，涉及长时间的排队等候、复杂的表格填写以及一系列的耗时操作，这对许多车主而言既不便又低效。为应对这一需求痛点，专业的"车辆年检代理服务"应运而生。车主通过正式授权，将原本需亲自完成的年检流程转交给专业代理人处理，并依据服务内容支付合理费用。在这一过程中，代理人依据授权范围，代表车主完成所有必要的检验、提交文件及沟通协调工作，确保年检流程的高效顺畅进行。

在软件与网络架构的语境中，代理的概念依然适用，但此时涉及的"代理人"与"被代理人"均转换为计算机系统或服务的角色。以正向代理为例，当客户端（如计算机1）因网络限制或性能优化需求，无法直接访问目标服务器（如法律文件存储站点）时，可借助另一台具备访问权限且性能更优的服务器（如计算机2）作为中介。在此过程中，计算机2充当代理服务器的角色，即"代理"，而计算机1则作为请求发起方，扮演了"客户端"或"被代理方"的角色。

具体实现机制为：客户端计算机1将访问请求发送至代理服务器计算机2，计算机2依据请求内容，代表客户端计算机1向目标服务器法律文件存储站点发起访问请求，并接收来自目标服务器的响应数据。随后，计算机2将这些数据转发回客户端计算机1，从而实现了客户端对目标服务器的间接访问。这一过程不仅规避了直接访问的障碍，还可以通过缓存、压缩等技术手段提升访问效率，优化用户体验。因此，在计算机网络环境中，正向代理机制是实现高效、安全网络访问的重要策略之一。

正向代理架构如图3-16所示。

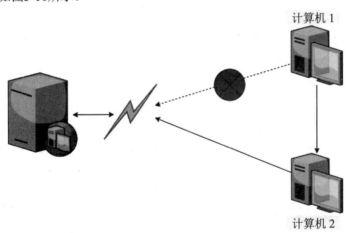

图 3-16　正向代理架构示意图

3.3.2　反向代理

反向代理的诞生根植于互联网规模的不断扩张与软件架构的持续演进中。在互联网发展的初期阶段，鉴于用户基数小、业务负载轻，多数项目得以简化部署在单一服务器上。此时，当用户访问特定站点（如门户网站）时，直接通过该站点的固定IP地址与端口进行通信即可，因为门户网站的所有服务均由这一独立服务器承载，其网络接入点（IP与端口）固定且明确。

然而，随着互联网的飞速发展和用户数量的急剧增长，单一服务器逐渐难以承受日益增长的业务压力和数据流量，同时，也暴露出了单点故障、扩展性受限及安全性薄弱等问题。为了应对这些挑战，反向代理技术应运而生。

反向代理服务器充当了客户端与真实服务器之间的中介。客户端不再直接访问目标服务器的IP地址和端口，而是向反向代理发送请求。反向代理服务器根据配置规则，将请求转发给后端的真实服务器处理，并将处理结果返回给客户端。这一机制不仅有效分散了单一服务器的负载，提高了系统的可扩展性和容错能力，还增强了安全性，通过隐藏真实服务器的地址和端口，减少了直接攻击的风险。

反向代理的诞生是互联网和软件架构发展过程中的一个重要里程碑，它标志着网络应用从简单直接的通信模式向更加复杂、高效、安全的架构模式转变。

反向代理架构如图3-17所示。

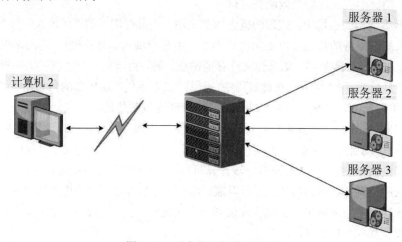

图 3-17   反向代理架构示意图

Nginx是一款高性能的反向代理服务器，以其在高并发环境下的低内存消耗和稳定性而广受好评，特别适合现代高流量网站的部署。

Nginx的核心特性说明如下。

- 反向代理：Nginx可以接收客户端的HTTP请求，并将其转发给后端服务器处理，然后将结果返回给客户端。这一过程对客户端完全透明，增强了系统的可伸缩性和安全性。
- 负载均衡：Nginx能够将流入的请求智能地分配给多个后端服务器，实现负载均衡，从而提高系统的整体处理能力和可用性。
- Web缓存：作为前端缓存服务器，Nginx可以缓存静态内容，减少对后端服务器的频繁请求，加快内容的交付速度，从而降低延迟。
- 事件驱动：Nginx采用了异步、非阻塞的事件驱动模型，能够处理数以万计的并发连接而不会消耗过多的资源。
- 模块化设计：Nginx架构高度模块化，用户可以根据需要选择加载不同的功能模块，如HTTP、SSL、压缩和访问控制等，以便进行扩展和定制。
- 配置灵活：Nginx配置文件使用简单直观的语法，允许用户通过正则表达式等手段实现复杂的请求处理逻辑。

3.4　Nginx 配置详解

　　Nginx是一款非常受欢迎的反向代理和负载均衡软件,相关人员可以通过修改nginx.conf文件中的配置项实现对Nginx的配置和调优。在实际工作中,有些企业是将Nginx的配置权限交由开发人员管理的,有些企业则将Nginx的配置权限交由专业的运维人员来管理。

　　对于初学者或专业的Java软件工程师而言,只需简单了解Nginx反向代理的基本配置即可。Nginx反向代理常用的配置项及配置示例如下。

设置404页面导向地址:

```
#错误页
error_page 404 https://www.xxx.error.com;
#如果被代理服务器返回的状态码为404,这里的error_page配置将起作用。默认为off
proxy_intercept_errors on;
```

设置支持客户端的请求方法:

```
#支持客户端的请求方法,如post/get等
proxy_method get;
```

设置支持的HTTP协议版本:

```
#Nginx服务器提供反向代理服务的HTTP协议版本,如1.0、1.1,默认设置为1.0版本
proxy_http_version 1.0
```

设置代理服务器的超时时间:

```
#Nginx服务器与被代理的服务器建立连接的超时时间,默认为60秒
proxy_connect_timeout 1;
#Nginx服务器向被代理服务器组发出read请求后,等待响应的超时时间,默认为60秒
proxy_read_timeout 1;
#Nginx服务器向被代理服务器组发出write请求后,等待响应的超时时间,默认为60秒
proxy_send_timeout 1;
#是否开启忽略客户端中断。如果设置为on开启,则服务器会忽略客户端中断,一直等着代理服务执行返回
proxy_ignore_client_abort on;
```

设置重试机制:

```
proxy_next_upstream error | timeout | invalid_header | http_500 | http_502 | http_503 |
http_504 | http_403 | http_404 | http_429 | non_idempotent | off ...;
    Default:   proxy_next_upstream error timeout;
    Context:   http, server, location
```

指定应将请求传递到下一个服务器的触发条件:

```
error           # 与服务器建立连接,向其传递请求或读取响应头时发生错误
timeout         # 与服务器建立连接,向其传递请求或读取响应头时发生超时
invalid_header  # 服务器返回空的或无效的响应
http_500        # 服务器返回代码为500的响应
http_502        # 服务器返回代码为502的响应
```

```
http_503            # 服务器返回代码为503的响应
http_504            # 服务器返回代码为504的响应
http_403            # 服务器返回代码为403的响应
http_404            # 服务器返回代码为404的响应
http_429            # 服务器返回代码为429的响应（1.11.13）
off                 # 禁用将请求传递给下一个服务器
```

设置获取客户端的真实IP：

```
#访问URL中的域名和端口，如www.taobao.com:80
proxy_set_header Host $host;
#记录真实发出请求的客户端IP
proxy_set_header X-Real-IP $remote_addr;
#用于记录代理信息，每经过一级代理(匿名代理除外)，代理服务器都会把这次请求的来源IP追加在
X-Forwarded-For中
proxy_set_header X-Forwarded-For $proxy_add_x_forwarded_for;
```

负载均衡就是将网络请求/任务等数据分摊到多个操作单元上执行，例如Web服务器、FTP服务器、企业关键应用服务器和其他关键任务服务器等，从而共同完成工作任务。

Nginx负载均衡功能的配置如下。

- upstream模块：配置服务集群IP和端口号，默认负载均衡算法是轮询的（即在多台服务器之间轮流选取服务器来处理请求）。
- server模块：配置监听的端口。
- location模块：将请求代理到upstream模块配置的服务集群。

```
#upstream模块实例代码
upstream team_server {
    server 192.168.11.120:8080;
    server 192.168.11.121:8080;
    server 192.168.11.122:8080;
}

#server模块实例代码
server {
    listen          80;
    server_name     192.168.11.128;

    charset utf-8;

    access_log  /home/nginx/logs/access.log  main;
    error_log /home/nginx/logs/error.log;

    #location模块实例代码
    location ~*^.+$ {
        proxy_pass team_server #请求转向team_server定义的服务器列表

        proxy_redirect off;
        proxy_set_header Host                   $host;
        proxy_set_header X-Real-IP              $remote_addr;
        proxy_set_header X-Forwarded-For        $proxy_add_x_forwarded_for;

        proxy_next_upstream error timeout invalid_header http_500 http_502 http_503 http_504;
        proxy_max_temp_file_size     0;
```

```
        proxy_connect_timeout           90;
        proxy_send_timeout              90;
        proxy_read_timeout              90;
        proxy_buffer_size               4k;
        proxy_buffers                4  32k;
        proxy_busy_buffers_size         64k;
        proxy_temp_file_write_size      64k;
    }
}
```

对于专业的运维工程师或者系统架构师而言，需要掌握更加详细的Nginx配置。

Nginx配置文件的结构如下：

```
...                                 #全局配置模块

events {                            #events配置模块
    ...
}

http                                #http配置模块
{
    ...                             #http全局配置模块

upstream                            #upstream配置模块

    server                          #server配置模块
    {
        ...                         #server全局配置模块

        location [PATTERN]          #location配置模块
        {
            ...
        }
        location [PATTERN]
        {
            ...
        }

    }

    Server                          #server配置模块
    {
        ...
    }

    ...                             #http全局配置模块
}
```

从配置文件的结构来看，其主要包括如下几个模块。

- 全局配置模块：此模块配置影响Nginx全局运行的指令。通常包括运行Nginx服务器的用户组、Nginx进程PID文件存放路径、日志文件存放路径、配置文件引入以及worker process数量的设置等。
- events配置模块：此模块配置影响Nginx服务器的网络连接处理。其中包含每个进程的最大连接数、事件驱动模型的选择、是否允许同时接受多个网络连接以及网络连接的序列化等设置。

- http配置模块：此模块可以嵌套多个server配置模块，用于配置代理、缓存、日志等绝大多数功能和第三方模块。例如，文件引入、MIME类型定义、日志格式自定义、sendfile传输文件的使用、连接超时时间以及单个连接的请求数等。
- server配置模块：此模块用于配置虚拟主机的相关参数，一个http配置模块中可以定义多个server配置模块。
- location配置模块：此模块用于配置请求的路由以及各种页面的处理情况。
- upstream配置模块：此模块用于设置负载均衡策略以及服务器信息。

当我们从Nginx官方网站（http://nginx.org/en/download.html）下载完Nginx安装文件后，打开conf目录下的nginx.conf文件，可以看到Nginx的默认配置如下：

```
########## 每个指令必须由分号结束#################
#user administrator administrators;      #配置用户或组，默认为nobody nobody
#worker_processes 2;                     #允许生成的进程数，默认为1
#pid /nginx/pid/nginx.pid;               #指定nginx进程运行文件存放地址
error_log log/error.log debug;           #指定日志路径级别。这个设置可以放入全局块、http块、server
块，级别依次为debug|info|notice|warn|error|crit|alert|emerg
events {
    accept_mutex on;    #设置网络连接序列化，防止惊群现象发生，默认为on
    multi_accept on;    #设置一个进程是否同时接受多个网络连接，默认为off
    #use epoll;         #事件驱动模型，select|poll|kqueue|epoll|resig|/dev/poll|eventport
    worker_connections  1024;                     #最大连接数
}
http {
    include       mime.types;                     #文件扩展名与文件类型映射表
    default_type  application/octet-stream;       #默认文件类型，默认为text/plain
    #access_log off;                              #取消服务日志
    log_format myFormat '$remote_addr-$remote_user [$time_local] $request $status
$body_bytes_sent $http_referer $http_user_agent $http_x_forwarded_for'; #自定义格式
    access_log log/access.log myFormat;           #combined为日志格式的默认值
    sendfile on;    #允许以sendfile方式传输文件，默认为off，可以在http块、server块、#location块
    sendfile_max_chunk 100k;    #每个进程每次调用传输数量不能大于设定的值，默认为0，即不设上限
    keepalive_timeout 65;       #连接超时时间，默认为75s，可以在http块、server块、location块

    upstream myserver {
    # Nginx会将请求转发到本地机器上的7878端口
    # 这是主要的、默认的服务器
    # 当请求到达时，如果它处于活动状态，Nginx会首先尝试将请求转发给它
    server 127.0.0.1:7878;
    # 将这个服务器作为备用（或称为"热备"）服务器
    # 只有当所有的非备用服务器都不可用时，Nginx才会将请求转发到这个备用服务器
    # 这通常用于提高系统的可用性和容错能力
      server 192.168.100.121:3333 backup;
    }
    error_page 404 https://www.baidu.com;         # 错误页
    server {
        keepalive_requests 120;                   # 单连接请求上限次数
        listen       4545;                        # 监听端口
        server_name  127.0.0.1;                   # 监听地址
        location  ~*^.+$ {            #请求的URL过滤，正则匹配，~为区分大小写，~*为不区分大小写
```

```
        #root path;              #根目录
        #index vv.txt;           #设置默认页
        proxy_pass http://myserver;   #请求转向mysvr定义的服务器列表
        deny 127.0.0.1;          #拒绝的IP
        allow 172.18.5.54;       #允许的IP
    }
  }
}
```

以上配置项的原理较为复杂，影响面较大，属于高阶用法。感兴趣的读者可以参考笔者列举出的配置项及其中文含义，自行进行测试和验证。

3.5　OpenResty

OpenResty是一个基于Nginx的高性能Web平台，它将Nginx服务器与LuaJIT动态脚本语言紧密集成，允许开发者通过Lua脚本扩展Nginx的功能，以实现高度定制化的Web应用开发。

OpenResty不仅仅是一个简单的Nginx扩展，它是一个全功能的平台，包含标准的Nginx核心功能、大量的精选第三方模块以及这些模块的依赖项，形成一个强大的生态系统。

OpenResty与Nginx的关系总结如下。

- 核心基础：OpenResty的核心是Nginx，它保留了Nginx的所有优点，如高性能、高并发处理能力以及低资源消耗。
- 增强扩展：在Nginx的基础上，OpenResty通过集成LuaJIT，使开发人员能够在Nginx配置文件中嵌入Lua代码，这样就能够利用Lua的灵活性和动态性来定制处理HTTP请求的逻辑，比如实现复杂的访问控制、API网关以及各种中间件处理等。
- 模块丰富：OpenResty打包了许多预先编译好的第三方模块，这些模块通常涉及缓存、过滤、安全、监控等方面，使得开发者能够快速构建功能丰富的Web服务和应用。
- 性能提升：因为OpenResty集成了LuaJIT，并且LuaJIT是一个Just-In-Time编译器，LuaJIT能够显著提升Lua脚本的执行效率，因此它可以增强OpenResty的性能。

OpenResty（也称作ngx_openresty）是一个基于Nginx的可伸缩的Web平台，由中国人章亦春发起，提供了很多高质量的第三方模块。

OpenResty是一个强大的Web应用服务器，开发人员可以使用Lua脚本语言调用Nginx支持的各种C语言和Lua语言模块。OpenResty可以快速构造出足以胜任10K以上并发连接响应的超高性能的Web应用系统。

阿里云、新浪、腾讯网、去哪儿网、酷狗音乐等都是OpenResty的深度用户。

3.5.1　OpenResty 的安装

在Linux服务器下载和安装OpenResty的步骤如下：

```
# 下载OpenResty
wget https://openresty.org/download/ngx_openresty-1.19.9.1.tar.gz
# 解压OpenResty
tar xzvf ngx_openresty-1.19.9.1.tar.gz
# 进入OpenResty解压后的目录
cd ngx_openresty-1.9.7.1/
# 配置OpenResty，使用./configure --help可以查看更多的配置选项
./configure
# 编译安装OpenResty
make
make install
```

OpenResty安装成功后，开发人员可以使用OpenResty直接输出HTML页面。创建一个用于测试的nginx.conf配置文件，具体代码如下：

```
worker_processes  1;
error_log logs/error.log;
events {
    worker_connections 1024;
}
http {
    server {
        listen 9000;
        location / {
            default_type text/html;
            content_by_lua '
                ngx.say("<p>Hello, World!</p>")
            ';
        }
    }
}
```

接下来，使用curl命令测试OpenResty是否可以正常工作：

```
curl http://localhost:9000/
```

执行以上命令，得到的结果如下：

```
<p>Hello, World!</p>
```

3.5.2 OpenResty 限流案例

OpenResty在Nginx的基础上扩展了很多功能，接下来以高并发场景下的服务限流为例，介绍OpenResty如何实现对服务的限流。

OpenResty结合Lua脚本可以实现多种限流算法：

- 限制接口总并发数。
- 限制接口时间窗口内的请求数。
- 平滑限制接口请求数。
- 漏桶算法限流。
- 令牌桶算法限流。

下面以令牌桶算法限流为例，讲解OpenResty结合Lua脚本实现令牌桶算法限流。

令牌桶算法是网络流量整形（Traffic Shaping）和速率限制（Rate Limiting）中最常使用的一种算法。令牌桶算法用来控制发送到网络上的请求数量，并允许突发请求的发送。

令牌桶算法的核心思想是：假如用户配置的平均发送速率为r，则每隔1/r秒将一个令牌加入桶中。假设桶最多可以存放n个令牌。如果新的令牌到达时令牌桶已经满了，那么这个令牌会被丢弃。当一个请求到达时，需要从令牌桶中获取x个令牌，获取令牌成功后，才可以处理该请求，如果令牌桶中的令牌数量不足x个，那么请求将会被阻塞。

下面将通过一个令牌桶限流场景分析OpenResty配置。该场景限制IP每分钟只能调用/test接口3次。

```
server {
    listen        80;
    server_name  localhost;
    charset utf-8;
    #access_log  logs/host.access.log  main;

    # 限流示例
    location /test {

        default_type 'text/html';
        access_by_lua_block {

            -- 导入模块
            local limit_count = require "resty.limit.count"

            -- 限流规则：每分钟可以受理3次
            local lim, err = limit_count.new("my_limit_count_store", 3, 60)
            if not lim then
                ngx.log(ngx.ERR, "failed to instantiate a resty.limit.count object: ",
err)

                return ngx.exit(500)
            end

            local key = ngx.var.binary_remote_addr
            local delay, err = lim:incoming(key, true)
            -- 如果请求数在限制范围内
             ngx.log(ngx.ERR,"delay: ",delay," err: ",err)
            if not delay then
                if err == "rejected" then
                    ngx.say("访问太频繁了..","delay: ",delay," , err: ",err)
                    -- return ngx.exit(503)
                end
                ngx.log(ngx.ERR, "被限流啦...... ", err)
                return ngx.exit(500)
            end

            ngx.say("success")
        }

    }
}
```

关于OpenResty的更多详细配置，读者可以参考链接：https://github.com/openresty/lua-resty-limit-traffic。

3.6　高并发分流面试押题

3.6.1　什么是分布式架构

分布式架构是一种软件架构模式,该架构允许同一个应用程序的不同组成部分部署在多个网络互联的服务器上,这些服务器协同工作,为用户提供统一的服务,对用户而言,这些服务就像是由单个系统提供的。这种分布式架构设计允许应用程序跨越多台机器实现资源的共享、任务的并行处理以及数据的分布式存储,从而达到提高系统性能、可扩展性、可靠性和容错性的目的。

常见的分布式系统架构应用场景有云计算平台、大数据处理系统、分布式数据库、内容分发网络、分布式文件系统等。

3.6.2　什么是面向服务的架构

面向服务的架构(SOA)是一种软件设计模式,该架构将应用程序构建为一系列相互独立的服务,这些服务之间通过定义良好的接口相互通信,相互配合完成特定的业务功能。SOA的核心思想是将应用程序的不同服务作为独立的实体暴露出来,每个服务都遵循一定的协议和接口规范,独立于具体的实现细节。

SOA架构不仅是一种技术架构,也是一种设计原则和组织理念,它强调的是服务的可发现性、复用性、互操作性和可组合性。SOA架构旨在促进系统的灵活性、可维护性和可扩展性。

3.6.3　什么是微服务架构

微服务架构是一种将应用程序构建为一套小型、自治服务的架构模式,该架构中的每个服务都运行在独立的进程中,服务之间通过轻量级通信机制进行交互,每个服务都围绕着业务能力进行构建,并且能够通过自动化部署机制独立部署。

微服务架构的优势如下。

(1)高内聚、低耦合:微服务架构中的每一个服务聚焦于单一职责,易于理解和维护。

(2)独立部署:微服务架构中的服务之间相互独立,修改或部署一个服务不会导致整个应用系统的功能不可用,提高了系统的稳定性。

(3)技术多样性:微服务架构中的每一个服务可以选择最适合的技术栈,不必受限于整个系统的技术选型。

(4)可扩展性:微服务架构中的每一个服务可根据业务需求独立扩展任意服务,例如在大促期间,可以单独扩展订单服务和支付服务。

微服务架构的劣势如下。

(1)运维复杂度高:在微服务架构中,随着业务的不断变化,服务数量的增加,监控、日志收集、服务间的依赖管理和协调变得更为复杂。

(2)网络开销:在微服务架构中,服务之间的通信往往存在一定的延迟和带宽消耗。

（3）数据一致性问题：在微服务架构中，跨多个服务的数据一致性维护是一个挑战，尤其是在涉及多个服务的事务处理中。

（4）开发复杂性增加：在微服务架构中，需要对诸如分布式事务、服务发现、负载均衡、容错处理等难题制定相应的解决方案。

3.6.4　SOA 架构和微服务架构的区别和联系

SOA架构和微服务架构之间的联系主要体现在以下几个方面。

（1）分布式特性：SOA架构和微服务架构都属于分布式系统的设计理念范畴，二者都是将系统拆分成多个独立的组件或服务，这些组件或服务可以在不同的服务器或进程中运行，通过网络进行通信。这样做旨在提高系统的可伸缩性、容错能力和灵活性。

（2）服务导向：SOA架构和微服务架构都强调以服务为中心的思想，即系统由多个可独立部署和调用的服务组成，每个服务完成特定的业务功能。

SOA架构和微服务架构之间的区别主要体现在以下几个方面。

（1）服务粒度。

- SOA架构中的服务粒度相对较大，倾向于将整个业务流程或功能模块作为一个服务，服务间通过ESB（企业服务总线）进行通信和集成，侧重于服务的重用和企业级集成。
- 微服务架构中的服务粒度更细，每个服务专注于完成单一职责的小型功能，服务间直接通过API调用，而非依赖于集中式总线，追求极致的解耦和独立性。

（2）技术实现。

- SOA架构的技术实现依赖于重量级的中间件，如ESB，用于服务发现、协议转换、消息路由等。
- 微服务架构的技术实现依赖于轻量级通信机制（如RESTful API和RPC等）和现代化技术栈（如Docker容器化、Kubernetes编排、API Gateway等），并且更加强调自动化部署和DevOps实践。

（3）设计理念。

- SOA架构的设计理念侧重于解决企业内部系统间的集成问题，通过标准化接口和服务契约促进不同系统间的互操作性。
- 微服务架构的设计理念除考虑系统集成外，更强调快速迭代、敏捷开发和部署。

（4）服务治理。

- SOA架构的服务治理可能涉及更复杂的治理策略和中央化的服务管理。
- 微服务架构中的服务数量众多，整体治理和运维的复杂度上升，需要有效的服务发现、监控、日志管理等机制辅助微服务架构落地。

3.6.5　什么是容器化架构

容器化架构是一种基于操作系统级别的虚拟化技术，容器化架构允许将应用程序及其所有依赖、配置文件、运行时环境等封装在一个可移植的虚拟容器中。与传统虚拟化技术不同，容器不是模拟一个完整的操作系统，而是直接在宿主机的操作系统上运行，共享宿主机的资源。因此，容器化架构更轻量，启动更快。Docker是最著名的容器技术实现。

3.6.6　正向代理与反向代理的区别是什么

正向代理与反向代理是两种不同的代理服务器，二者的主要区别在于代理的对象、位置、目的以及客户端和服务器对此代理的认知程度。以下是它们之间的关键区别。

（1）代理对象。

- 正向代理是客户端的代理，主要作用于客户端。它位于客户端和目标服务器之间，帮助客户端访问外部网络资源，如网页、服务或API。
- 反向代理是服务器的代理，主要作用于服务器端。它位于服务器和客户端之间，用于接收来自客户端的请求，然后转发给后端服务器集群。

（2）代理位置。

- 正向代理通常部署在客户端所在的网络边缘，例如企业的局域网出口处或个人用户的设备上。
- 反向代理通常部署在服务器端，靠近服务器集群或作为入口点处理所有入站流量。

（3）代理目的。

- 正向代理主要用于访问控制、匿名访问（隐藏客户端真实IP）、绕过地理限制。
- 反向代理主要用于负载均衡、SSL卸载、缓存、安全防护（如DDoS防御）、内容分发和URL重写。它隐藏了后端服务器的真实IP，对外呈现单一入口点。

（4）客户端认知。

- 客户端知道正向代理的存在，并且直接向代理发起请求，代理再将请求转发给目标服务器。
- 客户端通常不知道反向代理的存在，认为直接与目标服务器通信，而实际上与之交互的是代理服务器。

3.6.7　微服务拆分的依据

微服务拆分的依据主要包括以下几个关键方面。

（1）领域模型。领域模型是最常见的拆分依据，开发人员按领域将系统按照业务功能或子域拆分为多个微服务。每一个微服务应围绕一个特定的业务能力构建，比如订单管理、用户管理、库存管理等。这有助于保持服务的高内聚和低耦合。

（2）技术界限。根据技术复杂度或技术栈的不同进行拆分。例如，将海量计算服务与常规业务逻辑服务分开，或将基于特定技术（如机器学习模型）的服务独立出来。

（3）团队组织结构。依据团队的专业技能和职责范围进行拆分。每一个团队负责一个或多个相关的微服务，这种拆分方式有利于提高开发效率和团队的自治性。

（4）非功能性需求。将性能要求较高或访问量较大的服务单独拆分出来，以便对其进行独立的优化和扩展。例如，秒杀服务或大数据分析服务可能需要独立部署和扩展。

（5）数据一致性。按照数据的访问模式和事务边界来拆分服务，尽量减少跨多个微服务的数据访问和事务处理，确保数据的一致性和服务的解耦。

（6）复用性。将通用的功能或组件抽离成独立的服务，如认证服务、支付服务等，供多个其他服务调用，提高代码的复用率。

3.6.8　OpenResty 和 Nginx 的区别与联系

OpenResty和Nginx之间既有区别，也有紧密的联系。

OpenResty和Nginx之间的联系主要体现在以下几个方面。

（1）基础：OpenResty是以Nginx为核心基础发展起来的。它包含Nginx的所有功能，并在其上进行了扩展。

（2）兼容性：OpenResty完全兼容Nginx的配置语法和特性，这意味着任何有效的Nginx配置在OpenResty中同样适用。

（3）高性能：OpenResty继承了Nginx的高性能和稳定性，能够处理高并发连接，适合作为Web服务器和反向代理。

OpenResty和Nginx之间的区别主要体现在以下几个方面。

（1）扩展性：OpenResty最大的特点是加入了Lua编程支持，开发人员可以通过Lua脚本灵活扩展OpenResty的功能，以实现更复杂的逻辑处理，比如访问控制、动态内容处理、API网关功能等。

（2）内置模块：OpenResty预置了许多常用的第三方模块，比如ngx_lua模块、ngx_http_lua_module模块等，这些模块大大增强了OpenResty的功能。相比于Nginx，开发人员使用OpenResty无须单独下载和编译这些第三方模块。

（3）复杂度：由于OpenResty提供了更高级的功能，其配置和使用相对于Nginx来说更为复杂，开发人员对于OpenResty的学习成本更高。

（4）适用场景：虽然Nginx本身已经足够强大，但OpenResty更适合那些需要在请求处理过程中加入定制逻辑或者实现复杂流量控制的应用场景。

3.6.9　如何使用 Nginx 实现灰度发布

灰度发布是一种软件发布策略，旨在平滑地将新版本的软件或功能按照一定的策略逐步推广给用户使用，同时尽可能减少对整体系统稳定性的影响。在灰度发布过程中，新版本软件的功能并不会立即推送给所有用户，而是先开放给一小部分用户，让这一小部分用户测试新版本软件在实际环境中的表现。经这一小部分用户验证通过后，逐步让所有用户体验新版本的软件功能。

使用Nginx实现灰度发布主要涉及根据特定的规则配置Nginx，从而将用户请求分发到不同版本的应用服务器上。以下是Nginx实现灰度发布的一些方法。

1. 基于请求头或Cookie实现灰度发布

开发人员可以根据HTTP的请求头或Cookie中的信息来决定该请求应该被转发到哪一台后端应用服务器上。这里使用Cookie中的version字段作为判断依据：

```
http {
    upstream main_server {
```

```
        server app.main.example.com weight=100;
    }

    upstream gray_server {
        server app.gray.example.com weight=1;
    }

    server {
        listen 80;

        location / {
            if ($cookie_version = "gray") {
                proxy_pass http://gray_server;
            }
            proxy_pass http://main_server;
        }
    }
}
```

2. 基于IP哈希

基于IP哈希的灰度策略是使用用户请求的IP地址的哈希值来实现灰度发布，这种策略可以确保同一用户在整个会话中总是访问同一灰度版本。

第 4 章
分布式协调服务

分布式协调服务（Distributed Coordination Service）主要用于解决分布式环境中多个进程之间的同步控制问题，确保不同的进程能够有序地访问共享资源或执行特定任务，从而防止数据冲突或不一致的情况发生。这种服务在分布式系统中扮演着至关重要的角色，它通过提供一系列的协调机制，帮助系统各个部分保持一致性和稳定性。

在企业级开发中，分布式协调服务通常在以下场景中发挥作用。

（1）同步控制：分布式协调服务可以确保多个进程或节点在访问共享资源时能够按照开发者预定的顺序进行，避免并发冲突导致业务异常。

（2）数据一致性：分布式协调服务可以用于维护分布式系统中各个节点之间的数据一致性，确保所有节点保存的数据都是最新的。

（3）服务发现与注册：分布式协调服务可以实现微服务节点的动态发现和注册，使得新加入的节点能够被其他节点感知，已失效的节点能够被及时剔除。

（4）负载均衡：分布式协调服务可以在多个服务节点之间分配负载，确保系统的整体性能和资源利用率。

（5）容错处理：分布式协调服务提供了容错机制，确保在部分节点失效时，系统仍然能够正常运行。

4.1 ZooKeeper 的基础知识

4.1.1 什么是 ZooKeeper

ZooKeeper是一个分布式应用程序协调服务。ZooKeeper提供了简单的原始功能，分布式应用程序可以基于ZooKeeper提供的原始功能来实现更高级的服务，如分布式同步、配置管理、集群管理、命名管理和队列管理等服务。

4.1.2 什么是 CAP 理论

CAP理论是指对于任意一个分布式计算系统来说，不可能同时满足以下三点。

- 一致性（Consistency）：所有节点访问同一份最新的数据副本。

- 可用性（Availability）：系统必须在任何时候都能够响应客户端请求，并且不会出现响应超时或者响应错误的情况。这要求系统即使在面临网络分区或节点故障时，也能够保持对外提供服务的能力。
- 分区容错性（Partition Tolerance）：当分布式系统在遇到任何网络分区故障的时候，仍然能够对外提供满足一致性和可用性的服务，除非整个网络环境都发生了故障。

下面将结合图4-1分别解释一致性、可用性和分区容错性的含义。

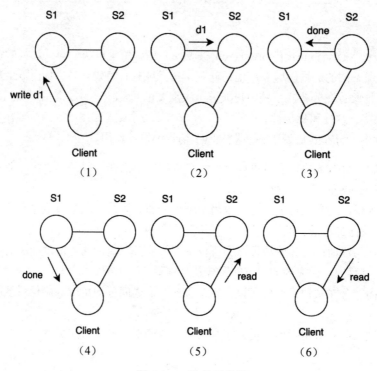

图 4-1　一致性示意图

一致性的含义可以结合以下几个步骤进行解释。

步骤01 客户端向服务器S1发起写入数据d1的请求，并等待S1返回响应结果。S1收到写入请求后，保存数据d1，而此时服务器S2并未收到数据d1，S1和S2存在数据不一致。

步骤02 S1将数据d1同步至服务器S2，通过这种方式使S1和S2的数据一致。

步骤03 S2保存数据d1后，返回响应结果到S1。

步骤04 S1收到S2保存d1成功的响应结果后，S1给客户端响应：数据d1写入成功。

步骤05 客户端再次发起读取请求。

步骤06 S2受理客户端发起的读取请求，并返回数据d1给客户端。

可用性是指系统中的非故障节点对于集群收到的每个请求都必须有响应。如果客户端向服务端发送请求，并且服务端集群未完全崩溃，则服务端集群必须响应客户端，不允许服务端集群忽略客户端的请求不做任何处理。

分区容错性是指允许从一个节点发送到另一个节点的任意多条消息丢失，即数据不同步。例如，S1和S2发送给对方的任何消息都是可以放弃的，也就是说，S1和S2可能因为各种意外情况导致无法成功进行同步。但分布式系统要能容忍这种情况，并在该情况发生时依旧能够提供服务。

4.1.3 ZooKeeper 对 CAP 的支持

ZooKeeper作为一个分布式系统，满足CAP理论，即ZooKeeper无法同时满足一致性、可用性和分区容错性。

ZooKeeper的设计初衷是尽量满足一致性（Consistency）和分区容错性（Partition Tolerance），因此通常也称ZooKeeper保证CP特性。

ZooKeeper降低可用性的情况如下：

- ZooKeeper不能保证每次请求的可用性。极端环境下，ZooKeeper可能会丢弃一些请求，客户端程序需要重新请求才能获得结果。例如，短暂时间内，ZooKeeper数据未达到一致性或出现短暂的网络分区情况，此时需要客户端程序重新请求ZooKeeper才能获取到结果。
- ZooKeeper集群进行Leader节点选举时不可用。在使用ZooKeeper获取服务列表时，当主节点因为网络故障与其他节点失去联系时，剩余节点会重新进行选举。如果选举的时间太长，且选举期间整个ZooKeeper集群都是不可用的，就会导致在选举期间ZooKeeper集群瘫痪。

4.1.4 ZooKeeper 与其他注册中心对比

随着微服务架构不断在企业中推广和使用，微服务注册中心的选型越来越受到企业重视，关于微服务注册中心的选型及其合理性、优缺点的面试题越来越多。ZooKeeper是目前企业微服务架构中较为常用的注册中心之一，与之类似的注册中心还有Eureka、Nacos和Consul等，如表4-1所示。

表 4-1　常见的注册中心对比

特性/名称	ZooKeeper	Eureka	Nacos	Consul
CAP 理论支持	CP	AP	CP/AP	CP
雪崩保护	不支持	支持	支持	不支持
自动注销实例	支持	支持	支持	支持
访问协议	TCP	HTTP	HTTP/DNS	HTTP/DNS
Spring Cloud 集成	支持	支持	支持	支持
Dubbo 集成	支持	不支持	支持	支持

在实际的企业级开发中，开发人员需要结合实际的业务场景及注册中心的优缺点做出合理的技术选型。

4.2　ZooKeeper 有哪些节点类型

ZooKeeper是以类似文件系统组织数据的，ZooKeeper的数据保存在数据节点这种特殊的数据结构中，通常将数据节点称为Znode。多个Znode之间组织成具有层级关系的树形结构，如图4-2所示。

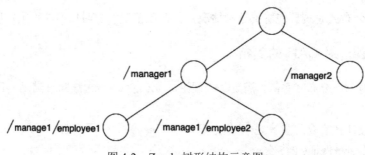

图 4-2　Znode 树形结构示意图

ZooKeeper的数据节点可以分为以下7种。

（1）PERSISTENT：持久节点。当会话关闭后，持久节点仍然存在，持久节点可以创建子节点。只有通过删除持久节点才能使持久节点消失。

（2）PERSISTENT_SEQUENTIAL：持久顺序节点。当会话关闭后，持久顺序节点仍然存在，持久顺序节点可以创建子节点。ZooKeeper创建持久顺序节点时会在路径上加上顺序编号作为路径后缀。只有通过删除持久顺序节点才能使持久顺序节点消失。持久顺序节点适用于分布式锁和分布式服务选举等场景。

（3）EPHEMERAL：临时节点。临时节点会在客户端会话断开后自动删除。临时节点不能创建子节点。临时节点通常用于分布式服务间的心跳检测和服务发现等场景。

（4）EPHEMERAL_SEQUENTIAL：临时顺序节点。临时顺序节点会在客户端会话断开后自动删除。ZooKeeper创建临时顺序节点时会在路径上加上顺序编号作为路径后缀。临时顺序节点不能创建子节点。

（5）CONTAINER：容器节点。自3.6.0版本后，ZooKeeper支持容器节点。容器节点通常用于选举、分布式锁等场景。容器节点可以创建子节点。当容器节点没有任何子节点时，该容器节点将会被ZooKeeper定期删除。

（6）PERSISTENT_WITH_TTL：带有存活时间的持久节点。自3.6.0版本后，ZooKeeper支持带有存活时间（Time To Live，TTL）的持久节点。如果在指定的存活时间内，该节点没有被修改且无子节点，则该节点将会被删除。

（7）PERSISTENT_SEQUENTIAL_WITH_TTL：带有存活时间的持久顺序节点。自3.6.0版本后，ZooKeeper支持带有存活时间的持久顺序节点。ZooKeeper创建带有存活时间的持久顺序节点时会在路径上加上顺序编号作为路径后缀。如果在指定的存活时间内，该节点没有被修改且无子节点，则该节点将会被删除。

4.3　ZooKeeper 节点有哪几种角色

ZooKeeper中的节点主要分为两类：Leader节点和Follower节点。这两类节点会在LOOKING状态、FOLLOWING状态和LEADING状态之间切换。

- 当ZooKeeper启动或集群发起新的一轮选举时，ZooKeeper所有的节点将处于LOOKING状态，此时集群中没有Leader节点。

- 当 ZooKeeper 启动成功或集群完成了一轮选举，选举出一个 Leader 节点后，此时选举出的 Leader 节点将切换到 LEADING 状态。
- 当集群中的其他节点发现已经有 Leader 节点产生时，这些节点将切换到 FOLLOWING 状态，然后保持与 Leader 节点的数据同步。
- 当 Follower 节点与 Leader 节点失去联系时，Follower 节点会切换到 LOOKING 状态。

除上述两类节点外，ZooKeeper 中还有另一类节点：Observer 节点。Observer 节点的功能类似于 Follower 节点，能够处理读请求，但不参与选举过程和投票。Observer 节点用于扩展系统的读能力，提高吞吐量，因为它们不参与决策过程，所以在大型集群中可以增加更多的 Observer 节点而不影响写操作的性能。

4.4　什么是 ZooKeeper 的 Watch 机制

ZooKeeper 的 Watch 机制保证分布式架构中的服务可以及时发现当前环境中的一些数据变化，协调整个分布式集群，使之达到数据一致性。Watch 机制是 ZooKeeper 作为分布式协调服务和分布式注册中心的一个重要前提。

ZooKeeper 的读操作可以设置 Watch 监听点，如使用 getData、getChildren 和 exists 等命令时。

ZooKeeper 的 Watch 机制可以监听以下两类数据的变化：

- 数据变化。
- 子节点变化。

ZooKeeper 的 Watch 机制触发的时机包含：

- 节点创建。
- 节点数据变化。
- 节点删除。
- 子节点变化。

ZooKeeper 的 Watch 机制的实现原理可以概述为以下 4 个步骤：

步骤 01　ZooKeeper 客户端注册 Watcher 到 ZooKeeper 服务端。
步骤 02　ZooKeeper 服务端发生变更。
步骤 03　ZooKeeper 服务端通知 ZooKeeper 客户端数据变更。
步骤 04　ZooKeeper 客户端回调相对应的 Watcher，以此来响应 ZooKeeper 服务端的数据变更。

ZooKeeper 的 Watch 机制的原理如图 4-3 所示。

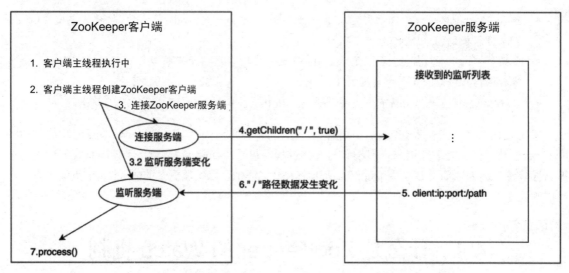

图 4-3　ZooKeeper 的 Watch 机制示意图

4.5　什么是 ZooKeeper ACL 权限控制

ACL（Access Control List，访问控制表）是对ZooKeeper节点安全性方面的设计，开发人员通过ACL可以保障ZooKeeper的数据安全性。

ACL的主要命令说明如下。

- getAcl：获取某个节点的ACL权限信息。
- setAcl：设置某个节点的ACL权限信息。
- addauth：输入认证授权信息。

ZooKeeper权限列表可以表示为[scheme:id:permissions]，各组成部分的含义如下。

- scheme：代表采用的某种权限机制。scheme可以分为以下类型。
  - world: 只对应一个id，叫anyone，world:anyone代表任何人都可以访问。
  - auth: 用于授予指定用户的ACL权限，要注意先创建用户。
  - digest: 可用于账号和密码的登录和验证。
  - ip: 限制IP地址的访问权限。
  - super: 设置超级权限，可以做任何事情（cdrwa）。
  - id: 授权对象，权限赋予某一个具体用户或IP地址。
- permissions：权限组合字符串，由cdrwa组成，其中每个字母代表支持不同权限。
  - c: create，表示可以创建子节点。
  - d: delete，表示可以删除子节点。
  - r: read，表示可以读取节点数据和子节点列表。
  - w: write，表示可以设置节点数据。
  - a: admin，表示拥有管理权限，可以设置节点的权限。

4.6　Paxos 算法的原理是什么

Paxos算法是由Leslie Lamport（莱斯利·兰伯特）提出的一种基于消息传递的分布式一致性算法。Lamport使用希腊的一个小岛Paxos作为比喻，描述了Paxos小岛中通过决议的流程，并以此命名这个算法。

Paxos算法的核心原理在于确保在一个可能发生各种异常的分布式系统中，各个节点之间能够就某个值达成一致，且这种一致性不会因为网络延迟、节点故障、消息丢失等异常情况而被破坏。

4.6.1　分布式系统面临的挑战

分布式系统虽然解决了包括高并发、大数据量处理、可用性和可扩展性等问题，但分布式系统也面临一些挑战。例如，在一个3副本集群系统中，如果一台机器上传了一张图片，那么另外两台机器必须复制这张图片过来，以保证整个系统处于一致的状态。

为了实现分布式系统的一致性共识，分布式系统面临以下挑战。

1. 主从同步复制的挑战

主从同步复制架构的工作原理是：数据最先保存在主节点，然后主节点通过同步复制的方式使从节点上的数据保持一致性。只有当数据真正安全地复制到所有机器节点上之后，主节点才会告知客户端数据已经安全。主从同步复制的原则能够确保数据的高可靠性。

主从同步复制的挑战：如果分布式系统中任何一个机器节点发生故障或宕机，整个系统的写入操作将无法继续进行。这种情况显然是不可接受的，因为这会导致系统在面对节点故障时缺乏弹性。

2. 主从异步复制的挑战

主从同步复制架构的工作原理是：主节点在接收到数据后，异步地将这些数据同步给从节点。在异步复制中，由于数据更改是先在主节点上完成，再异步地传输到从节点，因此该架构存在数据不一致的风险。

主从异步复制的挑战：如果主节点在数据更改传输到从服务器之前发生故障，那么从节点上的数据将不会包含这些更改，导致数据不一致。

3. 半同步复制的挑战

半同步复制架构的工作原理是：半同步复制架构介于全同步复制和异步复制之间，它不要求所有从节点都必须成功保存主节点的所有数据，它的目标是尽可能多地将主节点的数据复制到从节点上。只要保存数据的从节点副本数达到一定数量，整个分布式系统就可以维持较高的一致性水平。即使分布式系统中某个从节点发生故障或宕机，也不会导致整个系统无法进行写入操作。

半同步复制架构的挑战：如果主节点出现故障或网络中断，从节点中保存的数据可能存在大量的不一致的情况，虽然集群还能继续提供服务，但数据准确性缺少保障。

4. 多数派复制的挑战

多数派复制架构的工作原理是：确保主节点的每一条数据在超过半数以上的从节点复制成功之后，才视为这一条数据保存成功。此外，在每次读取数据时，都必须验证是否有超过半数以上的节点保存了该条数据。

多数派复制架构的挑战：在连续两次更新同一数据时，可能会出现数据不一致的情况。例如，在一个由4个节点组成的集群中，假设从节点1和从节点2都保存了数据X的值为A，随后主节点接收到客户端的请求，将X的值更新为B。在这次复制过程中，如果从节点2和从节点3成功将X更新为B，但从节点1尚未完成更新。当客户端尝试读取数据X时，如果连接到的是节点1和节点2，客户端可能会遇到两个不同的X值，即从节点1保存的X=A，从节点2保存的X=B。

5. 版本号递增的挑战

版本号递增架构的工作原理是：为了解决多数派复制可能带来的数据一致性问题，可以在每次数据写入或更新时引入版本控制机制，例如使用写入或更新的时间戳作为数据的版本号。在读取数据时，系统以版本号最高的数据为准，忽略版本号较低的数据。这样，在多数派复制的场景中，即使客户端可能读取到两条不同的数据X，但由于数据B具有更高的版本号，客户端将读取到X=B，从而消除数据歧义。

版本号递增架构的挑战：例如，在一个由4个节点组成的集群中，客户端首先写入X=A，从节点1和从节点2完成了多数派复制；随后客户端再次写入X=B，但此时只有从节点3完成了复制，而从节点1和从节点2还未收到X=B的更新。如果此时主节点发生故障或宕机，从节点1和从节点2上的数据仍然是X=A。当客户端发起读取请求并连接到从节点2和从节点3时，发现从节点3上的X=B版本号更高，但此时的X=B未满足多数派复制原则，这种情况下，分布式系统的数据一致性仍然存在歧义。

4.6.2　分布式系统难题的转换

现在我们设想有这样一个分布式存储系统：该分布式存储系统由3台机器组成，系统采用多数派复制原则，整个系统中只保存一个变量X，每次对X的更新都会附带一个新的版本号。该系统支持以下命令。

- set命令：用于设置变量X的值。
- get命令：用于读取X的值。
- inc命令：用于对变量X进行自增操作，同时生成一个新的版本号。

我们将通过这个系统逐步展示Paxos算法如何解决分布式系统的一致性问题。

对于set命令，只需满足多数派复制原则即可完成X值的设置。

对于inc命令，首先需要读取当前X的值，然后对该值增加一个特定的数值n，最后将更新后的值(X+n)写回分布式存储系统。然而，在多请求并发执行的情况下，inc命令可能会引发数据不一致的问题。例如，如果有两条并发请求同时到达系统并执行inc命令，它们可能会相互覆盖对方的结果，导致数据一致性问题。如图4-4所示，假设X的初始值为2、版本号为1，客户端C1和客户端C2并发执行inc命令，分别对X增加1和2。如果两个请求没有正确同步，最终得到的X值可能为4，而不是预期的5。

在客户端C1和客户端C2并发执行更新的场景中，我们期望最终的变量X能够更新为5，这要求客户端C2能够感知到X已经被客户端C1修改为X=3，然后基于X=3的值进行进一步的更新。

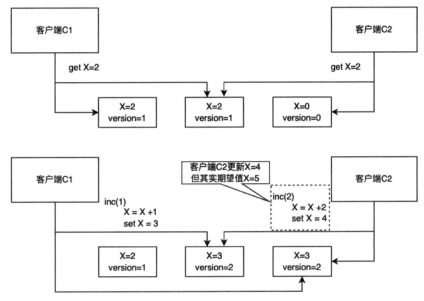

图 4-4　并发执行 inc 命令示意图

为了使这个分布式存储系统达到我们的期望，必须确保X的每个版本在写入后不能被再次修改。这就需要一个机制来保证每个版本的X只能被成功写入一次。

这个问题可以简化为：如何确认一个值X已经被成功写入。解决这个问题的一个方法是，在客户端C1和客户端C2执行写操作之前，先进行一次读取操作，以确认X的当前值是否已经被其他客户端更新。然而，这里存在并发问题：如果客户端C1和客户端C2同时读取到X的值尚未被更新，然后它们都尝试执行写入操作，这可能导致部分数据更新被覆盖。

为了解决这个问题，每个存储节点需要增加一个功能：记录最后一次执行写前读取操作的客户端，并只允许这个客户端进行后续的写入操作，同时拒绝其他客户端在此期间的写入请求。这就是Paxos算法的核心思想之一。

接下来的问题是如何确定在客户端C1和客户端C2之间，哪一个最后执行了写前读取操作，并据此决定谁有权进行后续的写入。

4.6.3　Paxos 算法的执行过程

为了了解Paxos算法的执行过程，我们需要了解该算法中的一些专业术语。

（1）Proposer：提案人，用于表示发出提案的节点。

（2）Acceptor：接收者，用于表示存储提案的节点。

（3）Quorum：多数派，用于表示指过半数以上的Acceptor。

（4）Round：Paxos算法的一次运行过程。每个Round包含两个阶段，分别用phase-1和phase-2表示。每个Proposer必须生成全局单调递增的Round编号，以区分不同Proposer和Round的顺序。

（5）last_rnd：Acceptor记住的最后一次进行写前读取的Proposer的Round编号，以决定谁有权在接下来的流程中写入值。

（6）v：最后被写入的值。

（7）vrnd：记录v被写入的Round编号。

Paxos算法的执行过程分为两个阶段：phase-1和phase-2。下面将通过伪代码分析这两个阶段的执行过程。

1. Paxos算法phase-1阶段分析

phase-1执行写前读取过程，在Acceptor上记录标识，准备进行写入操作。同时，检查是否有未完成的Paxos算法执行，如果有，则尝试恢复；如果没有，则继续执行当前操作。

以下面的伪代码来描述phase-1阶段的请求和应答模式：

```
request:
    rnd: int
response:
    last_rnd: int
    v: "xxx",
    vrnd: int
```

phase-1阶段的执行过程如图4-5所示。

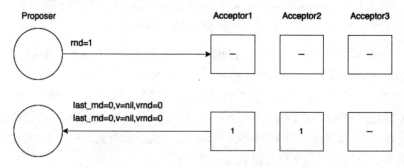

图4-5　phase-1 阶段的执行过程示意图

步骤01 如果Proposer请求中的rnd比Acceptor的last_rnd小，则拒绝该请求；否则进入**步骤02**。

步骤02 将Proposer请求中的rnd保存在Acceptor的last_rnd中。此后这个Acceptor只接受带有这个last_rnd的phase-2阶段的请求。

步骤03 当Acceptor返回应答时，Proposer带上自己之前的last_rnd和之前已经接受的v。

步骤04 当Proposer收到过半数以上（Quorum）的应答时，则认为本次Paxos算法可以继续运行。如果Proposer没有联系到半数以上的Acceptor，则整个系统可能会陷入停滞。因此，Paxos算法可以有效运行的一个前提是失效的节点少于半数。

当phase-1阶段结束后，Proposer根据收到的Acceptor的响应执行以下逻辑：

步骤01 如果应答数不满足Quorum，则退出；否则进入**步骤02**。

步骤02 如果所有的应答返回的v都是空的，表明此时系统没有被其他任何客户端写入过。此时，Proposer将要写入的值通过phase-2阶段写入半数以上的Acceptor中。如果不是空的，则进入**步骤03**。

步骤03 如果收到的应答中的last_rnd大于发出的rnd，则Proposer退出；否则进入**步骤04**。

步骤04 如果收到的应答中包含被写入的v和vrnd，则Proposer将认为有其他的客户端正在执行，虽然Proposer不知道对方是否已经执行成功，但任何写入操作都不可以被修改。因此，Proposer将从收到的应答中选择最大的vrnd对应的v作为phase-2阶段要写入的值。

2. Paxos算法phase-2阶段分析

Paxos算法的phase-2阶段主要是将Proposer选定的值写入Acceptor中，这个值可能是Proposer本身要写入的值，也有可能是在phase-1阶段从某个Acceptor上读取到的值。

以下面的伪代码来描述phase-2阶段的请求和应答模式。

```
request:
    v: "xxx",
    rnd: int

reponse:
    ok: bool
```

phase-2阶段的执行过程如图4-6所示。

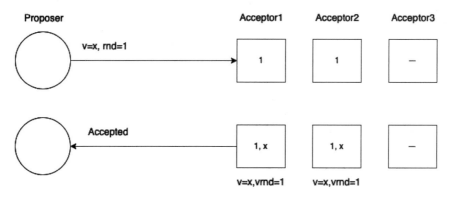

图 4-6　phase-2 阶段的执行过程示意图

步骤01 如果请求中的rnd与Acceptor本地记录的last_rnd不一致，Acceptor将拒绝此次写入请求。这种情况可能需要进入冲突处理流程，具体细节将在4.5.4节中进行分析。否则，进入 **步骤02**。

步骤02 如果请求中的rnd等于Acceptor本地的last_rnd，这表明在当前Proposer之前没有其他Proposer成功写入过其他值。在这种情况下，Acceptor将把phase-2阶段请求中的值(v)写入本地，并将其标记为已接收的值。

4.6.4　Paxos 算法示例

下面将通过同时运行Proposer 1和Proposer 2来分析这两个客户端彼此的Paxos算法的执行过程。

Proposer 1运行Paxos期间被Proposer 2阻断，如图4-7所示。

图4-7所示的场景每个步骤的描述如下：

步骤01 Proposer 1成功执行phase-1阶段，将rnd=1写入Acceptor 1和Acceptor 2。

步骤02 Proposer 2用更大的rnd=2执行phase-1阶段，覆盖了Proposer 1的rnd，将rnd=2写入Acceptor 2和Acceptor 3中。

步骤03 Proposer 1以为自己还可以继续执行phase-2阶段，但实际上Proposer 1只能对Acceptor 1执行phase-2阶段，无法对Acceptor 2和Acceptor 3执行phase-2阶段。

步骤04 Proposer 2执行phase-2阶段可以执行成功，成功完成v=y, rnd=2的写入。

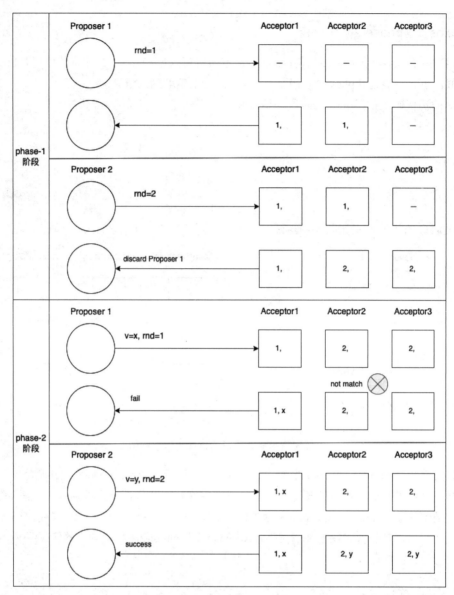

图 4-7　Paxos 算法的执行过程示意图

接下来我们分析 Proposer 1 阻塞后的运行场景，Proposer 1 阻塞后，将按照图4-8处理后续的流程。

步骤01 当 Proposer 1 在 phase-2 阶段执行失败后，Proposer 1 需要重新开启一轮 Paxos 算法，使用更大的 rnd=3 依次执行 phase-1 阶段和 phase-2 阶段。

步骤02 Proposer 1 再次执行 phase-1 阶段，尝试将 rnd=3 写入所有的 Acceptor 中。此时，Proposer 1 发现了两个不同的值：vrnd=1, v=x 和 vrnd=2, v=y。此时，Proposer 1 无法直接将 rnd=3 写入所有的 Acceptor 中。Proposer 1 将尝试修复这种情况。

步骤03 Proposer 1 以为自己还可以继续执行 phase-2 阶段，但实际上 Proposer 1 只能对 Acceptor 1 执行 phase-2 阶段，无法对 Acceptor 2 和 Acceptor 3 执行 phase-2 阶段。此时 Proposer 2 执行 phase-2 阶段可以执行成功，Proposer 2 成功完成 rnd=2, v=y 的写入。

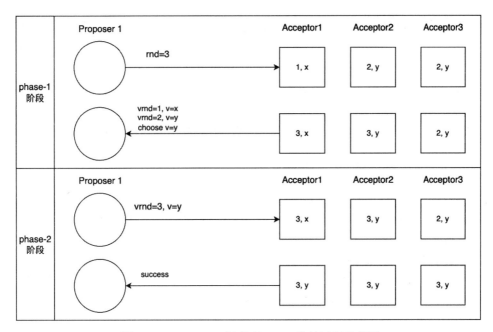

图 4-8 Proposer 1 再次执行 Paxos 算法运行示意图

步骤 04 **步骤 02** 中的 Proposer 1 进行新一轮的 Paxos 算法，Proposer 1 将选择 vrnd=2, v=y 作为当前集群的最新值，并以 rnd=3 继续执行 Paxos 算法。最终 Proposer 1 将 vrnd=3, v=y 写入所有的 Acceptor 中。

4.7 基于 Paxos 的优化算法有哪些

4.7.1 Multi Paxos 算法

Paxos 算法每次写入一个值都需要经过两个阶段：phase-1 阶段和 phase-2 阶段。Multi Paxos 算法在原始的 Paxos 算法基础上，改进了 phase-1 阶段的效率，通过一次 RPC 调用为多个 Paxos 算法同时运行 phase-1 阶段。

例如，Proposer X 可以一次性为 v1~v10 这 10 个值运行 phase-1 阶段，这 10 个 Paxos 算法实例分别选择的 rnd 为 1~10，这样比每个值独立运行一次 Paxos 算法节省了 9 次 RPC 请求的时间。

4.7.2 Fast Paxos 算法

Fast Paxos 算法重新描述了算法中的几个主要角色，分别说明如下。

- Client/Proposer/Learner：负责提案并执行提案。
- Coordinator：Proposer 协调者，可为多个，Client 通过 Coordinator 进行提案。
- Leader：在众多的 Coordinator 中指定一个作为 Leader。
- Acceptor：负责对 Proposal 进行投票表决。

Paxos 算法在出现竞争的情况下，其收敛速度较慢。例如，当有 3 个及以上的 Proposer 在发送请求后，短时间内很难有一个 Proposer 收到半数以上的回复，从而导致不断地执行 phase-1 阶段。因此，为了避免竞争，加快Paxos算法的收敛速度，在该算法中引入一个Leader角色，在算法运行中只能有一个节点充当Leader角色，其他的节点充当Acceptor角色，同时所有的节点都扮演Learner角色。

在Fast Paxos算法中，Client的提案信息由Coordinator进行协调，Coordinator可以存在多个，但是Leader必须从Coordinator选出。提案由Leader交由各个Acceptor进行表决，之后Client作为Learner学习产生的决议结果。

Fast Paxos算法充分考虑了Client/Server架构的通用性，更清晰地体现了Client在该算法中同时扮演Proposer和Learner的角色。

Fast Paxos算法的执行过程如下。

步骤 01 Phase1a：Leader提交Proposal到Acceptor。

步骤 02 Phase1b：Acceptor回应已经获得的最大Proposer编号和对应的Value。

步骤 03 Phase2a：Leader收集Acceptor的返回值。

- Phase2a-1：如果Acceptor无返回值，则发送一个Any消息给Acceptor，之后Acceptor便等待Proposer提交Value。
- Phase2a-2：如果Acceptor有返回值，则根据规则选取编号最大的提案。

步骤 04 Phase2b：Acceptor把表决结果发送到Learner（包括Leader）。

通过以上Fast Paxos算法的执行步骤可知，如果Acceptor返回的Value为空，则Acceptor可以等待Proposer直接提交Value值。从流程来看，消息仅需在Proposer→Acceptor→Learner之间进行传递。

4.8 ZAB 协议的原理是什么

ZAB（ZooKeeper Atomic Broadcast，ZooKeeper原子广播）协议是ZooKeeper用来保证分布式事务最终一致性的机制。ZAB协议借鉴了Paxos协议，支持故障恢复和原子广播等功能。基于ZAB协议，ZooKeeper实现了主备模型，确保系统各主节点和副本之间的数据一致性。ZAB协议的核心原理涉及两种基本模式：原子广播（atomic broadcast）和故障恢复（crash recovery）。

4.8.1 原子广播

ZAB协议的消息广播机制使用的是一个原子广播协议。原子广播协议类似于两阶段提交过程。客户端发起的写请求完全由Leader节点接收，Leader节点将客户端写请求封装为一个事务Proposal，然后Leader节点将事务Proposal发送至所有的Follower节点。每个Follower节点对Leader节点发送来的事务Proposal进行本地日志存储，然后Follower节点返回ACK给Leader节点。如果有半数以上的Follower节点成功响应ACK，则Leader节点首先进行提交，随后Leader节点将提交操作发送给所有的Follower节点，最后Follower节点进行提交。

原子广播可以分为以下几个步骤：

步骤 01 Leader节点将数据同步至Follower节点，如图4-9所示。

步骤 02 Leader节点等待Follower节点返回ACK，半数以上Follower节点成功返回ACK即视为成功。如图4-10所示。

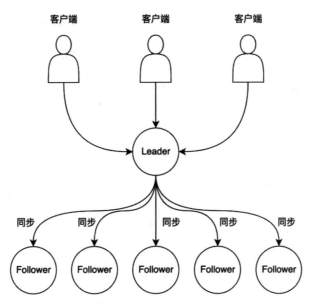

图 4-9 Leader 节点将数据同步至 Follower 节点示意图

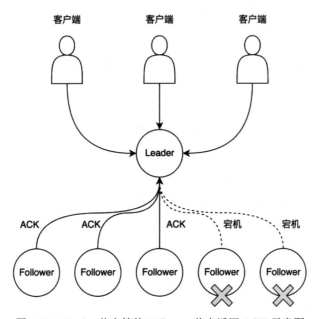

图 4-10 Leader 节点等待 Follower 节点返回 ACK 示意图

步骤 03 当Leader节点收到半数以上的Follower节点的ACK后，执行提交操作，并要求所有的Follower
节点进行提交，如图4-11所示。

步骤 04 每个Follower节点接收到Leader节点发送来的提交请求，各自完成对事务的提交操作。

在原子广播的运行过程中，需要注意以下几个关键细节：

- Leader节点收到客户端写请求后，将写请求封装为事务，并分配一个全局递增的ID，即事务
  ID（ZXID）。每个事务需要按照ZXID的先后顺序进行处理。
- Leader节点和Follower节点之间有一个消息队列用于解耦。

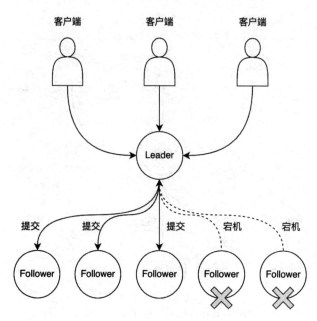

图 4-11　Leader 节点执行提交示意图

为了保证有序性，只有Leader节点可以接受写请求，Follower节点即使接收到客户端的写请求，也需要将写请求转发至Leader节点处理。

4.8.2　故障恢复

在消息广播的过程中，如果Leader节点故障/宕机，则进入故障恢复模式。崩溃可以理解为Leader节点与半数以上的Follower节点失去联系。

Leader节点崩溃时可能出现以下场景：

- Leader在同步数据给所有的Follower节点后出现崩溃。
- Leader在收到半数以上的Follower返回的ACK后，Leader节点完成提交，同时发送部分提交信息给Follower，Leader节点出现崩溃。

故障恢复主要包括两部分：Leader选举和数据恢复。

1. Leader选举

针对上述Leader节点崩溃的场景，ZAB协议定义了以下两条原则：

- ZAB协议确保已经被Leader提交的Proposal必须最终被所有的Follower服务器提交。
- ZAB协议确保丢弃已经被Leader提出的但是没有被提交的Proposal。

根据上述要求，ZAB协议需要保证在故障恢复中选举出来的Leader节点满足以下条件：

- 新选举出来的Leader节点不能包含未提交的Proposal，即新选举的Leader节点必须是从已经提交了Proposal的Follower节点中产生的。
- 新选举的Leader节点中含有最大的ZXID。这样做的优点是可以避免Leader节点检查Proposal的提交和丢弃工作。

2. 数据恢复

在故障恢复过程中，当新的Leader节点选举产生后（新的Leader节点具有最大的ZXID），在Leader节点正式开始工作之前（接收新的请求，然后提出新的Proposal），Leader节点需要确认事务日志中所有的Proposal是否已经被集群中半数以上的Follower节点提交了，即所有的Follower节点是否都完成了数据恢复。这样做的目的是保证新的Leader节点与所有的Follower节点保持数据一致。

如果Leader节点发现有部分Proposal未完成数据恢复，Leader节点需要将所有已提交的Proposal同步至所有的Follower节点。等到Follower节点将所有的未同步的Proposal都同步完成后，Leader节点才会将该Follower节点加入真正可用的Follower列表中。

4.8.3　ZXID 生成规则

ZXID也称作事务id，是ZooKeeper为了保证事务的顺序一致性而设计的。所有的Proposal都在被提出的时候加上了ZXID。在ZAB协议中，处理或丢弃Proposal都是基于ZXID的，ZXID是如何生成的呢？

ZXID是一个64位的数字，ZXID的高32位是epoch，ZAB协议通过epoch编号来区分Leader节点的变化，每一个Leader节点被选举出来都会生成一个新的epoch，新的epoch生成规则为：new epoch = old epoch + 1。ZXID的低32位可以看作一个递增的计数器，针对客户端的每一个事务请求，Leader节点都会产生一个新的事务Proposal并对该计数器进行加1操作。

下面以朝代的变更为例阐述ZXID的生成规则。

- ZXID的高32位就好比皇帝的年号，每个皇帝都有自己的年号，随着王朝的兴衰更替，新的王朝都会修改年号。对应ZooKeeper中的Leader节点变更，新的Leader节点的epoch会在前一个Leader节点的epoch基础上加1。
- ZXID的低32位就好比皇帝在位统治的年限或周期。对应ZooKeeper中当前Leader节点受理的Proposal数量，每成功受理一个Proposal就将ZXID的低32位加1。

ZXID生成规则如图4-12所示。

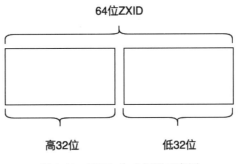

图 4-12　ZXID 生成规则示意图

4.9　ZooKeeper 代码分析

ZooKeeper的启动入口类是QuorumPeerMain，当执行QuorumPeerMain类的main()方法时，main()

方法的第一个参数用于指定ZooKeeper配置文件的路径。ZooKeeper的配置文件是一个Properties文件，配置文件中的一些核心配置项如下。

- dataDir：配置ZooKeeper数据存储目录。
- dataLogDir：配置ZooKeeper事务日志存储目录。
- clientPort：配置ZooKeeper客户端与服务端通信的端口。
- tickTime：配置ZooKeeper客户端与服务端之间维持心跳的时间间隔，即每间隔一个tickTime时间就会发送一个心跳。tickTime以毫秒为单位。
- initLimit：配置集群中的Follower节点与Leader节点之间初始化连接时能容忍的最长时间间隔，即最多可容忍的tickTime的数量。
- syncLimit：配置集群中的Follower节点与Leader节点之间的请求和应答能够容忍的最多心跳数。
- server.id：配置参与仲裁协议的服务器IP和端口号。

除上述配置文件外，在ZooKeeper的数据目录下有一个名为myid的文件，该文件保存了当前节点的id。

分析ZooKeeper的启动脚本（在Linux上，ZooKeeper的启动脚本为zkServer.sh，在Windows上，ZooKeeper的启动脚本为zkServer.cmd），可以发现，ZooKeeper启动的入口类为QuorumPeerMain。QuorumPeerMain类的main()方法代码如下：

```java
public static void main(String[] args) {
    QuorumPeerMain main = new QuorumPeerMain();
    try {
        main.initializeAndRun(args);
    } catch (IllegalArgumentException e) {
        LOG.error("Invalid arguments, exiting abnormally", e);
        LOG.info(USAGE);
        System.err.println(USAGE);
        System.exit(2);
    } catch (ConfigException e) {
        LOG.error("Invalid config, exiting abnormally", e);
        System.err.println("Invalid config, exiting abnormally");
        System.exit(2);
    } catch (Exception e) {
        LOG.error("Unexpected exception, exiting abnormally", e);
        System.exit(1);
    }
    LOG.info("Exiting normally");
    System.exit(0);
}
```

main()方法很简单，它调用了QuorumPeerMain内部的initializeAndRun()方法：

```java
protected void initializeAndRun(String[] args)
    throws ConfigException, IOException
{
    // 1. 读取配置文件
    QuorumPeerConfig config = new QuorumPeerConfig();
    if (args.length == 1) {
        config.parse(args[0]);
```

```
    }
    // 2．创建并启动历史文件清理器
    DatadirCleanupManager purgeMgr = new DatadirCleanupManager(config
            .getDataDir(), config.getDataLogDir(), config
            .getSnapRetainCount(), config.getPurgeInterval());
    purgeMgr.start();

    if (args.length == 1 && config.servers.size() > 0) {
        // 3．集群启动模式
        runFromConfig(config);
    } else {
        LOG.warn("Either no config or no quorum defined in config, running "
                + " in standalone mode");
        // 4．单机启动模式
        ZooKeeperServerMain.main(args);
    }
}
```

initializeAndRun()方法会区分ZooKeeper单机模式和集群模式，针对不同的模式进入相应的启动流程。

4.9.1　ZooKeeper 单机模式代码分析

在单机模式下，ZooKeeper调用ZooKeeperServerMain类的main()方法启动服务：

```
public static void main(String[] args) {
    ZooKeeperServerMain main = new ZooKeeperServerMain();
    try {
        main.initializeAndRun(args);
    } catch (IllegalArgumentException e) {
        LOG.error("Invalid arguments, exiting abnormally", e);
        LOG.info(USAGE);
        System.err.println(USAGE);
        System.exit(2);
    } catch (ConfigException e) {
        LOG.error("Invalid config, exiting abnormally", e);
        System.err.println("Invalid config, exiting abnormally");
        System.exit(2);
    } catch (Exception e) {
        LOG.error("Unexpected exception, exiting abnormally", e);
        System.exit(1);
    }
    LOG.info("Exiting normally");
    System.exit(0);
}
```

main()方法会调用initializeAndRun()方法：

```
protected void initializeAndRun(String[] args)
    throws ConfigException, IOException
{
    try {
```

```
        ManagedUtil.registerLog4jMBeans();
    } catch (JMException e) {
        LOG.warn("Unable to register log4j JMX control", e);
    }

    ServerConfig config = new ServerConfig();
    if (args.length == 1) {
        config.parse(args[0]);
    } else {
        config.parse(args);
    }

    runFromConfig(config);
}
```

initializeAndRun()方法调用runFromConfig()方法执行核心的启动方法：

```
public void runFromConfig(ServerConfig config) throws IOException {
    LOG.info("Starting server");
    FileTxnSnapLog txnLog = null;
    try {
        ZooKeeperServer zkServer = new ZooKeeperServer();
        // 初始化事务日志文件和快照数据文件处理器
        txnLog = new FileTxnSnapLog(new File(config.dataLogDir), new File(
                config.dataDir));
        // 创建服务端实例
        zkServer.setTxnLogFactory(txnLog);
        zkServer.setTickTime(config.tickTime);
        zkServer.setMinSessionTimeout(config.minSessionTimeout);
        zkServer.setMaxSessionTimeout(config.maxSessionTimeout);
        // 创建底层通信实现，默认实现为NIOServerCnxnFactory
        cnxnFactory = ServerCnxnFactory.createFactory();
        cnxnFactory.configure(config.getClientPortAddress(),
                config.getMaxClientCnxns());
        // 启动ZooKeeper服务端
        cnxnFactory.startup(zkServer);
        cnxnFactory.join();
        if (zkServer.isRunning()) {
            zkServer.shutdown();
        }
    } catch (InterruptedException e) {
        // warn, but generally this is ok
        LOG.warn("Server interrupted", e);
    } finally {
        if (txnLog != null) {
            txnLog.close();
        }
    }
}
```

runFromConfig()方法通过ServerCnxnFactory类的createFactory()方法创建网络通信：

```
static public ServerCnxnFactory createFactory() throws IOException {
    String serverCnxnFactoryName =
```

```
        System.getProperty(ZOOKEEPER_SERVER_CNXN_FACTORY);
    if (serverCnxnFactoryName == null) {
        serverCnxnFactoryName = NIOServerCnxnFactory.class.getName();
    }
    try {
        // 通过反射创建ServerCnxnFactory对象
        return (ServerCnxnFactory) Class.forName(serverCnxnFactoryName).newInstance();
    } catch (Exception e) {
        IOException ioe = new IOException("Couldn't instantiate "
                + serverCnxnFactoryName);
        ioe.initCause(e);
        throw ioe;
    }
}
```

initializeAndRun()方法调用NettyServerCnxnFactory的startup()方法启动ZooKeeper服务端程序：

```
@Override
public void startup(ZooKeeperServer zks) throws IOException,
        InterruptedException {
    // 启动Netty
    start();
    // 恢复本地数据
    zks.startdata();
    // 启动会话管理器，注册请求处理链
    zks.startup();
    setZooKeeperServer(zks);
}
```

startup()方法调用的start()方法代码如下：

```
@Override
public void start() {
    // ensure thread is started once and only once
    if (thread.getState() == Thread.State.NEW) {
        thread.start();
    }
}
```

startup()方法调用的ZooKeeperServer类的startdata()方法代码如下：

```
public void startdata()
throws IOException, InterruptedException {
    //check to see if zkDb is not null
    if (zkDb == null) {
        zkDb = new ZKDatabase(this.txnLogFactory);
    }
    if (!zkDb.isInitialized()) {
        loadData();
    }
}
```

startup()方法调用的ZooKeeperServer类的startup()方法代码如下：

```java
public void startup() {
    if (sessionTracker == null) {
        createSessionTracker();
    }
    // 启动会话管理器
    startSessionTracker();
    // 注册请求处理链，处理客户端请求
    setupRequestProcessors();

    registerJMX();

    synchronized (this) {
        running = true;
        notifyAll();
    }
}
```

ZooKeeper单机模式流程图如图4-13所示。

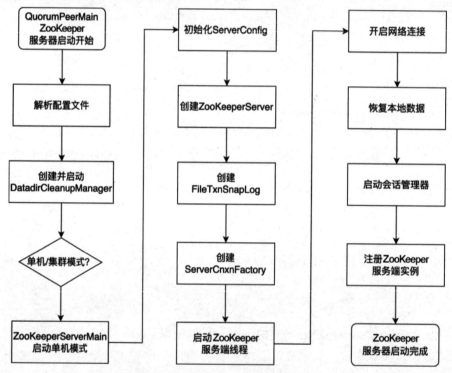

图 4-13　ZooKeeper 单机模式示意图

4.9.2　ZooKeeper 集群模式代码分析

将目光拉回QuorumPeerMain类，initializeAndRun()方法通过调用runFromConfig()方法实现ZooKeeper集群模式的启动，代码如下：

```java
public void runFromConfig(QuorumPeerConfig config) throws IOException {
    try {
        ManagedUtil.registerLog4jMBeans();
    } catch (JMException e) {
```

```
        LOG.warn("Unable to register log4j JMX control", e);
    }

    LOG.info("Starting quorum peer");
    try {
        ServerCnxnFactory cnxnFactory = ServerCnxnFactory.createFactory();
        cnxnFactory.configure(config.getClientPortAddress(),
                              config.getMaxClientCnxns());
        // 初始化 QuorumPeer 并设置配置参数
        quorumPeer = new QuorumPeer();
        quorumPeer.setClientPortAddress(config.getClientPortAddress());
        quorumPeer.setTxnFactory(new FileTxnSnapLog(
                new File(config.getDataLogDir()),
                new File(config.getDataDir())));
        quorumPeer.setQuorumPeers(config.getServers());
        quorumPeer.setElectionType(config.getElectionAlg());
        quorumPeer.setMyid(config.getServerId());
        quorumPeer.setTickTime(config.getTickTime());
        quorumPeer.setMinSessionTimeout(config.getMinSessionTimeout());
        quorumPeer.setMaxSessionTimeout(config.getMaxSessionTimeout());
        quorumPeer.setInitLimit(config.getInitLimit());
        quorumPeer.setSyncLimit(config.getSyncLimit());
        quorumPeer.setQuorumVerifier(config.getQuorumVerifier());
        // 设置底层通信 ServerCnxnFactory
        quorumPeer.setCnxnFactory(cnxnFactory);
        // 设置内存数据库
        quorumPeer.setZKDatabase(new ZKDatabase(quorumPeer.getTxnFactory()));
        quorumPeer.setLearnerType(config.getPeerType());
        quorumPeer.setSyncEnabled(config.getSyncEnabled());
        quorumPeer.setQuorumListenOnAllIPs(config.getQuorumListenOnAllIPs());
        // 启动ZooKeeper服务端线程
        quorumPeer.start();
        quorumPeer.join();
    } catch (InterruptedException e) {
        // warn, but generally this is ok
        LOG.warn("Quorum Peer interrupted", e);
    }
}
```

runFromConfig()方法调用QuorumPeer类的start()方法启动ZooKeeper服务端线程。start()方法代码如下：

```
@Override
public synchronized void start() {
    // 恢复本地数据
    loadDataBase();
    // 启动ServerCnxnFactory
    cnxnFactory.start();
    // 启动选举算法
    startLeaderElection();
    // 启动线程——QuorumPeer类继承自Thread类
```

```
        super.start();
    }
```

start()调用ServerCnxnFactory类的start()方法开启Netty服务端线程，代码如下：

```
@Override
public void start() {
    // ensure thread is started once and only once
    if (thread.getState() == Thread.State.NEW) {
        thread.start();
    }
}
```

start()调用startLeaderElection()方法进行选举，代码如下：

```
synchronized public void startLeaderElection() {
    try {
        // 先将选票投给自己
        currentVote = new Vote(myid, getLastLoggedZxid(), getCurrentEpoch());
    } catch(IOException e) {
        RuntimeException re = new RuntimeException(e.getMessage());
        re.setStackTrace(e.getStackTrace());
        throw re;
    }
    for (QuorumServer p : getView().values()) {
        if (p.id == myid) {
            myQuorumAddr = p.addr;
            break;
        }
    }
    if (myQuorumAddr == null) {
        throw new RuntimeException("My id " + myid + " not in the peer list");
    }
    if (electionType == 0) {
        try {
            udpSocket = new DatagramSocket(myQuorumAddr.getPort());
            responder = new ResponderThread();
            responder.start();
        } catch (SocketException e) {
            throw new RuntimeException(e);
        }
    }
    // electionType默认值为3
    this.electionAlg = createElectionAlgorithm(electionType);
}
```

值得注意的是，startLeaderElection()方法中用到的electionType是由QuorumPeerMain类中的initializeAndRun()方法中的QuorumPeerConfig对象的electionAlg属性赋值而来的。QuorumPeerConfig中的electionAlg默认值为3。QuorumPeerConfig部分代码如下：

```
public class QuorumPeerConfig {
    private static final Logger LOG = LoggerFactory.getLogger(QuorumPeerConfig.class);
```

```
protected InetSocketAddress clientPortAddress;
protected String dataDir;
protected String dataLogDir;
protected int tickTime = ZooKeeperServer.DEFAULT_TICK_TIME;
protected int maxClientCnxns = 60;
/** defaults to -1 if not set explicitly */
protected int minSessionTimeout = -1;
/** defaults to -1 if not set explicitly */
protected int maxSessionTimeout = -1;

protected int initLimit;
protected int syncLimit;
protected int electionAlg = 3;
protected int electionPort = 2182;
protected boolean quorumListenOnAllIPs = false;
protected final HashMap<Long,QuorumServer> servers =
    new HashMap<Long, QuorumServer>();
protected final HashMap<Long,QuorumServer> observers =
    new HashMap<Long, QuorumServer>();

protected long serverId;
protected HashMap<Long, Long> serverWeight = new HashMap<Long, Long>();
protected HashMap<Long, Long> serverGroup = new HashMap<Long, Long>();
protected int numGroups = 0;
protected QuorumVerifier quorumVerifier;
protected int snapRetainCount = 3;
protected int purgeInterval = 0;
protected boolean syncEnabled = true;
...省略部分代码...
}
```

startLeaderElection()方法通过调用createElectionAlgorithm()方法创建选举算法对象。通过上面的分析可知，createElectionAlgorithm()方法的入参为3，因此ZooKeeper默认采用的是FastLeaderElection算法进行Leader选举。

```
protected Election createElectionAlgorithm(int electionAlgorithm){
    Election le=null;

    //TODO: use a factory rather than a switch
    switch (electionAlgorithm) {
    case 0:
        le = new LeaderElection(this);
        break;
    case 1:
        le = new AuthFastLeaderElection(this);
        break;
    case 2:
        le = new AuthFastLeaderElection(this, true);
        break;
    case 3:
        qcm = new QuorumCnxManager(this);
        QuorumCnxManager.Listener listener = qcm.listener;
```

```
        if(listener != null){
            listener.start();
            le = new FastLeaderElection(this, qcm);
        } else {
            LOG.error("Null listener when initializing cnx manager");
        }
        break;
    default:
        assert false;
    }
    return le;
}
```

ZooKeeper集群模式流程图如图4-14所示。

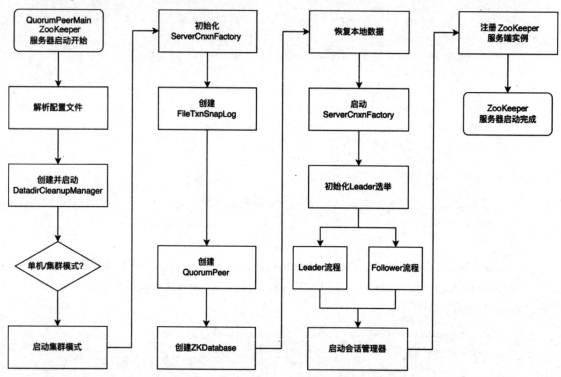

图 4-14　ZooKeeper 集群模式流程图

4.9.3　ZooKeeper Leader 选举代码分析

ZooKeeper集群Leader服务器选举是保证基于ZooKeeper搭建的分布式系统数据一致性的关键所在。当ZooKeeper集群中的服务器出现以下两种情况之一时，ZooKeeper节点将进入Leader服务器选举流程。

（1）ZooKeeper服务器初始化启动。

（2）ZooKeeper服务器运行期间无法和集群中的Leader服务器保持连接。

本小节将接着4.9.2节的ZooKeeper集群模式启动继续分析，分析ZooKeeper集群模式启动过程中的Leader服务器的选举过程。

在ZooKeeper集群模式启动时，如果只有一台ZooKeeper服务器启动了，则这台服务器将无法进行Leader服务器选举。当其他ZooKeeper服务器陆续启动时，每一台ZooKeeper服务器都尝试寻找Leader服务器，于是多个ZooKeeper服务器之间将进入Leader服务器选举流程。

下面以5台ZooKeeper服务器组成的集群为例，描述ZooKeeper的启动过程。ZooKeeper集群模式启动时，Leader服务器的选举过程如下。

步骤 01 每台ZooKeeper服务器启动时发出一个提案，将自己选举为Leader服务器，并且会将自己的选票投给自己，然后每台服务器将本次Leader服务器选举的提案广播至ZooKeeper进群中的其他服务器。

ZooKeeper服务器每次投出的选票包含ZooKeeper服务器的myid和ZXID信息，在这里使用[myid, ZXID]表示，这两个字段的含义分别是：

- myid是ZooKeeper集群中每个服务器的唯一标识符，它是一个文件，通常位于ZooKeeper服务器的数据目录下，如/var/lib/zookeeper/myid。这个文件包含该服务器的ID，这个ID是整数形式，用于在集群中唯一标识该服务器的身份。
- ZXID（ZooKeeper Transaction Id）是ZooKeeper中用于标识每个事务的唯一标识符。它是一个64位的数字，由两部分组成：高32位表示Leader的epoch（领导周期），低32位表示事务的计数器。

假设当集群启动时，Server1的选票信息为[1, 0]，Server2的选票信息为[2, 0]，Server3的选票信息为[3, 0]，以此类推。

步骤 02 每台ZooKeeper服务器接收到来自其他多个ZooKeeper服务器发起的提案信息。每台ZooKeeper服务器基于收到的提案信息进行有效性校验，如检查提案的有效性和ZooKeeper服务器的状态等。收到提案信息后，每台ZooKeeper服务器进行投票。

针对每一个提案，每台ZooKeeper服务器需要将接收到的其他服务器发起的提案与自己进行对比。优先检查ZXID，将选票投给ZXID较大的服务器。如果ZXID相同，则比较myid，将选票投给myid较大的服务器。

- 对于Server1来说，其选票信息为[1, 0]，当Server1接收到Server2和Server3发起的提案后，Server1会比较三者的ZXID，此时Server1发现三者的ZXID均为0，则Server1对三者的myid值进行比较，发现Server3的myid值最大，于是Server1将选票信息更新为[3, 0]进行投票，即Server1推举Server3作为Leader服务器。
- 对于Server2而言，其收到Server1和Server3的提案，执行过程与Server1类似，Server2将推举Server3作为Leader服务器。
- 对于Server3而言，其收到Server1和Server2的提案，无须更新选票。
- Server4和Server5以此类推。

步骤 03 ZooKeeper服务器统计选票数。

每轮投票结束后，每台ZooKeeper服务器会统计选票数，判断是否已经有获得过半数以上选票的ZooKeeper服务器产生。对于Server3来说，其获得的选票数最多，因此被认定为当前ZooKeeper集群的Leader服务器。

步骤 04 ZooKeeper服务器变更角色和状态。

一旦ZooKeeper集群中的Leader服务器被选举出来，则每台服务器将变更各自的角色，如果是Follower服务器，则状态变更为FOLLOWING，如果是Leader服务器，则变更状态为LEADING。

ZooKeeper集群模式启动时，Leader服务器的选举过程如图4-15所示。

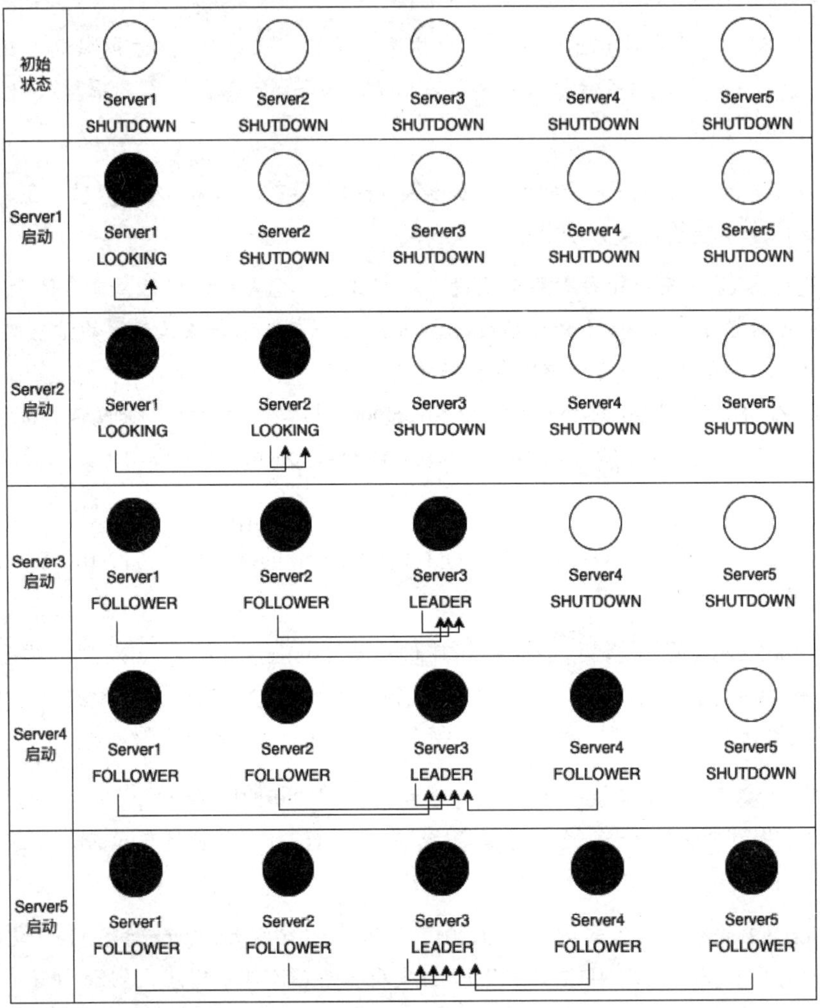

图 4-15　ZooKeeper 集群模式启动时，Leader 服务器的选举过程

以上是ZooKeeper集群模式启动时Leader服务器选举的流程。除这个场景外，ZooKeeper运行期间也可能会发生Leader服务器选举。

在ZooKeeper集群运行期间，Leader服务器和Follower服务器各司其职。Leader服务器提供读写能力，Follower服务器提供读能力，Follower服务器参与Leader服务器选举。Observer服务器提供读能力，但Observer服务器不参与Leader服务器选举。

当ZooKeeper集群运行过程中出现非Leader服务器宕机时，不会导致整个集群停止工作，也不会触发Leader服务器的选举。但如果Leader服务器宕机，则整个集群将暂停对外提供服务，集群将触发新一轮Leader服务器的选举。Leader服务器宕机示意图如图4-16所示，此时各服务器上的ZXID可能并不相同。

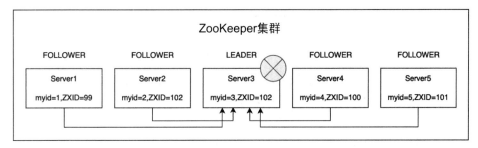

图 4-16　以 ZooKeeper 集群模式运行时 Leader 服务器宕机示意图

ZooKeeper集群运行期间，Leader服务器的选举过程如下：

步骤01 ZooKeeper服务器状态变更。

步骤02 当Leader服务器宕机后，Follower服务器将状态切换为LOOKING状态。

步骤03 每台服务器发出提案。

步骤04 每台Follower服务器都提议将自己选举为Leader服务器并将自己的选票投给自己，然后将本次提案信息广播至集群中的其他Follower服务器。

步骤05 收到提案信息后，每台ZooKeeper服务器进行投票。

步骤06 ZooKeeper服务器统计选票数。

步骤07 ZooKeeper服务器变更角色和状态。

ZooKeeper集群运行期间，Leader服务器选举示意图如图4-17所示。

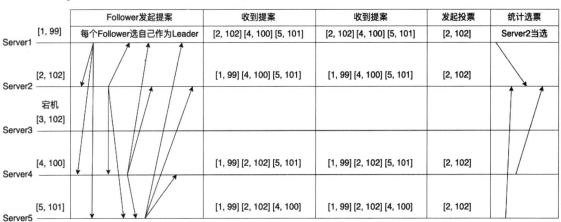

图 4-17　以 ZooKeeper 集群模式运行时 Leader 服务器宕机示意图

在4.9.2节提到，ZooKeeper由createElectionAlgorithm()方法创建具体的选举算法，由于此方法的默认入参为3，因此将执行case 3的场景，该场景首先创建QuorumCnxManager对象：

```
public QuorumCnxManager(QuorumPeer self) {
    this.recvQueue = new ArrayBlockingQueue<Message>(RECV_CAPACITY);
    this.queueSendMap = new ConcurrentHashMap<Long, ArrayBlockingQueue<ByteBuffer>>();
    this.senderWorkerMap = new ConcurrentHashMap<Long, SendWorker>();
    this.lastMessageSent = new ConcurrentHashMap<Long, ByteBuffer>();

    String cnxToValue = System.getProperty("zookeeper.cnxTimeout");
    if(cnxToValue != null){
```

```
        this.cnxTO = new Integer(cnxToValue);
    }

    this.self = self;

    // Starts listener thread that waits for connection requests
    listener = new Listener();
}
```

在QuorumCnxManager的构造器中会实例化以下属性。

- recvQueue：接收消息的队列，用于存放从其他服务器收到的消息。
- queueSendMap：发送消息的集合，用于保存待发送的消息。
- senderWorkerMap：发送器集合，每个SendWorker对象对应一台服务器，负责消息的发送，以myid进行分组。
- lastMessageSent：最近发送的消息，以myid进行分组。

除此之外，QuorumCnxManager的构造器中还实例化了Listener对象，Listener内部将初始化一个ServerSocket对象监听Leader服务器的选举。代码如下：

```java
public class Listener extends Thread {

    volatile ServerSocket ss = null;

    /**
     * Sleeps on accept()
     */
    @Override
    public void run() {
        int numRetries = 0;
        InetSocketAddress addr;
        while((!shutdown) && (numRetries < 3)){
            try {
                // 1. 建立 ServerSocket
                ss = new ServerSocket();
                ss.setReuseAddress(true);
                if (self.getQuorumListenOnAllIPs()) {
                    int port = self.quorumPeers.get(self.getId()).electionAddr.getPort();
                    addr = new InetSocketAddress(port);
                } else {
                    addr = self.quorumPeers.get(self.getId()).electionAddr;
                }
                LOG.info("My election bind port: " + addr.toString());
                setName(self.quorumPeers.get(self.getId()).electionAddr
                        .toString());
                ss.bind(addr);
                while (!shutdown) {
                    Socket client = ss.accept();
                    setSockOpts(client);
                    LOG.info("Received connection request "
                            + client.getRemoteSocketAddress());
                    // 2. 处理请求 Socket
                    receiveConnection(client);
```

```
                numRetries = 0;
              }
        } catch (IOException e) {
           LOG.error("Exception while listening", e);
           numRetries++;
           try {
               ss.close();
               Thread.sleep(1000);
           } catch (IOException ie) {
               LOG.error("Error closing server socket", ie);
           } catch (InterruptedException ie) {
               LOG.error("Interrupted while sleeping. " +
                        "Ignoring exception", ie);
           }
        }
     }
   }
   LOG.info("Leaving listener");
   if (!shutdown) {
      LOG.error("As I'm leaving the listener thread, "
              + "I won't be able to participate in leader "
              + "election any longer: "
              + self.quorumPeers.get(self.getId()).electionAddr);
   }
  }
 }
}
```

为了避免两台ZooKeeper服务器之间重复地创建TCP连接，ZooKeeper只允许myid较大的服务器主动与其他机器建立连接，否则断开连接。

在接收到创建连接的请求后，服务器通过对比自己的myid和远程服务器的myid值来判断是否接收连接请求。如果当前服务器发现自己的myid更大一些，那么会断开此次连接。一旦建立了连接，则服务器会根据远程服务器的myid来创建相应的消息发送器SendWorker和消息接收器RecvWorker并启动。

每个RecvWorker不断地从这个TCP连接中读取消息，并将其保存到recvQueue队列中。每个SendWorker不断地从对应的待发送的消息队列中取出消息进行发送，同时将最近发送的消息放入lastMessageSent中。

继续4.9.2节的分析，createElectionAlgorithm()方法创建完QuorumCnxManager对象后，继续创建FastLeaderElection对象。

FastLeaderElection类的构造器如下：

```
public FastLeaderElection(QuorumPeer self, QuorumCnxManager manager){
     this.stop = false;
     this.manager = manager;
     starter(self, manager);
}
```

FastLeaderElection构造器调用starter()方法：

```
private void starter(QuorumPeer self, QuorumCnxManager manager) {
    this.self = self;
    proposedLeader = -1;
```

```
    proposedZxid = -1;
    // 初始化sendqueue
    sendqueue = new LinkedBlockingQueue<ToSend>();
    // 初始化recvqueue
    recvqueue = new LinkedBlockingQueue<Notification>();
    this.messenger = new Messenger(manager);
}
```

在starter()方法中会完成sendqueue、recvqueue和messenger的初始化。Messenger构造器的代码
如下：

```
Messenger(QuorumCnxManager manager) {
    // 初始化WorkerSender
    this.ws = new WorkerSender(manager);

    Thread t = new Thread(this.ws,
            "WorkerSender[myid=" + self.getId() + "]");
    t.setDaemon(true);
    t.start();
    // 初始化WorkerReceiver
    this.wr = new WorkerReceiver(manager);

    t = new Thread(this.wr,
            "WorkerReceiver[myid=" + self.getId() + "]");
    t.setDaemon(true);
    t.start();
}
```

Messenger构造器会初始化WorkerSender对象和WorkerReceiver对象。

- WorkerSender：发送选票的线程。负责从sendqueue中获取待发送的选票并发送选票。
- WorkerReceiver：接收选票的线程。负责接收WorkerSender发出的选票并保存到recvqueue中。
- sendqueue：待发送选票的队列。
- recvqueue：接收选票的队列。

FastLeaderElection的核心流程由lookForLeader()方法实现。
lookForLeader()方法部分代码如下：

```
public Vote lookForLeader() throws InterruptedException {
    ...省略部分代码...
    try {
        HashMap<Long, Vote> recvset = new HashMap<Long, Vote>();

        HashMap<Long, Vote> outofelection = new HashMap<Long, Vote>();

        int notTimeout = finalizeWait;
        // 服务器启动时先将选票投给自己，然后广播至其他服务器
        synchronized(this){
            logicalclock++;
            updateProposal(getInitId(), getInitLastLoggedZxid(), getPeerEpoch());
        }
        sendNotifications();

        while ((self.getPeerState() == ServerState.LOOKING) &&
```

```
                (!stop)){
        // 获取其他服务器发送过来的选票
        Notification n = recvqueue.poll(notTimeout,
                TimeUnit.MILLISECONDS);

        // 如果没有获取到其他服务器发送来的选票
        // 则先判断连接是否存在，若连接存在，则先投自己一票；若连接不存在，则立即连接
        if(n == null){
            if(manager.haveDelivered()){
                sendNotifications();
            } else {
                manager.connectAll();
            }
        }
        // 如果获取到其他服务器发送来的选票
        else if(self.getVotingView().containsKey(n.sid)) {
            // 进入不同状态下的服务器选举/同步流程
        }
    }
}
```

在lookForLeader()方法中，服务器启动时先将选票投给自己，然后广播至其他服务器。当服务器收到其他服务器发送来的选票时，将进入不同状态下的服务器选举/同步流程。

当服务器处于LOOKING状态时，将进行Leader服务器选举。代码如下：

```
switch (n.state) {
// LOOKING状态才会进行Leader选举
case LOOKING:
    // 判断投票是否过时，如果当前服务器自己的投票已经过时，则清除
    if (n.electionEpoch > logicalclock) {
        logicalclock = n.electionEpoch;
        recvset.clear();
        // 选票直接进行对比，如果收到的选票胜出，则更新票据，否则投自己一票
        if(totalOrderPredicate(n.leader, n.zxid, n.peerEpoch,
                getInitId(), getInitLastLoggedZxid(), getPeerEpoch())) {
            updateProposal(n.leader, n.zxid, n.peerEpoch);
        } else {
            updateProposal(getInitId(),
                    getInitLastLoggedZxid(),
                    getPeerEpoch());
        }
        sendNotifications();
    // 若收到的票据过时，则直接忽略
    } else if (n.electionEpoch < logicalclock) {
        if(LOG.isDebugEnabled()){
            LOG.debug("Notification election epoch is smaller than logicalclock.
n.electionEpoch = 0x"
                    + Long.toHexString(n.electionEpoch)
                    + ", logicalclock=0x" + Long.toHexString(logicalclock));
        }
        break;
    // 处理epoch相等的场景
```

```
        } else if (totalOrderPredicate(n.leader, n.zxid, n.peerEpoch,
                proposedLeader, proposedZxid, proposedEpoch)) {
            updateProposal(n.leader, n.zxid, n.peerEpoch);
            sendNotifications();
        }

        recvset.put(n.sid, new Vote(n.leader, n.zxid, n.electionEpoch, n.peerEpoch));
        // 统计是否有票数过半的服务器产生，如果有，则产生Leader服务器
        if (termPredicate(recvset,
                new Vote(proposedLeader, proposedZxid,
                        logicalclock, proposedEpoch))) {

            // 再等一会儿(200ms)，看是否有新的投票
            while((n = recvqueue.poll(finalizeWait,
                    TimeUnit.MILLISECONDS)) != null){
                if(totalOrderPredicate(n.leader, n.zxid, n.peerEpoch,
                        proposedLeader, proposedZxid, proposedEpoch)){
                    recvqueue.put(n);
                    break;
                }
            }

            // 如果没有发生新的投票，则结束选举流程
            // 根据节点的角色和选举的结果综合判定
            // 修改状态为LEADING、FOLLOWING或者OBSERVING
            if (n == null) {
                self.setPeerState((proposedLeader == self.getId()) ?
                        ServerState.LEADING: learningState());

                Vote endVote = new Vote(proposedLeader,
                                        proposedZxid,
                                        logicalclock,
                                        proposedEpoch);
                leaveInstance(endVote);
                return endVote;
            }
        }
    break;
```

处于**OBSERVING**状态的服务器不能参与**Leader**服务器选举：

```
// 处于OBSERVING状态的节点不能参与投票
case OBSERVING:
    LOG.debug("Notification from observer: " + n.sid);
    break;
```

当服务器处于FOLLOWING状态或LEADING状态时，说明当前ZooKeeper集群中已存在Leader服务器：

```
// 当服务器处于FOLLOWING或LEADING状态时，说明已存在Leader服务器
case FOLLOWING:
case LEADING:
    // 如果是在同一轮选举中，则收集所有的选票放到recvset中
    // 如果出现半数以上的服务器支持，则更新状态退出选举
```

```
if(n.electionEpoch == logicalclock){
    recvset.put(n.sid, new Vote(n.leader,
                        n.zxid,
                        n.electionEpoch,
                        n.peerEpoch));

    if(ooePredicate(recvset, outofelection, n)) {
        self.setPeerState((n.leader == self.getId()) ?
            ServerState.LEADING: learningState());

        Vote endVote = new Vote(n.leader,
                n.zxid,
                n.electionEpoch,
                n.peerEpoch);
        leaveInstance(endVote);
        return endVote;
    }
}

// 如果收到的logicalclock与当前不相等，即不是同一轮选举
// 收集所有的选票到outofelection中
// 如果出现半数以上的服务器支持，则更新状态退出选举
outofelection.put(n.sid, new Vote(n.version,
                        n.leader,
                        n.zxid,
                        n.electionEpoch,
                        n.peerEpoch,
                        n.state));

if(ooePredicate(outofelection, outofelection, n)) {
    synchronized(this){
        logicalclock = n.electionEpoch;
        self.setPeerState((n.leader == self.getId()) ?
            ServerState.LEADING: learningState());
    }
    Vote endVote = new Vote(n.leader,
                    n.zxid,
                    n.electionEpoch,
                    n.peerEpoch);
    leaveInstance(endVote);
    return endVote;
}
break;
```

4.10 ZooKeeper 面试押题

4.10.1 什么是 ZooKeeper

ZooKeeper是一个开源的、分布式的应用程序协调服务，它最初来源于Google的Chubby项目的一

个开源实现。ZooKeeper在分布式系统中扮演着至关重要的角色，它提供了一系列服务帮助开发者管理分布式环境中的数据一致性、配置管理和集群同步等问题。

ZooKeeper的核心特性有以下几点：

（1）分布式协调。ZooKeeper帮助分布式系统中的各个组件协同工作，比如实现主备切换、分布式锁和队列等。

（2）一致性保证。ZooKeeper通过ZAB协议确保在任何时候，所有客户端看到的服务端数据都是一致的，即使在出现网络分区或服务器故障的情况下也是如此。

（3）可靠性保障。ZooKeeper设计用来保证高可用性，通过复制数据到多个服务器来防止单点故障。如果Leader节点失败，ZooKeeper会迅速选举出一个新的Leader以保证服务的连续性。

4.10.2　ZooKeeper 的节点类型有哪些

请读者参考4.2节的相关内容。

4.10.3　ZooKeeper 保障的是 CP 还是 AP 机制

ZooKeeper保障的是CP（一致性和分区容错性）机制。在CAP理论中，一个分布式系统不可能同时满足一致性（Consistency）、可用性（Availability）和分区容错性（Partition Tolerance）这3个条件。

ZooKeeper优先保证数据的一致性和分区容错性，牺牲了一定程度的可用性。具体来说，ZooKeeper通过ZAB协议实现了数据的一致性，确保在分布式环境中，所有服务器上的数据副本最终都能达到一致状态。在Leader选举期间，ZooKeeper可能会暂停对外服务，即在选举期间，ZooKeeper集群可能不可用。因此，ZooKeeper是一个CP系统。

4.10.4　ZooKeeper 是如何实现通知机制的

ZooKeeper的通知机制是基于观察者模式实现的，它允许客户端对ZooKeeper树中的特定节点进行监听，并在这些节点发生变化时接收到通知。下面介绍ZooKeeper通知机制的基本工作流程。

步骤01 客户端注册Watcher。

当客户端通过API请求ZooKeeper服务器获取数据或检查节点是否存在时，可以向这些操作传递一个Watcher对象。这个Watcher实际上是一个轻量级的、一次性的回调处理器，它封装了客户端希望在特定事件发生时执行的逻辑。

步骤02 服务端存储和分发Watcher。

ZooKeeper服务器接收到包含Watcher的请求后，会将Watcher信息存储起来，并在特定事件（如节点数据变更、节点创建、删除或子节点列表变更等）触发时负责分发通知。服务器端会维护一个Watcher列表，与特定的节点进行关联。

步骤03 事件触发与通知。

当ZooKeeper检测到节点发生变化时，它会查找与该变化相关的所有Watcher，并将事件异步地发送给客户端。事件通知包含变更的类型、受影响的节点路径以及可能的其他元数据。

步骤04 客户端接收与回调。

客户端的SendThread线程负责接收来自服务端的事件通知。一旦收到通知，SendThread线程会将通知交给EventThread线程进行Watcher的回调处理。客户端根据Watcher通知的状态和事件类型来做出业务上的改变。

步骤 05 Watcher的临时性。

ZooKeeper的Watcher机制是一次性的，即一旦Watcher被触发，它就失效了。客户端需要再次注册新的Watcher来继续监听后续的事件。

4.10.5　ZooKeeper 的节点有哪几种角色

请读者参考4.2节的相关内容。

4.10.6　简述 Paxos 算法的原理

Paxos算法是一种用于分布式系统中实现一致性的算法，它被广泛应用于分布式数据库、分布式存储系统、分布式共识等领域。

Paxos算法的核心原理可以分为以下几个阶段。

1. 准备阶段

在准备阶段（Prepare Phase），提议者（Proposer）选择一个提案编号n，并向多个接受者（Acceptor）发送准备请求，该请求包含提案编号n。

每个接受者会检查自己已承诺的最高提案编号（如果已有的话），如果n大于或等于该编号，则接受者会承诺不再接受编号小于n的提案，并回复一个承诺消息给提议者。

2. 提议阶段

在提议阶段（Propose Phase），如果提议者收到了大多数（超过半数）接受者的承诺回复，它会选择一个提案值v，并发送一个包含提案编号n和提案值v的提案给所有接受者。

接受者会检查提案编号n，如果它大于或等于自己已承诺的最高提案编号，则接受该提案，并回复一个接受消息给提议者，同时更新自己的最大的承诺编号。

3. 接受阶段

在接受阶段（Accept Phase），当一个提议者收到了大多数接受者的接受响应后，标志着本次提案成功，决议形成。提议者将形成的决议发送给所有学习者（Learner），以便学习者了解最新的系统状态。

4.10.7　简述 ZAB 协议的原理

ZAB（ZooKeeper Atomic Broadcast）协议是专为ZooKeeper设计的一种支持故障恢复和原子广播的消息协议。它是ZooKeeper实现数据一致性和高可用性的核心机制。ZAB协议的工作原理可以概括为两种基本模式：原子广播（Atomic Broadcast）和故障恢复（Crash Recovery）。

在正常运行状态下，ZooKeeper处于原子广播模式，主要用于处理客户端的事务请求：

（1）事务提议。客户端的写请求被发送到Leader，Leader生成一个事务提案，然后将其发送给所有Follower。

（2）投票确认。Follower接收到提案后，如果认可该提案，则向Leader发送ACK（确认）消息。

（3）提交事务。一旦Leader收到了超过半数Follower的ACK消息，它会发送一个COMMIT消息给所有Follower，指示他们将该事务提交到各自的数据存储中。同时，Leader也会在自己的数据存储中提交该事务，并向客户端确认事务完成。

4.10.8　如何利用 ZooKeeper 实现分布式锁

ZooKeeper实现分布式锁的原理主要基于其提供的临时顺序节点和Watcher事件通知机制。其实现步骤如下。

步骤01 创建临时顺序节点。

所有的客户端在试图获取分布式锁时，都会在一个事先约定的ZooKeeper路径（比如/distribution_lock）下创建一个临时顺序节点。这个节点不仅带有顺序编号，而且是临时的，这意味着如果客户端与ZooKeeper的会话结束（如客户端崩溃或网络中断），该节点会被自动删除。

步骤02 判断节点序号。

客户端会读取/distribution_lock路径下的所有子节点，并根据节点的顺序编号判断自己创建的节点的序号是不是最小的。如果自己创建的节点的序号是最小的，则该客户端成功获取分布式锁。

步骤03 监听前一个节点。

如果当前客户端创建的节点的序号不是最小的，则客户端会找到比自己序号小的那个节点，即锁的持有者，并对这个节点设置一个Watcher事件监听。这样，当锁的持有者释放锁（即删除其创建的节点）时，ZooKeeper会通过Watcher通知正在等待的客户端。

步骤04 获取锁通知。

当监听到前一个节点被删除的事件时,等待的客户端会再次检查自己创建的节点对应的序号是否成为最小的序号。如果是，则当前客户端获取锁成功，开始执行临界区内的操作；如果不是，则继续保持监听状态。

步骤05 释放锁。

当客户端完成临界区内的操作后，会主动删除自己创建的临时节点，从而释放锁。这一动作会触发下一个等待节点的Watcher，通知它可以尝试获取锁。

4.10.9　ZooKeeper 在哪些中间件中被使用

ZooKeeper作为一个分布式协调服务，在众多分布式系统和中间件中扮演着关键角色，确保了数据一致性、服务发现、配置管理和集群管理等功能。以下是一些使用ZooKeeper的知名中间件。

1. Kafka

Kafka是一个高吞吐量的分布式消息队列系统。ZooKeeper在Kafka中用于管理Broker的配置信息、选举Controller节点、维护Topic的元数据信息以及参与消费者的组管理，确保了Kafka集群的高可用性和数据一致性。

2. HBase

HBase是一个分布式、版本化、面向列族的NoSQL数据库。ZooKeeper在HBase中用于管理元数据、进行Region服务器的发现与管理、处理分布式锁以及协助故障恢复，保证了HBase的高效稳定运行。

3. Dubbo

Dubbo是一款高性能的Java RPC框架。Dubbo利用ZooKeeper来进行服务的注册与发现、配置管理以及软负载均衡。ZooKeeper帮助Dubbo实现动态服务列表的维护，使服务消费者能自动感知服务提供者的上线与下线。

4.10.10　ZooKeeper 脑裂问题及其处理办法

脑裂问题通常发生在分布式系统中。当ZooKeeper集群因网络故障等原因被分割成两个或多个独立部分时，每个部分都有可能错误地认为自己构成了多数派并选举出自己的领导者（Leader节点），从而导致系统中存在多个Leader，这将引起数据不一致性和服务混乱。

ZooKeeper解决脑裂问题的办法如下：

（1）过半机制。ZooKeeper通过过半机制来避免脑裂，即只有获得集群中大多数节点投票的服务器才能成为Leader。这样，即使网络分裂，只要任一分区的节点数不超过总数的一半，就不会有新的Leader被选举出来，从而防止脑裂。

（2）Epoch机制。每个Leader节点都有一个唯一的epoch编号，用于代表其领导任期。当Leader发起提案或接受客户端的写请求时，会附带自己的epoch。如果某个节点有更高的epoch编号，则该节点会放弃自己的领导地位或丢弃低epoch编号，这有助于解决多个Leader并存的问题。

（3）心跳检测与网络恢复。ZooKeeper使用心跳机制来检测节点间的连通性。网络故障恢复后，心跳通信会重新建立，如果非Leader节点发现自己跟随的Leader不再合法，会重新加入正确的集群或选举新的Leader。

第 5 章
Dubbo

Dubbo是阿里巴巴公司开源的一个高性能、轻量级的分布式服务框架，它提供了高性能的远程过程调用（Remote Procedure Call，RPC）能力，使得应用系统可以通过RPC实现服务的注册、发现和远程调用。Dubbo可以与Spring框架无缝集成，为开发者提供了丰富的配置选项和灵活的服务治理功能。

Dubbo的核心功能如下。

（1）远程通信：Dubbo提供对多种基于长连接的NIO框架的抽象封装，包括多种线程模型、序列化和请求/响应模式的信息交换方式。

（2）集群容错：Dubbo提供基于接口方法的透明远程过程调用，包括负载均衡、失败容错、地址路由和动态配置等集群支持。

（3）注册发现：Dubbo提供基于注册中心的目录服务，使服务消费方能动态地查找服务提供方，使服务提供方的服务地址更加透明，服务提供方可以更加平滑地增加或减少服务器。

5.1　Dubbo 架构解析

5.1.1　Dubbo 组件架构

Dubbo为了实现远程通信、集群容错和注册发现等核心功能，通过以下组件协同工作。

- Provider：对外暴露服务的服务提供方。
- Consumer：调用远程服务的服务消费方。
- Registry：提供服务注册和服务发现能力的注册中心。
- Monitor：统计服务调用次数和调用时间的监控中心。
- Container：服务运行的容器。

各组件之间的关系如图5-1所示。

Dubbo各组件的调用关系如下：

- Container负责启动、加载和运行Provider。
- Provider在启动时向Registry注册自己服务的IP、端口和相关的服务信息。
- Consumer在启动时向Registry订阅自己所需的Provider信息。
- Registry返回Provider的信息给Consumer。如果Registry发现Provider有信息变更，则Registry将推送变更数据给Consumer。

- Consumer从Registry返回的Provider信息中选择一个提供者进行远程调用。

Provider和Consumer在各自的内存中统计调用次数和调用时间，定时将内存中统计到的数据发送到Monitor。

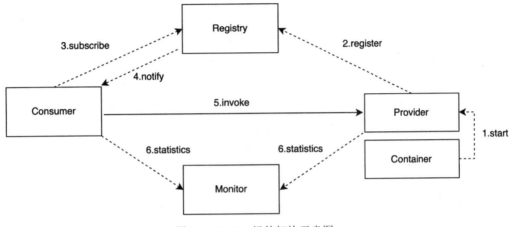

图 5-1　Dubbo 组件架构示意图

5.1.2　Dubbo 分层架构

本小节将以Dubbo自身的代码层级架构为出发点，分析Dubbo各个层级模块之间的架构组成。Dubbo大体上可以分为三层：Business、RPC和Remoting。这三层又可以细分为不同的层级结构，如图5-2所示。

- Service：业务层，即我们开发的应用程序的业务逻辑层。
- Config：配置层，这一层主要围绕ServiceConfig和ReferenceConfig配置信息。
- Proxy：代理层，服务接口的代理对象。代理层用于进行远程调用和返回结果处理。
- Register：注册层，封装了服务注册和服务发现。
- Cluster：集群层，封装了服务提供者的路由策略和负载均衡策略。
- Monitor：监控层，负责统计调用的次数和调用的时间。
- Protocol：协议层，封装了RPC调用。
- Exchange：数据交换层，封装了请求响应模型和同步异步转换。
- Transport：网络传输层，抽象了网络传输的统一接口。
- Serialize：序列化层，将对象序列化成二进制流，将二进制流反序列化为对象。

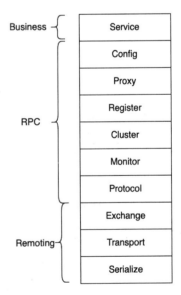

图 5-2　Dubbo 分层架构示意图

5.2　Dubbo 如何实现集群容错

假设Dubbo的服务提供方（Provider）是单机模式，在服务提供方（Provider）发布服务后，服务消费方（Consumer）发出一次调用请求，恰好此次服务调用因为网络问题而失败，则可以通过配置服务消费方的失败重试策略使服务消费方再次发起调用，第二次服务调用可能会成功。

但如果上述场景中服务调用失败是服务提供方本身的故障造成的，则因为服务提供方单机模式的限制，服务消费方无论如何重试调用都会失败。在这种情况下服务提供方可以采用集群容错模式，这样即便是服务提供方的某个服务节点因故障无法提供服务，服务消费方依旧可以调用其他可用的服务提供方节点，这样就提高了Dubbo服务的可用性。

Dubbo支持9种集群容错模式，本节将对每一种集群容错模式进行分析。

5.2.1　Failover Cluster

Failover Cluster模式是Dubbo默认的模式，当服务消费方调用服务提供方失败时，尝试切换到服务提供方的其他节点，再次尝试发起服务调用。

对于这种模式，服务提供方需要支持幂等性。例如，对于查询服务，每次服务调用只会得到相同的结果，并且不会产生副作用。对于新增或修改等操作，需要开发人员在业务上控制幂等，即需要通过一定的设计和技术手段，确保在这种模式下，服务消费方重复发起的调用不会对业务产生多次新增或修改。

5.2.2　Failfast Cluster

Failfast Cluster模式也称为快速失败模式，即服务消费方只发起一次调用，若调用过程出现失败情况，则立即抛出错误。

这种模式适用于非幂等性操作，每次调用产生的结果都是不同的。例如，在创建订单的服务调用中，如果调用失败，则直接失败，不需要服务消费方自动发起重试，尝试创建同一笔订单。

5.2.3　Failsafe Cluster

在Failsafe Cluster模式下，认为失败是安全的。如果服务消费方调用失败，则忽略失败的调用，并记录失败的调用信息到日志文件中，便于后期审计。

5.2.4　Failback Cluster

在Failback Cluster模式下，服务消费方调用失败后，在后台记录失败的请求信息，并按照一定的策略在后期进行重试。这种模式通常用于消息通知操作。

5.2.5　Forking Cluster

在Forking Cluster模式下，服务消费方可以并行调用多个服务提供方的节点，只要有一个节点返回成功，即调用成功。这种模式通常用于实时性要求较高的场景，但这种模式会浪费更多的服务资源。

5.2.6　Broadcast Cluster

在Broadcast Cluster模式下，服务消费方通过广播模式调用所有的服务提供者，任意一个服务提供方失败，则整体调用失败。这种模式通常用于通知所有的服务提供方更新缓存或日志等本地资源文件。

5.2.7　Available Cluster

在Available Cluster模式下，服务消费方调用目前可用的实例（只调用一个），如果当前没有可用的实例，则抛出异常。这种模式通常用于不需要负载均衡的场景。

5.2.8　Mergeable Cluster

在Mergeable Cluster模式下，将集群中的调用结果聚合起来返回结果，通常和分组一起配合使用。通过分组对结果进行聚合并返回聚合后的结果，比如菜单服务，用group区分同一接口的多种实现。现在服务消费方需要从每种分组中调用一次，然后对结果进行合并之后返回，这样就可以实现聚合菜单项。

5.2.9　ZoneAware Cluster

在ZoneAware Cluster模式适用于多注册中心订阅的场景，实现了注册中心集群间的负载均衡。多注册中心间的选址策略有如下4种：

（1）指定优先级。preferred="true"对应的注册中心将被优先选择。

```
<dubbo:registry address="zookeeper://127.0.0.1:2181" preferred="true" />
```

（2）同中心优先。检查当前请求所属的区域，优先选择具有相同区域的注册中心。

```
<dubbo:registry address="zookeeper://127.0.0.1:2181" zone="beijing" />
```

（3）权重轮询。根据每个注册中心的权重分配流量。

```
<dubbo:registry id="beijing" address="zookeeper://127.0.0.1:2181" weight="100" />
<dubbo:registry id="shanghai" address="zookeeper://127.0.0.1:2182" weight="10" />
```

（4）默认值。选择一个可用的注册中心。

5.2.10　Dubbo 集群容错代码分析

下面以Dubbo默认的集群容错模式Failover Cluster为例，分析其代码的主要实现过程。感兴趣的读者可以自行分析Dubbo其他集群容错模式的实现方式。

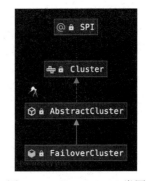

图 5-3　FailoverCluster 类图

Failover Cluster 集群容错模式的实现类为FailoverCluster，FailoverCluster类图如图5-3所示。

FailoverCluster类的代码如下：

```
public class FailoverCluster extends AbstractCluster {
    public final static String NAME = "failover";
```

```
    @Override
    public <T> AbstractClusterInvoker<T> doJoin(Directory<T> directory) throws
RpcException {
        return new FailoverClusterInvoker<>(directory);
    }

}
```

FailoverCluster 类继承自 AbstractCluster 类并重写了 doJoin() 方法，doJoin() 方法将返回一个 FailoverClusterInvoker 对象。FailoverClusterInvoker 类的部分代码如下：

```
public class FailoverClusterInvoker<T> extends AbstractClusterInvoker<T> {

    // 省略构造器代码

    @Override
    @SuppressWarnings({"unchecked", "rawtypes"})
    public Result doInvoke(Invocation invocation, final List<Invoker<T>> invokers,
LoadBalance loadbalance) throws RpcException {
        // 获取所有的服务提供者信息
        List<Invoker<T>> copyInvokers = invokers;
        // 校验服务提供者信息
        checkInvokers(copyInvokers, invocation);
        // 获取调用的方法
        String methodName = RpcUtils.getMethodName(invocation);
        // 计算调用的次数。调用次数=重试调用次数+1（1为第一次调用）
        int len = calculateInvokeTimes(methodName);
        // 下面是重试的循环逻辑
        // 这里记录上一次调用的异常
        RpcException le = null;
        // 这个集合记录已经发起过调用的服务提供者的信息
        List<Invoker<T>> invoked = new ArrayList<Invoker<T>>(copyInvokers.size());
        // 记录服务消费者发起过调用的服务提供方的信息
        Set<String> providers = new HashSet<String>(len);
        for (int i = 0; i < len; i++) {
            // 重试时，重新进行选择，避免重试时服务提供者列表已发生变化
            // 注意：如果服务提供者列表发生了变化，那么 invoked 判断会失去准确性
            if (i > 0) {
                // 如果当前实例已经被销毁，则抛出异常
                checkWhetherDestroyed();
                // 重新获取所有服务提供者
                copyInvokers = list(invocation);
                // 重新检查一下
                checkInvokers(copyInvokers, invocation);
            }
            // 根据负载均衡策略选择一个服务提供者准备发起服务调用
            Invoker<T> invoker = select(loadbalance, invocation, copyInvokers, invoked);
            // 在 invoked 集合中加入这个根据负载均衡策略选出的服务提供者
            invoked.add(invoker);
            RpcContext.getServiceContext().setInvokers((List) invoked);
            boolean success = false;
            try {
```

```
            // 服务消费者发起对服务提供者的远程调用
            Result result = invokeWithContext(invoker, invocation);
            // 省略日志打印代码
            success = true;
            return result;
        } catch (RpcException e) {
            if (e.isBiz()) { // biz exception.
                throw e;
            }
            le = e;
        } catch (Throwable e) {
            le = new RpcException(e.getMessage(), e);
        } finally {
            if (!success) {
                providers.add(invoker.getUrl().getAddress());
            }
        }
    }
    throw new RpcException(le.getCode(), "Failed to invoke the method "
            + methodName + " in the service " + getInterface().getName()
            + ". Tried " + len + " times of the providers " + providers
            + " (" + providers.size() + "/" + copyInvokers.size()
            + ") from the registry " + directory.getUrl().getAddress()
            + " on the consumer " + NetUtils.getLocalHost() + " using the dubbo version "
            + Version.getVersion() + ". Last error is: "
            + le.getMessage(), le.getCause() != null ? le.getCause() : le);
}

/**
 * 计算调用的次数
 */
private int calculateInvokeTimes(String methodName) {
    int len = getUrl().getMethodParameter(methodName, RETRIES_KEY, DEFAULT_RETRIES) + 1;
    RpcContext rpcContext = RpcContext.getClientAttachment();
    Object retry = rpcContext.getObjectAttachment(RETRIES_KEY);
    if (retry instanceof Number) {
        len = ((Number) retry).intValue() + 1;
        rpcContext.removeAttachment(RETRIES_KEY);
    }
    if (len <= 0) {
        len = 1;
    }

    return len;
}
}
```

除以上9种集群容错模式外，开发人员还可以自定义自己的集群容错模式。Dubbo为开发者预留
了扩展接口，开发人员只要实现org.apache.dubbo.rpc.cluster.Cluster接口即可。

```
@SPI(Cluster.DEFAULT)
public interface Cluster {
```

```
    String DEFAULT = "failover";

    /**
     * Merge the directory invokers to a virtual invoker
     *
     * @param <T>
     * @param directory
     * @return cluster invoker
     * @throws RpcException
     */
    @Adaptive
    <T> Invoker<T> join(Directory<T> directory, boolean buildFilterChain) throws
RpcException;

    static Cluster getCluster(ScopeModel scopeModel, String name) {
        return getCluster(scopeModel, name, true);
    }

    static Cluster getCluster(ScopeModel scopeModel, String name, boolean wrap) {
        if (StringUtils.isEmpty(name)) {
            name = Cluster.DEFAULT;
        }
        return ScopeModelUtil.getApplicationModel(scopeModel).
getExtensionLoader(Cluster.class).getExtension(name, wrap);
    }
}
```

5.3　Dubbo 如何实现负载均衡

Dubbo提供了强大的集群负载均衡能力。Dubbo的负载均衡是由服务消费方实现的，在服务消费方通过负载均衡策略计算出将请求发送至哪一个服务提供方实例上。

Dubbo提供了5种负载均衡策略，本节将分别对这5种负载均衡策略进行分析。

5.3.1　加权随机策略

加权随机策略（Weighted Random Strategy）是Dubbo默认的负载均衡策略。这种负载均衡策略通过设置权重，可以使调用量分布得更为均匀。

加权随机策略的缺点在于可能存在响应较慢的服务提供方请求积压问题。例如，服务提供方部署了两台机器，其中第二台机器处理得较慢，但没有宕机。当请求调用到第二台机器时，就阻塞在第二台机器上，久而久之，越来越多的请求将阻塞在第二台机器上。

5.3.2　加权轮询策略

加权轮询策略（Weighted Round Robin）是指根据服务器的不同处理能力或优先级，给每个服务器分配一个权重值，然后根据这些权重值来决定分发请求的频率。这种策略可以确保处理能力较强的服务器承担更多的请求，而处理能力较弱的服务器则承担较少的请求，从而实现负载均衡和性能优化。

　　在加权轮询过程中，如果某个节点权重过大，可能会存在某段时间内调用过于集中的问题。例如，A、B和C三个节点的权重分别为{A：3，B：2，C：1}，那么按照最原始的轮询算法，调用过程是：A，A，A，B，B，C。这显然不是我们希望看到的结果。

　　Dubbo借鉴了Nginx的平滑加权轮询算法，对算法进行了优化，调用过程如图5-4所示。

轮询前加和权重	本轮胜者	合计权重	轮询后权重（胜者减去合计权重）
起始轮	/	/	A(0), B(0), C(0)
A(3), B(2), C(1)	A	6	A(-3), B(2), C(1)
A(0), B(4), C(2)	B	6	A(0), B(-2), C(2)
A(3), B(0), C(3)	A	6	A(-3), B(0), C(3)
A(0), B(2), C(4)	C	6	A(0), B(2), C(-2)
A(3), B(4), C(-1)	B	6	A(3), B(-2), C(-1)
A(6), B(0), C(0)	A	6	A(0), B(0), C(0)

图 5-4　Dubbo 加权轮询算法示意图

　　按图5-4分析，经过合计权重（3+2+1）轮次后，循环又回到了起点，在整个过程中，节点流量是平滑的，并且哪怕在很短的时间周期内，调用次数和调用顺序都是按期望分布的。

5.3.3　加权最少活跃策略

　　在加权最少活跃策略（Weighted Least Active）下，活跃数越低，越会被优先调用。当存在相同活跃数的机器时，则进行加权随机。

　　该策略会优先选择当前活跃请求数（即正在处理的请求数）最少的服务提供方进行调用。这样可以使得新到来的请求尽可能分配到压力较小的服务器上，从而提高整体的响应速度。

5.3.4　加权最短响应策略

　　在一个滑动窗口中，响应时间越短，越会被优先调用。当响应时间相同时，将进行加权随机。加权最短响应策略（Weighted Shortest Response）使响应时间更快的服务提供者处理更多的请求。

　　该策略的缺点是可能会造成流量过于集中在高性能节点上。

5.3.5　一致性哈希策略

　　一致性哈希策略（Consistent Hashing Strategy）可以保证相同参数的请求总是发送到同一个服务提供者，当某个服务提供者宕机后，原本发往该服务提供者的请求，基于虚拟节点会平均分摊到其他节点上，从而不会引起强烈的服务抖动。

一致性哈希策略默认只对第一个参数进行哈希，如果开发人员想要修改参数的哈希策略，可以参考如下配置：

```
<dubbo:parameter key="hash.arguments" value="0,1" />
```

一致性哈希策略默认使用160份虚拟节点，如果开发人员想要修改，可以参考如下配置：

```
<dubbo:parameter key="hash.nodes" value="320" />
```

一致性哈希策略使用一致性哈希算法让固定的一部分请求精准地落在同一台服务器上，这样每一台服务器只受理固定的一部分请求，从而在一定程度上起到了负载均衡的效果。

下面将通过一个具体的例子来分析一致性哈希算法。

假设当前有4台服务器，IP地址分别为ip1、ip2、ip3和ip4。一致性哈希算法的执行的步骤如下：

步骤 01 一致性哈希算法将$0\sim2^{32}-1$范围内的数字想象为一个钟表一样的圆盘，0和$2^{32}-1$重合在一起，以此形成的环形结构通常称为一致性哈希环，如图5-5所示。

步骤 02 分别对4台服务器的IP地址进行哈希值计算，如Hash(ip1)、Hash(ip2)、Hash(ip3)和Hash(ip4)。哈希算法计算出的每个哈希值都分布在$0\sim2^{32}-1$。$0\sim2^{32}-1$范围内的整数以顺时针的方式分布在哈希环上。我们根据4个IP计算的哈希值一定会落到这个哈希环上的某一个点。

至此，我们把服务器的4个IP映射到了一致性哈希环上。这4个哈希值在一致性哈希环上的分布如图5-6所示。

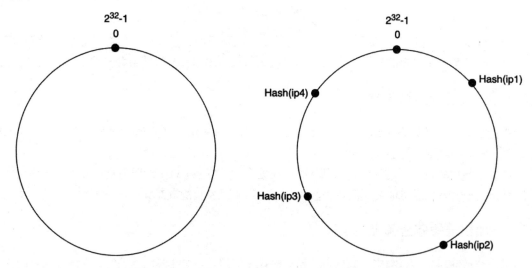

图 5-5　一致性哈希环示意图　　　　　　图 5-6　服务器哈希值分布示意图

步骤 03 当客户端发起请求时，首先根据Hash(userId)计算出哈希值，然后将计算出的哈希值映射到哈希环上，根据客户端请求计算出的哈希值。在哈希环上，顺时针找到距离最近的一个服务器IP对应的哈希值。按照此规则找到的服务器将受理这次客户端请求。整个过程如图5-7所示。

在图5-7中，userId1和userId2对应的请求将会被ip2对应的服务器处理，userId3对应的请求将会被ip3对应的服务器处理，userId4对应的请求将会被ip4对应的服务器处理，userId5和userId6对应的请求将会被ip1对应的服务器处理。

步骤 **04** 当4台服务器中，ip2对应的服务器宕机了。根据顺时针的规则可知，userId1和userId2对应的请求将由ip3对应的服务器受理。即只有之前被ip2处理的一部分用户的映射关系被破坏了，并且其负责处理的请求被顺时针的下一个节点委托处理，如图5-8所示。

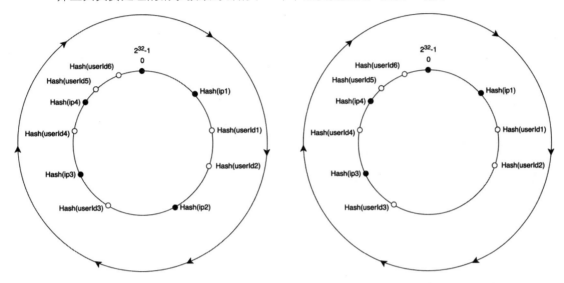

图 5-7　一致性哈希算法顺时针查找示意图　　　　图 5-8　一致性哈希算法节点宕机示意图

步骤 **05** 当新增一个服务器节点后，一致性哈希算法的运行过程如图5-9所示。

上述一致性哈希算法并非十全十美，它可能存在流量倾斜问题。如图5-10所示，ip1对应的服务器将会处理2/3的请求，ip2对应的服务器将会处理1/3的请求，而ip3对应的服务器将没有请求可以处理。显然，这样的负载均衡策略是不合理的。

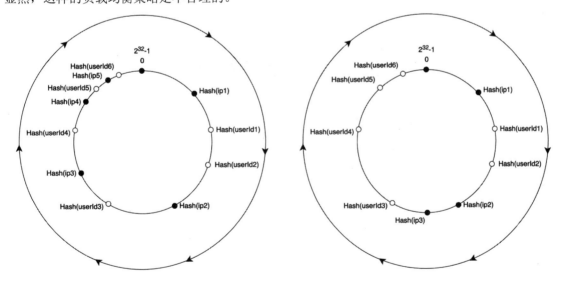

图 5-9　一致性哈希算法新增节点示意图　　　　图 5-10　一致性哈希算法流量倾斜示意图

为了能够最大限度地解决流量倾斜问题，可以在一致性哈希环上增加虚拟节点，在如图5-10所示的3个节点的基础上，为每台机器都增加1个虚拟节点，分别为vip1、vip2和vip3。当真实的物理机器数为M、虚拟节点数为N时，一致性哈希环上的节点数为M×(N + 1)。当客户端计算得到的Hash(userId)

哈希值处于ip2和ip3或vip2和vip3之间时，这部分请求将由ip3对应的服务器处理，如图5-11所示。

虽然虚拟节点可以解决一部分流量倾斜问题，但如果生成虚拟节点的算法不够均匀，仍然可能存在流量倾斜问题。针对这个问题，我们可以使用均衡一致性哈希算法。

均衡一致性哈希算法的目标是，如果有N台服务器，客户端请求的哈希值有M个，那么每台服务器应该处理大约M/N个用户请求，即请求在均衡一致性哈希算法中尽量均衡分布。均衡一致性哈希算法如图5-12所示。

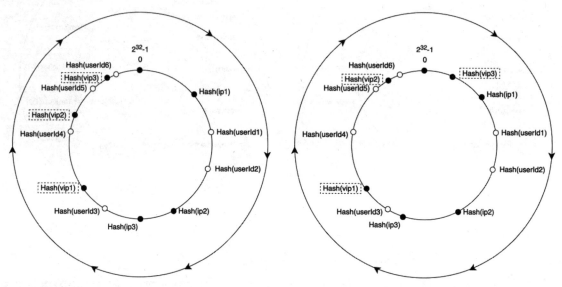

图 5-11　一致性哈希算法虚拟节点示意图　　　　图 5-12　均衡一致性哈希算法示意图

虽然均衡一致性哈希算法的流量分布非常均匀，但是Dubbo提供的一致性哈希策略并未实现均衡一致性哈希算法。感兴趣的读者可以研读ConsistentHashLoadBalance类的代码。

5.4　Dubbo 的线程模型是什么

Dubbo默认的网络通信技术是Netty。Netty是一款基于NIO（Nonblocking I/O，非阻塞IO）开发的网络通信框架。对比于BIO（Blocking I/O，阻塞IO），NIO的并发性能得到了很大提高。

Dubbo中的线程大体上可以分为两大类，即IO线程和业务线程，这两种线程配合工作才能实现Dubbo框架的功能。

1. IO线程

IO线程是Netty用于处理网络数据的这部分线程。IO线程的主要工作是处理编码、接码以及进行网络数据处理等。

2. 业务线程

业务线程是具体处理业务逻辑的这部分线程，可以理解为执行服务提供方的业务代码的线程。

Dubbo的服务提供方和服务消费方之前默认使用长连接方式进行通信，即一个服务消费方和一个服务提供方之间会建立一条网络链接，这条链接就是IO线程。IO线程的主要工作是负责对请求和响应参数进行编码和接码、监听具体的数据请求和通过Channel发布数据等。

当IO线程处理后，业务线程开始工作。业务线程只进行纯粹的业务逻辑处理，如服务提供方本地计算和查询数据库等。在业务逻辑处理过程中，往往会涉及很多复杂的逻辑，因此业务线程的执行时间通常较长，业务线程的数量往往也比IO线程多。

Dubbo线程模型如图5-13所示。

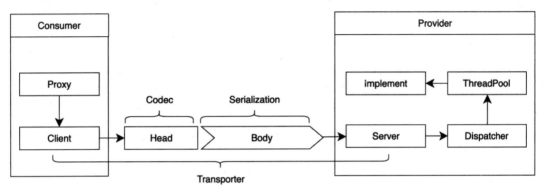

图 5-13　Dubbo 线程模型示意图

如果服务消费方调用服务提供方的处理逻辑能迅速完成，并且不会发起新的IO请求，比如只是在服务提供方的内存中打个标识，则直接在IO线程上处理更快，原因是减少了线程池调度耗时。

但如果服务消费方调用服务提供方的处理逻辑较慢，或者需要发起新的IO请求，比如需要查询数据库，则必须将请求派发到业务线程，否则可能会出现IO线程阻塞，导致无法接收服务消费方的后续请求。

通过以上分析可知，IO线程和业务线程需要互相配合才能完成Dubbo的最佳实践。以下代码是Dubbo关于线程模型的配置：

```
<dubbo:protocol name="dubbo" dispatcher="all" threadpool="fixed" threads="100" />
```

其中，dispacher字段代表的是IO线程池和业务线程池的边界。

5.4.1　IO 线程

在上述Dubbo的配置代码中，dispacher的取值范围如下。

- all：所有的消息都派发到业务线程池处理，其中包括请求消息、响应消息、连接消息、断开消息和心跳消息等。
- direct：所有的消息都不派发到业务线程池处理，所有的消息都在IO线程上直接执行。
- message：只有请求响应消息派发到业务线程池处理，其他消息（如连接断开消息、心跳消息等）直接在IO线程上执行。
- execution：只有请求消息派发到业务线程池处理，不含响应消息，其他消息（如响应消息、连接消息、断开消息和心跳消息等）直接在IO线程上执行。
- connection：在IO线程上将连接消息和断开消息放入队列，逐个有序地执行，其他消息派发到业务线程池处理。

5.4.2 业务线程

为了能够尽早释放IO线程，在上述线程模型中，有些线程模式会将消息派发到业务线程池中处理。这里的业务线程池通过threadpool参数控制。threadpool的取值范围如下。

- fixed：固定大小的线程池，启动时立即创建。对应的实现类为FixedThreadPool。
- cached：缓存线程池，其中的业务线程空闲时间超过1分钟后自动回收。对应的实现类为CachedThreadPool。
- limited：可伸缩线程池，但线程池中的线程只会增长，不会收缩。只增长不收缩的目的是避免收缩时流量激增引起的性能问题。对应的实现类为LimitedThreadPool。
- eager：优先创建工作线程的线程池。在任务数量大于corePoolSize但是小于maximumPoolSize时，优先创建工作线程来处理任务。当任务数量大于maximumPoolSize时，将任务放入阻塞队列中。当阻塞队列达到容量极限时，抛出RejectedExecutionException异常。对应的实现类为EagerThreadPool。

eager线程池的工作线程创建策略与JDK中的java.util.concurrent.ThreadPoolExecutor工作线程创建策略恰好相反。后者是先使用阻塞队列，当阻塞队列达到容量极限后才创建工作线程。

5.5 Dubbo 跨多注册中心的能力

Dubbo跨多注册中心的能力是指在分布式系统中，Dubbo框架能够同时连接并管理多个服务注册中心，使服务提供者和服务消费者能够跨越不同的注册中心实现服务发现和调用服务。

Dubbo跨多注册中心的能力对于拥有多个数据中心、不同环境（如开发、测试、生产）或者需要进行服务隔离的大型分布式系统尤为重要。

以下是Dubbo支持的跨多注册中心的能力。

1. Dubbo支持一个服务向多个注册中心同时注册

如果有些服务应该部署在上海，但由于项目进度问题来不及在上海部署，只在杭州注册中心对服务进行了部署，但是上海的服务消费者需要引用该服务。这种情况下，就可以将服务同时注册到两个注册中心。实现方式如下：

```xml
<?xml version="1.0" encoding="UTF-8"?>
<beans xmlns="http://www.springframework.org/schema/beans"
    xmlns:xsi="http://www.w3.org/2001/XMLSchema-instance"
    xmlns:dubbo="http://dubbo.apache.org/schema/dubbo"
    xsi:schemaLocation="http://www.springframework.org/schema/beans
http://www.springframework.org/schema/beans/spring-beans-4.3.xsd
http://dubbo.apache.org/schema/dubbo http://dubbo.apache.org/schema/dubbo/dubbo.xsd">
    <dubbo:application name="product" />
    <!-- 多注册中心配置 -->
    <dubbo:registry id="hangzhouRegistry" address="10.20.141.140:9090" />
    <dubbo:registry id="shanghaiRegistry" address="10.20.141.150:9010" default="false" />
```

```
    <!-- 向多个注册中心注册 -->
    <dubbo:service interface="com.test.hello.api.HelloService" version="1.0.0"
ref="helloService" registry="hangzhouRegistry,shanghaiRegistry" />
</beans>
```

2. Dubbo支持不同的服务分别注册到不同的注册中心

例如，有些服务是专门为上海用户设计的，有些服务是专门为杭州用户设计的。这种情况下，可以将这两个服务分别注册到不同的注册中心。实现方式如下：

```xml
<?xml version="1.0" encoding="UTF-8"?>
<beans xmlns="http://www.springframework.org/schema/beans"
    xmlns:xsi="http://www.w3.org/2001/XMLSchema-instance"
    xmlns:dubbo="http://dubbo.apache.org/schema/dubbo"
    xsi:schemaLocation="http://www.springframework.org/schema/beans
http://www.springframework.org/schema/beans/spring-beans-4.3.xsd
http://dubbo.apache.org/schema/dubbo http://dubbo.apache.org/schema/dubbo/dubbo.xsd">
    <dubbo:application name="product" />
    <!-- 多注册中心配置 -->
    <dubbo:registry id="hangzhouRegistry" address="10.20.141.152:9090" />
    <dubbo:registry id="shanghaiRegistry" address="10.20.154.175:9010" default="false" />
    <!-- 向上海注册中心注册 -->
    <dubbo:service interface="com.test.hello.api.HelloService" version="1.0.0"
ref="helloService" registry="shanghaiRegistry" />
    <!-- 向杭州注册中心注册 -->
    <dubbo:service interface="com.test.goodbye.api.GoodByeService" version="1.0.0"
ref="goodByeService" registry="hangzhouRegistry" />
</beans>
```

3. Dubbo支持同时引用注册在不同注册中心上的同名服务

如果一个服务在杭州和上海均有部署，接口和版本号也一模一样，只是连接的数据库不同。此时，服务消费方需要同时调用杭州和上海的服务对数据进行写入。这种情况下，可以同时引用不同的注册中心。实现方式如下：

```xml
<?xml version="1.0" encoding="UTF-8"?>
<beans xmlns="http://www.springframework.org/schema/beans"
    xmlns:xsi="http://www.w3.org/2001/XMLSchema-instance"
    xmlns:dubbo="http://dubbo.apache.org/schema/dubbo"
    xsi:schemaLocation="http://www.springframework.org/schema/beans
http://www.springframework.org/schema/beans/spring-beans-4.3.xsd http://dubbo.apache.org/
schema/dubbo http://dubbo.apache.org/schema/dubbo/dubbo.xsd">
    <dubbo:application name="world"  />
    <!-- 多注册中心配置 -->
    <dubbo:registry id="hangzhouRegistry" address="10.20.141.152:9090" />
    <dubbo:registry id="shanghaiRegistry" address="10.20.154.175:9010" default="false" />
    <!-- 引用上海注册中心的服务 -->
    <dubbo:reference id="shanghaiHelloService" interface="com.test.hello.api.HelloService"
version="1.0.0" registry="shanghaiRegistry" />
    <!-- 引用杭州注册中心的服务 -->
    <dubbo:reference id="hangzhouHelloService" interface="com.test.hello.api.HelloService"
version="1.0.0" registry="hangzhouRegistry" />
</beans>
```

4. Dubbo支持自定义扩展注册中心

Dubbo注册中心的自定义扩展主要通过以下接口实现：

- org.apache.dubbo.registry.RegistryFactory
- org.apache.dubbo.registry.Registry

RegistryFactory代码如下：

```
/**
 * RegistryFactory. (SPI, Singleton, ThreadSafe)
 *
 * @see org.apache.dubbo.registry.support.AbstractRegistryFactory
 */
@SPI(scope = APPLICATION)
public interface RegistryFactory {

    /**
     * Connect to the registry
     * <p>
     * Connecting the registry needs to support the contract: <br>
     * 1. When the check=false is set, the connection is not checked, otherwise the exception
is thrown when disconnection <br>
     * 2. Support username:password authority authentication on URL.<br>
     * 3. Support the backup=10.20.153.10 candidate registry cluster address.<br>
     * 4. Support file=registry.cache local disk file cache.<br>
     * 5. Support the timeout=1000 request timeout setting.<br>
     * 6. Support session=60000 session timeout or expiration settings.<br>
     *
     * @param url Registry address, is not allowed to be empty
     * @return Registry reference, never return empty value
     */
    @Adaptive({PROTOCOL_KEY})
    Registry getRegistry(URL url);

}
```

Registry接口继承自RegistryService接口，RegistryService接口的代码如下：

```
/**
 * RegistryService. (SPI, Prototype, ThreadSafe)
 *
 * @see org.apache.dubbo.registry.Registry
 * @see org.apache.dubbo.registry.RegistryFactory#getRegistry(URL)
 */
public interface RegistryService {

    /**
     * Register data, such as : provider service, consumer address, route rule, override
rule and other data.
     * <p>
     * Registering is required to support the contract:<br>
```

```
      * 1. When the URL sets the check=false parameter. When the registration fails, the
exception is not thrown and retried in the background. Otherwise, the exception will be thrown.<br>
      * 2. When URL sets the dynamic=false parameter, it needs to be stored persistently,
otherwise, it should be deleted automatically when the registrant has an abnormal exit.<br>
      * 3. When the URL sets category=routers, it means classified storage, the default
category is providers, and the data can be notified by the classified section. <br>
      * 4. When the registry is restarted, network jitter, data can not be lost, including
automatically deleting data from the broken line.<br>
      * 5. Allow URLs which have the same URL but different parameters to coexist,they can't
cover each other.<br>
      *
      * @param url Registration information , is not allowed to be empty, e.g:
dubbo://10.20.153.10/org.apache.dubbo.foo.BarService?version=1.0.0&application=kylin
      */
     void register(URL url);

     /**
      * Unregister
      * <p>
      * Unregistering is required to support the contract:<br>
      * 1. If it is the persistent stored data of dynamic=false, the registration data can
not be found, then the IllegalStateException is thrown, otherwise it is ignored.<br>
      * 2. Unregister according to the full url match.<br>
      *
      * @param url Registration information , is not allowed to be empty, e.g:
dubbo://10.20.153.10/org.apache.dubbo.foo.BarService?version=1.0.0&application=kylin
      */
     void unregister(URL url);

     /**
      * Subscribe to eligible registered data and automatically push when the registered data
is changed.
      * <p>
      * Subscribing need to support contracts:<br>
      * 1. When the URL sets the check=false parameter. When the registration fails, the
exception is not thrown and retried in the background. <br>
      * 2. When URL sets category=routers, it only notifies the specified classification data.
Multiple classifications are separated by commas, and allows asterisk to match, which indicates
that all categorical data are subscribed.<br>
      * 3. Allow interface, group, version, and classifier as a conditional query, e.g.:
interface=org.apache.dubbo.foo.BarService&version=1.0.0<br>
      * 4. And the query conditions allow the asterisk to be matched, subscribe to all versions
of all the packets of all interfaces, e.g. :interface=*&group=*&version=*&classifier=*<br>
      * 5. When the registry is restarted and network jitter, it is necessary to automatically
restore the subscription request.<br>
      * 6. Allow URLs which have the same URL but different parameters to coexist,they can't
cover each other.<br>
      * 7. The subscription process must be blocked, when the first notice is finished and
then returned.<br>
      *
      * @param url     Subscription condition, not allowed to be empty, e.g.
consumer://10.20.153.10/org.apache.dubbo.foo.BarService?version=1.0.0&application=kylin
```

```
    * @param listener A listener of the change event, not allowed to be empty
    */
    void subscribe(URL url, NotifyListener listener);

    /**
    * Unsubscribe
    * <p>
    * Unsubscribing is required to support the contract:<br>
    * 1. If you don't subscribe, ignore it directly.<br>
    * 2. Unsubscribe by full URL match.<br>
    *
    * @param url      Subscription condition, not allowed to be empty, e.g.
consumer://10.20.153.10/org.apache.dubbo.foo.BarService?version=1.0.0&application=kylin
    * @param listener A listener of the change event, not allowed to be empty
    */
    void unsubscribe(URL url, NotifyListener listener);

    /**
    * Query the registered data that matches the conditions. Corresponding to the push mode
of the subscription, this is the pull mode and returns only one result.
    *
    * @param url Query condition, is not allowed to be empty, e.g.
consumer://10.20.153.10/org.apache.dubbo.foo.BarService?version=1.0.0&application=kylin
    * @return The registered information list, which may be empty, the meaning is the same
as the parameters of {@link org.apache.dubbo.registry.NotifyListener#notify(List<URL>)}.
    * @see org.apache.dubbo.registry.NotifyListener#notify(List)
    */
    List<URL> lookup(URL url);

}
```

Registry接口的代码如下：

```
/**
 * Registry. (SPI, Prototype, ThreadSafe)
 *
 * @see org.apache.dubbo.registry.RegistryFactory#getRegistry(URL)
 * @see org.apache.dubbo.registry.support.AbstractRegistry
 */
public interface Registry extends Node, RegistryService {
    default int getDelay() {
        return getUrl().getParameter(REGISTRY_DELAY_NOTIFICATION_KEY,
DEFAULT_DELAY_NOTIFICATION_TIME);
    }

    default boolean isServiceDiscovery() {
        return false;
    }

    default void reExportRegister(URL url) {
        register(url);
    }

    default void reExportUnregister(URL url) {
```

```
        unregister(url);
    }
}
```

5.6　Dubbo 服务分组

当一个服务有多种不同的实现时，开发人员可以使用Dubbo的分组特性将同一个服务的不同实现区分开。

Dubbo的服务分组特性及使用方法如下。

（1）服务提供方的分组配置如下：

```xml
<?xml version="1.0" encoding="UTF-8"?>
<beans xmlns="http://www.springframework.org/schema/beans"
    xmlns:xsi="http://www.w3.org/2001/XMLSchema-instance"
    xmlns:dubbo="http://code.alibabatech.com/schema/dubbo"
    xsi:schemaLocation="http://www.springframework.org/schema/beans
    http://www.springframework.org/schema/beans/spring-beans.xsd
    http://code.alibabatech.com/schema/dubbo
    http://code.alibabatech.com/schema/dubbo/dubbo.xsd">

    <dubbo:service interface="com.test.UserService" ref="userServiceOne"
protocol="dubbo" group="group1"/>

    <dubbo:service interface="com.test.UserService" ref="userServiceTwo"
protocol="dubbo" group="group2"/>

    <bean id="userServiceOne"
class="com.test.provider.service.impl.UserServiceOneImpl"/>

    <bean id="userServiceTwo"
class="com.test.provider.service.impl.UserServiceTwoImpl"/>

    </beans>
```

（2）服务消费方的分组配置如下：

```xml
<?xml version="1.0" encoding="UTF-8"?>
<beans xmlns="http://www.springframework.org/schema/beans"
    xmlns:xsi="http://www.w3.org/2001/XMLSchema-instance"
xmlns:dubbo="http://code.alibabatech.com/schema/dubbo"
    xsi:schemaLocation="http://www.springframework.org/schema/beans
    http://www.springframework.org/schema/beans/spring-beans.xsd
    http://code.alibabatech.com/schema/dubbo
    http://code.alibabatech.com/schema/dubbo/dubbo.xsd">

    <dubbo:reference id="userServiceOne" interface="com.test.UserService"
group="group1" check="false"/>

    <dubbo:reference id="userServiceTwo" interface="com.test.UserService"
group="group2" check="false"/>

    </beans>
```

5.7　Dubbo SPI 机制的原理是什么

Dubbo SPI（Service Provider Interface）是Dubbo框架中实现的一种服务发现与扩展机制，它允许Dubbo在运行时动态地为接口寻找并加载合适的实现类。Dubbo SPI是对Java SPI机制的增强和定制，旨在提供更加灵活和强大的扩展能力，以适应分布式服务框架的特殊需求。

5.7.1　SPI 和 API 的区别和联系

SPI和API（Application Programming Interface）都是软件开发中的重要概念，但它们服务于不同的目的和使用场景。

1. SPI和API的联系

1）协作互补

在很多情况下，API和SPI是相互协作的。API提供了外部调用的统一接口，而SPI则在内部支撑了这些接口的多样性和可扩展性。例如，一个框架可能通过API暴露功能给应用人员，同时利用SPI技术允许开发人员自定义框架的某些行为或组件。

2）模块化设计

API和SPI都是模块化和组件化设计的关键元素。API支持模块间的通信，SPI支持模块内部的可插拔和扩展性，共同促进了软件系统的灵活性和可维护性。

2. SPI和API的区别

1）目标

- API定义了一套规则和工具，用于让应用程序（或服务）之间相互通信和交互。它是应用程序编程的接口，为开发人员提供了一组预先定义好的函数、类、协议等，以实现特定功能或访问某些服务。API关注如何使用一个给定的组件或服务来完成任务。
- SPI是一种用于实现可插拔服务和组件的机制，它允许在不修改核心代码的情况下，动态选择和加载不同的实现。SPI关注于提供一种扩展点，使得第三方开发者可以实现自己的组件来替换或增强已有的功能。

2）使用者

- API通常由服务调用方使用，服务调用方的开发人员根据API文档调用接口来完成应用程序的功能开发。
- SPI通常由服务提供方使用，服务提供方根据SPI的规范提供具体的实现类，使服务或组件能够被框架或其他系统发现并使用。

5.7.2　JDK SPI 机制的实现

本小节通过以下案例描述JDK SPI机制的实现。

（1）创建一个接口：

```
/**
 * @Author : zhouguanya
 * @Project : java-it-interview-guide
 * @Date : 2022-03-26 18:02:38
 * @Version : V1.0
 * @Description : SPI测试接口
 */
public interface HelloService {
    /**
     * 打招呼
     */
    void sayHello();
}
```

（2）创建HelloService接口的两种不同的实现类：

```
/**
 * @Author : zhouguanya
 * @Project : java-it-interview-guide
 * @Date : 2022-03-26 18:03:51
 * @Version : V1.0
 * @Description : 用中文打招呼
 */
public class SayHelloInChineseImpl implements HelloService {
    /**
     * 打招呼
     */
    @Override
    public void sayHello() {
        System.out.println("你好");
    }
}

/**
 * @Author : zhouguanya
 * @Project : java-it-interview-guide
 * @Date : 2022-03-26 18:05:29
 * @Version : V1.0
 * @Description : 用英文打招呼
 */
public class SayHelloInEnglishImpl implements HelloService {
    /**
     * 打招呼
     */
    @Override
    public void sayHello() {
        System.out.println("hello");
    }
}
```

（3）在classpath下创建一个配置文件，该文件的名称应为接口的全限定名，文件中的内容是关于接口的实现类的全限定类名，多个实现类用换行符分隔。配置文件的存放路径为resources/META-INF/services目录。

本例中配置文件存放的地址如下：

```
resources/META-INF/services/com.example.java.interview.guide.part2.chapter13.spi.Hello
Service
```

配置文件中的内容如下：

```
com.example.java.interview.guide.part2.chapter13.spi.SayHelloInChineseImpl
com.example.java.interview.guide.part2.chapter13.spi.SayHelloInEnglishImpl
```

创建测试程序验证JDK SPI的功能：

```java
/**
 * @Author : zhouguanya
 * @Project : java-it-interview-guide
 * @Date : 2022-03-26 18:16:16
 * @Version : V1.0
 * @Description : SPI测试程序
 */
public class HelloServiceDemo {
    public static void main(String[] args) {
        // 下面两种调用方式效果类似
        // 调用方式一
        Iterator<HelloService> providers = Service.providers(HelloService.class);
        while(providers.hasNext()) {
            HelloService helloService = providers.next();
            helloService.sayHello();
        }
        // 调用方式二
        ServiceLoader<HelloService> load = ServiceLoader.load(HelloService.class);
        Iterator<HelloService> iterator = load.iterator();
        while(iterator.hasNext()) {
            HelloService helloService = iterator.next();
            helloService.sayHello();
        }
    }
}
```

运行测试程序，执行结果如下：

```
你好
hello
你好
hello
```

5.7.3　JDK SPI 机制原理分析

通过以上案例可知，JDK SPI机制主要是通过Service类或ServiceLoader类实现功能的。其中Service

类位于sun.misc包下，其源码我们无法直接分析。下面将通过ServiceLoader类的代码分析JDK SPI机制的工作原理。

ServiceLoader的属性如下：

```
public final class ServiceLoader<S>
    implements Iterable<S>
{
    // 配置文件的路径
    private static final String PREFIX = "META-INF/services/";

    // 加载的服务类或接口
    private final Class<S> service;

    // 类加载器
    private final ClassLoader loader;

    // ServiceLoader创建时使用的访问控制上下文
    private final AccessControlContext acc;

    // 已加载的服务类集合
    private LinkedHashMap<String,S> providers = new LinkedHashMap<>();

    // 内部类，真正加载服务类
    private LazyIterator lookupIterator;
}
```

ServiceLoader类的load()方法会返回一个ServiceLoader对象。load()方法代码如下：

```
public static <S> ServiceLoader<S> load(Class<S> service, ClassLoader loader)
{
    return new ServiceLoader<>(service, loader);
}
```

load()方法通过调用ServiceLoader私有构造器创建ServiceLoader对象：

```
private ServiceLoader(Class<S> svc, ClassLoader cl) {
    // 要加载的接口
    service = Objects.requireNonNull(svc, "Service interface cannot be null");
    // 类加载器
    loader = (cl == null) ? ClassLoader.getSystemClassLoader() : cl;
    // 访问控制器
    acc = (System.getSecurityManager() != null) ? AccessController.getContext() : null;
    // 清空ServiceLoader的provider缓存并重新加载provider
    reload();
}
```

ServiceLoader私有构造器会调用reload()方法：

```
public void reload() {
    // 清空providers
    providers.clear();
    // 实例化内部类
    lookupIterator = new LazyIterator(service, loader);
}
```

ServiceLoader的iterator()方法代码如下：

```java
public Iterator<S> iterator() {
    return new Iterator<S>() {

        Iterator<Map.Entry<String,S>> knownProviders
            = providers.entrySet().iterator();

        public boolean hasNext() {
            if (knownProviders.hasNext())
                return true;
            return lookupIterator.hasNext();
        }

        public S next() {
            if (knownProviders.hasNext())
                return knownProviders.next().getValue();
            return lookupIterator.next();
        }

        public void remove() {
            throw new UnsupportedOperationException();
        }

    };
}
```

重点关注LazyIterator的hasNext()方法，其代码如下：

```java
public boolean hasNext() {
    if (acc == null) {
        return hasNextService();
    } else {
        PrivilegedAction<Boolean> action = new PrivilegedAction<Boolean>() {
            public Boolean run() { return hasNextService(); }
        };
        return AccessController.doPrivileged(action, acc);
    }
}
```

hasNext()方法调用hasNextService()方法：

```java
private boolean hasNextService() {
    //第二次调用的时候，已经解析完成了，直接返回
    if (nextName != null) {
        return true;
    }
    if (configs == null) {
        try {
            //META-INF/services/ 加上接口的全限定类名，就是文件服务类的文件
            String fullName = PREFIX + service.getName();
            if (loader == null)
                configs = ClassLoader.getSystemResources(fullName);
            else
                //将文件路径转成URL对象
                configs = loader.getResources(fullName);
        } catch (IOException x) {
```

```
            fail(service, "Error locating configuration files", x);
        }
    }
    while ((pending == null) || !pending.hasNext()) {
        if (!configs.hasMoreElements()) {
            return false;
        }
        //解析URL文件对象，读取内容，最后返回
        pending = parse(service, configs.nextElement());
    }
    nextName = pending.next();
    return true;
}
```

hasNextService()方法调用parse()方法解析配置文件，从而得到接口的所有实现类：

```
private Iterator<String> parse(Class<?> service, URL u)
    throws ServiceConfigurationError
{
    InputStream in = null;
    BufferedReader r = null;
    ArrayList<String> names = new ArrayList<>();
    try {
        in = u.openStream();
        r = new BufferedReader(new InputStreamReader(in, "utf-8"));
        int lc = 1;
        while ((lc = parseLine(service, u, r, lc, names)) >= 0);
    } catch (IOException x) {
        fail(service, "Error reading configuration file", x);
    } finally {
        try {
            if (r != null) r.close();
            if (in != null) in.close();
        } catch (IOException y) {
            fail(service, "Error closing configuration file", y);
        }
    }
    return names.iterator();
}
```

iterator()方法的next()方法代码如下：

```
public S next() {
    if (knownProviders.hasNext())
        return knownProviders.next().getValue();
    return lookupIterator.next();
}
```

next()方法会调用LazyIterator类的next()方法：

```
public S next() {
    if (acc == null) {
        return nextService();
    } else {
```

```
    PrivilegedAction<S> action = new PrivilegedAction<S>() {
        public S run() { return nextService(); }
    };
    return AccessController.doPrivileged(action, acc);
    }
}
```

LazyIterator类的next()方法最终会调用nextService()方法：

```
private S nextService() {
    if (!hasNextService())
        throw new NoSuchElementException();
    String cn = nextName;
    nextName = null;
    Class<?> c = null;
    try {
        c = Class.forName(cn, false, loader);
    } catch (ClassNotFoundException x) {
        fail(service,
            "Provider " + cn + " not found");
    }
    if (!service.isAssignableFrom(c)) {
        fail(service,
            "Provider " + cn  + " not a subtype");
    }
    try {
        S p = service.cast(c.newInstance());
        providers.put(cn, p);
        return p;
    } catch (Throwable x) {
        fail(service,
            "Provider " + cn + " could not be instantiated",
            x);
    }
    throw new Error();          // This cannot happen
}
```

在nextService()方法中，最终会通过反射获取到接口实现类的对象。

JDK的SPI使用非常广泛，最常见的数据库驱动程序中就使用到了JDK SPI机制，如图5-14所示。

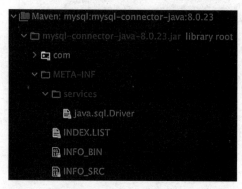

图 5-14　MySQL 驱动程序 SPI 机制示意图

5.7.4　Dubbo SPI 机制的使用方式

JDK的SPI机制虽然比较灵活，但也存在一定的弊端，具体表现如下：

（1）必须遍历所有的接口实现类，并全部实例化。

（2）配置文件只是简单地列出了实现类，并没有对其命名，导致程序中很难准确地引用到实例化对象。

（3）如果实现类依赖于其他实现类，则无法做到自动注入。

基于上述JDK的SPI机制的弊端，Dubbo SPI在JDK SPI的基础上规避了JDK SPI的弊端，并做了一些扩展，实现了更加强大的功能。

Dubbo SPI提供了以下注解。

- @SPI注解：被此注解标记的接口是一个可扩展的接口，并标注默认值。
- @Adaptive注解：此注解是自适应扩展的触发点，可以加在类上和方法上。若加在类上，则表示该类是一个扩展类，不需要生成代理类，直接使用即可；若加在方法上，则表示该方法需要生成代理类。
- @Activate注解：此注解需要注解在类上或者方法上，并注明被激活的条件，以及所有的被激活实现类中的排序信息。

与JDK SPI相似的是，Dubbo SPI也是从某些固定的路径下加载SPI配置文件的，但不同的是，Dubbo SPI支持类似于Properties形式的Key-Value配置文件格式。配置文件的名称依然是Dubbo接口的全限定名。

Dubbo SPI会从以下三个目录中读取配置文件。

- META-INF/dubbo/internal/：该目录用于存储Dubbo框架本身提供的SPI扩展实现。
- META-INF/dubbo/：第三方提供的扩展，包括开发人员自己编写的扩展实现，建议写在这个目录下，以便于管理。
- META-INF/services/：JDK SPI的配置文件目录。

下面以日志打印为例，阐述Dubbo SPI的使用方式。

创建日志接口，该接口支持带有Dubbo SPI注解：

```
/**
 * @Author : zhouguanya
 * @Project : java-it-interview-guide
 * @Date : 2022-04-05 10:56:24
 * @Version : V1.0
 * @Description : 日志接口，用户测试Dubbo SPI
 */
@SPI("logback")
public interface Log {
    /**
     * 打印日志
     */
    void print();
}
```

创建日志接口的两个实现类。其中logback为日志接口的默认实现方式。

```java
/**
 * @Author : zhouguanya
 * @Project : java-it-interview-guide
 * @Date : 2022-04-05 10:58:30
 * @Version : V1.0
 * @Description : Log4j打印日志
 */
public class Log4j implements Log {
    /**
     * 打印日志
     */
    @Override
    public void print() {
        System.out.println("使用Log4j打印日志");
    }
}

/**
 * @Author : zhouguanya
 * @Project : java-it-interview-guide
 * @Date : 2022-04-05 10:57:34
 * @Version : V1.0
 * @Description : Logback打印日志
 */
public class Logback implements Log {
    /**
     * 打印日志
     */
    @Override
    public void print() {
        System.out.println("使用Logback打印日志");
    }
}
```

创建Dubbo SPI配置文件。文件位置为META-INF/dubbo，文件名为日志接口全限定名。

```
com.example.java.interview.guide.part2.chapter13.dubbo.Log
```

配置文件内容如下：

```
logback=com.example.java.interview.guide.part2.chapter13.dubbo.Logback
log4j=com.example.java.interview.guide.part2.chapter13.dubbo.Log4j
```

创建Dubbo SPI测试程序：

```java
/**
 * @Author : zhouguanya
 * @Project : java-it-interview-guide
 * @Date : 2022-04-05 11:01:24
 * @Version : V1.0
 * @Description : 测试程序
 */
```

```java
public class DubboSpiDemo {
    public static void main(String[] args) {
        ExtensionLoader<Log> loader = ExtensionLoader.getExtensionLoader(Log.class);
        System.out.println("=====测试场景1: 指定名称获取具体SPI实现类=====");
        Log logback = loader.getExtension("logback");
        // Logback打印日志
        logback.print();
        // Log4j打印日志
        Log log4j = loader.getExtension("log4j");
        log4j.print();

        System.out.println("=====测试场景2: 获取默认实现类=====");
        // @SPI("logback") 中的 logback 指定了默认的 SPI 实现类的 key
        Log defaultExtension = loader.getDefaultExtension();
        // Logback打印日志
        defaultExtension.print();
        // 默认的扩展实现名称为logback
        System.out.println(loader.getDefaultExtensionName());

        System.out.println("=====测试场景3: 获取支持哪些SPI实现类=====");
        Set<String> supportedExtensions = loader.getSupportedExtensions();
        supportedExtensions.forEach(System.out::println);

        System.out.println("=====测试场景4: 获取已经加载了哪些SPI实现类=====");
        Set<String> loadedExtensions = loader.getLoadedExtensions();
        loadedExtensions.forEach(System.out::println);

        System.out.println("=====测试场景5: 根据SPI扩展实现名称或者类对象获取实现类=====");
        // logback
        System.out.println(loader.getExtensionName(logback));
        System.out.println(loader.getExtensionName(Log4j.class));

        System.out.println("=====测试场景6: 判断是否具有指定key的SPI实现类=====");
        // true
        System.out.println(loader.hasExtension("logback"));
        // false
        System.out.println(loader.hasExtension("log4j2"));
    }
}
```

执行测试程序, 结果如下:

```
=====测试场景1: 指定名称获取具体SPI实现类=====
使用Logback打印日志
使用Log4j打印日志
=====测试场景2: 获取默认实现类=====
使用Logback打印日志
logback
=====测试场景3: 获取支持哪些SPI实现类=====
log4j
logback
=====测试场景4: 获取已经加载了哪些SPI实现类=====
log4j
logback
```

```
=====测试场景5：根据SPI扩展实现名称或者类对象获取实现类=====
logback
log4j
=====测试场景6：判断是否具有指定key的SPI实现类=====
true
false
```

创建日志接口适配类：

```
/**
 * @Author : zhouguanya
 * @Project : java-it-interview-guide
 * @Date : 2022-04-05 11:59:03
 * @Version : V1.0
 * @Description : 日志适配类
 */
@Adaptive
public class AdaptiveLog implements Log {
    /**
     * 打印日志
     */
    @Override
    public void print() {
        System.out.println("使用AdaptiveLog打印日志");
    }
}
```

修改Dubbo SPI配置文件，新增以下配置：

```
adaptive=com.example.java.interview.guide.part2.chapter13.dubbo.AdaptiveLog
```

创建日志适配类测试程序：

```
/**
 * @Author : zhouguanya
 * @Project : java-it-interview-guide
 * @Date : 2022-04-05 11:59:03
 * @Version : V1.0
 * @Description : 日志适配类
 */
@Adaptive
public class AdaptiveLog implements Log {
    /**
     * 打印日志
     */
    @Override
    public void print() {
        System.out.println("使用AdaptiveLog打印日志");
    }
}
```

执行日志适配类测试程序，结果如下：

```
使用AdaptiveLog打印日志
```

5.7.5　Dubbo SPI 机制原理分析

Dubbo SPI机制的主要实现是在ExtensionLoader类中。5.7.3节的示例代码中使用到的方法及其功能如下。

- getExtensionLoader()方法：加载当前接口的子类并实例化一个ExtensionLoader对象。
- getExtension()方法：根据名称获取扩展实现。
- getAdaptiveExtension()方法：获取适配的扩展实现，至于具体使用哪个明确的扩展实现，需要在适配类中通过一定的条件进行判断。

首先分析使用getExtensionLoader()方法如何创建ExtensionLoader对象：

```
public static <T> ExtensionLoader<T> getExtensionLoader(Class<T> type) {
    return ApplicationModel.defaultModel().getDefaultModule().getExtensionLoader(type);
}
```

getExtensionLoader()方法用到的ApplicationModel对象代表一个使用Dubbo的应用，其中存储了一些用于RPC调用的基础元数据信息。

```
public static ApplicationModel defaultModel() {
    // should get from default FrameworkModel, avoid out of sync
    return FrameworkModel.defaultModel().defaultApplication();
}
```

ApplicationModel 类 的 defaultModel() 方法通过调用 FrameworkModel 类 的 相 关 方 法 获 取 ApplicationModel对象。

getExtensionLoader() 方 法 最 后 调 用 ExtensionDirector 类 的 getExtensionLoader() 方 法 获 取 ExtensionLoader对象。

```
public <T> ExtensionLoader<T> getExtensionLoader(Class<T> type) {
    checkDestroyed();
    if (type == null) {
        throw new IllegalArgumentException("Extension type == null");
    }
    if (!type.isInterface()) {
        throw new IllegalArgumentException("Extension type (" + type + ") is not an
interface!");
    }
    if (!withExtensionAnnotation(type)) {
        throw new IllegalArgumentException("Extension type (" + type +
            ") is not an extension, because it is NOT annotated with @" +
SPI.class.getSimpleName() + "!");
    }

    // 1. find in local cache
    ExtensionLoader<T> loader = (ExtensionLoader<T>) extensionLoadersMap.get(type);

    ExtensionScope scope = extensionScopeMap.get(type);
    if (scope == null) {
        SPI annotation = type.getAnnotation(SPI.class);
        scope = annotation.scope();
```

```
            extensionScopeMap.put(type, scope);
        }

        if (loader == null && scope == ExtensionScope.SELF) {
            // create an instance in self scope
            loader = createExtensionLoader0(type);
        }

        // 2. find in parent
        if (loader == null) {
            if (this.parent != null) {
                loader = this.parent.getExtensionLoader(type);
            }
        }

    // 3. create it
    if (loader == null) {
        loader = createExtensionLoader(type);
    }

    return loader;
}
```

getExtensionLoader()方法优先从缓存中获取ExtensionLoader对象，如果缓存中不存在，则创建一个对象并将其添加到缓存中。

当获取到ExtensionLoader对象后，可以通过getExtension()方法获取到具体的扩展实现。getExtension()方法代码如下：

```
public T getExtension(String name) {
    T extension = getExtension(name, true);
    if (extension == null) {
        throw new IllegalArgumentException("Not find extension: " + name);
    }
    return extension;
}
```

getExtension()方法将调用一个重载的getExtension()方法：

```
public T getExtension(String name, boolean wrap) {
    checkDestroyed();
    if (StringUtils.isEmpty(name)) {
        throw new IllegalArgumentException("Extension name == null");
    }
    // 如果名称为true，则返回默认的扩展实现类的对象
    // 默认的扩展实现类的对象的name定义在目标接口的@SPI注解中
    if ("true".equals(name)) {
        return getDefaultExtension();
    }
    String cacheKey = name;
    if (!wrap) {
        cacheKey += "_origin";
    }
    // 查看当前是否已经缓存了保存目标对象实例的Holder对象，如果缓存中已存在，则直接返回
    // 如果不存在，则创建一个对象并将其缓存
    final Holder<Object> holder = getOrCreateHolder(cacheKey);
```

```
    Object instance = holder.get();
    // 如果无法从Holder中获取目标对象的实例，则使用双重检查法为目标对象创建一个实例
    if (instance == null) {
        synchronized (holder) {
            instance = holder.get();
            if (instance == null) {
                // 创建name对应的子类对象的实例
                instance = createExtension(name, wrap);
                holder.set(instance);
            }
        }
    }
    return (T) instance;
}
```

在重载的getExtension()方法中调用getDefaultExtension()方法获取默认的扩展实现类的对象：

```
public T getDefaultExtension() {
    getExtensionClasses();
    if (StringUtils.isBlank(cachedDefaultName) || "true".equals(cachedDefaultName)) {
        return null;
    }
    return getExtension(cachedDefaultName);
}
```

在重载的getExtension()方法中调用getOrCreateHolder()方法获取保存目标对象实例的Holder对象。getOrCreateHolder()方法代码如下：

```
private Holder<Object> getOrCreateHolder(String name) {
    Holder<Object> holder = cachedInstances.get(name);
    if (holder == null) {
        cachedInstances.putIfAbsent(name, new Holder<>());
        holder = cachedInstances.get(name);
    }
    return holder;
}
```

此处的cachedInstances()方法是一个ConcurrentHashMap对象。其声明如下：

```
private final ConcurrentMap<String, Holder<Object>> cachedInstances = new
ConcurrentHashMap<>();
```

cachedInstances对象是含有一个值的辅助类。

```
public class Holder<T> {

    private volatile T value;

    public void set(T value) {
        this.value = value;
    }

    public T get() {
        return value;
    }

}
```

　　Holder类中的value属性使用volatile关键字修饰，保证了value的可见性。

　　getOrCreateHolder()方法先查询cachedInstances缓存对象中是否包含Holder对象，如果存在，则直接返回，如果不存在，则创建一个Holder对象并将其保存在cachedInstances缓存对象中。

　　回到重载的getExtension()方法中，当通过Holder对象获取具体的扩展实现类的对象时，如果获取到的扩展实现类的对象为空，则使用双重检查法创建一个单例模式的扩展实现类的对象，并将该对象存放到Holder对象中。

```java
private T createExtension(String name, boolean wrap) {
    // 获取当前名称对应的子类类型，如果不存在，则抛出异常
    Class<?> clazz = getExtensionClasses().get(name);
    if (clazz == null || unacceptableExceptions.contains(name)) {
        throw findException(name);
    }
    try {
        // 从缓存中获取扩展实现类的对象
        // 如果缓存中不存在，则实例化一个并缓存起来
        T instance = (T) extensionInstances.get(clazz);
        if (instance == null) {
            extensionInstances.putIfAbsent(clazz, createExtensionInstance(clazz));
            instance = (T) extensionInstances.get(clazz);
            instance = postProcessBeforeInitialization(instance, name);
            // 为生成的实现类的对象通过其set方法注入对应的属性对象
            // 这里不仅可以通过SPI的方式获取属性对象
            // 也可以通过Spring的bean工厂获取
            injectExtension(instance);
            instance = postProcessAfterInitialization(instance, name);
        }
        // Dubbo SPI AOP实现
        if (wrap) {
            List<Class<?>> wrapperClassesList = new ArrayList<>();
            if (cachedWrapperClasses != null) {
                wrapperClassesList.addAll(cachedWrapperClasses);
                wrapperClassesList.sort(WrapperComparator.COMPARATOR);
                Collections.reverse(wrapperClassesList);
            }

            if (CollectionUtils.isNotEmpty(wrapperClassesList)) {
                for (Class<?> wrapperClass : wrapperClassesList) {
                    Wrapper wrapper = wrapperClass.getAnnotation(Wrapper.class);
                    boolean match = (wrapper == null) ||
                        ((ArrayUtils.isEmpty(wrapper.matches()) ||
ArrayUtils.contains(wrapper.matches(), name)) &&
                            !ArrayUtils.contains(wrapper.mismatches(), name));
                    if (match) {
                        instance = injectExtension((T)
wrapperClass.getConstructor(type).newInstance(instance));
                        instance = postProcessAfterInitialization(instance, name);
                    }
                }
            }
```

```
        }
        // Warning: After an instance of Lifecycle is wrapped by cachedWrapperClasses, it may
not still be Lifecycle instance, this application may not invoke the lifecycle.initialize hook
        initExtension(instance);
        return instance;
    } catch (Throwable t) {
        throw new IllegalStateException("Extension instance (name: " + name + ", class: " +
            type + ") couldn't be instantiated: " + t.getMessage(), t);
    }
}
```

当获取到ExtensionLoader对象后，除可以通过getExtension()方法具体地扩展实现类的对象外，还可以通过getAdaptiveExtension()方法获取一个适配器对象。

```
public T getAdaptiveExtension() {
    checkDestroyed();
    Object instance = cachedAdaptiveInstance.get();
    if (instance == null) {
        if (createAdaptiveInstanceError != null) {
            throw new IllegalStateException("Failed to create adaptive instance: " +
                createAdaptiveInstanceError.toString(),
                createAdaptiveInstanceError);
        }

        synchronized (cachedAdaptiveInstance) {
            instance = cachedAdaptiveInstance.get();
            if (instance == null) {
                try {
                    instance = createAdaptiveExtension();
                    cachedAdaptiveInstance.set(instance);
                } catch (Throwable t) {
                    createAdaptiveInstanceError = t;
                    throw new IllegalStateException("Failed to create adaptive instance: "
+ t.toString(), t);
                }
            }
        }
    }

    return (T) instance;
}
```

getAdaptiveExtension()方法优先从缓存中查找适配器对象，如果缓存中不存在，则通过createAdaptiveExtension()方法创建一个适配器对象并将其放入缓存中。

```
private T createAdaptiveExtension() {
    try {
        T instance = (T) getAdaptiveExtensionClass().newInstance();
        instance = postProcessBeforeInitialization(instance, null);
        instance = injectExtension(instance);
        instance = postProcessAfterInitialization(instance, null);
        initExtension(instance);
        return instance;
```

```
        } catch (Exception e) {
            throw new IllegalStateException("Can't create adaptive extension " + type + ", cause:
" + e.getMessage(), e);
        }
    }
```

createAdaptiveExtension()方法调用getAdaptiveExtensionClass()方法获取适配器类。

```
    private Class<?> getAdaptiveExtensionClass() {
        // 获取扩展实现类，如果无法获取到，则在配置文件中加载
        getExtensionClasses();
        // 如果目标类型有使用@Adaptive标注的子类型，则直接使用该子类作为装饰类
        if (cachedAdaptiveClass != null) {
            return cachedAdaptiveClass;
        }
        // 如果目标类型没有使用@Adaptive标注的子类型
        // 则尝试在目标接口中查找是否有使用@Adaptive标注的方法，如果有，则为该方法动态生成子类装饰代码
        return cachedAdaptiveClass = createAdaptiveExtensionClass();
    }
```

getAdaptiveExtensionClass()方法调用createAdaptiveExtensionClass方法创建一个Class对象：

```
    private Class<?> createAdaptiveExtensionClass() {
        // Adaptive Classes' ClassLoader should be the same with Real SPI interface classes'
ClassLoader
        ClassLoader classLoader = type.getClassLoader();
        try {
            if (NativeUtils.isNative()) {
                return classLoader.loadClass(type.getName() + "$Adaptive");
            }
        } catch (Throwable ignore) {

        }
        // 创建子类代码的字符串对象
        // 获取当前Dubbo SPI中定义的Compiler接口的子类对象，默认使用javassist
        // 然后通过该对象来编译生成的代码，从而动态生成一个Class对象
        String code = new AdaptiveClassCodeGenerator(type, cachedDefaultName).generate();
        org.apache.dubbo.common.compiler.Compiler compiler =
extensionDirector.getExtensionLoader(
            org.apache.dubbo.common.compiler.Compiler.class).getAdaptiveExtension();
        return compiler.compile(type, code, classLoader);
    }
```

5.8　Dubbo 面试押题

5.8.1　Dubbo 的核心功能有哪些

Dubbo作为一款高性能、轻量级的开源RPC（Remote Procedure Call）框架，主要提供了以下几个核心功能。

- 远程通信：Dubbo提供了对多种基于长连接的NIO（Non-blocking I/O）框架的抽象封装，支持高效的数据传输。
- 负载均衡：Dubbo实现负载均衡策略，能够自动分配消费者的请求到不同的服务提供者，以提高系统的可用性和稳定性。
- 服务自动注册与发现：Dubbo基于注册中心的服务目录，允许服务提供者在启动时自动向注册中心注册其地址和服务信息。
- 服务治理能力：Dubbo支持动态配置，允许在不重启服务的情况下调整服务配置，如调整负载均衡策略、超时时间等。Dubbo提供了监控与统计功能，以及丰富的监控数据，可以帮助运维人员了解服务的调用情况、性能指标等。

5.8.2　Dubbo 的核心组件有哪些

Dubbo的核心组件包括以下几个主要部分。

- 服务提供方：服务提供方是实际提供服务的应用程序，它在启动时会向注册中心注册自己的服务地址和服务能力，等待服务消费者发现并调用。
- 服务消费方：服务消费方是服务的调用方，它从注册中心订阅感兴趣的服务提供者列表，获取服务提供者地址后，通过远程调用的方式消费服务。
- 注册中心：注册中心是服务地址的集中管理系统，负责存储服务提供者的信息，并将这些信息提供给服务消费者。它不参与服务数据的传输和请求的转发，主要负责服务的注册与发现。为了确保高可用性，通常会部署成集群模式。
- 监控中心：监控中心负责收集各服务节点上的调用信息，统计服务调用次数、响应时间等数据，为服务的监控和优化提供数据支持。
- 容器：容器是服务运行的基础环境，负责启动、加载、管理服务提供者。Dubbo本身不直接实现容器，而是利用现有的Servlet容器（如Tomcat）或其他Java容器来启动服务提供者。

5.8.3　简述 Dubbo 服务注册与发现的流程

Dubbo服务注册与发现的流程大致可以分为以下几个步骤。

步骤01 服务提供者启动。当Dubbo服务提供方启动时，它会绑定到一个指定的端口，并初始化服务。

步骤02 服务注册。注册中心接收到服务提供方发送的注册信息后，会存储这些信息，并进行相应的管理，如服务分组、分类等。

步骤03 服务消费者启动。Dubbo服务消费方在启动时，会根据配置连接到相同的注册中心。

步骤04 服务发现。注册中心根据消费者订阅的服务接口，查找并返回所有可用的服务提供方列表给服务消费方。

步骤05 服务调用。服务消费方根据从注册中心获取到的服务提供方列表，准备发起远程调用。

步骤06 负载均衡。服务消费方采用开发人员指定的负载均衡策略选择一个服务提供方，并对其发起远程调用。

5.8.4　简述主流 RPC 框架的异同点

Dubbo、Spring Cloud、Thrift和gRPC是目前业界流行的RPC框架，它们各自有着独特的特性和应用场景，同时在一些基础功能上也存在共性。它们的异同点如表5-1所示。

表 5-1　主流 RPC 框架的异同点对比

特　　性	Dubbo	Spring Cloud	Thrift	gRPC
专注领域	高性能微服务框架	微服务	跨语言微服务框架	跨语言微服务框架
服务发现	支持	支持	需集成第三方	需集成第三方
负载均衡	支持	需集成第三方	需集成第三方	支持
集群容错	支持	需集成第三方	需集成第三方	支持
跨语言	弱	支持	强	强
适用场景	大型 Java 微服务系统	微服务系统	高性能多语言系统	高性能多语言系统

5.8.5　Dubbo 支持哪些负载均衡策略

请读者参考5.3节的相关内容。

5.8.6　Dubbo 负载均衡在客户端还是服务端实现

Dubbo的负载均衡机制是在客户端实现的。

当Dubbo的消费方发起调用时，如果发现服务提供者列表中有多个地址，它会采用客户端负载均衡策略来选择具体调用哪个服务提供者的地址。这一过程涉及根据预配置的负载均衡策略（如随机、最少活跃调用数、一致性哈希等）来决定请求的分发，以达到请求在各个服务提供者之间的均衡分布。因此，负载均衡的逻辑集成在消费者端，使得服务调用更加灵活且能够快速适应服务提供者的变化。

5.8.7　Dubbo 支持的通信协议

Dubbo支持多种通信协议，以满足不同场景下的需求。Dubbo支持的通信协议有：

- Dubbo协议
- RMI协议
- Hessian协议
- HTTP协议
- Webservice协议
- Thrift协议
- gRPC协议
- Redis协议
- Dubbo RESTful协议
- MQTT协议

5.8.8　简述 Dubbo SPI 与 Java SPI 的异同点

1. Dubbo SPI与Java SPI的共同点

1）目标

二者都是为了实现服务的扩展和插件化，遵循"开闭原则"，允许程序在运行时动态地为某个接口寻找并装载实现类，无须修改代码或重新编译。

2）原理

二者都依赖于约定的配置方式，即在类路径的特定位置放置包含实现类全限定名的文本文件来注册服务实现。

2. Dubbo SPI与Java SPI的不同点

1）扩展性与灵活性

- Java SPI较为简单，仅支持单一实现的注册，不支持动态替换和选择具体的实现类。
- Dubbo SPI基于Java SPI进行了增强，支持在配置文件中注册多个扩展实现，并且可以动态地选择和替换实现类，具有更高的灵活性和控制力。

2）功能特性

- Java SPI不提供依赖注入、面向切面编程等功能，也无法处理被Spring容器管理。
- Dubbo SPI增加了对IoC和AOP的支持，允许扩展点之间通过setter注入方式相互依赖，能更好地与Spring容器集成。

3）加载机制

- Java SPI使用java.util.ServiceLoader加载服务提供者，所有实现会在首次加载时被实例化。
- Dubbo SPI提供更细粒度的控制，支持延时加载，仅在真正需要时加载特定的实现类。

5.8.9　Dubbo 如何实现服务提供方失效移除

Dubbo的服务提供方失效移除机制主要是为了确保服务调用的稳定性和可靠性。Dubbo通过一系列策略和机制检测服务提供者的健康状况，并在检测到服务不可用时将其从服务列表中移除。Dubbo的服务提供方失效移除机制大致实现过程如下：

步骤01 心跳检测。Dubbo利用注册中心进行服务的注册与发现，服务提供方会周期性地向注册中心发送心跳，以表明自己的存活状态。如果注册中心在一定时间内没有收到服务提供方的心跳，则认为该服务提供者可能已经失效。

步骤02 定时任务检查。Dubbo在服务消费方会有一个定时任务，周期性地检查服务提供者的健康状况。这个检查频率可以通过配置进行调整。

步骤03 失效判定和移除。Dubbo会根据多个因素判断服务提供者是否失效，包括但不限于心跳超时、网络异常、响应超时、错误率过高等。如果服务调用的错误率超过了阈值，Dubbo可能会暂时将其标记为不可用，而不是立即移除，直到连续多次检查均失败后才正式移除。

5.8.10　如何合理地设置 Dubbo 超时时间

Dubbo的服务调用方和服务提供方的超时时间设置需要综合考虑多个因素，以确保系统的稳定性和用户体验。以下是一些建议，旨在帮助开发人员合理设置服务调用方和服务提供方的超时时间。

1. 充分理解业务需求

首先，开发人员需要了解每个服务的平均处理时间，以便为不同的服务设置合适的超时时间。

其次，开发人员需要根据用户对于系统响应时间的期望来设置超时时间，确保系统能在用户可接受的时间内完成请求。

2. 设置服务调用方超时时间

- 设置全局超时时间。
- 为每个接口设置对应的超时时间。
- 充分考虑服务间的网络延迟问题，适当增加超时时间。
- 对于重要的服务调用，需要设置合理的重试策略。

3. 设置服务提供方超时时间

- 在服务提供方设置全局的超时时间。
- 根据接口级别的需求来设置不同的超时时间。
- 全局超时时间应略大于接口级别最长的耗时，以确保系统的稳定性和可靠性。

4. 系统监控及运维

设置好超时时间后，开发人员需要定期监控系统的响应时间和超时率，根据实际情况对超时时间进行调整，以优化系统的性能和用户体验。

Redis是一款开源的、高性能的键值存储系统，全称为Remote Dictionary Server。Redis使用ANSI C语言编写，设计目的是作为数据库、缓存使用。在企业级开发中，Redis通常扮演高性能缓存、分布式锁和消息队列等角色。

本章内容可以让读者对Redis的核心概念和特性有一个全面的了解，这将有助于在面试中展示你对Redis技术的熟悉程度。此外，本章还准备了Redis相关的高频面试题，在企业级开发中，开发人员不仅要理解理论知识，还需要关注实际操作经验，例如如何在各种并发场景中使用Redis解决问题，以及如何处理可能出现的性能问题和系统故障等。

6.1 Redis 常用的数据类型

Redis支持5种常用的数据类型，分别是String（字符串）、List（列表）、Hash（哈希）、Set（集合）和Zset（有序集合）。需要注意的是，Redis数据类型是Redis键－值对的value中保存的数据类型，即数据的保存形式。Redis的数据类型是由相应的数据结构提供支撑的。

除上述5种基本类型外，还有一些高级或特殊用途的数据类型，如Bitmap（位图）、Geospatial Index（地理空间索引）和Stream（流）等。

本节首先介绍Redis常用的5种数据类型，6.2节将分析Redis的数据结构。

6.1.1 String

一个Redis的key对应一个字符串类型的值。操作Redis String类型的常用命令如下。

- 赋值：set key value。设置key的值为value。
- 取值：get key。获取key对应的value。
- 自增：incr key。对key的value执行加1操作。
- 自减：decr key。对key的value执行减1操作。
- 自减N：incrby key increment。对key对应的value执行加increment操作。
- 自减N：decrby key increment。对key对应的value执行减increment操作。
- 增加浮点数：incrbyfloat key increment。对key对应的value加increment浮点数。
- 尾部追加：append key value。对key对应的value进行尾部追加。
- 获取长度：strlen key。获取key对应的value字符串长度。
- 位操作取值：getbit key offset。例如，在key中存储的值为01100001，执行getbit key 2将返回1。

- 位操作赋值：setbit key offset value。对存储在key中字符串的offset位进行设置，将其值设置为value。
- 位操作统计：bitcount key start end。统计start位置和end之间被设置为1的比特位的数量。

6.1.2 List

List类型存储了字符串的列表。List中的元素按照插入顺序进行排序。开发人员可以在List的头部或尾部插入新的元素。操作Redis List类型的常用命令如下。

- 向头部插入元素：lpush key value1 value2…valueN。返回插入后的列表长度。
- 向尾部插入元素：rpush key value1 value2…valueN。返回插入后的列表长度。
- 从头部删除元素：lpop key。删除并返回列表的第一个元素。
- 从尾部删除元素：rpop key。删除并返回列表的最后第一个元素。
- 获取列表元素个数：llen key。返回列表的长度。如果列表不存在，则返回0。
- 获取列表的子列表：lrange key start end。返回start和end之间的元素。
- 删除列表中的元素：lrem key count value。移除列表中与value相等的元素。count大于0表示从头开始向表尾搜索，移除与value相等的元素，移除数量为count。count小于0表示从表尾开始向表头搜索，移除与value相等的元素，移除数量为count的绝对值。count等于0表示移除列表中所有与value相等的值。
- 获取列表指定索引的值：lindex key index。通过索引获取列表中的元素。index等于0表示列表的第一个元素。index等于-1表示列表的最后一个元素。
- 设置指定位置的值：lset key index value。修改index位置的值。
- 对列表进行裁剪：ltrim key start end。保留列表中指定范围内的元素。
- 在列表元素的前面或后面插入元素：linsert key before|after pivot value。将value插入列表key中，位于值pivot之前或之后。
- 移除列表的最后一个元素，并将该元素添加到另一个列表：rpoplpush source_key dest_key。

6.1.3 Hash

Redis的哈希类型，也称作字典类型。哈希类型中的value对应的是一个字典，字典中保存的是field（字段）与value（值）之间的映射表。操作Redis Hash类型的常用命令总结如下。

- 赋值：hset key field value。
- 取值：hget key field。
- 对多个字段赋值：hmset key field1 value1 field2 value2…fieldN valueN。
- 取多个字段的值：hmget key field1 field2…fieldN。
- 获取所有字段的值：hgetall key。
- 判断字段是否存在：hexists key field。如果存在，则返回1；如果不存在，则返回0。
- 当字段不存在时赋值：hsetnx key field value。如果field字段不存在，则赋值value；如果field字段存在，则不执行任何操作。
- 自增N：hincrby key field increment。
- 删除字段：hdel key field1 field2…fieldN。

- 获取所有的字段名：hkeys key。
- 获取所有的字段值：hvals key。
- 获取所有的字段总数：hlen key。

6.1.4　Set

Set是String类型的无序集合。集合中的元素是无序的，也是不可重复的。操作Redis Set类型的常用命令总结如下。

- 增加元素：sadd key value1 value2…valueN。
- 删除元素：srem key value1 value2…valueN。
- 获取集合中的所有元素：smembers key。
- 判断元素是否存在：sismember key value。
- 差集运算：sdiff key1 key2…keyN。
- 交集运算：sinter key1 key2…keyN。
- 并集运算：sunion key1 key2…keyN。
- 获取集合中元素的个数：scard key。
- 随机删除集合中的元素：spop key count。随机删除集合中的count数量的元素并返回。

6.1.5　Zset

Zset中的元素都是唯一且有序的。与Set类型相比，Zset为每个元素分配了一个分数属性。通过分数值可以对Zset中的元素进行排序。操作Redis Zset类型的常用命令总结如下。

- 增加元素：zadd key score1 value1 score2 value2…scoreN valueN。
- 删除元素：zrem key value1 value2…valueN。
- 获取元素分数：zscore key value。
- 获取指定位置范围内的元素：zrange key start end withscores。获取start和end之间的元素并显示分数。
- 增加分数：zincrby key increment value。为value元素的分数增加increment。
- 获取集合的元素总数：zcard key。
- 获取指定分数范围内的元素总数：zcount key min max。
- 根据排名范围删除元素：zremrangebyrank key start end。删除分数在start和end之间的元素。
- 根据分数范围删除元素：zremrangebyscore key min max。
- 获取元素排名：zrank key value，获取value在集合中从小到大的排名；zrevrank key value，获取value在集合中从大到小的排名。

6.2　Redis支持哪些数据结构

Redis支持的数据结构包括简单动态字符串、链表、跳跃表、压缩列表、哈希表和整数集合。

6.2.1 简单动态字符串

简单动态字符串（Simple Dynamic String，SDS）结构相比于C语言的字符串而言，增加了直接获取字符串长度、避免缓冲区溢出和存储空间预分配等特性。简单动态字符串如图6-1所示。

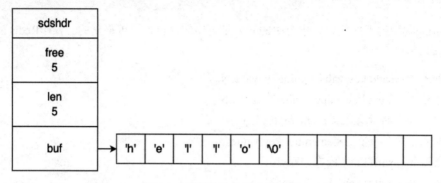

图 6-1   简单动态字符串示意图

简单动态字符串的特点如下：

（1）常数复杂度获取字符串长度。简单动态字符串结构保存了字符串的长度，因此无须遍历字符串，在常数时间内即可查询到字符串的长度。

（2）杜绝缓冲区溢出。简单动态字符串保存了当前缓冲区的剩余空间，如空间不足将进行扩容。

（3）减少字符串拼接等操作带来的内存重新分配开销。简单动态字符串采用空间预分配的方式管理内存分配。

（4）二进制安全。简单动态字符串可用于保存二进制数据。

6.2.2 链表

链表是Redis List数据类型的底层实现之一。Redis内部实现了双向无环链表数据结构，该数据结构的特性如下：

（1）每个节点都有一个前驱节点引用和一个后继节点引用。

（2）头节点的前驱节点引用为null。

（3）尾节点的后继节点引用为null。

（4）头节点和尾节点互不关联。

Redis实现的双向无环链表如图6-2所示。

Redis实现的链表优势如下：

（1）获取某个节点的前驱节点或者后继节点的时间复杂度为$O(1)$。

（2）获取头节点和尾节点的时间复杂度为$O(1)$。

（3）获取链表中节点数量的时间复杂度为$O(1)$。

链表可以保存各种不同类型的数据。

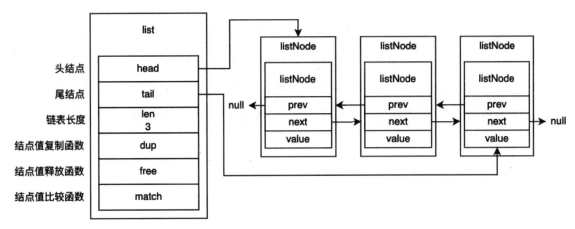

图 6-2　链表示意图

6.2.3　跳跃表

跳跃表是一种随机化的数据结构，是一种可以和平衡树媲美的层次化链表结构。跳跃表是Redis Zset数据类型的底层实现之一。跳跃表如图6-3所示。

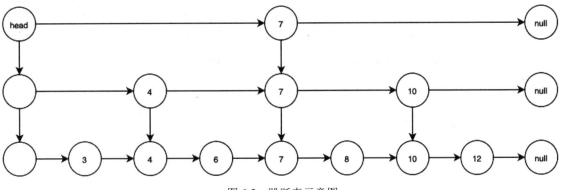

图 6-3　跳跃表示意图

从图6-3可知，跳跃表在有序链表的基础上增加了多个层级的索引。当在跳跃表中查找元素时，首先在最高层级的索引中查找最后一个小于当前查找元素的位置，然后跳跃到次高层索引继续进行查找，以此类推，直至找到跳跃表的最底层。到了最底层，已经非常接近当前要查找的元素了，最后沿着最底层的有序链表进行查找即可。通过对跳跃表的查找过程进行分析可知，每次跨层级跳跃可以省去多个元素的查找过程，因此跳跃表的查找效率较有序链表有了显著的提升。跳跃表的时间复杂度为$O(\log n)$。

6.2.4　压缩列表

压缩列表的诞生是为了节省内存空间，压缩列表是相较于数组的存储而言的。在数组中，要求每个元素占用的空间大小相同。如果要在数据中存储长度不等的数据，则需要使用数据的最大长度（如20字节）作为数据中每个元素的大小。当向数组中存储小于最大长度的数据时，将会出现空间浪费。数组存储空间示意图如图6-4所示。

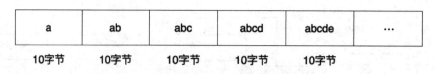

图 6-4　数组存储空间示意图

为了降低存储空间，压缩列表对数组中的每个元素的存储空间进行了压缩，这样既保留了数组的优势，同时也可以极大地降低存储空间。压缩列表示意图如图6-5所示。

图 6-5　压缩列表示意图

压缩列表是Redis List和Hash数据类型的底层实现之一。Redis实现的压缩列表如图6-6所示。

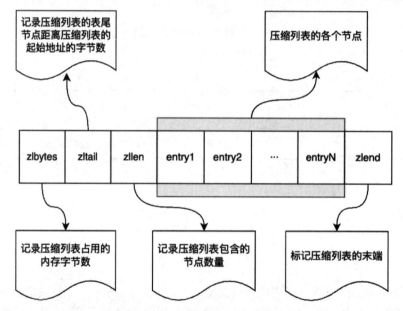

图 6-6　Redis 实现的压缩列表示意图

6.2.5　哈希表

哈希表是一种保存键－值（key-value）对的数据结构。哈希表中的每一个键都是唯一的，根据键可以查找与之关联的值。哈希表是Redis Hash数据类型的底层实现之一。

哈希表的优点在于，它能以$O(1)$的复杂度快速查询数据。哈希表能够实现如此高的查询效率，原因在于：哈希表利用哈希函数对key进行计算，就能定位数据在表中的位置。因为哈希表实际上是数组，所以可以通过索引值快速查询到数组中的数据。Redis实现的哈希表如图6-7所示。

Redis的哈希表使用拉链法处理哈希碰撞。链式哈希的局限性也很明显，随着链表长度的增加，在查询该位置上的数据耗时就会增加，因为链表查询的时间复杂度是$O(n)$。使用拉链法处理哈希碰撞示意图如图6-8所示。

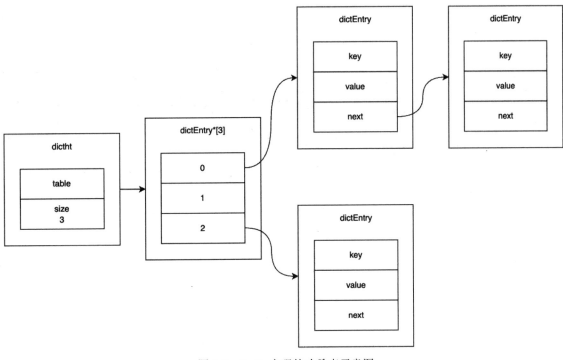

图 6-7　Redis 实现的哈希表示意图

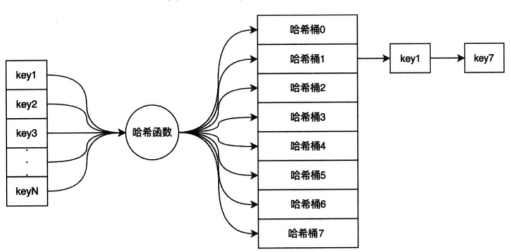

图 6-8　Redis 哈希表拉链法处理哈希碰撞示意图

随着哈希表的数据不断增加，哈希表将会触发扩容机制。为了避免哈希表在扩容过程中因数据迁移、数据拷贝等因素的耗时，从而影响Redis性能，所以Redis采用了渐进式Rehash方式进行扩容，即数据的迁移工作不是一次性迁移完成的，而是分多次迁移的。Redis渐进式Rehash如图6-9所示。

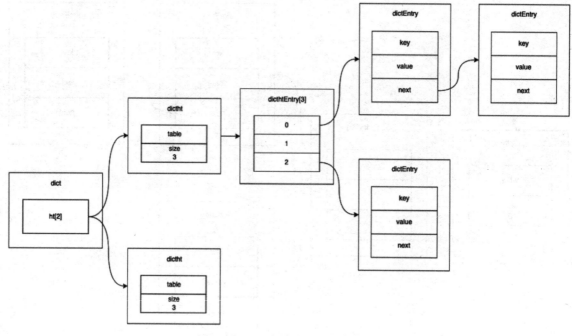

图 6-9　Redis 渐进式 Rehash 示意图

6.2.6　整数集合

整数集合是Set数据类型的底层实现之一。整数集合可以保存int16，int32和int64类型的整数。当一个Set类型只包含整数元素，且元素的数量不多时，Redis会使用整数集合这种数据结构。

Redis的整数集合数据结构中包含以下三种属性。

- encoding：表示整数集合的编码方式。

  - 当encoding属性值为INTSET_ENC_INT16时，contents就是一个int16_t类型的数组，数组中每个元素的类型都是int16_t。
  - 当encoding属性值为INTSET_ENC_INT32时，contents就是一个int32_t类型的数组，数组中每个元素的类型都是int32_t。
  - 当encoding属性值为INTSET_ENC_INT64时，contents就是一个int64_t类型的数组，数组中每个元素的类型都是int64_t。

- contents：保存的整数值。

  根据对应的encoding编码，整数集合会使用相应个数的连续字节来保存元素值，如编码为INTSET_ENC_INT16类型，则使用contents中的两个连续字节表示一个int16整数，contents每2字节代表一个元素。同理，int32类型的contents每4字节代表一个元素，int64类型的contents每8字节代表一个元素。

- length：数组长度。

Redis整数集合示意图如图6-10所示。

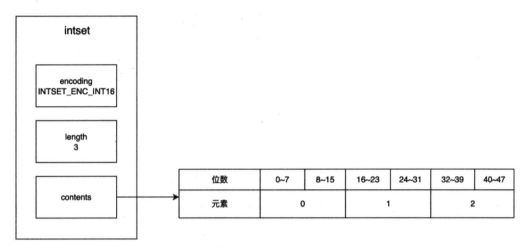

图 6-10　Redis 整数集合示意图

6.3　Redis 如何实现持久化

Redis是一种内存数据库，数据都是存储在内存中的。为了避免Redis进程退出或Redis服务器宕机而导致内存中的数据永久丢失，Redis会定期将内存中的数据以某种形式存储到磁盘上。当下一次Redis服务器重启恢复后，利用磁盘上的持久化文件可以实现Redis内存数据的恢复。

Redis持久化分为RDB（Redis Database）和AOF（Append Only File）两种。

- RDB：将当前Redis内存中的数据保存硬盘上。
- AOF：将每次对Redis执行的写命令保存到硬盘上。

6.3.1　RDB

RDB持久化方式是把内存数据以快照的形式持久化到磁盘中。RDB持久化可以指定在一定的时间间隔范围内将内存中的数据以快照的形式写入磁盘。该方式是默认的持久化方式，持久化后的默认文件名为dump.rdb。

Redis提供了以下三种触发RDB持久化的机制。

1. save命令

Redis提供的save命令需要开发人员和运维人员手动执行。该命令会阻塞Redis服务器进程，直至RDB持久化机制执行结束、dump.rdb文件创建完成为止。在save命令执行期间，Redis服务器将无法处理任何请求。如果当前系统已经存在一份旧的dump.rdb文件，则此次save命令执行结束后，将会用新的dump.rdb文件替换旧的dump.rdb文件。save命令执行过程如图6-11所示。

2. bgsave命令

Redis提供的bgsave命令需要开发人员和运维人员手动执行。该命令执行时，会在Redis进程内执行fork操作创建一个子进程，该子进程负责RDB的持久化过程。当RDB持久化结束后，该子进程自动结束。相比于save命令，bgsave命令只会在fork阶段发生短暂的阻塞。bgsave命令执行过程如图6-12所示。

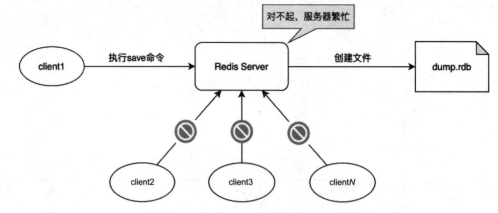

图 6-11　Redis save 命令执行过程示意图

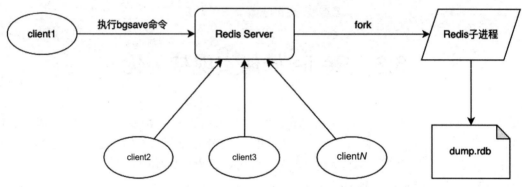

图 6-12　Redis bgsave 命令执行过程示意图

3. 自动触发

自动触发RDB方式是开发人员和运维人员通过Redis配置文件来完成的。在redis.conf配置文件中加入save m n配置项，表示在m秒内数据发生n次修改即自动触发bgsave命令。

```
#表示900秒内如果至少有 1 个 key 值发生变化，则触发RBD持久化机制
save 900 1
#表示300 秒内如果至少有 10 个 key 值发生变化，则触发RBD持久化机制
save 300 10
#表示60 秒内如果至少有 10000 个 key 值发生变化，则触发RBD持久化机制
save 60 10000
```

在redis.conf配置文件中，除以上配置项外，还有一些相关的配置项。

- stop-writes-on-bgsave-error：默认值为yes。当启用RDB持久化机制且最后一次后台保存数据失败，Redis是否停止接收数据。这会让用户意识到数据没有正确持久化到磁盘上，否则没有人会注意到灾难（disaster）发生了。如果Redis重启，那么又可以重新开始接收数据。
- rdbcompression：默认值是yes。对于存储到磁盘中的快照，可以设置是否进行压缩存储。
- rdbchecksum：默认值是yes。在存储快照后，我们还可以让Redis使用CRC64算法来进行数据校验，但是这样做会增加大约10%的性能消耗，如果希望获取到最大的性能提升，可以关闭此功能。
- dbfilename：设置快照的文件名，默认是dump.rdb。

- dir：设置快照文件的存放路径，这个配置项一定是个目录，而不能是文件名。

6.3.2　AOF

AOF持久化机制默认是关闭状态的。可以在Redis配置文件redis.conf中将appendonly配置项设置为true来开启AOF持久化机制。

AOF持久化机制相较于RBD持久化机制提供了一种更为可靠的持久化方式。当Redis接收到更新命令后，AOF持久化机制就会将此次更新命令追加到AOF文件中。当Redis服务重启后，Redis会将保存在AOF中的命令重新执行一次，以重建内存数据。

AOF持久化机制的工作原理如图6-13所示。

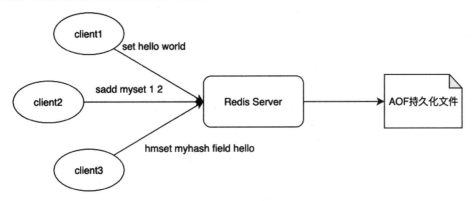

图 6-13　Redis AOF 持久化机制示意图

通过分析AOF持久化机制的工作原理可知，随着Redis工作时长不断增加，AOF持久化文件的体积会越来越大，AOF持久化文件中会出现很多重复命令或可以合并的命令，如对初始值为0的key连续执行100次incr 命令等价于set key 100。为了能够对AOF的持久化文件进行压缩，Redis提供了bgrewriteaof命令，将内存中的数据以命令的形式保存到一个临时文件中，同时fork出一个子进程重写AOF持久化文件。bgrewriteaof命令的执行过程如图6-14所示。

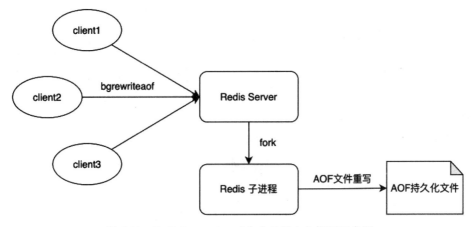

图 6-14　Redis bgrewriteaof 命令的持久化机制示意图

AOF持久化机制有以下三种触发时机。

- always：每次执行修改命令都触发AOF持久化机制。性能较差，但数据完整性较好。

- everysec：每一秒钟将缓存区内的命令写入磁盘中。若Redis服务器出现故障，则有可能造成一秒钟内执行的命令丢失。
- no：每个写命令执行完成后，先将命令存储在AOF文件的存缓冲区中，Redis不主动将缓冲区中的内容写入磁盘，而是由操作系统决定何时将缓冲区中的命令写入磁盘中。

6.4　Redis 主从部署架构的原理是什么

在分析Redis主从架构之前，先来理解一下现代分布式系统的理论基石——CAP原理。

CAP理论是分布式存储的理论基石。自从CAP的论文发表之后，分布式存储中间件犹如雨后春笋般涌现出来。

- C：Consistent，一致性。
- A：Availability，可用性。
- P：Partition tolerance，分区容错性。分布式系统的节点往往分布在不同的机器上，彼此通过网络进行通信，这意味着必然会有网络断开的风险，这个网络断开的场景的专业词汇叫作网络分区。

CAP原理概括为：在一个分布式系统中，无法同时满足Consistent、Availability和Partition tolerance三者，只能在三者中尽量做到权衡。更多有关CAP的理论可参考4.1.2节。

Redis主从架构的原理是将一台Redis服务器的数据复制到其他Redis服务器中。前者称为主节点，后者称为从节点。

Redis的主从架构通过异步方式实现主节点与从节点之间的数据同步，所以分布式的Redis主从架构并不满足一致性要求。

当客户端在Redis的主节点修改了数据后，即使在主节点与从节点网络断开的情况下，主节点依旧可以正常对外提供服务，所以Redis主从架构满足可用性和分区容错性。

Redis保证最终一致性，即从节点会努力追赶并同步主节点中的数据，最终从节点的状态会和主节点的状态保持一致。如果主节点和从节点的网络断开了，主从节点的数据将会出现大量不一致，但是一旦网络恢复，从节点会采用多种策略努力追赶上较主节点落后的数据，继续努力保持与主节点一致。

Redis主从架构的数据复制流向是单向的，即主节点可以向从节点同步数据，但从节点不可以向主节点同步数据。

Redis主从架构如图6-15所示。

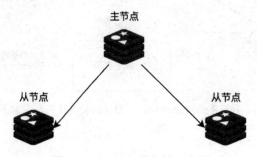

图 6-15　Redis 主从架构示意图

在Redis主从架构中,当主节点宕机后,需要运维人员手动让从节点接管宕机的主节点继续提供服务,否则主节点需要经过数据恢复和重启等过程,该过程可能较为耗时,影响业务系统的持续运行。

Redis主从架构的作用如下。

- 数据冗余:主从架构实现了数据的热备份,是Redis持久化机制之外的另一种数据冗余方式。
- 故障恢复:当主节点出现问题时,可以由从节点提供服务,以实现快速的故障恢复。
- 负载均衡:在主从架构的基础上,配合读写分离,可以由主节点提供写服务,由从节点提供读服务,用从节点分担主节点的负载;尤其是在读多写少的场景下,通过多个从节点分担读负载,可以大大提高Redis集群的并发量。
- 高可用基石:主从架构还是哨兵架构和集群架构的基础,哨兵架构和集群架构的底层都使用到了主从架构。

6.5 Redis 哨兵部署架构

在Redis主从架构中,当主节点宕机后,需要运维人员手动将其中的一台从节点切换为主节点。该过程需要人工参与且会造成Redis集群服务短暂的不可用,并不是Redis最优的架构方式。

Redis哨兵架构通过独立的哨兵进程发送命令给Redis的各个节点,收集各节点的响应并对节点的健康状态做出判断,从而实现监控多个Redis节点的功能。当Redis主节点宕机时,哨兵进程能够第一时间感知到主节点宕机的事件,快速从各个从节点中选出一个节点作为新的主节点继续提供服务,从而实现故障服务器的自动切换。

Redis哨兵架构如图6-16所示。

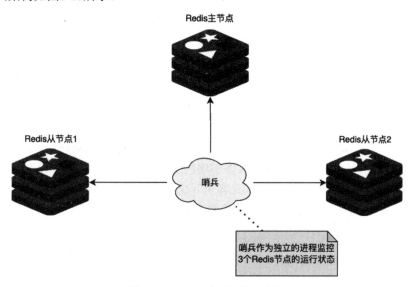

图 6-16 Redis 哨兵架构示意图

6.5.1 Redis 哨兵架构的工作流程

Redis哨兵架构的工作流程如下:

步骤01 Redis的哨兵进程（Sentinel）以每秒钟一次的频率向其管辖范围内的所有Redis节点和其他的哨兵进程发送PING命令。

步骤02 每个Redis节点在指定的时间范围（down-after-milliseconds配置项控制的时间范围）内需要回复哨兵进程发来的PING命令，否则该Redis节点将会被哨兵进程标记为主观下线。

步骤03 如果Redis主节点被哨兵进程标记为主观下线，则正在监视该Redis主节点的所有哨兵进程都需要以每秒钟一次的频率确认该Redis主节点是否进入主观下线状态。

步骤04 如果有足够数量的哨兵进程（大于配置的阈值）在指定的时间范围内都判断Redis主节点处于主观下线状态，则该Redis主节点将会被标记为客观下线状态。

步骤05 在Redis架构正常工作的情况下，每个哨兵进程会以每10秒一次的频率向其管辖的所有Redis主节点和从节点发送INFO命令。但当Redis主节点被标记为客观下线状态时，哨兵进程将以每秒钟一次的频率向处于客观下线的Redis主节点对应的所有从节点发送INFO命令。

当Redis主节点处于客观下线状态后，哨兵进程将会从所有的从节点中选举产生一个新的Redis主节点。

6.5.2 主观下线

主观下线（Subjectively Down，SDown）指的是单个哨兵进程对Redis节点的宕机状态做出的主观判断。主观下线并不代表Redis节点宕机，有可能是哨兵进程与Redis节点之间短暂的网络抖动造成的。

哨兵进程会以每秒钟一次的频率向其管辖的所有Redis节点（包含Redis主节点、从节点和其他的哨兵节点）发送PING命令，通过PING命令收到的响应是否有效来判断Redis节点是否处于主观下线状态。

当Redis节点在指定的时间范围（down-after-milliseconds配置项控制的时间范围）内没有响应哨兵进程的PING命令或Redis节点对哨兵进程的PING命令响应了一个错误，则哨兵进程将该Redis节点标记为主观下线状态。

6.5.3 客观下线

客观下线（Objectively Down，ODown）指的是多个哨兵进程对一个Redis节点做出主观下线判断，且通过SENTINEL is-master-down-by-addr命令互相交流后，对该Redis节点的状态做出的最终下线判断。

当哨兵进程判断一个Redis节点处于主观下线状态后，该哨兵进程会询问其他哨兵进程是否也认为这个Redis节点处于主观下线状态。当足够数量的哨兵进程将一个Redis节点标记为主观下线状态后，该Redis节点才会被标记为客观下线状态。如果客观下线的Redis节点为主节点，则会触发故障转移。

哨兵进程通过以下命令询问其他哨兵进程是否同意Redis节点下线：

```
SENTINEL is-master-down-by-addr ip port current_epoch runid
```

上述命令的各个参数及其含义如下。

- ip：被哨兵进程判定为主观下线的主节点的IP地址。
- port：被哨兵进程判定为主观下线的主节点的端口号。
- current_epoch：哨兵进程当前的配置纪元，用于选举领导哨兵进程。

- runid：可以为*符号，或者为哨兵进程的运行ID。当runid为*符号时，代表该命令仅用于检测主节点的客观下线状态；当runid为哨兵进程运行的ID时，则代表该命令用于选举领头的哨兵进程。

当一个哨兵进程接收另一个哨兵进程发来的is-master-down-by-addr命令后，该哨兵进程会提取其中的参数，检测该节点是否处于主观下线状态，并且回复is-master-down-by-addr，回复包含以下三个参数。

- down_state：1表示已下线，0表示未下线。
- leader_runid：可以为*符号，或者为局部领头的哨兵进程ID。当leader_runid为*符号时，代表该命令用于检测主服务器的下线状态；当leader_runid为局部领头的哨兵进程ID时，则代表该命令用于选举领头的哨兵进程。
- leader_epoch：局部领头的哨兵进程纪元，用于选举领头的哨兵进程。

当哨兵进程发送PING命令后，其收到的合法响应如下：

```
PING replied with +PONG
PING replied with -LOADING error
PING replied with -MASTERDOWN error
```

一个Redis节点从主观下线状态切换到客观下线状态是无须任何一致性算法做保证的，仅需遵循gossip协议：如果一个哨兵进程收到足够多（该值可以配置）的哨兵进程发来的消息，通知其某个Redis节点处于主观下线状态，则该Redis的主观下线状态就会变成客观下线状态。Redis哨兵架构故障转移需要一个授权过程，但所有的故障转移都始于客观下线状态。

6.5.4　Redis 哨兵仲裁

当一个Redis主节点被哨兵进程判定为客观下线状态后，Redis哨兵架构将开始进行故障转移。因为Redis主节点只有一个，但Redis从节点有多个，且有多个Redis哨兵进程，因此由哪个哨兵进程主导选举新的主节点，按照什么样的方式选举新的主节点，这些都是未知的。因此，Redis哨兵架构并不会立刻开启故障转移流程，而是需要一个仲裁过程。

6.5.5　哨兵领导者选举规约

当一个Redis主节点被判定为客观下线后，多个监听该Redis节点的哨兵进程之间会进行互相协商，选举出一个领头的哨兵进程，由该领头的哨兵进程对故障的Redis节点进行故障转移。

Redis哨兵选举应该遵守以下规则：

（1）所有的哨兵进程都有被选举为领导者的资格。

（2）每一轮选举中，所有的哨兵进程都有且仅有一次将选票投给某个哨兵进程的机会。一旦某个哨兵进程投票完成，将不可更改。

（3）哨兵进程设置选举领导者的规则是先到先得，即一旦当前的哨兵进程已经对领导者做出投票，则后续其他哨兵进程选举当前哨兵进程为领导者的请求将会被拒绝。

（4）每个发现Redis节点客观下线的哨兵进程都会要求其他哨兵进程选举自己作为领导者。

（5）当一个哨兵进程（源哨兵进程）向另一个哨兵进程（目标哨兵进程）发送is-master-down-by-addr ip port current_epoch runid命令时，该命令中的runid不是*符号，而是哨兵进程的运行ID，表示源哨兵进程要求目标哨兵进程选举自己作为领导者。

（6）源哨兵进程会检查目标哨兵进程对其要求成为领导者的回复信息，如果回复的leader_runid和leader_epoch为源哨兵进程的信息，则表示目标哨兵进程同意将选票投给源哨兵进程。

（7）如果某个哨兵进程获取到其他哨兵进程的选票达到半数以上且达到quorum值，则该哨兵进程将称为领导者。

（8）如果在指定的时间范围内没有选出领导者，则暂停一段时间后再次进行选举。

6.5.6　哨兵领导者选举过程

（1）每个发现主观下线的哨兵进程向其他哨兵进程发送is-master-down-by-addr ip port current_epoch runid命令，要求选举自己为领导者。

（2）每个收到上述命令的哨兵进程进行以下判断：

- 如果当前收到命令的哨兵进程没有同意过其他哨兵进程发送来的命令，即当前的哨兵进程还未投票，则当前哨兵进程同意此次选举。
- 如果当前收到命令的哨兵进程已经同意过其他哨兵进程发送来的命令，则拒绝此次选举。

（3）如果哨兵进程发现自己获取到的选票数已经超过半数且达到quorum值，则该哨兵进程将成为领导者。

（4）如果这个过程没有产生领导者，则等待一段时间重新选举。

6.5.7　Redis 哨兵架构故障转移

当选举产生领头的哨兵进程后，接下来哨兵架构将开始进行故障转移。故障转移的一个重要问题是选择哪个从节点作为新的主节点。

在Redis集群架构故障进行转移前，先进行一些条件过滤，将不满足成为主节点的一部分从节点剔除，剔除后的从节点无法成为新的主节点的备选方案：

（1）剔除已经下线的从节点。
（2）剔除5s内没有回复哨兵进程info命令的从节点。
（3）剔除与已被客观下线的主节点断开时间超过down-after-milliseconds * 10s的从节点。

经过以上过滤条件筛选后，领头哨兵将开始执行故障转移：

（1）选择优先级最高的从节点作为新的主节点，通过配置文件中的replica-priority配置项控制，这个参数越小，表示优先级越高。

（2）如果两个从节点的优先级相同，则选择offset最大的（offer表示主节点与从节点数据同步的偏移量，偏移量越大，表示从节点同步到的数据越多）从节点作为新的主节点。

（3）如果两个从节点的offset相同，则选择runid最小的从节点作为新的主节点。

6.6　Redis 集群部署架构

6.6.1　Redis 集群架构的工作原理

Redis集群架构采用了数据分片的思想，将数据集按照某种具体的规则进行分片，将不同分片内的数据存放在不同的主节点上，再结合主从架构的优点，为每个节点配备一定数量的从节点，从而实现分布式环境下海量数据的高可用存储。

Redis集群架构采用了去中心化的思想。Redis集群架构中没有中心节点的概念，整个集群可以看作一个整体，客户端可以连接任意节点进行操作。如果客户端操作的数据不在指定的节点上，节点会返回一个转向指令，该转向指令会将请求指向正确的节点。

Redis数据分片的思想只解决了扩展性问题，集群的容错性并未得到提升。因此，Redis集群架构通过为集群中的每个主节点配合若干从节点实现数据备份和高可用。从节点一般作为主节点的备份节点，在主节点发生故障时，从节点会替换主节点。Redis集群架构的从节点官方默认的配置是不分担读请求的流量的。在一些访问量较大的场景下，也可以通过从节点读取数据，前提是需要通过readonly命令告诉集群：客户端愿意读取可能过期的数据（因为Redis主节点和从节点同步可能会存在延迟）并且客户端不会发起写请求。

Redis集群架构如图6-17所示。

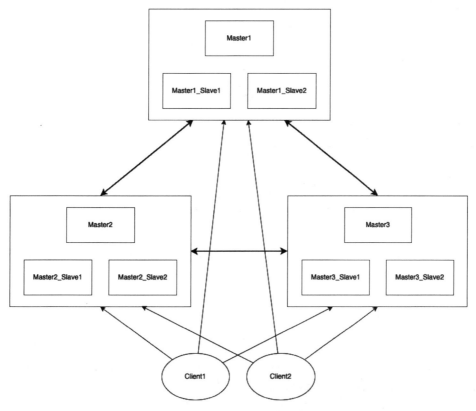

图 6-17　Redis 集群架构示意图

6.6.2   Redis 集群架构数据分片

Redis集群引入哈希槽概念实现数据的分片和集群的负载均衡。Redis集群架构中维护了16384个（2^{14}）虚拟的哈希槽，所有的键通过CRC16校验后对16384取模，取模后的结果决定了这个键应该存放在哪个哈希槽中。

Redis集群架构中的每一个主节点只负责维护部分哈希槽及哈希槽内的数据，只有主节点拥有哈希槽的所有权。

假设一个Redis集群架构中有3个Redis主节点，此时用户可以根据自定义规则手动将16384个哈希槽分配到这3个节点中。此处我们以较为均匀的方式分配哈希槽（用户也可以根据具体的服务器配置决定哪些服务器分配较多的哈希槽，哪些服务器分配较少的哈希槽）。对这16384个哈希槽进行较为均匀的分配后，各节点的哈希槽分布如图6-18所示。

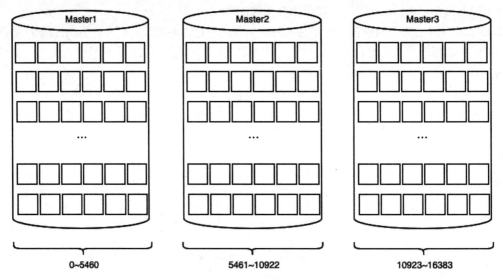

图 6-18   Redis 哈希槽分配示意图

从图6-18可知，在Redis集群架构中，主节点1分配的哈希槽范围是0~5460，主节点2分配的哈希槽范围是5461~10922，主节点3分配的哈希槽范围是10923~16383。

当存储一个键X时，经过crc16(X)%16384计算得到的结果为3451时，因为3451在0~5460范围内，所以键X应该存储在主节点1中。当查询键X的数据时，根据存储时采用的相同的算法，在主节点1中可以查找到对应的数据。

Redis集群架构通过使用虚拟哈希槽概念可以很方便地实现节点的扩容和收缩。当需要向Redis集群中增加节点时，只需将Redis集群中已有节点的部分哈希槽移动到新的扩容节点即可，当需要从Redis集群中移除节点时，只需要将待移除节点的哈希槽移动到其他的节点即可。

6.6.3   Redis 集群架构搭建

Redis集群架构是目前企业系统生产环境中使用较为广泛的一种Redis部署架构。本小节以Redis集群架构为例讲述Redis集群架构的搭建步骤。

步骤 01　下载Redis源码文件。

Redis源码文件下载地址为https://redis.io/download/，本书选用的Redis版本为6.2.6。

步骤 02　解压Redis源码文件并进入解压目录。

```
# 解压Redis源码文件
tar -zxvf redis-6.2.6.tar.gz
# 进入解压目录
cd redis-6.2.6
编译Redis
# 编译Redis
make install
```

步骤 03　执行上述命令后，Redis的安装目录为/usr/local/bin，读者可以在该目录下查看Redis编译后生成的文件。默认安装目录下的各文件及其作用如下。

- redis-benchmark：性能测试工具。
- redis-check-aof：AOF文件修复工具。
- redis-chec-dump：dump.rdb文件修复工具。
- redis-sentinel：Redis哨兵启动命令。
- redis-server：Redis服务器启动命令。
- redis-cli：Redis客户端启动命令。

步骤 04　修改Redis配置文件。

```
# 在Redis解压目录下创建cluster目录，用于存放Redis集群架构的配置文件等信息
mk dir cluster
# 进入cluster目录
cd cluster
# 基于Redis默认配置文件redis.conf复制redis-7001.conf
cp ../redis.conf ./redis-7001.conf
# 修改redis-7001.conf文件中的内容
```

- daemonize yes：表示让Redis进程后台启动。
- port：修改为与文件名后缀相同的端口号，此处修改为7001。
- cluster-enabled yes：表示开启Redis集群架构模式。
- cluster-config-file nodes-7001.conf：集群配置信息存放的文件名。
- cluster-node-timeout 5000：节点离线时间限制，到达此时间将重新选举主节点。

步骤 05　启动Redis服务。

```
# 指定Redis服务启动时，使用redis-7001.conf配置文件
/usr/local/bin/redis-server redis-7001.conf
```

步骤 06　查看Redis服务是否启动成功。

```
# 查看Redis进程，并将grep命令过滤掉
ps -ef | grep redis | grep -v grep
# ps命令执行结果
501 11865  1  0  5:36下午 ??   0:00.37 /usr/local/bin/redis-server 127.0.0.1:7001 [cluster]
```

步骤 07 复制 **步骤 04** 中的redis-7001.conf文件多份，分别命名为redis-7002.conf、redis-7003.conf、redis-7004.conf、redis-7005.conf和redis-7006.conf。参考redis-7001.conf对各配置文件进行修改。

```
# 修改redis-7002.conf文件中的内容
① daemonize yes：表示让Redis进程后台启动。
② port：修改为与文件名后缀相同的端口号，此处修改为7002。
③ cluster-enabled yes：表示开启Redis集群架构模式。
④ cluster-config-file nodes-7002.conf：集群配置信息存放的文件名。
⑤ cluster-node-timeout 5000：节点离线时间限制，到达此时间将重新选举主节点。
# 修改redis-7003.conf文件中的内容
① daemonize yes：表示让Redis进程后台启动。
② port：修改为与文件名后缀相同的端口号，此处修改为7003。
③ cluster-enabled yes：表示开启Redis集群架构模式。
④ cluster-config-file nodes-7003.conf：集群配置信息存放的文件名。
⑤ cluster-node-timeout 5000：节点离线时间限制，到达此时间将重新选举主节点。
# 修改redis-7004.conf文件中的内容
① daemonize yes：表示让Redis进程后台启动。
② port：修改为与文件名后缀相同的端口号，此处修改为7004。
③ cluster-enabled yes：表示开启Redis集群架构模式。
④ cluster-config-file nodes-7004.conf：集群配置信息存放的文件名。
⑤ cluster-node-timeout 5000：节点离线时间限制，到达此时间将重新选举主节点。
# 修改redis-7005.conf文件中的内容
① daemonize yes：表示让Redis进程后台启动。
② port：修改为与文件名后缀相同的端口号，此处修改为7005。
③ cluster-enabled yes：表示开启Redis集群架构模式。
④ cluster-config-file nodes-7005.conf：集群配置信息存放的文件名。
⑤ cluster-node-timeout 5000：节点离线时间限制，到达此时间将重新选举主节点。
# 修改redis-7006.conf文件中的内容
① daemonize yes：表示让Redis进程后台启动。
② port：修改为与文件名后缀相同的端口号，此处修改为7006。
③ cluster-enabled yes：表示开启Redis集群架构模式。
④ cluster-config-file nodes-7006.conf：集群配置信息存放的文件名。
⑤ cluster-node-timeout 5000：节点离线时间限制，到达此时间将重新选举主节点。
```

步骤 08 重复 **步骤 05**，分别使用redis-7002.conf、redis-7003.conf、redis-7004.conf、redis-7005.conf和redis-7006.conf文件启动5个Redis服务。

步骤 09 重复执行 **步骤 06**，观察Redis服务的启动情况。

```
# 查看Redis进程，并将grep命令过滤掉
ps -ef | grep redis | grep -v grep
# ps命令执行结果
  501 11865   1  0  5:36下午 ??         0:08.66 /usr/local/bin/redis-server
127.0.0.1:7001 [cluster]
  501 12872   1  0  6:24下午 ??         0:00.06 /usr/local/bin/redis-server
127.0.0.1:7002 [cluster]
  501 12880   1  0  6:24下午 ??         0:00.06 /usr/local/bin/redis-server
127.0.0.1:7003 [cluster]
  501 12883   1  0  6:24下午 ??         0:00.04 /usr/local/bin/redis-server
127.0.0.1:7004 [cluster]
  501 12885   1  0  6:24下午 ??         0:00.03 /usr/local/bin/redis-server
127.0.0.1:7005 [cluster]
```

```
   501 12888    1   0  6:24下午 ??           0:00.02 /usr/local/bin/redis-server
127.0.0.1:7006 [cluster]
```

步骤⑩ 使用create命令搭建Redis集群架构，其中--cluster-replicas表示每个主节点对应的从节点数量。

```
# 使用create命令让Redis自动根据上述的6个进程创建一个Redis集群
/usr/local/bin/redis-cli --cluster create 127.0.0.1:7001 127.0.0.1:7002 127.0.0.1:7003
127.0.0.1:7004 127.0.0.1:7005 127.0.0.1:7006 --cluster-replicas 1
# create命令输出结果如下
>>> Performing hash slots allocation on 6 nodes...
Master[0] -> Slots 0 - 5460
Master[1] -> Slots 5461 - 10922
Master[2] -> Slots 10923 - 16383
Adding replica 127.0.0.1:7005 to 127.0.0.1:7001
Adding replica 127.0.0.1:7006 to 127.0.0.1:7002
Adding replica 127.0.0.1:7004 to 127.0.0.1:7003
>>> Trying to optimize slaves allocation for anti-affinity
[WARNING] Some slaves are in the same host as their master
M: b6faa1b3003d598fef61f44cfe0c09e0de0ee1dc 127.0.0.1:7001
   slots:[0-5460] (5461 slots) master
M: 402b2910eec9898d2ead71136b421d7274a6d4c6 127.0.0.1:7002
   slots:[5461-10922] (5462 slots) master
M: ac748b9a3541eb67ae5a9829d23b649f55ef607e 127.0.0.1:7003
   slots:[10923-16383] (5461 slots) master
S: e73cbf0b615d54a81154d48c4729b069b1ea6ea6 127.0.0.1:7004
   replicates ac748b9a3541eb67ae5a9829d23b649f55ef607e
S: 816195a96f3ca18b6715b994f9797deb224d7e8f 127.0.0.1:7005
   replicates b6faa1b3003d598fef61f44cfe0c09e0de0ee1dc
S: 0ad1b59bb834ad0ad34d034ad2218ffaf16d566c 127.0.0.1:7006
   replicates 402b2910eec9898d2ead71136b421d7274a6d4c6
Can I set the above configuration? (type 'yes' to accept): yes
>>> Nodes configuration updated
>>> Assign a different config epoch to each node
>>> Sending CLUSTER MEET messages to join the cluster
Waiting for the cluster to join
...
>>> Performing Cluster Check (using node 127.0.0.1:7001)
M: b6faa1b3003d598fef61f44cfe0c09e0de0ee1dc 127.0.0.1:7001
   slots:[0-5460] (5461 slots) master
   1 additional replica(s)
M: ac748b9a3541eb67ae5a9829d23b649f55ef607e 127.0.0.1:7003
   slots:[10923-16383] (5461 slots) master
   1 additional replica(s)
S: 816195a96f3ca18b6715b994f9797deb224d7e8f 127.0.0.1:7005
   slots: (0 slots) slave
   replicates b6faa1b3003d598fef61f44cfe0c09e0de0ee1dc
S: 0ad1b59bb834ad0ad34d034ad2218ffaf16d566c 127.0.0.1:7006
   slots: (0 slots) slave
   replicates 402b2910eec9898d2ead71136b421d7274a6d4c6
M: 402b2910eec9898d2ead71136b421d7274a6d4c6 127.0.0.1:7002
   slots:[5461-10922] (5462 slots) master
   1 additional replica(s)
```

```
S: e73cbf0b615d54a81154d48c4729b069b1ea6ea6 127.0.0.1:7004
   slots: (0 slots) slave
   replicates ac748b9a3541eb67ae5a9829d23b649f55ef607e
[OK] All nodes agree about slots configuration.
>>> Check for open slots...
>>> Check slots coverage...
[OK] All 16384 slots covered.
```

步骤 11 从以上输出结果可知，127.0.0.1:7001、127.0.0.1:7002和127.0.0.1:7003成为Redis集群架构中的主节点，127.0.0.1:7004、127.0.0.1:7005和127.0.0.1:7006成为各主节点的从节点。

步骤 12 使用Redis客户端工具连接任意一个Redis节点，查看Redis集群架构的状态。

```
# 连接127.0.0.1:7001节点
/usr/local/bin/redis-cli -h 127.0.0.1 -p 7001
# 通过cluster nodes命令查看Redis集群架构的状态
127.0.0.1:7001> cluster nodes
ac748b9a3541eb67ae5a9829d23b649f55ef607e 127.0.0.1:7003@17003 master - 0 1653388920000 3
connected 10923-16383
   b6faa1b3003d598fef61f44cfe0c09e0de0ee1dc 127.0.0.1:7001@17001 myself,master - 0
1653388917000 1 connected 0-5460
   816195a96f3ca18b6715b994f9797deb224d7e8f 127.0.0.1:7005@17005 slave
b6faa1b3003d598fef61f44cfe0c09e0de0ee1dc 0 1653388920842 1 connected
   0ad1b59bb834ad0ad34d034ad2218ffaf16d566c 127.0.0.1:7006@17006 slave
402b2910eec9898d2ead71136b421d7274a6d4c6 0 1653388921000 2 connected
   402b2910eec9898d2ead71136b421d7274a6d4c6 127.0.0.1:7002@17002 master - 0 1653388919831 2
connected 5461-10922
   e73cbf0b615d54a81154d48c4729b069b1ea6ea6 127.0.0.1:7004@17004 slave
ac748b9a3541eb67ae5a9829d23b649f55ef607e 0 1653388921850 3 connected
```

至此，一个Redis集群架构搭建完成。

6.6.4　Redis 集群架构扩容

当Redis集群架构的性能达到瓶颈时，一般需要对Redis集群进行扩容。

Redis集群扩容的操作步骤如下：

步骤 01 启动一台新的Redis节点Master4，此时这个新增的节点还没有和其他Redis节点进行通信，因为该节点当前还不属于Redis集群架构的一部分。

```
# 复制配置文件redis-7007.conf
cp redis-7001.conf redis-7007.conf
# 修改redis-7007.conf文件中的内容
```

- daemonize yes：表示让Redis进程后台启动。
- port：修改为与文件名后缀相同的端口号，此处修改为7007。
- cluster-enabled yes：表示开启Redis集群架构模式。
- cluster-config-file nodes-7007.conf：集群配置信息存放的文件名。
- cluster-node-timeout 5000：节点离线时间限制，到达此时间将重新选举主节点。

```
# 指定使用redis-7007.conf文件启动Redis节点
/usr/local/bin/redis-server redis-7007.conf
```

```
# 查看Redis进程
ps -ef | grep redis | grep -v grep
    501 11865    1   0  5:36下午 ??         1:16.69 /usr/local/bin/redis-server
127.0.0.1:7001 [cluster]
    501 12872    1   0  6:24下午 ??         1:08.03 /usr/local/bin/redis-server
127.0.0.1:7002 [cluster]
    501 12880    1   0  6:24下午 ??         1:08.21 /usr/local/bin/redis-server
127.0.0.1:7003 [cluster]
    501 12883    1   0  6:24下午 ??         1:07.85 /usr/local/bin/redis-server
127.0.0.1:7004 [cluster]
    501 12885    1   0  6:24下午 ??         1:07.62 /usr/local/bin/redis-server
127.0.0.1:7005 [cluster]
    501 12888    1   0  6:24下午 ??         1:07.66 /usr/local/bin/redis-server
127.0.0.1:7006 [cluster]
    501 19391    1   0 10:09上午 ??         0:01.17 /usr/local/bin/redis-server
127.0.0.1:7007 [cluster]
```

步骤 02 使用redis-cli --cluster add-node {new host}:{new port} {exist host}:{exist port}命令使新的Redis节点加入Redis集群中。该命令中的前两个参数为需要加入集群的新节点的IP和端口号，后两个参数为当前集群中已有的任意节点的IP和端口号。

```
# 将127.0.0.1:7007加入Redis集群架构
/usr/local/bin/redis-cli --cluster add-node 127.0.0.1:7007 127.0.0.1:7001
# add-node命令执行结果
>>> Adding node 127.0.0.1:7007 to cluster 127.0.0.1:7001
>>> Performing Cluster Check (using node 127.0.0.1:7001)
M: b6faa1b3003d598fef61f44cfe0c09e0de0ee1dc 127.0.0.1:7001
   slots:[0-5460] (5461 slots) master
   1 additional replica(s)
M: ac748b9a3541eb67ae5a9829d23b649f55ef607e 127.0.0.1:7003
   slots:[10923-16383] (5461 slots) master
   1 additional replica(s)
S: 816195a96f3ca18b6715b994f9797deb224d7e8f 127.0.0.1:7005
   slots: (0 slots) slave
   replicates b6faa1b3003d598fef61f44cfe0c09e0de0ee1dc
S: 0ad1b59bb834ad0ad34d034ad2218ffaf16d566c 127.0.0.1:7006
   slots: (0 slots) slave
   replicates 402b2910eec9898d2ead71136b421d7274a6d4c6
M: 402b2910eec9898d2ead71136b421d7274a6d4c6 127.0.0.1:7002
   slots:[5461-10922] (5462 slots) master
   1 additional replica(s)
S: e73cbf0b615d54a81154d48c4729b069b1ea6ea6 127.0.0.1:7004
   slots: (0 slots) slave
   replicates ac748b9a3541eb67ae5a9829d23b649f55ef607e
[OK] All nodes agree about slots configuration.
>>> Check for open slots...
>>> Check slots coverage...
[OK] All 16384 slots covered.
>>> Send CLUSTER MEET to node 127.0.0.1:7007 to make it join the cluster.
[OK] New node added correctly.
```

步骤 03 新节点加入Redis集群后，默认为主节点，并且整个Redis集群架构不会为其分配哈希槽。

```
# 使用Redis客户端连接任意一个节点
/usr/local/bin/redis-cli -h 127.0.0.1 -p 7001
# 执行cluster nodes命令
cluster nodes
# cluster nodes执行结果
ac748b9a3541eb67ae5a9829d23b649f55ef607e 127.0.0.1:7003@17003 master - 0 1653447553691 3
connected 10923-16383
1d79c49fe237868817e2a1fb77b68fececed7b59 127.0.0.1:7007@17007 master - 0 1653447553000 0
connected
b6faa1b3003d598fef61f44cfe0c09e0de0ee1dc 127.0.0.1:7001@17001 myself,master - 0
1653447553000 1 connected 0-5460
816195a96f3ca18b6715b994f9797deb224d7e8f 127.0.0.1:7005@17005 slave
b6faa1b3003d598fef61f44cfe0c09e0de0ee1dc 0 1653447551000 1 connected
0ad1b59bb834ad0ad34d034ad2218ffaf16d566c 127.0.0.1:7006@17006 slave
402b2910eec9898d2ead71136b421d7274a6d4c6 0 1653447554701 2 connected
402b2910eec9898d2ead71136b421d7274a6d4c6 127.0.0.1:7002@17002 master - 0 1653447552679 2
connected 5461-10922
e73cbf0b615d54a81154d48c4729b069b1ea6ea6 127.0.0.1:7004@17004 slave
ac748b9a3541eb67ae5a9829d23b649f55ef607e 0 1653447554000 3 connected
```

步骤 04 使用reshard命令为新节点分配哈希槽。将Redis集群中原有的3个主节点的哈希槽迁移一部分至新节点上。总共迁移的哈希槽数量为4096（即16384/4）个。以下命令中的cluster-from表示迁出哈希槽节点，cluster-to表示迁入目标节点，cluster-slots表示迁移的哈希槽数量。

```
# 执行reshard命令
/usr/local/bin/redis-cli --cluster reshard 127.0.0.1:7001 --cluster-from
b6faa1b3003d598fef61f44cfe0c09e0de0ee1dc,402b2910eec9898d2ead71136b421d7274a6d4c6,ac748b9a
3541eb67ae5a9829d23b649f55ef607e --cluster-to 1d79c49fe237868817e2a1fb77b68fececed7b59
--cluster-slots 4096 --cluster-yes
# reshard命令执行结果
>>> Performing Cluster Check (using node 127.0.0.1:7001)
M: b6faa1b3003d598fef61f44cfe0c09e0de0ee1dc 127.0.0.1:7001
   slots:[0-5460] (5461 slots) master
   1 additional replica(s)
M: ac748b9a3541eb67ae5a9829d23b649f55ef607e 127.0.0.1:7003
   slots:[10923-16383] (5461 slots) master
   1 additional replica(s)
M: 1d79c49fe237868817e2a1fb77b68fececed7b59 127.0.0.1:7007
   slots: (0 slots) master
S: 816195a96f3ca18b6715b994f9797deb224d7e8f 127.0.0.1:7005
   slots: (0 slots) slave
   replicates b6faa1b3003d598fef61f44cfe0c09e0de0ee1dc
S: 0ad1b59bb834ad0ad34d034ad2218ffaf16d566c 127.0.0.1:7006
   slots: (0 slots) slave
   replicates 402b2910eec9898d2ead71136b421d7274a6d4c6
M: 402b2910eec9898d2ead71136b421d7274a6d4c6 127.0.0.1:7002
   slots:[5461-10922] (5462 slots) master
   1 additional replica(s)
S: e73cbf0b615d54a81154d48c4729b069b1ea6ea6 127.0.0.1:7004
```

```
    slots: (0 slots) slave
    replicates ac748b9a3541eb67ae5a9829d23b649f55ef607e
[OK] All nodes agree about slots configuration.
>>> Check for open slots...
>>> Check slots coverage...
[OK] All 16384 slots covered.

Ready to move 4096 slots.
  Source nodes:
    M: b6faa1b3003d598fef61f44cfe0c09e0de0ee1dc 127.0.0.1:7001
       slots:[0-5460] (5461 slots) master
       1 additional replica(s)
    M: 402b2910eec9898d2ead71136b421d7274a6d4c6 127.0.0.1:7002
       slots:[5461-10922] (5462 slots) master
       1 additional replica(s)
    M: ac748b9a3541eb67ae5a9829d23b649f55ef607e 127.0.0.1:7003
       slots:[10923-16383] (5461 slots) master
       1 additional replica(s)
  Destination node:
    M: 1d79c49fe237868817e2a1fb77b68fececed7b59 127.0.0.1:7007
       slots: (0 slots) master

  Resharding plan:
  Moving slot 5461 from 402b2910eec9898d2ead71136b421d7274a6d4c6
  Moving slot 5462 from 402b2910eec9898d2ead71136b421d7274a6d4c6
  Moving slot 5463 from 402b2910eec9898d2ead71136b421d7274a6d4c6
  Moving slot 5464 from 402b2910eec9898d2ead71136b421d7274a6d4c6
  Moving slot 5465 from 402b2910eec9898d2ead71136b421d7274a6d4c6
  Moving slot 5466 from 402b2910eec9898d2ead71136b421d7274a6d4c6
  Moving slot 5467 from 402b2910eec9898d2ead71136b421d7274a6d4c6
  Moving slot 5468 from 402b2910eec9898d2ead71136b421d7274a6d4c6
  Moving slot 5469 from 402b2910eec9898d2ead71136b421d7274a6d4c6
  Moving slot 5470 from 402b2910eec9898d2ead71136b421d7274a6d4c6
  Moving slot 5471 from 402b2910eec9898d2ead71136b421d7274a6d4c6
  Moving slot 5472 from 402b2910eec9898d2ead71136b421d7274a6d4c6
  Moving slot 5473 from 402b2910eec9898d2ead71136b421d7274a6d4c6
  Moving slot 5474 from 402b2910eec9898d2ead71136b421d7274a6d4c6
  Moving slot 5475 from 402b2910eec9898d2ead71136b421d7274a6d4c6

  ...省略部分输出...

  Moving slot 5461 from 127.0.0.1:7002 to 127.0.0.1:7007:
  Moving slot 5462 from 127.0.0.1:7002 to 127.0.0.1:7007:
  Moving slot 5463 from 127.0.0.1:7002 to 127.0.0.1:7007:
  Moving slot 5464 from 127.0.0.1:7002 to 127.0.0.1:7007:
  Moving slot 5465 from 127.0.0.1:7002 to 127.0.0.1:7007:
  Moving slot 5466 from 127.0.0.1:7002 to 127.0.0.1:7007:
  Moving slot 5467 from 127.0.0.1:7002 to 127.0.0.1:7007:
  Moving slot 5468 from 127.0.0.1:7002 to 127.0.0.1:7007:
  Moving slot 5469 from 127.0.0.1:7002 to 127.0.0.1:7007:
  Moving slot 5470 from 127.0.0.1:7002 to 127.0.0.1:7007:
```

```
...省略部分输出...

Moving slot 0 from 127.0.0.1:7001 to 127.0.0.1:7007:
Moving slot 1 from 127.0.0.1:7001 to 127.0.0.1:7007:
Moving slot 2 from 127.0.0.1:7001 to 127.0.0.1:7007:
Moving slot 3 from 127.0.0.1:7001 to 127.0.0.1:7007:
Moving slot 4 from 127.0.0.1:7001 to 127.0.0.1:7007:
Moving slot 5 from 127.0.0.1:7001 to 127.0.0.1:7007:
Moving slot 6 from 127.0.0.1:7001 to 127.0.0.1:7007:
Moving slot 7 from 127.0.0.1:7001 to 127.0.0.1:7007:
Moving slot 8 from 127.0.0.1:7001 to 127.0.0.1:7007:
Moving slot 9 from 127.0.0.1:7001 to 127.0.0.1:7007:

...省略部分输出...

Moving slot 10923 from 127.0.0.1:7003 to 127.0.0.1:7007:
Moving slot 10924 from 127.0.0.1:7003 to 127.0.0.1:7007:
Moving slot 10925 from 127.0.0.1:7003 to 127.0.0.1:7007:
Moving slot 10926 from 127.0.0.1:7003 to 127.0.0.1:7007:
Moving slot 10927 from 127.0.0.1:7003 to 127.0.0.1:7007:
Moving slot 10928 from 127.0.0.1:7003 to 127.0.0.1:7007:
Moving slot 10929 from 127.0.0.1:7003 to 127.0.0.1:7007:
Moving slot 10930 from 127.0.0.1:7003 to 127.0.0.1:7007:
Moving slot 10931 from 127.0.0.1:7003 to 127.0.0.1:7007:
Moving slot 10932 from 127.0.0.1:7003 to 127.0.0.1:7007:
Moving slot 10933 from 127.0.0.1:7003 to 127.0.0.1:7007:
Moving slot 10934 from 127.0.0.1:7003 to 127.0.0.1:7007:
```

步骤 05　再次执行 步骤 03 中的命令，查看Redis集群架构的状态。

```
# 使用Redis客户端连接任意一个节点
/usr/local/bin/redis-cli -h 127.0.0.1 -p 7001
# 执行cluster nodes命令
cluster nodes
# cluster nodes执行结果
ac748b9a3541eb67ae5a9829d23b649f55ef607e 127.0.0.1:7003@17003 master - 0 1653449353000 3
connected 12288-16383
1d79c49fe237868817e2a1fb77b68fececed7b59 127.0.0.1:7007@17007 master - 0 1653449353390 7
connected 0-1364 5461-6826 10923-12287
b6faa1b3003d598fef61f44cfe0c09e0de0ee1dc 127.0.0.1:7001@17001 myself,master - 0
1653449352000 1 connected 1365-5460
816195a96f3ca18b6715b994f9797deb224d7e8f 127.0.0.1:7005@17005 slave
b6faa1b3003d598fef61f44cfe0c09e0de0ee1dc 0 1653449354000 1 connected
0ad1b59bb834ad0ad34d034ad2218ffaf16d566c 127.0.0.1:7006@17006 slave
402b2910eec9898d2ead71136b421d7274a6d4c6 0 1653449355411 2 connected
402b2910eec9898d2ead71136b421d7274a6d4c6 127.0.0.1:7002@17002 master - 0 1653449354401 2
connected 6827-10922
e73cbf0b615d54a81154d48c4729b069b1ea6ea6 127.0.0.1:7004@17004 slave
ac748b9a3541eb67ae5a9829d23b649f55ef607e 0 1653449356420 3 connected
```

步骤 06　从cluster nodes命令的输出结果可知，127.0.0.1:7001、127.0.0.1:7002和127.0.0.1:7003节点将
　　　　各自的部分哈希槽迁移到了127.0.0.1:7007节点。这次哈希槽迁移完成。

步骤07 为了保证新节点的高可用性，可以使用add-node为新节点加入从节点。该命令接受两个参数，第一个参数为要添加的从节点的IP和端口号，第二个参数为Redis集群架构中的任意节点的IP和端口号。可以使用cluster-master-id命令指定要增加从节点的主节点信息。

```
# 复制配置文件redis-7008.conf
cp redis-7001.conf redis-7008.conf
# 修改redis-7008.conf文件中的内容
```

- daemonize yes：表示让Redis进程后台启动。
- port：修改为与文件名后缀相同的端口号，此处修改为7008。
- cluster-enabled yes：表示开启Redis集群架构模式。
- cluster-config-file nodes-7008.conf：集群配置信息存放的文件名。
- cluster-node-timeout 5000：节点离线时间限制，到达此时间将重新选举主节点。

```
# 指定使用redis-7008.conf文件启动Redis节点
/usr/local/bin/redis-server redis-7008.conf
# 查看Redis进程
ps -ef | grep redis | grep -v grep


    501 11865     1   0  5:36下午 ??        1:36.35 /usr/local/bin/redis-server
127.0.0.1:7001 [cluster]
    501 12872     1   0  6:24下午 ??        1:27.60 /usr/local/bin/redis-server
127.0.0.1:7002 [cluster]
    501 12880     1   0  6:24下午 ??        1:27.83 /usr/local/bin/redis-server
127.0.0.1:7003 [cluster]
    501 12883     1   0  6:24下午 ??        1:27.28 /usr/local/bin/redis-server
127.0.0.1:7004 [cluster]
    501 12885     1   0  6:24下午 ??        1:27.01 /usr/local/bin/redis-server
127.0.0.1:7005 [cluster]
    501 12888     1   0  6:24下午 ??        1:26.97 /usr/local/bin/redis-server
127.0.0.1:7006 [cluster]
    501 19391     1   0 10:09上午 ??        0:20.36 /usr/local/bin/redis-server
127.0.0.1:7007 [cluster]
    501 20922     1   0 11:40上午 ??        0:00.06 /usr/local/bin/redis-server
127.0.0.1:7008 [cluster]
# 执行add-node命令添加从节点
 /usr/local/bin/redis-cli --cluster add-node 127.0.0.1:7008 127.0.0.1:7001
--cluster-slave --cluster-master-id 1d79c49fe237868817e2a1fb77b68fececed7b59
# add-node命令执行结果
 >>> Adding node 127.0.0.1:7008 to cluster 127.0.0.1:7001
>>> Performing Cluster Check (using node 127.0.0.1:7001)
M: b6faa1b3003d598fef61f44cfe0c09e0de0ee1dc 127.0.0.1:7001
   slots:[1365-5460] (4096 slots) master
   1 additional replica(s)
M: ac748b9a3541eb67ae5a9829d23b649f55ef607e 127.0.0.1:7003
   slots:[12288-16383] (4096 slots) master
   1 additional replica(s)
M: 1d79c49fe237868817e2a1fb77b68fececed7b59 127.0.0.1:7007
   slots:[0-1364],[5461-6826],[10923-12287] (4096 slots) master
S: 816195a96f3ca18b6715b994f9797deb224d7e8f 127.0.0.1:7005
```

```
    slots: (0 slots) slave
    replicates b6faa1b3003d598fef61f44cfe0c09e0de0ee1dc
S: 0ad1b59bb834ad0ad34d034ad2218ffaf16d566c 127.0.0.1:7006
    slots: (0 slots) slave
    replicates 402b2910eec9898d2ead71136b421d7274a6d4c6
M: 402b2910eec9898d2ead71136b421d7274a6d4c6 127.0.0.1:7002
    slots:[6827-10922] (4096 slots) master
    1 additional replica(s)
S: e73cbf0b615d54a81154d48c4729b069b1ea6ea6 127.0.0.1:7004
    slots: (0 slots) slave
    replicates ac748b9a3541eb67ae5a9829d23b649f55ef607e
[OK] All nodes agree about slots configuration.
>>> Check for open slots...
>>> Check slots coverage...
[OK] All 16384 slots covered.
>>> Send CLUSTER MEET to node 127.0.0.1:7008 to make it join the cluster.
Waiting for the cluster to join

>>> Configure node as replica of 127.0.0.1:7007.
[OK] New node added correctly.
# 连接127.0.0.1:7001节点
/usr/local/bin/redis-cli -h 127.0.0.1 -p 7001
# 执行cluster nodes命令查看集群状态
cluster nodes
# cluster nodes命令执行结果
043f6a08cca936a875e8901caec02fe317f35ac6 127.0.0.1:7008@17008 slave
1d79c49fe237868817e2a1fb77b68fececed7b59 0 1653450422000 7 connected
    ac748b9a3541eb67ae5a9829d23b649f55ef607e 127.0.0.1:7003@17003 master - 0 1653450422000 3
connected 12288-16383
    1d79c49fe237868817e2a1fb77b68fececed7b59 127.0.0.1:7007@17007 master - 0 1653450423485 7
connected 0-1364 5461-6826 10923-12287
    b6faa1b3003d598fef61f44cfe0c09e0de0ee1dc 127.0.0.1:7001@17001 myself,master - 0
1653450417000 1 connected 1365-5460
    816195a96f3ca18b6715b994f9797deb224d7e8f 127.0.0.1:7005@17005 slave
b6faa1b3003d598fef61f44cfe0c09e0de0ee1dc 0 1653450420000 1 connected
    0ad1b59bb834ad0ad34d034ad2218ffaf16d566c 127.0.0.1:7006@17006 slave
402b2910eec9898d2ead71136b421d7274a6d4c6 0 1653450422000 2 connected
    402b2910eec9898d2ead71136b421d7274a6d4c6 127.0.0.1:7002@17002 master - 0 1653450422473 2
connected 6827-10922
    e73cbf0b615d54a81154d48c4729b069b1ea6ea6 127.0.0.1:7004@17004 slave
ac748b9a3541eb67ae5a9829d23b649f55ef607e 0 1653450421000 3 connected
```

至此，我们就完成了对Redis集群架构的扩容过程。

6.6.5　Redis 集群架构收缩

Redis集群架构收缩主要分为以下两个步骤：

步骤01　使用redis-cli --cluster reshard命令将待回收的节点对应的哈希槽迁出。

步骤02　使用redis-cli --cluster del-node命令将待回收的节点从Redis集群中移除。

Redis集群架构收缩与Redis集群架构扩容互为逆向操作。Redis集群架构收缩过程此处不再赘述。感兴趣的读者可自行参考6.6.4节中的步骤实现对Redis集群架构的收缩。

6.6.6　Redis 集群架构选举

Redis集群架构中每个从节点都会保持与其主节点之间的通信。当从节点发现自己的主节点处于FAIL状态时，将触发Redis集群架构的选举流程。

步骤01 每个从节点将自己的currentEpoch加1并广播FAILOVER_AUTH_REQUEST信息。

步骤02 Redis集群架构中的其他节点将会收到多个从节点的广播信息，但只有集群架构中的主节点可以响应该信息，并且主节点只会给第一个发出广播信息的从节点响应一个FAILOVER_AUTH_ACK信息。

步骤03 从节点接收主节点返回的FAILOVER_AUTH_ACK信息。

步骤04 从节点统计选票信息。当半数以上的主节点返回给自己FAILOVER_AUTH_ACK信息后，则该从节点将成为新的主节点。

步骤05 广播PONG信息通知集群架构中的其他节点最新的主节点信息。

6.7　缓存一致性解决方案有哪些

当系统引入缓存技术（如Redis、Memcached和EhCache等）后，数据库与缓存之间形成了分布式事务。为了能使数据库与缓存之间的数据尽可能保持一致，缓存一致性解决方案显得尤为重要。下面将针对不同的缓存一致性解决方案进行分析，探讨各种方案的优缺点。

6.7.1　方案一：先更新数据库后更新缓存

"先更新数据库后更新缓存"方案在数据发生变化时，首先更新数据库中的数据，随后更新缓存中的数据。该方案在并发场景下可能会出现数据不一致的现象。

如图6-19所示，两个并发线程同时更新数据库和缓存，期望将数据库和缓存中的x值更新到20,但实际上会因为网络、数据库和缓存等因素导致执行的结果与预期不符。

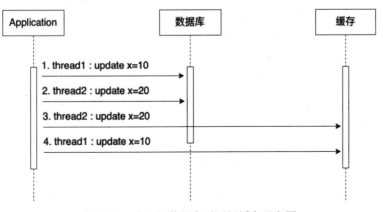

图 6-19　先更新数据库后更新缓存示意图

在图6-19所示的场景中，线程1和线程2的执行步骤如下：

步骤01 线程1对数据库执行更新操作，将x的值更新为10。

步骤02 线程2对数据库执行更新操作，将x的值更新为20。

步骤03 由于线程执行过程中的不确定因素（如网络因素、数据库因素和缓存因素等），可能会造成线程2的更新缓存操作比线程1的更新缓存操作先执行，即线程2率先将缓存中的x值更新为20，但此时现场1尚未执行。

步骤04 线程1将缓存中的x值更新为10。

通过对上述两个线程更新步骤的分析可知，最终数据库中的x值可能被更新为20，而缓存中的x值却停留在10，这就造成了数据库和缓存数据库不一致的场景。

6.7.2　方案二：先更新缓存后更新数据库

"先更新缓存后更新数据库"方案在数据发生变化时，首先更新缓存中的数据，随后更新数据库中的数据。该方案在并发场景下可能会出现数据不一致的现象。

如图6-20所示，两个并发线程同时更新缓存和数据库，期望将数据库和缓存中的x值更新到20，但实际上会因为线程执行异常、网络阻塞等因素导致执行的结果与预期不符。

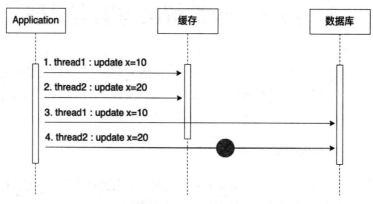

图 6-20　先更新缓存后更新数据库示意图

在图6-20所示的场景中，线程1和线程2的执行步骤如下：

步骤01 线程1对缓存执行更新操作，将x的值更新为10。

步骤02 线程2对缓存执行更新操作，将x的值更新为20。

步骤03 线程1随后将数据库中的x值更新为10。

步骤04 然而，在线程2尝试将数据库中的x值更新为20时，遇到了异常，导致这次更新操作失败。

通过对上述两个线程更新步骤的分析可知，数据库中的x最终被更新为10，而缓存中的x被更新为20，这就造成了数据库和缓存数据库不一致的场景。

6.7.3　方案三：先删除缓存后更新数据库

"先删除缓存后更新数据库"方案在数据发生变化时，首先删除缓存中的数据，随后更新数据库中的数据。此方案在等待下一次发起查询时，如果发现缓存为空，则触发对数据库的查询并更新缓存，从而确保缓存和数据库的数据一致。但该方案在读写请求并发的场景下可能会出现数据不一致的现象。

　　如图6-21所示，线程1先删除缓存后更新缓存，线程2查询缓存为空后查询数据库并更新缓存，期望将数据库和缓存更新到最新值20。

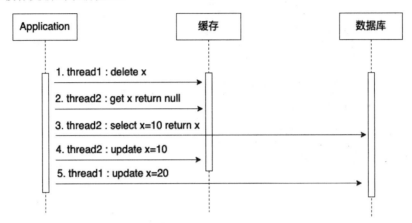

图 6-21　先更新缓存后更新数据库示意图

　　在图6-21所示的场景中，线程1和线程2的执行步骤如下：

步骤01 线程1删除缓存中的x。

步骤02 线程2查询缓存x，发现x为空。线程2将执行数据库查询操作获取x的值。

步骤03 线程2查询数据库中x的值为10。

步骤04 线程2更新缓存x的值为10。

步骤05 由于执行过程中的不确定因素（如网络因素、数据库因素和缓存因素等），导致线程1更新数据库x的值为20的操作最后执行。线程1执行完毕后，数据库中x的值为20。

　　通过对上述两个线程更新步骤的分析可知，数据库最终被更新为20，而缓存被更新为10，这就造成了数据库和缓存数据库不一致的场景。

6.7.4　方案四：先更新数据库后删除缓存

　　"先更新数据库后删除缓存"方案在数据发生变化时，首先更新数据库中的数据，随后删除缓存中的数据。此方案在等待下一次发起查询时，如果发现缓存为空，则触发对数据库的查询并更新缓存，从而确保缓存和数据库的数据一致。但该方案在读写请求并发的场景下可能会出现数据不一致的现象。

　　如图6-22所示，线程1先更新数据库后删除缓存，线程2查询缓存为空后查询数据库并更新缓存，线程3先更新数据库后删除缓存，期望将数据库和缓存更新到最新值20。

步骤01 线程1更新数据库中x的值为10。

步骤02 线程1删除缓存中的x。

步骤03 线程2查询缓存中的x为空。

步骤04 线程2查询数据库获得x的值为10。

步骤05 线程3更新数据库中的x的值为20。

步骤06 线程3删除缓存中的x。

步骤07 线程2更新缓存中的x的值为10。

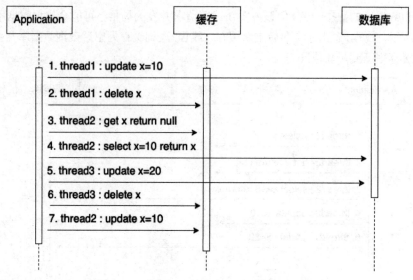

图 6-22　先先更新数据库后删除缓存示意图

通过对上述3个线程更新步骤的分析可知，数据库最终被更新为20，而缓存被更新10，这就造成了数据库和缓存数据库不一致的场景。

6.7.5　方案五：缓存延时双删解决方案

前面的4种数据库和缓存的更新方案都可能造成数据库和缓存数据不一致的问题。基于对以上数据不一致问题的分析，我们可以使用缓存双删解决方案来尽可能使数据库与缓存实现最终一致。

缓存双删解决方案的步骤如下：

步骤 01　删除缓存。

步骤 02　更新数据库。

步骤 03　休眠一段时间（休眠时长由具体的业务场景决定）。

步骤 04　再次删除缓存。

如图6-23所示，线程1和线程2并发执行缓存双删，因为数据库更新前后都进行了删除缓存操作，所以在如图6-23所示的场景中，不会出现数据库与缓存数据不一致的情况。

如图6-24所示，当缓存双删与查询请求并行发生时，缓存双删可以有效减少数据库与缓存不一致的情况。

步骤 01　线程1删除缓存中的x。

步骤 02　线程1更新数据库中x的值为10。

步骤 03　线程1休眠1秒。休眠时间视具体的业务场景而定。此处线程1休眠的目的是防止线程1在数据库更新期间，有其他线程读取了脏数据，从而更新了缓存。其中一个比较典型的出现脏数据的场景是，数据库从库中x的值为0，线程1更新数据库主库中x的值为10，主库的数据变更同步到从库有一定的延时（笔者在生产环境高并发场景下遇到过2～3秒的延迟）。

步骤 04　线程2查询缓存为空。

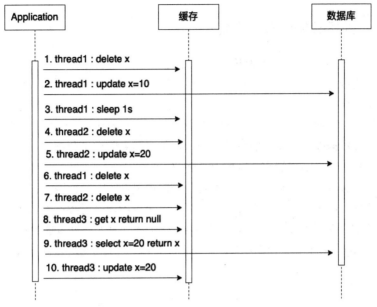

图 6-23 并发执行缓存双删示意图

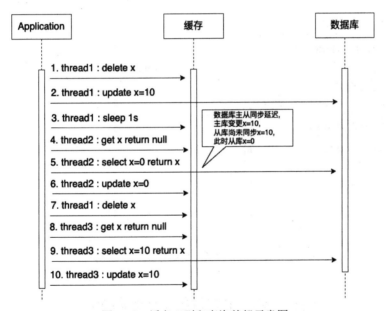

图 6-24 缓存双删和查询并行示意图

步骤 05 线程2从数据库从库中读取到x的值为0（此处假设数据库进行了读写分离），此时线程2读取到的数据是脏数据。

步骤 06 线程2更新缓存中x的值为0，此时缓存中出现脏数据。

步骤 07 线程1休眠结束，线程1再次删除缓存。

步骤 08 线程3查询缓存为空。

步骤 09 线程3查询数据库从库，此时数据库主库数据的变更已经同步到从库，线程3读取到x的值为10。

步骤 10 线程3更新缓存中x的值为10。

6.7.6　方案六：监听数据库解决方案

在6.7.5节的解决方案中，线程1休眠的时间需要视具体的业务场景而定。如果休眠时间较短，数据库主库与从库未完成同步，则仍旧可能造成线程2读取到的数据为脏数据，从而导致数据库与缓存数据不一致的场景出现。

为了能够实时感知数据库主库与从库的同步状态，可使用binlog监听工具（如Canal、Flink CDC和DTS等）实时监听数据库主库发生的变更操作，再结合消息队列将数据库主库的binlog广播出来，由开发人员消费消息，从而实现缓存数据的刷新。

图6-25所示是在缓存延时双删的基础上通过使用binlog监听工具优化线程延迟，从而实现数据库与缓存的最终一致性。图中虚线部分为异步流程，不影响应用程序对数据库和缓存的操作逻辑。

该方案相对于缓存延时双删解决方案的优势在于，不用开发人员过多地关注线程休眠的时间，完全由辅助流程（binlog监听工具、MQ和缓存更新程序）自动完成对缓存的更新，降低了开发过程中的复杂度。

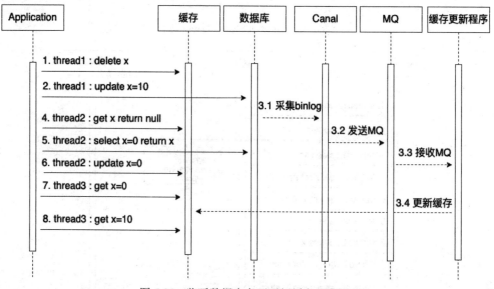

图 6-25　监听数据库变更更新缓存示意图

6.8　缓存预热方案有哪些

在企业开发中，通常在系统运行过程中使用到缓存技术（如Redis、Memcached和EhCache等）时才会进行维护。例如，在系统运行过程中需要查询用户信息，首先从缓存中查询用户信息，若缓存中存储了用户信息，则直接返回，若缓存中未存储用户信息，则在数据库中查询用户信息并将用户信息维护到缓存中。这种缓存维护方案存在一个显著的问题：系统上线初期，缓存数据较少，如果大量请求并发进入系统，容易造成频繁访问数据库更新缓存的情况，从而对数据库产生较大的压力。

缓存预热方案是在系统上线前将缓存维护起来，这样可以提高缓存命中率，降低系统上线初期数据库的压力，提高系统的稳定性。

缓存预热的常见方案如下：

（1）通过定时任务框架（如ElasticJob、xxl-job、PowerJob和Quartz等）在系统功能上线之前定时将缓存维护起来。

（2）在系统启动时，跟随系统将缓存维护起来（如通过Spring Bean的生命周期控制）。

（3）在系统中增加缓存预热接口，当系统启动完成后，由开发人员手动触发接口将缓存维护起来。

缓存预热的数据要视具体的场景决定：

（1）全量缓存：将数据库中所有的数据进行缓存，这种方式比较适合在数据量较少的场景中使用。例如秒杀场景，参与秒杀的商品种类很少，开发人员可以将所有参与秒杀的商品进行全量缓存。

（2）预估热点缓存：这种方式需要结合一定的场景，根据在指定场景中识别出的热点数据进行针对性缓存。例如大促活动分为预热活动和爆点活动，可以在预热活动期间筛选出活跃的用户，这部分活跃用户大概率会参与爆点活动。因此，在爆点活动开始前，将预热活动期间产生的活跃用户的缓存信息维护起来。

除以上两种方式可以帮助我们分析需要预热的数据外，开发人员还可以根据具体的业务特性决定需要预热的数据。例如按照用户级别预热，将级别高的优质用户的缓存信息维护起来；按照区域预热，将长三角地区用户的缓存信息维护起来等。开发人员可以结合具体的业务场景和业务特性决定需要预热的数据。

6.9 缓存穿透及解决方案

我们首先来看客户端查询场景下缓存和数据库的交互关系，如图6-26所示。

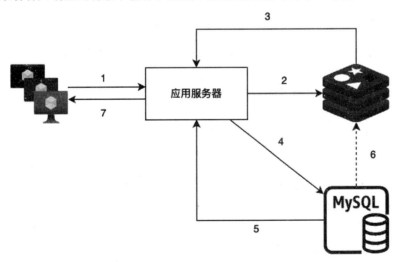

图 6-26　客户端查询场景下缓存和数据库的交互关系示意图

图6-26所示的处理流程如下：

步骤01 客户端请求应用服务器查询用户所需的数据。

步骤 02 应用服务器接收到请求后，首先查询缓存中是否存在用户所需的数据。

步骤 03 如果缓存中存在用户所需的数据，则将缓存中的数据返回给应用服务器。

步骤 04 如果缓存中不存在用户所需的数据，则执行 **步骤 05**。

步骤 05 应用服务器从数据库中查询用户所需的数据。

步骤 06 如果数据库查询结果非空，则数据库将查询结果写入缓存中。

步骤 07 应用服务器将数据返回给客户端。

出于服务容错性考虑，当数据库中查询不到数据时，不会写入缓存。但在上述处理流程中，有一个特殊场景：请求一个缓存和数据库都不存在的数据。这将会导致请求这个不存在的数据时，每次都会触发数据库的查询，缓存失去了意义。此时，缓存起不到对数据库的保护意义，就像是被穿透了一样，这种场景称作缓存穿透。

缓存穿透示意图如图6-27所示。

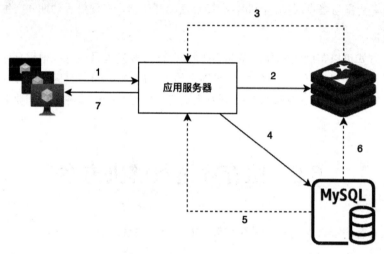

图 6-27　缓存穿透示意图

缓存穿透不仅使缓存失去了意义，增加了数据库的负载压力，同时因为正常场景下每个查询请求仅会对缓存触发查询，但在缓存穿透场景下每个查询请求必然会出现对缓存和数据库的两次查询，增加了不必要的网络开销，进而增加了数据库的负担。因此，在开发过程中，应该尽量避免缓存穿透问题的出现。

缓存穿透的解决方案有：

（1）前置校验。在请求进入缓存和数据库前进行校验和拦截。例如，如果请求中携带的用户编码为负数（非法的用户编码）或非法字符（非法的用户编码组成规则），则拒绝受理该请求。

（2）空值缓存。当缓存和数据库中都查不到相应的数据时，在缓存中维护一个特殊的键-值对key-null，并设置一个较短的超时时间。这样可以防止短时间内大量无效请求重复进入数据库。

（3）在执行数据库查询前对数据库加互斥锁。当缓存没有获取到数据时，在触发数据库查询前设置互斥锁，先得到锁的请求可以发起对数据库的查询，没有获取到锁的请求则阻塞一段时间或拒绝受理。

（4）使用布隆过滤器。使用布隆过滤器存储所有可能访问的key，一定不存在的key将会被布隆过滤器拦截，存在的key则触发缓存或数据库的查询。布隆过滤器的原理将在6.12节中详细分析。

6.10　缓存击穿及解决方案

在缓存中，当某个缓存key即将过期，同时有大量请求并发地对这个key发起查询时，缓存将无法对数据库起到保护作用。这种情况下，大量的查询请求将到达数据库，造成数据库负载骤增。这种场景称作缓存击穿。缓存击穿示意图如图6-28所示。

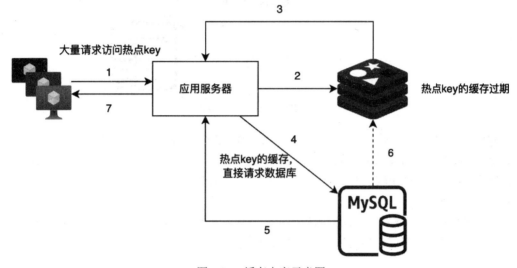

图 6-28　缓存击穿示意图

缓存击穿的解决方案有：

（1）在执行数据库查询前对数据库加互斥锁。当缓存中没有获取到数据时，在触发数据库查询前设置互斥锁，先得到锁的请求可以发起对数据库的查询，没有获取到锁的请求则阻塞一段时间或拒绝受理。

（2）不设置缓存的过期时间。对缓存中的数据不设置自动过期时间，而是在缓存的key对应的value中增加一个过期时间字段，查询缓存时，通过value中的过期时间与当前时间进行对比，以此来判断缓存是否过期。如果发现缓存过期，则按照（1）中的方案加互斥锁访问数据库。

6.11　缓存雪崩及解决方案

大量的缓存过期时间设置为统一时间，导致在过期时间到达时，一瞬间大量缓存失效，数据库的访问量骤增，从而引起缓存雪崩效应。缓存雪崩示意图如图6-29所示。

缓存雪崩的解决方案有：

（1）数据库查询前加互斥锁。其原理与6.10节的解决方案（1）类似。

（2）不设置缓存的过期时间。其原理与6.10节的解决方案（2）类似。

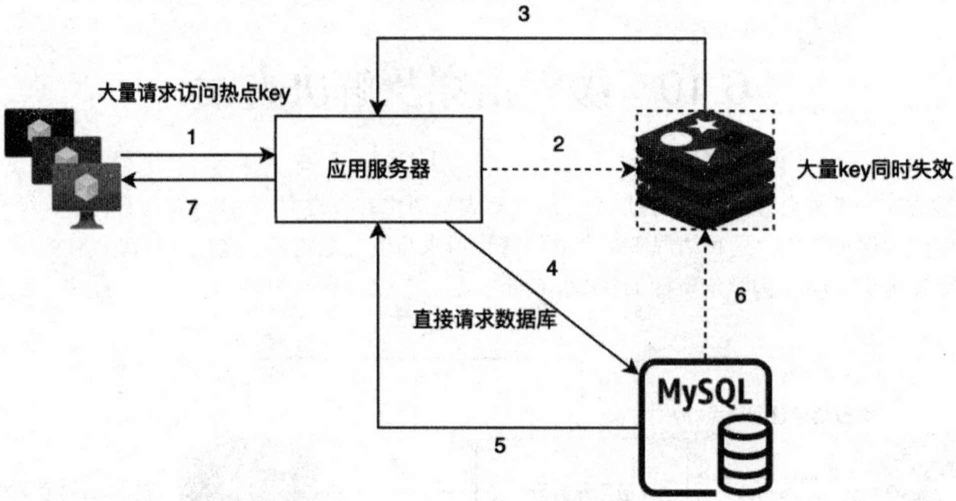

图 6-29　缓存雪崩示意图

（3）随机失效时间。即大量的缓存需要在同一时间失效，可以在失效时间上加一个随机值，如每个 key 的失效时间=业务要求的失效时间+（30~60秒的随机值）。这样可以防止缓存数据在同一时间大面积失效，对数据库产生较大的访问压力。但随之而来的是造成一定的缓存精度丢失，因为有部分数据并未按时失效。

（4）多级缓存。设置第一级缓存的失效时间为业务要求的失效时间，设置第二级缓存的失效时间超出业务要求的失效时间。当第一级缓存失效后，查询第二级缓存。

6.12　布隆过滤器及适用场景

布隆过滤器（Bloom Filter）是1970年由布隆提出的。其主要功能是通过结合位数组和随机映射函数，实现在海量数据中判断一个元素是否存在于其中。布隆过滤器的优点在于，对于海量数据而言，其在存储空间和查询时间方面都具有显著优势。

布隆过滤器的实现原理如下：

步骤01　创建一个位数组。如图6-30所示，创建一个长度为16的数组。

0	0	0	0	0	0	0	0	0	0	0	0	0	0	0	0

图 6-30　位数组示意图

步骤02　准备多个哈希函数，每个哈希函数可以将元素的哈希值计算得比较均匀。这里假设有三个哈希函数：Hash1()、Hash2()和Hash3()。

步骤03　当向布隆过滤器中添加元素时，每个元素都需要通过哈希函数计算出哈希值，哈希值对位数组长度取模后得到的余数对应位数组的索引值，该索引值上的元素值置为1。假设有K1和K2两个元素，经过 **步骤03** 计算后，位数组状态如图6-31所示。

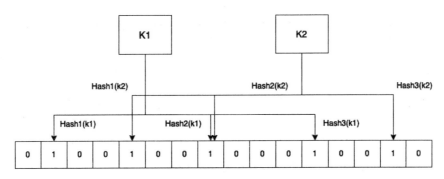

图 6-31 布隆过滤器存储示意图

当通过布隆过滤器判断某个元素k是否存在时，使用 步骤02 中的3个哈希函数对k计算出3个哈希值。分别使用3个哈希值对位数组长度取模得到3个索引位置。如果3个索引位置存储的元素都为1，则该元素有可能存在。如果3个索引位置中任一位置存储的元素为0，则该元素一定不存在。

布隆过滤器对于元素存在性的判断有一定的误判率：即便是非常好的哈希算法，也无法保证在有限的位数组空间内不出现哈希碰撞，即不同元素的不同哈希值对位数组长度取模后，有可能位于位数组的同一个索引位置。例如，如果布隆过滤器中已存在的元素K3和不存在的元素K4的哈希值对位数组长度取模后均指向位数组第0个位置，则元素K4属于误判。

布隆过滤器对于元素不存在的判断是不会出现误判的。

通过分析布隆过滤器的原理可知，布隆过滤器涉及的因子有：

（1）布隆过滤器存储的数据总数记为n。

（2）布隆过滤器的误判率记为p。

（3）位数组的空间大小记为m。

（4）哈希函数的数量记为k。

各个因子之间的关系如下：

n = ceil(m / (-k / log(1 - exp(log(p) / k))))

p = pow(1 - exp(-k / (m / n)), k)

m = ceil((n * log(p)) / log(1 / pow(2, log(2))))

k = round((m / n) * log(2))

在位数组空间m固定的情况下，存储的数据总量n越大，误判率p越高。

在存储的数据总量n预定的情况下，位数组的空间m越大，误判率p越低。

读者可以借助以下网址估算各个因子的大小：

https://hur.st/bloomfilter/

如需将100万条数据存入布隆过滤器中，使用5个哈希函数，期望的误判率不超过0.001，则通过上述网址计算得出，预计需要2.06MB的位数组空间。由此可以看出，布隆过滤器对于海量数据过滤而言，所需的存储空间非常小。

布隆过滤器的适用场景有：

（1）防止缓存穿透。

（2）垃圾邮件过滤。

（3）已推荐的新闻不再推荐（类似于用户在短视频App上浏览，已浏览过的视频不会再被浏览到）。

Redis布隆过滤器需要单独安装，读者可以参考以下网址进行布隆过滤器的安装：

```
https://redis.io/docs/stack/bloom/
https://github.com/RedisBloom/RedisBloom
```

Redis布隆过滤器的主要指令如下。

- bf.add key item：向布隆过滤器中添加一个元素item。
- bf.exist key item：判断元素item是否存在于布隆过滤器中。
- bf.madd key item [item…]：向布隆过滤器中添加多个元素。
- bf.mexists key item [item…]：判断多个元素是否存在于布隆过滤器中。

6.13　热点缓存识别及解决方案

虽然Redis可以提供较高的读写性能，但Redis并不是万能的，在一些极端场景下容易出现热点缓存：

（1）电商平台中的某款热卖商品，如1元抢购新款手机。
（2）热点直播，如明星直播健身事件。
（3）热点事件，如头条新闻。

热点缓存的出现会给应用服务器、Redis和数据库等系统带来较大的压力：

（1）物理网卡负载增加。
（2）缓存服务负载增加。
（3）缓存击穿风险增大，数据库风险增大。

6.13.1　热点缓存识别

识别热点缓存的方式有多种，读者可以结合具体的场景选择适用的方式：

（1）根据业务的规则识别热点缓存，将秒杀平台的商品当作热点缓存。
（2）使用Redis的hotkeys参数识别热点缓存。
（3）使用Redis的monitor命令识别热点缓存。
（4）客户端统计。操作Redis时，将操作记录保存下来用于分析热点缓存。可以参考京东零售开源的Hotkey框架https://gitee.com/jd-platform-opensource/hotkey。

6.13.2　热点缓存解决方案

当发现系统中存在热点缓存时，可以通过以下方案应对热点缓存问题：

（1）从应用服务器集群角度考虑：将热点缓存中的数据存储到JVM中。当出现大量请求访问时，可以借助应用服务器集群的能力对请求进行负载均衡，让多个JVM中的数据共同承担高并发的访问流量。

（2）从Redis集群架构考虑：使用代理模式搭建Redis集群，使用代理服务器屏蔽Redis集群中各个节点的差异，代理服务器就可以作为Redis集群架构使用。常见的代理框架说明如下。

- predixy：高性能全特征Redis代理，支持Redis哨兵架构和Redis集群架构。
- twemproxy：由Twitter公司开发的轻量级Redis代理。
- codis：由豌豆荚公司开发的Redis集群代理解决方案。
- redis-cluster-proxy：Redis 6.0新特性。

通过将热点缓存中的数据存储到代理服务器本地内存中，可以在代理服务器将请求转发到实际的Redis节点之前将数据返回，通过借助代理服务器集群的能力承担高并发的访问流量。

（3）从Redis集群中的哈希槽考虑：热点数据的存储方式可以调整为key_sub=key_随机值，每个key_sub都是key的一个副本。借助随机值的分散性，可以在多个Redis节点的不同哈希槽上存储多个热点数据的副本，借助副本的能力共同承担高并发的访问流量。

6.14 Redis 面试押题

6.14.1 Redis 是什么

Redis是一个开源的、基于内存的键值存储系统，用C语言编写。它不仅仅是一个简单的数据缓存，还支持丰富的数据结构，如字符串、哈希表、列表、集合、有序集合等，因此常被当作数据库和缓存使用。

Redis的特点有：

（1）高性能。Redis的数据存储在内存中，使得读写速度极快，适合对响应时间敏感的应用。

（2）数据结构丰富。Redis支持多种数据结构，能够灵活适应不同场景的需求。

（3）持久化。Redis支持数据的主从复制，增强了数据的可用性和容错能力。

（4）事务支持。尽管Redis的事务不是完全的ACID刚性事务，但仍支持一组操作的原子性执行。

（5）发布订阅。Redis实现了消息队列功能，支持实时消息推送和通知。

（6）多路复用。Redis提高了网络通信效率，可以支撑高并发调用。

6.14.2 简述企业开发中使用到 Redis 缓存的场景

在企业级开发中，Redis缓存技术被广泛应用。它不仅可以提升应用性能，还能降低数据库负担，从而提高整体的用户体验。以下是一些常见的使用场景。

（1）数据库缓存。对于频繁执行且结果不变的查询类请求，如商品详情、用户信息等，开发人员可以将查询结果缓存起来，避免每次请求都直接查询数据库。

（2）页面缓存。对于静态或几乎不变的页面内容，如新闻文章、产品列表等，开发人员可以直接将整个页面HTML缓存起来，快速响应用户请求。

（3）会话缓存。开发人员可以将用户的会话信息存储在缓存中，减少对数据库的依赖，从而提高用户认证和授权的处理速度。

（4）分布式锁。在高并发场景下，开发人员可以利用Redis原子操作特性实现分布式锁，用于控制并发访问资源，确保数据一致性。

（5）消息队列。在一些消息通知场景，开发人员可以利用Redis的发布/订阅功能，实现消息队列，异步处理任务，解耦服务间的依赖。

（6）促销活动。在高并发的秒杀场景下，开发人员可以利用缓存控制商品库存的状态，有效减少数据库压力，保证交易的顺利进行。

6.14.3　Redis 与 Guava Cache 有哪些异同点

Redis与Guava Cache都是缓存技术，其目的都是提高数据访问效率，但它们在设计目的、应用场景、特性和功能上存在显著的差异。

1. Redis与Guava Cache的相同点

1）提高性能

Redis与Guava Cache两者都能显著提高数据访问速度，减少对底层数据存储的依赖，提升应用程序的性能。

2）数据过期策略

Redis与Guava Cache两者都支持数据过期自动清理机制，可以根据时间和规则自动移除不再需要的缓存项。

2. Redis与Guava Cache的不同点

1）缓存数据的存储位置

- Redis是一个独立的内存数据存储系统，数据存储在Redis服务器的内存中，可以跨网络访问。
- Guava Cache是Guava工具中的一个本地缓存实现方案，数据存储在应用程序的JVM堆内存中，不能跨JVM访问。

2）分布式支持

- Redis天生支持分布式缓存，可以部署在多个节点上，提供数据的分区和复制，提高了系统的可扩展性和容错性。
- Guava Cache仅限于单个JVM内使用，不支持分布式缓存，不适合在大型分布式系统中使用。

3. 数据持久化

- Redis支持数据持久化到磁盘，通过RDB快照或AOF日志，确保了系统重启后数据不会丢失。
- Guava Cache数据仅存在于内存中，JVM关闭后数据就会丢失，没有数据持久化功能。

4. 功能特性

- Redis提供了更丰富的数据结构和额外功能，功能更加强大。
- Guava Cache主要关注键-值对的缓存，数据结构相对单一，功能相对较弱。

6.14.4　Redis 与 Memcached 相比有哪些异同点

Redis与Memcached都是流行的内存数据存储系统，用于提高数据访问速度和减轻数据库压力，但它们在设计理念、功能特性、适用场景上存在一些关键差异。

1. Redis与Memcached的相同点

1）内存存储

Redis与Memcached两者都将数据存储在内存中，提供高速的数据访问。

2）键-值存储

Redis与Memcached两者基本的数据模型都是基于键-值对的存储方式。

3）提高性能

Redis与Memcached两者都通过减少对数据库的访问，提高应用程序的性能。

4）简单易用

Redis与Memcached两者都易于安装和部署，并且提供了简单的API接口。

2. Redis与Memcached的不同点

1）数据结构

- Redis支持更丰富的数据结构，包括字符串、哈希、列表、集合、有序集合等，使得它适用于更多应用场景。
- Memcached主要支持简单的字符串数据类型，功能较为单一。

2）持久化

- Redis支持数据持久化到磁盘，提供了RDB快照和AOF日志两种方式，确保数据在服务器重启后仍可恢复。
- Memcached不支持数据持久化，数据仅存储在内存中，服务器重启会导致数据丢失。

3）集群模式

- Redis原生支持集群模式，能够自动分割数据到不同的节点，并提供故障转移。
- Memcached虽然可以通过客户端实现分布式，但原生并不直接支持集群，需要外部工具或客户端库来实现数据的分散存储。

4）线程模型

- Redis使用单线程模型处理客户端请求，通过IO多路复用技术实现高效处理。
- Memcached采用多线程模型，可以利用多核CPU资源处理高并发请求。

5）事务支持

- Redis提供了事务支持，能够保证一系列操作的原子性。
- Memcached不支持事务。

6.14.5 Redis 为什么能实现高性能

Redis之所以能实现如此高的性能，归功于以下几个关键因素：

（1）基于内存操作。Redis的数据存储在内存中，内存的读写速度远远高于硬盘。这意味着开发人员对数据的访问几乎是即时的，极大地降低了延迟。

（2）单线程设计。Redis使用单线程模型处理客户端请求，避免了多线程上下文切换带来的开销。

（3）事件驱动模型。Redis使用文件事件处理器来处理网络请求，这是一种非阻塞的I/O模型，通过监听多个Socket，将就绪的Socket事件放入队列，然后由单个工作线程顺序处理，这样简化了并发控制，提高了处理效率。

（4）主从复制。Redis支持数据的主从复制，可以将数据自动同步到多个从节点。这一机制不仅实现了数据的多副本存储，确保了系统的高可用性，还可以利用从节点来进一步提升系统的性能。此外，Redis集群架构的引入允许数据自动分区，进一步提升了Redis横向扩展的能力。

6.14.6 Redis 支持哪些数据类型

请读者参考6.1节的内容。

6.14.7 Redis 内部的数据结构有哪些

请读者参考6.2节的内容。

6.14.8 如何使用 Redis 实现计数器

Redis实现计数器主要依靠其原子操作能力，确保在高并发环境下计数的准确性。以下是几种使用Redis实现计数器的方法。

（1）字符串计数器。最直接的方式是使用Redis的字符串数据类型。开发人员可以使用INCR命令递增计数器，使用INCRBY命令递增指定的数量，以及使用DECR和DECRBY命令进行递减操作。

（2）有序集合计数器。如果需要对计数器的值进行排序或范围查询，可以使用有序集合。使用ZINCRBY命令可以对集合中成员的分数进行递增或递减操作。

（3）哈希计数器。当需要为多个不同的计数器维护值时，可以使用哈希数据结构，通过HINCRBY命令递增哈希中字段的值。

（4）自定义扩展。开发人员可以利用Lua脚本实现自定义的计数器逻辑并让Redis调用对应的Lua计数器脚本。

6.14.9 如何使用 Redis 实现消息队列的发布订阅

Redis实现消息队列的发布订阅（Pub/Sub）功能主要依赖于其内建的发布/订阅系统，该系统提供了一种模式，让信息的发布者（Publishers）可以推送消息到特定的频道（Channels），而订阅了这些频道的接收者（Subscribers）则可以接收到这些消息。以下是实现这一功能的基本步骤和概念。

1. 发布消息

开发人员可以使用PUBLISH命令将消息发送到一个频道。例如，要向名为publishing_house的频道发布一条消息，可以使用以下命令：

```
PUBLISH publishing_house "一本书出版了"
```

2. 订阅频道

订阅者使用SUBSCRIBE命令来订阅一个或多个频道。

```
SUBSCRIBE publishing_house
```

3. 接收消息

一旦有发布者向订阅的频道发送了消息，Redis就会将这些消息推送给所有订阅了该频道的订阅者。订阅者无须主动查询或拉取消息，Redis会自动完成消息的推送。

订阅者收到的消息会以消息类型和消息内容的形式呈现。当订阅者订阅了名为publishing_house的频道，并收到了来自该频道的消息"一本书出版了"，那么订阅者接收到的消息可能会像这样显示：

```
message publishing_house "一本书出版了"
```

6.14.10 如何使用 Redis 实现分布式锁

Redis实现分布式锁的原理主要是利用其原子操作能力和高可用特性来确保在分布式系统中多个节点对共享资源的访问控制。下面是实现分布式锁的几个关键步骤和原理。

1. 加锁

Redis分布式锁常用的命令是SETNX (SET if Not eXists)。

客户端使用SETNX命令设置一个键-值对，键通常是锁的名称（如distribution_lock:price），值可以是一个随机生成的唯一标识符，用于标识锁的持有者。SETNX命令只有在键不存在时才会设置键-值对，这样就确保了加锁操作的原子性，即同一时刻只有一个客户端能够成功设置分布式锁。

2. 释放锁

当执行加锁指令的客户端成功返回后，该客户端就持有了锁。持有锁的客户端在完成操作后，需使用DEL命令删除锁。为了安全起见，删除操作应该验证锁的持有者是否仍然是自己，通常通过比较之前设置的唯一标识符实现。

6.14.11 Redis 支持的持久化机制有哪些

请读者参考6.3节的内容。

6.14.12 Redis 过期键的删除策略有哪些

1. 惰性删除

仅在客户端访问键时，检查键的过期状态。这种删除策略不主动进行周期性检查，减少了不必要的CPU开销。

2. 定期删除

定期扫描并删除过期的键，有助于及时释放内存，避免内存占用过高。相较于惰性删除，定期删除能更主动地保证数据的新鲜度，减少过期数据的存在。

3. 定时删除

设置某个键的过期时间，同时创建一个定时器，当该键的过期时间到达时，定时器将会立即执行删除操作。这种删除策略对CPU不友好，当过期键比较多时，删除过期键会占用较多的CPU资源，可能对服务器的响应时间和吞吐量造成影响。

6.14.13 Redis 的内存淘汰策略有哪些

Redis提供了多种内存淘汰策略，以下是一些主要的内存淘汰策略。

- Noeviction：不淘汰。确保数据不会因为内存限制而被删除，避免了数据丢失的风险。
- allkeys-lru：基于所有键的最近最少使用原则。基于键访问时间，移除最近最少使用的键，有助于保持热点数据。
- allkeys-lfu：基于所有键的最不经常使用原则。根据访问频率而不是访问时间来淘汰，理论上更精准地保留热点数据。
- volatile-lru：基于有过期时间的所有键的最近最少使用原则。仅在设置了过期时间的键中选择淘汰，可以更好地控制哪些数据会被淘汰。
- volatile-lfu：基于有过期时间的所有键的最不经常使用原则。结合LFU（Least Frequently Used）算法和过期时间条件，更精确地移除不常用且即将过期的数据。

6.14.14 Redis 的线程模型是什么

Redis的线程模型以其单线程特性著称，但这一描述存在一定的迷惑性。实际上，Redis的主工作线程是单线程执行的，而其他一些操作则是多线程执行的。以下是详细解释。

1. 主线程

主线程是Redis的核心操作线程，其工作范围是处理客户端的网络请求（包括接收、解析、执行命令以及响应客户端）。这意味着在任何给定时间点，Redis只用一个线程来处理客户端命令，实现了请求处理的串行化。

Redis使用一个基于Reactor模式的文件事件处理器（File Event Handler），它利用IO多路复用来同时监控多个套接字。这一机制使Redis即便只有一个主线程，也可以高效地管理大量的并发连接。

2. 后台线程

尽管Redis的核心操作是单线程的，但Redis可以利用后台线程来处理一些不直接影响命令响应的任务，以提高性能和响应性，这些后台线程的工作职责包括：

- AOF刷盘。
- 关闭文件。
- 异步释放内存。

6.14.15　Redis 事务有哪些优缺点

Redis事务是一种用来处理多个命令执行的机制，它允许开发者将一系列命令打包成一个原子操作单元，这意味着这些命令要么全部执行成功，要么全部不执行，以此来维护数据的一致性。

需要注意的是，Redis的事务并不具备传统数据库事务的ACID特性，特别是在事务中的错误处理和并发控制方面。下面是关于Redis事务的概述及其优缺点。

1. Redis事务的优点

1）原子性

Redis事务中的所有命令作为一个整体执行，保证了在执行过程中不会被其他客户端的命令插入，保持了命令序列的原子性。

2）简化操作

通过Redis事务可以一次性执行多个操作，减少了网络往返次数，提高了执行效率。

2. Redis事务的缺点

1）无回滚机制

即使事务中的某条命令执行失败，Redis也不会回滚已经执行成功的命令，即Redis事务不支持在事务内的命令出错时的回滚操作。

2）非强一致性

Redis事务不保证强一致性。

3）无隔离性

在事务执行期间，其他客户端可以修改事务中涉及的键，这可能导致事务的结果不符合预期，尤其是在高并发环境下。

6.14.16　Redis 的部署架构有哪些

请读者参考6.4～6.6节的内容。

6.14.17　什么是缓存穿透

请读者参考6.9节的内容。

6.14.18　什么是缓存击穿

请读者参考6.10节的内容。

6.14.19　什么是缓存雪崩

请读者参考6.11节的内容。

6.14.20　Jedis 与 Redisson 有哪些异同点

Jedis与Redisson都是Java中用于操作Redis的客户端库，但它们在设计思路、功能以及使用场景上存在一些显著的差异。

1. Jedis与Redisson的相同点

1）目标相同

Jedis与Redisson两者都是为了简化Java应用程序与Redis服务器的交互，提供了一系列API来执行Redis命令。

2）支持异步

Jedis与Redisson两者都支持异步操作Redis。

3）广泛使用

Jedis与Redisson两者在业界都有广泛的应用，都是Java开发人员操作Redis的常用工具。

2. Jedis与Redisson的不同点

1）设计思路

- Jedis倾向于提供一个较为直接的Redis命令接口，其API设计与Redis命令相对应，使用起来较为原生和灵活。
- Redisson在Redis基础上进行了更高层次的抽象，提供了丰富的分布式数据结构（如分布式Map、Set、List等）和分布式服务（如锁、原子计数器、发布/订阅等），使开发人员能够以面向对象的方式操作Redis，更加贴近Java应用的开发习惯。

2）资源管理

- 在早期的Jedis版本中，每次操作都需要创建一个新的连接，这在高并发场景下可能导致资源管理复杂。虽然Jedis 3.x引入了连接池，但资源管理仍需开发者自行考虑。
- Redisson内置了连接池管理，以及基于Netty的网络通信层，可以自动处理连接复用、心跳检测等问题，更适合大规模分布式系统。

3）学习成本

- Jedis的API设计更贴合Redis，对开发人员更加友好，学习成本较低。
- 由于Redisson的抽象层次较高，提供的功能更丰富，对于初学者来说，学习成本可能会稍高于Jedis。

第 7 章

RocketMQ

RocketMQ是一款由阿里巴巴开源并捐献给Apache基金会的顶级开源项目,它是一个低延迟、高可靠、可伸缩且易于使用的分布式消息中间件。RocketMQ最初设计用于处理大规模的消息传输场景,尤其擅长应对万亿级消息量的挑战。

RocketMQ具备以下特点和功能:

(1)高性能与低延迟。RocketMQ被设计用于提供高吞吐量的同时保持较低的延迟,适用于那些对消息传递速度有严格要求的场景。

(2)高可靠性。RocketMQ通过多副本机制和其他容错设计确保消息不会丢失,即使在出现网络故障或节点故障的情况下也能保持服务的连续性。

(3)海量消息堆积能力。RocketMQ支持在消息消费者暂时无法处理消息时,消息队列能够堆积大量的消息而不会导致系统崩溃。

(4)丰富的消息类型。RocketMQ支持顺序消息、事务消息、定时消息、批量消息以及消息重试与追踪等功能,满足不同业务场景的需求。

(5)削峰填谷。在面对如秒杀、大促等短时间高流量的冲击时,RocketMQ能够帮助应用系统平滑地处理流量高峰,避免系统过载。

(6)应用解耦。RocketMQ通过消息队列作为中间件,让生产者和消费者服务解耦,提高系统的灵活性和可维护性。

RocketMQ广泛应用于电商、金融、物联网和大数据处理等领域的消息传递与数据集成解决方案中,以其高性能和丰富的特性受到众多企业的青睐。RocketMQ的面试要求通常包括对消息队列(Message Queue,MQ)的基本理解、RocketMQ的架构和角色及其特定的机制和特性等方面的问题。此外,面试者还应该结合自己的实际经验和对RocketMQ的深入理解来准备相关的案例分析。

7.1 核 心 概 念

7.1.1 Producer

Producer(消息生产者)负责生产消息,它通过RocketMQ的负载均衡策略选择Broker集群中的队列进行消息投递。

Producer支持以下特性:

（1）同步生产消息。Producer发出一个数据包后，必须等到Broker回复响应后，Producer才能发出下一个数据包。

（2）异步生产消息。Producer发出一个数据包后，无须等到Broker回复响应，Producer即可发出下一个数据包。消息发送的结果通过回调函数异步通知给Producer。

（3）单向发送消息。单向发送指的是只负责发送消息，而不等待Broker的回应，并且没有回调函数。

（4）生产者组。RocketMQ的消息生产者是以生产者组（Producer Group）的形式出现的，生产者组是同一类生产者的集合。从部署结构来看，生产者通过Producer Group的名字来标记同一个组。

7.1.2　Consumer

Consumer（消息消费者）负责消费消息。RocketMQ提供了以下两种消息的消费方式。

- PULL：消费者主动从Broker拉取消息。一旦Consumer拉取到消息，则用户程序将启动消息消费过程。因此，PULL称为主动消费型。
- PUSH：Broker主动向Consumer推送消息。当Consumer接收到消息后，会回调用户实现的消息监听接口进行消费过程。

RocketMQ的消息消费者是以消费者组（Consumer Group）的形式出现的。在同一个消费者组内的消费者消费同一类型的消息，并且消费逻辑一致。

一个消息只能被同一个消费者组中的某个消费者消费,不能被同一个消费者组中的多个消费者消费。但该消息可以被不同消费者组中的不同消费者消费。

7.1.3　Broker

Broker（代理服务器）在RocketMQ中充当消息中转的角色，主要负责消息存储和消息转发。

Broker在RocketMQ中负责接收并存储Producer发送的消息，同时为消费者消费消息做准备。Broker还存储了消息相关的元数据，如消费者组消费进度的偏移量（Offset）、消息主题（Topic）和队列等信息。

Broker可以分为以下几个重要的模块：

- 远程处理模块：负责处理来自客户端的请求。
- 客户端管理模块：管理Broker的客户端，包含Producer和Consumer；维护Consumer的topic订阅信息。
- 消息存储模块：提供方便简单的API接口处理消息存储和消息查询功能。
- 高可用模块：提供Broker之间的数据同步功能。
- 索引模块：根据特定的键对投递到Broker中的消息进行索引服务，以提供消息的快速查询。

7.1.4　Topic

Topic（主题）是一类消息的集合。Topic可以理解为消息的一级类型，如交易消息、商品消息和物流消息等。

每个Topic包含多条消息。每条消息只能属于一个Topic，Topic是RocketMQ进行消息订阅的基本单位。

一个Topic可以有0个、1个或多个生产者向其发送消息；一个生产者可以同时向多个不同的Topic发送消息；一个Topic也可以被0个、1个或多个消费者订阅。

7.1.5　Message Queue

一个Topic对应的消息可能分布在不同的Broker上，因此可以将一个Topic分布在每个Broker上的子集定义为Topic分片。

将每个Broker上的Topic分片再切分为若干等份，其中每一份就是一个Message Queue。每个Topic分片对应的Message Queue的数量可以不同，开发人员可以设置。

7.1.6　Tag

Tag用于对同一个Topic下的消息进行更细致的分类。Tag可以理解为消息的二级类型。例如，交易消息（交易Topic）还可以细分为交易成功消息、交易失败消息和交易取消消息等。Tag并不是每一条消息都是必需的。

7.1.7　NameServer

NameServer提供轻量级的服务发现及路由功能。每个NameServer记录完整的路由信息，提供相应的读写服务。NameServer是一个功能齐全的服务，其主要功能如下。

- Broker管理：接收来自Broker集群的注册请求，提供心跳机制定期检测Broker是否存活。
- 路由管理：每个NameServer持有Broker集群和客户端请求队列的路由信息。

7.1.8　集群消费

在集群消费模式下，同一个Consumer Group中的每个Consumer实例平均分摊消息。这种模式适用于消费者端集群化部署，每条消息只需要被处理一次的业务场景。

7.1.9　广播消费

在广播消费模式下，同一个Consumer Group中的每个Consumer实例可以接收全量的消息。这种模式适用于消费者端集群化部署，每条消息都需要被集群中的每个消费者至少消费一次的业务场景。

7.1.10　分区顺序消息

在分区顺序消息模式下，消费者从同一个消息队列（即Topic的一个分区，也就是一个Message Queue）接收到的消息是有序的，但从不同消息队列中接收到的消息可能是无序的。

7.1.11　全局顺序消息

在全局顺序消息模式下，对于指定的Topic，所有消息均按照先进先出的顺序来发布和消费。该模式适用于性能要求不高的业务场景。实际上，全局顺序消息是一种特殊的分区顺序消息，即Topic只有一个分区，因此分区顺序消息和全局顺序消息的原理是相同的。

7.1.12 RocketMQ 消息模型

RocketMQ主要由消息生产者（Producer）、代理服务器（Broker）、消息消费者（Consumer）三部分组成。其中Producer负责生产消息，Broker负责存储消息，Consumer负责消费消息。

Broker在实际的部署过程中对应一台服务器，每个Broker可以存储多个Topic的消息，每个Topic的消息可以分片存储于不同的Broker中。Message Queue用于存储消息的物理地址，每个Topic中的消息地址存储于多个Message Queue中。

RocketMQ整体架构如图7-1所示。

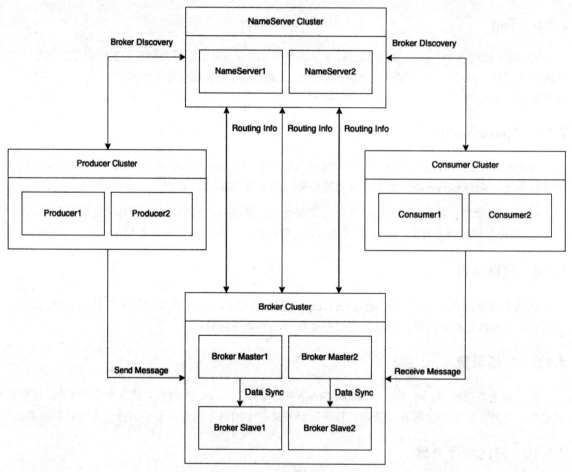

图 7-1　RocketMQ 整体架构示意图

7.2　RocketMQ 如何实现事务消息

RocketMQ事务消息（Transactional Message）是指应用程序本地的事务和发送消息操作可以被定义在一个全局事务中，两者要么同时成功，要么同时失败，不可能出现一个成功另一个失败的场景。通过RocketMQ的事务消息能达到分布式事务的最终一致性。

下面以跨行转账为例，阐述RocketMQ事务消息产生的背景及其解决的问题。

用户Michael需要将工商银行账户内的100元转到其在农业银行的账户中。在这个业务场景中，我们通过RocketMQ事务消息实现工商银行和农业银行的分布式事务一致性，具体的业务场景如下：

步骤 01 发送一个准备向Michael的农业银行账户增加余额100元的消息。

步骤 02 待**步骤 01**中的消息发送成功后，执行从Michael的工商银行账户扣款100元的操作。

步骤 03 根据**步骤 02**中工商银行账户扣款100元操作的执行结果，确定**步骤 01**中的消息执行提交或回滚。

值得注意的是，RocketMQ事务消息只保障应用本地的事务与消息发送同时成功或同时失败，但消息是否被成功消费，即Michael的农业银行账户余额能否成功增加100元，还有待于消费者端农业银行的处理结果。

RocketMQ事务消息实现上述跨行转账的具体步骤如下：

步骤 01 应用系统作为生产者向RocketMQ Broker发送一条待确认的增加账户余额100元的消息X。

步骤 02 RocketMQ Broker接收到待确认的消息X并将其持久化到本地。处理成功后，Broker回复应用系统待确认的消息X已经发送成功。

步骤 03 应用系统开始执行本地扣款100元的业务逻辑。

步骤 04 应用系统将本地的事务处理结果以消息的形式发送至Broker。如果应用系统本地事务处理成功，则发送Commit指令，Broker收到Commit指令后，将待确认的消息X标记为可投递状态，表明消费者可以消费该消息。反之，如果应用系统本地事务处理失败，则发送Rollback指令，Broker收到Rollback指令后，将删除待确认的消息X，消费者将无法消费该消息。

步骤 05 如果在**步骤 04**过程处理中发生了异常，应用系统无法发送指令给Broker，即Broker在一定的时间范围内（默认为60s）未收到确认消息的指令，则Broker将对待确认消息X发起回查请求。

步骤 06 应用系统收到消息回查请求后，通过检查对应的本地事务处理结果返回Commit指令或Rollback指令给Broker。

步骤 07 Broker根据**步骤 06**中返回的指令，按实际的情况执行**步骤 04**中的逻辑。

RocketMQ事务消息执行步骤如图7-2所示。

RocketMQ事务消息需要实现TransactionListener接口。TransactionListener接口的两个主要方法及其功能如下：

- executeLocalTransaction()方法：当RocketMQ事务消息发送成功后，RocketMQ将调用此方法用于执行本地事务。

- checkLocalTransaction()方法：当RocketMQ发送事务消息但没有明确的返回值时，RocketMQ的Broker将调用此方法用于检查本地事务的执行状态。

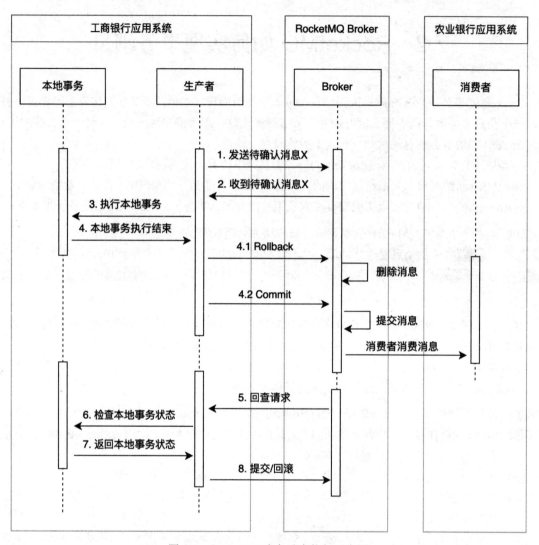

图 7-2　RocketMQ 事务消息执行示意图

RocketMQ事务消息示例代码如下：

```
/**
 * @Author : zhouguanya
 * @Project : java-it-interview-guide
 * @Date : 2022-05-15 22:22:07
 * @Version : V1.0
 * @Description : 事务监听器
 */
public class MyTransactionListener implements TransactionListener {
    @Override
    public LocalTransactionState executeLocalTransaction(Message message, Object o) {
        // 当发送事务消息prepare(half)成功后，调用该方法执行本地事务
        System.out.println(LocalDateTime.now() + " 执行本地事务，参数为：" + o);
        try {
            // 生产者休眠100s，以便观察Broker回查生产者本地事务的场景
```

```
            Thread.sleep(100000);
        } catch (InterruptedException e) {
            e.printStackTrace();
        }
        // return LocalTransactionState.ROLLBACK_MESSAGE;
        return LocalTransactionState.COMMIT_MESSAGE;
    }

    @Override
    public LocalTransactionState checkLocalTransaction(MessageExt messageExt) {
        // 如果没有收到生产者发送的Half Message的响应
        // Broker发送请求到生产者，回查生产者本地事务的状态
        // 该方法用于获取本地事务执行的状态
        System.out.println(LocalDateTime.now() + " 检查本地事务的状态：" + messageExt);
        return LocalTransactionState.COMMIT_MESSAGE;
    }
}
```

创建RocketMQ生产者，使用MyTransactionListener对象作为RocketMQ生产者的事务监听器。

```
/**
 * @Author : zhouguanya
 * @Project : java-it-interview-guide
 * @Date : 2022-05-15 22:20:09
 * @Version : V1.0
 * @Description : RocketMQ生产者
 */
public class RocketMqTransactionProducer {
    public static void main(String[] args) throws MQClientException {
        TransactionListener transactionListener = new MyTransactionListener();
        TransactionMQProducer producer = new TransactionMQProducer("rocketmq_tx_group");
        producer.setTransactionListener(transactionListener);
        producer.setNamesrvAddr("127.0.0.1:9876");
        producer.start();

        Message message;
        message = new Message("rocketmq_topic", "Hello RocketMQ".getBytes());
        producer.sendMessageInTransaction(message, "{\"book\":\"Java Interview
Guide\"}");
    }
}
```

创建RocketMQ消费者，用于观察事务消息的运行结果。

```
/**
 * @Author : zhouguanya
 * @Project : java-it-interview-guide
 * @Date : 2022-05-15 22:37:40
 * @Version : V1.0
 * @Description : RocketMQ消费者
 */
public class RocketMqTransactionConsumer {
    public static void main(String[] args) throws MQClientException {
        System.out.println(LocalDateTime.now() + " 消费者开始执行");
```

```
DefaultMQPushConsumer consumer = new DefaultMQPushConsumer("rocketmq_tx_group");
consumer.setNamesrvAddr("127.0.0.1:9876");
consumer.subscribe("rocketmq_topic", "*");
consumer.setMessageListener((MessageListenerConcurrently) (msgs, context) -> {
    for (MessageExt msg : msgs) {
        System.out.println(LocalDateTime.now() + " 消费者消费消息: " + new
String(msg.getBody()));
    }
    return ConsumeConcurrentlyStatus.CONSUME_SUCCESS;
});

consumer.start();
    }
}
```

在上述示例代码中，首先运行RocketMQ的消费者，然后运行RocketMQ的生产者。在RocketMQ生产者代码中，笔者故意将生产者休眠100s，用于观察Broker回查生产者本地事务状态的场景。

上述示例代码的执行结果如下：

```
# 消费者执行结果
2022-05-21T10:31:03.055 消费者开始执行
2022-05-21T10:31:51.555 消费者消费消息: Hello RocketMQ
# 生产者执行结果
2022-05-21T10:31:12.874 执行本地事务，参数为: {"book":"Java Interview Guide"}
2022-05-21T10:31:51.540 检查本地事务的状态: MessageExt [queueId=1, storeSize=296,
queueOffset=11, sysFlag=0, bornTimestamp=1653100272852, bornHost=/192.168.31.10:50402,
storeTimestamp=1653100272860, storeHost=/192.168.31.10:10911,
msgId=C0A81F0A00002A9F0000000000001655, commitLogOffset=5717, bodyCRC=1774740973,
reconsumeTimes=0, preparedTransactionOffset=0, toString()=Message{topic='rocketmq_topic',
flag=0, properties={REAL_TOPIC=rocketmq_topic, TRANSACTION_CHECK_TIMES=1, TRAN_MSG=true,
UNIQ_KEY=C0A81F0A046818B4AAC2694114D30000, CLUSTER=DefaultCluster, PGROUP=rocketmq_tx_group,
WAIT=false, REAL_QID=1}, body=[72, 101, 108, 108, 111, 32, 82, 111, 99, 107, 101, 116, 77, 81],
transactionId='C0A81F0A046818B4AAC2694114D30000'}]
```

7.3   RocketMQ 如何实现顺序消息

当使用RocketMQ进行消息传输和系统解耦时，有些具体的业务场景需要确保消息的顺序性，否则将会造成程序逻辑错乱。例如，在电商场景中，用户创建订单、支付订单和订单完成这三个事件需要保证顺序执行，否则订单的状态将会错乱。如果某个用户的订单状态是支付订单、订单完成和创建订单，这显然是用户不希望看到的场景。

顺序消息可以分为以下两种：

（1）全局顺序消息。全局顺序消息要求对于同一个Topic，所有的消息都必须严格按照先进先出的顺序进行生产和消费。全局顺序消息适用于性能要求不高但对数据有严格的一致性要求的场景。

（2）分区顺序消息。分区顺序消息要求对于同一个Topic中的同一类消息保证有序性。RocketMQ通过使用Sharding Key对一个Topic中的消息进行分区，同一个分区内的消息严格遵守先进先出的顺序进行生产和消费。

分区顺序消息适用于对性能要求较高的场景。例如，在电商场景中，以订单编号进行分区，以保证同一个订单产生的消息（订单生成消息、订单待支付消息、订单已支付消息等）有序。但对于不同的订单之间的消息并不需要保证严格有序。

RocketMQ分区顺序消息需要由以下3个部分保障：

（1）生产者发送消息时保持有序性。

（2）Broker存储消息时保持有序性。

（3）消费者消费消息时保持有序性。

RocketMQ分区顺序消息如图7-3所示。

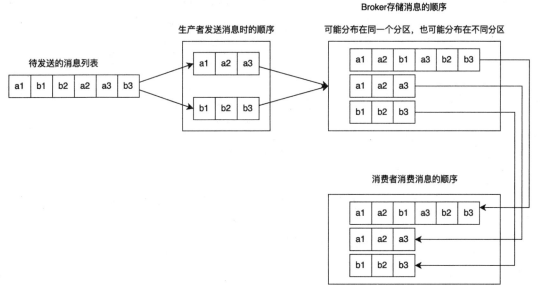

图 7-3　RocketMQ 分区顺序消息示意图

下面通过两个线程分别发送订单A和订单B相关的消息，来看消息生产者和消息生消费者这两个角色的作用。

RocketMQ顺序消息生产者代码如下：

```
/**
 * @Author : zhouguanya
 * @Project : java-it-interview-guide
 * @Date : 2022-05-28 21:41:26
 * @Version : V1.0
 * @Description : RocketMQ顺序消息生产者
 */
public class RocketMqOrderlyProducer {
    public static void main(String[] args) throws MQClientException {
        DefaultMQProducer producer = new DefaultMQProducer("rocketmq_orderly_group");
        producer.setNamesrvAddr("127.0.0.1:9876");
        producer.start();

        // 线程1发送订单A关联的消息
        Thread thread1 = new Thread(() -> {
```

```
                    String orderId = "OrderA";
                    sendMessage(producer, orderId);
                });

                thread1.start();

                // 线程2发送订单B关联的消息
                Thread thread2 = new Thread(() -> {
                    String orderId = "OrderB";
                    sendMessage(producer, orderId);
                });

                thread2.start();
            }

        private static void sendMessage(MQProducer producer, String orderId) {
            for (int i = 0; i < 100; i++) {
                try {
                    Message msg =
                            new Message("rocketmq_orderly_topic", "tag", String.valueOf(i),
                            String.valueOf(orderId).getBytes(RemotingHelper.DEFAULT_CHARSET));
                    SendResult sendResult = producer.send(msg, (mqs, msg1, arg) -> {
                        String id = (String) arg;
                        int index = Math.abs(id.hashCode()) % mqs.size();
                        return mqs.get(index);
                    }, orderId);
                    System.out.printf("[message produce]orderId=%s,key=%s,msgId=%s\n", orderId,
i, sendResult.getMsgId());
                } catch (Exception e) {
                    e.printStackTrace();
                }
            }
        }
    }
```

RocketMQ 顺序消息消费者代码如下：

```
/**
 * @Author : zhouguanya
 * @Project : java-it-interview-guide
 * @Date : 2022-05-29 16:54:28
 * @Version : V1.0
 * @Description : RocketMQ顺序消息消费者
 */
public class RocketMqOrderlyConsumer {
    public static void main(String[] args) throws MQClientException {
        DefaultMQPushConsumer consumer = new
DefaultMQPushConsumer("rocketmq_orderly_group");
        consumer.setNamesrvAddr("127.0.0.1:9876");
        consumer.setConsumeFromWhere(ConsumeFromWhere.CONSUME_FROM_FIRST_OFFSET);
        consumer.subscribe("rocketmq_orderly_topic", "tag");
        //单个消费者中多线程并行消费
        consumer.setConsumeThreadMin(3);
        consumer.setConsumeThreadMax(6);

        consumer.registerMessageListener((MessageListenerOrderly) (msgs, context) -> {
```

```
        for (MessageExt messageExt : msgs) {
            System.out.printf("[message consume]queueId=%s,orderId=%s,key=%s\n",
messageExt.getQueueId(),
                    new String(messageExt.getBody()), messageExt.getKeys());
        }
        return ConsumeOrderlyStatus.SUCCESS;
    });
    consumer.start();
    }
}
```

分别执行生产者和消费者代码，执行结果如下：

```
[message consume]queueId=1,orderId=OrderA,key=0
[message consume]queueId=0,orderId=OrderB,key=0
[message consume]queueId=0,orderId=OrderB,key=1
[message consume]queueId=1,orderId=OrderA,key=1
[message consume]queueId=0,orderId=OrderB,key=2
[message consume]queueId=1,orderId=OrderA,key=2
[message consume]queueId=0,orderId=OrderB,key=3
[message consume]queueId=1,orderId=OrderA,key=3
[message consume]queueId=0,orderId=OrderB,key=4
[message consume]queueId=1,orderId=OrderA,key=4
[message consume]queueId=0,orderId=OrderB,key=5
[message consume]queueId=1,orderId=OrderA,key=5
[message consume]queueId=0,orderId=OrderB,key=6
[message consume]queueId=1,orderId=OrderA,key=6
...省略部分执行结果...
[message consume]queueId=0,orderId=OrderB,key=97
[message consume]queueId=1,orderId=OrderA,key=84
[message consume]queueId=0,orderId=OrderB,key=98
[message consume]queueId=1,orderId=OrderA,key=85
[message consume]queueId=0,orderId=OrderB,key=99
[message consume]queueId=1,orderId=OrderA,key=86
[message consume]queueId=1,orderId=OrderA,key=87
[message consume]queueId=1,orderId=OrderA,key=88
[message consume]queueId=1,orderId=OrderA,key=89
[message consume]queueId=1,orderId=OrderA,key=90
[message consume]queueId=1,orderId=OrderA,key=91
[message consume]queueId=1,orderId=OrderA,key=92
[message consume]queueId=1,orderId=OrderA,key=93
[message consume]queueId=1,orderId=OrderA,key=94
[message consume]queueId=1,orderId=OrderA,key=95
[message consume]queueId=1,orderId=OrderA,key=96
[message consume]queueId=1,orderId=OrderA,key=97
[message consume]queueId=1,orderId=OrderA,key=98
[message consume]queueId=1,orderId=OrderA,key=99
```

从上述执行结果中可知，订单A和订单B保持分区有序性。

7.4 RocketMQ 如何实现延迟消息

RocketMQ延迟消息是指当生产者将消息发送出去后，消息不会立刻被消费者消费，而是延迟一定时间后才能被消费。生产者在发送延迟消息时，需要为消息设置一个延迟时间，消息将从当前发送时间开始计时，延迟指定的时间后将会被消费者消费。

延迟消息的适用场景如下：

（1）待支付订单超时取消。例如，用户在商城下单后半小时内未支付，可以通过延迟消息使之在超时后自动取消订单，释放商品的库存。

（2）超时自动驳回。例如，在工作流审批环节中，上级在指定的时间内未审批下级的请求，可以通过延迟消息使之在超时时间到达后自动驳回下级的请求。

（3）短信提醒。例如，新用户注册成功后，指定的时间内未登录平台，平台可以在达到超时时间后通过短信通知用户登录。

RocketMQ延迟消息使用过程如图7-4所示。

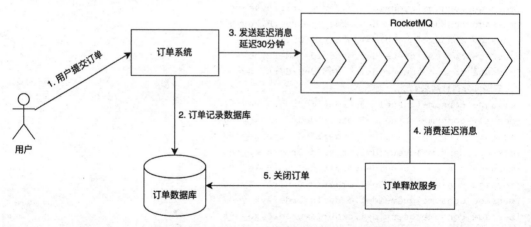

图 7-4 RocketMQ 延迟消息使用过程示意图

RocketMQ可以通过配置的延迟级别将消息延迟一定时间后投递给消费者，其中不同的延迟级别对应不同的延迟时间。RocketMQ支持的延迟级别有18种，分别是1s、5s、10s、30s、1m、2m、3m、4m、5m、6m、7m、8m、9m、10m、20m、30m、1h和2h。例如，生产者设置消息的延迟级别为3，生产者生产的消息就是延迟10s，10s以后这些消息才能被消费者获取。对于图7-4所示的订单自动关闭场景，可以设置延迟级别为16，也就是对应上面的30m。

下面将以级别4，即延迟30s为例，阐述RocketMQ延迟消息的特性。

创建延迟消息生产者代码如下：

```
/**
 * @Author : zhouguanya
 * @Project : java-it-interview-guide
 * @Date : 2022-06-03 18:52:09
 * @Version : V1.0
```

```
     * @Description : RocketMQ延迟消息生产者
     */
    public class RocketMqDelayProducer {
        public static void main(String[] args) throws Exception {
            DefaultMQProducer producer = new DefaultMQProducer("rocketmq_delay_group");
            producer.setNamesrvAddr("127.0.0.1:9876");
            producer.start();
            SimpleDateFormat dateFormat = new SimpleDateFormat("yyyy-MM-dd HH:mm:ss");
            for (int i= 0; i < 10; i++) {
                Message message =
                        new Message("rocketmq_delay_topic", "tag",
                            ("delay message" + i).getBytes(RemotingHelper.DEFAULT_CHARSET));
                message.setDelayTimeLevel(4);
                producer.send(message);
                System.out.printf("[消息发送时间:%s], [消息内容:%s]\n",
                    dateFormat.format(new Date()), new String(message.getBody()));
            }
        }
    }
```

创建延迟消息消费者代码如下：

```
/**
 * @Author : zhouguanya
 * @Project : java-it-interview-guide
 * @Date : 2022-06-03 19:12:25
 * @Version : V1.0
 * @Description : RocketMQ延迟消息消费者
 */
public class RocketMqDelayConsumer {
    public static void main(String[] args) throws MQClientException {
        DefaultMQPushConsumer consumer = new
DefaultMQPushConsumer("rocketmq_delay_group");
        consumer.setNamesrvAddr("127.0.0.1:9876");
        consumer.setConsumeFromWhere(ConsumeFromWhere.CONSUME_FROM_FIRST_OFFSET);
        consumer.subscribe("rocketmq_delay_topic", "tag");
        consumer.registerMessageListener(new MessageListenerConcurrently() {
            SimpleDateFormat dateFormat = new SimpleDateFormat("yyyy-MM-dd HH:mm:ss");

            @Override
            public ConsumeConcurrentlyStatus consumeMessage(List<MessageExt> msgs,
ConsumeConcurrentlyContext context) {
                for (MessageExt messageExt : msgs) {
                    System.out.printf("[消息消费时间:%s],[消息内容:%s]\n",
dateFormat.format(new Date()),
                        new String(messageExt.getBody()));
                }
                return ConsumeConcurrentlyStatus.CONSUME_SUCCESS;
            }
        });
        consumer.start();
    }
}
```

执行生产者代码，输出结果如下：

```
[消息发送时间:2022-06-03 20:03:17]，[消息内容:delay message0]
[消息发送时间:2022-06-03 20:03:17]，[消息内容:delay message1]
[消息发送时间:2022-06-03 20:03:17]，[消息内容:delay message2]
[消息发送时间:2022-06-03 20:03:17]，[消息内容:delay message3]
[消息发送时间:2022-06-03 20:03:17]，[消息内容:delay message4]
[消息发送时间:2022-06-03 20:03:17]，[消息内容:delay message5]
[消息发送时间:2022-06-03 20:03:17]，[消息内容:delay message6]
[消息发送时间:2022-06-03 20:03:17]，[消息内容:delay message7]
[消息发送时间:2022-06-03 20:03:17]，[消息内容:delay message8]
[消息发送时间:2022-06-03 20:03:17]，[消息内容:delay message9]
```

执行消费者代码，输出结果如下：

```
[消息消费时间:2022-06-03 20:03:47]，[消息内容:delay message1]
[消息消费时间:2022-06-03 20:03:47]，[消息内容:delay message2]
[消息消费时间:2022-06-03 20:03:47]，[消息内容:delay message0]
[消息消费时间:2022-06-03 20:03:47]，[消息内容:delay message3]
[消息消费时间:2022-06-03 20:03:47]，[消息内容:delay message4]
[消息消费时间:2022-06-03 20:03:47]，[消息内容:delay message5]
[消息消费时间:2022-06-03 20:03:47]，[消息内容:delay message8]
[消息消费时间:2022-06-03 20:03:47]，[消息内容:delay message7]
[消息消费时间:2022-06-03 20:03:47]，[消息内容:delay message9]
[消息消费时间:2022-06-03 20:03:47]，[消息内容:delay message6]
```

通过对以上生产者和消费者代码的执行结果可知，消息延迟了30s后被消费者消费。RocketMQ延迟消息的实现原理如图7-5所示。

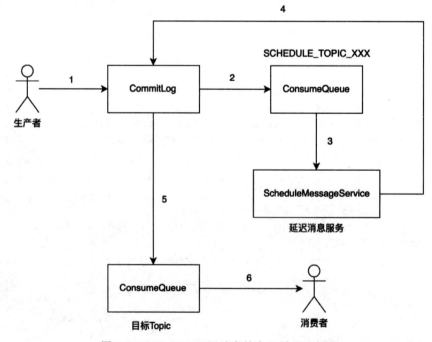

图 7-5　RocketMQ 延迟消息的实现原理示意图

RocketMQ延迟消息的处理过程如下：

步骤01 保存消息。

RocketMQ Broker在存储生产者发送的延迟消息时，首先将其写入CommitLog中，之后根据消息中的Topic信息和队列信息，将延迟消息转发至目标Topic的指定队列中。

步骤02 转发消息至延迟主题SCHEDULE_TOPIC_XXXX的队列中。

由于普通消息一旦存储到消息队列中，消费者就能消费这部分消息，而延迟消息又要求不能立刻被消费者消费，因此延迟消息存放在SCHEDULE_TOPIC_XXXX这个Topic中。然后根据消息的延迟级别确定需要将消息存储在哪个队列。同时，还会将消息原本要发送到的目标Topic和队列信息存储到消息的属性中。

CommitLog中的消息转发到消息队列中是异步进行的。在转发过程中会对延迟消息进行特殊处理，主要是计算这条延迟消息需要在什么时候进行投递。投递时间 = 消息存储时间（storeTimestamp）+ 延迟级别对应的时间。

计算出的投递时间将作为消息的tag的哈希值存放在消息队列中，消息队列中每个元素的组成如图7-6所示。

Commit Log Offset	Size	Message Tag HashCode
记录消息在 CommitLog 中的位置	记录消息的大小	记录消息 Tag 的哈希值用于消息过滤 对于延迟消息，该字段记录的是消息的投递时间戳

图 7-6　消息队列每个元素的组成示意图

步骤03 延迟服务消费SCHEDULE_TOPIC_XXXX主题的消息。

在Broker内部有一个ScheduleMessageService类，它会消费SCHEDULE_TOPIC_XXXX主题中的消息，并投递到目标主题中。

ScheduleMessageService在启动时会创建一个定时器Timer，并根据延迟级别的个数启动对应数量的TimerTask，每个TimerTask负责一个延迟级别的消费与投递。

步骤04 将消息重新存储到CommitLog中。

在消息到期后，需要将其投递到目标主题中。由于在第一步已经记录了原来的主题和队列信息，因此这里需要重新设置，再存储到CommitLog即可。此外，由于之前Message Tag HashCode字段存储的是消息的投递时间，这里需要重新计算tag的哈希值后再存储。

步骤05 将消息投递到目标主题中。

与**步骤02**不同的是，**步骤02**是将消息投递到SCHEDULE_TOPIC_XXXX主题中，而这里是将消息投递到目标主题中。

步骤06 消费者消费目标主题中的消息。

7.5　RocketMQ 如何实现消息重试

由于网络抖动、服务器宕机等一些不确定因素，RocketMQ在工作时可能会出现消息发送或消费失败等问题。本节介绍RocketMQ如何对这些异常问题进行处理，以保证生产者和消费者之间的数据的一致性。

7.5.1　生产者消息重试

生产者消息重试指的是生产者向Broker发送消息不成功，生产者自动进行重试。生产者消息重试通过调用producer.setRetryTimesWhenSendFailed()方法设置消息发送的最大重试次数。

如果5s内无法将消息成功发送出去，则最多重试3次，代码如下：

```
// 同步发送消息，如果5秒内没有发送成功，则最多重试3次
DefaultMQProducer producer = new DefaultMQProducer("DefaultProducer");
producer.setRetryTimesWhenSendFailed(3);
producer.send(msg, 5000L);
```

7.5.2　消费者消息重试

当消费者接收到消息后，需要给Broker返回消费的状态。如果因为网络原因Broker未收到消费者的响应，则Broker将会认为消息并没有投递成功，因此Broker会将消息再次投递给消费者。

消费者重试可以分为两种情况：异常重试和超时重试。

1. 异常重试

如果由于消费者自身逻辑异常造成消费者无法返回Broker成功的响应，则Broker会在一段时间后重新投递消息。

对于并行消费的消息，如普通消息、延迟消息、事务消息等，其重试策略为：RocketMQ为每个消费组都设置了一个名为%RETRY%+consumerGroup的重试Topic（该重试Topic是面向消费组的），用于保存因各种异常原因导致的消费者无法消费的消息。每个消费者实例在启动时会默认订阅这个重试Topic。

重试的Topic设置了多个重试级别，每个重试级别都有与之对应的重新投递延迟，重试的次数越多，重新投递的延迟越大。

重试消息的处理逻辑是：先将重试消息保存到名为SCHEDULE_TOPIC_XXXX的Topic中，然后在RocketMQ的后台启动定时任务，按照对应的重新投递延迟时间进行设置后，重新将其保存到%RETRY%+consumerGroup这个Topic中。

RocketMQ默认的最大重试次数为16，开发人员可以在代码中指定最大重试次数，当达到最大重试次数后，根据业务场景进行针对性处理。

并行消费的默认延迟间隔如下：

```
1s 5s 10s 30s 1m 2m 3m 4m 5m 6m 7m 8m 9m 10m 20m 30m 1h 2h
```

对于串行消费的消息，如顺序消息，其重试策略为：当消费者消费失败后，Broker会自动不断对

消息发起重试，默认的时间间隔为1秒，最大重试次数为Integer.MAX，此时会造成该重试消息之后的所有消息消费被阻塞。因此，在使用顺序消息时，开发人员应该尽量保证消息能够及时消费，及时监控并处理消费失败的场景，最大限度地避免阻塞现象的发生。

2. 超时重试

由于消费者处理时间过长或消费者线程挂起导致迟迟没有返回Broker响应等，Broker会认为消费者消费超时，此时Broker会发起超时重试。超时重试的时间间隔默认为15分钟。

7.5.3　消息幂等

由于重试机制会造成消费者重复多次收到相同的消息，因此RocketMQ保证一条消息无论重试多少次，其Message ID都不会改变。开发人员可以利用Message ID实现消息幂等性处理。

除Message ID外，开发人员还可以利用消息本身的业务属性（如订单号）进行幂等性处理。

7.6　RocketMQ 如何实现死信消息

当一条消息初次消费失败后，RocketMQ将会自动进行消息重试。当达到最大重试次数后，如果消息仍然消费失败，则表明消费者此时无法正确处理该消息。此时RocketMQ并不会立刻将该消息丢弃，而是将该消息发送到特殊的队列中。这个特殊的队列称为死信队列（Dead-Letter Queue，DLQ），死信队列中的消息称为死信消息（Dead-Letter Message，DLM）。

死信消息具有以下特性：

（1）死信消息不会再被消费者正常消费。

（2）死信消息的有效期与正常消息一样，都是3天，3天后会被自动删除。因此，开发人员需要在死信消息产生后的3天内及时处理。

死信队列具有以下特性：

（1）一个死信队列对应一个消费组，而不是对应某个具体的消费者。

（2）如果一个消费者没有产生死信消息，则RocketMQ不会为其创建相应的死信队列。

（3）一个死信队列包含对应消费组产生的所有死信消息，不论该消息属于哪个Topic。

（4）死信队列是一个特殊的队列，死信消息存储在名为%DLQ%+ConsumGroup的Topic中。

当一条消息进入死信队列，就意味着消息在消费处理的过程中出现比较严重的错误，系统无法自行恢复。此时，一般需要人工干预死信队列中的消息，对错误的原因进行排查。然后对死信消息进行处理，如将死信消息转发到正常的Topic进行重新消费或将死信消息丢弃。

默认情况下，死信队列中的消息是无法被读取的，在控制台和消费者都无法读取。这是因为默认的死信队列的权限被设置为禁读状态，开发人员需要手工将死信队列的权限配置为可读写权限，其中的死信消息才能被消费。

7.7　RocketMQ 如何实现消息过滤

RocketMQ消息过滤指的是在消费者进行消费时，可以对某个Topic下的消息按照某种规则进行过滤，使消费者只对自己感兴趣的消息进行处理。

RocketMQ支持以下两种消息过滤方式：

（1）Broker端消息过滤。

（2）消费者端消息过滤。

Broker端消息过滤可以分为以下两种形式：

（1）基于tag的消息过滤。

（2）基于SQL表达式过滤。

7.7.1　基于 tag 的消息过滤

基于tag的消息过滤的原理是：生产者发送消息时可以指定该消息的tag，消息存储到CommitLog后会异步转发构建ConsumerQueue，ConsumerQueue中的每一个元数据包含消息的tag值。当消费者消费消息时，必须带有生产者相应的tag。Broker会遍历ConsumerQueue中的每个元数据，判断其中tag的哈希码是否与消费者tag的哈希码一致，如一致，则从ConsumerQueue中拉取对应的消息返回给消费者。

但由于不同的tag的哈希码可能会存在哈希碰撞，因此当消费者在接收到Broker发来的消息后，还需要根据tag值进行过滤，最终得到需要处理的消息。

接下来，我们来看tag的消息过滤的应用。

首先创建消息生产者，其生产的每一条消息都带有一个tag值。

```java
/**
 * @Author : zhouguanya
 * @Project : java-it-interview-guide
 * @Date : 2022-06-25 17:14:12
 * @Version : V1.0
 * @Description : 消息生产者-设置tag
 */
public class ProducerWithTag {
    public static void main(String[] args) throws Exception {
        DefaultMQProducer producer = new DefaultMQProducer("rocketmq_tag_group");
        producer.setNamesrvAddr("127.0.0.1:9876");
        producer.start();
        String tags[] = new String[]{"tag1", "tag2", "tag3", "tag4", "tag5"};
        for (int i = 0 ; i < 10; i++) {
            String tag = tags[i % tags.length];
            Message message =
                new Message("rocketmq_tag_topic", tag,
                    ("tag message_" + i).getBytes(RemotingHelper.DEFAULT_CHARSET));
            producer.send(message);
```

```
            System.out.printf("send message : %s , tag is : %s\n", new
String(message.getBody()), tag);
            }
        }
    }
```

然后，创建消息消费者，指定tag1、tag3和tag5，即消费者根据tag1、tag3和tag5这3个tag来过滤消息。

```
/**
 * @Author : zhouguanya
 * @Project : java-it-interview-guide
 * @Date : 2022-06-25 17:24:43
 * @Version : V1.0
 * @Description : 消息消费者-设置tag
 */
public class ConsumerWithTag {
    public static void main(String[] args) throws MQClientException {
        DefaultMQPushConsumer consumer = new DefaultMQPushConsumer("rocketmq_tag_group");
        consumer.setNamesrvAddr("127.0.0.1:9876");
        consumer.setConsumeFromWhere(ConsumeFromWhere.CONSUME_FROM_FIRST_OFFSET);
        consumer.subscribe("rocketmq_tag_topic", "tag1 || tag3 || tag5");
        consumer.registerMessageListener((MessageListenerConcurrently) (msgs, context) -> {
            for (MessageExt messageExt : msgs) {
                System.out.printf("receive message : %s , tag is : %s\n",
                    new String(messageExt.getBody()), messageExt.getTags());
            }
            return ConsumeConcurrentlyStatus.CONSUME_SUCCESS;
        });
        consumer.start();
    }
}
```

执行生产者代码，其输出结果如下：

```
send message : tag message_0 , tag is : tag1
send message : tag message_1 , tag is : tag2
send message : tag message_2 , tag is : tag3
send message : tag message_3 , tag is : tag4
send message : tag message_4 , tag is : tag5
send message : tag message_5 , tag is : tag1
send message : tag message_6 , tag is : tag2
send message : tag message_7 , tag is : tag3
send message : tag message_8 , tag is : tag4
send message : tag message_9 , tag is : tag5
```

执行消费者代码，其输出结果如下：

```
receive message : tag message_5 , tag is : tag1
receive message : tag message_4 , tag is : tag5
receive message : tag message_2 , tag is : tag3
receive message : tag message_7 , tag is : tag3
receive message : tag message_9 , tag is : tag5
```

```
receive message : tag message_0 , tag is : tag1
```

通过上述示例代码可以看出，消费者根据tag实现了消息过滤。

7.7.2　基于 SQL 表达式的消息过滤

根据SQL表达式的消息过滤的原理是：在生产者发送消息时，为消息增加用于过滤的属性，如message.setUserProperty("userId", 100)。当消费者消费时，其实是对消息的属性运用SQL表达式进行条件过滤。

RocketMQ的SQL语法只支持一些基本的语法功能。

（1）数值比较，如>、>=、<、<=、BETWEEN、=等。

（2）字符比较，=、<>、IN、IS NULL、IS NOT NULL等。

（3）逻辑运算符，AND、OR、NOT等。

RocketMQ的Broker端默认没有开启对SQL表达式的支持，开发人员可以参考以下步骤开启对SQL表达式的支持。

步骤 01 修改配置文件。

打开RocketMQ Broker的配置文件broker.conf。这个文件通常位于RocketMQ安装目录下的conf文件夹中。

步骤 02 启用SQL查询支持。

在配置文件中找到或添加以下配置行：

```
enableQueryMsgBySQL=true
```

步骤 03 重启Broker。

修改配置后，需要重启=RocketMQ的Broker实例以使配置生效。开发人员可以通过运行以下命令来重启Broker：

```
sh mqbroker.sh -c conf/broker.conf restart
```

接下来我们来看SQL表达式的消息过滤的应用。

创建生产者，每条消息设置一个filter属性值。

```java
/**
 * @Author : zhouguanya
 * @Project : java-it-interview-guide
 * @Date : 2022-06-25 17:14:12
 * @Version : V1.0
 * @Description : 消息生产者-设置属性用于SQL表达式过滤
 */
public class ProducerWithSQL {
    public static void main(String[] args) throws Exception {
        DefaultMQProducer producer = new DefaultMQProducer("rocketmq_sql_group");
        producer.setNamesrvAddr("127.0.0.1:9876");
        producer.start();
        for (int i = 0 ; i < 10; i++) {
```

```
            Message message =
                    new Message("rocketmq_sql_topic",
                        ("filter message_" + i).getBytes(RemotingHelper.DEFAULT_CHARSET));
            String filter = String.valueOf(i);
            message.putUserProperty("filter", filter);
            producer.send(message);
            System.out.printf("send message : %s , filter is : %s\n", new
String(message.getBody()), filter);
        }
    }
}
```

创建消费者，使用SQL表达式过滤filter >= 3且filter <= 5的消息。

```
/**
 * @Author : zhouguanya
 * @Project : java-it-interview-guide
 * @Date : 2022-06-25 17:24:43
 * @Version : V1.0
 * @Description : 消息消费者-用属性作为条件用于SQL表达式过滤
 */
public class ConsumerWithSQL {
    public static void main(String[] args) throws MQClientException {
        DefaultMQPushConsumer consumer = new DefaultMQPushConsumer("rocketmq_sql_group");
        consumer.setNamesrvAddr("127.0.0.1:9876");
        consumer.setConsumeFromWhere(ConsumeFromWhere.CONSUME_FROM_FIRST_OFFSET);
        MessageSelector messageSelector = MessageSelector.bySql("filter >= 3 and filter <= 5");
        consumer.subscribe("rocketmq_sql_topic", messageSelector);
        consumer.registerMessageListener((MessageListenerConcurrently) (msgs, context) -> {
            for (MessageExt messageExt : msgs) {
                System.out.printf("receive message : %s , filter is : %s\n",
                    new String(messageExt.getBody()), messageExt.getUserProperty("filter"));
            }
            return ConsumeConcurrentlyStatus.CONSUME_SUCCESS;
        });
        consumer.start();
    }
}
```

执行生产者代码，其输出结果如下：

```
send message : filter message_0 , filter is : 0
send message : filter message_1 , filter is : 1
send message : filter message_2 , filter is : 2
send message : filter message_3 , filter is : 3
send message : filter message_4 , filter is : 4
send message : filter message_5 , filter is : 5
send message : filter message_6 , filter is : 6
send message : filter message_7 , filter is : 7
send message : filter message_8 , filter is : 8
send message : filter message_9 , filter is : 9
```

执行消费者代码，其输出结果如下：

```
receive message : filter message_3 , filter is : 3
receive message : filter message_4 , filter is : 4
receive message : filter message_5 , filter is : 5
```

通过上述示例代码可以看出，消费者根据SQL表达式实现了消息过滤。

7.7.3　基于消费者端的消息过滤

除上述Broker端的消息过滤外，开发人员还可以在消费者端自定义消息过滤规则。例如，在一个购物支付场景中，已支付的订单将不在产生扣款这个场景中，用户可以通过消息中的订单号过滤掉已经支付的消息，从而避免同一笔订单重复扣款。

7.8　RocketMQ 如何实现消息负载均衡

负载均衡（Load Balance）是在多个资源（一般是服务器）之间分配负载，以达到资源使用率最优化的一种解决方案。

RocketMQ的负载均衡可以分为生产者端负载均衡和消费者端负载均衡。

7.8.1　生产者端负载均衡

在默认情况下，RocketMQ生产者在发送消息时通过轮询的方式向Topic下的不同队列发送消息，从而使生产者发送的消息均匀地分布在每一个队列上。

此外，还可以通过增加Broker数量实现队列的水平扩展，从而使生产者发送的消息可以在不同的Broker之间实现负载均衡。

生产者负载均衡如图7-7所示。

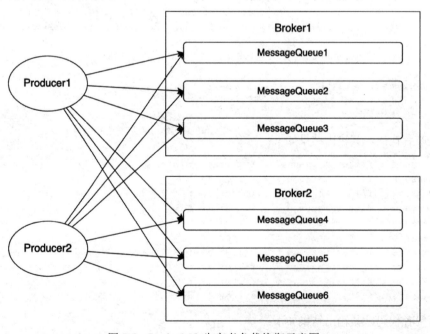

图 7-7　RocketMQ 生产者负载均衡示意图

7.8.2　消费者端负载均衡

在RocketMQ广播模式下，所有的消费者会接收到生产者生产的全量消息，因此在广播模式下不存在负载均衡的概念。

在RocketMQ集群模式下，一个Topic对应的多个MessageQueue分别由不同的消费者进行消费。RocketMQ集群模式下消费者负载均衡如图7-8所示。

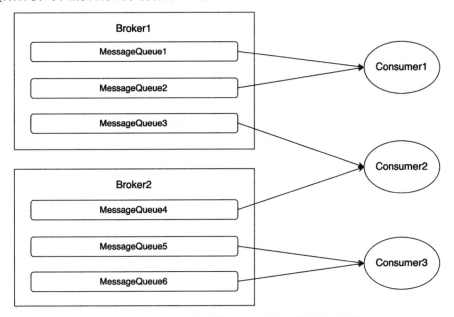

图 7-8　RocketMQ 集群模式下消费者负载均衡示意图

RocketMQ消费者端负载均衡策略如下。

- AllocateMachineRoomNearby：基于机房近侧优先级的负载均衡策略。如果Consumer和Broker部署在同一个机房，则使用该负载均衡策略可以使同一个机房中的消费者和消息分配在一起，提高消费速率。
- AllocateMessageQueueAveragely：平均分配策略。这是RocketMQ的默认负载均衡策略。
- AllocateMessageQueueAveragelyByCircle：环形分配消息队列。
- AllocateMessageQueueByConfig：基于配置的方式分配消息队列。
- AllocateMessageQueueByMachineRoom：按照机房的方式分配消息队列。
- AllocateMessageQueueConsistentHash：用一致性哈希算法分配队列。

7.9　如何解决消息积压问题

7.9.1　消息积压的场景

消息积压指的是生产者发送的消息短时间内在Broker端积压较多，消费者无法及时消费这部分消息，从而导致应用系统无法正常工作的一种现象。

出现消息积压的场景有：

（1）消费者自身存在功能问题，无法正常处理消息。

（2）消费者服务器宕机或因网络分区暂时无法与Broker建立连接。

（3）生产者短时间内产生大量的消息至Broker，生产者生产消息的速率明显大于消费者消费消息的能力。

7.9.2　消息积压的解决方案

通常情况下，可以借助以下方法解决消息积压问题。

（1）系统监控。加强对生产者、Broker和消费者的监控，以便及时发现消息积压的场景并及时进行处理。

（2）增强消费能力。增加消费者的实例个数或消费线程数。此方案需要结合消费者下游系统的处理能力、MessageQueue的数量、每个消费者实例的性能瓶颈进行综合评估。

（3）批量消费。对消费者的consumeMessageBatchMaxSize参数进行调优，使消费者可以批量消费消息。

（4）丢弃非重要消息。对于一些不是很重要的消息（如离线的对账单消息、日志消息等），可以选择性丢弃，等到积压情况缓解后，再重新进行发送和消费。

（5）优化消费者端的性能。针对消费者获取到的每一条消息，对其处理流程和性能进行优化，尽可能加快每条消息的处理速度。例如，使用并发或异步方式对处理消息的过程中的耗时环节进行优化。

7.10　RocketMQ 面试押题

7.10.1　企业开发中使用 MQ 的场景有哪些

企业开发中使用消息队列的场景较多，常见的使用MQ的场景如下：

（1）系统解耦。当系统间存在紧密耦合时，修改一个系统可能会影响其他系统。通过引入MQ，生产者系统只需将消息发送到队列，而不需要关心谁会消费这些消息。消费者系统独立地从队列中拉取并处理消息，这样就实现了系统间的解耦，增强了系统的灵活性和可维护性。

（2）异步处理。在无须实时响应的场景下，可以将耗时较长的操作（如文件上传和数据分析等）封装成消息放入MQ，由后台服务异步处理。这样可以提升用户体验，提高系统的响应速度和吞吐量。

（3）流量削峰。面对高并发请求，特别是像秒杀、大促活动等，企业系统可能会因瞬间流量过大而崩溃。通过将请求转换为消息放入MQ，可以平滑地处理请求峰值，实现流量削峰填谷，保护企业系统不被瞬时流量冲垮。

（4）数据同步。在分布式系统中，不同服务间的数据可能需要保持同步。MQ可以用来实现数据的异步复制和同步，如数据库与缓存之间的数据同步。

（5）发布订阅。在需要支持一对多的消息发布和订阅模型场景中可以使用MQ，例如通知、广播等场景，进行系统通知和日志收集等。

（6）补偿机制。在分布式事务场景中，MQ可以配合事务消息特性实现跨服务的事务补偿，以确保数据的一致性。

7.10.2　简述 RocketMQ 的架构

RocketMQ的架构可以概括为以下几个主要部分。

- Producer：Producer是消息发布的角色，负责产生消息。
- Consumer：Producer是消息消费的角色，负责接收并处理消息。
- NameServer：NameServer是一个轻量级的Topic路由注册中心，类似于Dubbo中的ZooKeeper。
- BrokerServer：BrokerServer主要负责消息的存储、投递和查询，以及服务的高可用保证。
- CommitLog：CommitLog是消息主体以及元数据的存储主体，用于存储Producer端写入的消息主体内容。
- ConsumeQueue：ConsumeQueue是逻辑消费队列，存储了CommitLog的起始物理offset，目的是提高消息消费的性能。

7.10.3　RocketMQ 如何实现消息过滤

请读者参考7.7节的内容。

7.10.4　如何保障 RocketMQ 的消息不重不丢

要最大限度地保障RocketMQ的消息不重不丢，可以从以下几个方面进行优化：

（1）Producer发送消息阶段。使用同步的消息发送方式，并在发送消息失败或超时时使用重试机制，以确保消息能够成功发送。

（2）Broker处理消息阶段。RocketMQ支持同步刷盘。在同步刷盘模式下，当消息被发送到Broker（消息服务器节点）时，Broker不仅会将消息写入内存缓存，还会立即触发将消息同步写入磁盘的动作，只有当消息成功写入磁盘后，Broker才会向Producer（消息生产者）确认消息发送成功。

（3）Consumer消费消息阶段。消费端在处理消息后，需要向RocketMQ发送消费确认。RocketMQ会记录消费状态，如果消费成功，则标记该消息已被消费。如果消费端由于异常崩溃等原因未能发送消费确认，RocketMQ会重新将消息投递给消费端，确保消息被正确消费。

为了应对消费端处理消息时的异常情况，需要使消费端的业务逻辑具备幂等性。即使同一条消息被消费多次，也不会对系统产生副作用。

（4）其他优化措施。通过将RocketMQ部署在多个节点上，实现高可用性。如果某个节点发生故障，消息仍然可以通过其他节点进行处理，避免了单点故障导致的消息丢失问题。

7.10.5　RocketMQ 如何实现事务消息

请读者参考7.2节的内容。

7.10.6　什么是 RocketMQ 的半消息

半消息（Half Message）是指暂不能投递的消息。在生产者已经将消息成功发送到Broker（代理服务器）之后，但Broker未收到生产者对该消息的二次确认之前，该消息被标记成"暂不能投递"状态。这种状态下的消息称为半消息。

半消息的特性可以归纳如下：

（1）暂不可消费。在Broker收到生产者的二次确认之前，半消息对于消费者来说是暂不可见的，即消费者无法消费半消息。

（2）与本地事务绑定。半消息与生产者的本地事务执行结果紧密相关。只有当本地事务成功执行并提交了二次确认后，半消息才会被标记为可投递状态，供消费者消费。

7.10.7　RocketMQ 的刷盘机制是什么

RocketMQ的刷盘机制是为了确保消息的持久化和可靠性。RocketMQ主要包含两种模式：同步刷盘（SyncFlush）和异步刷盘（AsyncFlush）。

1. 同步刷盘

在同步刷盘模式下，当Broker接收到消息后，会先将消息写入内存（PageCache），然后立即调用操作系统级别的刷盘操作（如fsync()函数），确保消息被成功写入物理磁盘，然后返回成功的响应给生产者。

2. 异步刷盘

在异步刷盘模式下，消息同样先写入内存（PageCache），但Broker不会在刷盘操作完成后立即返回成功的响应给生产者，而是在后台通过异步的方式将消息写入物理磁盘。

7.10.8　RocketMQ 如何实现负载均衡

请读者参考7.8节的内容。

7.10.9　什么是 RocketMQ 的死信队列

请读者参考7.6节的内容。

7.10.10　什么是消息幂等

消息幂等是指在分布式系统中，消费者对于重复接收到的消息能够产生相同的结果或效果，即多次执行与一次执行的效果相同。

为了实现消息的幂等性，通常有以下几种方法：

（1）唯一ID。为每个消息分配一个全局唯一的ID，并在消费者端使用某种机制（如数据库、缓存等）来记录已经处理过的消息ID。当消费者收到消息时，首先检查该消息的ID是否已经被处理过。如果已经被处理过，则直接丢弃该消息；否则，正常处理该消息并保存其ID。

（2）去重表。在消费者端维护一个去重表，用于记录已经处理过的消息的唯一标识（如业务ID）。当消费者收到消息时，首先查询去重表，如果该消息的唯一标识已经存在，则直接丢弃该消息；否则，正常处理该消息并在去重表中添加该唯一标识。

（3）业务逻辑。在业务逻辑层面确保消息的处理是幂等的。例如，对于一笔支付请求，如果系统已经处理过该请求并且该笔订单已经支付成功，那么即便再次收到相同的支付请求，系统应该能够识别出这是一个重复请求并直接返回支付成功的结果，而不是再次进行支付操作。

7.10.11 什么是 RocketMQ 的推模式和拉模式

RocketMQ支持推（Push）和拉（Pull）两种消息模式。这两种模式的工作原理分别说明如下。

1. RocketMQ的推模式

RocketMQ默认使用推模式向消费者分发消息。在这种模式下，Broker（消息服务器）主动将消息推送给已注册的消费者。推模式简化了消费者的逻辑，消费者无须关心消息的拉取逻辑，提高了消息消费的实时性和系统的响应速度。

2. RocketMQ的拉模式

拉模式是消费者不断地轮询Broker以获取新消息。虽然拉模式不是RocketMQ推荐的主流消费方式，但在某些需要高度自定义消息获取逻辑和控制消息处理时机的场景下，拉模式提供了更多的灵活性。

7.10.12 RocketMQ 如何实现顺序消息

请读者参考7.3节的内容。

7.10.13 RocketMQ 如何实现延迟消息

请读者参考7.4节的内容。

7.10.14 简述 RocketMQ、RabbitMQ 和 Kafka 之间的异同点

RocketMQ、RabbitMQ和Kafka作为流行的消息中间件，各自具有独特的特性和适用场景。下面介绍它们之间的异同点。

1. RocketMQ、RabbitMQ和Kafka的相同点

1）消息队列模型
RocketMQ、RabbitMQ和Kafka三者都基于消息队列模型实现应用程序之间的异步通信和消息传递。

2）支持集群化部署
RocketMQ、RabbitMQ和Kafka三者都支持集群化部署，以提高系统的可用性和扩展性。

3）持久化存储
RocketMQ、RabbitMQ和Kafka三者都支持消息的持久化存储，确保消息在传输过程中的可靠性和稳定性。

4）支持多种消息类型
RocketMQ、RabbitMQ和Kafka三者都支持多种消息类型，如普通消息、顺序消息等。

2. RocketMQ、RabbitMQ和Kafka的不同点

1）核心组件与架构

- RocketMQ的核心组件包括NameServer、Broker、Producer和Consumer。
- RabbitMQ的核心组件包括Exchange、Queue、Binding、Producer和Consumer。
- Kafka的核心组件包括Producer、Broker、Consumer、Topic、Partition和Replica。

2）消息发送与存储

- RocketMQ将消息发送到Topic中的Queue。
- RabbitMQ将消息发送到Exchange。
- Kafka将消息发送到Topic中的Partition。

第 **8** 章
Kafka

Kafka是一个开源的流处理平台，由Apache软件基金会开发，使用Scala和Java语言编写。Kafka最初由LinkedIn公司开发，后贡献给了开源社区。它的设计目标是提供一个高吞吐量、分布式、可扩展且具有容错能力的消息系统，特别适合处理实时数据流和构建实时数据管道。

Kafka的优势如下：

- 支持发布和订阅高吞吐量。Kafka的设计目标之一是以$O(1)$的时间复杂度实现消息的持久化，即使面对TB级别的数据，Kafka也能保持常数时间的访问性能。即使在非常廉价的机器上，Kafka也能够支持单机每秒几十万甚至上百万的写入请求。
- 消息持久化。通过将数据持久化到磁盘及副本，可以有效防止数据丢失。
- 分布式。Kafka中的生产者、消费者和Broker都支持分布式架构，扩展性较好。
- 消息消费采用pull模式。数据的消费状态在消费者端维护。消费者可以根据自身的性能决定消费的频率和每次消费的数据量。
- 支持在线和离线场景。可支持实时数据处理和离线数据处理。

Kafka的面试要求通常涉及对Kafka的基本概念、架构、操作命令以及与传统消息系统的区别等方面的深入理解。读者还应该结合自己的实际经验和对Kafka的深入理解来准备相关的案例分析。

8.1　Kafka 的核心概念

8.1.1　Kafka 的基本概念

1. Broker

Kafka服务器节点称为Broker，Broker主要负责创建Topic（主题），存储生产者生产的消息，记录消息的处理过程，将消息保存到内存中并持久化到磁盘上。

2. Topic

发布到Kafka中的每一条消息都有一个类别，这个类别称为Topic。不同Topic的消息分开存储。同一个Topic的消息可以分布在一个或多个Broker上。

3. Partition

Partition是物理上的概念，Topic是逻辑上的概念。一个Topic分为多个Partition，每个Partition都是一个有序的队列。用户可以在创建Topic时指定Partition的数量。

4. replication-factor

复制因子，用来设置Topic的副本数量。每个主题有多个副本，副本可以位于不同的Broker上，建议复制因子的数量与Broker数量保持一致。

5. Producer

生产者，可以理解为向Kafka Broker发送事件流的客户端。

6. Consumer

消费者，可以理解为从Kafka Broker获取事件流的客户端。每个Consumer属于一个特定的消费组。

7. Consumer Group

消费组，一个消费组可以包含多个消费者。Topic中的消息会被复制到所有的消费组中，每个消费组只会把同一条消息发送给其中的一个消费者。

8.1.2　Kafka 的核心 API

Kafka除提供命令行工具外，还为Java和Scala语言提供了以下5种核心的API。

- Admin API：用于管理和检查Topic、Broker和其他Kafka对象的状态。
- Producer API：用于向Kafka的Topic中写入事件流。
- Consumer API：用于订阅一个或多个Topic并处理相应的事件流。
- Kafka Streams API：Kafka Streams API是Apache Kafka提供的一个高级客户端库，用于构建实时流处理应用程序。它使得开发者能够在Java应用程序中直接消费和处理来自Kafka主题的消息流，并将处理结果输出到其他Kafka主题、外部系统或存储中。Kafka Streams API提供了丰富的数据流操作，如过滤、映射、聚合、窗口操作、连接（Join）和状态管理等功能，允许开发者以声明式的方式定义数据流处理逻辑。
- Kafka Connect API：Kafka Connect API是Apache Kafka生态系统中的一个重要组成部分，它提供了一种简单而强大的机制来持续地导入和导出数据到Kafka主题。Kafka Connect旨在解决数据集成问题，使得数据可以从各种数据源持续地复制到Kafka，或者从Kafka流式传输到外部系统中。

例如，Kafka PostgreSQL连接器充当了Apache Kafka和PostgreSQL数据库之间的桥梁。这个连接器有两个主要角色：Source Connector和Sink Connector。

Source Connector用于从PostgreSQL数据库中捕获变更的数据，并将这些变更以事件流的形式发送到Kafka主题中。这意味着每当PostgreSQL数据库中的表发生插入、更新或删除操作时，这些更改会被捕捉并转换为Kafka消息，然后发布到预先配置的Kafka主题中。这样其他Kafka消费者或下游系统就能够实时地获取到这些更改，以进行进一步的处理或存储。

Sink Connector的作用则相反，它用于将Kafka主题中的数据写回到PostgreSQL数据库中。这使得Kafka中的数据流可以被持久化存储到PostgreSQL数据库中，或者用于更新现有数据库中的记录。Sink Connector可以根据Kafka消息中的数据结构和内容，智能地决定在PostgreSQL中进行插入、更新还是删除操作。

开发人员可以通过以下Maven依赖获取Admin API、Producer API和Consumer API：

```
<dependency>
    <groupId>org.apache.kafka</groupId>
    <artifactId>kafka-clients</artifactId>
    <version>{version}</version>
</dependency>
```

开发人员可以通过以下Maven依赖获取Kafka Steam API：

```
<dependency>
    <groupId>org.apache.kafka</groupId>
    <artifactId>kafka-streams</artifactId>
    <version>{version}</version>
</dependency>
```

各类客户端与Kafka集成如图8-1所示。

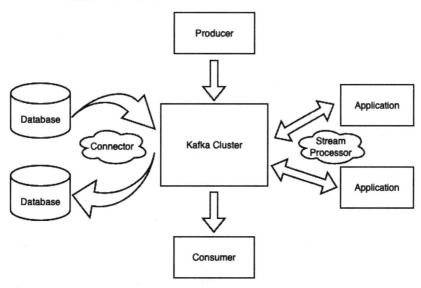

图 8-1　各类客户端与 Kafka 集成示意图

8.2　Kafka 消息处理原理

8.2.1　Kafka 架构原理

在8.1节讲解了Kafka的基本概念，Kafka各模块协同工作的原理如图8-2所示。

（1）Kafka集群的部署依赖于ZooKeeper集群。

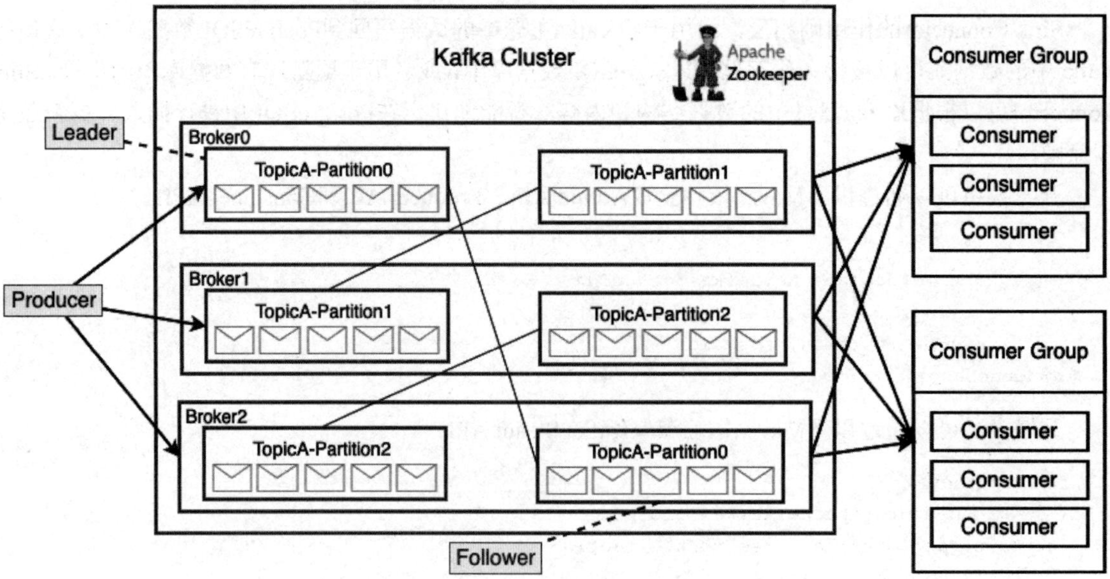

图 8-2　Kafka 架构示意图

（2）Topic是一个逻辑概念，使得生产者和消费者无须关注Kafka底层的存储细节。

（3）一台Kafka服务器就是一个Broker。

（4）生产者指定Topic向Broker发送消息。

（5）消费者指定Topic向Broker获取消息。

（6）为了提升Kafka的性能和扩展性，一个Topic可以分为多个Partition，多个Partition可以分布在不同的Broker上，从而提升Topic的性能和吞吐量。

（7）一个消费组可以包含多个消费者。消费组内的每个消费者负责消费不同Partition中的数据。一个Partition只能由消费组内的一个消费者消费。

（8）副本是为了保证Kafka的高可用。即便Kafka集群中的部分节点宕机，如果宕机节点上Partition中的消息在其他机器上存在副本，整个Kafka集群仍然能继续工作。每个Partition可以有若干副本，其中一个副本是Leader，其他副本为Follower。

（9）Leader副本是主副本，生产者发送数据和消费者消费数据面向的都是Leader副本。

（10）Follower副本是从副本，Follower副本与Leader副本保持数据同步。当Leader副本发生故障时，会从多个Follower副本中选举产生新的Leader副本。

（11）ZooKeeper在Kafka中的作用包括存储一些集群元数据和消费者消费的位置信息。

8.2.2　Kafka 的存储机制

Kafka的Topic是一个逻辑上的概念，实际的消息是按照Partition进行存储的。Partition在Broker上的表现形式是一个文件夹。每个Partition的文件夹中会有多组Segment数据文件（Segment文件大小可以在server.properties文件中配置）。

每组Segment文件包含以下3个文件。

（1）xxx.index：偏移量索引文件，用于检索消息。

（2）xxx.log：数据文件，用于存储实际的消息。

（3）xxx.timeindex：时间戳索引文件，用于检索消息（早期的Kafka版本中没有该文件）。

Partition存储结构示意图如图8-3所示。

Segment文件的命名规则：第一个Segment文件的命名从0开始，后续的每个Segment文件名为上一个Segment文件中最后一条消息的offset（偏移量）。

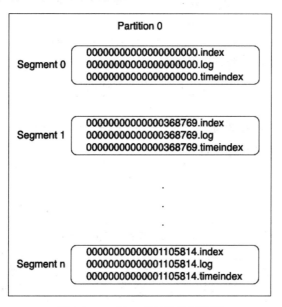

图 8-3　Partition 存储结构示意图

xxx.index与xxx.log的映射关系如图8-4所示。

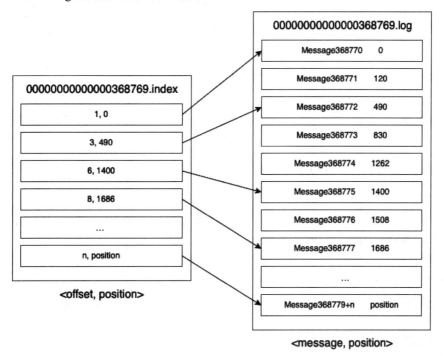

图 8-4　xxx.index 与 xxx.log 的映射关系示意图

xxx.index记录的是<offset,position>结构的数据：

● offset表示相对位移，如第一条消息的相对位移为0。

● position表示offset位置在xxx.log中的物理地址。

xxx.index采用稀疏索引的方式构建数据，并且不保证Partition中的所有消息在索引文件中存在映射关系。

当读取第368772项数据时，根据二分查找法判断其属于00000000000000368769.index文件，随后在这个文件中查找368772-368769=3这个索引或小于3的最近位置的索引。在00000000000000368769.index这里查找到<3, 490>这个索引。然后通过这个索引找到对应的物理位置为490，从此位置开始向后查找，直至找到第368772项数据。

xxx.timeindex是基于时间戳的索引文件，Kafka支持通过xxx.timeindex按时间戳定位消息。xxx.timeindex、xxx.index与xxx.log的映射关系如图8-5所示。

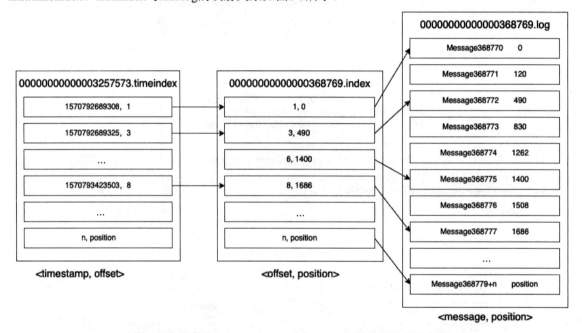

图 8-5　xxx.timeindex、xxx.index 与 xxx.log 的映射关系示意图

当读取时间戳为1570793423501的消息时：

步骤 01　根据1570793423501时间戳与各个日志索引文件中的最大时间戳进行对比（最大时间戳为日志索引文件中的最后一条记录），找到大于或等于1570793423501的时间索引文件，如00000000000003257573.timeindex。

步骤 02　在00000000000003257573.timeindex文件中通过二分查找法找到大于或等于时间戳1570793423501的索引项，即<1570793423503, 8>索引项。

步骤 03　根据 步骤 02 中的索引项到xxx.index索引文件中检索，过程与图8-5所示类似，找到<8,1686>索引项。

步骤 04　根据 步骤 03 中返回的索引项从xxx.log中检索，过程与图8-5所示类似，最终查找到相应的数据。

8.2.3　Kafka 副本机制

　　Kafka支持消息多副本机制，通过增加副本的数量提升Kafka的容错性。开发人员可以在创建Topic时通过--replication-factor参数设置Topic的副本数。每个副本中保存的数据是相同的。Kafka会在所有的副本中选举产生一个主副本（Leader副本），其余的副本则为从副本（Follower副本）。

　　当Kafka工作时，只有主副本可以接收客户端发来的读写请求，从副本负责将主副本中的数据同步到本地，如果运行过程中主副本宕机，则Kafka会从存活的从节点中选举产生新的主副本继续提供服务。

　　虽然副本机制可以提升Kafka的容错性，但是副本数越多，副本间的数据同步带来的性能损耗也越大。因此，Kafka提供了request.required.acks配置项，该配置项支持以下3种应答级别供开发人员选择：

　　（1）0。当生产者发送数据给Broker时，无须等待Broker的数据落盘应答。这种情况Kafka的效率最高，但数据安全性最低。

　　（2）1。当生产者发送数据给Broker时，只需主副本落盘后即可应答。这种情况Kafka的效率和数据安全性介于（1）和（3）之间。

　　（3）-1/all。当生产者发送数据给Broker时，不仅主副本要进行落盘，而且要求所有的从副本完成与主副本的数据同步后，Broker应答生产者。这种情况下，Kafka的效率最低，但数据安全性最高。

8.2.4　Kafka ISR 机制

　　ISR（In-Sync Replica）表示与主副本保持同步的从副本集合。每个主副本会维护与之对应的ISR集合，加入ISR集合的从副本需满足以下条件：

　　（1）从副本所在的服务器节点需要与ZooKeeper保持心跳。

　　（2）从副本与主副本之间的数据落后不能超过replica.lag.time.max.ms（默认是10s）设置的时间。

　　当从副本不能满足以上两个条件时，该从副本将从ISR集合中移除并存入OSR（Outof-Sync Replicas）集合中。随着时间的推移，当从副本再次满足以上两个条件后，从副本会被重新加入ISR集合中。

　　Kafka分区中所有的副本总和称为AR（Assigned Replicas）。AR=ISR+OSR。

　　AR、ISR和OSR示意图如图8-6所示。

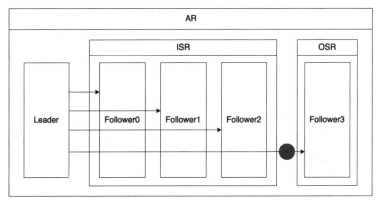

图 8-6　AR、ISR 和 OSR 示意图

ISR的引入是为了解决同步副本与异步副本两种方案各自的缺点。

同步方式即要求所有的从副本同步完成与主副本之间的数据同步，如果有某个从副本宕机或响应较慢，则该组AR整体性能影响较大。

异步方式即使用异步的方式完成主副本与从副本之间的数据同步，如果从副本与主副本落后较多，一旦主副本宕机，则可能存在消息丢失的风险。

8.2.5　Kafka HW&LEO

HW（High Watermark，高水位标记）用于描述每个分区中最新的、被所有消费者组中的消费者都确认的消息的偏移量。换句话说，HW是所有消费者组中最慢的消费者所达到的偏移量。消费者进行消费时，只能获取小于HW的消息，而HW之后的消息对消费者来说是不可见的。

HW由主副本管理，当ISR集合中的所有从副本都拉取到HW指定位置的消息后，主副本会将HW值加1，即HW指向下一个offset。通过这样的方式可以保证HW之前的消息足够安全可靠。

LEO（Log End Offset）表示的是当前副本最新消息的下一个offset，每个副本都有一个这样的标记。当生产者向Broker发送消息时，主副本的LEO值加1，从副本成功从主副本拉取消息后，从副本也会增加其LEO值。

HW和LEO示意图如图8-7所示。

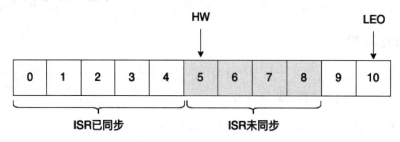

图 8-7　HW 和 LEO 示意图

从副本通过向主副本发送fetch请求获取主副本的数据。从副本的LEO值会保存在两个地方：

（1）从副本所在的节点。
（2）主副本所在的节点。

从副本每同步一条新消息后会增加其自身的LEO值，主副本收到从副本的fetch请求后，首先从主副本的日志中读取对应的数据，在将数据返回给从副本之前，会先更新主副本中保存的从副本LEO值。当从副本将主副本的数据同步完成后，比较LEO和fetch请求返回的主副本的HW值，取最小值作为新的HW值。

主副本与从副本的HW和LEO值变化示意图如图8-8所示。

Kafka通过ISR、HW和LEO等机制配合实现了性能和稳定性两者之间的平衡。主副本维护了一个从副本集合。主副本允许从副本数据同步有滞后，即允许部分数据丢失。具体滞后多少，取决于参数replica.lag.time.max.ms。如果滞后的数据超过了配置的参数，则主副本把该从副本从ISR中移除。当ISR所有的副本HW都更新到最新的一致状态时，消费者才可以读取HW位置的最新消息。总而言之，Kafka通过这种机制允许数据丢失，但丢失的不能太多，使吞吐量和数据完整性相互折中，两者维持在可接受的阈值范围内。因此，Kafka的复制机制不是完全的同步复制，也不是单纯的异步复制。

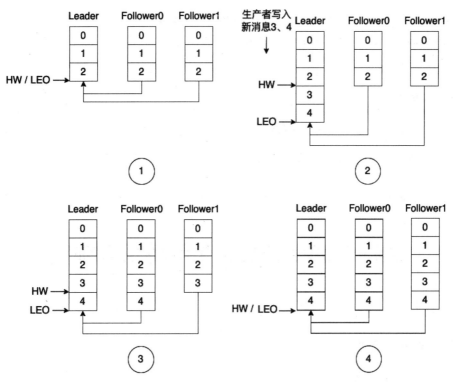

图 8-8　主副本与从副本的 HW 和 LEO 值变化示意图

8.3　Kafka 有哪些消息语义

Kafka的消息语义包括at most once、at least once和exactly once三种。

8.3.1　at most once

at most once，即最多一次。这种情况下，消息可能会丢失，但是绝不会重复。

- at most once语义的优势：生产者发送消息后，可以不用等待Broker的响应，消息发送的速率会很高。
- at most once语义的劣势：例如，生产者出现网络问题，或Broker出现故障，容易出现消息丢失。
- at most once语义的适用场景：对吞吐量要求较高且对消息丢失容忍度较高的场景，如日志收集、埋点事件收集等。

8.3.2　at least once

at least once，即最少一次。这种情况下，消息不会丢失，但是可能会重复。

- at least once语义的优势：生产者发送消息后，需要等待Broker的响应，如果Broker无响应或响应失败，则生产者需要重试。

- at least once语义的劣势：吞吐量较低，消息可能会重复。
- at least once语义的适用场景：对吞吐量要求适中，但对消息的完整性要求较高，可以容忍消息重复的场景。

8.3.3　exactly once

exactly once，即有且仅有一次。这种情况下，消息不丢失、不重复，并且消息只能被消费一次。

- exactly once语义的优势：消息不重复、不丢失且不会被重复消费。消息的可靠性很好。
- exactly once语义的劣势：吞吐量很低。
- exactly once语义的适用场景：对消息的可靠性要求很高，同时可以容忍较小吞吐量的场景。

8.4　Kafka 消息丢失的场景有哪些

Kafka消息丢失的场景有3种：生产者消息丢失、Broker消息丢失和消费者消息丢失。

8.4.1　生产者消息丢失

生产者消息丢失的场景有：

（1）生产者在发送消息的过程中出现网络抖动，消息未到达Broker。

（2）生产者使用异步API发送消息后立即返回，未收到Broker返回成功的响应。

（3）生产者发送的消息过大，超出Broker的限制。

避免生产者消息丢失的方案有：

（1）生产者使用带有回调通知的API，如producer.send(msg, callback)，通过回调通知感知Broker的异常，从而针对发送失败的消息进行重试。

（2）调整retries参数，当生产者发送失败时发起重试。

（3）调整retry.backoff.ms参数，规划合理的重试间隔，减少无效的重试。

（4）调整max.request.size参数，根据消息的大小规划合理的阈值。

8.4.2　Broker 消息丢失

Broker消息丢失的场景有：

（1）Broker宕机导致的消息丢失。Kafka为了提高性能，使用Page Cache先将消息写入Page Cache，并采用异步刷盘机制将消息保存到磁盘。如果在消息被写入Page Cache但尚未刷盘到磁盘之前，Broker Leader节点宕机，且没有Follower节点可以切换成新的Leader，那么这部分未刷盘的消息就会丢失。

（2）异步刷盘机制导致的丢失。Kafka为了提高性能，减少刷盘次数，会按照一定的消息量和时间间隔进行批量刷盘。如果在这个时间段内系统发生崩溃，那么这部分在Page Cache中未刷盘的消息就会丢失。

（3）副本同步问题导致的消息丢失。如果Kafka的副本因子（replication.factor）设置过低，或者同步副本的数量（min.insync.replicas）设置不当，一旦Leader Broker宕机，选举出的新的Leader可能不包含全部消息，导致消息丢失。

（4）硬件故障导致的消息丢失。例如硬盘故障等硬件问题，也可能导致Kafka Broker上的消息丢失。

（5）网络问题导致的消息丢失。网络故障或网络延迟也可能导致消息在传输过程中丢失。

避免Broker消息丢失的方案有：

（1）设置unclean.leader.election.enable = false，即如果一个Follower副本落后原Leader副本太多，则禁止其参与Leader副本的选举。

（2）调整replication.factor参数，在合理的性能和存储空间范围内，尽可能多保存几份副本数据。

（3）设置acks = all，即等到所有的Follower都从Leader副本同步完消息后，再响应生产者。

（4）设置min.insync.replicas > n，即消息至少写入n个副本后，才算提交成功。

（5）确保replication.factor > min.insync.replicas，即保证副本的数量大于最小同步副本的数量。

8.4.3　消费者消息丢失

消费者消息丢失的场景有：

（1）消费者获取到消息后提交偏移量，但在后续的消息处理过程中程序出现了异常。这种情况相当于消费者丢失了消息。

（2）消费者获取到消息并对其进行处理，在处理过程中出现了异常，但仍然提交了偏移量。这种情况相当于消费者丢失了消息。

消费者避免消息丢失的方案有：

（1）设置enable.auto.commit = false，即采用手动的方式提交位移量。

（2）在手动提交位移量的前提下，程序处理消息出现异常后，不要提交位移量。

以上两种方式虽然可以避免消息丢失，但是会造成消息重复，需要应用程序对重复消息进行幂等处理。

8.5　Kafka 控制器的选举流程是什么

Kafka集群由一个或多个Broker组成，其中有一个Broker在ZooKeeper的帮助下被选举成为Controller（控制器）。Controller负责Kafka集群Topic的创建、Partition的管理、Partition的Leader选举等工作。

Kafka的Broker信息存储在ZooKeeper的/brokers/ids/{broker.id}临时节点上。

Kafka的Controller信息存储在ZooKeeper的/controller临时节点上，当Kafka集群启动或Controller节点宕机时，将会触发Controller的选举。

Controller的选举流程如下：

步骤01 当Kafka集群启动时，第一个启动的节点Broker0注册到ZooKeeper后，尝试在ZooKeeper上创建/controller节点，此时Kafka集群中没有其他节点，因此Broker0创建/controller节点成功，顺利成为Controller。

步骤02 当第二个启动的节点Broker1注册到ZooKeeper后，尝试在ZooKeeper上创建/controller节点，此时/controller节点已经由Broker0创建，因此Broker1创建/controller节点失败。Broker1在/controller节点上注册监听器，一旦/controller节点发生变化，Broker1将会收到通知。

步骤03 当第三个启动的节点Broker2注册到ZooKeeper后，尝试在ZooKeeper上创建/controller节点，此时/controller节点已经由Broker0创建，因此Broker2创建/controller节点失败。Broker2在/controller节点上注册监听器，一旦/controller节点发生变化，Broker2将会收到通知。

此时，Broker0、Broker1和Broker2启动完毕。当前Kafka集群的Controller是Broker0。此时Kafka集群的状态如图8-9所示。

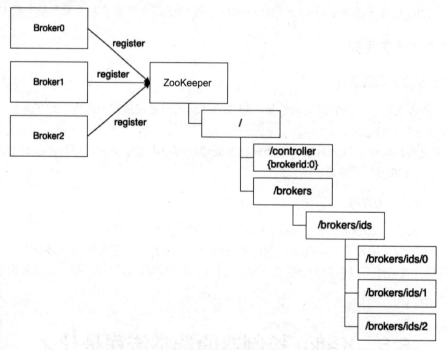

图 8-9　Kafka 集群启动 Controller 示意图

当Broker0故障宕机后，Broker0创建的/controller节点及其对应的/brokers/ids/0节点将会被删除。/controller节点的删除将通知Broker1和Broker2的监听器，触发Broker1和Broker2竞争成为新的Controller。

经过一番竞争后，Broker1成功创建了/controller节点，Broker2在/controller节点创建监听器。

此时，Broker1和Broker2组成集群继续运行，Kafka集群的Controller为Broker1。Kafka集群Controller选举的过程如图8-10所示。

当运维人员修复Broker0的故障后，Broker0重新启动加入集群，Broker0尝试创建/controller节点，发现/controller节点已经存在，Broker0在/controller节点创建监听器。

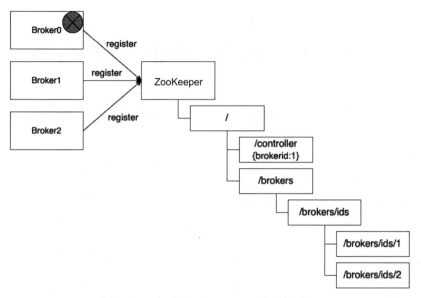

图 8-10 Kafka 集群 Controller 选举的过程

此时Broker0、Broker1和Broker2均正常工作。当前Kafka集群的Controller是Broker1。此时，Kafka集群的状态如图8-11所示。

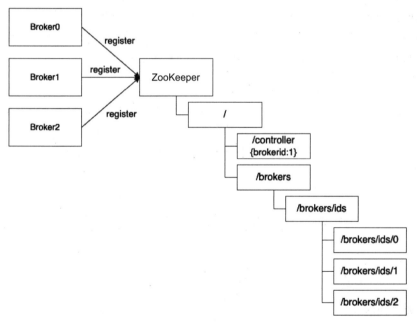

图 8-11 Kafka 集群故障恢复示意图

Kafka Controller脑裂现象：当Controller所在的Broker节点宕机或与ZooKeeper的会话时间过长出现假死现象时，Kafka将会选举产生新的Controller。但如果之前被判定为宕机或假死的Controller再次恢复正常，其身份仍然是Controller，此时Kafka集群中将会出现两个Controller，这就是Kafka的Controller脑裂问题。

8.6　Kafka 分区副本的选举策略有哪些

当Kafka Controller感知到某个Partition对应的主副本宕机后，Controller将从多个从副本选举产生一个新的主副本。Controller选举主副本的过程如下：

（1）所有Partition的主副本选举都是由Controller控制的。
（2）Controller获取当前Partition的ISR集合。
（3）Controller调用开发人员配置的Partition算法进行主副本选举。

Kafka的Partition选举算法说明如下。

- ReassignedPartitionLeaderSelector：从ISR集合中选择第一个副本作为主副本。
- PreferredReplicaPartitionLeaderSelector：从AR集合中选择第一个副本作为主副本。
- ControlledShutdownLeaderSelector：当Controller收到shutdown命令后触发新的主副本选举。其过程是先找出已分配的副本集合，然后过滤出仍然存活的副本集合，最后在该集合中选取第一个副本作为主副本。
- NoOpLeaderSelector：什么事情都不做，只返回当前的Leader和ISR集合。
- OfflinePartitionLeaderSelector：如果在ISR集合中至少存在一个可用的副本，则从ISR集合中选择新的Leader副本。如果ISR为空且unclean.leader.election.enable=false，则抛出异常。如果ISR为空且unclean.leader.election.enable=true，则从AR中选举出主副本。如果AR集合中没有可用的副本，则抛出异常。

值得注意的是，OSR是消息落后主副本较多的副本集合，如果要从OSR中选举出新的主副本，则可能会造成Kafka集群消息丢失。因此，Kafka提供了unclean.leader.election.enable参数用于控制是否允许OSR中的副本参与主副本的选举。一般在企业开发中将该选项关闭，因为数据的一致性通常比系统的可用性重要。

8.7　Kafka 的协调器有哪些

Kafka的协调器分为两种：消息者协调器和组协调器。

1. 消费者协调器

每个消费者实例化时都会创建一个消费者协调器（Consumer Coordinator）实例，用于同一个消费组内的各个消费者与Broker上的组协调器（Group Coordinator）进行通信。

2. 组协调器

每个Broker节点启动时都会创建一个组协调器实例，用于管理部分消费组和组内每个消费者的偏移量。

Kafka协调器形成了消费者和Broker之间的桥梁。Kafka协调器如图8-12所示。

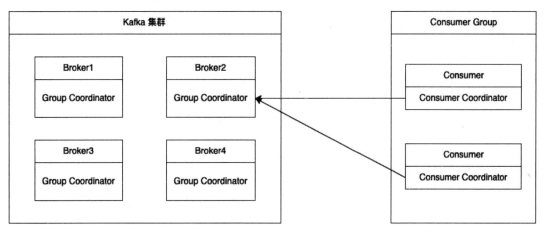

图 8-12　Kafka 协调器示意图

8.7.1　消费者协调器

消费者协调器可以看作消费者的代理类，消费者的很多操作都是通过消费者协调器进行处理的。消费者协调器的主要职责如下：

（1）更新消费者缓存的元数据信息。

（2）向组协调器申请加入组。

（3）协调消费者加入组后响应的处理流程。

（4）请求离开消费组。

（5）向组协调器提交偏移量。

（6）通过心跳机制与组协调器保持通信。

（7）被组协调器选举成为主消费者对应的协调器，负责消费者分区的分配，分配结果发送至组协调器。

（8）未被组协调器选举成为主消费者，通过消费者协调器与组协调器同步分配的结果。

8.7.2　组协调器

组协调器负责处理消费者协调器发送来的各种请求。组协调器的主要职责如下：

（1）在与之连接的消费者中选举出主消费者。

（2）将主消费者返回的消费者分区信息同步至所有的消费者。

（3）管理消费者的消费偏移量的提交，并将偏移量信息保存在Kafka的内部主题中。

（4）通过心跳机制与消费者协调器保持通信。

在消费者入组的过程中，主消费者负责承担分区的分配工作，以此来降低Kafka集群的压力。同组消费者会通过组协调器保持同步。消费者与分区的关系保存在Kafka的内部主题中。消费者入组流程如图8-13所示。

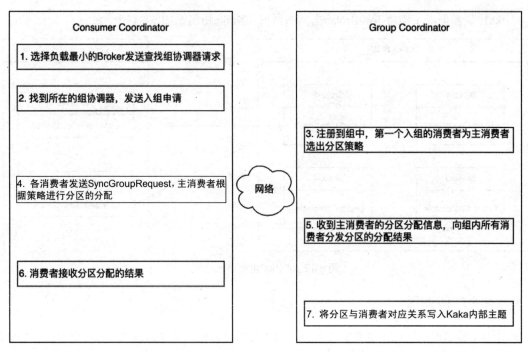

图 8-13　消费者入组流程

　　消费者在消费时会在本地维护偏移量。如果整个Kafka环境发生变化，如分区发生变化，消费者不再对应原来的分区，而消费者还没来得及将偏移量同步到Broker，此时将会造成Kafka集群无法继续工作。因此，消费者需要定期将偏移量同步至Broker，由组协调器集中管理，当分区重新分配后，各消费者从组协调器中读取最新的分区信息继续工作。

　　Kafka分区重新分配偏移量管理如图8-14所示。

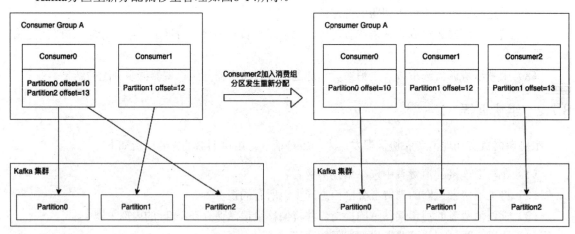

图 8-14　Kafka 分区重新分配偏移量管理示意图

　　在初始状态下，Consumer0负责消费Partition0和Partition2，Consumer1负责消费Partition1。由于Consumer2加入消费组中，此时触发Kafka的分区重新分配，Consumer0不再消费Partition2，而是由Consumer2消费。但由于Consumer之间是不能相互通信的，因此Consumer2不知道应该从哪里开始消费。

由于每个Consumer都定期将偏移量提交到Broker上，当发生重分区后，组协调器会通知Consumer分区发生变化，每个Consumer都能查到分配给自己的分区当前的消费位置，从而在触发重新分区后，依旧可以正常工作。

8.8 Kafka 的分区重平衡机制有哪些

分区重平衡是指当Kafka集群发生变化时，对Partition进行重新分配，从而使Broker与客户端能够更好地协调工作的一种机制。

可能会触发分区重平衡的情况如下：

（1）消费者中增加了新的消费者。

（2）消费者宕机或性能不足被剔除出消费组。

（3）Topic扩容了分区数。

（4）消费者订阅了其他的主题。

Kafka支持的分区重平衡策略有：

- RangeAssignor
- RoundRobinAssignor
- StickyAssignor
- CooperativeStickyAssignor

下面将对常见的分区重平衡策略进行分析。

8.8.1 RangeAssignor

RangeAssignor是针对同一个Topic内的Partition而言的。其主要原理是先对同一个主题的Partition按照需要进行排序，并对消费者按照字母顺序进行排序。然后将Partition的个数除以消费者的总数决定出每个消费者负责消费多少分区。如果除不尽，则前面的消费者将会多分配一个Partition。

例如，有10个Partition，编号分别为0、1、2、3、4、5、6、7、8、9；3个消费者分别为C1、C2和C3，则最后Partition的分配结果如下：

（1）C1消费0、1、2、3分区。

（2）C2消费4、5、6分区。

（3）C3消费7、8、9分区。

如果Partition变为11个，编号分别为0、1、2、3、4、5、6、7、8、9、10，则Partition的分配结果如下：

（1）C1消费0、1、2、3分区。

（2）C2消费4、5、6、7分区。

（3）C3消费8、9、10分区。

如果消费者同时订阅Topic1和Topic2，每个Topic有10个分区，对应的编号分别为0、1、2、3、4、5、6、7、8、9，则最后Partition的分配结果如下：

（1）C1消费Topic1的0、1、2、3分区和Topic2的0、1、2、3分区。
（2）C2消费Topic1的4、5、6分区和Topic2的4、5、6分区。
（3）C3消费Topic1的7、8、9分区和Topic2的7、8、9分区。

由此可以看出，C1消费的Partition总数比其他消费者多出两个。

8.8.2　RoundRobinAssignor

RoundRobinAssignor是按照循环的方式将Partition分配给消费者。如果每个消费者订阅的主题相同，则Partition将均匀分布。

例如，有10个Partition，编号分别为0、1、2、3、4、5、6、7、8、9，3个消费者分别为C1、C2和C3，则最后Partition的分配结果如下：

（1）C1消费0、3、6、9分区。
（2）C2消费1、4、7分区。
（3）C3消费2、5、8分区。

8.8.3　StickyAssignor

StickyAssignor分配的结果带有黏性，即Partition重新分配之前需要考虑上一次的分配结果，尽量对上一次的Partition分配做出较少的改动。
StickyAssignor策略需要满足两个原则：

（1）Partition尽可能均匀地分配给消费者。
（2）Partition尽可能保留在先前分配的消费者中。

例如，有10个Partition，编号分别为0、1、2、3、4、5、6、7、8、9，3个消费者分别为C1、C2和C3，初始Partition的分配结果如下：

（1）C1消费0、1、2、3分区。
（2）C2消费4、5、6分区。
（3）C3消费7、8、9分区。

当C3宕机后，使用StickyAssignor策略重新分配Partition的结果如下：

（1）C1消费0、1、2、3、7分区。
（2）C2消费4、5、6、8、9分区。

8.9　Kafka 消费者的提交方式有哪些

为了使开发人员更加专注于应用系统的开发，Kafka提供了消息自动提交机制。自动提交即消费者从Broker获取到消息后，自动向Broker的_consumer_offsets主题提交offset。自动提交offset的相关参数如下。

- enable.auto.commit：是否开启自动提交offset功能。默认为true。
- auto.commit.interval.ms：自动提交offset的时间间隔。默认为5s。

在自动提交方式下，Kafka只确保消费者可以从Broker接收到消息，并不保证消费者在接收消息后对消息进行的业务一定会成功。

虽然消息自动提交比较方便，但由于业务系统的不确定性和自动提交间隔的准确性难以把握，Kafka也提供了手动提交的能力。

手动提交有以下几种方式：

（1）同步提交。必须等待offset提交完毕后，才可以进行下一批数据的消费。

（2）异步提交。将提交offset请求发出后，即可开始消费下一批数据。

同步提交和异步提交的不同之处在于：同步提交是阻塞当前线程直至提交成功，如果同步提交失败，则会触发重试；异步提交对提交的结果不关心，有可能出现提交失败。

每一种提交方式都有对应的优缺点，开发人员可以根据消息处理的结果及系统性能（同步提交或异步提交）综合决定在什么业务场景、以什么样的方式提交消息。

8.10　Kafka 面试押题

8.10.1　Kafka 是什么

Kafka是一种高性能、分布式、可扩展的流处理平台，主要用于构建实时数据管道和流应用。Kafka最初由LinkedIn公司开发，并在之后贡献给了Apache软件基金会，成为其旗下的顶级项目。

Kafka的设计理念结合了消息队列和发布/订阅模式，能够以高吞吐量、低延迟的方式处理大量的实时数据。

Kafka常用于日志聚合、流数据分析、网站活动跟踪、监控信息收集和基于事件驱动的微服务架构等多种应用场景中。其设计目标是提供一个统一的高吞吐量、低延迟的平台来处理实时数据，同时兼容在线和离线的消息消费模式。

8.10.2　Kafka Replicas 是如何管理的

Kafka Replicas的管理涉及几个核心组件和流程，以确保数据的高可用性和分区的故障恢复能力。以下是管理Kafka Replicas的关键方面。

1. 副本分配与布局

Kafka在创建Topic时会根据配置的副本因子（replication factor）自动在不同Broker间分配分区的副本。副本因子决定了每个分区会有多少个副本。理想情况下，这些副本会分布在不同的Broker上，以最大限度地实现故障隔离和容错。

2. Leader选举与ISR管理

在每个分区的多个副本中，会有一个被选举为Leader副本，它负责处理所有的读写请求。其他副本作为Follower，被动地从Leader同步数据。所有与Leader保持同步的Follower集合构成了ISR（In-Sync Replicas）。Kafka的控制器（Controller）负责监控Broker状态和ISR列表，当ISR中的Follower落后过多或Leader失败时，会触发重新选举。

3. 数据复制与同步

Leader副本会不断地将写入的消息复制到ISR中的Follower副本，这个过程通过一种叫作ISR Commit的机制保证数据的一致性。Leader会维护一个High Watermark，标识所有已提交到ISR副本的最大偏移量。

4. 再均衡

当Broker加入或离开集群，或者Topic的分区数及副本因子发生变化时，需要进行分区的再均衡（Rebalance）。这个过程会重新分配分区的Leader和Follower，以适应新的集群拓扑。再均衡操作可以手动触发，也可以通过Kafka提供的脚本自动执行。

5. 故障恢复

当Leader副本所在的Broker失败时，Kafka会从ISR列表中选择一个新的Leader。这个过程快速且自动，确保了服务的连续性。非ISR副本不会被选为Leader，以防止数据丢失或不一致性。

8.10.3　Kafka 中如何确定当前应该读取什么消息

在Kafka中，确定当前消费者（Consumer）应该读取什么消息的过程涉及几个关键概念和配置项，主要包括消费者组（Consumer Group）、偏移量（Offset）、分区（Partition）等。下面详细解释这些概念及其作用。

1. 消费者组

Kafka中的消费者通过加入同一个消费者组来协同工作。一个主题的每个分区只能被一个消费者组内的一个消费者消费。但是，不同的消费者组可以独立地消费同一个主题的不同或相同的分区。消费者组的划分允许消息的并行消费和灵活的重平衡策略。

2. 偏移量

偏移量是每个分区中消息的唯一标识符，用于追踪消费者在该分区中已经消费到哪个位置。消费者需要记录它所消费的每个分区的偏移量，以便下次可以从正确的消息开始继续消费。

3. 分区分配

Kafka使用消费者组协调器（Group Coordinator）来管理消费者的分区分配。当新的消费者加入或离开组，或者组内的订阅发生变化时，会触发再均衡。再均衡过程中会重新分配分区给消费者，以确保每个分区至多被组内一个消费者消费，并根据配置策略更新消费者的偏移量。

4. 位移提交

消费者可以选择手动或自动提交偏移量到Kafka的偏移量存储中。

- 自动提交可以通过enable.auto.commit配置开启，并且可以通过auto.commit.interval.ms设置提交间隔。
- 手动提交则通过调用consumer.commitSync()或consumer.commitAsync()方法实现，提供了更细粒度的控制。

综上所述，Kafka消费者通过加入特定的消费者组、跟踪并管理偏移量、参与再均衡过程以及唯一提交等策略，来确定当前应该从哪些分区的哪个位置开始读取消息。

8.10.4　Kafka 生产者发送消息有哪些模式

Kafka生产者发送消息主要有三种模式：异步发送（Asynchronous Send）、同步发送（Synchronous Send）和发送并忘记（Fire-and-Forget）。

1. 异步发送

在异步发送模式下，生产者将消息添加到内部缓冲区后，不等待Kafka Broker的确认，立即返回客户端响应。这样可以实现非常高的吞吐量，因为生产者不会因为等待响应而阻塞。消息被成功写入Kafka或发生错误，Kafka会通过之前指定的Callback函数通知生产者。这是处理大量消息且对低延迟有严格要求的场景的首选模式。

2. 同步发送

在同步发送模式下，生产者在发送消息后会阻塞并等待Kafka Broker的确认响应，确认消息是否被成功接收。只有当生产者收到Broken的确认响应后，生产者才会继续发送下一条消息。这种方式牺牲了一定的吞吐量，但提供了消息传递的可靠性保证，因为生产者能立即知道消息是否发送成功，适用于对消息可靠性要求较高的场景。

3. 发送并忘记

在发送并忘记模式下，生产者发送消息后完全不关心也不处理发送结果，既不等待响应，也不提供Callback函数来处理成功或失败的情况。这种方式的吞吐量最高，因为它几乎没有任何额外的等待或处理开销，但也是最不可靠的，因为没有任何机制来处理发送失败的消息，可能导致消息丢失。

8.10.5　Kafka 如何实现负载均衡

Kafka主要通过以下几个方面实现负载均衡。

1. 分区分配策略

Kafka的消费者通过分组来实现负载均衡。同一分组内的消费者会共享订阅主题的所有分区，每个消费者仅处理分配给它的分区。

虽然生产者不直接参与负载均衡，但通过自定义分区器（Partitioner）可以间接影响消息的分布，实现生产端的负载均衡。默认的分区器使用消息的key进行哈希计算来决定消息应该发送到哪个分区，以保证相同key的消息总落在同一分区，有助于下游消费者的有效处理。

2. 消费者群组再平衡

当消费者群组成员发生变化（例如消费者加入、离开或订阅列表改变）时，会触发再平衡机制。在此期间，群组协调器会重新分配分区给群组内的消费者，以确保分区的均衡分配，并且尽可能最小化因再平衡导致的消息处理中断。

3. Broker层面的负载均衡

Kafka在创建或修改Topic时，会使用内置的分配算法将分区均匀地分布在集群中的Broker上。通过调整副本因子（replication factor）和Broker数量，可以优化数据分布和故障恢复能力。此外，Kafka的控制器（Controller）节点负责监控Broker状态，并在Broker故障时重新选举分区的Leader副本，以确保服务的连续性。

4. 使用外部工具和API

Kafka还支持开发人员通过管理工具和API（如kafka-reassign-partitions.sh脚本）手动调整分区在Broker间的分配，以及执行Broker的添加或移除操作，以实现更细致的负载调整。

5. 弹性负载均衡器

在Kafka部署的前端，可以集成云服务商提供的弹性负载均衡器，如华为云的Elastic Load Balance，将访问流量自动分发到多台Broker，进一步提升应用的可用性和扩展性。

8.10.6 Kafka 的 Topic 分区数越多越好吗

Kafka的Topic分区数（partitions）并不是越多越好，这取决于多种因素，包括数据量、吞吐量、消费者数量、集群规模等。以下是关于Kafka分区数的一些考虑因素。

1. 吞吐量

增加分区数可以提高Kafka的吞吐量，因为每个分区都可以并行地读写。但是，这并不意味着分区数越多，吞吐量就越高。因为每个分区都需要在Kafka集群的Broker上进行管理，过多的分区可能会增加管理开销。

2. 消费并行度

Kafka的消费者是基于分区的，即每个消费者组内的消费者可以并行地消费不同的分区。因此，增加分区数可以增加消费者的并行度，从而加快数据的消费速度。

3. 数据备份

Kafka的每个分区都会在每个Broker上进行备份（根据复制因子设置）。因此，增加分区数会增加集群的存储空间需求。如果存储空间有限，那么过多地分区可能会成为问题。

4. 负载均衡

Kafka的分区在Broker之间是均匀分布的，以实现负载均衡。但是，如果分区数过多，可能会导致负载均衡算法变得复杂，并且难以有效地分配资源。

5. 维护成本

过多地分区会增加Kafka集群的维护成本。例如，当需要添加或删除Broker时，可能需要重新平衡分区以维持负载均衡。这个过程可能会引发数据迁移，进而导致服务中断，这不仅牺牲了系统的可用性，并且会给企业带来经济损失，如用户交易无法进行、商品无法发货等。

8.10.7　如何增强 Kafka 消费者的消费能力

增强Kafka消费者的消费能力可以从以下几个方面着手。

1. 增加消费者实例

对于同一个消费者组，增加消费者实例的数量可以使得更多的分区被并行消费，从而提高整体的消费速率。

2. 优化分区分配

确保分区在消费者实例间均匀分配，避免出现某些消费者过载而其他消费者空闲的情况。可以通过自定义分区分配策略或监控并调整消费者组的成员来达到更好的均衡。

3. 批量消费

Kafka生产者和消费者都支持批量处理，通过设置fetch.min.bytes、fetch.max.bytes和max.poll.records等参数可以控制每次拉取消息的数量，减少网络往返次数，提高消费效率。

4. 异步处理

使用异步处理方式处理消息，即消费线程接收到消息后立即放入队列或提交给线程池处理，而不是等待消息处理完成就提交，这样可以持续拉取消息，减少处理延迟。

5. 优化消费者代码

定期审查和优化消费者应用的代码，包括减少不必要的计算、数据库查询优化、使用缓存策略等，可以减少单条消息的处理时间。

6. 资源优化

确保消费者实例运行的机器有足够的CPU、内存和网络资源。资源瓶颈会直接影响消息处理速度。

8.10.8　Kafka 控制器是什么

Kafka控制器（Controller）是Kafka集群中的一个核心组件，它负责管理和协调集群的各种操作，以确保整个集群的稳定性和高效运行。

具体来说，Kafka控制器的主要职责包括：

（1）分区管理。控制器负责监控分区和副本的状态。当某个分区的领导者（Leader）副本出现故障时，控制器会选举新的领导者，以确保消息的生产和消费能够继续进行。

（2）副本同步。控制器监控ISR（In-Sync Replicas）集合的变化，并在ISR集合发生改变时，通知所有Broker更新其元数据信息，以维持集群的一致性。

（3）集群成员管理。在Kafka集群中，任何Broker都有可能成为控制器，但为了保证一致性，同一时间内只有一个Broker扮演控制器角色。控制器的选举过程依赖于ZooKeeper，通过在ZooKeeper中创建临时节点来进行。当控制器失效时，剩余的Broker会重新选举新的控制器。

（4）元数据管理。控制器维护集群的元数据信息，包括但不限于主题配置、分区信息、副本分配等，并在这些信息发生变化时，负责将更新广播给所有Broker，以确保整个集群状态的同步。

（5）协调再平衡。虽然控制器直接管理的是分区和副本，但它间接影响消费者组的再平衡。例如，当主题的分区数量发生变化时，会导致消费者组需要重新分配分区，这一过程虽然主要由消费者驱动，但与控制器管理的分区信息紧密相关。

8.10.9　Kafka 为什么高性能

Kafka之所以能实现高性能，主要是由于以下关键设计和技术的结合。

1. 顺序读写

Kafka的消息是以追加（append-only）的方式写入磁盘的，这意味着消息总是被顺序地添加到日志的末尾。顺序写入磁盘比随机写入更快，因为它减少了磁盘寻址的时间，可以充分利用磁盘的顺序读写性能。

2. 零拷贝（zero-copy）

Kafka利用操作系统提供的零拷贝技术，能够在内核空间直接将数据从磁盘文件描述符复制到网络套接字，无须经过用户空间，从而减少了数据在用户空间和内核空间之间的拷贝次数，极大地提高了I/O效率。

3. 批量发送与压缩

Kafka允许生产者将多条消息批量发送，并且支持消息压缩（如gzip、snappy、lz4等）。批量发送减少了网络请求的次数，压缩则减少了网络传输的数据量，这两者共同作用，在提高吞吐量的同时降低了网络延迟。

4. 分区

Kafka将每个主题划分为多个分区，每个分区可以在集群的不同节点上独立地进行读写操作。这种设计不仅增加了并行处理的能力，还使得系统能够水平扩展，支持更大的吞吐量。

5. 日志分段与索引

Kafka的日志文件被划分为多个段，每个段文件都有对应的索引，这加快了消息查找的速度。通过这种设计，Kafka能够在大量数据中快速定位消息。

6. 页缓存

Kafka利用操作系统的页缓存（Page Cache）来缓存最近访问的数据。由于消息通常是顺序读写的，因此页缓存能够有效地提升读写性能，使得大部分读操作实际上是在内存中完成的。

7. 客户端优化

Kafka的新版生产者客户端使用了多线程模型，这显著提升了发送效率。另外，通过一系列灵活的配置选项，生产者和消费者都能根据实际业务场景调整缓冲区大小、批处理大小等参数，以优化处理性能。

8. 高并发支持

Kafka设计用于处理高并发场景，支持数千个客户端同时进行读写操作，并且通过设计良好的协议和API，确保了在高并发场景下的稳定性和性能。

8.10.10　Kafka 如何使用零拷贝

零拷贝是一种计算机程序设计领域的优化技术，旨在减少数据在操作系统内核空间和用户空间之间，以及不同内存区域之间复制的次数，以此来提高数据传输的效率和系统性能。在传统数据传输过程中，数据会被多次复制，包括从磁盘读取到内核缓冲区、从内核缓冲区复制到用户空间、从用户空间复制回内核的网络缓冲区等。零拷贝技术通过各种机制（如sendfile、memory mapping等）允许数据直接从源地址传输到目标地址，无须经过用户空间，从而减少甚至消除不必要的数据复制步骤，降低CPU使用率，提高数据传输速度。

在Kafka中，零拷贝技术主要应用于以下场景来提升其性能：在消息消费者从Kafka集群消费消息时，Broker利用零拷贝技术将磁盘文件的数据复制到页面缓存，然后将Broker数据从页面缓存直接发送到网络中，避免了数据在内核缓冲区和用户空间之间的复制，减少了数据处理的延迟。

第 9 章
ShardingSphere

ShardingSphere面试通常涉及对其架构、功能以及在分布式数据库处理中的应用等方面的理解。面试候选人应该结合自己的经验和对ShardingSphere的理解，准备一些具体的案例和解决方案。

9.1　ShardingSphere 的组成

ShardingSphere是一款构建异构数据库上层标准和生态的技术，它更加关注如何充分利用数据库的计算和存储能力，而非实现一个全新的数据库。ShardingSphere从数据库的上层视角，关注数据库之间的协作。ShardingSphere于2020年4月16日成为Apache软件基金会的顶级项目。

ShardingSphere的核心特性如下：

（1）灵活适配。通过对数据库协议和数据库存储等方面的灵活适配，快速地连接应用和异构的数据库。

（2）流量管控。监听数据库的访问流量并提供流量重定向、流量整形、流量鉴权、流量治理和流量分析等透明化增量功能。

（3）可插拔。采用微内核+三层可插拔技术，使其能够灵活地接入开发者的应用系统。

ShardingSphere由ShardingSphere-JDBC、ShardingSphere-Proxy和ShardingSphere-Sidecar三款产品组成。这三款产品既支持独立部署，也支持混合部署。

9.1.1　ShardingSphere-JDBC

ShardingSphere-JDBC是一款轻量级的Java框架，为Java的JDBC提供额外的增强能力。开发人员可以使用ShardingSphere-JDBC的JAR包直接连接数据库，可以理解为增强版JDBC驱动程序。ShardingSphere-JDBC完全兼容JDBC和各种主流的ORM框架。

ShardingSphere-JDBC的工作原理如图9-1所示。

ShardingSphere-JDBC兼容的技术及框架包括：

（1）基于JDBC规范开发的ORM框架，如JPA、Hibernate、MyBatis、Spring JDBC Template等，以及直接使用JDBC的方式。

（2）基于JDBC规范开发的数据库连接池，如DBCP、C3P0、HikariCP、Druid等。

（3）支持JDBC规范的数据库，如MySQL、PostgreSQL、Oracle、SQL Server等。

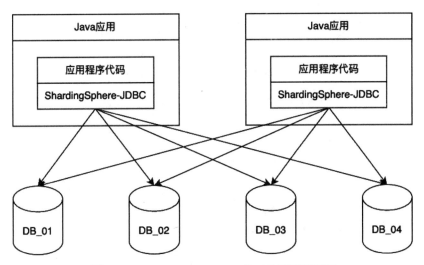

图 9-1　ShardingSphere-JDBC 的工作原理示意图

9.1.2　ShardingSphere-Proxy

ShardingSphere-Proxy是透明的客户端代理程序，通过封装数据库的二进制协议实现对异构语言的支持。目前ShardingSphere-Proxy支持MySQL和PostgreSQL数据库，可以支持MySQL和PostgreSQL数据库连接ShardingSphere-Proxy服务，对开发人员来说更加友好。

ShardingSphere-Proxy的工作原理如图9-2所示。

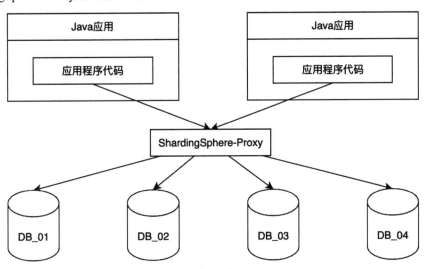

图 9-2　ShardingSphere-Proxy 的工作原理示意图

9.1.3　ShardingSphere-Sidecar

ShardingSphere-Sidecar是Kubernetes云原生数据库的代理程序，通过无中心、零侵入的方案提供与数据库交互的啮合层。

ShardingSphere-Sidecar将分布式应用系统与数据库关联起来，有效梳理原本杂乱无章的应用和数据库。应用和数据库将形成一个巨大的网格体系，应用和数据库只需在网格体系中对号入座即可。

ShardingSphere-Proxy的工作原理如图9-3所示。

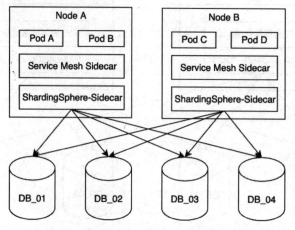

图 9-3　ShardingSphere-Sidecar 的工作原理示意图

9.2　核 心 概 念

传统的将数据存储于单一的数据库节点上的数据存储方案，在性能、可用性和运维成本这三方面已经难以满足海量数据的场景。

数据分片是指按照某个维度将海量的数据分散地存放到多个数据库或数据表中，从而达到提升性能以及可用性的目的。

数据分片的常用手段是对数据库进行分库或分表。分库和分表均可以有效地避免由数据量超过阈值而产生的性能瓶颈。

9.2.1　分库

分库是指对单个数据库进行拆分，将数据存储到不同的数据库中。经过分库后的每个子库中都会存在相同的数据表。

通过图9-4可知，用户信息将存储在DB_0和DB_1中。如果用户信息总量为1000万条，则可以通过分库的方式将用户信息较为均匀地分散到两个不同的数据库中，每个数据库中存储500万条用户信息，从而降低单个库的压力。

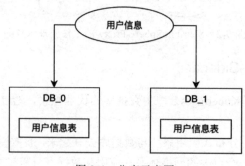

图 9-4　分库示意图

9.2.2　分表

分表是针对单个数据库内的数据库进行拆分，将数据存储到不同的子表中。经过分表后，每个数据库中将会存在多个子表。

由图9-5可知，用户信息将存储在用户信息表_00、用户信息表_01和用户信息表_02中。如果用户信息总量为300万，则可以通过分表的方式将用户信息较为均匀地分散到三个不同的数据表中，每个数据表中存储100万的用户信息，从而降低单个表的压力。

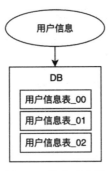

图 9-5　分表示意图

9.2.3　垂直分片

垂直分片是按照纵向的方式将一张表中的字段拆分到不同的表中。垂直分片适合用于对字段较多的数据表进行优化。

垂直分片如图9-6所示。将订单的商品信息、买家信息和支付信息拆分为三张独立的数据表，通过订单号进行关联，每张表的字段更少，更加精简。

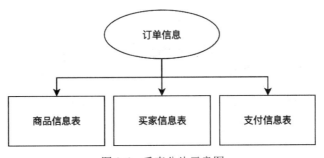

图 9-6　垂直分片示意图

除按照领域模型将数据垂直分片外，还可以根据数据变动的频率进行垂直分片。例如，一张表有10个字段，其中只有3个字段需要频繁修改，那么就可以考虑把这3个字段拆分到子表中，避免在频繁修改这3个数据时，影响其余7个字段的查询性能。

9.2.4　水平分片

水平分片是指按照某种规则（如分片键）将数据库中数据表的数据分散存储到多个数据库实例或节点中，每个节点存储数据表的一部分行。这种分片方式允许数据库系统并行处理查询和更新操作，从而提高整体性能。

水平分片示意图如图9-7所示。根据商品编码的哈希值对3取模后得到的余数即为这个商品存储的子表信息（后缀名为计算后的余数）。水平分片可以使数据较为均匀地分布在不同的子表中，可以有效地控制单表的数据量。

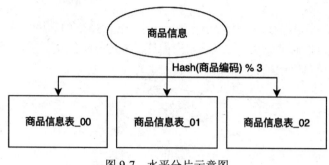

图 9-7　水平分片示意图

9.2.5　表

ShardingSphere提供多种表类型以适配不同场景下的数据分片需求。

1. 逻辑表

相同的表结构根据水平分片拆分数据库/数据表后的逻辑名称，是SQL语句中表的逻辑标识。例如，将订单数据拆分为10张表，分别是t_order_00～t_order_09，则这10张子表的逻辑表名为t_order。

2. 真实表

真实表是水平分片后在数据库中真实存在的物理表。上述示例中的t_order_00～t_order_09表都是真实表。

3. 绑定表

绑定表是指分片规则一致的几组表。在使用绑定表进行多表关联查询时，必须使用分片键进行关联，否则将会出现笛卡儿积关联或跨数据库查询，从而显著降低查询性能。

例如，t_order表按照order_id分表，共10张子表，分别为t_order_00～t_order_09，t_order_item表也按照order_id进行分表，共30张子表，分别为t_order_item_00～t_order_item_29，则t_order表和t_order_item表互为绑定表。假设要执行以下关联查询：

```
SELECT i.* FROM t_order o JOIN t_order_item i ON o.order_id=i.order_id WHERE o.order_id in
(10, 11);
```

在没有配置绑定表关系时，假设order_id=10路由至第0个分片，order_id=11路由至第1个分片，则上述SQL语句执行后将出现笛卡儿积：

```
SELECT i.* FROM t_order_0 o JOIN t_order_item_0 i ON o.order_id=i.order_id WHERE o.order_id
in (10, 11);

SELECT i.* FROM t_order_0 o JOIN t_order_item_1 i ON o.order_id=i.order_id WHERE o.order_id
in (10, 11);

SELECT i.* FROM t_order_1 o JOIN t_order_item_0 i ON o.order_id=i.order_id WHERE o.order_id
in (10, 11);
```

```
SELECT i.* FROM t_order_1 o JOIN t_order_item_1 i ON o.order_id=i.order_id WHERE o.order_id
in (10, 11);
```

当配置了绑定表关系后，由于t_order表绑定了分片条件，因此ShardingSphere会以它作为整个绑定表的主表，所有的路由计算规则将使用主表的策略，即t_order_item表的分片计算规则将会使用t_order的条件，因此可以有效避免笛卡儿积的发生。

```
SELECT i.* FROM t_order_0 o JOIN t_order_item_0 i ON o.order_id=i.order_id WHERE o.order_id
in (10, 11);
```

```
SELECT i.* FROM t_order_1 o JOIN t_order_item_1 i ON o.order_id=i.order_id WHERE o.order_id
in (10, 11);
```

4. 广播表

广播表是指在所有分片的数据库都存在的数据表，表结构及数据在每个数据库中都完全一致。广播表适用于数据量不大且需要与其他表进行关联的场景，如系统的字典表和配置表。

5. 单表

单表指的是在所有的分片数据库中唯一存在的表，适用于数据量不大且无须分片的表。

9.2.6　数据节点

数据节点是数据分片的最小单元，一个数据节点由数据源名称和真实表组成。数据节点可以分为两种类型：均匀分布和自定义分布。

1. 均匀分布

均匀分布指真实表在每个数据库中的分布呈现均匀分布的态势。

```
db0.t_order_item_0, db0.t_order_item_1
db1.t_order_item_0, db1.t_order_item_1
```

2. 自定义分布

自定义分布指数据表的分布呈现特定的规则。

```
db0.t_order_item_0, db0.t_order_item_1
db1.t_order_item_2, db1.t_order_item_3, db1.t_order_item_4
```

9.2.7　分片算法

ShardingSphere支持内置的分片算法的语法糖供开发人员灵活使用，同时也支持开发人员实现自定义的分片算法。

1. 内置分片算法

ShardingSphere内置了多种开箱即用的分片算法，如取模分片算法、哈希分片算法、范围分片算法等。

2. 自定义分片算法

ShardingSphere提供了分片算法的抽象接口供开发人员自行实现，该接口允许开发人员自行管理真实表的物理分布和路由规则。

自定义分片算法不仅支持开发人员使用单一列作为分片键，而且支持使用多列作为分片键进行数据分片。例如，t_order表按月份和order_id分片，即先按照创建时间对应的月份分片，同一个月份内的数据再按照order_id的哈希值对2取模后分片，则通过自定义分片算法可以将t_order表分为t_order_01_00、t_order_01_01、t_order_02_00、t_order_02_01、…、t_order_12_00、t_order_12_01等多张子表。

9.3　ShardingSphere 如何实现分布式主键

在传统的系统开发中，数据库的主键自动生成是基本需求。通常开发人员会使用MySQL的自增键或Oracle的自增序列来满足业务要求。但随着数据分片的产生，不同子库、同一个子库的不同子表之间生成全局唯一的主键将是一件比较困难的事情，即同一个逻辑表对应的多个真实表之间无法实现全局唯一的主键。ShardingSphere提供了雪花算法（SnowFlake）来生成分布式主键。

雪花算法最早是Twitter公司在其内部用于生成分布式环境下唯一ID的组件。使用雪花算法生成唯一ID的规则如图9-8所示。

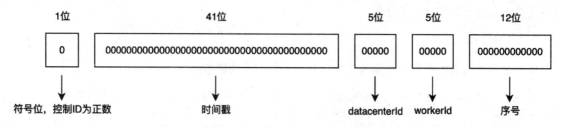

图 9-8　使用雪花算法生成唯一 ID 的规则示意图

使用雪花算法生成的唯一ID由5部分组成：

（1）最高位固定为0，用作符号位，控制雪花算法生成的唯一ID始终为正数。

（2）接下来的41位次高位用于存储毫秒级的时间戳，最大可以表示约69年的时间。这41位时间戳不是直接用来存储当前服务器的毫秒时间戳的，而是当前服务器时间戳减去某一个初始时间戳（如系统上线时间）。

（3）接下来的5位是datacenterId，表示机器所属机房的ID，即雪花算法可以表示2^5个机房。

（4）接下来的5位是workId，表示每个机房里机器的ID，每个机房里可以有2^5个机器。开发人员可以对datacenterId和workId这10位进行随意拆分和扩展以适配自己的业务场景，如拿出4位标识datacenterId，其他6位作为workId。

（5）最后的12位是序列号。在同一毫秒时间戳内，通过这个递增的序列号来区分不同的ID。即对于同一个机房的同一台机器而言，同一毫秒时间戳内，最多可以生成2^{12}=4096个不重复的ID，每秒最多可以生成409.6万个不重复的ID。

　　假设一个分布式系统的单机访问量为30000/s，则只要每一毫秒产生30个分布式ID即可满足要求。基于上述雪花算法的原理分析可知，雪花算法每一毫秒最多可以生成4096个分布式ID，完全可以满足要求。

　　此外，可发人员可以根据具体的使用场景对雪花算法进行改进，使其可以生成更多不重复的分布式ID。常见的改进方式如下：

　　（1）减少时间戳占用的位数，适用于数据不需要长期保持有效性的场景。例如，系统中的数据达不到69年之久或系统中的数据会定期备份到历史库，则可以适当减少时间戳占用的位数。减少的位数可以补充到序列号中，从而使每毫秒生成更多的序列号。

　　（2）减少datacenterId和workId的位数，适用于系统部署的服务器节点数量较少，不超过1024个的场景。减少的位数可以补充到序列号中，从而使每毫秒生成更多的序列号。

　　当部署雪花算法的服务器时钟回拨时，可能会出现重复的ID，因此ShardingSphere提供了一个最大容忍的时钟回拨毫秒数。如果时钟回拨的时间超过最大容忍的毫秒数阈值，则程序报错。如果时钟回拨的时间在可容忍的范围内，ShardingSphere会等待时钟同步到最后一次ID生成的时间后再继续工作。最大容忍的时钟回拨毫秒数的默认值为0，开发人员可以通过属性进行设置。

9.4　ShardingSphere 支持哪些类型的事务

　　数据库事务将一组数据库操作命令作为一个整体统一向数据库系统发起提交或撤销请求，从而实现这组数据库操作命令要么全部执行成功，要么全部执行失败。因此，事务是一个不可分割的逻辑工作单元。

　　数据库事务需要支持ACID特性：

- 原子性（Atomicity）：事务作为一个整体运行，事务中的数据库操作指令要么全部执行成功，要么全部执行失败。
- 一致性（Consistency）：事务应确保数据从一个状态转换到另一个状态时处于一致的状态。在事务开始之前，数据处于一致的状态。在事务执行过程中，数据可能处于不一致的状态，如数据可能有部分被修改。当事务成功完成时，数据必须再次回到已知的一致的状态。事务不能使数据存储处于不稳定的状态。
- 隔离性（Isolation）：多个事务并发执行时，一个事务的执行不应该影响其他事务的执行。
- 持久性（Durability）：不管系统是否发生故障，事务处理的结果都是永久的。

　　虽然ShardingSphere希望可以做到分布式场景下的事务控制，但在CAP理论的指导下，分布式事务必然有所取舍。ShardingSphere实现了将分布式事务的选择权交给开发人员，由开发人员根据不同的场景选择合适的分布式事务解决方案。

9.4.1　LOCAL 事务

　　ShardingSphere支持的LOCAL事务说明如下：

（1）非跨库事务。在一个数据库中进行分表或分库，但路由的结果在同一个库中时，ShardingSphere支持LOCAL事务。

（2）因逻辑异常导致的跨库事务。ShardingSphere跨两个库进行更新时，如果更新第一个数据库成功，但更新第二个数据库时抛出空指针异常，则对这两个库的操作能够顺利回滚。

ShardingSphere不支持的LOCAL事务场景：ShardingSphere不支持因为网络分区、硬件资源故障导致的跨库事务。例如，跨两个数据库进行更新操作，事务更新完毕未提交之前，第一个库宕机，则只有第二个库数据提交，并且无法回滚。

9.4.2　XA 事务

XA事务是指由X/Open组织提出的分布式交易处理的规范，也被称为XA分布式事务或XA两阶段提交协议。XA事务是一个分布式事务协议，其核心在于保证在多个数据库之间的事务操作的一致性和原子性。XA事务确保所有参与的数据库要么全部提交事务，要么全部回滚事务，从而保持数据的一致性和完整性。

XA事务主要由三个部分组成：资源管理器（Resource Manager，RM）、事务管理器（Transaction Manager，TM）和应用程序（Application Program）。

资源管理器通常由数据库管理系统实现，如Oracle、MySQL和DB2等商业数据库均实现了XA接口。事务管理器作为全局的调度者，负责各个本地资源的提交和回滚。事务管理器和资源管理器之间采用XA协议进行双向通信，通过两阶段提交实现。

ShardingSphere对XA事务的支持包括：

- 支持savepoint嵌套事务。
- 支持数据分片后的跨库事务。
- 两阶段提交保证操作的原子性和数据的一致性。
- 服务宕机重启后，可恢复提交/回滚中的事务。
- 支持同时使用XA和非XA的连接池。

在PostgreSQL或OpenGauss事务块内，如果SQL执行出现异常后仍执行提交，事务将自动回滚。ShardingSphere不支持的XA事务场景如下：

- 服务宕机后，在其他机器上恢复提交/回滚中的事务。

在MySQL事务块内，如果SQL执行出现异常后仍执行提交，数据一致性将无法保证。

XA事务的两个阶段分别说明如下：

- 第一阶段：事务协调者向事务参与者发送Prepare请求。事务参与者接收到Prepare请求后，判断事务是否可以提交，如果可以提交，则回复yes，否则回复no。
- 第二阶段：事务协调者根据事务参与者的回复信息进行判断。如果所有的事务参与者都回复了yes，则事务协调者向所有的事务参与者发送Commit请求，否则事务协调者对所有的事务参与者发送Rollback请求。

XA事务的执行流程如图9-9所示。

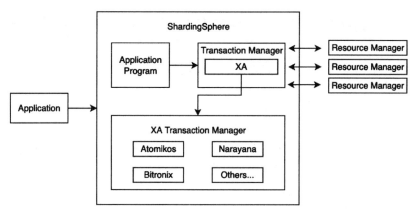

图 9-9　XA 事务的执行流程

9.4.3　BASE 事务

BASE理论是对CAP理论中的一致性和可用性进行权衡的结果。BASE理论放弃了ACID特性，通过强调基本可用（Base Availability）、软状态（Soft State）和最终一致性（Eventually Consistent）使系统达到最终一致性。

通常将实现了ACID事务要素的事务称作刚性事务，将基于BASE事务要素的事务称作柔性事务。BASE事务的特点如下：

- 基本可用：允许分布式事务的参与方可以不同时在线。
- 软状态：允许系统状态更新有一定的延迟，但这个延迟对于用户来说可以接受。
- 最终一致性：软状态必须有一定的时间期限，即同一数据的不同副本的状态，虽然不需要实时一致，但一定要保证经过一定时间后必须是一致的。

刚性事务对资源的隔离性要求很高，在事务执行过程中需要将所有的资源进行锁定。相比于刚性事务，柔性事务则通过业务逻辑将资源锁定操作转移到业务层面，通过放宽强一致性的要求，从而实现系统性能和数据一致性之间的平衡。ShardingSphere可以集成SEATA作为柔性事务的解决方案。

ShardingSphere BASE事务支持以下功能：

- 支持数据分片后的跨库事务。
- 支持RC（Read Committed）事务隔离级别。
- 支持通过undo快照进行事务回滚。
- 支持服务宕机后，自动恢复提交中的事务。

ShardingSphere BASE事务不支持以下功能：

- 除RC（Read Committed）之外的事务隔离级别。

9.5　ShardingSphere 如何实现读写分离

读写分离是为了降低单个数据库的访问压力，将数据库拆分为主库（负责受理新增、修改和删除请求）和从库（负责受理查询请求），从而提升性能的一种解决方案。读写分离架构如图9-10所示。

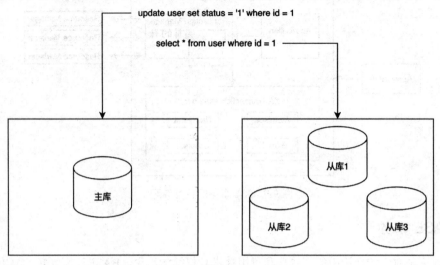

图 9-10   读写分离示意图

9.5.1   主库和从库

主库是用于执行新增、修改和删除相关SQL语句的数据库。

从库是用于执行查询相关SQL语句的数据库，可以支持多个从库。

9.5.2   主从同步

主从同步指的是将主库中的数据异步地同步到不同的从库中。由于主从同步之间是异步执行的（如通过binlog），因此主库与从库之间的数据会存在短暂的不一致。

9.5.3   ShardingSphere 读写分离支持

ShardingSphere的解析引擎将用户的SQL转换为可识别的Statement信息，然后由路由引擎根据SQL的读写类型以及事务的状态对SQL进行路由转发。如果用户执行的SQL是查询类的，则使用不同的负载均衡算法，实现多个从库之间查询请求的负载均衡。常见的负载均衡算法如下：

- 轮询算法。
- 随机算法。
- 加权算法。
- 用户自定义算法。

9.6   ShardingSphere 支持哪些数据分片算法

数据库分片是指将海量数据拆分为较小的数据块，以便实现更快、更轻松的数据管理模式。ShardingSphere提供了多种数据分片算法供开发人员选择，主要有以下几种。

- BoundaryBasedRangeShardingAlgorithm：基于边界的范围分片算法。
- ComplexInlineShardingAlgorithm：基于行表达式的复合分片算法。
- AutoIntervalShardingAlgorithm：基于可变时间范围的分片算法。
- HintInlineShardingAlgorithm：基于行表达式的Hint分片算法。
- HashModShardingAlgorithm：基于哈希取模的分片算法。
- InlineShardingAlgorithm：基于行表达式的分片算法。
- ModShardingAlgorithm：基于取模的分片算法。

9.7　ShardingSphere-JDBC 的工作原理是什么

当ShardingSphere接收到一条SQL后，需要经过SQL解析、查询优化、SQL路由、SQL改写、SQL执行和结果归并等处理，最终将SQL执行完成并返回执行结果。

9.7.1　SQL 解析

ShardingSphere SQL解析过程包括词法解析和语法解析。词法解析是将SQL语句拆解为不再可分的最小的原子符号，通常称之为token。

ShardingSphere经过词法解析后，根据不同的数据库类型及其对应的方言将token归类为关键字、表达式、字面量和操作符等，然后根据语法解析器将SQL语句转换为抽象语法树。

下述SQL语句被ShardingSphere进行SQL解析后得到的抽象语法树如图9-11所示。

```
select id, name from user where status = '1' and age > 18;
```

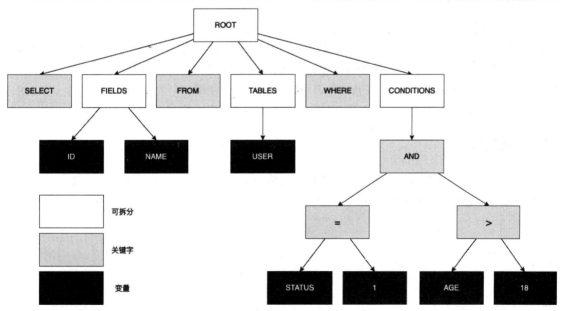

图 9-11　抽象语法树示意图

9.7.2　SQL 路由

ShardingSphere的SQL路由功能是其在分布式数据库架构中的一个核心组成部分，它决定了数据请求如何被正确地路由到不同的数据库节点。

SQL路由功能是指ShardingSphere根据逻辑SQL解析出来的上下文以及用户配置的路由规则，在执行时选择匹配的数据源和表的过程。其目的是确保数据请求能够高效、准确地被路由到目标数据库节点，以实现数据的分布式存储和查询。

对于携带分片键的SQL，ShardingSphere根据分片键操作符的不同可以划分为单片路由（分片键的操作符是等号）、多片路由（分片键的操作符是IN）和范围路由（分片键的操作符是BETWEEN）。对于不携带分片键的SQL则采用广播路由。

9.7.3　SQL 改写

SQL改写主要由ShardingSphere将开发者面向逻辑表编写的SQL语句改写为面向数据节点的SQL。例如以下逻辑SQL语句：

```
select name from user where id= '1';
```

该逻辑SQL语句被改写后的SQL如下：

```
select name from db1.user_1 where id= '1';
```

9.7.4　SQL 执行

ShardingSphere内置自动化的执行引擎，负责将改写后的SQL发送到数据源执行。

ShardingSphere支持以下两种SQL执行模式。

（1）内存限制模式：对SQL执行过程中用到的数据库连接数量不进行限制。例如，一条SQL要对100张表进行操作，则对于每张表的操作会使用一个独立的数据库连接。该模式通常用于OLAP场景。

（2）连接限制模式：该模式下，ShardingSphere对SQL执行过程中使用的连接数进行严格的控制。例如，一条SQL要对某个数据库中的100张表进行操作，只会使用一个数据库连接。如果一条SQL要操作的分片分布在不同的数据库中，则对每个数据库的操作使用一个唯一的数据库连接。

9.7.5　结果归并

结果归并是将各个数据节点产生的结果集组合成一个最终的结果集并返回给客户端。

ShardingSphere的工作原理如图9-12所示。

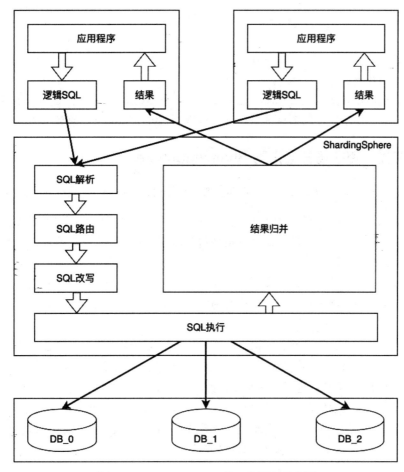

图 9-12　ShardingSphere 的工作原理示意图

9.8　ShardingSphere 面试押题

9.8.1　ShardingSphere 是什么

ShardingSphere是一套开源的分布式数据库中间件解决方案，它为数据库分片、分布式事务处理和数据库治理提供了一整套功能。ShardingSphere项目由Apache软件基金会管理，已经成为其顶级项目之一。它旨在简化分布式数据库环境下的数据管理和操作，特别是面向微服务架构和云原生应用设计，支持Java同构及异构语言、容器和云原生等多种应用场景。

ShardingSphere是一个强大的工具集，可以帮助开发者应对大数据量和高并发场景下的数据库挑战，同时保持应用代码的简洁和易维护性。

9.8.2　ShardingSphere 支持哪些数据库

ShardingSphere旨在支持广泛的数据库系统，以便为不同的应用场景提供灵活性和兼容性。根据现有信息，ShardingSphere支持但不限于以下数据库：

- MySQL。
- Oracle。
- PostgreSQL。
- Microsoft SQL Server。
- 任何遵循SQL92标准（SQL92标准是数据库的一个ANSI/ISO标准，它定义了语言SQL以及数据库的行为，如事务、隔离级别等。这个标准在1992年被提出）的数据库。

9.8.3　企业开发中哪些场景会用到 ShardingSphere

在企业开发过程中，遇到以下场景时可能会考虑使用ShardingSphere来解决数据库层面的挑战。

（1）数据量激增与性能瓶颈：当单个数据库无法承载日益增长的数据量，导致查询、写入性能下降时，ShardingSphere的数据分片功能可以帮助将数据分布到多个数据库或表中，实现水平扩展，提升系统处理能力和响应速度。

（2）高并发访问：在需要处理大量并发请求的场景下，例如电商的大促活动、金融行业的交易高峰期，ShardingSphere通过读写分离和负载均衡策略，可以有效分散访问压力，确保系统的稳定性和可用性。

（3）分布式事务需求：在微服务架构中，跨服务的数据一致性是一个重要问题。ShardingSphere提供了分布式事务支持，包括两阶段提交和柔性事务，帮助确保数据的一致性。

（4）数据库治理与运维：随着业务发展，数据库数量增多，管理复杂度上升。ShardingSphere提供了数据库治理功能，包括但不限于监控、审计、数据脱敏、加密等，帮助简化数据库运维工作。

（5）业务迁移与扩展：在进行数据库迁移或系统升级时，ShardingSphere可以提供平滑迁移的能力，让业务在不停服的情况下完成数据库的替换或扩容，减少业务中断风险。

9.8.4　ShardingSphere 的核心功能有哪些

ShardingSphere的核心功能主要包括以下几个方面。

（1）数据分片：ShardingSphere支持水平分片和垂直分片，允许将数据分布在多个数据库或表中，实现数据的水平扩展，以应对大规模数据存储和处理需求。这有助于提升系统处理能力和降低单个数据库的压力。

（2）分布式事务：ShardingSphere提供分布式事务的支持，结合了XA和BASE两种事务模型，确保跨数据源操作的数据一致性。这在微服务架构中尤为重要，可以帮助管理不同服务间的数据交互。

（3）读写分离：ShardingSphere支持自动识别SQL的读写性质，将读操作分散到从库，写操作路由到主库，以此来优化数据库负载，提高读取性能和系统的并发能力。

（4）数据库治理：ShardingSphere支持数据加密、数据脱敏、SQL审核、监控与度量、流量控制（如熔断、限流）、服务质量分析以及可观察性等功能，帮助提升数据库运维的效率和安全性。

（5）监控与诊断：ShardingSphere提供Tracing和Metrics收集功能，以及日志输出功能，通过字节码增强和插件化设计，可将监控数据输出至第三方APM（Application Performance Management）系统，便于系统性能的监控和故障排查。

9.8.5　ShardingSphere 支持的数据分片技术有哪些

ShardingSphere支持多种数据分片技术，旨在满足不同场景下的数据分布和访问需求。以下是ShardingSphere支持的一些关键数据分片技术。

（1）单一字段分片。ShardingSphere允许根据单个字段（如用户ID、订单ID）进行数据分片，是最基础的分片方式。

（2）复合分片。ShardingSphere支持根据多个字段联合进行数据分片，以实现更为复杂的数据分布策略。

（3）范围分片：ShardingSphere支持基于范围的分片，以精确地定位相关的分片数据。

（4）哈希分片：ShardingSphere支持通过哈希函数将数据均匀地分布到各个分片中，适用于需要平衡各分片数据量和访问负载的场景。

（5）一致性哈希分片：ShardingSphere支持通过一致性哈希算法分片，保证数据的分布既均衡又能处理节点增减时的数据重定位问题，减少重新分配数据的开销。

（6）自定义分片算法：ShardingSphere允许用户实现自定义的分片算法，以满足特定业务逻辑或复杂分片策略的需求，提供了极高的灵活性。

9.8.6　数据分片技术有哪些优缺点

数据分片技术作为一种将数据集分散存储在多个节点上的技术，具有以下显著的优缺点。

1. 数据分片技术的优点

数据分片技术有以下优点。

（1）提高可扩展性：数据分片技术通过将数据分布到多个节点，可以水平扩展数据库，有效应对不断增长的数据量和更高的访问负载，无须依赖单一服务器的升级。

（2）增强性能：数据分片技术可以减少单个数据库的负担，通过负载均衡提高查询和写入速度，特别是在高并发环境下效果显著。

（3）提升容错能力：数据分片技术将数据分布在多个节点上，即使某个节点发生故障，其他节点仍可继续服务，保证了系统的可用性。

（4）成本效益：数据分片技术相比使用昂贵的高端服务器，通过普通服务器集群进行数据分片，可以更经济地达到所需的处理能力。

（5）优化特定查询：通过精心设计的分片策略，可以将相关数据放置在同一分片上，从而加速某些查询的执行速度。

2. 数据分片技术的缺点

数据分片技术有以下缺点。

（1）部署与维护复杂性：数据分片技术架构设计和实施较为复杂，需要考虑数据如何划分、如何路由、如何备份恢复等问题，同时也增加了运维的复杂度。

（2）跨分片查询难题：数据分片技术可能涉及多个分片的查询，可能需要复杂的协调逻辑，影响查询效率，尤其是在没有全局索引的情况下。

（3）系统设计限制：数据分片策略一旦确定，后期修改可能较为困难，可能需要重新分片或迁移数据，对业务连续性构成挑战。

（4）资源分配不均：如果分片策略设计不当，可能导致数据分布不均，某些分片可能过载，而其他分片则资源利用率低，影响系统的整体性能。

9.8.7　ShardingSphere 与 Mycat 有哪些异同点

ShardingSphere与Mycat都是流行的分布式数据库解决方案，它们在处理数据分片、读写分离等方面有相似的应用场景，但也存在一些关键的异同点。

1. ShardingSphere与Mycat的相同点

ShardingSphere与Mycat有以下相同点。

（1）数据分片：ShardingSphere与Mycat都支持数据的水平分片，能够将数据分散存储在多个数据库或表中，以实现数据的水平扩展。

（2）读写分离：ShardingSphere与Mycat都可以配置读写分离策略，提高系统的读取性能和负载均衡能力。

（3）分布式事务支持：ShardingSphere与Mycat虽然实现方式和程度不同，但二者都试图解决分布式环境中的事务一致性问题。

（4）兼容性：ShardingSphere与Mycat都具备良好的数据库兼容性，支持多种主流的数据库系统，如MySQL、PostgreSQL等。

2. ShardingSphere与Mycat的不同点

ShardingSphere与Mycat有以下不同点。

（1）架构设计：ShardingSphere包含Sharding-JDBC、Sharding-Proxy等多个模块，提供了更灵活的集成方式，而Mycat主要是作为数据库中间件，以服务形式部署，更适合对现有系统改造较小的场景。

（2）功能丰富度：ShardingSphere的功能更加全面，除数据分片和读写分离外，还提供数据库治理、分布式事务管理、SQL改写等多种高级特性，适合复杂和高度定制化的应用场景。相比之下，Mycat的定位相对简单直接，适合入门级和简单应用场景。

（3）可扩展性与定制化：ShardingSphere由于其微内核和插件化的设计，提供了更高的可扩展性和定制能力，用户可以根据需求选择和组合不同的功能模块。Mycat虽然也支持一定的配置灵活性，但在扩展性和深度定制方面不如ShardingSphere。

（4）社区与生态：ShardingSphere作为Apache顶级项目，拥有活跃的社区支持和持续的更新迭代，生态更为丰富，文档和资源较多。而Mycat同样拥有一定规模的用户群体，但在国际影响力和生态建设上可能略逊一筹。

（5）技术栈与复杂度：ShardingSphere的配置和使用相对复杂，尤其是对于高级特性的利用，需要深入理解其架构和原理。Mycat虽然也具有一定的配置复杂度，但因其功能较为集中，对于初学者来说上手可能稍显容易。

9.8.8　数据分片技术和分布式数据库之间如何权衡

选择数据分片技术还是分布式数据库，主要取决于具体需求、技术背景、预算以及未来的发展规划。下面是在两者之间选择的一些考量因素。

1. 适用场景

当开发人员面临单个数据库性能瓶颈或存储限制时，数据分片技术可以作为一种解决方案，通过水平扩展提升系统处理能力。如果业务需求变化快，需要高度的灵活性和可定制性，数据分片技术，特别是像ShardingSphere这样的框架，提供了丰富的配置选项和扩展能力。

如果开发人员正在设计全新的系统，或者现有系统需要彻底重构以支持大规模并发和海量数据处理，并且需要一个即开即用的解决方案，希望数据库本身就能处理分布式带来的复杂性，比如自动分片、负载均衡、故障转移等，则分布式数据库是一个不错的选择。

2. 优势

数据分片技术具有更好的灵活性和控制权，可以根据业务需求精细调整分片策略。数据分片技术高度可定制，可以针对特定业务场景进行优化。

分布式数据库降低了分布式系统的开发复杂度，提供了许多高级特性，开箱即用。分布式数据库可以提供更好的一致性和事务支持，减少了数据不一致的风险。

3. 劣势

数据分片技术的实现和维护相对复杂，需要专业的知识和技能，可能增加系统的复杂度，对运维和监控要求较高。

分布式数据可能会有学习曲线，特别是对于特定分布式数据库特有的API和管理工具。对于高度定制化需求，分布式数据可能不如直接使用数据分片技术灵活。

9.8.9　如何优化一张大数据量表的查询速度

优化大数据量表的查询速度是数据库管理和调优的关键任务之一，可以通过以下几种策略来实现。

（1）合理使用索引：开发人员可以为频繁查询和过滤条件所在的列创建索引，尤其是主键和外键。索引可以显著加快查询速度，但也要注意索引过多或不当可能会增加写入操作的成本和存储需求。

（2）优化简化排序：开发人员应该尽量减少不必要的ORDER BY操作，因为排序操作可能会导致全表扫描。如果可能，可以利用索引来排序，避免数据库进行额外的排序步骤。

（3）避免全表扫描：开发人员应该尽量避免对大型表进行顺序扫描，通过优化查询语句，使用索引覆盖查询，只检索必要的列。

（4）避免相关子查询：开发人员应该尽量减少或消除在WHERE子句中使用相关子查询，这类查询会导致多次访问相同的数据。可以尝试使用JOIN代替相关子查询来提高效率。

（5）分区和分片：开发人员可以对表进行物理或逻辑分区，如使用ShardingSphere按时间范围、ID范围或特定字段的值区间进行数据分片，可以减少查询时需要扫描的数据量。

（6）优化SQL语句：开发人员应该确保SQL语句简洁高效，避免使用SELECT *，明确指定需要的列，减少JOIN的数量，适当使用IN而不是OR连接条件。

（7）数据归档和清理：开发人员应该定期归档和删除不再需要的历史数据，减少表的体积，提高查询效率。

（8）硬件和配置优化：开发人员应该确保数据库服务器的硬件资源（如内存、CPU、磁盘I/O）充足，并根据实际负载进行合理的数据库参数调优。

（9）数据库缓存：开发人员可以充分利用数据库的缓存机制（如Redis或数据库内置的缓存）存储热点数据，减少对磁盘的直接访问。

第 10 章

分布式事务

分布式事务是指在分布式系统中，一些复杂的业务场景涉及多个数据库或多个应用程序之间的事务协调和事务控制，不同的数据库或应用程序的事务可能分布在不同的物理机器上，甚至可能位于不同的地理位置。在分布式事务中，开发人员需要确保所有参与的事务操作都能够保持一致性，即所有参与的事务要么全部提交成功，要么全部执行回滚。这种一致性是分布式系统数据完整性和业务逻辑正确性的重要保障。

在企业级开发中，随着业务规模的扩大和系统的复杂化，分布式事务的应用场景越来越广泛。以下是一些典型的场景。

1）分布式数据库

在分布式数据库系统中，数据被分散存储在多个数据库节点上。当需要对这些分散的数据进行跨节点的读写操作时，就需要使用分布式事务来确保数据的一致性和完整性。例如在银行系统中，不同用户的账户余额可能分布在不同的数据库节点上，当用户之间进行转账操作时，就需要通过分布式事务来确保转出金额和转入金额的一致性。

2）跨系统交互

在企业级应用中，一些特定的业务场景经常需要与其他系统进行交互和数据共享。当这些系统之间需要进行事务性操作时，就需要使用分布式事务来确保数据的一致性和可靠性。例如在供应链系统中，订单系统需要与物流系统、支付系统和库存系统等多个外部系统进行交互，这些交互过程就需要使用分布式事务来保证数据的准确性和一致性。

3）缓存系统

当开发人员使用缓存系统（如Redis和Memcached等）进行开发时，也需要考虑分布式事务的问题。当需要同时操作缓存系统中的数据与数据库数据时，就需要通过分布式事务来确保缓存的更新和数据库的更新是同步完成的。

10.1 什么是强一致性事务

事务是一个不可分割的数据库操作单元。对于数据库操作而言，强一致性事务要求一组SQL（如新增语句、修改语句和删除语句）必须同时成功或同时失败。

强一致性事务是指在所有事务参与方对于事务的操作结果能够立即达成一致的状态，即从事务完成的那一刻起，事务参与方看到的数据必须是同一版本且是最新的。这种一致性模型提供了最高的数据可靠性保证,确保任何时候对数据的访问都会返回最新的且一致的结果。

在强一致性事务中,一旦事务被提交,所有后续的读取请求都应该能够看到这个事务所做的更改,不会有延迟或不一致的情况发生。

经典的强一致性事务的案例是:用户A向用户B转账500元,用户A账户余额减少500元,用户B账户余额增加500元。对于用户A的账户余额操作和用户B的账户余额操作必须同时成功。如果对用户A和用户B账户余额的操作中任一账户出现失败,则同时取消对用户A和用户B的账户余额操作,将用户A和用户B的账户余额恢复到转账之前的状态。

强一致性事务的四大特性说明如下。

(1)原子性:原子性是指事务作为一个原子性的操作单元,一次事务的执行,只允许出现两种状态:要么全部成功,要么全部失败。任何一项操作的失败都会导致其他已经被执行的操作全部撤销并回滚,从而导致整个事务的失败。只有所有的操作全部成功,整个事务才算是成功完成。

(2)一致性:一致性要求事务在执行期间不能破坏数据的完整性和一致性。一个事务在执行之前和执行之后,数据都必须处于一致状态。

(3)隔离性:隔离性是指在并发环境下,不同的事务之间是相互隔离的,一个事务的执行不能被其他的事务干扰。

(4)持久性:持久性要求事务一旦提交后,数据就永久保存在数据库中。即使出现服务器系统崩溃或服务器宕机等场景,只要重新启动数据库,就一定能够将数据恢复到事务成功提交后的状态。

10.2　分布式架构理论基础

10.2.1　什么是 CAP 理论

1998年,加州大学计算机科学家Eric Brewer提出了一套分布式系统理论,该理论指出分布式系统的3个主要指标如下。

(1)Consistency:一致性,是指分布式系统中的所有节点在同一时间点上的数据是完全一致的。站在分布式系统的角度,一致性对访问分布式系统的客户端来说是一种承诺:分布式系统要么返回绝对一致的最新数据,要么返回一个错误给客户端。

(2)Availability:可用性,是指任何客户端的请求都能得到响应数据,并且系统不会响应错误。站在分布式系统的角度,可用性对访问分布式系统的客户端来说是另一种承诺:分布式系统一定会返回数据,并且一定不会返回错误信息。

(3)Partition Tolerance:分区容错性,是指分布式系统通过网络进行通信时,网络是不可靠的,当任意数量的消息丢失后,系统仍然可以继续提供服务。站在分布式系统的角度,分区容错性对访问分布式系统的客户端来说是再一次承诺:分布式系统将会一直运行,不管分布式系统内部出现何种数据丢失问题,分布式系统保证不会宕机。

CAP理论指出,任何一个分布式系统最多只能同时满足一致性、可用性和分区容错性中的两项。CAP理论如图10-1所示。

对于分布式系统而言,只要有网络交互,就一定会出现网络延迟或数据丢失,因此P(Partition

Tolerance）是分布式系统必须保证的前提。剩下的就是在A（Availability）和C（Consistency）之间进行取舍。

CP组合模式牺牲了可用性，更加注重数据的强一致性。当出现网络分区时，对分布式系统的访问都会失败。CP组合模式的典型案例是ZooKeeper。当网络异常导致Leader节点下线后，其余的Follower节点会通过重新选举产生新的Leader节点，选举期间ZooKeeper集群处于不可用状态。

AP组合模式牺牲了数据的强一致性，更多关注数据的最终一致性。AP模式典型的案例是Eureka。Eureka通过心跳检测机制剔除网络异常的节点，将请求转发到可用的节点上,保障服务的可用性，但也允许数据不一致。当故障节点网络恢复后，会自动进行数据同步，从而保证数据的最终一致性。

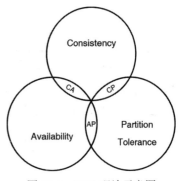

图 10-1 CAP 理论示意图

10.2.2 什么是 BASE 理论

BASE理论是基于CAP理论演化而来的，其核心思想是分布式系统无法做到强一致性，可以采用合适的方式使分布式系统达到最终一致性。BASE理论要求的3个主要指标如下。

（1）Basically Availability：基本可用，要求在分布式系统出现故障时，允许损失部分可用性，即保证核心功能可用即可。

Basically Availability的典型应用场景是在电商大促期间，为了应对激增的访问量，系统将部分用户引导至降级页面，从而保障电商平台的核心功能能够正常使用。

（2）Soft State：软状态，允许分布式系统存在中间状态，但该中间状态不会影响分布式系统的可用性。

Soft State的典型场景是数据库主从同步。例如，一个数据库集群中包含1个主库和2个从库，Soft State允许从库1和从库2中的数据与主库之间存在一定的延迟。

（3）Eventually Consistency：最终一致性，要求分布式系统中的所有数据副本经过一定时间后达到最终一致的状态。

10.2.3 什么是 2PC

2PC协议（Two Phrase Commitment Protocol，二阶段提交协议）主要包含两个阶段：准备阶段和提交阶段。两个阶段都是由事务管理器发起的，事务管理器作为协调者参与2PC协议，协调的对象是资源管理器，即参与者。

2PC协议源自X/Open组织提出的分布式事务XA协议，该协议定义了全局的事务管理器和局部的资源管理器之间的接口，使事务管理器和多个资源管理器之间形成通信桥梁。

1. 准备阶段

协调者向各个参与者发起指令,要求各个参与者评估自身的状态。如果参与者评估指令可以执行，则参与者执行事务，并将操作写入redo和undo日志中，但参与者不可以提交事务。如果参与者的事务操作实际执行成功，则返回给协调者一个成功消息；如果参与者的事务操作实际执行失败，则返回给协调者一个失败消息。

2. 提交阶段

如果所有的参与者都明确返回成功的消息，则协调者向所有的参与者发起事务提交指令。如果所有的参与者都提交成功，则分布式事务处理成功；否则协调者向参与者发起取消提交指令，所有的参与者执行undo日志，对各自的事务进行回滚。

2PC协议的执行过程如图10-2所示。

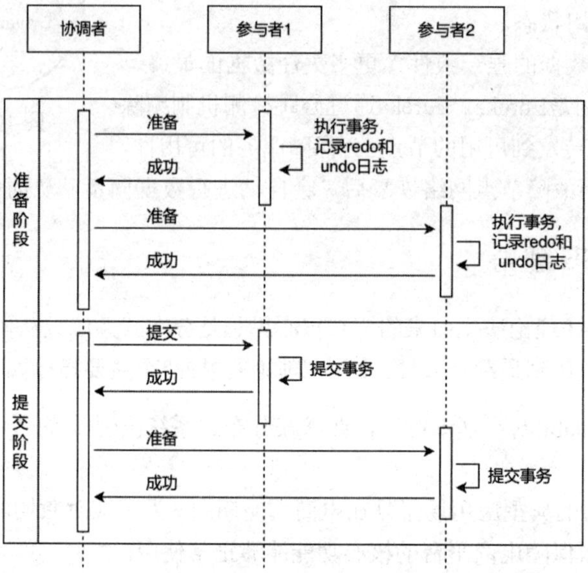

图 10-2 2PC 协议的执行示意图

10.2.4 什么是 3PC

3PC协议（Three Phase Commitment Protocol，三阶段提交协议）是对2PC协议的改进版本。在3PC协议中引入了超时机制用于解决阻塞的问题，从而避免资源被无限锁定。

1. 询问阶段

协调者询问参与者是否可以执行指令，参与者只需要回复协调者是或否，而不需要真正执行指令。该过程是有超时机制控制的，如果参与者在到达超时时间后还未响应，则终止处理。

2. 准备阶段

当询问阶段中所有的参与者都返回可以执行指令的应答后，协调者向参与者发送预执行请求。参与者将执行事务操作并将操作记录写入redo和undo日志中，但参与者不能提交事务。参与者成功执行事务操作后，返回成功响应给协调者，同时等待最终的提交指令。

如果在询问阶段有参与者返回不能执行命令的应答，则协调者向所有的参与者发送终止指令。

3. 提交阶段

当所有的参与者在准备阶段都返回成功响应后，协调者向参与者发起提交指令。参与者接收到指令后，开始提交各自的事务。如果所有的参与者都提交成功并返回给协调者成功的响应，则分布式事务提交成功；否则协调者向参与者发送终止指令，所有的参与者执行事务回滚操作。

3PC协议的执行过程如图10-3所示。

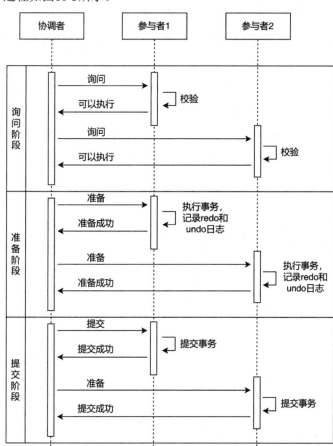

图 10-3　3PC 协议的执行示意图

10.3　Atomikos 分布式事务

Atomikos是一个流行的开源事务管理器，特别适用于Java领域中的分布式系统。它的设计目标是轻量级且易于嵌入微服务和分布式环境中，以提供对Java事务API（Java Transaction API，JTA）的全面支持。借助Atomikos，开发人员可以实现在不同资源管理器之间进行事务的协调，以保证分布式事务的ACID特性。

Java事务API和Java事务服务（Java Transaction Service，JTS）为JavaEE平台提供了分布式事务支持。

一个分布式事务包括一个事务管理器和多个资源管理器。资源管理器负责持久化数据，事务管理器承担所有资源管理器之间的互相通信。

可以认为JTA是XA规范的Java版本。通过把XA规范中规定的分布式事务模型抽象成Java接口，使JTA可以非常方便地运行在JavaEE平台上。

Atomikos（https://www.atomikos.com）提供基于JTA的XA分布式事务实现。Atomikos分为TransactionsEssentials和ExtremeTransactions两个版本。

10.3.1　TransactionsEssentials

Atomikos TransactionsEssentials是开源版分布式事务产品，提供JTA/XA、JDBC和JMS相关的分布式事务支持。

在分布式事务中需要用到以下两个接口：

- javax.transaction.TransactionManager
- javax.transaction.UserTransaction

相应地，Atomikos TransactionsEssentials分别提供了上述两个接口的实现：

- com.atomikos.icatch.jta.UserTransactionManager
- com.atomikos.icatch.jta.UserTransactionImp

使用Atomikos TransactionsEssentials实现分布式事务的配置如下：

```xml
<bean id="atomikosUserTransaction" class="com.atomikos.icatch.jta.UserTransactionImp">
    <property name="transactionTimeout" value="300" />
</bean>

<bean id="springTransactionManager"
class="org.springframework.transaction.jta.JtaTransactionManager">
    <property name="userTransaction" ref="atomikosUserTransaction" />
</bean>

<tx:annotation-driven transaction-manager="springTransactionManager"/>

<!-- 配置数据源 -->
<bean id="dataSourceXA1" class="com.atomikos.jdbc.AtomikosDataSourceBean"
init-method="init" destroy-method="close">
    <property name="uniqueResourceName" value="XA1DBMS" />
    <property name="xaDataSourceClassName"
value="com.mysql.jdbc.jdbc2.optional.MysqlXADataSource" />
    <property name="xaProperties">
        <props>
            <prop key="URL">jdbc:mysql://localhost:3306/test?useUnicode=true&amp;
characterEncoding=utf-8</prop>
            <prop key="user">xxx</prop>
            <prop key="password">xxx</prop>
        </props>
    </property>
    <property name="poolSize" value="3" />
    <property name="minPoolSize" value="3" />
    <property name="maxPoolSize" value="5" />
</bean>

<!-- 配置数据源 -->
<bean id="dataSourceXA2" class="com.atomikos.jdbc.AtomikosDataSourceBean"
init-method="init" destroy-method="close">
    <property name="uniqueResourceName" value="XA2DBMS" />
    <property name="xaDataSourceClassName"
value="com.mysql.jdbc.jdbc2.optional.MysqlXADataSource" />
```

```
    <property name="xaProperties">
       <props>
          <prop key="URL">jdbc:mysql://localhost:3306/test2?useUnicode=
true&amp;characterEncoding=utf-8</prop>
          <prop key="user">xxx</prop>
          <prop key="password">xxx</prop>
       </props>
    </property>
    <property name="poolSize" value="3" />
    <property name="minPoolSize" value="3" />
    <property name="maxPoolSize" value="5" />
</bean>

<bean id="jdbcTemplateXA1" class="org.springframework.jdbc.core.JdbcTemplate">
    <property name="dataSource" ref="dataSourceXA1" />
</bean>

<bean id="jdbcTemplateXA2" class="org.springframework.jdbc.core.JdbcTemplate">
    <property name="dataSource" ref="dataSourceXA2" />
</bean>
```

10.3.2　ExtremeTransactions

Atomikos　ExtremeTransactions 是 商 业 版 分 布 式 事 务 产 品 。 ExtremeTransactions 除 提 供 TransactionsEssentials的基础功能外，还支持对TCC柔性事务、RMI、IIOP和SOAP等远程过程调用技术进行分布式事务控制。

ExtremeTransactions除支持更加丰富的分布式事务外，还支持云端事务日志管理，可以通过云端对分布式事务进行恢复，并提供完善的后台管理能力。

Atomikos实现微服务间的分布式事务的过程如图10-4所示。

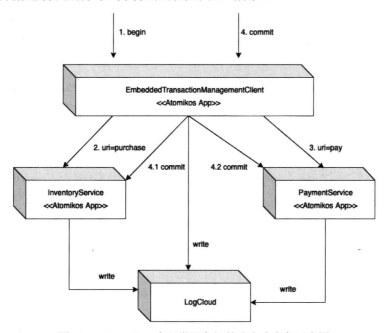

图 10-4　Atomikos 实现微服务间的分布式事务示意图

10.4　TCC 分布式事务

TCC（Try-Confirm-Cancel）分布式事务最早是由Pat Helland于2007年发表的一篇名为*Life beyond Distributed Transactions:an Apostate's Opinion*的论文提出的。

TCC分布式事务是一种补偿型事务处理模式，主要用于解决在分布式系统中跨服务的事务一致性问题。它不是通过传统的二阶段提交（2PC）或三阶段提交（3PC）协议来实现的，而是通过业务层面的三个操作阶段来保证事务的原子性。TCC模型特别适用于微服务架构，其中服务间的交互需要保持事务的一致性，但又希望避免传统事务模型带来的性能瓶颈和复杂性。

TCC相较于2PC和3PC而言，避免了大粒度资源锁定的问题，适用于并发量较大的业务场景。

10.4.1　2PC 和 3PC 的缺点

假设有这样一个电商场景，用户在电商网站上购买了总价1000元的商品。其中账户余额支付金额为800元，红包支付金额为200元。

以2PC处理流程为例。

1. 准备阶段

订单生成后，账户余额系统减800元，给这一行记录加锁，写入redo和undo日志，但账户余额系统事务不提交；红包系统减200元，给这一行记录加锁，写入redo和undo日志，红包系统事务不提交。

2. 提交阶段

账户余额系统事务提交，红包系统事务提交。

在准备阶段，当数据库将账户余额减少800元后，为了维持事务的隔离性，会给行记录加锁，在该事务提交之前，其他事务无法操作该记录。但从实际的业务场景而言，只需要预留账户余额中的800元进行扣减，而无须将整个账户余额进行锁定。这就是2PC的缺点。与2PC类似，3PC也存在相同的问题。

10.4.2　TCC 的原理

TCC的核心思想是针对每一个业务操作都需要注册与其对应的确认和补偿操作。TCC的3个阶段如下。

（1）Try：该阶段对各个资源的状态进行检测并对资源进行锁定或预留。

（2）Confirm：该阶段对资源执行真正的业务操作，期间可以不对资源状态进行检测，但需要支持幂等。如果Confirm过程中出现异常或失败等问题，则可以进行重试。

（3）Cancel：该阶段对资源执行业务取消操作。如果任一资源在Confirm执行过程中出现异常且经过重试后无法成功，则执行业务取消操作。

TCC执行流程如图10-5所示。

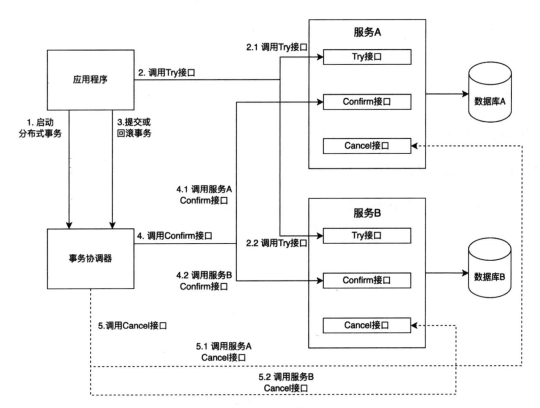

图 10-5　TCC 工作原理示意图

10.4.3　TCC 的改进

TCC需要3个步骤才能实现分布式事务的一致性。为了简化TCC的使用流程，通常可以将TCC简化为两个步骤。

步骤01　Confirm。

例如电商场景，不再执行Try过程，直接执行扣减库存和扣减账户余额操作。需要注意的是，在库存服务和账户余额服务中，需要确保幂等且防止库存或账户余额扣减为负数（超卖）。

如果所有的Confirm都执行成功，则分布式事务执行成功；否则将触发所有Cancel接口执行。

步骤02　Cancel。

执行各服务的Cancel过程。该过程与TCC改进之前的执行逻辑类似。

改进的TCC与改进之前相比，减少了调用方的复杂度，但对Confirm结果要求更高，需要服务提供方将资源锁定和资源执行在一个原子操作中完成。

10.5　Saga 分布式事务

Saga是分布式事务领域较为常见的一种解决方案。Saga在1987年普林斯顿大学的Hector Garcia-Molina和Kenneth Salem发表的*SAGAS*论文中被提出。

Saga将分布式事务当作一个长事务，将长事务拆分为多个子事务。每个子事务都有对应的正向操作和补偿操作。当一个子事务执行成功后，会通过发布一条消息或一个事件来触发长事务中下一个子事务执行。任何一个子事务因某些原因无法执行成功时，Saga将会触发对失败子事务之前所有子事务的补偿操作。

Saga协调逻辑可以分为编排（Choreography）和控制（Orchestration）两种模式。下面结合案例介绍这两种模式的特点。

10.5.1   Saga 编排模式

在Saga编排模式下，Saga中的各子事务之间的调用、分配、决策和排序等一系列交互操作是通过事件进行的。该模式的特点是去中心化。子事务之间通过消息互相通信，通过监听到的其他子事务发出的消息决定后续的执行逻辑。由于Saga编排模式没有中心化的协调者，因此需要各子事务自身进行协调。

以电商下单场景为例，在Saga编排模式下，各子事务的交互流程如图10-6所示。

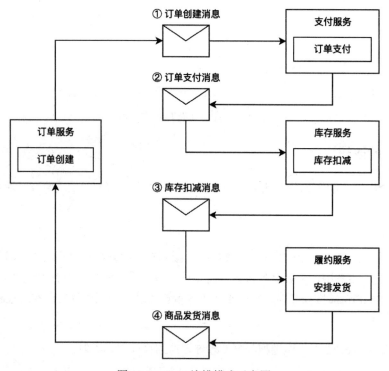

图 10-6   Saga 编排模式示意图

步骤 01 订单服务执行订单创建操作，操作成功后，订单服务产生订单创建消息。

步骤 02 支付服务监听到订单创建消息后，执行订单支付操作，支付操作成功后，产生订单支付消息。

步骤 03 库存服务监听到订单支付消息后，执行库存扣减操作，库存扣减操作成功后，产生库存扣减消息。

步骤 04 履约服务监听到库存扣减消息后，执行安排发货操作，安排发货操作成功后，产生商品发货消息。

步骤 05 订单服务监听到商品发货消息后，执行更新订单状态操作，将订单状态设置为已完成。

当在Saga编排模式下出现子事务失败的场景时，将会执行对应的补偿操作，如图10-7所示。

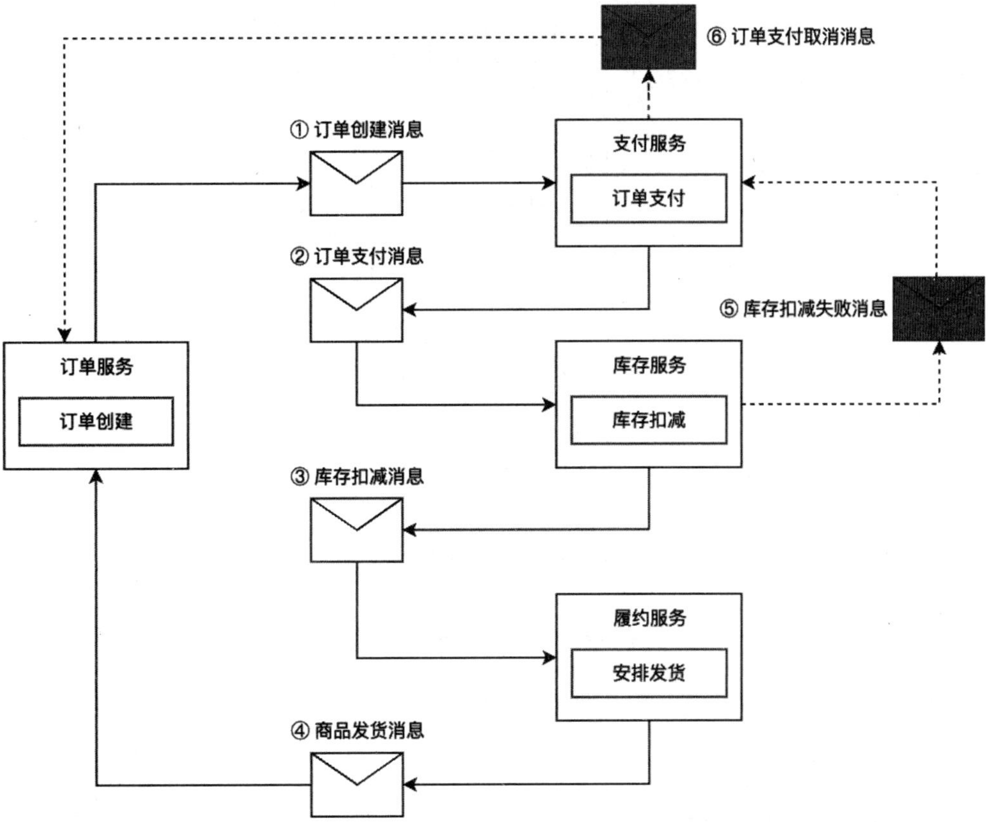

图 10-7　Saga 编排模式补偿示意图

步骤01 当库存扣减操作执行失败时，库存服务将产生库存扣减失败消息。

步骤02 支付服务监听到库存扣减失败消息后，执行订单支付取消操作。操作成功后，将产生订单支付取消消息。

步骤03 订单服务监听到订单支付取消的消息后，将订单的状态修改为失败状态。

通过上述电商下单场景的分析可知，Saga编排模式的优点如下。

（1）简单：每个子事务执行操作后，只需要简单地发布一条消息，其他子事务按需监听该消息。

（2）松耦合：子事务之间通过事件订阅方式进行沟通。

Saga编排模式的缺点如下：

（1）理解困难：无法通过编排方式清晰描述业务流程，增加了开发人员理解和维护的成本。

（2）循环依赖：由于子事务之间通过事件进行沟通，因此子事务之间容易出现循环依赖，即A依赖于B，B又依赖于A的情况。

10.5.2　Saga 控制模式

Saga控制模式定义了一个中央控制器，由中央控制器决定应该执行哪些子事务。Saga控制器通过命令或异步回复等方式与各子事务进行交互。

以电商下单场景为例，在Saga控制模式下，各子事务的交互流程如图10-8所示。

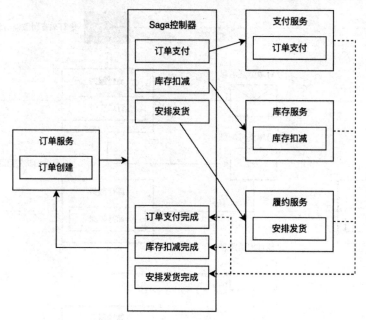

图 10-8　Saga 控制模式示意图

步骤01 订单服务执行订单创建操作时，向Saga控制器发送请求命令，Saga控制器接收到命令后，按照约定好的子事务执行顺序进行服务调用。

步骤02 Saga控制器调用支付服务执行订单支付操作，当支付服务操作成功后，通过虚线返回订单支付完成结果给Saga控制器。

步骤03 Saga控制器调用库存服务执行库存扣减操作，当库存服务操作成功后，通过虚线返回库存扣减完成结果给Saga控制器。

步骤04 Saga控制器调用履约服务执行安排发货操作，当履约服务操作成功后，通过虚线返回安排发货完成结果给Saga控制器。

步骤05 当所有子事务都执行完毕后，Saga控制器将执行结果返回给订单服务。

当Saga控制模式下出现子事务失败的场景时，将会执行对应的补偿操作，如图10-9所示。

步骤01 当库存扣减操作执行失败时，库存服务将失败信息同步给Saga控制器。

步骤02 Saga控制器协调支付服务执行订单支付取消操作。

步骤03 Saga控制器通知订单服务，修改订单状态为失败状态。

Saga控制模式的优点如下。

（1）避免循环依赖：Saga控制器可以统一管理各子事务的调用关系和执行流程，有效避免循环依赖的问题。

（2）降低复杂度：子事务仅需完成自身的任务，无须考虑消息监听和其他子事务的执行状态。

（3）易测试：集成测试可以集中在Saga控制器上，其余子事务可以单独进行测试。

（4）易扩展：当需要增加新的子事务时，只需要修改Saga控制器即可，不涉及对已有子事务的改动。

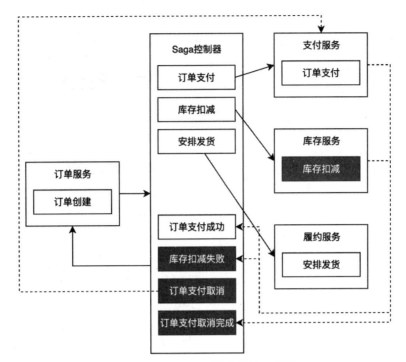

图 10-9　Saga 控制模式补偿示意图

Saga控制模式的缺点如下。

（1）依赖控制器：过度依赖控制器容易造成控制器逻辑太多，不易于维护的问题。

（2）增加管理难度：除需要管理各子事务外，还需要额外管理Saga控制器，增加了管理的成本和复杂度。

（3）单点问题：一旦Saga控制器出现问题，整个分布式事务将处于崩溃状态。

10.6　Seata 分布式事务

Seata是一款开源的分布式事务解决方案。Seata支持AT、XA、TCC和Saga事务模式。本节将重点讲解Seata AT模式的分布式事务支持。关于XA、TCC和Saga事务可以参考10.3~10.5节。

Seata AT模式的核心组件如下。

- 事务协调器：事务协调器（Transaction Coordinator）负责维护全局事务和分支事务的状态，控制全局事务的提交或回滚。
- 事务管理器：事务管理器（Transaction Manager）负责全局分布式事务的开始、提交或回滚。
- 资源管理器"资源管理器（Resource Manager）负责管理分支事务的资源，向事务协调器注册分支事务、上报分支事务状态和控制分支事务的提交或回滚。

Seata AT模式的工作原理如图10-10所示。

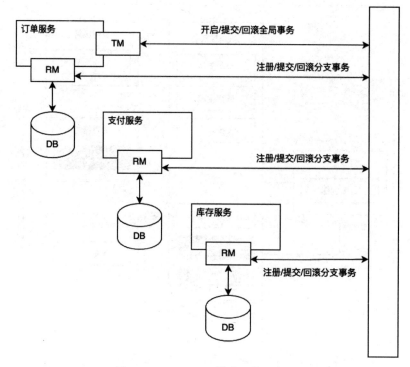

图 10-10　Seata AT 模式工作示意图

AT模式分为以下两个阶段：

- 一阶段的主要职责是将业务数据和回滚日志放在同一个本地事务中提交，释放本地锁和连接资源。
- 二阶段的主要职责是根据一阶段的执行结果决定提交或回滚全局事务。

10.6.1　AT 一阶段

以电商场景为例，如支付服务需要更新账户表的余额，更新的SQL语句如下：

```
update account set amount=100 where user_id='123456';
```

一阶段分支事务可以细分为以下步骤：

步骤 01　解析SQL。

对上述SQL语句进行解析，得到SQL语句的类型为update，操作的表为account，更新条件为user_id='123456'等信息。

步骤 02　查询前镜像。

根据 步骤 01 解析得到的信息，生成对应的查询语句用于定位数据。生成的查询语句如下：

```
select id, user_id, amount from account where user_id='123456';
```

执行查询语句得到的前镜像结果为{"id":"1","user_id":"123456","amount":"200"}。

步骤 03　执行SQL语句。

执行分支事务的逻辑，将user_id为123456的用户账户余额修改为100元。

```
update account set amount=100 where user_id='123456';
```

步骤 04　查询后镜像。

由前镜像的结果可知数据行的主键，通过主键定位更新后的数据。

```
select id, user_id, amount from amount where id = 1;
```

执行查询语句得到的后镜像结果为{"id":"1","user_id":"123456","amount":"100"}。

步骤 05　插入回滚日志。

将前镜像和后镜像以及业务SQL相关的信息组成一条回滚日志插入undo_log表。

步骤 06　申请全局锁。

分支事务向TC注册，并申请account表中主键值为1的记录的全局锁。

步骤 07　提交分支事务。

业务系统的更新操作与 **步骤 05** 中undo_log表生成的回滚日志一并提交。

步骤 08　分支事务结果上报。

分支事务将 **步骤 07** 提交的结果上报给TC。

10.6.2　AT 二阶段

当AT一阶段各分支事务执行成功后，AT二阶段将执行全局事务提交操作。

步骤 01　TC要求各分支事务执行提交操作。
步骤 02　各分支事务删除undo_log表中生成的回滚日志并释放全局锁。

当AT一阶段中有分支事务执行失败时，AT二阶段将执行全局事务回滚操作。

步骤 01　TC要求各分支事务执行回滚操作。
步骤 02　各分支事务收到TC的事务回滚指令后，开启一个本地事务，依次执行如下操作：
　　(1) 各分支事务找到undo_log表对应的回滚日志。
　　(2) 将回滚日志的后镜像与前镜像做对比，根据对比结果决定是否需要进行回滚操作。
　　(3) 根据回滚日志中的前镜像和业务SQL相关的信息生成回滚语句并执行。

```
update account set amount=200 where user_id='123456';
```

　　(4) 各分支事务将回滚的结果上报给TC。

10.6.3　AT 写隔离

在AT模式的一阶段，本地事务提交前需要确保本地事务获取到全局锁。如果本地事务获取不到全局锁，则禁止提交。获取全局锁有超时时间控制，超出指定的时间后，将回滚本地事务。

例如，有两个全局事务T1和T2，分别对表a的m字段进行更新操作，m的初始值为100。

步骤 01 T1全局事务先开始执行。

步骤 02 T1的分支事务开启，获取到本地锁（如数据库行锁），执行更新操作m=m−10=90。

步骤 03 T1的分支事务提交前，T1需要获取到该记录的全局锁。

步骤 04 T1的分支事务本地提交成功，释放本地锁。

步骤 05 T2全局事务在T1之后执行。

步骤 06 T2的分支事务开启，获取到本地锁（如数据库行锁），执行更新操作m=m−10=80。

步骤 07 T2的分支事务提交前，T2需要获取到该记录的全局锁。

步骤 08 此时因为T1事务尚未进行全局提交，该记录的全局锁被T1持有。

步骤 09 T2进行重试，直至T1释放全局锁。

步骤 10 T1全局提交，释放全局锁。

步骤 11 T2获取到全局锁，T2的分支事务提交成功。

步骤 12 T2全局提交，释放全局锁。

全局事务T1和T2分别提交成功示意图如图10-11所示。

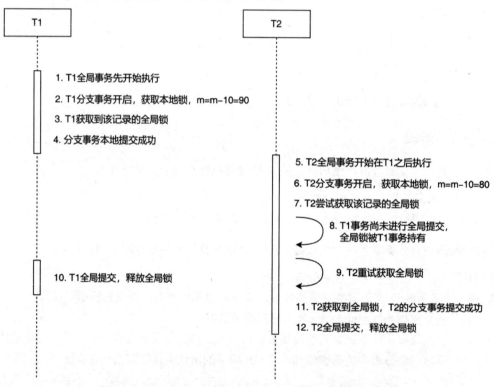

图 10-11　Seata AT 全局事务 T1 和 T2 分别提交成功示意图

如果T1的二阶段触发全局回滚，则T1和T2的执行步骤分别如下：

步骤 01 T1触发全局回滚。

步骤 02 此时如果T2仍然在等待全局锁，同时T2的分支事务一直持有本地锁，则会导致T1的分支事务回滚失败。

步骤 03 T1的分支事务回滚失败触发重试，直至T2获取全局锁等待超时，T2主动放弃全局锁的等待后，将会对T2的分支事务进行回滚。

步骤 04 当T2分支事务回滚成功后，T1的分支事务获取到本地锁进而回滚成功。

全局事务T1和T2分别回滚示意图如图10-12所示。

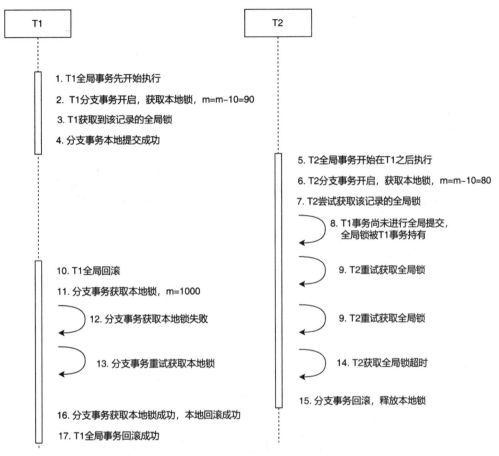

图 10-12 全局事务 T1 和 T2 分别回滚示意图

通过对上述执行过程的分析可知，整个过程中只有T1获取全局锁成功，因此不会造成脏写问题。

10.6.4 AT 读隔离

在数据库事务隔离级别为读已提交（Read Committed）或以上隔离级别的基础上，Seata AT模式默认的全局事务隔离级别为读未提交（Read Uncommitted）。

如果在特定的业务场景下，必须要求分布式事务做到全局的读已提交隔离级别，则可以通过Seata对select for update语句的代理实现功能。

Seata AT模式读隔离示意图如图10-13所示。

在Seata AT模式下，select for update语句会自动申请全局锁，如果全局锁被其他分布式事务持有，则申请全局锁的select for update语句将会释放本地锁并执行重试。在这个过程中，查询是被阻塞的，直到执行查询的分支事务获取到全局锁为止。

Seata通过对select for update语句的代理实现了分布式事务的读已提交隔离级别。但出于对性能的考虑，Seata并未对所有的select语句都执行代理，仅仅针对select for update语句进行代理。

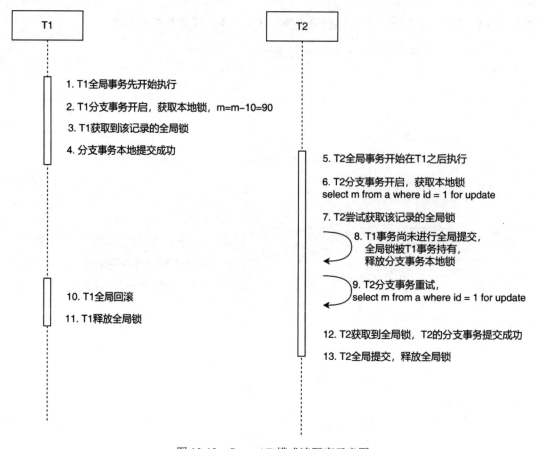

图 10-13   Seata AT 模式读隔离示意图

10.7   基于 MQ 的分布式事务

除消息中间件（如 RocketMQ）自身具备分布式事务特性外，在实际的企业开发中，开发人员还可以借助 MQ（Message Queue，消息队列）实现分布式事务的最终一致性。

10.7.1   可靠的消息生产和消费

可靠的消息生产机制主要是利用生产者本地的消息表和消息中间件的消息确认机制实现的。

以电商下单场景为例，订单服务生成订单后，通过 MQ 通知库存服务执行库存冻结操作。在该场景中，订单服务需要用到订单表和本地消息表。

- 订单表：订单业务表，记录订单的信息和状态。
- 本地消息表：表示订单服务作为消息生产者发送消息的状态。本地消息表含有消息发送状态属性，0 表示发送失败，1 表示发送成功。默认的发送状态为 0，即发送失败。

订单服务作为生产者，将订单表中新增的订单记录和发送给库存服务的消息保存至消息表的两步操作放在一个本地事务中提交。

如果MQ Broker成功收到订单服务生产的消息，则返回ACK给订单服务，订单服务更新本地消息表的状态为1；否则本地消息表中的发送状态仍然保持为0。

当系统出现异常时，开发人员可以通过定时任务/人工补偿等方式将本地消息表中发送状态为0的记录筛选出来再次发送。

可靠的消息生产机制如图10-14所示。

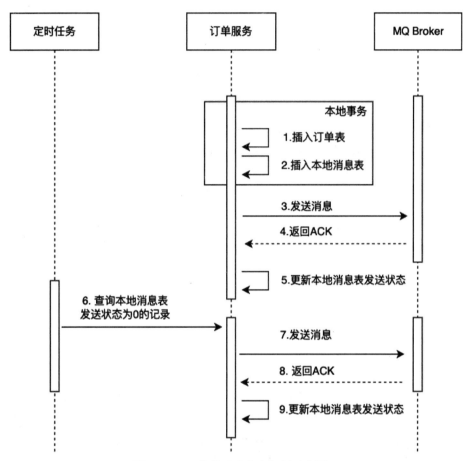

图 10-14　可靠的消息生产机制示意图

可靠的消息消费机制主要是利用消费者的业务幂等性和手动确认机制实现的。

当MQ Broker发送消息给消费者时，该消息可能是订单服务发送成功的消息，也有可能是通过定时任务补偿的消息，同一个消息有可能在上述两个场景中重复发送。

对于库存服务，消费者在收到消息时需要进行幂等性控制，即消费者需要主动识别该消息是否已经处理过，如果已经处理过，则不再进行处理。

如果消费者判定该消息未处理过，则消费者对该消息进行处理。当消费者对消息及其相关的业务处理完成后，不是采用自动提交的方式对消息进行确认，而是手动对消息进行提交。

可靠的消息消费机制如图10-15所示。

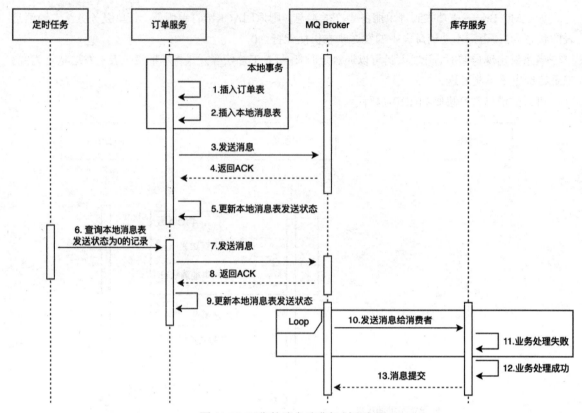

图 10-15 可靠的消息消费机制示意图

10.7.2 非可靠的消息生产和消费

非可靠的消息生产和消费机制是相对于可靠的消息生产和消费机制而言的。通过对可靠的消息生产和消费机制的分析可知，无论是生产者使用本地消息表还是消费者的手动提交，无疑都增加了开发成本。非可靠的消息生产和消费机制可以让开发人员尽量减少对消息的干预，做到降低开发成本。

以电商下单场景为例，订单服务只需在订单表中记录新增的订单信息，而后通过MQ发送相应的消息即可，订单服务不再依赖于本地消息表。同时，为了保证分布式事务的一致性，订单服务作为消息生产者，需要不断重发消息，无论该消息是否已发送过。

非可靠的消息生产和消费机制不强制要求消费者手动提交消息，即库存服务消费到订单服务产生消息后直接提交，然后通过业务的幂等性控制是否继续处理该消息。

非可靠的消息生产和消费机制如图10-16所示。

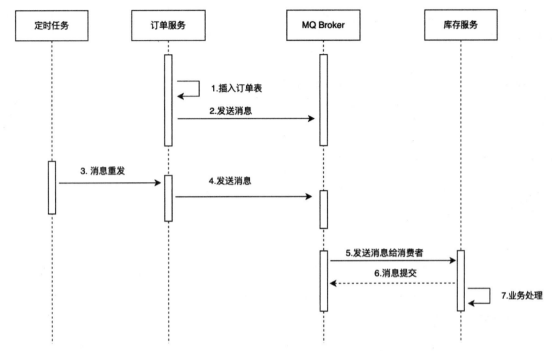

图 10-16　非可靠的消息生产和消费机制示意图

10.8　分布式事务面试押题

10.8.1　什么是分布式事务

分布式事务是指在一个分布式系统中涉及多个独立的资源或服务，并且这些操作需要满足事务的ACID（原子性、一致性、隔离性、持久性）属性的场景。

在分布式系统中，应用通常被拆分成多个服务，每个服务可能管理自己的数据库或其他数据存储，当需要跨多个服务或数据存储执行一个完整的业务逻辑时，就需要分布式事务来确保这些操作要么全部成功，要么全部失败，以保持数据的一致性。

10.8.2　企业开发中产生分布式事务的场景有哪些

分布式事务通常在以下场景中产生。

（1）微服务架构中的跨服务操作。在微服务架构中，不同的业务功能被拆分为独立的服务，这些服务往往拥有各自的数据库。当一个业务流程需要跨多个服务完成时，如在电商平台创建订单的同时减少库存、更新用户积分，就需要使用分布式事务来确保所有服务的数据操作要么全部成功，要么全部失败。

（2）分库分表后的数据操作。随着业务规模的增长，单一数据库可能无法承载，需要通过分库分表进行水平扩展。在这种情况下，原本针对单一数据库的事务操作可能变成需要跨多个数据库实例的分布式事务。

（3）多数据库实例访问。当一个应用需要访问多个数据库实例以完成一个业务逻辑时，例如用户信息存储在一个数据库，订单信息存储在另一个数据库，需要通过分布式事务来保证跨数据库的数据一致性。

（4）跨内部与外部服务的事务。内部服务之间的交互以及内部服务与外部第三方服务的交互中，如果涉及多个服务的数据更新，也需要分布式事务来确保事务的一致性。例如订单服务和第三方支付服务需要在分布式事务中达到数据一致性。

10.8.3　强一致性、弱一致性和最终一致性的异同点

强一致性、弱一致性和最终一致性都是关于数据一致性的模型，它们定义了系统中的数据更新后，各节点间数据同步的严格程度和时间窗口。

1. 强一致性

强一致性（Strong Consistency）要求在任何时刻，所有节点上的数据都是完全相同的，即读操作总是能获取到最新写入的数据。一旦数据更新成功，后续的所有读取都会返回这个最新的值。

2. 弱一致性

弱一致性（Weak Consistency）允许在一段时间内，系统中的不同节点可能存储着数据的不同版本。

3. 最终一致性

最终一致性（Eventual Consistency）要求在没有新的更新操作发生的情况下，所有节点的数据最终达到一致状态，但不保证具体何时达到一致。

1）强一致性、弱一致性和最终一致性的相同点

强一致性、弱一致性和最终一致性都是系统中处理数据一致性问题的方法。

2）强一致性、弱一致性和最终一致性的不同点

（1）数据一致性保证程度。强一致性对数据一致性的保证程度最高，弱一致性次之，最终一致性最低。

（2）响应速度与可用性。强一致性牺牲了一定的性能和可用性，而弱一致性和最终一致性在提升性能和可用性的同时，牺牲了数据的即时一致性。

（3）适用场景。根据业务需求，针对数据一致性的严格程度不同，选择不同的模型。强一致性适用于对数据实时性要求严格的场景；弱一致性和最终一致性则适用于对数据一致性要求相对宽松，但对系统响应速度和可用性有更高要求的场景。

10.8.4　什么是 CAP 理论

请读者参考10.2.1节的相关内容。

10.8.5　什么是 BASE 理论

请读者参考10.2.2节的相关内容。

10.8.6 分布式事务常见的解决方案有哪些

分布式事务常见的解决方案主要包括以下几种：

- 两阶段提交
- 三阶段提交
- TCC
- Saga
- 本地消息表
- 事务消息
- 分布式事务协调器
- 最终一致性方案

更多详细内容请读者参考10.2~10.7节的相关内容。

10.8.7 简述工作中遇到的分布式事务场景及挑战

在实际工作中，分布式事务场景广泛存在于各类分布式系统和微服务架构中，主要的场景及面临的挑战分别说明如下。

1. 常见的分布式事务场景

- 微服务间的相互调用。
- 跨数据库操作。
- 跨系统集成。
- 消息队列与事件驱动架构。

2. 常见的分布式面临的挑战

1）数据一致性

在分布式环境下确保数据的强一致性或最终一致性，避免数据不一致带来的业务混乱。

2）性能与可用性

分布式事务解决方案（如2PC）可能导致系统较长的等待时间，影响系统的响应速度和可用性，特别是在高并发场景下。

3）网络延迟与故障

分布式系统中网络的不确定性增加，例如消息丢失、延迟或节点故障，可能导致事务失败或长时间阻塞。

4）复杂性管理

分布式事务的协调、监控和调试比单一系统内的事务更为复杂，需要额外的工具和策略。

5）资源锁定与死锁

在处理并发分布式事务时，不当的资源锁定策略可能导致资源争用，甚至死锁，影响系统效率。

6）容错与恢复

分布式事务需要具备有效的故障检测、隔离和恢复机制，确保在部分系统组件发生故障时，事务仍能正确完成或回滚。

10.8.8　简述常见的中间件及其面临的分布式事务问题

常见的中间件及其在分布式事务方面面临的问题及解决方案说明如下。

1. 消息队列中间件

消息队列中间件需要确保消息生产与消费的原子性，即消息要么成功发送且被消费，要么都不发送。

常见的解决方案有事务消息、消息确认机制、重试策略和死信队列等。

2. 数据库中间件

数据库中间件需要在分片数据库中保持事务的一致性，特别是在涉及多个分片的事务操作中。

常见的解决方案有XA事务支持、分布式事务代理和智能路由等。

3. 服务网格中间件

服务网格中间件需要在服务网格层面对微服务间的事务进行管理和协调，保证服务间的事务一致性。

常见的解决方案有Sidecar注入和控制平面配置等。

第 11 章
MongoDB

MongoDB是一个开源的、基于分布式文件存储的NoSQL数据库系统，它使用C++语言编写。MongoDB的设计初衷是为Web应用提供一个可扩展的高性能数据存储解决方案。

MongoDB属于非关系数据库的一种。MongoDB适用于需求快速迭代和数据模型频繁变动的场景，面试候选人应该了解MongoDB的基本概念与特点、基本操作及索引的使用，以及聚合操作、高级特性及其在实际场景中的应用等。

11.1 MongoDB 支持哪些数据类型

MongoDB是一款高性能、易扩展的高性能NoSQL分布式数据库。MongoDB基于文件存储，内部采用BSON（Binary JSON）格式来存储数据。

BSON是一种二进制序列化格式，与JSON类似，但支持更多的数据类型，包括内嵌的文档对象和数组对象。

BSON支持的数据类型如下。

- Double：用于表示64位的浮点数。
- String：用于表示字符串类型。
- Object：用于表示对象类型。
- Array：用于表示数组类型。
- Binary data：用于表示二进制类型。
- Undefined：用于表示未定义类型。
- ObjectId：用于表示对象id类型。
- Boolean：用于表示布尔类型。
- Date：用于表示日期类型。
- Null：用于表示空值或不存在的类型。
- Regular Expression：用于表示正则表达式类型。
- JavaScript：用于表示JavaScript类型。
- 32-bit integer：用于表示32位整数类型。
- Timestamp：用于表示时间戳类型。
- 64-bit integer：用于表示64位整数类型。
- Decimal128：用于表示高精度浮点数类型，它具有128位的精度，可以避免浮点数的精度损失。

- Min key：用于表示最小值。
- Max key：用于表示最大值。

11.2　MongoDB 的核心概念

11.2.1　数据库

在MongoDB中，数据库是一个存储集合的逻辑容器。每个数据库都有自己的权限和集合。MongoDB中数据库的概念与MySQL中的数据库概念类似。MongoDB的默认数据库名称为db，数据库相关命令如下：

```
# 显示所有可用的数据库名称
show dbs
# 切换数据库，如果数据库不存在则创建数据库
use dbName
# 显示当前使用的数据库
db
```

11.2.2　集合

在MongoDB中，集合是存储文档的基本单位，类似于MySQL数据库中的表。集合是用来组织和存储数据的容器，它由一组文档组成，这些文档遵循相同的结构，但并不强制要求每个文档都具有相同的字段。

MongoDB的集合命名规则需要满足以下条件：

- 集合的名称不能是空字符串。
- 集合的名称中不能含有\0字符。
- 集合的名称不能以system.开头。
- 集合的名称中不能包含$符号。
- 集合的名称中不能包含系统保留的字符。

集合相关命令如下：

```
# 显示所有可用集合名称
show collections
# 通过命令创建集合，如db.createCollection(name, options)
# name为创建的集合名称
# options包含以下参数
# capped：布尔类型。如果为true，则创建固定大小的集合
# size：数值。以字节为单位，指定集合的最大存储空间
# max：指定固定集合中可包含的最大文档数量
db.createCollection("firstDemo", {capped:true,size:6142800, max :10000 })
# 自动创建集合，如db.collectionName.insert({数据键值对})
db.test.insert({name, 'Mike'})
# 删除集合，如db.collection.drop()
db.test.drop()
```

11.2.3　文档

文档（Document）是MongoDB存储记录的数据行，文档中保存的信息是一组键-值对，即一个BSON对象。MongoDB中的文档可以类比于MySQL中的数据行。

文档相关命令如下：

```
# 插入文档
# db.collectionName.insert(document)或者db.collectionName.save(document)
# 两者的区别
# save()：如果文档的主键存在，则更新文档；如果主键不存在，则插入文档
# insert()：如果插入的数据主键已经存，则抛出DuplicateKeyException异常
# 插入1个文档
db.test.save({title: 'Java面试一战到底', by: '周冠亚'})
# 插入多个文档
db.test.save([{title: '我这一辈子', by: '老舍'}, {title: '城南旧事', by: '林海音'}])
# MongoDB 3.2版本insertMany()函数用于批量插入多个文档
db.collectionName.insertMany([{},{},{},.....])
# 更新文档
# db.collectionName.
update(query,update,{upsert:boolean,multi:boolean,writeConcern:document})
# query：执行更新的查询条件，类似于SQL中update语句where后面的查询条件
# update：更新的对象和一些更新的操作符，类似于SQL中update语句set后面的内容
# upsert：可选。如果update的文档不存在，是否插入文档
# multi：可选。是否只更新找到的第一条文档
# writeConcern：可选，抛出异常的级别
db.test.update({'title': 'Java面试一战到底'}, {$set:{'title':'Java面试一战到底第二版'}})
# 删除文档
# db.collectionName.remove(query, {justOne:boolean, writeConcern:document})
# query：可选。删除文档的条件
# justOne：可选。是否只删除一个文档。如果不设置该参数或使用默认值false，则删除所有匹配条件的文档
# writeConcern：可选，抛出异常的级别
db.test.remove({title: 'Java面试一战到底'})
# 删除一个文档
# db.collectionName.deleteOne(query)
# query：可选。删除文档的条件
db.test.deleteOne({title: 'Java面试一战到底'})
# 删除多个文档
# db.collectionName.deleteMany(query)
# query：可选。删除文档的条件
db.test.deleteMany({title: 'Java'})
```

11.2.4　数据字段/域

在MongoDB中，数据字段/域（Field）是文档内用于存储数据的基本单元。每个字段都有其名称和数据类型，类似于MySQL中表的数据列。

11.2.5　索引

索引（Index）能够最大限度地提升查询效率。如果没有索引，则MongoDB在查找数据时必须扫

描集合中的每一个文档，从中筛选出符合条件的记录。这种扫描全集合的工作方式是非常低效的，当数据量较大时，可能会花费数分钟的时间，这对系统的性能和稳定性来说是无法接受的。MongoDB中的索引可以类比于MySQL中的索引。

索引相关命令如下：

```
# 创建索引
# db.collectionName.createIndex(keys, options)
# key: 要创建的索引字段
# 1: 按指定的字段升序创建索引
# -1: 按指定的字段降序创建索引
db.test.createIndex({"title":1,"by":-1})
```

MongoDB创建索引的命令可以接受以下可选参数。

- background：是否以后台方式创建索引。默认值为false。
- unique：是否建立唯一索引。默认值为false。
- name：索引名称。如果不指定索引名称，则通过字段名和排序方式生成索引名称。
- expireAfterSeconds：设置索引的过期时间。
- v：索引的版本号。
- weights：索引权重值。表示该索引相比于其他索引的得分权重。

11.2.6　主键

主键（Primary Key）是MongoDB用于区分唯一文档的标识。MongoDB会自动在每个集合中添加_id字段作为主键。MongoDB中的主键可以类比于MySQL中的主键。

11.3　MongoDB 支持的索引类型

MongoDB支持的索引主要有以下6种。

11.3.1　单键索引

单键索引（Single Field Index）是在文档的单个字段上创建用户定义的升序或降序索引。对于单键索引而言，索引键的排序规则并不重要，因为MongoDB支持在任一方向遍历索引。单键索引创建方式如下：

```
db.collectionName.createIndex({ '字段名': 排序方式})
```

MongoDB支持一种特殊的单键索引——过期索引。过期索引指的是一段时间后自动过期的索引。当索引过期后，相应的数据会被删除。过期索引适合存储过一段时间后自动失效的数据，如使用MongoDB存储用户的登录信息，需要用户登录信息在后24小时失效，引导用户重新登录。过期索引创建方式如下：

```
db.collectionName.createIndex(({ '字段名': 排序方式}, { 'expireAfterSeconds': 秒数})
```

11.3.2　复合索引

复合索引（Compound Index）是建立在多个字段上的索引。创建复合索引时，需要注意字段顺序和索引方向的设定。复合索引创建方式如下：

```
db.collectionName.createIndex(({ '字段名1': 排序方式1}, { '字段名2': 排序方式2})
```

11.3.3　多键索引

多键索引（Multikey Index）是专门针对数组类型的字段而设计的，它会为数组中的每一个元素都创建一个索引。多键索引创建方式与单键索引类似，只不过指定的索引字段是数组类型：

```
db.collectionName.createIndex({ '字段名': 排序方式})
```

11.3.4　地理空间索引

地理空间索引（Geospatial Index）是针对地理空间坐标数据创建索引。地理空间索引分为以下两种类型。

（1）2dsphere索引：用于存储和查找地球球体上的位置。
（2）2d索引：用于存储和查找平面上的位置，仅支持传统坐标类型的数据。

11.3.5　全文索引

MongoDB的全文索引是一种特殊类型的索引，它允许对文本数据执行高效的全文搜索。全文索引可以用于查找包含特定单词或短语的文档，这在需要进行基于文本内容搜索的应用场景中非常有用，例如搜索引擎、文档管理系统、社交媒体分析等。

然而，与专业的搜索引擎如Elasticsearch相比，MongoDB在全文搜索功能方面可能存在一些局限性。在进行技术选型时，应根据项目需求、性能要求和可维护性等因素，综合评估MongoDB和Elasticsearch的特性和优势。本书第12章提供了Elasticsearch的详细信息，读者可进一步参考。

全文索引创建方式如下：

```
db.collectionName.createIndex({ '字段名': 'text'})
```

11.3.6　哈希索引

哈希索引（Hashed Index）是针对属性的哈希值进行索引查询。当使用哈希索引时，MongoDB能够自动计算字段的哈希值。哈希索引支持在索引字段上进行精确匹配，不支持范围查询和多键哈希。哈希索引创建方式如下：

```
db.collectionName.createIndex({fieldName: 'hashed'})
```

11.4　MongoDB 的执行计划

MongoDB的执行计划是数据库在执行查询时所采用的一系列步骤，用于确定如何最有效地从数据集中检索请求的信息。执行计划是MongoDB优化器生成的，它基于查询的条件、索引的存在与否、数据分布和统计信息等因素，以找到最佳的查询路径。

MongoDB的执行计划可以返回以下关键信息给用户。

（1）查询计划（queryPlanner）：包括查询优化器选择的计划，如使用的索引、索引使用情况、查询的哈希值、计划缓存键等。

（2）执行统计（executionStats）：描述了查询执行的统计信息，例如返回的文档数、执行时间、扫描的索引条目数、检查的文档数等。

（3）执行阶段（executionStages）：以阶段树的形式详细说明获胜计划的执行过程，包括每个阶段的类型（如COLLSCAN、IXSCAN、FETCH等）和特定于该阶段的执行信息。

（4）服务器信息（serverInfo）：提供了运行查询的MongoDB实例的信息，包括主机名、端口、MongoDB版本和Git版本。

（5）所有计划的执行（allPlansExecution）：如果使用allPlansExecution模式，将返回所有考虑的计划的执行统计信息，包括非最优计划的部分。

（6）索引过滤器（IndexFilter）：显示了查询优化器预先设置的索引使用情况，这可以影响查询优化器选择使用哪个索引。

（7）查询计划的模式（verbosity）：显示执行计划的详细程度，可以是queryPlanner、executionStats或allPlansExecution。

（8）命令详情（command）：如果执行的是聚合管道等操作，这里会显示相关的命令详情。

MongoDB的执行计划示意图如图11-1所示。

MongoDB执行计划的基本语法如下：

```
# 参考语法
db.collectionName.explain(verbosity).method({})
# 也可以使用如下语法格式
db.collectionName.method({}).explain(verbosity)
```

执行计划输出结果的详细程度取决于可选参数verbosity，通常verbosity有以下三种模式。

（1）queryPlanner：默认模式。MongoDB运行查询优化器对当前需要执行的查询语句进行评估并选择一个最佳的查询计划。

（2）executionStats：该模式下，MongoDB运行查询优化器对当前的查询语句进行评估并选择一个最佳的查询计划执行。在执行完毕后，返回这个最佳执行计划执行完成时的相关统计信息，对于那些被拒绝的执行计划，不返回这些执行计划的统计信息。

（3）allPlansExecution：该模式下，MongoDB执行计划的执行结果包括上述两种模式的所有信息，即按照最佳的执行计划并列出统计信息。如果存在其他候选计划，也会列出这些候选的执行计划及其统计信息。

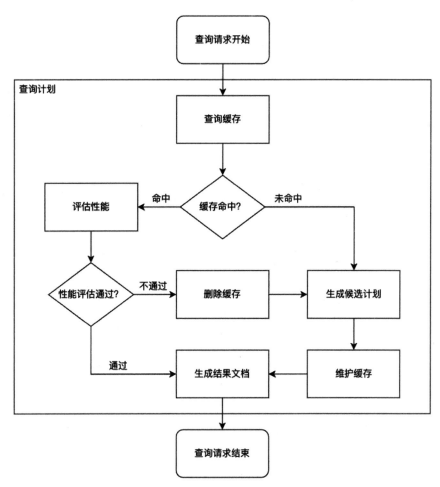

图 11-1　MongoDB 执行计划示意图

下面示例将分别使用上述3种模式查看同一条查询语句的执行计划,读者可观察这3种模式的输出结果有什么不同。

准备数据如下:

```
// 删除集合
db.plan.drop()
// 插入初始化数据
db.plan.insertMany([
    {"name": "zhangsan", "age": 18},
    {"name": "lisi", "age": 28},
    {"name": "wangwu", "age": 10},
    {"name": "zhaoliu", "age": 21}
])
// 创建升序索引,索引名为plan_asc
db.plan.createIndex({"age": 1}, {"name": "plan_asc"})
// 创建降序索引,索引名为plan_desc
db.plan.createIndex({"age": -1}, {"name": "plan_desc"})
```

通过以下语句查找年龄大于20岁的用户信息:

```
db.plan.find({"age": {"$gt": 20}})
```

通过queryPlanner模式分析上述查询语句，得到的执行计划输出结果如下：

```
db.plan.explain("queryPlanner").find({"age": {"$gt": 20}})
{
    "explainVersion": "1",                              // 计划版本号
    "queryPlanner": {
        "namespace": "test.plan",                       // 命名空间 db.collection
        "indexFilterSet": false,                        // 是否使用索引过滤器
        "parsedQuery": {                                // 解析后的查询条件
            "age": {
                "$gt": 20
            }
        },
        "queryHash": "B18E568A",                        // 表示query shape的十六进制字符串
        "planCacheKey": "17BC27B9",                     // 计划缓存的哈希键
        "maxIndexedOrSolutionsReached": false,          // 是否达到最大索引或解决方案
        "maxIndexedAndSolutionsReached": false,         // 是否达到最大索引和解决方案
        "maxScansToExplodeReached": false,              // 是否达到最大扫描数
        "winningPlan": {                                // 查询优化器分析得到的最优执行计划
            //每个stage传递其处理的结果文档或索引键给其父节点
            "stage": "FETCH",                           // 最优执行计划的stage
            "inputStage": {
                "stage": "IXSCAN",                      // IXSCAN，表示进行的是index scanning
                "keyPattern": {
                    "age":                              // 扫描的索引内容
                },
                "indexName": "plan_asc",                // 最优执行计划选择的索引名
                "isMultiKey": false,                    // 是否为多键索引
                "multiKeyPaths": {
                    "age": []
                },
                "isUnique": false,
                "isSparse": false,
                "isPartial": false,
                "indexVersion": 2,
                "direction": "forward",
                "indexBounds": {
                    "age": [
                        "(20, inf.0]"
                    ]
                }
            }
        },
        "rejectedPlans": [                              // 被查询优化器拒绝的非最优执行计划
            {
                "stage": "FETCH",
                "inputStage": {
                    "stage": "IXSCAN",
                    "keyPattern": {
                        "age": -1
```

```
            },
            "indexName": "plan_desc",              // 被拒绝的降序索引plan_desc
            "isMultiKey": false,
            "multiKeyPaths": {
                "age": []
            },
            ...省略部分输出...
            }
        }
    }
    ]
    },
    "serverInfo": {                                 // 服务器信息
        "host": "localhost",
        "port": 27017,
        "version": "6.0.3",
        "gitVersion": "f803681c3ae19817d31958965850193de067c516"
    },
    "serverParameters": {                           // 服务器参数
        "internalQueryFacetBufferSizeBytes": 104857600,
        "internalQueryFacetMaxOutputDocSizeBytes": 104857600,
        "internalLookupStageIntermediateDocumentMaxSizeBytes": 104857600,
        ...省略部分输出...
    },
    "ok": 1
}
```

通过executionStats模式分析上述查询语句，得到的执行计划输出结果与queryPlanner模式类似，唯一不同的是输出结果中增加了executionStats信息：

```
executionStats: {
    executionSuccess: true,                   // 是否执行成功
    nReturned: 2,                             // 匹配的文档数
    executionTimeMillis: 0,                   // 执行计划执行时间
    totalKeysExamined: 2,                     // 扫描的索引条目数
    totalDocsExamined: 2,                     // 扫描的文档数
    executionStages: {                        // 最优计划完整的执行信息
        stage: 'FETCH',                       // 根据索引结果扫描具体文档
        nReturned: 2,                         // 匹配的文档数
        executionTimeMillisEstimate: 0,       // 查询执行的估计时间
        works: 4,
        advanced: 2,
        needTime: 0,
        needYield: 0,
        saveState: 0,
        restoreState: 0,
        isEOF: 1,
        docsExamined: 2,
        alreadyHasObj: 0,
        inputStage: {
            stage: 'IXSCAN',
```

```
            nReturned: 2,
            executionTimeMillisEstimate: 0,
            works: 3,
            advanced: 2,
            needTime: 0,
            needYield: 0,
            saveState: 0,
            restoreState: 0,
            isEOF: 1,
            keyPattern: { age: 1 },
            indexName: 'plan_asc',
            isMultiKey: false,
            multiKeyPaths: { age: [] },
            isUnique: false,
            isSparse: false,
            isPartial: false,
            indexVersion: 2,
            direction: 'forward',
            indexBounds: { age: [ '(20, inf.0]' ] },
            keysExamined: 2,
            seeks: 1,
            dupsTested: 0,
            dupsDropped: 0
          }
        }
      }
```

通过allPlansExecution模式分析上述查询语句得到的输出结果更为详细，限于篇幅，此处不再赘述。

通过对上述查询计划的分析可知，查询计划中会出现很多stage，以下是常见的stage及其含义：

- COLLSCAN：扫描整个集合。类似于MySQL中的全表扫描。
- IXSCAN：索引扫描。
- FETCH：根据索引信息查找指定的文档。
- IDHACK：针对_id进行查询。

11.5　MongoDB 的索引原理是什么

MongoDB索引的数据结构容易让开发者产生疑惑，下面我们通过官方文档来认识一下MongoDB索引的数据结构。

1. MongoDB的官方文档

MongoDB的索引数据结构是B树（B-Tree的意思是B树，并非B减树，此处的-为英文连接符）。MongoDB官方文档地址如下：

```
https://www.mongodb.com/docs/manual/indexes/
```

2. WiredTiger的官方文档

MongoDB默认的存储引擎是WiredTiger，从WiredTiger的官方文档可知，WiredTiger使用B+树作为存储结构。

WiredTiger的官方文档地址如下：

```
https://source.wiredtiger.com/11.0.0/tune_page_size_and_comp.html
```

因为B+树是一种特殊的B树，且MongoDB默认的存储引擎是WiredTiger，因此我们可以认为MongoDB使用B+树作为索引的数据结构。

B+树的数据结构如图11-2所示。

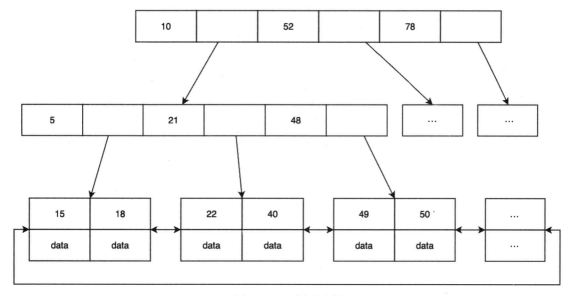

图 11-2　B+树示意图

11.6　MongoDB 集群搭建

11.6.1　主从复制架构

MongoDB的主从复制架构已经逐渐废弃，官方也不推荐继续使用该架构。主从复制架构是基于最简单的数据同步、备份的集群技术。主从复制架构的基本搭建方式是一个主节点和多个从节点。MongoDB主从复制架构如图11-3所示。

主从复制架构中只能有一个主节点，并且只有主节点对外提供服务，从节点不提供服务。但用户可以通过配置使从节点提供查询服务，从而减轻主节点的压力。

主节点上的所有新增、修改和删除操作定期同步给从节点，确保从节点的数据与主数据一致。

当主从复制架构中的主节点出现故障后，MongoDB集群无法自动进行故障切换，从节点无法自动升级为主节点，只能依赖于人工重新执行新的主节点。

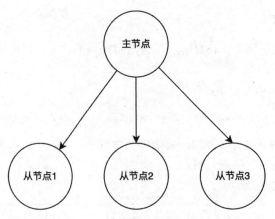

图 11-3　MongoDB 主从复制架构示意图

11.6.2　副本集架构

MongoDB副本集架构（Replica Set）由多个MongoDB实例组成，副本集架构中有一个主节点（Primary节点）和多个副本节点（Secondary节点），每个副本节点保存的数据是相同的。与主从复制架构的区别在于，当主节点发生故障后，副本集架构可以自动实现故障转移，无须人工干预。MongoDB副本集架构如图11-4所示。

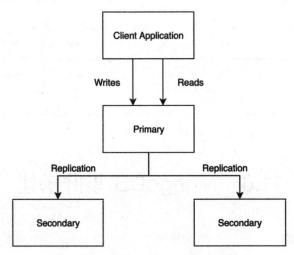

图 11-4　MongoDB 副本集架构示意图

MySQL是通过主节点记录写操作到binlog中，从节点同步主节点产生binlog并在本地进行重放，从而实现从节点的数据同步。

MongoDB副本集架构采用与MySQL类似的方式实现主从同步，不同的是MongoDB的主节点将写操作记录到oplog中，各从节点通过复制oplog并在本地进行重放实现数据同步。

MongoDB中的oplog是一个定容集合，其大小是固定的，不会随着写操作日志的增加而增大，oplog默认占用文件系统磁盘空间的5%容量。除大小不变外，oplog还支持幂等，即不管在MongoDB中执行多少次oplog中的操作，其最终结果都是一致的。这使得oplog相比于MySQL的binlog扩展性更好。

在MongoDB副本集架构中，主节点会每隔2s向各个从节点发送心跳信息，各个从节点通过检测主节点的心跳信息来判断主节点是否存活。如果在一定的时间范围内，从节点没有收到主节点发送来的心跳信息，则从节点将会认为主节点宕机了，从而触发主节点重新选举机制。当MongoDB副本集架构中某一个从节点获取到过半数以上的投票后，该从节点将会成为新的主节点。

通常情况下，MongoDB副本集架构都是由基数个节点组成的，便于在选举时尽可能少出现平票的情况。但MongoDB副本集架构也支持偶数个节点工作，如果是偶数个节点，则通常可以借助一个仲裁节点完成选举。仲裁节点拥有选票，但不能被选举为主节点，也不能保存副本数据。

11.6.3　分片集群架构

MongoDB分片集群（Sharding Cluster）架构是MongoDB在大数据量场景下的一种解决方案。MongoDB分片集群架构有效地解决了单机服务器磁盘空间、内存和CPU等硬件资源限制，将数据水平拆分开，降低单台服务器的压力。

MongoDB分片集群架构由以下几个部分组成。

（1）Config Server：配置服务器。主要用于存储MongoDB分片集群架构中的各种元数据、分片和数据路由等信息。

（2）Route Server：代理服务器，也称作mongos，不存储任何数据。主要负责接收客户端的请求，从Config Server中获取配置信息，并按照配置信息将请求路由到指定的分片上。

（3）Shard Server：数据存储服务器，用于存储实际的数据。在实际的生产环境中，每一个Shard Server还需要由多台服务器组成副本集架构，从而提升分片的可靠性。

MongoDB分片集群架构如图11-5所示。

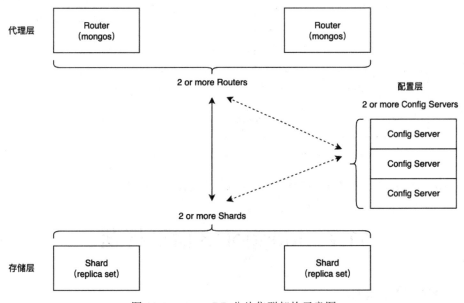

图 11-5　MongoDB 分片集群架构示意图

MongoDB分片集群架构数据存储原理如下：

步骤 01 从文档中选择一个字段（或者多个字段的组合）用作key，通过key对应的值再配合某种特定的策略，计算出这个文档应该存储在哪个分片上。这里的策略称作Sharding Strategy，即分片策略。

步骤 02 key值作为输入，Sharding Strategy作为计算公式，计算出的结果形成一个值域。按照固定的长度切分这个值域，切分出的每一段叫作一个Chunk。每个Chunk在生成时就和某个分片形成了绑定关系，这个绑定关系保存在配置服务器中。

步骤 03 当用户向MongoDB分片集群架构存储数据时，MongoDB首先按照分片策略计算出数据落在哪个Chunk上，再根据Chunk找到某个分片，将数据存储在这个分片上。

MongoDB分片集群架构的数据存储原理如图11-6所示。

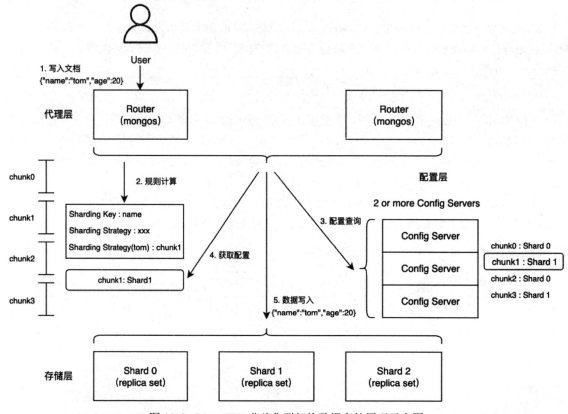

图 11-6　MongoDB 分片集群架构数据存储原理示意图

MongoDB分片集群架构的数据查找过程与数据存储过程类似，此处不再赘述。

11.7　MongoDB 面试押题

11.7.1　什么是 MongoDB

MongoDB是一个开源的、面向文档的、分布式数据库系统，通常用于存储和管理大量结构化和非结构化的数据。MongoDB设计之初就着重于为Web应用提供可扩展的高性能数据存储解决方案。

MongoDB属于NoSQL数据库的一种，它的核心特点是使用类似于JSON的BSON（Binary JSON）格式来存储数据文档，这使得MongoDB对于处理复杂和嵌套的数据结构特别灵活高效。

MongoDB适用于多种场景，包括但不限于内容管理、用户数据存储、物联网数据存储、实时分析、缓存以及作为大数据处理的基石。由于其灵活性和扩展性，MongoDB已成为众多企业和组织选择的数据库平台之一。

11.7.2　简述 MongoDB 与传统关系数据库的异同点

MongoDB与传统关系数据库（如MySQL、PostgreSQL等）的异同点可以从多个维度进行比较。

1. MongoDB与传统关系数据库的相同点

1）数据持久化

MongoDB与传统关系数据库都是用于存储和管理数据的系统，确保数据在系统关闭后仍能保存。

2）查询与索引

MongoDB与传统关系数据库都支持数据查询，并可通过建立索引来优化查询性能。

3）事务支持

MongoDB与传统关系数据库都支持事务处理。

4）安全性

MongoDB与传统关系数据库都提供用户认证、权限管理和数据加密等安全措施。

2. MongoDB与传统关系数据库的不同点

1）数据模型与结构

- MongoDB是面向文档的非关系数据库，使用BSON格式存储数据，文档内可以嵌套数组和其他文档，结构灵活，无须预定义模式。
- 传统关系数据库是基于表和行的结构化数据模型，严格遵循固定的列式结构，通过外键关联实现数据间的关系。

2）扩展性与性能

- MongoDB在设计上更便于水平扩展，通过分片技术，可以将数据分布在多个节点上，提高处理能力和数据存储容量。
- 传统关系数据库倾向于垂直扩展，即通过增加单个服务器的硬件资源来提高处理能力。

3）查询语言

- MongoDB使用类似JSON的查询语言，如MongoDB Query Language（MQL），更适合处理文档数据，但连接操作不如SQL灵活。
- 传统关系数据库主要使用SQL作为查询语言，支持复杂的连接（JOIN）、分组（GROUP BY）、排序等操作。

4）一致性模型

- MongoDB默认提供弱一致性（最终一致性），在某些场景下可以提供更快的读写速度，但牺牲了即时的数据一致性。

- 传统关系数据库通常提供强一致性，确保每次读操作都能看到最新的数据状态。

11.7.3　简述 MongoDB 与 MySQL 数据库中的概念对比

MongoDB与MySQL作为两种不同类型的数据库系统，在概念上存在显著差异，以下是几个核心概念的对比。

1. 数据模型对比

MongoDB中的集合相当于关系数据库中的表，但不强制要求文档具有相同的结构。

MongoDB中的文档类似于关系数据库中的一行记录，但在MongoDB中以BSON格式存储，可以包含嵌套的文档和数组。

MongoDB中的字段对应关系数据库中的列。

2. 数据查询对比

MongoDB的查询语言MQL，基于JSON的查询语法，支持丰富的查询操作符和聚合管道。

MySQL使用结构化查询语言SQL，这是一种标准化的查询语言，支持复杂的查询、连接操作和数据操作语言。

3. 数据一致性对比

MongoDB默认提供弱一致性（最终一致性），适合高读写吞吐量的应用，但可以通过设置实现更强的一致性。

MySQL支持强一致性事务，确保数据的强一致性，适合需要精确数据一致性的应用。

4. 主键对比

MongoDB的每个文档自动包含一个_id字段作为主键，可以是ObjectId、字符串或其他类型。

MongoDB需要用户为表定义主键，一般推荐使用整数自增，也可以是其他唯一标识符。

11.7.4　简述 MongoDB 与 CouchBase 的异同点

MongoDB与CouchBase作为两款不同的NoSQL数据库，各自具有独特的特点和适用场景。以下是它们之间的异同点概述。

1. MongoDB与CouchBase的相同点

MongoDB与CouchBase有以下相同点。

（1）NoSQL数据库：MongoDB与CouchBase都是NoSQL数据库，适用于处理大量非结构化或半结构化数据。

（2）高性能：MongoDB和CouchBase都设计用于提供高性能的数据存储和查询操作。

（3）可扩展性：MongoDB和CouchBase都支持水平扩展，可以通过增加节点来提高性能和存储容量。

（4）多语言支持：MongoDB和CouchBase都支持多种编程语言，如Go、Ruby、Python、Java等，方便开发者集成和使用。

2. MongoDB与CouchBase的不同点

MongoDB与CouchBase有以下不同点。

（1）数据模型：MongoDB使用基于文档的存储模型，数据以BSON（Binary JSON）格式存储。CouchBase支持多种数据模型，包括键值存储、文档存储、列存储等。其核心概念包括bucket（类似于关系数据库中的表）和document（类似于关系数据库中的行）。

（2）查询语言：MongoDB使用类似面向对象的查询语言，语法灵活且强大。CouchBase的语法类似于SQL语法，同时也支持MapReduce查询。

（3）实时性和数据持久化：MongoDB侧重于提供可扩展的高性能数据存储解决方案，适用于各种Web应用。CouchBase强调实时性和数据持久化，适用于实时应用、大规模数据处理和分布式系统。

11.7.5 MongoDB 中的分析器有什么用途

分析器在MongoDB中的作用主要包括以下几个方面。

（1）性能监控：MongoDB提供了一个数据库分析器，能够监控并记录数据库中每个操作的性能特征。这包括查询和写操作的执行时间、所使用的索引、是否命中索引、扫描的文档数量等信息。

（2）慢查询识别：分析器帮助识别执行时间超过预期的查询或写操作，即所谓的"慢查询"。这对于诊断和优化数据库性能至关重要，因为它能直接指出哪些操作消耗资源较多。

（3）索引优化：通过分析器提供的数据，管理员可以判断是否需要添加或优化索引以加速特定查询。如果发现某个查询没有有效利用索引，或者扫描了大量文档，可能就需要考虑调整索引策略。

（4）系统资源评估：分析器还能展示操作对系统资源的使用情况，如CPU和I/O，从而帮助理解数据库负载和资源分配是否合理。

（5）问题定位：在遇到数据库响应慢或操作失败的问题时，分析器记录的信息可以作为排查问题的重要依据，帮助快速定位问题原因。

11.7.6 MongoDB 的主节点和从节点如何实现数据同步

MongoDB的数据同步主要通过副本集（Replica Set）机制来实现，其中包含一个主节点（Primary）和多个从节点（Secondary）。主从节点间的数据同步过程分为两个阶段：初始同步（Initial Sync）和持续复制（Replication）。

1. 初始同步

当一个新的从节点加入副本集或现有从节点需要重建其数据集时会进行初始同步。这个过程涉及从阶段向主节点获取所有数据的完整副本，包括集合数据和索引。从节点首先会获取主节点的最新时间戳t1，然后执行全量数据同步。

全量同步完成后，从节点获取主节点最新的时间戳t2，并将t1到t2之间的操作日志（oplog）重放。oplog是一个固定大小的特殊集合，记录了主节点上的所有写操作。

2. 持续复制

初始同步结束后，从节点会在主节点的oplog上建立一个tailable游标。这个游标允许从节点持续监听主节点的新写操作。

当主节点上有新的写操作发生时，相应的操作会被记录到oplog中。从节点通过监控oplog，应用这些操作到自己的数据集上，从而保持与主节点数据的一致性。

如果从节点与主节点失去联系或遇到其他同步问题，它会尝试重新建立连接并自动从断开的地方继续同步，或者根据配置进行自动重同步。

11.7.7 MongoDB 的 ObjectId 生成规则是什么

MongoDB的ObjectId的目标在于确保每个文档具有全局唯一性，一个ObjectId总共占用12字节（96位）。这种设计结合了时间、机器、进程和自增计数器的信息，确保了ObjectId的全局唯一性，同时也便于进行一定程度的时间和环境追溯。

ObjectId的结构如下。

（1）时间戳：时间戳的长度为4字节，它表示ObjectId创建的时间，精确到秒。这通常是自1970年1月1日（UTC）以来的秒数，因此可以用来排序或确定文档的大致创建时间。

（2）机器标识符：机器标识符的长度为3字节，它通常基于机器主机名的散列值，确保不同机器生成不同的ObjectId。这有助于在分布式系统中区分不同服务器上的文档。

（3）进程ID：进程ID的长度为2字节，它表示生成ObjectId的操作系统进程ID，确保在同一台机器上运行的不同进程能够生成唯一的ObjectId。

（4）计数器：计数器的长度为3字节。在同一秒内，每生成一个新的ObjectId，此计数器就会递增。这样即使在同机器、同进程且同一秒内创建多个ObjectId，它们依然保持唯一。

11.7.8 企业开发中使用 MongoDB 的场景有哪些

MongoDB作为一种灵活的NoSQL数据库，因其高性能、高可扩展性和对半结构化数据的支持，在企业开发中被广泛应用。以下是一些典型的工作中使用MongoDB的场景。

（1）网站实时数据处理：MongoDB适合处理高并发的实时数据插入、更新与查询操作，常用于构建动态网站的内容管理系统、用户会话管理和实时消息显示。

（2）社交网络：MongoDB可以用于存储用户关系图谱、消息、动态和评论等。MongoDB的嵌套文档特性方便存储和检索用户间的关系数据和时间线信息。

（3）游戏开发：游戏行业利用MongoDB存储玩家信息、游戏进度、装备、积分等，其高写入速度和灵活性非常适合游戏数据的频繁更新。

（4）缓存：由于其高性能，MongoDB也可作为数据库前的缓存层，减少对底层数据源的直接访问压力，提高系统响应速度。

11.7.9 在 MongoDB 中如何处理事务

在MongoDB中处理事务遵循ACID原则，即原子性（Atomicity）、一致性（Consistency）、隔离性（Isolation）和持久性（Durability）。从MongoDB 4.0版本开始，正式支持多文档事务（Multi-Document Transactions），这使得在处理需要跨多个文档或集合的操作时，能够保持数据的一致性。以下是处理事务的基本步骤。

步骤01 启动会话。在执行事务之前，首先需要创建一个会话。会话提供了对事务操作的上下文，是事务操作的基础。

步骤02 开启事务。在会话的上下文中显式地开启一个事务。

步骤03 执行事务操作。在事务开始后，执行数据库操作，这可能包括插入、更新、删除等数据库操作。

步骤04 提交或回滚事务。如果所有操作成功，则提交事务；如果有任何失败，则回滚事务以保持数据一致性。

步骤05 错误处理。在事务处理过程中，需要妥善处理可能出现的错误，如冲突、违反约束条件等，确保在事务失败时能够正确回滚。

步骤06 乐观并发控制。MongoDB默认采用乐观并发控制。如果在事务执行期间，事务要修改的文档被外部修改，MongoDB能够检测到冲突并抛出错误，事务将被中止。开发人员可以设置writeConcern配置项来调整这一行为。

11.7.10　MongoDB 的写关注是什么

MongoDB的写关注（Write Concern）是数据库配置的一个重要方面，它定义了写操作完成时MongoDB必须满足的确认级别。写关注控制了MongoDB在响应客户端写请求之前需要等待多少确认信息，这直接影响数据持久化的程度和写操作的响应时间。

1. 写关注的级别与配置

（1）0：不等待任何确认，写操作立即返回给客户端。这意味着客户端不会知道写操作是否成功或已持久化。这是最快但最不安全的模式。

（2）1：这是MongoDB的默认设置，等待写操作被写入主节点即可。这个级别提供了基本的持久性保证，而不需要等待所有副本的确认。

（3）majority：这个级别要求客户端等待大多数副本集成员确认写操作。这提供了较高的数据可靠性，因为即使主节点故障，大部分数据仍然存在于其他副本中。

（4）N：这个级别要求客户端等待至少N个副本集成员确认，N可以是任何正整数。N越大，数据安全性越高，但写操作的延迟也越大。

2. 对数据持久化性能的影响

（1）延迟增加：提高写关注级别会导致写操作的响应时间延长，因为MongoDB需要等待更多的确认信息或直到数据被持久化到磁盘。

（2）吞吐量降低：由于每个写操作的处理时间增加，提高写关注级别可能会导致单位时间内处理的写请求数量（吞吐量）下降。

（3）资源消耗：更强的写关注可能会消耗更多的系统资源，特别是在繁忙的系统中，因为需要处理更多的网络通信和日志写入操作。

（4）数据可靠性提升：提高写关注级别可以显著提升数据的持久性和可靠性，尤其是在面临硬件故障时，能够确保数据不丢失。

第 12 章
Elasticsearch

Elasticsearch是一个强大的、分布式的、开源的搜索和分析引擎，基于Apache Lucene库构建。Elasticsearch被广泛应用于实时的大规模数据的搜索、日志分析、指标监控以及复杂的数据分析任务。Elasticsearch的设计初衷是提供高效、近乎实时的搜索功能，并能够处理包括结构化数据、非结构化文本、数字数据和地理空间数据在内的多种数据类型。

面试者应该理解Elasticsearch的核心概念和功能、搜索过程以及Master节点选举机制，并掌握如何设计Elasticsearch索引以支持高效的全文搜索和聚合操作，以及存储原理和读写一致性等内容。

12.1　Elasticsearch 的特性有哪些

Elasticsearch是一个建立在Apache Lucene基础上的开源搜索引擎。相比于Lucene的复杂难懂，Elasticsearch在其内部使用Lucene进行索引和搜索，隐藏了Lucene的复杂性，取而代之的是提供了一套简单易用的RESTful API。

Elasticsearch不仅将Lucene进行了封装，还实现了全文搜索引擎。Elasticsearch具有如下特性：

- 可以作为一个分布式文档存储引擎。支持对文档中的所有字段进行索引和检索。
- 可以作为一个分布式实时分析搜索引擎。
- 可以支持上百个服务节点扩展，支持PB级别的数据索引和检索。

12.2　核 心 概 念

12.2.1　索引

Elasticsearch数据管理的顶层单位是索引（Index）。可以将Elasticsearch中索引的概念与关系数据库中的一个数据库进行类比。Elasticsearch中常用的索引命令如下：

```
# 新增名称为commodity的索引
PUT 'http://127.0.0.1:9200/commodity?pretty'
# 查看索引commodity的信息
GET 'http://127.0.0.1:9200/commodity?pretty'
# 查看当前节点所有的索引
GET 'http://127.0.0.1:9200/_cat/indices?v'
```

12.2.2　索引别名

索引别名（Alias）就像是一个快捷方式或软链接。Elasticsearch中的索引别名可以与关系数据库中的视图进行类比。一个索引别名可以指向一个或多个索引。Elasticsearch中常用的索引别名命令如下：

```
# 创建索引别名
POST 'http://127.0.0.1:9200/_aliases'
{
    "actions": [
        {
            "add": {
                "index": "inventory_v1",
                "alias": "inventory"
            }
        }
    ]
}
# 删除索引别名
POST 'http://127.0.0.1:9200/_aliases'
{
    "actions": [
        {
            "remove": {
                "index": "inventory_v1",
                "alias": "inventory"
            }
        }
    ]
}
# 重命名索引别名
POST 'http://127.0.0.1:9200/_aliases'
{
    "actions": [
        {
            "remove": {
                "index": "inventory_v1",
                "alias": "inventory"
            }
        },
        {
            "add": {
                "index": "inventory_v2",
                "alias": "inventory"
            }
        }
    ]
}
```

12.2.3　类型

在Elasticsearch的早期版本中，类型（Type）是索引（Index）内部的一个概念，用于区分类似的数据。每个索引可以包含多个类型，每种类型都有自己的定义字段和属性，这些字段和属性控制了索引的建立和分词器的使用。类型可以看作索引内部对文档（Document）的一种分组方式，允许在相同的索引下存储不同种类的数据，但这些数据仍然可以通过类型来进行区分和过滤。

需要注意的是，从Elasticsearch 7.x版本开始，类型的概念被彻底移除。

12.2.4　文档

文档（Document）是索引中记录的每一条记录，可以类比关系数据库中的数据行。Elasticsearch中的文档以JSON格式表示。以下是Elasticsearch文档的一个例子。

```
{
  "user": "张三",
  "title": "软件工程师",
  "desc": "Java应用开发"
}
```

12.2.5　分词

分词是指将文本切分为一系列单词的过程，也可以称作文本分析。Elasticsearch中使用分词器（Analyzer）对文本进行分词处理。分词器的组成可以分为以下3个部分。

步骤01 Character Filter：针对原始的文本信息进行过滤处理，去除HTML标签等特殊标记符。

步骤02 Tokenizer：将 **步骤01** 中处理完的文本信息按照一定的规则切分为单词。

步骤03 Token Filter：针对 **步骤02** 中处理完的单词进行再加工，比如进行转小写、删除或新增等处理。

可以使用以下命令查看并验证分词的效果：

```
POST 'http://127.0.0.1:9200/_analyze'
{
    "analyzer": "standard",
    "text": "hello world"
}
```

执行以上命令后，文本信息"hello world"被standard分词器分词后得到的处理结果如下：

```
{
    "tokens": [
        {
            "token": "hello",
            "start_offset": 0,
            "end_offset": 5,
            "type": "<ALPHANUM>",
            "position": 0
        },
```

```
        {
            "token": "world",
            "start_offset": 6,
            "end_offset": 11,
            "type": "<ALPHANUM>",
            "position": 1
        }
    ]
}
```

除可以使用Elasticsearch提供的预定分词器进行文本分词外，开发者还可以通过自定义分词器对文本进行分词。下面的命令定义了一个自定义的分词器，其中tokenizer使用standard，filter使用uppercase，对分词进行大写转换。

```
POST 'http://127.0.0.1:9200/_analyze'
{
    "tokenizer": "standard",
    "filter": [
        "uppercase"
    ],
    "text": "HELLO world"
}
```

执行以上命令后，文本信息"HELLO world"被自定义分词器分词后得到的处理结果如下：

```
{
    "tokens": [
        {
            "token": "HELLO",
            "start_offset": 0,
            "end_offset": 5,
            "type": "<ALPHANUM>",
            "position": 0
        },
        {
            "token": "WORLD",
            "start_offset": 6,
            "end_offset": 11,
            "type": "<ALPHANUM>",
            "position": 1
        }
    ]
}
```

12.2.6　分词器

Elasticsearch内置的分词器说明如下。

1. 标准分词器

当用户未指定分词器时，默认使用标准分词器（Standard Analyzer）。该分词器会在空格、符号处对文本进行分割，并对英文单词进行小写处理。该分词器会把中文文本切割成一个个独立的汉字。

我们可以通过标准分词器查看并验证对文本信息"hello China!你好中国"进行分词的效果。

```
# 执行分词命令
POST 'http://127.0.0.1:9200/_analyze'
{
    "analyzer": "standard",
    "text": "hello China!你好中国"
}

# 输出分词结果
{
    "tokens": [
        {
            "token": "hello",
            "start_offset": 0,
            "end_offset": 5,
            "type": "<ALPHANUM>",
            "position": 0
        },
        {
            "token": "china",
            "start_offset": 6,
            "end_offset": 11,
            "type": "<ALPHANUM>",
            "position": 1
        },
        {
            "token": "你",
            "start_offset": 12,
            "end_offset": 13,
            "type": "<IDEOGRAPHIC>",
            "position": 2
        },
        {
            "token": "好",
            "start_offset": 13,
            "end_offset": 14,
            "type": "<IDEOGRAPHIC>",
            "position": 3
        },
        {
            "token": "中",
            "start_offset": 14,
            "end_offset": 15,
            "type": "<IDEOGRAPHIC>",
            "position": 4
        },
        {
            "token": "国",
            "start_offset": 15,
            "end_offset": 16,
            "type": "<IDEOGRAPHIC>",
```

```
                "position": 5
            }
        ]
}
```

2. 简单分词器

简单分词器（Simple Analyzer）在空格、符号、数字处进行分割，但中文部分不会被分割成单独的汉字。我们可以通过简单分词器查看并验证对文本信息"hello China!你好中国"进行分词的效果。

```
# 执行分词命令
POST 'http://127.0.0.1:9200/_analyze'
{
    "analyzer": "simple",
    "text": "hello China!你好中国"
}
# 输出分词结果
{
    "tokens": [
        {
            "token": "hello",
            "start_offset": 0,
            "end_offset": 5,
            "type": "word",
            "position": 0
        },
        {
            "token": "china",
            "start_offset": 6,
            "end_offset": 11,
            "type": "word",
            "position": 1
        },
        {
            "token": "你好中国",
            "start_offset": 12,
            "end_offset": 16,
            "type": "word",
            "position": 2
        }
    ]
}
```

3. 空格分词器

空格分词器（Whitespace Analyzer）按照空格对文本内容进行分割。我们可以通过空格分词器查看并验证对文本信息"hello China!你好中国"进行分词的效果。

```
# 执行分词命令
POST 'http://127.0.0.1:9200/_analyze'
{
    "analyzer": "whitespace",
```

```
        "text": "hello China!你好中国"
}

# 输出分词结果
{
    "tokens": [
        {
            "token": "hello",
            "start_offset": 0,
            "end_offset": 5,
            "type": "word",
            "position": 0
        },
        {
            "token": "China!你好中国",
            "start_offset": 6,
            "end_offset": 16,
            "type": "word",
            "position": 1
        }
    ]
}
```

4. 停止分词器

停止分词器（Stop Analyzer）在空格、符号、数字、英文介词或者冠词处对文本内容进行分割，中文部分不会切割为一个个汉字。我们可以通过停止分词器查看并验证对文本信息 "hello China!你好中国" 进行分词的效果。

```
# 执行分词命令
POST 'http://127.0.0.1:9200/_analyze'
{
    "analyzer": "stop",
    "text": "hello China!你好中国"
}

# 输出分词结果
{
    "tokens": [
        {
            "token": "hello",
            "start_offset": 0,
            "end_offset": 5,
            "type": "word",
            "position": 0
        },
        {
            "token": "china",
            "start_offset": 6,
            "end_offset": 11,
            "type": "word",
            "position": 1
```

```
        },
        {
            "token": "你好中国",
            "start_offset": 12,
            "end_offset": 16,
            "type": "word",
            "position": 2
        }
    ]
}
```

5. 关键词分词器

关键词分词器（Keyword Analyzer）将输入的内容作为一个关键词，不进行分词处理。输入与输出内容相同。我们可以通过关键词分词器查看并验证对文本信息"hello China!你好中国"进行分词的效果。

```
# 执行分词命令
POST 'http://127.0.0.1:9200/_analyze'
{
    "analyzer": "keyword",
    "text": "hello China!你好中国"
}

# 输出分词结果
{
    "tokens": [
        {
            "token": "hello China!你好中国",
            "start_offset": 0,
            "end_offset": 16,
            "type": "word",
            "position": 0
        }
    ]
}
```

6. 正则表达式分词器

正则表达式分词器（Pattern Analyzer）根据正则表达式对文本内容进行分割，默认使用的正则表达式是\W+，该表达式的含义如下。

（1）\W是正则表达式中的一个特殊字符类，它匹配任何非"单词字符"。这里的"单词字符"通常指的是字母、数字或下画线。\W将匹配任何一个由非字母、非数字、非下画线字符组成的序列。

（2）+是量词，表示匹配前面的模式一次或多次。

（3）\W+表示匹配任何一个或多个由非字母、非数字、非下画线字符组成的序列。

我们可以通过正则表达式分词器查看并验证对文本信息"hello China!你好中国"进行分词的效果。

```
# 执行分词命令
POST 'http://127.0.0.1:9200/_analyze'
{
```

```
    "analyzer": "pattern",
    "text": "hello China!你好中国"
}

# 输出分词结果
{
    "tokens": [
        {
            "token": "hello",
            "start_offset": 0,
            "end_offset": 5,
            "type": "word",
            "position": 0
        },
        {
            "token": "china",
            "start_offset": 6,
            "end_offset": 11,
            "type": "word",
            "position": 1
        }
    ]
}
```

7. 语言分词器

语言分词器（Language Analyzer）支持多种类型的语种，如英语和汉语等。我们可以通过语言分词器查看并验证对文本信息"hello China!你好中国"进行分词的效果。

```
# 执行分词命令
POST 'http://127.0.0.1:9200/_analyze'
{
    "analyzer": "english",
    "text": "hello China!你好中国"
}

# 输出分词结果
{
    "tokens": [
        {
            "token": "hello",
            "start_offset": 0,
            "end_offset": 5,
            "type": "<ALPHANUM>",
            "position": 0
        },
        {
            "token": "china",
            "start_offset": 6,
            "end_offset": 11,
            "type": "<ALPHANUM>",
            "position": 1
        },
```

```
        {
            "token": "你",
            "start_offset": 12,
            "end_offset": 13,
            "type": "<IDEOGRAPHIC>",
            "position": 2
        },
        {
            "token": "好",
            "start_offset": 13,
            "end_offset": 14,
            "type": "<IDEOGRAPHIC>",
            "position": 3
        },
        {
            "token": "中",
            "start_offset": 14,
            "end_offset": 15,
            "type": "<IDEOGRAPHIC>",
            "position": 4
        },
        {
            "token": "国",
            "start_offset": 15,
            "end_offset": 16,
            "type": "<IDEOGRAPHIC>",
            "position": 5
        }
    ]
}
```

8. 指纹分析分词器

指纹分析分词器（Fingerprint Analyzer）是一种特殊的分词器，它的主要用途是生成一个唯一的标识符（或称为指纹）来表示重复的文本项。指纹分析分词器通常用于去重、相似性检测、归一化等场景。

我们可以通过指纹分析分词器查看并验证对文本信息"hello hello China!你好中国!你好中国"进行分词的效果。

```
# 执行分词命令
POST 'http://127.0.0.1:9200/_analyze'
{
    "analyzer": "fingerprint",
    "text": "hello hello China!你好中国!你好中国"
}

# 输出分词结果
{
    "tokens": [
        {
            "token": "china hello 中 你 国 好",
            "start_offset": 0,
            "end_offset": 27,
```

```
            "type": "fingerprint",
            "position": 0
        }
    ]
}
```

9. IK Analysis

IK Analysis是一款开源的中文分词器。IK Analysis支持以下两种模式。

（1）ik_max_word：ik_max_word模式会将文本进行最细粒度的拆分，比如会将"中华人民共和国国歌"拆分为"中华人民共和国,中华人民,中华,华人,人民共和国,人民,人,民,共和国,共和,和,国国,国歌"等单词，ik_max_word会穷尽各种可能的单词组合。

（2）ik_smart：ik_smart模式会进行最粗粒度的拆分，比如会将"中华人民共和国国歌"拆分为"中华人民共和国,国歌"等单词。

读者可以通过以下命令下载并安装IK Analysis分词器：

```
# 在Elasticsearch安装目录下执行命令，然后重启ES
bin/elasticsearch-plugin install https://github.com/medcl/elasticsearch-analysis-ik/
releases/download/v8.4.1/elasticsearch-analysis-ik-8.4.1.zip
```

IK Analysis的详细配置可以参考以下网址：

```
https://github.com/medcl/elasticsearch-analysis-ik/releases
```

除IK Analysis这款中文分词器外，常用的中文分词器还有SmartCN，读者可以通过以下命令下载并安装SmartCN中文分词器：

```
sh elasticsearch-plugin install analysis-smartcn
```

12.2.7　keyword

Elasticsearch 5.0以后，移除了string类型，原有的string字段被拆分成两种新的数据类型：keyword类型和text类型。

keyword类型不会被Elasticsearch进行分词处理，Elasticsearch只会用keyword类型字段的原始内容进行检索。keyword类型的字段支持模糊查询、精准查询、聚合查询和排序。

12.2.8　text

text类型会被Elasticsearch进行分词处理，然后建立索引。text类型支持模糊查询、精准查询，但不支持聚合查询。

12.3　什么是倒排索引

Elasticsearch的核心功能是提供强大的全文检索能力，Elasticsearch高性能全文检索的基石是Elasticsearch特殊的索引结构——倒排索引。

12.3.1 正排索引

在讲解倒排索引之前，读者可以先了解正排索引的概念，以便跟倒排索引进行对比理解。正排索引是以文档的唯一ID作为索引、文档内容作为记录的一种索引组织形式。正排索引如图12-1所示。

12.3.2 倒排索引

正排索引需要通过文档ID才能找到对应的文件，这对于侧重于全文检索的Elasticsearch而言显然是无法接受的。

倒排索引是将文档内容中的单词作为索引，将包含该单词的文档ID作为记录的一种索引组织形式。倒排索引如图12-2所示。

图 12-1 正排索引示意图

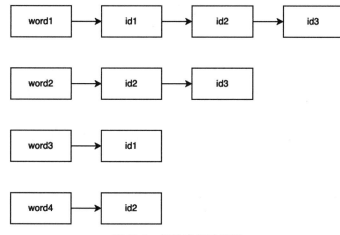

图 12-2 倒排索引示意图

下面将以文档及倒排索引的生成过程为例，说明Elasticsearch建立倒排索引的过程。

假设有以下两个文档，文档内容如下：

南京长江大桥
杭州湾跨海大桥

Elasticsearch对这两个文档的处理步骤如下：

步骤01 为每个文档生成对应的ID作为其唯一标识。

南京长江大桥ID = 1
杭州湾跨海大桥ID = 2

步骤02 对文本内容进行分词，分词结果如下：

南京、长江、大桥、杭州湾、跨海

步骤03 建立倒排索引，上述两个文档建立的倒排索引效果如图12-3所示。

当用户搜索关键词"大桥"时，可以通过倒排索引快速找到文档ID为1和2的记录，从而可以搜索到南京长江大桥和杭州湾跨海大桥这两个文档。

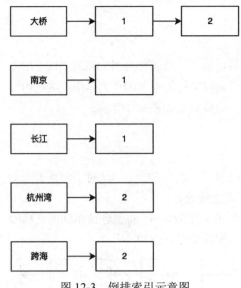

图 12-3　倒排索引示意图

倒排索引的结构可以被理解为由以下两部分组成：

（1）术语字典（Term Dictionary），它是一个键－值对集合，其中键是文档中的单词，在Elasticsearch中通常称为Term。

（2）记录列表（Postings List），它是每个Term对应的值，包含单词在哪些文档中出现过，称为Postings。

Postings的组成包含以下信息。

- 文档ID：Elasticsearch为每个文档生成的唯一ID。
- 词频：词频（Term Frequency）记录的是Term在文档中出现的次数，用于Elasticsearch相关性分析和计算。
- 位置：位置（Position）记录每个Term在文档中的位置信息，用于Elasticsearch进行词语搜索。
- 偏移量：偏移量（Offset）记录每个Term在文档中的开始位置和结束位置，用于Elasticsearch对检索到的内容进行高亮显示等。

12.3.3　单词索引

Elasticsearch全文检索的速度取决于词典中单词查找的速率。虽然Term Dictionary使用了查找效率较高的数据结构，但还是避免不了磁盘随机方案带来的性能问题。由于Term Dictionary存储的数据量较大，将其全部放入内存会有较大的内存消耗。

为了进一步提升Term Dictionary的查找速度，Elasticsearch使用了单词索引（Term Index）技术。Term Index使用的是Trie树这种数据结构。Trie树并不是将所有的Term都保存在树上，而是将一些Term的前缀保存在树上，如图12-4所示。

通过对Trie树进行查找可以快速定位Term在Term Dictionary中的位置，然后基于该位置信息继续查找对应的Postings List信息，进而查出包含该Term的文档信息。Elasticsearch查找过程如图12-5所示。

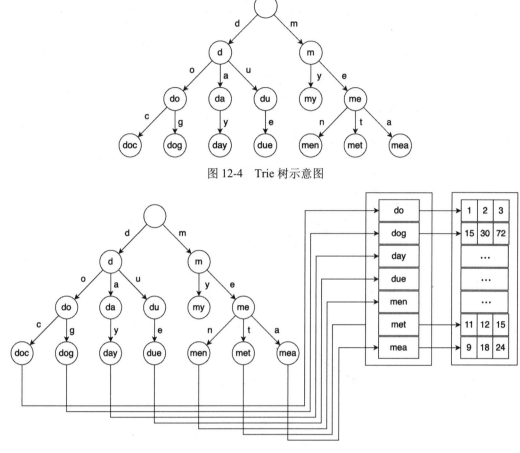

图 12-4 Trie 树示意图

图 12-5 Elasticsearch 查找过程示意图

12.3.4 FST

FST（Finite State Transducers，有限状态转换器）是一种有限状态自动机，可以将一组输入符号映射为一组输出符号。FST可以在有限的空间内表示大量的字符串集合，并且能够快速地进行查找和匹配操作。FST在Elasticsearch中主要用于加速某些类型的搜索操作，特别是在涉及前缀搜索、范围查询和模糊搜索等场景下。FST能够提供更高效的查询性能，尤其是在处理大量的文档和频繁的搜索请求时。

具体的算法细节和应用案例，读者可以通过以下网址进一步了解：

```
https://cs.nyu.edu/~mohri/pub/fla.pdf
```

下面通过案例讲解FST压缩算法的构建过程。

插入单词cat时，FST压缩算法构造示意图如图12-6所示，t边指向终点。

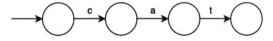

图 12-6 插入单词 cat 时，FST 压缩算法构造示意图

插入单词deep时，FST压缩算法构造示意图如图12-7所示，p边指向终点。

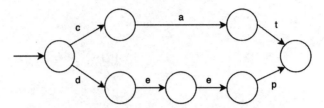

图 12-7 插入单词 deep 时，FST 压缩算法构造示意图

插入单词do时，FST压缩算法构造示意图如图12-8所示，o边指向终点。

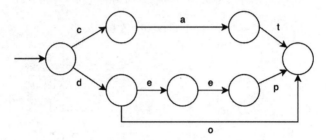

图 12-8 插入单词 do 时，FST 压缩算法构造示意图

插入单词dog时，FST压缩算法构造示意图如图12-9所示，g边指向终点。

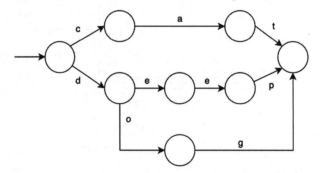

图 12-9 插入单词 dog 时，FST 压缩算法构造示意图

插入单词dogs时，FST压缩算法构造示意图如图12-10所示，s边指向终点。

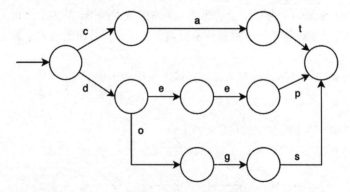

图 12-10 插入单词 dogs 时，FST 压缩算法构造示意图

通过对上述案例的分析可知，Elasticsearch利用FST压缩算法极大限度地降低了单词索引（Term Index）的存储空间，降低了查找Term Index的磁盘的随机读取次数，提升了查询效率。

12.4　Elasticsearch 如何实现集群发现

Elasticsearch通过内置的ZenDiscovery机制可以快速实现集群发现。ZenDiscovery的主要责任是发现集群中的节点和从多个节点中选举产生Master节点。

ZenDiscovery支持以下两种发现机制。

（1）单播（Unicast）：单播发现机制是基于Gossip通信协议的发现机制。其工作原理是在集群环境中存在一批公共的节点，其他节点都向公共节点发送请求，公共节点收到各节点的请求后进行信息交换，从而使集群中的节点感知到彼此的存在，进而实现节点之间的通信。

（2）组播（Multicast）：组播发现机制是通过向其他节点发送一个或多个广播请求来实现的。组播发现机制目前比较脆弱，不建议在生产环境中使用。

Elasticsearch针对当前集群中的所有Master Eligible Node节点进行选举产生Master节点。为了避免出现脑裂，Elasticsearch采用分布式系统中常见的Quorum思想，即只有获得半数以上选票的节点才能成为Master节点。

Elasticsearch的选举流程可以分为以下两步：

步骤01 选举临时Master节点。

选举临时Master节点时需要用到两个集合：activeMasters和masterCandidates。activeMasters集合存放的是由其他节点选举产生的且不是当前节点自身的Master节点；masterCandidates集合存放的是集群中配置的可以成为Master节点的候选节点。

Elasticsearch首先判断activeMasters集合是否为空。如果activeMasters集合不为空，则说明其他节点已经选举出它们认可的Master节点，此时集群直接使用该集合中ID最小的节点作为自己投票选择的Master节点；如果activeMasters集合为空，则判断masterCandidates集合中是否有满足最少开始选举的节点数，如果满足条件，则通过比较集群版本状态和节点ID选举得到临时Master节点。

经过该步骤的选举后，集群中会得到临时的Master节点，此时该临时Master节点将等待其他节点投票，当临时Master节点得到半数以上的选片后，才会成为真正的Master节点。

步骤02 选举产生Master节点。

如果当前节点被选举为临时Master节点，则当前节点开始接收其他节点的投票结果。当投票达到法定人数时，选举完成，当前节点成为Master节点。如果在规定的时间内临时Master节点未得到足够多的选票，则本次选举宣告失败。进入新一轮选举。

如果当前节点没有被选举为临时Master节点，则当前节点向临时节点发起投票。如果在规定的时间内投票结果得到反馈，则表明Master节点选举成功。如果选举未成功，则进入新一轮选举。

12.5　分片和副本

12.5.1　分片

Elasticsearch通过数据拆分的方式将一个索引上的数据拆分出来分配到不同的数据块上，拆分出来的数据块称为分片（Shard）。Elasticsearch的分片设计可以类比MySQL的分库分表设计，都是将大量的数据拆分存储。

分片的数量在索引创建时设定，一旦设定好分片数后，将难以修改。如果一定要在索引创建后修改分片数，则需要通过reindex命令进行数据迁移。

12.5.2　副本

因为Elasticsearch对数据进行了分片处理，如果一个分片中的数据只保存一份，那么因为网络分区或系统故障而导致的数据丢失的风险会很高。因此，Elasticsearch对分片进行了备份处理，每个备份称为副本。通过副本可以实现故障转移和负载均衡。

由于每个分片中的数据保存了多份，因此Elasticsearch的分片有主分片和副本分片之分。对于新增、修改和删除等写操作，必须在主分片上完成，主分片执行成功后，数据会被复制到副本分片上。

Elasticsearch使用并发写入方式提高写入的能力。同时，为了解决并发写的过程中数据冲突的问题，Elasticsearch通过乐观锁的方式控制每个文档都有一个_version版本号，当文档被修改时，版本号递增。

Elasticsearch分片及副本示意图如图12-11所示。其中S0、S1、S2和S3表示主分片，其他分片为副本分片。以S0这个主分片为例，其对应的副本分片为R0，分别分布在Node1、Node2和Node3上。

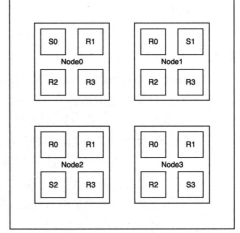

图 12-11　Elasticsearch 分片及副本示意图

12.5.3　索引写入流程

Elasticsearch的写入操作只能由主分片完成，主分片处理成功后，将数据同步到副本分片上。在图12-11所示的分片及副本的示意图中，Elasticsearch是如何实现一条特定的数据写到S0主分片上而不是S1或S2主分片上的呢？

Elasticsearch主要通过以下公式决定一个文档应该被保存在哪个主分片上：

```
shard = hash(document_id) % (num_of_primary_shards)
```

通过以上公式计算得到的余数一定在0~num_of_primary_shards，该余数作为这条数据所在的分片数。

当一个写入请求被发送到某个Elasticsearch节点后，该节点保存了其他节点上所有的分片信息。因此，该节点会充当协调节点，根据上述计算公式得出该数据应该写入的主分片，如果发现该主分片不在当前节点上，则当前节点会将写请求转发到其对应的主分片所在的节点上。

当写请求被转发到主分片所在节点后,主分片所在节点将会接受写入请求,并将数据写入磁盘上。

主分片将数据写入磁盘后,将数据并发地复制到其他3个副本分片上。当所有的副本分片都保存成功后,主分片所在节点向协调节点汇报处理成功,协调节点向客户端汇报处理成功。

Elasticsearch数据写入流程如图12-12所示。

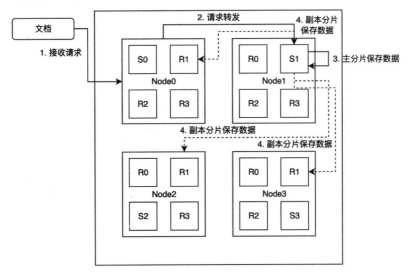

图 12-12　Elasticsearch 数据写入示意图

12.6　Elasticsearch 的存储原理是什么

Elasticsearch基于分布式文档存储,数据以JSON格式序列化后存储,并且通过分片和副本实现数据的分布和冗余备份。本节介绍其涉及的核心技术。

12.6.1　Segment

Elasticsearch存储的核心概念是段(Segment),每个段就是一个倒排索引结构。Elasticsearch中的索引由多个Segment集合和提交点(commit point)文件组成。

commit point文件中有一个列表存放着所有已知的段。图12-13所示为一个commit point和3个段的示意图。

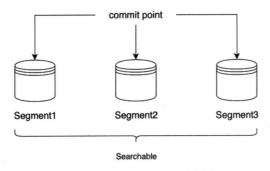

图 12-13　commit point 示意图

12.6.2　文档写入

当一个文档写入Elasticsearch时，Elasticsearch首先会将其保存到内存缓冲区中，此时这个文档的信息是不可见的，用户无法搜索到该文档。文档写入缓存示意图如图12-14所示。

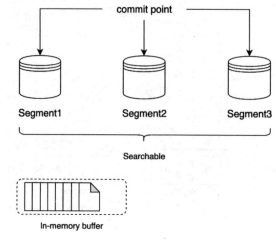

图 12-14　文档写入内存缓冲区示意图

Elasticsearch每隔一段时间会将内存缓冲区中的数据提交，在内存数据写入磁盘后形成新的段信息，这部分段信息是可以被搜索到的。这个过程的详细步骤如下：

步骤 01　创建一个新的Segment作为一个追加的倒排索引文件写入文件系统缓存中。

步骤 02　将新的包含新Segment的commit point文件写入文件系统缓存中。

步骤 03　磁盘进行fsync操作，将文件系统缓存中等待的写入操作全部写入磁盘中。

步骤 04　这个新的段被开启，段内的文档信息对搜索可见。

步骤 05　清除内存缓存中的数据，等待新的文档写入内存缓存。

上述步骤执行结束后，Segment和commit point的状态如图12-15所示。

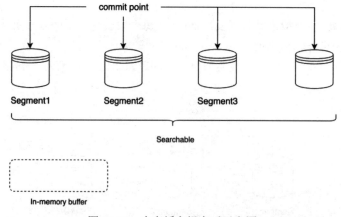

图 12-15　内存缓存提交后示意图

通过上述方式，一个新的文档从被索引到可以被搜索到的时间间隔可能达到几分钟，这对于需要快速响应的系统来说是不够快的。这是因为磁盘写入操作需要进行fsync，这是一个系统调用，确保数据被写入磁盘并持久化。fsync操作涉及磁盘I/O，可能会显著降低写入速度，从而成为整个系统的性能瓶颈。

12.6.3　Refresh

Elasticsearch的Refresh机制是Elasticsearch实现近实时搜索（Near Real-Time，NRT）的核心机制之一。该机制确保了索引信息的改变化能够被及时感知并检索。

在Elasticsearch中，索引的数据并不是立即写入磁盘上的，而是首先写入内存的缓冲区中。这一机制虽然提高了写入速度，但新索引的文档不会立即对搜索可见。Refresh操作的作用是将这些缓冲区中的数据刷新到内存的倒排索引中，使最近被更改的数据能够被搜索到，同时保留了大部分的写入性能。

由于Refresh机制的存在，Elasticsearch能够提供接近实时的搜索能力，尽管不是完全实时。Refresh操作的默认执行间隔为1s，用户可以通过调整index.refresh_interval设置，在近实时搜索的需要和系统性能之间做出权衡。

Refresh的工作机制示意如图12-16所示。

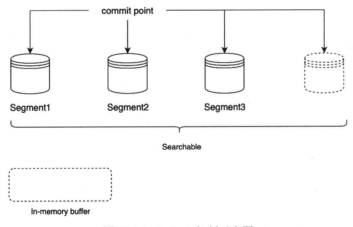

图 12-16　Refresh 机制示意图

12.6.4　Translog

在Elasticsearch中，Translog（事务日志）是一个重要的组件，用于确保数据的持久性和可靠性。每当文档被索引、更新或删除时，这些操作首先会在内存的缓冲区中被处理，并写入Translog中。Translog充当了一个事务日志的角色，用于在发生故障时恢复数据。

在Elasticsearch重启时，Translog用于从最后一致的状态恢复数据。它会重放日志中的操作，以确保内存中的数据和磁盘上的索引文件同步。

文档进入内存缓存和Translog示意图如图12-17所示。

当Elasticsearch执行Refresh操作后，内存缓存被清空，文档可以被搜索到，但此时尚未执行flush操作，此时Translog不会被清空。执行Refresh操作清空内存缓存且Translog未被清空示意图如图12-18所示。

每隔一段时间，Elasticsearch会执行flush操作，过程如下：

步骤 01　所有内存缓存中的数据写入新的Segment。

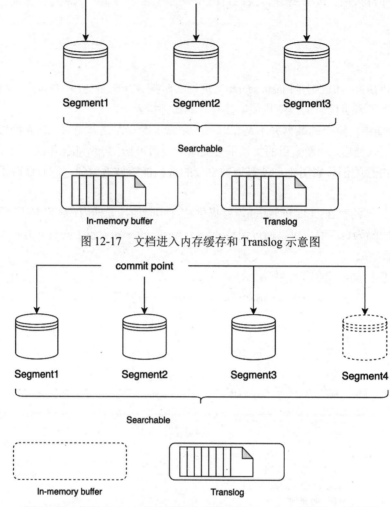

图 12-17   文档进入内存缓存和 Translog 示意图

图 12-18   执行 Refresh 操作清空内存缓存且 Translog 未被清空示意图

步骤 02   清空内存缓存。

步骤 03   一个commit point被写入磁盘。

步骤 04   文件系统缓存通过fsync执行flush操作。

步骤 05   旧的Translog被删除。

步骤 06   Translog本身也是磁盘文件，频繁地将Translog写入磁盘必定会带来较大的I/O开销，因此需要对Translog定时落盘。Translog落盘的时间间隔决定了Elasticsearch的稳定性和数据的可靠性。

Translog相关参数配置如下。

- index.translog.flush_threshold_period：设置Translog落盘的频率，默认每5s主动执行一次。
- index.translog.flush_threshold_size：设置当Translog文件达到多大时执行落盘，默认为512MB。

当Elasticsearch启动时，它会从磁盘中使用最后一个提交点来恢复已知的段，并且会重放Translog中所有在最后一次提交后发生的变更操作。

Translog清空示意图如图12-19所示。

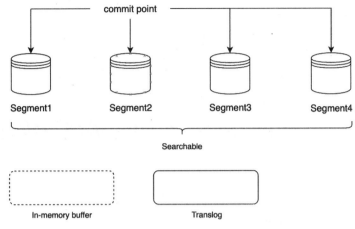

图 12-19 Translog 清空示意图

12.6.5 Segment 合并

Segment合并是指将Elasticsearch索引中的多个小的Segment合并为一个或几个更大的Segment的过程。

随着数据的不断写入和更新，Elasticsearch会不断生成新的Segment，导致索引中的Segment数量不断增加。过多的Segment会占用更多的文件句柄、内存和CPU资源，并降低查询性能。通过合并Segment，可以减少索引的碎片，优化资源使用。由于合并后的Segment数据量更大，可以减少查询时需要访问的Segment数量，从而降低查询延迟和提高查询效率。在合并过程中，被标记为已删除的文档（或更新文档的旧版本）不会被写入新的Segment中，从而可以释放这些文档所占用的磁盘空间。

Segment合并的作用如下：

- 将Segment总数控制在可接受的范围内。
- 将已合并的Segment删除。

在Elasticsearch接收并处理数据的过程中，Elasticsearch会在后台选择一些较小的Segment进行合并，以生成较大的Segment。在合并过程中，Elasticsearch不会中断对外提供服务。Segment合并过程如图12-20所示。

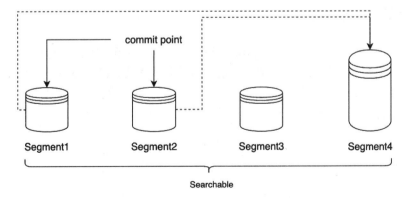

图 12-20 Segment 合并示意图

当Segment合并完成后，需要执行以下操作：

步骤 01 将新的Segment写入磁盘。

步骤 02 创建一个新的包含新Segment的commit point，其中排除较小的Segment。

步骤 03 打开新的Segment供搜索。

步骤 04 删除旧的Segment。

12.7 Elasticsearch 如何实现一致性

12.7.1 写一致性

Elasticsearch支持3种不同级别的一致性控制。

（1）one：该一致性级别要求。当向Elasticsearch发起写操作时，只需要主分片是可用的，就可以接受并处理请求。

（2）all：该一致性级别要求。当向Elasticsearch发起写操作时，主分片和所有的副本分片都必须是可用的，Elasticsearch才可以接受并处理请求。

（3）quorum：该一致性级别要求。当向Elasticsearch发起写操作时，在大部分分片可用的情况下，Elasticsearch才可以接受并处理请求。

12.7.2 读一致性

对于Elasticsearch读操作而言，新的文档只有在刷新时间间隔后才可以被检索到。为了确保读操作返回的文档是最新的版本，可以设置replication=sync（默认值为sync），这样可以约束主分片和副本分片同时保存成功后，写请求才可以返回处理结果。当读请求发送到Elasticsearch时，无论搜索请求落在哪一个分片上，Elasticsearch都会返回最新的文档。

12.8 Elasticsearch 面试押题

12.8.1 什么是 Elasticsearch

Elasticsearch是一个开源的、分布式、RESTful风格的搜索引擎。它基于Apache Lucene库构建，专为云计算环境设计，提供了实时的、高性能的搜索和分析功能。Elasticsearch不仅是一个全文搜索引擎，它还能够用于复杂的数据分析、可视化和大数据近实时处理场景。其主要特点包括：

- 分布式架构。
- 实时搜索。
- RESTful API。
- 全文检索。

Elasticsearch广泛应用于日志分析、文档搜索、电子商务、网络安全、物联网数据分析等多个领域，因其易用性、灵活性和可扩展性而受到众多企业和开发者的青睐。

12.8.2 什么是倒排索引

倒排索引（Inverted Index）是一种数据结构，主要用于全文检索、数据库索引和其他需要高效查询特定关键词出现位置的场景。它与传统的正排索引（或称为前向索引）相对，正排索引是基于文档来列出每个文档中所包含的词汇，而倒排索引则是基于词汇来列出包含该词汇的所有文档。

倒排索引由以下几个部分组成。

（1）单词文档映射：倒排索引将文档中的每个单词作为索引项，将其所出现的文档ID组织在一起，形成单词和文档编号之间的映射关系。每个单词可能有多个文档中出现，因此倒排索引中的每个单词对应多个文档编号。

（2）倒排列表：用来记录有哪些文档包含某个单词。在文档集合中，一个单词可能对应多个文档，每个文档会记录文档编号、单词在这个文档中出现的次数以及单词在文档中哪些位置出现过等信息。这些与一个文档相关的信息被称作倒排索引项，包含这个单词的一系列倒排索引项形成了列表结构，这就是某个单词对应的倒排列表。

（3）文档编号差值：在实际的搜索引擎系统中，并不直接存储倒排索引项中的实际文档编号，而是以文档编号差值来存储。文档编号差值是倒排列表中相邻的两个倒排索引项文档编号的差值，通过差值计算可以有效地将大数值转换为小数值，从而增加数据的压缩率。

12.8.3 Elasticsearch 与 Solr 有哪些异同点

Elasticsearch与Solr都是基于Apache Lucene构建的高性能、可扩展的全文搜索引擎，它们在很多方面都有相似之处，但同时也存在一些关键性的差异。以下是它们之间的一些主要异同点。

1. Elasticsearch与Solr的相同点

1）基于 Lucene

Elasticsearch与Solr都构建在强大的Apache Lucene库之上，提供了高级的全文搜索和分析功能。

2）分布式搜索

Elasticsearch与Solr都能实现分布式搜索，支持大规模数据集的处理和高效搜索。

3）RESTful API

Elasticsearch与Solr都提供了易于使用的RESTful API，便于与其他语言和系统的集成。

4）实时搜索

Elasticsearch与Solr都支持近乎实时的搜索能力，可以快速索引和检索数据。

2. Elasticsearch与Solr的不同点

1）分布式管理

- Solr利用ZooKeeper进行分布式集群的管理，这需要单独维护ZooKeeper集群。
- Elasticsearch自带了分布式协调管理功能，无须外部组件，简化了部署和管理。

2）功能多样性

- Solr的功能实现更加全面，官方提供了丰富的功能，包括高亮显示、拼写检查、结果聚类。
- Elasticsearch更加注重核心功能，即搜索和分析，高级功能多由第三方插件提供。但Elasticsearch在实时搜索应用方面表现较好。

3）使用方式

- Solr作为一个独立的企业级搜索应用服务器，提供类似于WebService的API接口，用户可以通过HTTP请求与Solr进行交互。
- Elasticsearch不仅是一个提供了RESTful风格API的搜索引擎，还是一个数据分析和可视化平台。

4）使用场景

- Solr适用于传统搜索场景，如电商平台的商品搜索。
- Elasticsearch除适用于传统搜索外，还特别擅长实时搜索和分析，如日志分析、监控数据实时分析等。

12.8.4　Elasticsearch 支持的分词器有哪些

Elasticsearch支持多种分词器（Tokenizer），这些分词器用于将文本分割成单个词语（token），这是全文搜索过程中的一个关键步骤。以下是一些Elasticsearch中常用的内置分词器。

1. Standard Analyzer

Standard Analyzer是Elasticsearch的默认分词器，适用于大多数语言。它会移除标点符号，将文本转换为小写，并基于单词边界进行分词。

2. Simple Analyzer

Simple Analyzer是一个简单的分词器，仅基于非字母字符进行分词，并将所有词转换为小写，适用于只需要基本分词的场景。

3. Whitespace Analyzer

Whitespace Analyzer仅以空格为分隔符进行分词，保留大小写和特殊字符，适用于需要保持单词原本形态的场景。

4. Stop Analyzer

Stop Analyzer基于Standard Analyzer，额外去除了一组常见停用词（如a、an、the等），适用于英文文本。

5. Keyword Analyzer

Keyword Analyzer是不对文本进行分词，而是将整个输入作为单个不可分割的token的场景，适用于不需要分词处理的字段，如ID或精确匹配的短语。

6. Language Analyzers

Language Analyzer是特定语言的分词器，Elasticsearch提供了多种针对特定语言的分词器，如英语、汉语、法语等，它们根据各自语言的特点进行分词。

7. Pattern Analyzer

Pattern Analyzer基于正则表达式进行分词，允许用户自定义分隔符规则。

8. IK Analyzer

IK Analyzer是一个流行的中文分词器，提供了智能分词功能，支持最大词长、最小词长等配置，适用于多种中文文本处理场景。虽然IK Analyzer不是Elasticsearch内置的，但可以通过安装插件的方式集成到Elasticsearch中。

9. Jieba Analyzer

Jieba Analyzer是基于开源的Jieba分词库，也是一个广泛使用的中文分词器，提供了精确和模糊两种分词模式，支持自定义词典。

12.8.5　Elasticsearch 中的 keyword 和 text 有什么区别

在Elasticsearch中，keyword和text是两种用于处理字符串类型数据的不同字段类型，它们的主要区别在于数据的处理方式、索引方式以及支持的操作类型。

1. 用途

- keyword适用于存储不应被分词的字符串数据，如标签、用户名、状态码或任何需要精确匹配的短文本。
- text适用于索引长文本内容，比如电子邮件正文、文章内容或产品描述。

2. 处理方式

- keyword类型的数据不会被分词器处理，而是直接作为一个整体进行索引，保留其原始形式。
- text类型的字段在索引前会通过分词器进行分析，将文本切分为单词或短语（tokens）。这个过程包括去除停用词、词干提取等，以提高搜索的相关性和效率。

3. 索引与查询

- keyword字段支持精确匹配查询（如使用term查询），同时也适用于过滤、排序和聚合操作，因为它保持了数据的精确值。
- text被分词后的数据被用于全文搜索，支持模糊匹配和精确查询（通过match查询配合analyzed字段）。但是text字段不适用于过滤、排序或聚合操作，因为这些操作需要未分词的原始值。

12.8.6　Elasticsearch 中的 query 和 filter 有什么区别

在Elasticsearch中，query和filter都是查询DSL（Domain Specific Language）中的重要概念，但它们在目的、执行逻辑和性能影响上有所不同。

1. 目的

- query主要用于执行全文搜索，计算文档与查询条件的相关性（即_score），这个分数表示文档与查询的匹配程度。当需要对结果进行排序或需要看到文档与查询的匹配紧密程度时，就会使用query。
- filter用于执行精确匹配或范围匹配等过滤操作，不计算文档的相关性分数。filter只关心文档是否满足条件，不关心匹配程度，因此它返回的结果是布尔值（匹配或不匹配）。

2. 性能

- query相比filter会消耗更多的计算资源，特别是在处理大量文档时。
- filter比query更快，filter的结果可以被Elasticsearch自动缓存，进一步提高后续相同过滤条件的查询速度。

3. 场景

- query用于全文搜索、需要对结果按相关性排序的查询。
- filter用于过滤结果，如布尔过滤、精确匹配、日期范围过滤等，适用于那些不需要文档评分的是非判断场景。

12.8.7　简述 Elasticsearch 的数据写入流程

Elasticsearch的数据写入流程可以概括为以下几个步骤：

步骤01 客户端请求。客户端发送写入请求到Elasticsearch集群，请求中包含要写入的数据以及目标索引、类型和文档ID等信息。

步骤02 路由分配。Elasticsearch的协调节点接收到请求后，根据文档ID和索引的分片规则确定数据应当写入的目标主分片。这一过程确保了数据的均衡分布。

步骤03 写入内存缓冲区。数据首先被写入内存中的缓冲区（Buffer）。

步骤04 事务日志更新。每次写操作都会被记录到Translog中，以确保数据的可靠性。Translog定期刷新（默认每隔一定时间或达到一定大小）并被fsync到磁盘，以确保事务的持久化。

步骤05 数据Refresh。Elasticsearch会周期性地（默认每隔一秒）执行Refresh操作，使内存中的缓冲区数据生成一个新的Segment(倒排索引的一个单位)。这个新的Segment被打开供搜索使用，使得数据几乎可以即时可见。

步骤06 段合并。随着时间的推移，内存中的缓冲区会不断生成新的Segment，导致Segment数量增多。后台会有段合并的过程，将小的Segment合并成大的Segment，以优化搜索性能并减少存储空间的占用。段合并过程中也会清理已标记删除的文档。

步骤07 提交。一段时间后（或手动触发），Elasticsearch会执行一次提交操作，创建一个新的commit point。这个操作会将当前所有可用的Segment以及它们的元数据写入磁盘，并清空Translog，开始一个新的事务日志，以准备记录接下来的写操作。

步骤08 复制。对于有副本的索引，主分片完成上述过程后，会将变更同步到相应的副分片上，确保数据的高可用性。

12.8.8 Elasticsearch 的数据是如何存储的

Elasticsearch的数据存储机制是其高性能搜索和分析能力的基础，其核心主要包括以下几个方面。

1. 面向文档的存储模型

Elasticsearch采用面向文档的存储方式，数据以JSON文档的形式存储。每个文档包含一个或多个字段，每个字段都有对应的值，这些文档可以是任何结构化的或半结构化的数据，如日志事件、产品信息或社交媒体帖子。

2. 倒排索引

Elasticsearch的核心是基于Lucene的倒排索引技术。在索引过程中，文档被解析成词条（token），每个词条被映射到包含该词条的所有文档列表，即倒排索引。这种结构允许快速地根据关键词查找文档，支持全文搜索和过滤。

3. 分片与副本

为了实现水平扩展和高可用性，Elasticsearch将数据划分成多个分片，每个分片可以独立存储和检索数据。分片可以进一步复制，形成多个副本，副本提供了数据冗余，以防止单点故障。

4. 存储结构

数据在物理上存储为一系列文件，包括索引文件、事务日志、段等。段是倒排索引的物理存储单元，包含已索引的数据。随着时间的推移，小的段会被合并成更大的段以优化存储和搜索效率。

5. 资源管理

Elasticsearch通过自动管理和优化资源使用（如内存和磁盘空间）来维持高性能。

12.8.9 Elasticsearch 如何保证读写一致性

Elasticsearch保证读写一致性的机制主要包括以下几个方面。

1. 版本控制

Elasticsearch为每个文档维护一个版本号，每次文档更新时版本号递增。写操作时会携带当前已知的版本号，如果服务端文档的版本号更高，则写入操作失败，由客户端处理冲突。这种方式属于乐观锁策略，确保了并发写操作的一致性。

2. 写一致性级别

Elasticsearch允许用户设置写操作的一致性级别，主要有以下几种。

- One：Elasticsearch的默认设置，只需主分片写入成功即认为写入完成。此设置写入延迟低，但存在数据丢失风险。
- Quorum：等待大多数分片（包括主分片和副本分片）确认写入成功。这是平衡写入延迟和数据安全性的常见选择。

- All：要求所有分片（主分片及其所有副本）写入成功才认为操作完成，提供了最高级别的数据安全性，但写入延迟最长。

3. 事务日志

每个写操作都被记录在事务日志中，并定期刷写到磁盘，确保了即使在节点故障时也能从日志恢复数据，增强了数据的持久性。

4. 刷新机制

Elasticsearch周期性地将内存中的文档刷新到新的段中，使得更新的数据几乎可以实时被搜索到，但这一步发生在数据被正式提交之前。

5. 读取偏好设置

客户端在执行读取操作时，可以通过设置preference参数来控制是从主分片还是副本分片读取数据。例如，开发人员使用_primary可以确保读取的是最新版本的数据，而默认情况下可能会从副本分片读取，以分散读取请求的负载压力。

6. 副本同步

主分片和副本之间的数据同步机制确保了数据最终会在所有副本中保持一致。如果某个副本写入失败，Elasticsearch会尝试重新复制或标记该副本为故障并在其他节点上重建。

12.8.10　简述 Elasticsearch 的分布式原理

Elasticsearch的分布式原理主要围绕以下几个核心组件和机制展开，以实现数据的高效存储、索引和检索。

1. 集群

Elasticsearch集群由一个或多个节点组成。每个集群由一个唯一的名称标识，节点通过配置相同的cluster.name来加入特定的集群。

2. 节点

每个节点是一个运行Elasticsearch软件的服务器实例，负责数据存储、索引和搜索操作。节点可以在集群中承担不同角色，如主节点负责管理集群状态和分配任务，数据节点负责存储数据分片。

3. 索引

索引是文档的逻辑存储单元，类似于传统数据库中的数据库或表。一个索引可以被分成多个主分片（Primary Shard），并且分布在不同的节点上，用于水平扩展和数据分布。

4. 分片

分片是索引的子集，分为两种类型：主分片和副本分片（Replica Shard）。主分片是数据存储的基本单位，而副本分片则是主分片的副本，用于提高可用性和读取性能。

5. 路由

Elasticsearch的文档通过哈希算法路由到特定的主分片，公式为shard = hash(routing) % number_of_primary_shards，其中routing可以是文档ID或其他用户定义的值。这确保了数据的均匀分布。

6. 集群发现

节点通过广播或多播发现集群中的其他节点，也可以通过指定种子节点列表来简化发现过程，从而自动形成和维护集群拓扑。

7. 分布式文档操作

写入、更新和删除操作在主分片上执行，然后同步到相应的副本分片。读取操作可以根据配置从主分片或副本分片中进行，以优化读取性能。

8. 故障检测与恢复

当节点或分片发生故障时，Elasticsearch能够自动检测并重新选举副本分片作为新的主分片，以保证数据的持续可用性。

9. 资源管理

通过自动平衡和重新分配分片，Elasticsearch能够在集群节点加入或离开时动态调整数据分布，以确保数据和负载的均衡。

10. 事务日志

Elasticsearch每个节点上的事务日志记录了对分片的所有更改，以确保数据的持久性和故障恢复能力。

12.8.11　如何使用 Elasticsearch 解决深分页问题

Elasticsearch在面临深分页问题时，标准的from/size分页方法（如from + size参数）效率低下，尤其是在处理大量数据集时。为了解决深分页问题，Elasticsearch提供了以下几种替代方案。

1. Scroll API

Scroll API用于处理大量数据的深度分页，它提供了一种可以保持上下文的搜索方法，允许用户在不重新执行查询的情况下，通过多次请求连续获取结果集。Scroll API创建一个快照视图，有效期可以配置，适用于一次性检索大量数据的场景。但Scroll API不适用于实时或频繁变化的数据集。

2. Search After

Search After是一种基于排序值的分页方法，它比Scroll API更高效，特别适合进行实时数据检索。在首次查询时，开发人员获取一批结果，并保留最后一个文档的排序值，然后在下一次查询中使用这个排序值作为搜索的起点，以此类推。这种方法避免了从头开始查询的开销，减少了资源消耗，但要求索引中有唯一且稳定的排序字段。

3. Point in Time（PIT） API

与Search After结合使用，PIT API允许创建一个指向当前索引快照的指针，然后开发人员可以使用这个指针和Search After参数来进行高效的分页查询。PIT API旨在替代Scroll API，提供更好的性能和灵活性，尤其是对于实时性要求较高的场景。

4. 数据建模与预聚合

在设计索引和查询时，应提前考虑数据模型的优化，如预先计算和存储聚合结果，或者设计特定的索引模式来减少深分页的需要。例如，可以为高频查询创建单独的汇总索引。

12.8.12　什么是 Elasticsearch Bulk API

Elasticsearch Bulk API 是一种用于执行批量操作的接口，允许用户在一个请求中执行多个索引、更新或删除操作，而不是为每个操作单独发送请求。这种批量处理的方式显著提高了Elasticsearch处理大量数据时的效率和性能。

Bulk API的主要作用如下。

（1）提高效率：通过减少网络往返次数，Bulk API能够显著减少执行大量写操作时所需的总时间。相比于单个操作，批量操作减少了HTTP请求和响应的开销。

（2）减少资源消耗：Bulk API减少了网络通信和处理单个请求的开销，批量处理有助于降低CPU和内存的使用，尤其是在处理大量小文档时更为明显。

（3）非原子性：虽然Bulk API内的所有操作作为一个批次执行，但它们并不是原子性的。这意味着，如果批次中的某个操作失败，其他操作可能已经成功执行。Elasticsearch会报告哪些操作成功，哪些操作失败，允许客户端根据需要处理错误。

（4）灵活的操作组合：在单个Bulk请求中，开发人员可以混合索引、创建、更新和删除等多种操作，为数据管理提供了极大的灵活性。

（5）JSON格式的数据结构：Bulk请求的主体由一系列操作定义组成，每个操作前都有一个动作元数据行，指示该操作的类型及可能的目标信息，随后紧跟该操作的具体请求体。这种紧凑的JSON格式既易于构造，也便于阅读。

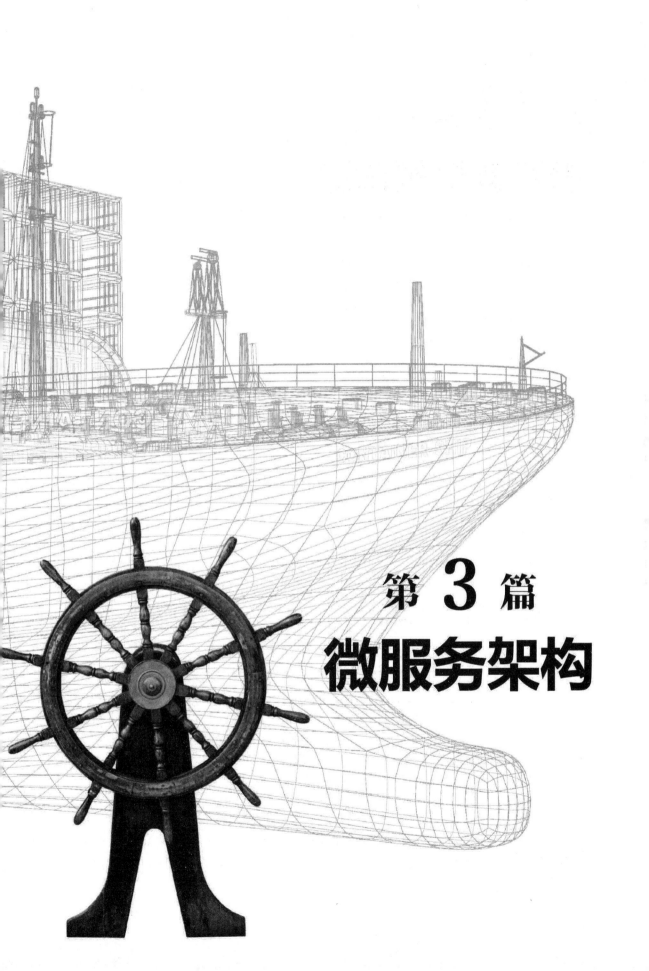

第 3 篇

微服务架构

第 13 章
微服务架构演进

微服务架构是一种现代软件开发架构风格，它提倡将一个大型复杂的应用程序拆分成一组小型、自治的服务。每个服务专注于实现应用程序的一个具体业务功能，并可以独立地部署、运行和伸缩。这些服务之间通过定义良好的接口（通常是轻量级的HTTP/RESTful API）相互通信，以完成整体的业务流程。

面试者应该了解微服务架构的演进历史，理解其特点、技术选型、设计原则、应用场景、部署和运维以及面临的挑战和解决方案等。

13.1 单 体 架 构

早期的软件产品大多是由各个独立的系统堆砌而成的，每个独立的系统采用单一的架构模式，通常将这个时期的系统称为单体架构系统，其架构示意如图13-1所示。

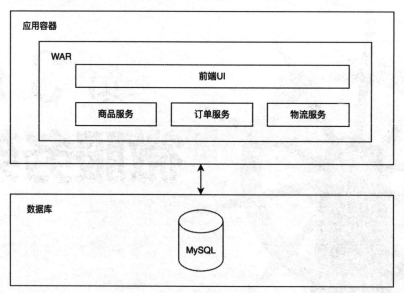

图 13-1 单体架构示意图

在图13-1所示的单体应用架构中，一个WAR/JAR包中包含一个系统所有的功能。单体架构适用于小型软件项目，在项目的开发、测试和部署等方面非常灵活。通常在初创且用户量不大的项目中使用单体架构。

单体架构存在以下问题：

- 随着系统用户量不断增加，网站的访问量也不断上升，致使后端服务器的负载越来越高。
- 用户量不断增加，产品需要满足越来越多的用户诉求，产品形态的复杂化将使单体架构的建设过程越来越复杂。
- 应用程序包的复杂度越来越高，部署成本不断增加，仅一个功能模块的升级都会带来整个系统的重启。

13.2　垂直架构

垂直架构是在单体架构的基础上对系统的业务进行垂直拆分，从而实现不同业务间的解耦。同时，对于垂直拆分出来的每个系统，使用集群化部署方案提升系统的整体性能。垂直架构示意如图13-2所示。

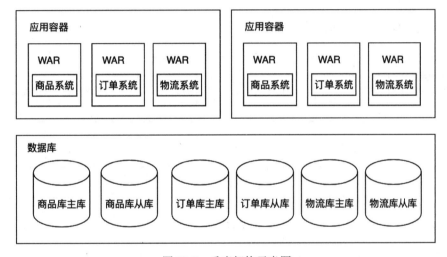

图 13-2　垂直架构示意图

垂直架构虽然在一定程度上规避了单体架构的缺陷，但垂直架构依旧存在下列不足：

（1）每个垂直拆分的子系统都需要重复建设一些公共的模块。

（2）每个垂直拆分的子系统都是信息孤岛，无法实时通知其他子系统当前的数据变更。

13.3　面向服务的架构

假设有这样一个场景：用户在电商系统执行下单操作，电商系统的处理逻辑是：

（1）校验商品的有效性，用户无法对失效/已下架的商品进行下单。

（2）校验商品的库存，用户无法对库存不足的商品进行下单。

上述校验商品的有效性和库存的逻辑放在商品子系统、库存子系统还是订单子系统呢？在电商系统建设中存在非常多的类似场景，这些场景的出现将会对企业系统建设产生以下影响：

（1）业务边界不清晰。

（2）业务存在重复建设。

（3）系统代码逐渐冗余。

（4）系统维护成本增加。

（5）子系统间出现信息孤岛。

基于上述系统建设中出现的问题，面向服务的架构（SOA）出现了。面向服务的架构的目标是把一些通用的、被多个子系统/模块共享的业务模块提取成独立的基础服务。在面向服务的架构中，服务是最核心的抽象，系统的功能模块是由一系列的服务组成的。

面向服务的架构主要用于解决以下问题：

（1）信息孤岛。

（2）服务重用。

面向服务的架构如图13-3所示。

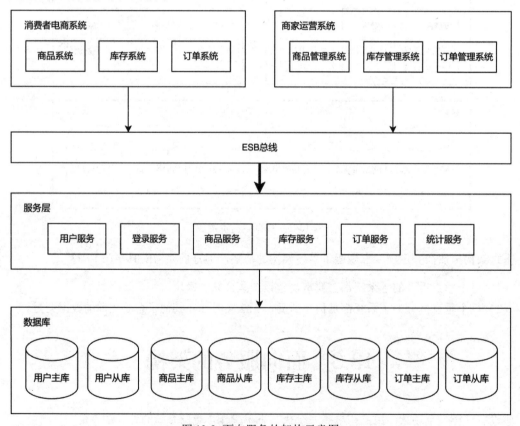

图 13-3　面向服务的架构示意图

面向服务的架构的不足之处在于：

（1）各系统之间并未使用统一的通信标准，系统之间的通信和数据交换变得越来越复杂。

（2）服务的粒度仍然较大，为了能够更加充分地实现服务复用，需要将服务进一步拆分，对系统的架构和技术复杂度提出了更高的诉求。

13.4 微服务架构

微服务架构是针对服务可重用性的一种设计思想。一个微服务只需要关注一个特定的业务领域，并通过良好的接口定义清晰的表述业务的边界。微服务架构的优势如下。

- 颗粒度：服务粒度小，每个服务专注于单一职责的业务能力进行封装，服务体积更小，复杂度更低。
- 灵活性：技术团队技术选型灵活，不受跨团队不同技术栈的约束。
- 服务部署：每个微服务都运行在一个独立的进程中，每个微服务可实现独立部署。
- 扩展性：每个微服务可灵活扩展/收缩部署资源，服务重启对整个系统的影响较小。

微服务架构如图13-4所示。

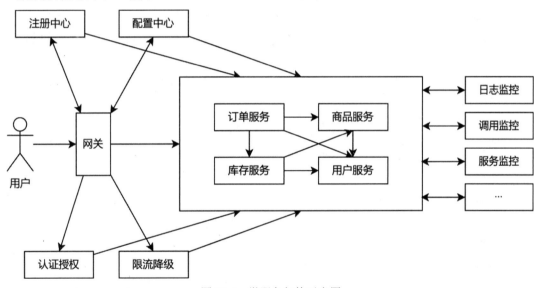

图 13-4 微服务架构示意图

没有最优秀的架构，只有最合适的架构。微服务架构也是有弱点的，其面临以下挑战。

- 链路排查：一个请求可能会经历多个不同的微服务交互，调用链路越长，开发人员排查和分析问题的时间越多。
- 服务监控：微服务的数量越多，对所有微服务进行整体链路监控的难度越大，相应的技术复杂度和监控成本也越高。
- 架构复杂度：服务之间的通信延迟、网络分区等问题是无法避免的，开发人员需要对这些不可控因素形成解决方案，从而提升系统的架构复杂度。
- 服务依赖：服务之间的依赖关系越来越复杂，服务之间的依赖关系的治理难度逐步增加。

13.5　微服务架构演进面试押题

13.5.1　什么是微服务架构

微服务架构是一种软件开发架构风格，它将一个大型应用程序拆分成一组小型、自治的服务。每个服务都围绕着特定的业务功能构建，能够独立部署、运行和扩展。服务之间通过API进行通信，协同工作以提供完整应用的功能。

微服务有以下优点。

（1）可扩展性：在微服务架构中，服务是独立的，可以根据需要对单个服务进行水平扩展，快速适应流量变化。

（2）敏捷开发与部署：在微服务架构中，团队可以专注于服务的独立开发和部署，加速迭代周期，提高开发效率。

（3）技术多样性：在微服务架构中，每个服务可以使用最适合其需求的技术栈，不必全局统一，增加了技术选择的灵活性。

（4）故障隔离：在微服务架构中，某个服务的故障不会影响其他服务，提高了系统的整体稳定性和可靠性。

（5）服务重用：在微服务架构中，独立的服务可以被多个应用程序重用，减少重复开发，提高代码的复用率。

（6）易于维护：在微服务架构中，服务的独立性使得定位和修复问题变得更加简单，同时也便于进行持续集成和持续部署。

微服务有以下缺点。

（1）运维复杂性：微服务架构带来了额外的运维负担，如服务发现、配置管理、监控和日志收集等。

（2）网络延迟与通信成本：在微服务架构中，服务间通信依赖网络，可能会引入延迟，且需要处理服务间调用的复杂性，如负载均衡、容错和幂等性设计。

（3）数据一致性挑战：在微服务架构中，跨多个服务的数据管理更复杂，需要处理分布式事务和数据一致性问题。

（4）服务划分困难：在微服务架构中，如何合理划分服务边界，避免服务过于细碎或过于庞大，是一大挑战。

（5）测试复杂度增加：在微服务架构中，集成测试和端到端测试变得更加复杂。

（6）资源消耗：相较于单体应用，微服务架构可能需要更多的硬件资源，因为每个服务都需要运行自己的实例。

13.5.2　微服务架构常用的 RPC 框架有哪些

微服务架构中常用的RPC（Remote Procedure Call，远程过程调用）框架有以下几种。

1. Dubbo

Dubbo是阿里巴巴开源的高性能、分布式服务框架,特别适合构建高性能、高可用的分布式系统。它支持多种协议、服务注册与发现、负载均衡、容错等特性。

与其他框架相比,Dubbo在国内市场有着广泛的使用基础,特别是在Java生态系统中,提供了丰富的服务治理功能。

2. Spring Cloud

Spring Cloud不是严格意义上的单一RPC框架,而是一个微服务生态体系,它整合了多种技术和服务治理组件,如Ribbon、Feign等,提供了一整套微服务解决方案。

Spring Cloud侧重于提供微服务治理的全面解决方案,包含服务发现、配置管理、断路器等,支持多种RPC实现方式,具有高度灵活性和可扩展性。

3. gRPC

gRPC由Google开发,基于Protobuf(Protocol Buffers)进行高效的消息传输,支持多种语言,强调高性能和跨语言的互操作性。

gRPC因其跨语言特性和基于Protobuf的高效协议,在跨平台和跨语言的微服务架构中表现出色,与其他框架相比,gRPC提供了更标准化的服务定义和更丰富的IDL支持。

4. Motan

Motan由微博团队开发并开源,主要用于Java微服务之间的RPC通信,具有高性能、易用的特点。

与Dubbo类似,Motan也是针对Java环境设计的,但在某些特定场景下可能有更优的性能表现,两者在功能上有很多相似之处。

5. Tars

Tars由腾讯开发,是一个高性能、可扩展的RPC框架,支持C++语言。

Tars与Dubbo和Motan的主要区别在于它主要面向C++开发,提供了强大的服务管理平台,包括服务监控、管理、发布等功能。

13.5.3　微服务架构常用的注册中心框架有哪些

在微服务架构中,常用的注册中心框架主要有以下几种:

1. Eureka

Eureka是一个基于REST的服务发现组件。Eureka包含服务注册和服务发现功能,支持高可用配置。Eureka强调CAP理论中的AP(可用性与分区容错性),在设计上偏向于服务实例的心跳检测和自我保护机制。

2. ZooKeeper

ZooKeeper是一个分布式协调服务,常被用作服务发现和配置管理的注册中心。它提供了分布式锁、领导选举等功能，适合需要强一致性的场景。与Eureka相比，ZooKeeper更侧重于提供分布式系统中的协调服务，遵循CP原则（一致性与分区容错性），在一致性要求较高的场景下更为适用，但可能会牺牲一定的可用性。

3. Consul

Consul集服务发现与配置管理于一体，支持健康检查、KV存储、多数据中心部署。Consul提供了DNS和HTTP接口，易于集成。

Consul强调易用性和多功能性，不仅支持服务发现，还内置了强大的键值存储和健康检查机制，适合需要全面解决方案的场景。

4. Nacos

Nacos是阿里巴巴开源的项目，支持服务发现、配置管理、动态配置服务等。Nacos设计简洁，易于上手，特别适合微服务架构中的服务管理和配置管理。Nacos在功能上与Eureka和Consul有相似之处，但其优势在于与Spring Cloud生态的深度集成，以及在中国市场的广泛使用和活跃的中文社区支持。

13.5.4　微服务架构常用的负载均衡框架有哪些

在微服务架构中，常用的负载均衡框架有以下几种。

1. Nginx

Nginx是一款高性能的反向代理服务器，也常被用作负载均衡器。它支持多种负载均衡策略，如轮询、加权轮询、最少连接等，并且能够基于URL、客户端IP等进行请求转发。作为一款成熟的软件负载均衡器，Nginx提供了强大的静态资源处理能力和稳定性，但配置相对复杂。

2. HAProxy

HAProxy是一个开源的高性能TCP/HTTP负载均衡器，支持多种负载均衡算法，具有很高的灵活性和可靠性。它适用于各种场景，包括Web服务、数据库和其他TCP服务的负载均衡。与Nginx相比，HAProxy在TCP层面上的负载均衡性能更优，提供了更精细的配置选项，特别适合对性能和低延迟有高要求的应用。

3. Ribbon

Ribbon是Netflix开源的一个客户端负载均衡器，它集成在Spring Cloud框架中，为服务消费者提供了软负载均衡能力。开发者可以在客户端配置负载均衡策略，如轮询、重试机制等。与Nginx和HAProxy这类服务端负载均衡器不同，Ribbon实现在客户端，无须额外的负载均衡硬件或服务，更适用于微服务架构中的服务间调用。

4. Envoy

Envoy是一款高性能服务代理，专为云原生应用设计。它作为Sidecar代理部署在每个服务旁边，提供了智能路由、负载均衡、服务发现、TLS安全等功能。Envoy在服务网格中广泛应用，支持复杂的网络拓扑和动态服务发现，适用于微服务架构的复杂场景，强调服务间通信的透明管理和监控。

13.5.5　微服务架构常用的网关框架有哪些

在微服务架构中，常用的网关框架主要包括以下几种。

1. Spring Cloud Gateway

Spring Cloud Gateway是Spring官方推出的基于Spring Framework的API网关，它设计用于Spring Cloud微服务架构，支持路由、过滤器链、路径重写等多种功能，并且与Spring生态高度集成。由于与Spring Cloud的紧密集成，Spring Cloud Gateway在Java生态中非常流行，易于与现有Spring应用集成，提供高度的可编程性和灵活性。

2. Zuul

Zuul是Netflix开源的API网关服务，提供了动态路由、监控、弹性、安全性等功能，常与Eureka服务发现集成使用。Zuul 2基于Netty重构，旨在提供更好的性能和异步处理能力。与Spring Cloud Gateway相比，Zuul早期在Java微服务领域非常流行，但在新项目中逐渐被Spring Cloud Gateway取代，主要是因为后者在性能和功能上的优化。

3. Kong

Kong是一个高性能、可扩展的微服务API网关，支持多语言，基于NGINX和OpenResty。它提供了插件化的架构，可以通过安装各种插件来扩展功能，如认证、限流、监控等。与前两者相比，Kong支持多语言，更加中立，适用于多种技术栈的微服务架构，而且由于其插件系统，可以非常灵活地添加或修改功能，但可能在与特定框架的集成上不如Spring Cloud Gateway紧密。

4. Envoy

虽然Envoy通常被视为服务代理，但它也可以作为API网关使用，尤其是在与服务网格一起部署时。Envoy提供先进的负载均衡、服务发现、流量管理和观察性功能。Envoy的设计更偏向底层网络代理，因此在处理复杂的网络协议和高性能场景方面表现出色。作为API网关时，它的配置和管理可能比其他专为API设计的网关更为复杂，但提供了更多的网络控制能力。

5. Traefik

Traefik是一个现代化的云原生HTTP反向代理和负载均衡器，支持自动服务发现和配置更新，适用于Docker、Kubernetes等容器化环境。它易于配置，支持多种路由规则和中间件。

13.5.6　微服务架构常用的流量管控框架有哪些

在微服务架构中，常用的流量管控框架主要包括以下几种。

1. Sentinel

Sentinel是阿里巴巴开源的微服务流量控制和熔断降级框架，支持流量控制、熔断降级、系统自适应保护、实时监控等多种功能。它提供了丰富的流量控制策略，易于与Spring Cloud、Dubbo等框架集成。

2. Hystrix

Hystrix是Netflix开源的延迟和容错库，通过添加断路器模式来控制服务间的依赖，防止雪崩效应。它支持线程隔离、请求缓存、请求合并等策略来优化服务间的交互。

3. Resilience4j

Resilience4j是一个轻量级的容错库，为Java 8和函数式编程设计，提供了断路器、重试、超时、背压等容错模式。它是非阻塞的，非常适合反应式编程和微服务架构。

4. Istio

虽然Istio主要是一个服务网格平台，但它包含强大的流量管理功能，比如流量路由、负载均衡、故障注入、流量控制等。通过Envoy边车代理，Istio提供了跨服务的透明流量控制能力。

13.5.7 微服务架构常用的配置中心框架有哪些

在微服务架构中，常用的配置中心框架主要包括以下几种。

1. Apollo

Apollo是携程开源的分布式配置中心，它提供了一个统一的界面来集中式管理不同环境、集群和命名空间的配置，支持版本发布管理、灰度发布、权限管理、发布审核和操作审计等高级特性。

2. Spring Cloud Config

Spring Cloud Config是Spring Cloud体系中的一部分，主要用于为Spring Boot应用提供集中化的外部配置支持。它可以与Git或其他VCS集成，支持配置的版本控制和刷新。

3. Consul

Consul既是服务发现工具，也提供了键值存储功能，可以作为配置中心使用。Consul支持健康检查、多数据中心部署，并且可以通过ACL进行权限控制。

4. Etcd

Etcd是一个分布式键值存储系统，常用于Kubernetes集群中的配置共享和服务发现。它提供了高可用性、强一致性保证，适用于存储微服务的配置信息。

13.5.8 简述企业开发中的微服务架构

由于每一家公司的业务形态和系统架构有所不同，因此，接下来笔者以自己经历过的一个电商平台项目为例进行展开。

在实际工作中，我参与了一个名为XXX的电商平台项目，该项目采用了微服务架构来支持其复杂多变的业务需求和高并发访问场景。以下是该项目中微服务架构的一些关键组成部分和实践。

【项目背景】

XXX项目是一个集商品展示、购物车管理、订单处理、库存管理、支付、物流跟踪等多功能于一体的电子平台。面对不断增长的用户量和多变的市场需求，传统的单体架构无法满足其快速迭代和水平扩展的需求，因此项目组决定采用微服务架构。

【服务拆分】

- 用户服务：用户服务用于管理用户账号信息，包括用户注册、登录、个人信息管理、安全认证等，使用JWT令牌进行认证授权。
- 商品服务：商品服务负责商品信息的管理，包括商品上架、下架、分类、搜索等，与数据库中的商品表进行交互，提供RESTful API供前端或其他服务调用。
- 购物车服务：购物车服务负责处理用户的购物车操作，如添加商品、删除商品、修改数量，与用户服务协同，保证数据一致性。
- 订单服务：订单服务负责处理订单创建、支付、取消、退款等流程，需要与库存服务、用户服务、物流服务紧密协作，确保订单处理的原子性和准确性。
- 库存服务：库存服务负责管理商品库存，实时同步库存状态，处理扣减库存、回补库存等操作，与商品服务和订单服务集成，采用事件驱动模型来保证库存的最终一致性。
- 支付服务：支付服务负责整合第三方支付接口，处理支付请求，确认支付状态，与订单服务交互，确保支付安全和订单状态的一致性。
- 物流服务：物流服负责对接第三方物流公司的API，提供物流信息查询、物流状态更新等功能，与订单服务协同，提升用户体验。

【技术选型】

- 服务框架：XXX项目采用Spring Cloud作为微服务框架，利用Spring Boot简化服务的搭建。
- API网关：XXX项目使用Spring Cloud Gateway作为API网关，负责路由、鉴权、限流、熔断等，为客户端提供统一的入口。
- 配置中心：XXX项目采用Apollo管理各服务的配置，实现配置的集中管理与动态刷新。
- 消息队列：XXX项目引入Kafka处理服务间的异步通信和解耦，如库存变更事件的发布订阅。
- 数据库：XXX项目根据业务特性，采用分库分表策略。MySQL为主数据库，Redis作为缓存层和会话存储，提升读写性能。
- 容器化与部署：XXX项目使用Docker容器化微服务，Kubernetes（K8s）作为容器编排工具，实现服务的自动化部署、扩缩容和自我修复。
- 监控与日志：XXX项目集成ELK Stack（Elasticsearch、Logstash、Kibana）进行日志分析和系统监控，确保及时发现并解决问题。

【项目总结】

通过微服务架构，XXX项目实现了业务的灵活扩展和快速迭代，提高了系统的稳定性和可维护性。各个服务的独立开发、部署和扩展能力，使得团队能更高效地应对市场变化，支撑业务的持续增长。然而，这也带来了服务间通信复杂、数据一致性挑战、运维难度增加等问题，需要借助上述提到的技术栈和最佳实践来克服项目中的技术难题。

第 14 章
Eureka

Eureka是微服务架构中常用的注册中心。Eureka由Netflix公司开发，现已被Spring Cloud集成。Eureka的核心功能是服务注册和服务发现。通过服务注册和服务发现功能可以将服务的IP、端口号和服务名转换为唯一的标识符，各服务间可以通过唯一标识符进行交互，降低了服务之间的依赖。

14.1 Eureka 的核心概念

14.1.1 服务提供方

服务提供方是提供可复用和可调用服务的应用程序。Eureka的服务提供方通过Eureka Client向Eureka Server注册自身的服务信息。

14.1.2 服务消费方

服务消费方是向服务提供方发起调用的应用程序。Eureka的服务消费方通过Eureka Client从Eureka Server拉取服务提供方的信息。

14.1.3 Eureka Server

Eureka Server是注册中心的服务端。每个微服务的提供方会通过Eureka Client向Eureka Server注册服务信息，Eureka Server接收到Eureka Client发来的注册信息后，会在本地服务注册表中存储该微服务的信息。服务消费方想要调用服务，只需通过Eureka Client拉取Eureka Server上的注册表信息即可获取服务提供方的信息。

14.1.4 Eureka Client

Eureka Client是一个Java客户端，其作用在于简化服务提供方、服务消费方与Eureka Server的交互。服务提供方的Eureka Client主要用于将服务信息注册到Eureka Server。

服务消费方的Eureka Client主要用于从Eureka Server拉取服务提供方的信息。当服务提供方存在部分服务节点宕机后，Eureka Client会帮助服务消费方主动感知服务下线并剔除宕机的服务提供方信息。

14.2   Eureka 的工作流程是什么

Eureka的核心工作流程如下：

步骤 01 Eureka Server启动成功，等待服务注册。多个Eureka Server组成集群，每个Eureka Server实例都会保存一份完整的服务注册信息。

步骤 02 服务提供方启动时，服务提供方的Eureka Client会向配置的Eureka Server地址注册自身的服务信息。

步骤 03 服务提供方的Eureka Client每30秒向Eureka Server发送一次心跳，证明服务提供方当前服务正常运行。

步骤 04 如果Eureka Server在90秒内没有收到Eureka Client的心跳，则认为该服务提供方的节点失效，Eureka Server会在其注册信息中删除该服务提供方节点的服务信息。

步骤 05 如果Eureka Server在单位时间内发现有大量的Eureka Client未上报心跳，则Eureka Server进入自我保护机制，不再继续删除未上报心跳的节点。当Eureka Client恢复心跳后，Eureka Server自动退出自我保护模式。

步骤 06 服务消费方的Eureka Client定时全量/增量地从Eureka Server获取服务注册信息并缓存到客户端本地。

步骤 07 当服务调用时，服务消费方的Eureka Client先从本地缓存查找提供方信息，如果查找不到信息，则主动从Eureka Server拉取一份最新的服务提供方信息并缓存到客户端本地。

步骤 08 服务消费方的Eureka Client获取到服务提供方信息，发起服务调用。

步骤 09 当服务提供方的Eureka Client关闭时，Eureka Client向Eureka Server发送取消请求，Eureka Server将从注册表中删除该节点相关信息。

Eureka工作流程示意如图14-1所示。

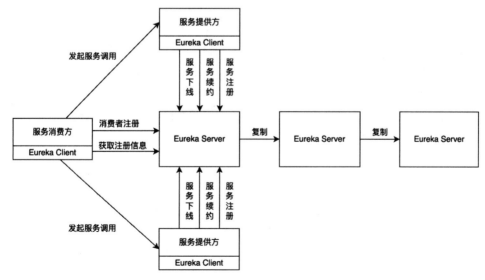

图 14-1   Eureka 工作流程示意图

14.3　Eureka 的集群原理是什么

Eureka Server集群之间通过Replicate机制实现数据同步，各节点之间不区分主节点和从节点，所有的节点都是平等的。

当一个Eureka Server节点启动时，该节点会主动尝试与集群中已启动的Eureka Server节点进行通信，并主动将自己注册到Eureka Server集群中。

如果Eureka Server节点注册成功，则该节点成为集群的一部分，与其他Eureka Server节点平等地进行服务发现和注册。当Eureka Client向Eureka Server注册时，Eureka Client会选择集群中的一个Eureka Server作为主服务器，向该服务器发送心跳信息和服务注册信息。如果该主服务器出现故障，则Eureka Client尝试寻找集群其他可用的Eureka Server作为主服务器并重新发送心跳信息和注册信息。通过上述运作机制，Eureka Server集群中的各个节点可以平等地协作，实现负载均衡和高可用。

通过分析Eureka集群原理可知，Eureka实现了CAP理论中的A（Availability）和P（Partition Tolerance），并不要求Eureka集群遵守C（Consistency）。

14.4　Eureka 面试押题

14.4.1　什么是 Eureka

Eureka是Netflix开发的一种基于REST（Representational State Transfer）的服务发现组件，它是Netflix OSS（Open Source Software）套件的一部分，用于实现分布式系统中的服务注册与发现。Eureka通过提供服务实例的注册、心跳检测、查询以及服务状态管理等功能，使得微服务架构中的各个服务能够互相发现并进行通信。

Eureka有以下优点。

（1）高可用性与分区容错性：Eureka的架构设计优先保证系统的可用性和分区容错性，即使在网络分区或部分节点失效的情况下，也能确保服务的正常发现和注册。

（2）自我保护机制：当网络故障或大量服务不可达时，Eureka能够进入自我保护模式，避免因错误的服务列表而导致整个服务注册中心不可用，从而提高了系统的稳定性。

（3）易于部署和维护：Eureka的架构相对简单，部署成本较低，适合快速构建微服务架构。

（4）动态注册与发现：服务提供方可以动态地注册到Eureka Server被其他服务发现和调用，Eureka Server支持服务提供方的动态扩展和收缩。

（5）健康检查：Eureka Server能够定期检查注册的服务实例状态，确保服务列表的准确性和实时性。

Eureka有以下缺点。

（1）维护成本：随着服务数量的增长，Eureka Server的数量可能需要增加，这可能导致维护成本上升。

（2）配置问题：当Eureka Server地址发生变化时，所有客户端都需要手动修改配置文件中的地址信息，这在大规模环境中可能变得烦琐。

（3）耦合度：Eureka客户端与服务注册中心的直接耦合可能使得服务之间的依赖关系变得复杂，影响系统的可维护性和升级能力。

14.4.2 Eureka 中的服务消费方如何感知服务提供方

在Eureka架构中，服务消费方感知服务提供方主要通过以下几个步骤实现：

步骤01 服务注册。服务提供方在启动时会将自己的服务实例信息（包括服务名、主机地址、端口号等元数据）通过REST请求注册到Eureka Server上。Eureka Server将这些信息存储起来，形成一个服务注册表。

步骤02 心跳机制。服务提供方会定期向Eureka Server发送心跳，报告其健康状况。如果Eureka Server在一定周期内没有收到某个服务实例的心跳，则会将其从服务注册表中剔除，标记为不可用状态。

步骤03 服务发现。服务消费方在启动时会配置Eureka Client，通过Eureka Client向Eureka Server发送请求，获取服务提供方的实例信息列表。Eureka Server会返回当前所有可用的服务实例列表给服务消费方。

步骤04 客户端负载均衡。为了实现请求的负载均衡，服务消费方通常会集成客户端负载均衡器。这些负载均衡器会根据一定的策略从服务实例列表中选择一个服务实例进行调用。

步骤05 服务实例选择。当服务消费方需要调用某个服务时，它会根据负载均衡策略从本地缓存的实例列表中选择一个服务实例地址，然后直接发起服务调用请求。

步骤06 容错处理。如果服务消费方在调用服务提供方时遇到失败，服务消费方的客户端负载均衡器会根据配置的重试策略尝试重新选择实例进行调用，或者根据断路器的规则进行熔断处理，避免服务雪崩。

14.4.3 Eureka 中的服务消费方如何选择服务提供方

在Eureka架构中，服务消费方选择服务提供方的过程涉及几个关键环节。

（1）获取服务实例列表：服务消费方启动时，服务消费方的Eureka Client会向Eureka Server发送请求，获取其所需要调用的服务的所有服务提供方实例列表。这个列表包含每个服务实例的IP地址和端口号等信息。

（2）客户端负载均衡：为了实现请求的负载均衡和高可用性，服务消费方通常会集成客户端负载均衡器，如Ribbon。负载均衡器在服务消费方的Eureka Client内部工作，它根据配置的策略从Eureka Server返回的服务实例列表中选择一个服务实例。

（3）健康检查与过滤：虽然Eureka Server会通过心跳机制剔除长时间未响应的心跳的服务实例，但服务消费方的Eureka Client在选择实例前也可能实施额外的健康检查逻辑，进一步确保所选实例的可用性。

（4）重试与熔断：服务消费方在调用服务提供方时，可能会遇到失败。这时，客户端负载均衡器会根据配置的重试策略尝试重新选择实例调用。此外，结合断路器的使用可以在连续失败达到一定阈值后开启熔断，避免服务雪崩效应，待服务恢复后再逐步恢复调用。

（5）本地缓存与更新：为了减少对Eureka Server的请求频率，Ribbon等客户端负载均衡器会在本地缓存服务实例列表，并定期（默认每隔30秒）向Eureka Server发起更新请求，以保持服务实例信息的时效性。

14.4.4　Eureka 中的服务消费方如何感知服务提供方下线

在Eureka中，服务消费方感知服务提供方下线主要依赖于Eureka Server的租约管理和心跳机制，以及客户端的健康检查与更新策略。具体过程如下：

步骤01 心跳机制。服务提供方会定期向Eureka Server发送心跳，表明自己仍然存活。如果Eureka Server在一定周期内没有收到某个服务实例的心跳，它就会认为该服务实例已经下线，并从服务注册表中移除该实例。

步骤02 Eureka Server的租约管理。每个服务提供方实例在Eureka Server注册时都会有一个租约时间。服务实例需要在租约到期之前通过心跳续租。如果未能续租，Eureka Server就会将服务实例视为已下线。

步骤03 客户端缓存更新。服务消费方通过Eureka Client从Eureka Server获取服务实例列表，并在本地缓存这些信息。Eureka Client同样会定期向Eureka Server发送请求，检查服务实例列表是否有更新，包括新上线的服务实例和已下线的服务实例。一旦Eureka Server告知某个服务实例已下线，客户端会更新本地缓存，不再向该实例发送请求。

步骤04 客户端健康检查。虽然主要的下线感知依赖于Eureka Server，但客户端在实际调用前也可能执行额外的健康检查，比如通过HTTP请求探测服务实例的可用性，以进一步确认服务实例的状态

步骤05 断路器和重试机制。结合如Hystrix这样的断路器组件，服务消费方能够在调用失败时实现快速失败，并根据策略进行重试或切换到其他服务实例，这也是间接感知服务下线的一种方式。

14.4.5　简述 Eureka、Nacos 和 ZooKeeper 的异同点

Eureka、Nacos和ZooKeeper都是广泛应用于微服务架构中的服务发现与配置管理工具，它们都支持服务的注册与发现功能，但各有特色和侧重。

1. Eureka、Nacos和ZooKeeper的相同点

1）服务注册与发现

Eureka、Nacos和ZooKeeper三者都提供了服务实例注册和发现的能力，使得微服务之间能够相互定位和调用。

2）分布式支持

Eureka、Nacos和ZooKeeper三者都适用于分布式系统环境，能够处理高可用和负载均衡的需求。

2. Eureka、Nacos和ZooKeeper的不同点

1）功能特性

Eureka主要关注服务注册与发现，提供简单易用的服务注册机制，拥有自我保护机制，避免网络分区故障导致的注册表信息丢失。

　　Nacos除提供服务发现外，还集成了配置管理、动态配置推送、服务健康检查、流量管理、DNS服务等功能，支持更多的微服务治理场景。

　　ZooKeeper侧重于分布式协调服务，提供一致性的数据存储和管理，常用于选举主节点、分布式锁、队列管理等场景，服务发现只是其众多用途之一。

　　2）CAP理论取舍

　　Eureka偏向于AP（可用性与分区容错性），在网络分区时优先保证服务可用，会牺牲一定的数据一致性。

　　Nacos较为灵活，既可以选择CP模式，也可以选择AP模式，可根据实际场景选择合适的策略。

　　ZooKeeper遵循CP（一致性与分区容错性），在任何时刻都保证数据的一致性，但在网络分区时可能牺牲可用性。

　　3）应用场景

　　Eureka由于其自我保护机制，适用于高可用场景，是Spring Cloud微服务架构的原生选择。

　　Nacos适用于云原生环境，尤其是与阿里巴巴的Dubbo、Spring Cloud Alibaba等框架集成，支持更广泛的微服务治理需求。

　　ZooKeeper适用于需要强一致性的分布式系统，如Hadoop、Kafka等大数据处理和消息队列场景。

14.4.6　Eureka 保证了 CAP 中的哪几点

　　在分布式系统中，CAP理论指出任何分布式系统最多只能同时满足一致性（Consistency）、可用性（Availability）和分区容错性（Partition Tolerance）这3项中的两项。

- Eureka保证了CAP理论中的可用性（Availability）和分区容错性（Partition Tolerance），即AP。
- Eureka的设计优先考虑了高可用性和分区容错性，这意味着在面对网络分区等故障时，Eureka可以继续提供服务注册和服务发现的功能，哪怕牺牲了数据的强一致性。
- Eureka通过允许服务实例注册、心跳检测、服务列表的查询等操作在没有单一中心节点控制的情况下进行，确保了即使有节点失败或网络分割，系统仍能继续运行，体现了其对可用性和分区容错性的重视。而在数据一致性方面，Eureka采取了较弱的一致性模型，服务实例信息虽然可能不是所有客户端即时同步的最新状态，但通过心跳机制和服务状态的定期更新，最终能够趋向一致，这种设计确保了在分布式环境下系统的灵活性和韧性。

第 15 章
Ribbon

Ribbon是Netflix公司发布的一款开源的客户端软件负载均衡工具。Ribbon客户端组件提供一系列完善的配置项，如负载均衡策略、超时机制、重试等。Ribbon会自动帮助用户基于某种规则（如简单轮询、随机连接等）来连接服务提供方的机器。

15.1 Ribbon 的工作原理是什么

与Nginx负载均衡相比，Ribbon去除了对中心化的组件的依赖，降低了资源的投入。Nginx集中式负载均衡的工作原理如图15-1所示。

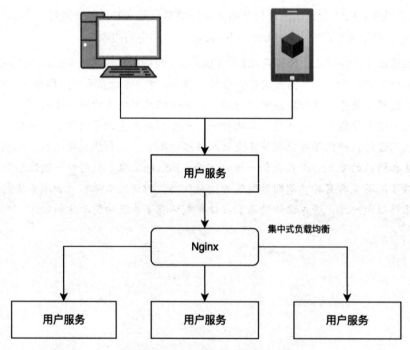

图 15-1 集中式负载均衡示意图

Ribbon不依赖任何中心化负载均衡组件，在客户端可实现高效的负载均衡策略。Ribbon客户端负载均衡的工作原理如图15-2所示。

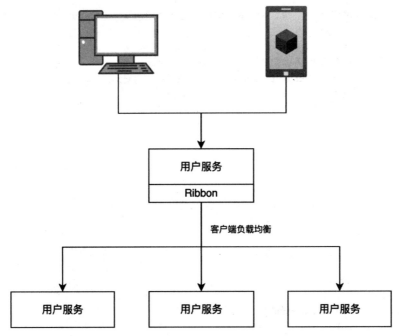

图 15-2　客户端负载均衡示意图

15.2　Ribbon 支持哪些负载均衡策略

15.2.1　RoundRobinRule

轮询策略（RoundRobinRule）是Ribbon默认的负载均衡策略，该策略的效果按照服务提供者的列表顺序依次进行线性轮流访问。例如，一个微服务有3个节点提供服务，当服务调用方发起对该服务的访问时，该调用方第一次访问ip1上的服务，第二次访问ip2上的服务，第三次访问ip3上的服务。

RoundRobinRule的核心代码如下：

```
public Server choose(ILoadBalancer lb, Object key) {
    if (lb == null) {
        log.warn("no load balancer");
        return null;
    }

    Server server = null;
    // 重试次数
    int count = 0;
    // 如果没有找到可用的服务提供方&&重试次数小于10，则执行重试
    while (server == null && count++ < 10) {
        List<Server> reachableServers = lb.getReachableServers();
        List<Server> allServers = lb.getAllServers();
        int upCount = reachableServers.size();
        int serverCount = allServers.size();

        if ((upCount == 0) || (serverCount == 0)) {
```

```
        log.warn("No up servers available from load balancer: " + lb);
        return null;
    }
    // 寻找本次要访问的服务提供方在整个服务列表中的位置
    int nextServerIndex = incrementAndGetModulo(serverCount);
    server = allServers.get(nextServerIndex);

    if (server == null) {
        /* Transient. */
        Thread.yield();
        continue;
    }

    if (server.isAlive() && (server.isReadyToServe())) {
        return (server);
    }

    // Next.
    server = null;
}
// 超过10次找不到可用的服务提供方，打印日志
if (count >= 10) {
    log.warn("No available alive servers after 10 tries from load balancer: " + lb);
}
return server;
}
```

15.2.2   WeightedResponseTimeRule

带权重的策略（WeightedResponseTimeRule）是根据每个服务提供方的平均响应时间或响应时间的百分位数作为权重进行负载均衡的一种策略。响应时间越长，则权重越小，被路由到的概率越低；响应时间越短，则权重越大，被路由到的概率越高。

WeightedResponseTimeRule的核心代码如下：

```
public Server choose(ILoadBalancer lb, Object key) {
    if (lb == null) {
        return null;
    }
    Server server = null;

    while (server == null) {
        List<Double> currentWeights = accumulatedWeights;
        if (Thread.interrupted()) {
            return null;
        }
        List<Server> allList = lb.getAllServers();

        int serverCount = allList.size();

        if (serverCount == 0) {
            return null;
        }

        int serverIndex = 0;
```

```
        double maxTotalWeight = currentWeights.size() == 0 ? 0 :
currentWeights.get(currentWeights.size() - 1);
        // 如果没有服务提供方被选中并且所有服务提供方的权重总和没有被初始化，则降级为RoundRobinRule策略
        if (maxTotalWeight < 0.001d || serverCount != currentWeights.size()) {
            server = super.choose(getLoadBalancer(), key);
            if(server == null) {
                return server;
            }
        } else {
            // 生成0~maxTotalWeight的随机数，基于这个随机数找服务提供方的权重，确定需要路由到的服务
提供方
            double randomWeight = random.nextDouble() * maxTotalWeight;
            int n = 0;
            for (Double d : currentWeights) {
                if (d >= randomWeight) {
                    serverIndex = n;
                    break;
                } else {
                    n++;
                }
            }

            server = allList.get(serverIndex);
        }

        if (server == null) {
            /* Transient */
            Thread.yield();
            continue;
        }

        if (server.isAlive()) {
            return (server);
        }

        // Next
        server = null;
    }
    return server;
}
```

15.2.3　RandomRule

随机策略（RandomRule）是从服务提供方列表中随机选择一个服务提供方实例进行路由的一种
策略。

RandomRule的核心代码如下：

```
public Server choose(ILoadBalancer lb, Object key) {
    if (lb == null) {
        return null;
    }
    Server server = null;
```

```
        while (server == null) {
            if (Thread.interrupted()) {
                return null;
            }
            List<Server> upList = lb.getReachableServers();
            List<Server> allList = lb.getAllServers();

            int serverCount = allList.size();
            if (serverCount == 0) {
                /*
                 * No servers. End regardless of pass, because subsequent passes
                 * only get more restrictive
                 */
                return null;
            }

            int index = chooseRandomInt(serverCount);
            server = upList.get(index);

            if (server == null) {
                /*
                 * The only time this should happen is if the server list were
                 * somehow trimmed. This is a transient condition. Retry after
                 * yielding
                 */
                Thread.yield();
                continue;
            }

            if (server.isAlive()) {
                return (server);
            }

            // Shouldn't actually happen.. but must be transient or a bug
            server = null;
            Thread.yield();
        }

    return server;
}
```

15.2.4　BestAvailableRule

最小连接数策略（BestAvailableRule）是从服务提供方列表中选择连接数最小的服务提供方进行路由的一种策略，该策略的特性是优先选择最空闲的服务提供方进行负载均衡。如果服务提供方列表中有多个相同的连接数最小的服务提供方，则这些服务提供方之间将使用轮询策略（RoundRobinRule）进行负载均衡。

RoundRobinRule的核心代码如下：

```
public Server choose(Object key) {
    if (loadBalancerStats == null) {
        return super.choose(key);
    }
```

```
List<Server> serverList = getLoadBalancer().getAllServers();
// 最小连接数：记录当前的服务提供方列表中最空闲的服务提供方的连接数
int minimalConcurrentConnections = Integer.MAX_VALUE;
long currentTime = System.currentTimeMillis();
Server chosen = null;
for (Server server: serverList) {
    ServerStats serverStats = loadBalancerStats.getSingleServerStat(server);
    if (!serverStats.isCircuitBreakerTripped(currentTime)) {
        // 获取当前服务提供方活跃的请求数
        int concurrentConnections = serverStats.getActiveRequestsCount(currentTime);
        // 如果当前遍历的服务提供方的连接数比最小连接数小
        // 则证明当前的服务提供方更空闲一些
        if (concurrentConnections < minimalConcurrentConnections) {
            // 修改最小连接处
            minimalConcurrentConnections = concurrentConnections;
            // 选择当前遍历的服务提供方进行路由
            chosen = server;
        }
    }
}
if (chosen == null) {
    return super.choose(key);
} else {
    return chosen;
}
}
```

15.2.5　RetryRule

重试策略（RetryRule）的处理逻辑是先按照轮询策略（RoundRobinRule）来获取服务提供方，如果获取的服务实例为null或已经失效，则在指定的时间内不断地进行重试来获取服务提供方，如果超过指定时间依然没获取到服务实例，则返回null。

RetryRule的核心代码如下：

```
public Server choose(ILoadBalancer lb, Object key) {
    long requestTime = System.currentTimeMillis();
    long deadline = requestTime + maxRetryMillis;

    Server answer = null;

    answer = subRule.choose(key);

    if (((answer == null) || (!answer.isAlive()))
            && (System.currentTimeMillis() < deadline)) {
        // 创建一个定时器
        InterruptTask task = new InterruptTask(deadline
                - System.currentTimeMillis());
        // 重试
        while (!Thread.interrupted()) {
            answer = subRule.choose(key);

            if (((answer == null) || (!answer.isAlive()))
```

```
                        && (System.currentTimeMillis() < deadline)) {
                    /* pause and retry hoping it's transient */
                    Thread.yield();
                } else {
                    break;
                }
            }

            task.cancel();
        }

        if ((answer == null) || (!answer.isAlive())) {
            return null;
        } else {
            return answer;
        }
    }
}
```

15.2.6   AvailabilityFilteringRule

可用性过滤策略（AvailabilityFilteringRule）是先过滤非健康的服务提供方信息（由于多次访问故障而处于熔断状态的服务提供方和并发的连接数量超过阈值的服务提供方），然后按照轮询策略（RoundRobinRule）进行路由的一种策略。

AvailabilityFilteringRule的核心代码如下：

```
public Server choose(Object key) {
    int count = 0;
    Server server = roundRobinRule.choose(key);
    while (count++ <= 10) {
        if (server != null && predicate.apply(new PredicateKey(server))) {
            return server;
        }
        server = roundRobinRule.choose(key);
    }
    return super.choose(key);
}
```

choose()方法调用的predicate.apply()方法的核心代码如下：

```
public boolean apply(@Nullable PredicateKey input) {
    LoadBalancerStats stats = getLBStats();
    if (stats == null) {
        return true;
    }
    return !shouldSkipServer(stats.getSingleServerStat(input.getServer()));
}
```

predicate.apply()方法调用的shouldSkipServer()方法的核心代码如下：

```
private boolean shouldSkipServer(ServerStats stats) {
    if ((circuitBreakerFiltering.getOrDefault() && stats.isCircuitBreakerTripped())
            || stats.getActiveRequestsCount() >= getActiveConnectionsLimit()) {
        return true;
```

```
    }
    return false;
}
```

15.2.7　ZoneAvoidanceRule

　　区域敏感策略（ZoneAvoidanceRule）是结合服务提供方所在区域和服务提供方的可用性选择路由的一种策略。在没有区域信息的情况下，该策略与轮询策略（RoundRobinRule）的功能类似。

　　ZoneAvoidanceRule的核心代码如下：

```
public class ZoneAvoidanceRule extends PredicateBasedRule {

    private static final Random random = new Random();

    /**
     * 组合过滤条件
     */
    private CompositePredicate compositePredicate;

    public ZoneAvoidanceRule() {
        // 区域过滤条件
        ZoneAvoidancePredicate zonePredicate = new ZoneAvoidancePredicate(this);
        // 可用性过滤条件
        AvailabilityPredicate availabilityPredicate = new AvailabilityPredicate(this);
        compositePredicate = createCompositePredicate(zonePredicate,
availabilityPredicate);
    }
    ...
}
```

　　组合过滤条件CompositePredicate的核心代码如下：

```
public class CompositePredicate extends AbstractServerPredicate {
    // 主要过滤条件
    private AbstractServerPredicate delegate;
    // 次要过滤条件集合
    private List<AbstractServerPredicate> fallbacks = Lists.newArrayList();

    private int minimalFilteredServers = 1;

    private float minimalFilteredPercentage = 0;

    @Override
    public boolean apply(@Nullable PredicateKey input) {
        return delegate.apply(input);
    }

    ...

    /**
     * Get the filtered servers from primary predicate, and if the number of the filtered
     * servers are not enough, trying the fallback predicates
     */
    @Override
    public List<Server> getEligibleServers(List<Server> servers, Object loadBalancerKey) {
```

```
        // 使用主过滤条件对所有实例进行过滤并返回过滤后的清单
        List<Server> result = super.getEligibleServers(servers, loadBalancerKey);
        // 依次使用次过滤条件对主过滤条件的结果进行过滤
        // 过滤算法选择逻辑
        // 第1个条件：过滤后的实例总数>=最小过滤实例数（默认为1）
        // 第2个条件：过滤后的实例比例>最小过滤百分比（默认为0）
        Iterator<AbstractServerPredicate> i = fallbacks.iterator();
        while (!(result.size() >= minimalFilteredServers && result.size() > (int)
(servers.size() * minimalFilteredPercentage))
                && i.hasNext()) {
            AbstractServerPredicate predicate = i.next();
            result = predicate.getEligibleServers(servers, loadBalancerKey);
        }
        return result;
    }
}
```

15.3　Ribbon 面试押题

15.3.1　什么是 Ribbon

Ribbon是一个基于Java的客户端负载均衡器，最初由Netflix开发，现在是Spring Cloud生态系统中的一个组件。Ribbon的主要作用是在微服务架构中实现客户端侧的负载均衡，即服务消费者在调用服务提供者时，能够自动根据预设的策略选择合适的服务实例进行请求，从而提高系统的可用性和扩展性。

Ribbon的核心特点如下。

（1）负载均衡：Ribbon提供了多种负载均衡策略，开发人员可以根据服务实例的实时状况智能地分配请求，确保请求能够均匀地分发到各个服务实例上，避免单点过载。

（2）服务实例选择：Ribbon从服务发现组件获取服务实例列表，并在本地缓存这些信息，减少对外部服务发现服务的依赖，加快服务实例的选择速度。

（3）容错与重试机制：Ribbon支持配置重试逻辑，当请求失败时，Ribbon可以根据策略进行重试，增强了服务调用的健壮性。Ribbon还可以与其他组件（如Hystrix）集成，实现断路器模式，防止服务雪崩效应。

（4）可配置性：Ribbon提供了丰富的配置选项，允许开发者根据业务需求调整负载均衡策略、连接超时、重试次数等参数，以优化服务调用性能。

15.3.2　Ribbon 与 Nginx 有哪些异同点

Ribbon与Nginx都是用于实现负载均衡的技术，但它们在实现机制、部署位置、应用场景及功能特性等方面存在显著的异同点。

1. Ribbon与Nginx的相同点

1）负载均衡

Ribbon与Nginx都能实现服务间的负载均衡，帮助分散请求，提高系统的可用性和伸缩性。

2）动态调整

Ribbon与Nginx都能够根据配置动态调整服务实例列表，以适应服务实例的增减变化。

3）提升系统稳定性

Ribbon与Nginx都是通过分散请求减少单点故障的影响，增强系统的整体稳定性。

2. Ribbon与Nginx的不同点

1）实现位置

- Ribbon作为客户端负载均衡器，它集成在服务消费者的客户端代码中，直接在应用程序内部实现负载均衡逻辑，无须依赖外部。
- Nginx作为服务器端负载均衡器，部署在服务架构的前端或作为反向代理服务器，接收所有客户端的请求，并在服务器端进行请求的负载均衡转发。

2）应用场景

- Ribbon更适用于微服务架构，特别是在Spring Cloud等框架中，与Eureka、Consul等服务发现组件集成，为微服务间的调用提供负载均衡。
- Nginx不仅适用于微服务，也广泛应用于传统的Web应用，以及作为静态资源服务器、API网关等，支持更多种类的负载均衡场景，如HTTP、HTTPS、TCP、UDP等协议。

3）负载均衡策略

- Ribbon提供了丰富的负载均衡策略，如轮询、随机、基于响应时间加权、重试规则等，可通过代码灵活配置。
- Nginx通过upstream模块配置负载均衡策略，常见的有轮询、最少连接、IP哈希等，配置相对固定，更改策略需修改配置文件并重启服务。

4）健康检查与故障处理

- Ribbon可以较为灵活地配置剔除不健康节点，与熔断器（如Hystrix）集成，提供更加细粒度的故障处理能力。
- Nginx支持健康检查，但配置相对复杂，对于不健康节点的剔除处理不如Ribbon灵活。

5）性能与资源消耗

- Ribbon运行在JVM上，对于CPU和内存的消耗相对较高，但因为集成在应用内部，减少了网络跳转，降低了网络延迟。
- Nginx作为C语言编写的高性能服务器，处理性能通常优于基于Java的Ribbon，并且资源消耗较低。

15.3.3　Ribbon 支持哪些负载均衡策略

请读者参考15.2节的相关内容。

15.3.4　如何实现自定义的 Ribbon 负载均衡策略

实现自定义的Ribbon负载均衡策略通常需要以下几个步骤：

步骤 01 创建自定义策略类。开发人员需要创建一个新的Java类来实现com.netflix.loadbalancer.IRule
接口。这个接口定义了负载均衡的核心逻辑，开发人员需要覆盖其中的方法来实现自定义负
载均衡策略。例如，开发人员可以重写choose(Object key)方法，在这个重写的方法中按照自
己的业务诉求选择一个服务实例。

```
public class MyCustomRule implements IRule {

    @Override
    public Server choose(Object key) {
        // 实现自定义的负载均衡逻辑
        // 例如，可以基于某种特定条件选择服务实例
        // 这里仅作为示例，实际逻辑应根据需求编写
        List<Server> servers = getLoadBalancer().getAllServers();
        // 假设我们简单地返回第一个服务器实例
        return servers.get(0);
    }

    // 根据 IRule 接口的要求，实现或覆盖其他必要的方法
    // 例如，可能需要实现一个初始化方法或销毁方法
}
```

步骤 02 配置自定义策略。当开发人员完成自定义策略类的编写后，需要在应用程序的配置中指定使
用这个策略。

第 16 章
OpenFeign

OpenFeign是一个声明式的、模板化的HTTP客户端,用于简化Java中HTTP服务的调用。OpenFeign是Spring Cloud的一个组件,可以与Eureka和Ribbon等Spring Cloud库集成,以提供负载均衡的HTTP客户端实现。

16.1　OpenFeign 与 Feign 有哪些异同点

OpenFeign与Feign都是用于简化服务间调用的Java库,尤其在微服务架构中广泛使用。它们的异同点可以从以下几个方面来总结。

1. OpenFeign 与 Feign 的相同点

1)声明式 API 调用

OpenFeign与Feign都采用声明式编程模型,通过接口和注解来定义服务调用逻辑,使得调用远程服务就像调用本地方法一样简单。

2)支持 Spring Cloud 生态

OpenFeign与Feign都支持与Spring Cloud生态集成。

3)远程调用和负载均衡组件

OpenFeign与Feign都是Spring Cloud下的远程调用和负载均衡组件。它们都支持通过Ribbon进行客户端负载均衡。

2. OpenFeign与Feign的不同点

1)Spring Cloud 集成

OpenFeign是Spring Cloud的一部分,专为Spring Cloud设计,与Spring Cloud的其他组件(如Eureka、Ribbon、Hystrix等)无缝集成。而Feign是一个独立的库,虽然可以与Spring Cloud集成,但它本身不依赖于Spring Cloud。

2)与 Spring MVC 的集成

OpenFeign支持Spring MVC的注解,如@RequestMapping、@GetMapping、@PostMapping等,开发者能够利用熟悉的Spring注解风格来定义API接口,提高了代码的一致性和易读性。Feign本身并不直接支持Spring MVC的注解。

3）配置和扩展性

OpenFeign得益于与Spring Cloud的紧密集成，支持更多的自动配置和依赖注入机制，使得配置更加简单，扩展性更强。Feign虽然提供基本的配置选项，但相比OpenFeign，在集成Spring Cloud特性和自动配置方面可能略显不足。

16.2 OpenFeign 的架构原理

OpenFeign一般需要与Eureka或Nacos等注册中心结合使用，使用OpenFeign的服务消费方可以借助注册中心准确地知道服务提供方的信息，从而发起远程调用。

OpenFeign的架构原理如图16-1所示。

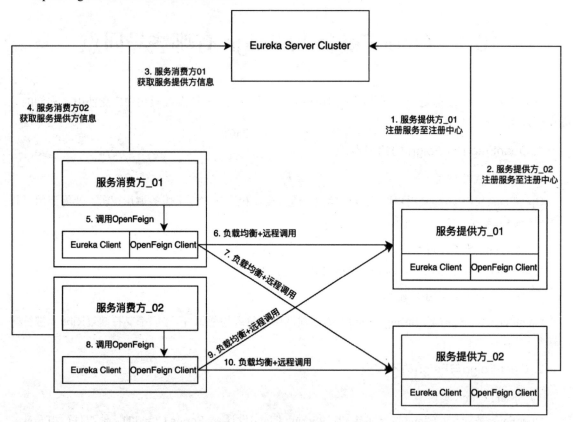

图 16-1 OpenFeign 架构示意图

16.3 OpenFeign 的实现原理是什么

OpenFeign的实现原理可以概括为以下几个关键步骤：

步骤01 接口定义。开发人员通过定义一个接口来声明远程服务的调用规范。在这个接口中，使用诸如@GetMapping、@PostMapping、@PathVariable和@RequestParam等注解来描述HTTP请求的方法、URL路径、请求参数等信息。

步骤02 动态代理。基于开发人员的定义，OpenFeign会生成一个动态代理对象，这个动态代理对象指向一个包含对应方法的MethodHandler对象。

步骤03 构建请求。基于收集到的信息，OpenFeign构建一个HTTP请求，包括组装URL、设置HTTP头、添加请求体等。

步骤04 服务发现与负载均衡。OpenFeign支持与Spring Cloud服务发现机制集成，能够自动从注册中心获取服务实例列表。根据负载均衡策略（通常是Ribbon或Spring Cloud LoadBalancer），选择一个服务实例，并将该实例的地址信息填入请求的URL。

步骤05 发送请求与响应处理。使用HTTP客户端发送构建好的HTTP请求。收到响应后，OpenFeign会根据配置的解码器对响应数据进行解码，然后返回给调用者。

步骤06 错误处理与重试。OpenFeign支持配置错误处理策略，包括重试机制。如果请求失败，可以根据配置的策略进行重试或直接抛出异常。

步骤07 可插拔的编解码器。OpenFeign支持自定义编解码器，允许开发者控制请求数据的序列化和响应数据的反序列化方式。

以下是OpenFeign实现原理的部分核心代码分析。

要想在项目中启用OpenFeign，通常使用@EnableFeignClients注解。@EnableFeignClients注解代码如下：

```
@Retention(RetentionPolicy.RUNTIME)
@Target(ElementType.TYPE)
@Documented
@Import(FeignClientsRegistrar.class)
public @interface EnableFeignClients {

    // 省略注解内部的方法...

}
```

@EnableFeignClients 注解通过 @Import 注解将 FeignClientsRegistrar 类注册到 IoC 容器中，FeignClientsRegistrar类的声明如下：

```
class FeignClientsRegistrar implements ImportBeanDefinitionRegistrar,
ResourceLoaderAware, EnvironmentAware
```

FeignClientsRegistrar实现的ResourceLoaderAware接口主要是对resourceLoader属性进行赋值，FeignClientsRegistrar 实现的 EnvironmentAware 接口主要是对 environment 属性进行赋值，FeignClientsRegistrar实现的ImportBeanDefinitionRegistrar接口负责动态注入Bean对象。

```
@Override
public void setResourceLoader(ResourceLoader resourceLoader) {
    this.resourceLoader = resourceLoader;
}

@Override
```

```
    public void setEnvironment(Environment environment) {
        this.environment = environment;
    }


    @Override
    public void registerBeanDefinitions(AnnotationMetadata metadata, BeanDefinitionRegistry
registry) {
        registerDefaultConfiguration(metadata, registry);
        registerFeignClients(metadata, registry);
    }
```

　　registerFeignClients()方法的作用是将被@FeignClient注解标记的接口注册为Spring容器中的Bean
对象。registerFeignClients()方法的代码如下：

```
    public void registerFeignClients(AnnotationMetadata metadata, BeanDefinitionRegistry
registry) {
        LinkedHashSet<BeanDefinition> candidateComponents = new LinkedHashSet<>();
        // 扫描@EnableFeignClients注解
        Map<String, Object> attrs =
metadata.getAnnotationAttributes(EnableFeignClients.class.getName());
        // 通过@EnableFeignClients注解的clients()方法获取@FeignClient注解标记的类
        final Class<?>[] clients = attrs == null ? null : (Class<?>[]) attrs.get("clients");
        // 如果clients为空，则根据scanner规则扫描出修饰了类路径下被@FeignClient注解标记的接口
        if (clients == null || clients.length == 0) {
            ClassPathScanningCandidateComponentProvider scanner = getScanner();
            scanner.setResourceLoader(this.resourceLoader);
            scanner.addIncludeFilter(new AnnotationTypeFilter(FeignClient.class));
            Set<String> basePackages = getBasePackages(metadata);
            for (String basePackage : basePackages) {
                candidateComponents.addAll(scanner.findCandidateComponents(basePackage));
            }
        }
        // 如果非空，则加载指定接口
        else {
            for (Class<?> clazz : clients) {
                candidateComponents.add(new AnnotatedGenericBeanDefinition(clazz));
            }
        }

        for (BeanDefinition candidateComponent : candidateComponents) {
            if (candidateComponent instanceof AnnotatedBeanDefinition beanDefinition) {
                // verify annotated class is an interface
                AnnotationMetadata annotationMetadata = beanDefinition.getMetadata();
                Assert.isTrue(annotationMetadata.isInterface(), "@FeignClient can only be
specified on an interface");
                // 扫描@FeignClient注解
                Map<String, Object> attributes = annotationMetadata
                        .getAnnotationAttributes(FeignClient.class.getCanonicalName());

                String name = getClientName(attributes);
                String className = annotationMetadata.getClassName();
```

```
        // 根据@FeignClient注解configuration()方法创建FeignClientSpecification配置类
        registerClientConfiguration(registry, name, className,
attributes.get("configuration"));
        // 将@FeignClient的属性设置到FeignClientFactoryBean对象上，并注册Bean
        registerFeignClient(registry, annotationMetadata, attributes);
        }
    }
}
```

@FeignClient注解修饰的接口实际上使用Spring的代理工厂生成代理类，因此这里的registerFeignClients()方法会把被@FeignClient注解修饰的接口解析为BeanDefinition对象，由BeanDefinition对象创建FeignClientFactoryBean对象，而FeignClientFactoryBean继承自FactoryBean，因此，当开发人员使用@FengnClient注解修饰接口时，实际上注册到IoC容器的对象是FeignClientFactoryBean对象。

在Spring中，FactoryBean是一个工厂Bean，其作用是创建代理Bean对象。工厂Bean是一种特殊的Bean，对于需要获取Bean对象的消费者而言，它是不知道这个Bean对象是普通Bean还是工厂Bean的。工厂Bean返回的实例不是工厂Bean本身，而是工厂Bean的getObject()方法返回的实例对象。

OpenFeign远程调用示意如图16-2所示。

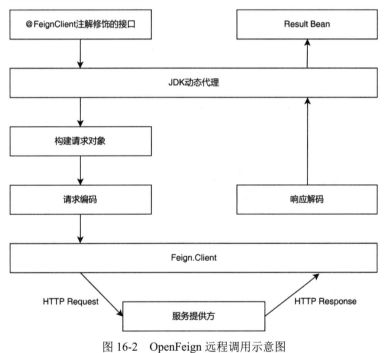

图 16-2　OpenFeign 远程调用示意图

16.4　OpenFeign 面试押题

16.4.1　什么是 OpenFeign

OpenFeign是一个基于Java的声明式服务客户端，它是Spring Cloud项目中的一个组件，用于简化微服务架构中服务间的HTTP调用。OpenFeign的设计初衷是让开发者能够以更简洁的方式调用RESTful API，从而提高开发效率并减少错误。

OpenFeign的主要功能包括：

（1）声明式API调用。OpenFeign允许开发者通过定义接口和添加注解来描述对外部服务的调用细节，而不需要编写底层的HTTP请求代码。这意味着你可以像调用本地方法一样调用远程服务，使得代码更加清晰和易于维护。

（2）自动请求构造。根据接口定义和注解，OpenFeign自动构造出HTTP请求，包括URL、请求方法（GET、POST等）、请求头以及请求体等，大大减少了样板代码。

（3）集成Spring Cloud生态。作为Spring Cloud的一部分，OpenFeign能够无缝集成Spring Cloud的服务发现功能，如Eureka，自动发现服务实例并进行负载均衡。同时，OpenFeign也能与其他Spring Cloud组件如Hystrix（熔断器）和Ribbon（客户端负载均衡器）配合使用，增强系统的稳定性和弹性。

（4）请求与响应拦截。OpenFeign支持自定义拦截器，可以在请求发送前后或响应接收前后进行额外的处理，比如添加认证信息、日志记录、结果转换等。

（5）可拔插的编码器和解码器。OpenFeign允许开发者自定义数据序列化和反序列化方式，适用于不同的API接口需求。

16.4.2　OpenFeign 与 Feign 有哪些异同点

请读者参考16.1节的相关内容。

16.4.3　OpenFeign 的工作原理是什么

请读者参考16.2节的相关内容。

16.4.4　OpenFeign 与 Dubbo 有哪些异同点

OpenFeign与Dubbo都是在微服务架构中用于服务间通信的技术框架，但它们的设计理念、实现方式和适用场景有所不同。以下是它们的一些主要异同点。

1. OpenFeign与Dubbo的相同点

1）服务调用

OpenFeign与Dubbo都旨在简化服务间的调用过程，提高开发效率和系统的可维护性。

2）面向接口编程

OpenFeign与Dubbo都鼓励使用接口来定义服务调用的契约，使得服务调用如同调用本地方法一样。

2. OpenFeign与Dubbo的不同点

1）通信协议

- OpenFeign主要基于HTTP协议，使用RESTful风格的API调用，更倾向于轻量级的HTTP客户端。

- Dubbo支持多种通信协议，如Dubbo、RMI、HTTP、Hessian等，适用于不同场景下的性能和兼容性需求。

2）负载均衡策略

- OpenFeign依赖于Ribbon或Spring Cloud LoadBalancer等第三方组件进行负载均衡。
- Dubbo提供了丰富的负载均衡策略，如随机、轮询、最少活跃调用、一致性哈希等，并支持权重配置，适合复杂的分布式系统。

3）生态集成

- OpenFeign是Spring Cloud体系的一部分，与Spring Boot、Eureka、Hystrix等组件无缝集成，适用于Spring Cloud生态用户。
- Dubbo与ZooKeeper、Consul等服务注册与发现组件有良好的集成。

4）适用场景

- OpenFeign基于HTTP协议，更适合构建云原生应用和微服务架构，特别是那些与外部系统频繁交互，或者偏好RESTful风格服务的应用。
- Dubbo由于其高性能和丰富协议的支持，适用于大型分布式系统，尤其是内部系统间的通信，要求高吞吐量和低延迟的场景。

5）复杂度和学习曲线

- OpenFeign借助Spring Cloud的自动化配置，使用较为简便，学习曲线相对较平缓，适合快速开发和小型项目。
- Dubbo配置相对复杂，功能全面，学习和使用成本较高，适合有一定规模的团队和项目。

16.4.5　OpenFeign 与 RestTemplate 有什么区别

OpenFeign与RestTemplate在微服务架构中作为HTTP客户端，各有其特点和用途。以下是它们之间的主要区别。

1）请求方式

- OpenFeign可以伪装成类似Spring MVC的Controller使用，隐藏了REST请求的复杂性，无须手动拼接URL和参数，能够便捷优雅地调用HTTP API。
- RestTemplate需要开发人员对每个请求都手动拼接URL、参数等，灵活性高，但消息封装较为臃肿。

2）底层实现

- OpenFeign基于动态代理的实现方式。当对某个接口添加@FeignClient注解后，OpenFeign会针对这个接口创建一个动态代理对象。调用这个接口时，实际上是调用这个接口的代理对象，代理对象会根据注解信息在服务注册中心找到对应的服务，并构造出请求的地址进行远程调用。
- RestTemplate是基于HttpClient封装的，提供简化和方便的方法来执行HTTP请求。它可以直接使用URL或通过服务名（配合服务注册中心，如Eureka）进行服务间通信。

3）配置和使用

- OpenFeign通过注解和配置文件可以方便地进行配置，支持多种编解码器、请求和响应拦截器等，使得RESTful服务的调用过程更加简单和高效。
- RestTemplate的配置相对简单，但需要手动处理很多细节，如请求头、请求体、异常处理等。

4）功能特性

- OpenFeign除基本的HTTP请求功能外，还支持负载均衡、熔断器、多种配置方式等高级功能，能够更好地适应复杂的微服务环境。
- RestTemplate提供了基本的HTTP请求功能，如GET、POST、PUT、DELETE等，并支持多种请求和响应的数据类型。

5）集成与支持

- OpenFeign作为Spring Cloud的组件之一，与Spring Cloud生态体系内的其他组件（如Eureka、Ribbon、Hystrix等）集成良好，提供了更强大的微服务治理能力。
- RestTemplate是Spring框架提供的原生HTTP客户端工具，与Spring框架紧密集成。

第 **17** 章
Hystrix

Hystrix是一个用于处理分布式系统中的延迟和容错的开源库,它旨在防止级联故障并提高系统的弹性。面试候选人应该了解Hystrix的基本概念、主要特性、工作原理、设计原则及其在实际场景中的应用等。

17.1　Hystrix 的核心概念

Hystrix是Netflix开源的一款延迟和容错的组件库。在一个分布式系统中,依赖之间不可避免地会出现调用异常或失败,如网络抖动、调用超时、服务异常出错等。Hystrix能够保证在一个分布式系统中,当一个依赖出问题的情况下,不会导致整体服务失败,避免级联故障,以提高分布式系统的弹性。

本节介绍Hystrix涉及的核心概念。

17.1.1　限流

限流是指通过特定的技术手段,将某个服务或系统并发访问量或请求速率控制在合理的范围内,以防止系统过载或资源耗尽。服务限流通常应用于分布式系统中,以保护服务或系统免受不稳定的流量冲击,同时确保系统的正常运行和响应速度。

Hystrix限流功能的优点如下:

(1)快速响应:Hystrix可以在毫秒级别内实现限流功能,避免系统因高并发而崩溃的情况。

(2)精细控制:Hystrix可以根据不同的业务场景设置不同的限流策略,从而实现精细化控制。例如,Hystrix可以设置针对特定用户或特定时间段的限流策略,以最大限度地保护系统。

(3)高可靠性:Hystrix具有高可靠性,即使在高并发情况下也能保持稳定。

(4)易于配置:Hystrix具有简单易用的配置界面,可以快速地进行配置和管理。它可以根据实际情况进行动态调整,以满足不同业务需求。

(5)统计监控:Hystrix可以实时监控系统的运行情况,并提供详细的统计数据。这些数据可以帮助开发人员快速发现问题并进行优化。

17.1.2　隔离

Hystrix支持按服务维度对分布式系统间的服务进行隔离,避免因某个服务的处理延迟或故障而级联影响其他多个服务的健康状况。Hystrix支持以下两种方式的服务隔离机制:

（1）线程池隔离。对于服务调用方的每一次请求，都使用线程池中的独立线程进行处理，通过调节线程池中的可用线程数可以控制请求数量，从而达到提升系统稳定性的效果。

（2）信号量隔离。对于服务调用方的每一次请求，都使用信号量将请求并发数控制在合理范围内，从而达到提升系统稳定性的效果。

17.1.3　降级

服务降级是指在服务器压力剧增的情况下，根据系统当前业务运行状况及流量，对系统的一些服务和页面进行策略性保护，从而释放服务器资源以保证核心任务的正常运行。

服务降级的主要目的是在系统业务高峰期，牺牲部分服务的性能和可用性的前提下，保障整体系统的可用性不会受到较大的影响。

可能会出现服务降级的场景如下：

- 程序运行异常。
- 程序运行超时。
- 服务熔断器开启。
- 线程池或信号量达到阈值。

17.1.4　熔断

在微服务架构中，Hystrix熔断器的核心作用与电路系统中的保险丝相似，但专注于服务间的调用保护。当服务调用达到一定的失败阈值或响应时间过长，Hystrix会触发熔断机制，类似于保险丝在过载时熔断，迅速切断对问题服务的进一步调用，防止整个系统因级联失败而全面崩溃。这种机制旨在确保系统的稳定运行，避免由个别服务的内部故障或异常性能导致的广泛损害及潜在的安全风险，从而维护系统的高可用性和弹性。通过自动隔离问题服务并允许其优雅地恢复，Hystrix熔断器促进了系统的自我修复能力。

Hystrix通过熔断器实现服务熔断功能，熔断器有以下3种状态：

（1）关闭状态。在正常情况下，熔断器处于关闭状态，服务调用正常运行。

（2）开启状态。服务持续处于调用失败或响应时间过长等可用性降低的场景，熔断器会自动切换到开启状态，服务调用被拒绝。

（3）半开状态。当熔断器处于开启状态时，在经过一定时间后，熔断器会自动进入半开状态，尝试重新调用出现故障的服务。如果调用成功，熔断器回到关闭状态，否则回到开启状态。

17.1.5　缓存

Hystrix提供的请求缓存能力是在同一个请求上下文中，将前一次的服务处理结果缓存下来，当分布式系统中的服务调用方重复对该服务进行请求时，Hystrix可以将缓存中的服务处理结果直接返回给服务调用方，从而达到提升系统性能和稳定性的效果。

当Hystrix收到一个请求时，Hystrix会根据请求参数生成一个缓存key，并检查现有的缓存中是否已有该key的缓存数据。例如，缓存中已存在该key的数据，则直接返回缓存key对应的value，不再对服务提供方发起实际的服务调用。

Hystrix的请求缓存是基于内存实现的，因此缓存的生命周期与应用程序的生命周期相同。开发人员可以通过配置来设置缓存的大小。当缓存的大小达到最大值时，Hystrix会根据一定的策略来删除一部分缓存数据，以腾出空间来存储新的缓存结果。

17.1.6　合并

在传统的分布式系统调用中，服务调用方对服务提供方的每一次调用，都要求服务提供方启用一个独立的线程进行处理。当服务调用方数量较多、请求量较大时，服务提供方的压力会逐步增加。

Hystrix的请求合并功能是指将指定时间范围内的服务调用方请求合并为一个请求，然后将合并后的请求发送给服务提供方，从而实现对服务提供方减负的效果。

Hystrix请求合并的缺点是可能会造成请求的延迟。服务调用方对服务提供方发起一次请求，使用Hystrix请求合并前，本次请求可能在5ms内处理完成，但因为开启了请求合并功能，Hystrix可能要求本次请求等待10ms，在等待的这10ms内，所有的请求合并为一次请求。但对本次调用而言，原本5ms可以完成的请求，现在需要15ms才能得到结果。如果服务调用方发起的请求本身就是一个高延迟的命令，那么这时就可以使用请求合并了，因为这个时间窗口内的等待时间相比于服务提供方自身的处理时间是微不足道的。

17.2　Hystrix 的工作流程是什么

当一个请求经过Hystrix时，Hystrix会使用缓存、熔断和限流等一系列手段来保障服务的稳定性和系统的健壮性。Hystrix的工作流程如图17-1所示。

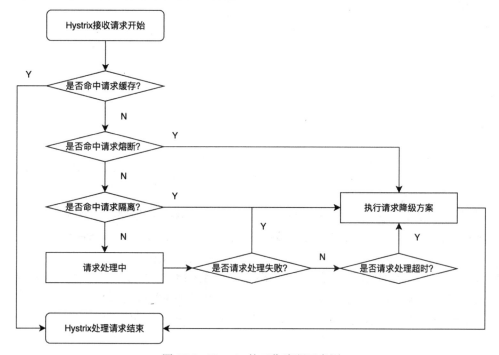

图 17-1　Hystrix 的工作流程示意图

17.3　Hystrix 面试押题

17.3.1　什么是 Hystrix

Hystrix是Netflix开源的一个延迟和容错库，用于在分布式系统中提供延迟和容错。在分布式系统中，服务与服务之间的依赖性网络是复杂的，不可避免地会出现某些服务调用失败的情况。Hystrix就是为了解决这样的问题而诞生的。

Hystrix的主要作用包括：

- 服务降级。
- 服务熔断。
- 请求缓存。
- 请求合并。
- 服务监控。

17.3.2　Hystrix 的工作流程是什么

Hystrix的整体工作流程大致可以分为以下几个步骤：

步骤01 构造HystrixCommand或HystrixObservableCommand对象。当需要调用一个远程服务时，开发人员需要创建一个HystrixCommand（用于单一结果）或HystrixObservableCommand（用于多结果或异步流）对象，这两个类封装了具体的业务逻辑调用。这些命令对象包含执行逻辑和回退逻辑。

步骤02 执行Hystrix命令。Hystrix会通过调用如execute()、queue()或observe()等方法来执行命令。

步骤03 检查缓存。在发起远程调用前，Hystrix会先检查是否有可用的缓存结果。如果有，则直接返回缓存结果，避免重复执行相同的服务调用。

步骤04 断路器状态检查。Hystrix会检查断路器的状态。如果断路器是打开的，则不会执行实际的服务调用，而是直接跳转到降级逻辑。

步骤05 线程池/信号量检查。如果断路器是关闭的，Hystrix会检查对应的线程池是否已满或信号量是否达到限制。如果资源不足，也会触发降级逻辑，否则将继续执行。

步骤06 执行服务调用。如果上述检查都通过，Hystrix将执行run()方法内的业务逻辑，发起实际的服务调用。

步骤07 结果处理。服务调用结束后，无论成功还是失败，Hystrix都会处理结果。如果服务调用成功，则结果会被返回给调用者；如果服务调用失败，并且断路器没有开启，Hystrix会执行重试（取决于配置），如果重试失败或达到重试次数，则执行降级逻辑。

步骤08 统计与监控。在服务调用过程中，Hystrix会收集各种指标，如成功、失败、超时、拒绝等事件，这些数据可用于监控和报警，也可以用于断路器的决策逻辑。

步骤09 断路器逻辑。Hystrix根据收集的错误率和超时情况，断路器自动切换状态，从关闭变为打开，或者在一段时间后进入半开状态。

17.3.3 Hystrix 如何实现请求缓存

Hystrix实现请求缓存的机制主要依赖于以下几个关键步骤和组件：

步骤01 开启请求缓存。在使用Hystrix的命令模式时，可以通过重写getCacheKey()方法来启用请求缓存。getCacheKey()方法需要返回一个字符串，该字符串将用作缓存的键。如果这个方法返回null或空字符串，那么请求缓存就不会被激活。

步骤02 初始化Hystrix请求上下文。为了确保请求缓存生效，必须在一个激活的HystrixRequestContext中执行命令。这意味着在处理每个请求之前，需要调用HystrixRequestContext.initializeContext()初始化请求上下文。请求处理完毕后，应调用HystrixRequestContext.shutdown()清理资源。

步骤03 缓存逻辑。当一个带有缓存键的Hystrix命令被执行时，Hystrix首先会在缓存中查找是否有对应的键值。如果有，则直接从缓存中返回之前的执行结果，而不会再次执行实际的命令逻辑。如果没有找到，则执行命令，并将结果存储到缓存中供后续的相同请求使用。

步骤04 请求内一致性。Hystrix的请求缓存仅在单个请求的生命周期内有效，这意味着不同请求之间不会共享缓存数据。这保证了在同一请求内的多次相同操作可以复用第一次的执行结果，提升了效率，但不会跨请求造成数据不一致。

步骤05 限制与考虑。需要注意的是，Hystrix的请求缓存由于其基于请求生命周期的设计，可能不适合所有场景，尤其是那些需要跨请求共享数据或有复杂缓存策略（如基于时间的过期）的应用。对于这些场景，可能需要结合分布式缓存来实现更全面的缓存策略。

17.3.4 Hystrix 如何实现限流

Hystrix实现限流主要通过两种机制：信号量（Semaphore）隔离和线程池（Thread Pool）隔离策略。

1. 信号量隔离

当使用信号量作为隔离策略时，Hystrix为每个依赖服务分配一个有限数量的"许可"（Permit）。在每次执行命令前，Hystrix会尝试获取一个许可。如果当前可用许可数大于0，则允许执行并消耗一个许可；如果许可数已用尽，则命令不会被执行，而是直接进入降级逻辑。

2. 线程池隔离

Hystrix为每个依赖服务创建一个独立的线程池，线程池的大小固定，这意味着同时只能有固定数量的请求在执行，超过线程池容量的请求会被立即拒绝，从而实现限流。

17.3.5 Hystrix 如何实现熔断

Hystrix中的熔断器有3种状态：关闭（Closed）、打开（Open）和半开（Half-Open）。

（1）关闭状态是Hystrix的初始状态，允许请求正常通过并执行。

（2）当失败率达到预设阈值时，熔断器会切换到打开状态，此时所有请求都不会真正执行，而是直接执行降级逻辑。

（3）经过一段时间后，熔断器会切换到半开状态，此时允许有限的请求尝试执行，如果这些请求成功，熔断器恢复到关闭状态；如果再次失败，则熔断器重新回到打开状态。

Hystrix实现熔断机制主要包括以下几个步骤：

步骤01 失败计数。Hystrix维护了一个统计时间窗口，用来记录请求的成功、失败和拒绝情况。如果在特定时间窗口内，失败请求的数量超过配置的阈值，熔断器就会打开。

步骤02 超时处理。在关闭状态下，每个请求都有单独的超时设置，如果请求超时，也会被视为失败，并计入熔断器的统计中。

步骤03 恢复逻辑。在熔断器打开期间，Hystrix会定期尝试将熔断器切换到半开状态，允许少量请求通过，以检测依赖服务是否已经恢复。如果这些探测请求成功，则熔断器关闭，服务恢复正常调用；如果探测请求仍然失败，则熔断器保持打开，继续执行降级逻辑。

步骤04 配置与自适应。Hystrix的熔断行为高度可配置，包括断路器打开的失败阈值、休眠时间、统计窗口大小等，可以根据不同服务的特性和需求进行调整，以实现更灵活和精确的熔断控制。

17.3.6 什么场景会触发 Hystrix 降级

Hystrix的降级逻辑会在以下几种典型场景中被触发，以确保在服务不可用或响应缓慢时，系统仍能提供一个已知的、可控的响应，而不是完全失败，从而维持基本的用户体验和系统稳定性。

（1）超时：当Hystrix命令的执行时间超过配置的超时时间时，Hystrix会中断该命令的执行，并触发降级逻辑。

（2）失败阈值达到：如果在配置的时间窗口内，对某个服务的失败请求次数超过了设定的阈值，Hystrix的断路器会打开，后续对该服务的请求将直接进入降级逻辑，而不是尝试执行原命令。

（3）异常抛出：在执行Hystrix命令时，如果业务代码抛出了未被捕获的异常，Hystrix会认为此次调用失败，并触发降级逻辑。

（4）线程池/信号量拒绝：当依赖服务的请求量超过了配置的线程池大小或信号量限制，新的请求会被直接拒绝，这时也会执行降级逻辑。

（5）手动触发：开发人员可以在代码中主动判断某些条件，决定是否直接调用降级方法，而不去执行实际的业务逻辑。

（6）断路器打开：当断路器处于打开状态时，表明之前的服务调用频繁失败，此时所有对该服务的请求都将直接执行降级逻辑，直到断路器进入半开状态并成功完成探测请求后才会恢复。

17.3.7 简述 Hystrix、Sentinel 和 Resilience4j 之间的异同点

Hystrix、Sentinel和Resilience4j都是流行的微服务容错和流量控制库，它们之间既有相似之处，也有不同点。

1. Hystrix、Sentinel和Resilience4j的相同点

1）目标相似

Hystrix、Sentinel和Resilience4j都旨在提高分布式系统中的服务韧性，通过熔断、降级、限流、隔离等机制来保护系统免受服务故障的影响。

2）熔断机制

Hystrix、Sentinel和Resilience4j都提供了熔断器模式的实现，能够根据错误率或响应时间自动开启和关闭熔断状态，防止服务雪崩。

3）降级策略

在服务不可用时，Hystrix、Sentinel和Resilience4j都能提供回退逻辑，保证至少有基础的服务响应。

4）流量控制

Hystrix、Sentinel和Resilience4j都具备流量控制能力，可以限制服务的调用频率或并发量，以避免资源过载。

2. Hystrix、Sentinel和Resilience4j的不同点

1）语言和平台

- Hystrix最初由Netflix开发，主要用于Java语言。
- Sentinel是由阿里巴巴开源的，面向Java生态，深度集成Spring Cloud Alibaba体系。
- Resilience4j是一个为Java 8及以上版本设计的轻量级库，支持函数式编程风格。

2）设计理念

- Hystrix使用线程池隔离和信号量来实现资源隔离，这可能导致资源消耗较大。
- Sentinel除提供熔断降级和限流外，还支持更精细的规则配置和实时监控。
- Resilience4j侧重于轻量化和模块化，易于集成到现有的项目中。

第 18 章
API 网关

API网关是一种特殊的中间件或服务,位于客户端(如Web或移动应用程序)与后端服务之间,扮演着API请求的入口点和出口点的角色,类似于现实生活中的"海关"。面试候选人应该了解API网关的作用、技术实现、工作原理及其在实际场景中的应用等。

18.1　API 网关概述

API网关是随着微服务架构的流行而诞生的。客户端的一个功能通常需要调用多个不同的微服务才能完成,不同的微服务一般会提供不同的网络地址。随着微服务架构的不断演进,客户端开发人员将面临以下问题:

(1)客户端为实现一个功能,需要调用多个微服务,增加了客户端开发的复杂度。

(2)客户端存在跨域请求,增加了客户端开发的复杂度。

(3)客户端请求的每一个微服务都需要进行独立认证,重复工作较大。

API网关的出现就是为了解决上述问题。API网关通常部署于客户端和服务器之间,所有的客户端请求都会先经过API网关这一中间层系统,由API网关决定请求转发、安全、性能和监控等方面的工作。典型的API网关架构如图18-1所示。

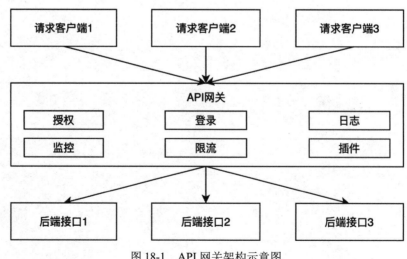

图 18-1　API 网关架构示意图

18.2　多种 API 网关对比

18.2.1　Nginx

Nginx是一个高性能的HTTP和反向代理Web服务器，在微服务架构中可充当API网关的角色。

Nginx由内核和其他模块组成。内核的设计非常微小和简洁，完成的工作也非常简单，仅通过查找配置文件与客户端请求进行URL匹配，用于启动对应模块来完成相应的工作。

Nginx启动后会创建一个Master进程和多个Worker进程，Master进程与Worker进程通过进程间的通信实现交互。

Master进程负责接收来自外界的信号，并发送信号给各个Worker进程。除此之外，Master进程还能监控Worker进程的运行状态，当发现Worker进程异常退出后，Master进程会自动启动新的Worker进程。

当有客户端请求到达时，Master请求会接受该请求，并将其分配给一个空闲的Worker进程处理。Worker进程中有一个ngx_worker_process_cycle()函数执行无限循环，不断处理接收到的来自客户端的请求。

Nginx架构如图18-2所示。

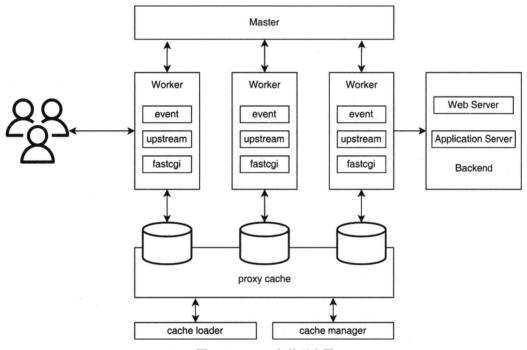

图 18-2　Nginx 架构示意图

18.2.2　Zuul

Zuul是Netflix开源的API网关，可以配合Eureka、Ribbon和Hystrix等技术一起使用。Zuul的设计核心是过滤器，通过过滤器，Zuul可以完成以下功能：

（1）请求路由。Zuul作为微服务系统的入口，可以通过路由功能将请求路由到后端的服务提供方实例上，实现请求的转发。

（2）身份认证。开发人员可以配置Zuul的过滤器来实现对请求的身份认证，Zuul通常集成的身份认证技术组件有Spring Security和OAuth 2.0等。

（3）负载均衡。Zuul可以集成Ribbon实现请求的负载均衡，通过配置Ribbon的负载均衡规则，Zuul可以将请求按照一定的规则转发给后端的服务提供方。

（4）协议转换。开发人员可以通过自定义过滤器实现在请求转发前对请求的协议进行转换，并将转换后的请求转发给后端的服务提供方。

（5）限流熔断。Zuul支持基于令牌桶和漏桶的流量控制策略。

令牌桶算法通过固定的速率向桶中添加令牌，当桶中的令牌满时，多出的令牌溢出，桶中令牌的数量不再增加，每个请求需要从桶中获取到令牌才可以受理。

漏桶算法通过固定容量的桶承载流量，当流入的流量较大时导致溢出，桶底留有一个固定大小的小孔，以恒定的速率将请求从桶中放行。除上述两种算法外，Zuul也支持集成Hystrix实现流量管控。

Zuul 2.x版本的架构设计相较于Zuul 1.x有较大的改进。Zuul 2.x版本的架构如图18-3所示。

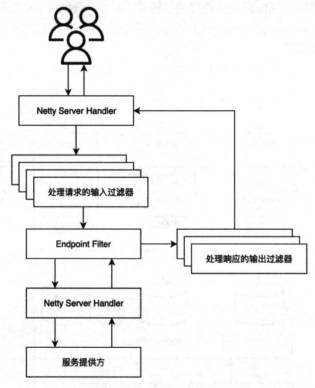

图 18-3　Zuul 2.x 版本的架构示意图

18.2.3　Kong

Kong是一款基于OpenResty（OpenResty是基于Nginx和Lua语言实现的Web平台）开发的高可用、易扩展的API网关。Kong不只是一个网关，它还集成了服务注册与发现、负载均衡和健康检查等多项能力。Kong的3个核心组件如下。

- Kong Server：基于Nginx实现的服务端程序，主要用于接收请求。
- Apache Cassandra/PostgreSQL：Kong主要的数据存储介质。

- Kong dashboard：官方推荐的Kong管理后台。

Kong的架构示意图如图18-4所示。

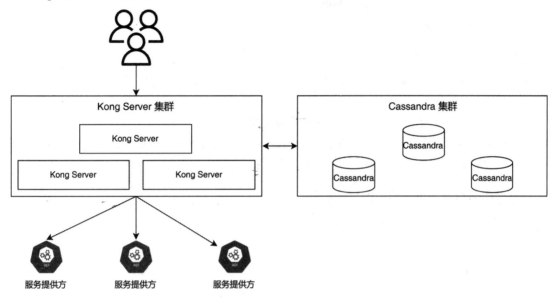

图 18-4　Kong 架构示意图

Kong的核心概念如下。

- Client：对Kong网关发起请求的客户端，可能是curl命令或Postman等工具，也可能是微服务应用。
- Service：Service是对服务实体对象的抽象，它可以指向一个具体的微服务，也可以指向一个Upstream对象实现负载均衡。Kong将每个微服务视为一个单独的服务，并为每个服务提供独立的配置和路由规则。
- Upstream：由于Kong是基于OpenResty开发的，而OpenResty是基于Nginx开发的，因此Kong中的Upstream概念对应Nginx中的Upstream概念和功能。
- Route：路由规则实体对象，该对象可以类比Nginx中的location概念和功能。

Kong的核心概念示意图如图18-5所示。

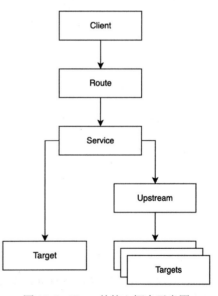

图 18-5　Kong 的核心概念示意图

18.2.4　Gateway

Spring Cloud Gateway是一个构建在Spring生态之上的API网关。Spring Cloud Gateway旨在提供一种简单高效的方法实现API的路由、安全管控、监控和弹性限流等功能。

Spring Cloud Gateway的特点如下：

- 可以基于Spring或Spring Boot框架构建。

- 可以匹配任意请求属性的路由。
- 可以支持谓词（Predicate）和过滤器（Filter）的路由。
- 可以支持请求限流和熔断，实现对服务的限流和保护。
- 可以实现路径重写。

Spring Cloud Gateway的核心概念如下。

- Route：Route（路由）是网关的基础模块，用于定义请求的路由规则，并将请求转发到不同的目标服务上。
- Filter：Filter（过滤器）可以在请求和响应之间进行处理，如鉴权、限流和日志等。
- Predicate：Predicate（谓词）是Java 8引入的功能，开发人员可以使用Predicate来匹配请求中的所有内容。

Spring Cloud Gateway架构如图18-6所示。

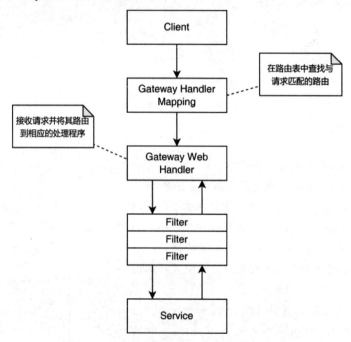

图 18-6　Spring Cloud Gateway 架构示意图

Spring Cloud Gateway的主要工作流程如下：

步骤01 客户端发起对Spring Cloud Gateway的请求。

步骤02 Gateway Handler Mapping收到客户端的请求后，将请求URL与路由表进行匹配，当找到对应的路由规则时，将请求转交给对应的Gateway Web Handler处理。

步骤03 Gateway Web Handler接收到请求后，将请求路由到指定的处理程序上。在请求处理的过程中，Gateway Web Handler代理了一系列网关过滤器和全局过滤器，这些过滤器可以对请求和响应进行增强、过滤和拦截等操作，以满足业务和安全等方面的要求。

Filter（过滤器）在Spring Cloud Gateway中起到了重要的作用，其作用包括但不限于请求拦截、请求修改、请求鉴权、请求限流、日志管理等。Spring Cloud Gateway中的Filter可以分为以下两大类。

1. 局部Filter

局部Filter是针对单个路由的过滤器，在Spring Cloud Gateway中内置了很多局部过滤器，常用的局部过滤器如下。

- AddRequestHeader Filter：为请求增加header信息。
- AddRequestParameter Filter：为请求增加请求参数。
- AddResponseHeader Filter：为响应增加header信息。
- DedupeResponseHeader Filter：去除header中的重复信息。
- CircuitBreaker Filter：为请求增加熔断功能。
- FallbackHeaders Filter：在请求头中增加降级功能的URI信息。
- PrefixPath Filter：为请求添加路径前缀。

2. 全局Filter

全局Filter是针对所有路由的过滤器。在Spring Cloud Gateway中内置了很多全局过滤器，常用的全局过滤器如下。

- ReactiveLoadBalancerClient Filter：通过响应式的负载均衡方式为请求选择路由实例。
- OrderedGateway Filter：有序的过滤器，通过定义过滤器的优先级可以实现对过滤器的排序。
- ForwardPath Filter：请求转发过滤器，可用于请求的转发和请求路径的修改。
- WeightCalculatorWeb Filter：基于权重转发请求的过滤器。

18.3　API 网关面试押题

18.3.1　什么是 API 网关

API网关（Application Programming Interface Gateway）是一种在分布式系统或微服务架构中扮演重要角色的组件。它的主要作用在于管理不同系统之间的通信和交互，确保系统之间的集成和互操作性更加高效、安全和标准化。以下是API网关的详细作用：

- 路由和分发请求。
- 标准化和规范化。
- 请求管理和监控。
- 负载均衡。

18.3.2　对比常见的 API 网关

请读者参考18.2节的相关内容。

18.3.3　如何在网关实现用户统一鉴权

在网关实现用户统一鉴权管理，通常涉及以下几个核心步骤和技术策略。

步骤 01 选择统一认证协议。常用的统一认证协议有OAuth 2.0和JWT等。开发人员可以按照具体的业务场景选择适合自己项目的统一认证协议。

步骤 02 设计统一认证服务。建立一个统一认证服务，负责处理用户登录、注销、令牌发放与验证。

步骤 03 API网关集成统一认证服务。选择API网关（如Spring Cloud Gateway、Kong、Zuul、Ambassador）并配置API网关，从而对所有API请求进行拦截。

步骤 04 实现认证流程。用户登录后，向认证服务提交凭证，认证成功后获得令牌。客户端在后续请求中携带此令牌，通常放在HTTP头部。网关拦截用户登录请求，验证令牌的有效性（包括过期、签名验证等），并根据验证结果决定是否放行请求。

步骤 05 统一权限管理。在网关层，基于角色的访问控制（Role-Based Access Control，RBAC）或属性访问控制（Attribute-Based Access Control，ABAC），确保用户只能访问其授权的资源。

18.3.4 如何在网关实现灰度发布

在网关实现灰度发布是一种常见的微服务部署策略，允许将新版本的服务逐渐安全地引入生产环境，同时控制新旧版本服务之间的流量分配。以下是使用Spring Cloud Gateway实现灰度发布的几个关键步骤。

步骤 01 定义灰度规则。开发人员可以通过用户标识、请求百分比分配和时间窗口等方式定义灰度发布的规则。

步骤 02 服务注册与发现。使用注册中心确保服务提供方实例完成注册并存储对应的元数据，Spring Cloud Gateway能够利用注册中心的元数据来动态配置路由规则。

步骤 03 实施灰度发布策略。在路由配置中，开发人员可以设置不同服务的权重，控制不同版本服务的流量比例。通过Spring Cloud Load Balancer可以实现更灵活的负载均衡策略，支持基于服务实例的元数据进行路由决策。

步骤 04 A/B测试与流量切换。实施A/B测试，通过网关将请求分发到两个或更多不同版本的服务中，收集数据并比较性能指标和用户反馈。先将一小部分流量导向新版本服务，监控其性能和稳定性，确认无误后，再逐步增加流量比例。

步骤 05 监控与回滚。监控新版本服务的性能指标，确保服务稳定。一旦发现新版本有问题，应能迅速回滚到旧版本，减少影响。

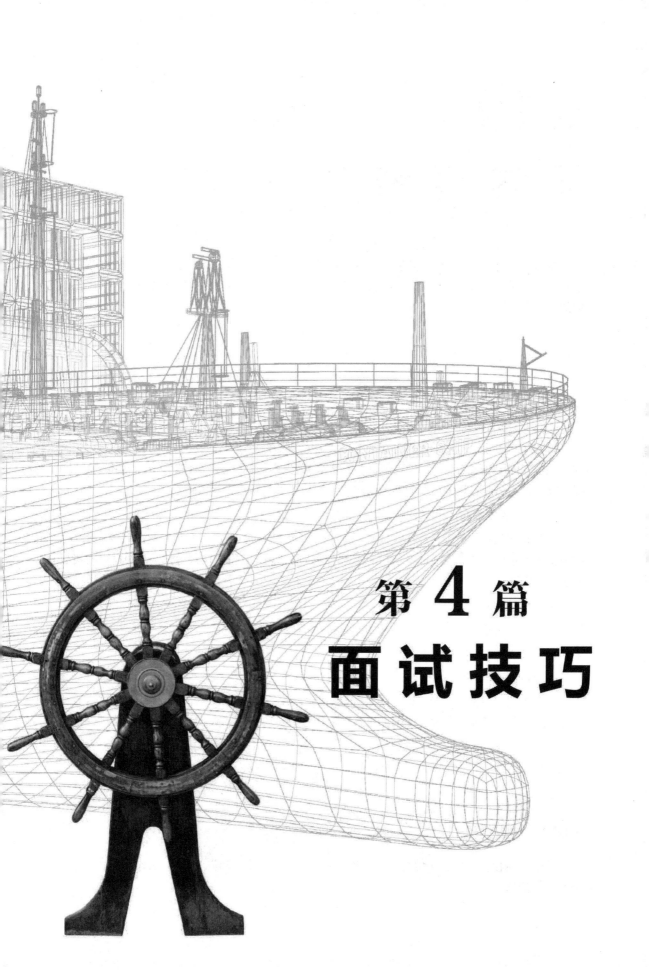

第 **4** 篇
面试技巧

第 19 章
面 试 筹 划

随着信息化的加速，软件开发行业日新月异，技术迭代迅速，企业对于招聘的软件开发人员的要求也日益提高。面试作为评估候选人综合能力的重要环节，对于软件开发人员来说，具有以下几个方面的关键意义。

1）评估技术实力

面试过程中，企业根据候选人针对具体问题的解答，能够直接了解软件开发人员的技术深度和广度。这包括但不限于编程语言、开发框架、算法与数据结构、数据库设计、系统架构等方面的知识。技术实力的准确评估有助于企业找到符合项目需求的技术人才。

2）考察沟通能力

面试不仅是个人技术的展现，更是对沟通能力、抗压能力和综合能力的考核。面试中，面试官会关注候选人的沟通表达能力，包括是否能够清晰阐述技术观点、有效解决问题、与团队成员顺畅沟通等。良好的沟通能力是候选人成功融入团队、推动项目进展的重要保障。

3）了解业绩产出

通过询问候选人的项目经历和成果，面试官可以评估其实际工作经验和解决问题的能力。候选人需要能够展示自己在以往项目中承担的角色、解决的问题、取得的成果等，以证明自己的实战能力和价值。

4）评估职业素养

面试也是观察候选人职业素养的窗口。候选人需要具备良好的学习能力、责任心、团队合作精神、抗压能力等职业素养。这些素养在面试中的表现将直接影响面试官对候选人的综合评价。

5）双向选择的机会

面试不仅是企业对候选人的评估过程，也是候选人了解企业、团队和项目的重要机会。通过面试，候选人可以更加全面地了解企业的文化、技术栈、工作环境等，从而做出更加明智的职业选择。

19.1 简 历 构 造

19.1.1 个人信息

个人信息模块主要包含候选人的姓名、年龄、最高学历、学位、专业、工作年限、联系方式、在职状态等信息。

在个人信息模块中，候选人必须确保个人信息的真实性，这是最基本的诚信要求。虚假的个人信息将会导致候选人失去面试机会，甚至被用人单位拉入黑名单。

常见的个人信息及其真实性如下：

（1）姓名。求职是一个非常专业且严肃的行为，候选人应当尽可能使用真实姓名，如果一定要用网名、英文名或花名，可以在姓名的后面做出清晰的备注，这样可以避免HR、面试官与候选人沟通时的尴尬。

（2）最高学历。学历是用人单位非常关注的信息之一，绝大多数用人单位要求候选人的最高学历在学信网可以查到，并要求候选人在入职材料中附上学信网的《教育部学籍在线验证报告》和《教育部学历证书电子注册备案表》等信息。因此，候选人需要确保最高学历的真实性，对于非全日制学历、自考学历等信息，需在简历中明确标注。

（3）专业。用人单位的部分岗位对专业内的基础知识要求较高，如算法岗位对数学、逻辑学、编程等能力要求较高，用人单位会要求候选人必须在其指定的专业范围内。因此，专业是用人单位和候选人双向选择的重要因素之一。

（4）工作年限。出于对候选人的培养成本和试用期的工作效率等方面的考量，大部分用人单位对社招人员的工作年限有一定的要求。部分求职网站会对求职者的工作年限进行取整，即求职网站会根据候选人填写的工作时间自动计算出其工作年限，如5年，但候选人可能并未满5年整，而是从业4年3个月，这种情况下，候选人需要手工修改自己的真实工作年限。

部分候选人之前并不是从事软件开发相关工作，如毕业之后第1年做的土木、销售等工作，之后经过学习，进入了软件开发行业。对于这种情况，候选人也应当在工作年限中如实填写自己的从业年限。

（5）联系方式.联系方式是简历重要的元素之一，是用人单位和候选人之间的重要沟通纽带。联系方式中的常见失误有：未填写联系方式、错误的邮箱、不常用的邮箱、废弃的手机号、奇怪的手机彩铃、未知的号码归属地等。候选人在填写联系方式时应当避免上述失误。

常见的个人信息模板如下：

【个人信息】

姓名：[XXXXX]

联系方式：XXX-XXXX-XXXX

邮箱地址：mailto:XXXXX@XXXX.com

教育背景：

XX大学

XX学位，计算机科学与技术专业，XXXX年XX月至XXXX年XX月

GPA：XX/4.0

荣誉：优秀学生奖学金（XXXX年）

工作年限：XX年XX月

在职状态：在职/已离职/XXX

求职原因：更好的发展/XXX

政治面貌：XXX

婚姻状况：XXX

19.1.2　个人优势

个人优势（部分求职网站使用个人特长、个人爱好、专业技能等模块描述）是候选人突出自身亮点的模块，候选人应当填写自己在学习、沟通、人际交往、专业技能等方面的特色，尽量避免与工作无关的事项，如玩游戏、睡懒觉、追剧等。

除表现候选人的特色外，简历中的个人优势模块应当有足够的数据/案例支撑，做到让用人单位信服。

下面以笔者认为比较有吸引力的简历为例，为读者提供以下个人优势模板：

【个人优势】

从业经验

- 从业XXX年
- XXX年Java开发经验
- XXX年团队管理经验
- XXX年项目管理经验
- 精通微服务技术，个人技术博客 https://XXX
- 有敏锐的业务洞察能力，曾参与XXX峰会担任嘉宾/讲师 https://XXX
- 有较强的自驱力和领导力，完成XXX项目0～1的建设，可以管理XXX人团队

个人专利

XXXX年XX月XX公布专利《XXX》
XXXX年XX月XX公布专利《XXX》

个人著作

XXXX年XX月XX发表著作《XXX》，XXX出版社
XXXX年XX月XX发表著作《XXX》，XXX出版社

实战经验

负责XXX项目，项目的PV是XXX千万，DUA是XXX百万
负责XXX项目，峰值TPS是XXX万，经历XXX次618/双十一/XXX促销活动

19.1.3　期望职位

不同的职位对于候选人的个人能力、过往经验要求有所不同。有些职位要求候选人个人能力突出，有些职位要求候选人管理能力卓越。候选人在简历中应当准确填写期望的职位、行业和薪酬待遇等信息，有利于用人单位和候选人的双向选择。

常见的期望职位模板如下：

资深开发工程师	电商行业	上海	月薪XXX
资深系统架构师	金融行业	北京	月薪XXX
研发技术总监	电信行业	深圳	月薪XXX

19.1.4 工作经历

工作经历模块主要包含候选人曾经就职的公司、所属行业、任职岗位、任职周期和在职期间的重点工作内容等信息。值得注意的是，一些求职网站会自动为候选人填写公司简介、行业简介等信息，并且自动填写的内容较为冗长。例如笔者遇到的一位知名在线视频网站候选人，工作经历中有200~300字介绍该视频网站的信息，但该视频网站已经在业内非常有名了，无须过多介绍。大量的公司及行业简介信息会使HR和面试官无法快速定位到在职期间的重点工作内容和业绩产出，候选人在准备简历时一定要仔细检查工作经历模块的内容。

通常情况下，HR和面试官在求职网站上过滤一份简历的时间为1～2分钟/份，因此简历的关键信息应当尽早暴露在HR和面试官眼前。工作经历中的内容一定要提炼重点信息，即用尽可能少的文字言简意赅地阐述候选人的工作内容、业绩亮点、创新点、额外产出等信息。这样可以快速抓住HR和面试官的眼球，增加HR和面试官对简历及候选人的好感。

常见的工作经历模板如下：

就职公司：XXXX公司

任职岗位：系统架构师/XXX

项目介绍：营销中台，承载理财、保险、消费金融、企业金融等业务

工作介绍：

（1）负责全集团所有业务场景的红包、代金券、积分的发放与核销。

（2）负责从0-1搭建营销中台，承载集团每年1000亿交易流水。

（3）负责优化系统性能，首页QPS可达3000/s，交易TPS可达1000/s。

（4）……

业绩产出：

（1）荣获2024年年度优秀项目。

（2）荣获2024年年度最佳分享。

（3）孵化国际化公共技术平台，为集团降本700万/年。

（4）提交专利一份：XXXX。

（5）……

通常候选人可以对近1～2份工作的工作经历进行重点分析和准备。对那些很久之前的从业经验仅做适当的阐述即可，这样既可以控制简历的篇幅，也可以提升用人单位对简历的筛选效率。

19.1.5 项目经历

项目经历模块主要包含候选人参与/负责的项目名称、担任的项目角色、项目的周期、项目设计方案和项目的业绩产出等信息。

随着行业从业人员越来越多，面试难度越来越大，考核的维度越来越多。常见的项目经历相关的面试内容包括：过往优秀项目的整体架构设计（候选人需要对曾经负责过的项目进行脱敏处理）、某些主流技术的原理分析、复杂业务场景的临场发挥等。对于Java从业人员来说，项目经历中最好附上自己负责的项目架构图、关键技术、项目难点、异常处理方案等核心模块，便于在面试中图文并茂地向面试官讲述自己的优秀经历。

常见的项目经历模板如下。

项目名称：一站式进销存系统
项目角色：系统架构师
项目周期：2021-03~2022-10
项目架构：https://www.processon.com/view/XXX（已脱敏）

关键技术：

（1）SpringCloud：搭建微服务应用。
（2）OceanBase：承载中台海量数据。
（3）Elasticsearch：承载首页搜索功能。
（4）ClickHouse：承载数据分析平台。
（5）AIGC：承载对话式智能客服。
（6）……

项目难点：

（1）领域模型抽象及系统边界梳理。
（2）订单中台、库存中心、数据中台数据一致性处理。
（3）全链路测试场景覆盖。
（4）秒杀业务性能优化。
（5）……

异常处理：

（1）系统埋点。
（2）业务成功率预警。
（3）业务跌停预警。
（4）业务数据对账。
（5）……

通常情况下，项目经历模块需要与工作经历模块对应，通常候选人可以对近1~2份工作的项目经历进行重点分析和准备。

19.1.6　教育经历

教育经历模块一般包含中等教育和高等教育阶段，通常候选人可以在教育经历模块中填写中学教育、大学专科、大学本科、硕士研究生、博士研究生等教育经历。
常见的教育经历模板如下：

XXX大学　硕士　软件工程专业
XXX大学　学士　计算机科学专业

大学英语　六级

XXX培训

19.2　面　试　攻　略

19.2.1　海投简历

海投简历也被称为广泛投递简历,是指候选人将简历投递到大量的公司或岗位,以获得更多的曝光率和面试机会。随着求职网站注册的用户越来越多,运用的技术越来越成熟,越是活跃的简历越会被求职网站推荐,如简历会被打上"热门"或"牛人"等标签,用人单位HR和面试官登录求职网站后,求职网站的首页会向他们推荐热门简历。

海投简历的优势如下:

(1)增加面试机会。海投简历可以大大增加求职者获得面试的机会。由于投递的简历数量多,覆盖的岗位和公司范围广泛,因此有可能获得更多的面试邀请。

(2)提高曝光率。海投简历可以让求职者的简历在众多公司和岗位中得到曝光,提高求职者的知名度和曝光率。这有助于求职者建立自己的职业品牌,增加被录用的机会。

(3)扩大选择范围。海投简历可以让求职者有更多的选择机会。通过投递多个公司和岗位,求职者可以了解不同公司和岗位的要求和待遇,从而选择最适合自己的职位和公司。

海投简历的劣势如下:

(1)时间成本高。海投简历需要求职者花费大量的时间和精力来筛选企业、岗位和薪酬等信息。

(2)缺乏针对性。海投简历通常缺乏针对性,很难完全符合招聘方的需求。由于求职者在投递简历时没有深入了解每个岗位和公司,因此无法充分展示对公司以及岗位的匹配度。

(3)成功率低。由于海投简历的针对性不强,求职者的简历和申请可能无法引起用人单位的兴趣,导致成功率较低。

19.2.2　小试牛刀

经历过19.2.1节的海投简历阶段,候选人应该可以积累一定数量的面试机会。这时候选人应当停止简历的投递,有针对性地对收到的面试邀请进行分析和对比,将不同的用人单位划分梯度,有针对性地进行面试试炼和面试总结。

以下是常见的面试试炼方式:

张三收到20家公司的面试邀请,花3天时间对这20家公司进行分析和对比,将这20家公司梯度划分为:

- 其中的10家公司不是张三心仪的公司,划归到第3梯队。
- 其中的5家公司虽然也不是张三心仪的公司,但在业界也算是知名公司,可以作为心仪公司的备选方案,划归到第2梯队。
- 剩下的5家公司是张三心仪的公司,但这5家公司用人要求较高,张三不一定有把握可以面试通过。这5家公司划归到第1梯队。

张三已经有3年没有参加面试了,不了解现在的市场行情,因此张三优先选择第3梯队中的公司开始面试，通过第3梯队的面试积累常见的面试题，不断总结行业最新的任职要求和技术体系，通过论坛、博客、社区和AIGC等多种手段找到答不上或答错题目的答案，不断缩小自身与市场的差距。

值得注意的是，同行业内的不同公司，其业务形态是有一定的相似性的，如京东、淘宝和拼多多。而对于技术人员来说，同行业内的不同公司的技术栈相似度是非常高的，张三通过在第3梯队中的面试总结，基本上可以命中第2梯队和第1梯队一半以上的面试题。

那么是不是只要第3梯队中的公司足够多，张三就一定能顺利通过第2梯队和第1梯队的面试呢？

答案是不一定。因为越是在行业中靠前的企业，其面试深度和广度要求越高。例如，一家服装品牌公司做的服装电商销售系统，其系统的复杂度和用户量相比于专业做电商平台的企业而言，是相差多个数量级的。因此，不同梯队的面试难度也是在不断增加的。

等到张三将第3梯队的公司全部面试结束，再去找第2梯队和第1梯队的公司进行面试。

常见的划分梯队的维度如下。

- 企业介绍：企业创建时间、价值观、所属行业等信息。
- 员工规模：员工总数、参保人数等信息。
- 品牌信息：企业的主要品牌、品牌知名度、品牌价值等信息。
- 产品信息：产品的定位、客户群等信息。
- 工商信息：企业类型、注册资本、注册地址等信息。
- 研发规模：从事信息技术的人员数、工程师人数等信息。
- 工作时间：上班时间、下班时间等信息。
- 企业福利：五险一金、股票期权、节日福利、年终奖、体检等信息。
- 业务范围：业务覆盖的地区信息，如国内、东南亚、欧盟等。

19.2.3　厚积薄发

经历过19.2.2节的小试牛刀阶段后，候选人基本上了解了业界主流的任职要求和技术体系。接下来，针对已经积累的信息，在深度和广度上发力，这个周期可能较长。因此，第1梯队面试结束后，候选人应当有意识地预留足够的时间，为接下来的面试做准备。以笔者的经验为例，笔者1天内参加2~3家第3梯队内的公司面试，用一周左右的时间快速摸清市场行情。接下来会有1~2周暂停面试，通过各种渠道了解接下来第2梯队和第1梯队的公司面试范围、难度和能力要求等信息。

常见的面试信息积累途径有：

- 技术论坛。
- 技术社区。
- 职场社交平台。
- 技术交流群。

从第2梯队开始，候选人的面试节奏应当放缓，如每2天参加1家公司的面试，其余时间全部用来学习、复盘和总结。

虽说业界的任职要求和技术体系大同小异，但接下来的企业对能力的要求越来越高，候选人应当沉住气，多找资源，多认识一些目标公司内的从业人员，多想办法了解目标公司的整体技术架构、技术深度和广度等信息，做到知己知彼。

因为面试是一个双向选择的过程，因此第1梯队面试开启后，可能很长一段时间内候选人都无法顺利通过任何一家第1梯队公司的面试，这对候选人的心态是一个比较大的考验。

19.3 面 试 心 态

19.3.1 候选人分析

大多数候选人对面试的态度就好比高三学生对高考的态度：永远在备战中，永远没有准备好，永远有学不完的技术，永远有从未遇到过的面试题。

错误的心态：

- 我还没有准备好。
- 我还没有复习完。
- 遇到面试官紧张。

正确的心态：

- 我只要参加面试就已经是赚到了。
- 我只要参加面试就已经是加速复习了。
- 我只要参加面试就可以积累新的面试题。
- 我只要参加面试就可以锻炼自己的心理素质。

面试是一个双向选择的环节，候选人和面试官双方从一开始的不认识到最后的确立合作关系，中间不是候选人单方面的因素可以决定的。即便候选人准备得再充分，也不见得面试就能百发百中。

影响候选人面试效果的因素可能有：

- 学历。
- 专业。
- 教育背景。
- 过往经验。
- 行业。
- 市场行情。
- 跳槽频率。
- 表达能力。
- 专业技能。
- 抗压能力。
- 应变能力。
- 个人潜力。
- 其他额外的因素。

候选人不可能对上述已知的和未知的因素做到十全十美。因此，面试准备也不可能做到万无一失。候选人唯一可以做的是调整自己的心态，以不变应万变，把每一次面试当作一次普通的陌生人之间的交流。对每一次的交流都充满期待，相信每一次交流都能带来不一样的收获和提升。

以笔者的一次切身经验为例：笔者曾经应邀参加一个运营商行业的公司面试，面试在一个培训教室里进行，面试现场是临时布置的（可能是培训刚结束，桌椅还在重新调整中，笔者自己也参与了桌椅的调整）。等到面试场景布置好以后，8个面试官坐在笔者的面前，旁边还站着1个HRBP主持整个面试的进程。

笔者自认为心理素质较好，在这次面试之前最多遇到过3个面试官一起面试笔者，在之前的工作经历中也曾有过5～6个评委一起参加笔者的述职答辩。但在一个陌生的环境里，一下出现9个陌生人，笔者也是头一次遇到这种情况。

笔者坐下后，明显感觉心跳加速。虽然已经参加了多家公司的面试，自我介绍的内容已经烂熟于心。但这次面试，笔者在自我介绍环节出现口齿不清、逻辑混乱的情况。当笔者的自我介绍结束后，第一个面试官开始发问，从第一个面试官起，笔者明显感觉到自己的额头和脸颊比较烫——很明显，笔者当时脸红了。这8个面试官和HRBP平均每个人提出1～2个问题，笔者需要在这种状态下一一作答，大致的面试内容如下：

（1）您目前就职于XXX大型互联网公司，为什么要选择我们这家公司？

（2）您觉得您可以为我们公司带来什么样的改变，贡献什么样的价值？

（3）您怎么看待领域驱动设计这种软件设计方法论？

（4）您怎么看待中台和微服务，这两者有什么区别和联系？

（5）您对Spring Cloud有怎样的见解？

（6）您对虚拟化技术有了解吗，可以联系实际的工作内容介绍一下虚拟化技术的应用场景和实际的价值吗？

（7）您参与主导过大型促销活动的架构设计吗，有没有真实的案例可以分享一下？

（8）假设公司要花200万做精准的短信营销，为新产品引流，您是这个项目的负责人，您怎样设计这个引流方案和系统架构以反馈真实的用户体验和用户转化率，如何能证明您的这个项目是成功的？

（9）您曾经遇到的最棘手的问题是什么，如何解决的？

（10）根据"木桶理论"，一个团队的战斗力取决于最短的那块板，如果您负责的项目出现短板，您会怎么应对以保证项目正常交付？

（11）您的老家是哪里，有怎样的风俗和特产？

（12）您平时的兴趣爱好是什么？

（13）您下一份工作有什么样的要求和期待？

（14）您对您的职业生涯有什么样的规划？

（15）您现在是否已经有同行公司的offer了？

（16）您对我们公司和公司的产品有哪些了解？

（17）如果同行公司和我们公司开出的薪酬福利是相近的，您觉得您会出于哪些因素而考虑选择我们公司？

（18）您对工作职位、管理范围、团队人数有没有要求？

（19）您对加班怎么看待？

（20）您觉得您有哪些优点和缺点？

以上是笔者大概列举的一些面试题，笔者回想起来这次面试，给自己的面试评价是：面试官较多，面试问题覆盖面较广，笔者并未完全发挥出自己的真实水平。

虽然面试表现一般，但后来笔者也顺利拿到了这家公司的offer并成功入职了。当入职后，笔者的面试官跟笔者打招呼时，笔者已经不记得我们曾经有过交集。因为短暂的接触、高度紧张的面试环境、数量较多的面试官和大量的面试问题，笔者根本无法记全每个面试官的相貌和特征。

笔者在这家公司就职了一段时间后，8位面试官都认全了。又过了一段时间后，笔者有更好的择业机会，于是选择离开了这家公司。

每当笔者回想起这次面试经历和从业经验，不禁感叹当初面试不应该那样紧张。

- 面试不通过：面试双方应该会很快忘记彼此，因为面试官每天要面试很多人，不会对面试未通过的候选人有较深的印象。
- 面试通过：笔者确实也面试通过了，但入职后也不记得哪些人是笔者的面试官了。
- 入职后离职：这家公司的人和事很快就会将笔者淡忘，当笔者离职2～3年后，可能这家公司的同事也都陆陆续续离职了。不曾有人会记起曾经有一个候选人：面试非常紧张，面试全程都是红着脸作答的，讲话的声音有些颤抖。

通过笔者的这次面试经历和工作经历，笔者想告诉读者：我们大部分人都是普通人，大部分人不会有机会走到聚光灯下。我们只是这浩瀚宇宙中的一粒渺小的尘埃，微不足道。因此，读者在面试时，完全不需要紧张，面试只是你与陌生人的一次对话，一次你对下一份工作的期望，一次你选择公司的经历。

19.3.2 面试官分析

不同的面试官有不同的个性和面试特点，接下来笔者将站在候选人的视角对不同类型的面试官进行分析，希望能帮助读者做到知己知彼。

人的个性非常复杂和多样化，难以用简单的分类来完全描述。以下是笔者从业10多年来遇到的一些个性比较显明的面试官，仅供读者参考。

1. 胜负型

胜负型面试官的关键词：强烈的竞争意识、更加注重结果、说话直接、高压面试氛围、注重硬实力。

胜负型面试官倾向于在面试中占据优势地位，任何问题的解决方案都希望优于候选人，希望候选人的想法和思路与自己的想法和思路高度一致。如果出现不一致的场景，胜负型面试官就会与候选人进行正面的辩论。有些候选人可能更喜欢温和、友好的面试氛围，而有些职位则可能更适合采用胜负型面试官的面试方式。

候选人在面试过程中需要逐步了解面试官的面试风格，不要跟胜负型面试官就某些不重要的细节或专业名词产生过多的争执。面试结束后，候选人应该思考如果面试通过，自己能否适应这样的工作环境。

2. 压力型

压力型面试官的关键词：高压氛围、挑战性问题、快节奏、抗压能力、应变能力、尖锐的问题、没有准确答案的问题。

压力型面试官的风格并不适合所有人。即便面试官的问题比较尖锐、棘手，但并不能证明这家公司的真实情况就是如此。因为面试官可能出于候选人的潜力、期望薪酬（面试难度大，候选人自己感觉面试效果一般，自然不好对薪资有太多要求）、面试官的心情等多种因素的考量，从而决定对候选人进行压力面试。

3. 伯乐型

伯乐型面试官的关键词：开放氛围、愿意倾听、关注潜力、善于发掘、鼓励探索、支持创新、关注个人特质、愿意互动。

伯乐型面试官通常具有敏锐的眼光和独到的见解，能够发掘并愿意培养具有潜力的候选人。伯乐型面试官注重应聘者的个人特质和未来发展，善于用辩证的观点看待问题，鼓励和支持候选人创新，帮助候选人实现自己的价值。伯乐型面试官会结合工作年限、工作环境、个人积累、同龄人对比等多个方面对候选人的面试表现做出综合评价。

通常伯乐型面试官在候选人入职后会主动帮助候选人适应环境和工作，对候选人的个人成长起到关键作用。

4. 疲劳型

疲劳型面试官的关键词：注意力不集中、缺乏耐心、反应迟钝、表达不清晰。

疲劳型面试官的表现并不是他们的本意，而是由于长时间的工作或压力导致的。例如，在金三银四、金九银十等招聘旺季，面试官可能每天都会面试3~4个候选人，但面试官准备的面试题是有限的，问得多了，听得多了，自然就觉得枯燥乏味，提不起兴趣。

候选人应该保持耐心和理解，同时尽可能地通过清晰、生动的语言和表达方式，帮助面试官更好地理解和评估自己的能力和潜力。例如，针对面试官提出的问题，结合自己的切身经历，讲述自己在第一次遇到这类问题时的情况、心理状态、处理方案。当问题解决完以后，通过向资深前辈和同行业的案例学习和对比，输出心得并在部门内做出分享和讨论。候选人应当不断丰富自己的回答内容，尽量让面试官赏识自己，发现自己与其他竞争者之间的不同。

分析完个性显明的面试官后，接下来让我们探讨面试官的角色和价值。

1. 品牌的传播者

根据美国心理学家亚伯拉罕·马斯洛的需求层次理论，人类的需求分为5个层次：生理需求、安全需求、社交需求、尊重需求、自我实现需求。

面试官有责任为候选人介绍公司的业务范围和产品品牌。当面试官提问类似"您对我们公司有什么想要了解的？"或者当面试官想要向候选人介绍公司的信息时，候选人应当仔细聆听。面试官也希望实现自我价值，希望自己就职的公司、研发的产品、公司品牌能够被更多人知道。

2. 寻觅人才的猎手

面试官作为寻觅人才的猎手，需要具备敏锐的洞察力、良好的判断能力、丰富的工作经验和良好的沟通能力。面试官有责任为公司发掘人才。

候选人应当相信面试官有足够的专业技能和良好的职业操守，尽量保持开放的心态，多与面试官沟通，不要因为问题难度、沟通技巧、面试官的心情等问题而灰心，抵触与面试官的沟通。候选人要相信，如果自己的能力没有在面试中得到充分的展现，不完全是自己的责任，也有可能是面试官没有掌握好沟通技巧，双方并未形成有效沟通。

3. 人才的守护者

面试官的职责不仅是寻找和评估人才，还包括保护公司的利益，确保所招聘的人才符合公司的需求和期望。

候选人在面试中应当尽可能多地展现自己的能力和潜力,使面试官确信候选人具备为公司带来价值的能力。

面试官在面试过程中代表着公司的形象和品牌,他们的行为和态度直接影响着候选人对公司的印象和认知。因此,面试官需要展现出友好、专业、负责的形象,以吸引和留住优秀的人才。如果候选人觉得在面试过程中遇到了不公平、不公正的对待,候选人有权利对面试官及面试过程进行投诉(大部分公司会对候选人进行面试回访,了解候选人的面试体验,维护公司的品牌价值),确保自己得到公平的对待。

4. 专业岗位的任职者

面试官的角色是代表公司评估、选择和推荐适合特定职位的候选人。他们可能是人力资源部门的员工,也可能是直接负责该职位的部门经理或其他管理人员。但这些人员有着一个共同的身份:公司的普通职员。既然是普通职员,自然无法做到十全十美。候选人也有责任锻炼自己的沟通、表达和社交能力,尽量配合面试官实现双赢的面试体验。这不仅是对面试结果的考量,也是对候选人综合能力的考验。

19.4 面 试 刷 题

19.4.1 机试刷题

随着行业从业人员越来越多,跳槽频率越来越高,越来越多的企业开始采用机试的方式对候选人进行初步筛选。值得注意的是,大部分企业将机试定义为合格性面试(Qualification Interview),即候选人能在指定的时间内顺利作答并拿到及格分。常用的机试刷题网站有:

- 牛客网
- LeetCode
- LintCode
- HackerRank
- CodeChef

19.4.2 现场面试刷题

现场面试不仅是对候选人专业技能的考验,也是对候选人情商的一种考验。笔者将现场面试视为刷题的主要原因在于:只要候选人对面试进行有针对性的设计,则面试一定可以达到预期的效果,即可以获得候选人现有知识范围以外的经验和收获。

以笔者的实际经验为例:笔者曾经去过一家头部在线阅读公司面试,该公司有大量的热门小说,并且很多小说已经被改编成了影视作品。

笔者在面试前了解到,该公司拥有超过1亿的用户,日活跃用户超过500万。由此可以推测,该公司的产品对软件系统的抗压性、稳定性、容错性以及对突发情况的应对能力有很高的要求,笔者在这方面做了大量的准备。但笔者非常清楚,目前收集到的这些材料肯定不足以完全应付该公司的面试。

笔者将本次的面试结构化为:硬件架构→软件宏观架构→软件微观架构→技术细节→突发情况应急措施等多个维度。这样做的优势在于:

- 知识面覆盖广，有利于证明笔者的专业度。
- 陈述思路清晰，有利于拉进笔者与面试官的距离。

笔者这样精心准备面试的最终目的是为刷题技巧（套路）做铺垫：笔者会慢慢将面试的气氛转换为普通的技术交流，希望在交流的气氛中弱化面试官相对于笔者的强势姿态，对笔者未能准确作答的问题，通过技术交流这种方式尽可能获取更多的信息和知识。最理想的情况是面试官和笔者的面试最后变为了同事（虽然这时的同事关系尚未建立）之间的方案研讨和评审。

如何才能对面试官运用刷题技巧（套路）呢？

笔者给出答案后，面试官一定会对答案做出同意或质疑的回复。如果面试官是质疑的态度，笔者也会引导面试官给出质疑的理由，笔者会在针对质疑进一步作答。当笔者无法完美解决面试官的质疑时，笔者会邀请面试官分享他的优秀经验。

笔者相信：没有完美的架构，只有最合适的架构。即便存在一个非常接近完美的架构，但该架构也一定存在诸如投入产出不成正比（如用户只希望花100元买到120元的产品体验，但实际上用户花100元买到了10000元的产品体验，这种投入产出比对企业来说是非常不利的，即投入过大，利润空间太小，甚至为负）、复杂度过高不利于项目传承等其他方面的缺点。

对面试官给出的答案，笔者不会盲目相信。经过短暂的分析和思考，笔者会尽量找出面试官的答案中的缺陷。先是肯定面试官的答案优于笔者的答案，同时也会及时指出面试官的方案的不足之处。

当笔者发现面试官的答案存在不足后，笔者会对面试官的方案的不足之处再次进行修正。注意，此时的面试已经不再是面试官居高临下地对笔者发问，而是我们相互探讨、相互面试了。

通过引导面试官与候选人之间频繁互动，可以使候选人有效地获得现有知识范围以外的经验和收获。通过这样的现场刷题方法，可以高效地收集有价值的面试题，比候选人埋头自学效率高很多。笔者的刷题技巧如图19-1所示。

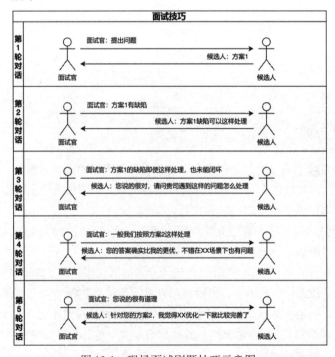

图 19-1　现场面试刷题技巧示意图

19.5 面试技巧

19.5.1 合格性面试

合格性面试是对候选人是否具备担任某一职位所需的基本素质、能力水平、知识水平等方面的面试。合格性面试的主要目的是筛选出符合岗位要求的候选人，以确保具有必要能力的候选人可以进入下一轮面试。通常初试或第一轮面试是合格性面试。

在合格性面试中，面试官通常会根据职位描述和必需的技能要求，向候选人提出与职位相关的问题，以评估他们的技能、经验、知识水平和工作态度等方面是否合格。这些问题可能涉及候选人的教育背景、工作经验、专业技能、沟通能力和团队协作能力等。

合格性面试通常会结合其他评估工具和方法，如笔试、技能测试、背景调查等，以全面评估候选人的适应性和胜任能力。

合格性面试中的面试题通常是有限集合，即对于技能、经验、知识水平和工作态度等方面的面试问题，只要候选人勤加练习，掌握一定范围的试题，基本上都可以顺利通过合格性面试环节。

相比于合格性面试而言，合适性面试的难度会更高，通过率也会相对降低。

19.5.2 合适性面试

合适性面试是一种评估候选人是否与公司的文化、价值观、团队氛围、战略规划等相匹配的面试方式。合适性面试的主要目的是确定候选人具备成为公司一员所需的个人特质和潜力，以确保候选人能够快速融入公司并为公司的发展做出贡献。

在合适性面试中，面试官通常会关注候选人的性格、抗压性、价值观、职业态度、沟通能力、团队协作能力、创新能力、学习能力等方面的特质。面试官可能会通过提问和情景模拟等方式观察候选人的应变能力，通过分享公司的产品、文化和价值观等方式来评估候选人的合适性。

通过合适性面试，公司可以了解候选人的个人特质和潜力，从而确定候选人是否适合成为公司的一员。这种面试方式有助于公司招聘到那些与公司文化相契合、具备发展潜力的候选人，提高员工的满意度和忠诚度，降低离职率，促进公司的长期发展。

合适性面试的通过率与多方面因素有关，如性格、过往经历、抗压性、价值观、职业态度、背景调查、创新能力、组织协调能力、薪资等。很多候选人反馈自己精心准备了很久的面试，也通过了所有的面试环节，但最终的面试结果不太理想，没有如愿拿到心仪的offer。这种情况可能是候选人与企业间的合适性有所欠缺，双方都投入了精力，但短期无法开展合作。

笔者曾经参加过一家电商公司的面试，从13:30开始，到19:00结束，总共经历了5轮面试。每一轮面试结果都通过，但最终笔者未能接下offer。

- 第1轮面试：订单平台部，面试官之前就职于某个知名的物流公司。
- 第2轮面试：属于交叉面试，面试部门为基础架构部。
- 第3轮面试：订单平台部的复试。
- 第4轮面试：基础架构部的复试。
- 第5轮面试：HRBP的面试。

最终的面试结果：订单平台部和基础架构部均面试通过，HRBP认为现在公司业务在高速增长，推荐笔者去订单平台部。但笔者之前多次收到过该公司的面试邀请，一直未参与其面试，此次笔者来参加该公司的面试是因为笔者的一位前同事邀请，最终笔者给HRBP的答复是希望能跟笔者的前同事分到同一个部门——用户平台部，为此笔者也愿意追加多轮面试。最终经过40多分钟的交涉和等待，最终给出的结论是：该公司属于业务高速增长期，资源应该优先往核心业务上倾斜，等到核心业务稳定或人员溢出后，资源再向周边业务辐射，即新增的人员应该先去订单平台部，等到订单平台部业务饱和或人员招聘过多时，再从订单平台部调出部分人力去基础平台部或用户平台部等其他部门。因此，笔者此次面试未能拿到offer，笔者和用人单位都付出了较多的精力，虽然没有达成合作，不过笔者并不认为是自身能力问题，也不认为是用人单位的问题，只是双方缺少了一些缘分。

相信很多候选人在实际的面试中都会遇到跟笔者类似的情况：顺利通过了多轮面试，面试效果感觉良好，面试结束后，用人单位给出的最终答复是：与岗位要求不匹配。读者需要记住：面试不仅仅是考验候选人的实力过程，更是一个机遇与实力相互叠加的过程。

在面试中，候选人需要充分展示自己的专业技能、知识水平和个人特质，同时也要抓住与面试官沟通和交流的机遇，展现出自己的适应性和潜力。只有实力和机遇相得益彰，才能让自己脱颖而出，赢得心仪的职位。但候选人也应当有自己的立场，不要在用人单位面前表现得过于弱势：当用人单位选择你的同时，你也在选择用人单位，只有相互尊重、相互选择，候选人入职后才能快速融入企业，在日后的合作中双方才能实现共赢。

19.5.3　冰山模型

"冰山模型"是由美国著名心理学家麦克利兰于1973年提出的一个著名模型，该模型的作用是将人员素质的不同表现形式划分为表面的"冰山以上部分"和深藏的"冰山以下部分"。

"冰山以上部分"包括基本知识、基本技能，是外在表现，是容易了解与测量的部分，也比较容易通过学习和培训来改变和提升。

"冰山以下部分"包括社会角色、自我形象、特质和动机，是人内在的、难以测量的部分。这部分特质不太容易通过外界的影响而得到改变，但却对人员的行为与表现起着关键性的作用。

具体来说，"冰山模型"的6个层面包括：

（1）知识（Knowledge）：指一个人在某个特定领域掌握的信息。

（2）技能（Skill）：指一个人能够灵活运用知识完成某项具体工作的能力。

（3）社会角色（Social Roles）：指一个人的行为方式与风格。

（4）自我概念（Self Concept）：指一个人的态度、价值观和自我认知。

（5）特质/性格（Trait）：指一个人对环境和信息所表现出来的反应。

（6）动机（Motives）：指一个人的想法，这些想法能驱动和引导人的行动。

"冰山模型"示意图如图19-2所示。

候选人在准备面试时，应当参考冰山模型，努力塑造和提升自己各个层面的特质。

- 显性能力：学历、经验、行业、职级、薪酬、对标竞对公司、专业知识、行业知识、项目管理、时间管理等。
- 隐性能力：执行力、逻辑推理、沟通协作、学习力、领导力、创新力、价值观、MBTI职业性格测试、SHL职业性格测试、DISC性格测试、九型人格、PDP动物性格测试、成就动机、权利动机、亲和动机、风险动机等。

图 19-2 "冰山模型"示意图

19.5.4 面试方法

1. 封闭式问题

封闭式问题又称为定选性问题,是面试官事先设计好问题及各种可能的答案,以供候选人选择。封闭式问题的答案是标准化的,既有利于候选人对问题的理解和回答,又有利于面试官对问题的统计和整理。

封闭式问题又可分为判断题、单选题和多选题。其中,判断题通常给予两个相反的答案供候选人选择,例如"是"或"否"。单选题只提供一个正确答案供候选人选择。多选题则提供多个可能的答案,允许候选人选择多一个或多个正确答案。

虽然封闭式问题的答案是既定范围内的,候选人只需选择正确的答案即可完成作答。但面试时候选人和面试官的接触时间是短暂、有限的,对于封闭式问题,候选人应当对给出的答案做简要的阐述,使自己的回答有理有据,并积极创造更多与面试官互动的可能性。

2. 引入式问题

引入式问题旨在引导候选人进入预设的问题和话题,激发候选人在预设的范围内进行思考。这种提问方式常用于教学、面试、访谈、心理咨询、销售谈判等场合,有助于提问者控制对话的方向和节奏。

引入式问题通常采用开放式的发问形式,如"你觉得XXX应该怎么处理?""当你遇到XXX问题时,你有什么感受?"等。对于这类问题,候选人可以自由发挥,表达个性化的观点和情感。与封闭式问题相比,引入式问题给予了候选人更大的思考空间,候选人应当把握机会,挖掘更多的信息,积极与面试官建立互动关系。

3. 动机式问题

动机式问题主要是为了了解候选人为何希望变换工作、候选人在工作中看重什么。这类问题有助于面试官了解候选人的价值观、职业发展规划和候选人求职的真实动因。常见的动机式问题如"你为什么离开上一家公司?""你为什么选择我们公司?""如果成功入职我们公司,你能为公司带来什么,自己又能得到什么?"。

动机式问题通常没有标准答案，候选人应当在面试准备阶段想清楚自己的求职动机、职业发展规划，以应对面试官的动机式问题。

4. 行为式问题

行为式问题也被称为行为面试问题。这类问题主要关注候选人过去的行为、学习经历、工作经验等信息，面试官通常关注候选人是如何应对特定情况或解决问题的，以预测候选人未来的行为。这种预测基于一个假设，即一个人的过去行为是未来行为的最好预测。行为式问题通常以"请告诉我一个你曾经解决过的困难问题""请描述一次你与团队成员合作完成项目的经历"。

行为式问题的答案通常需要结合候选人的过往经验。候选人在面试准备阶段对过去的工作结果进行总结，对项目经验进行良好的设计，以便绘声绘色地向面试官描述时间、地点和人物等背景信息，以及困难、解决方案和复盘等过程信息。为了能使面试官更有代入感，通常可以结合实际情况，加入一些不利因素，如"核心人员请假，相关问题缺少交接材料""项目规划有变，需要提前完成功能""用户量超出预期，系统超负荷运转"。

5. 应变式问题

应变式问题是在面试中用来评估候选人应变能力和灵活性的问题。这类问题主要关注候选人在面对突发情况、压力和未知变化时的反应和应对方式。通过询问候选人在不同情境下的应对策略，面试官可以了解他们的适应能力、问题解决能力以及自我管理能力。面试官可能会提出一个假设场景："如果你负责的项目突然出现了重大问题，你会如何应对？""如果你与同事在项目上产生了严重分歧，你会如何协调？"。

应变式问题通常没有标准答案，候选人最好的处理方案是多参与面试，每场面试积极与面试官互动，了解不同公司的不同要求，积累更多的应变式问题及其应对方案。

6. 情境式问题

情境式问题通过描述一个具体的工作情境或场景，要求候选人在该情境下回答问题、提出建议或解决问题。这类问题的主要目的是评估候选人在特定情境下的分析、判断和决策能力，以及他们的实际操作能力和应变能力。情境式问题通常会给出一个假设的工作场景，例如"假设你是项目经理，项目进度不理想，你会如何调整以确保项目按时完成？""如果你发现团队成员在工作中存在不规范的行为，你会如何与团队成员沟通？"。候选人需要在理解情境的基础上，迅速思考并提出合理的解决方案。

情境式问题通常需要候选人具备一定的行业或职位相关知识，因此在面试前，候选人需要对所应聘的职位和行业有一定的了解和准备。同时，面试官在提出情境式问题时可能存在合理性和公平性等问题，如出现过于复杂的情境、与候选人的工作经验不符的情境或具有歧义的情境等，当候选人发现此类问题时，应当尽力引导面试官给出清晰、准确、合理的情境式问题。

7. 压迫式问题

压迫式问题也被当作压力面试中的主要提问形式，主要用于评估候选人在压力下的反应、应对能力、心理素质以及思维灵活性。这类问题通常故意制造紧张氛围，以了解候选人如何面对工作压力和挑战。

压迫式问题的特点包括提出生硬、尖锐、不礼貌、有违道德伦理甚至触及法律等类型的问题，使候选人感到不舒服，进而陷入尴尬的境地。面试官可能还会针对某一事项进行连续发问，穷追不舍，直到候选人无法回答。这种提问方式旨在确定候选人在压力下的承受能力、应变能力、灵活度和人际关系能力，同时也有可能测试其他人格特点。面试官可能会在与候选人的沟通中提出一个问题："据说你工作5年已经换了4个公司，有什么可以证明你能在我们公司服务较长时间呢？"。这样的问题旨在测试候选人的应变能力和对工作的态度。

压迫式问题通常属于合适性面试范畴，即便候选人无法给出完美的解决方案，也无须过多关注压迫式问题的面试难度和面试结果。以笔者的面试经验来看，很多时候压迫式问题是用人单位为了让候选人产生恐惧心理，进而让候选人觉得自己面试效果不好，主动放弃高薪的诉求。这样可以让用人单位以较低的成本招聘到较为合适的候选人。

笔者曾经参加一住房服务平台的面试：第一轮面试是常规的技术面试，第二轮面试是部门主管面试，第三轮面试是HR面试。在第三轮面试中，笔者提了自己的薪酬要求后，HR并没有让笔者在面试结束后立刻离开，而是让笔者稍等片刻。大约等了20多分钟后，笔者迎来了第4轮面试，这轮面试的面试官称该公司对级别较高的候选人需要加试一轮，于是笔者就开始了第4轮面试。

第4轮面试完全脱离了笔者的知识范畴和工作范畴，现在回想起来隐约记得第4轮面试的面试官曾经是某国产头部云厂商中间件团队技术负责人，提出的问题基本上围绕如何实现一套中间件，现场给出示例demo等。对于这种认知不在同一维度上产生的降维打击，笔者深知自己不是对手。

不过在面试结束的两天后，笔者收到了这家住房服务平台的HR面试回访，HR并没有明确表示笔者通过了面试，也没有明确说明笔者面试失败了。只是隐晦地询问笔者当前是否有offer，是否有其他公司愿意开出比这家住房服务平台更高的薪酬，笔者是否愿意降低一些薪酬要求等。

至此，笔者就非常确信该住房服务平台追加的第4轮面试并不是为了选拔人才，而是通过压迫式问题让笔者主动降低薪酬要求。

19.6　面　试　跟　进

一般经历多轮面试后，用人单位通常不会立刻给出面试结果，通常用人单位会在2～5个工作日给出面试反馈。在这段时间内，用人单位会对多个面试合格的候选人进行综合对比和评估，最终圈定面试通过的人选及范围。有职业操守的面试官通常会在约定的时间内给予候选人面试反馈，但不排除存在招聘人员较多、面试官有其他更重要的事情要处理等原因导致面试官忘记反馈面试结果的场景。这种场景下，候选人应当主动与用人单位和面试官取得联系，及时询问自己的面试结果。

主动跟进面试结果，通常有以下几种途径：

（1）面试期间主动获取面试官的联系方式，面试结束后主动询问面试结果。

笔者曾在一家电子商务公司面试，面试期间交流到当前公司的规模和研发人员规模，当时面试官反馈项目急缺人，希望笔者能尽快到岗。笔者随即跟面试官加了微信，当笔者3轮面试结束后，尚未离开该公司办公大厦，就已经收到该面试官的反馈：面试通过。

（2）主动联系负责招聘的HR询问面试结果。

通常用人单位会使用邮件与候选人保持联系，当面试结束后，候选人可以联系邮件中负责招聘的HR，主动询问面试结果。

（3）通过书面方式主动询问面试结果。

这种方式效率较低。可以在约定的面试反馈到达且无其他方式能与用人单位取得联系时，使用这种沟通方式。

（4）通过应聘体验客服主动询问面试结果。

部分公司设立了应聘体验客服岗位，如在约定的时间内候选人并未收到用人单位的面试反馈，可以反馈给应聘体验客服，要求用人单位给出面试反馈。

值得注意的是，面试反馈不仅仅是正向的、面试通过的结果，对于面试不通过的场景，候选人也可以通过一些技巧获取反馈，以便在后续的求职过程中不断提升自己的通过率。这种技巧因人而异，笔者结合自己的亲身经历列举以下几点：

（1）非常遗憾这次无缘贵司了，我觉得我的个人能力是可以满足贵司要求的，请问是因为我在XXX方面表现欠佳导致我此次无缘与贵司合作吗？

（2）我认为能去贵司任职是我职业生涯中最重要的里程碑，您觉得我日后的学习和工作中应该朝哪方面努力，未来才有可能通过贵司的面试？

19.7 面试总结

面试是候选人与用人单位双向选择的过程，期间少不了成功、失败、经验和教训，及时总结是提升面试通过率的关键。

1. 面试题总结

面试题的收集是非常容易的，候选人海投简历，多参加面试，自然就可以获取到足够多的面试题。但同一个知识点，不同用人单位考察的角度和维度有所不同，候选人需要定期整理试题集，及时复盘并总结。

值得注意的是，随着候选人的工作年限和经验不断增加，面试题的深度和广度也会不断增加，因此候选人每一次择业应当设立一个最基础的目标：更新试题集。不断完善的试题集不仅可以提升自己的面试效率，也可以与其他同学、同事、同行进行分享，扩大自己的交际圈，进而带来更多的面试机会。

读者可以在GitHub或Gitee上自行查找面试题，但这些面试题是网友总结的，网友的经验、机遇可能与读者不同，因此读者还是需要结合自身的实际情况总结出自己的试题集。例如，"如何看待MyBatis Plus这门技术？"这道面试题，初学者、架构师、技术经理可能会从不同的视角给出答案：初学者可能认为MyBatis Plus简化了开发，可以提升开发效率；架构师可能认为MyBatis Plus虽然提供了便捷的功能，但扩展性和灵活性受到限制；技术经理可能认为MyBatis Plus虽然对MyBatis进行了增强和扩展，但对新手来说学习成本过高，不利于项目交付进度。

2. 面试技巧总结

很多候选人因缺乏面试技巧从而被面试官天马行空的面试题牵制，进而导致面试非常被动。在分析面试技巧前，笔者希望与读者达成以下共识：

（1）面试官工作的时间是有限的。

（2）候选人接受面试的时间是有限的。

（3）在固定的时间内，候选人发言时间越长，面试官提问的时间就越短。

（4）在有限的时间内，候选人尽可能多答出关键知识点、面试官希望考核的知识点，有利于提升面试通过率。

图19-3是常见的面试题"如何设计一个稳定的促销活动？"的一些面试技巧。

图 19-3 面试技巧示意图

图19-3的面试技巧仅供读者参考。其中候选人应该选择性发散，即回答面试官最感兴趣的那一份内容。若候选人应聘的是开发岗位，则应该将回答的重点集中在功能设计和开发方面；若候选人应聘的是技术负责人岗位，则应该从需求分析、概要设计、详细设计、项目交付、资源协调、事后复盘等多个维度系统性地讲解这道面试题的处理方案。

3. 沟通能力总结

沟通是一门艺术，同一句话由不同的人说出来，会因为说话者的语调、语速、表情、身体语言、个人背景和工作经历等因素而产生不同的感觉。每个人的独特性格和表达方式都会为所说的话语增添独特的色彩和情感。

以"职业生涯中最重要的一份工作"为例，如果这句话由一个充满热情和自信的人说出，可能会传递出积极向上、对未来充满希望的感觉，让人感受到他对这份工作的重视和期待。而如果这句话由一个经历过挫折、显得疲惫、语气低沉的人说出，可能会带有一丝沉重和感慨，让人感受到这份工作对他来说可能意味着责任和挑战。

4. 隐性能力总结

19.5.3节"冰山模型"中的隐性能力是候选人需要针对性地锻炼和塑造的。不同的用人单位对候选人的隐性能力要求不同，读者可以在日常的学习和工作中结合具体的工作场景有目的性地训练自己的隐性能力。

参 考 文 献

[1]　呼北.PAXOS协议在分布式协同开发平台中的应用研究与实现[D].中国电子科技集团公司电子科学研究院，2020.DOI:10.27728/d.cnki.gdzkx.2020.000002.

[2]　数据结构[M]. 北京：清华大学出版社，2013.

[3]　徐文聪. Spring Cloud开发实战[M]. 北京：电子工业出版社，2021.

[4]　祝朝凡，郭进伟，蔡鹏. 基于Paxos的分布式一致性算法的实现与优化[J].华东师范大学学报（自然科学版），2019，(05):168-177.

[5]　曾泉匀. 基于Redis的分布式消息服务的设计与实现[D]. 北京邮电大学，2014.

[6]　王寅峰，钟桂全. 基于内存计算的分布式实时事务管理性能优化研究[M]. 北京：电子工业出版社，2019.

[7]　罗刚. Elasticsearch大数据搜索引擎[M]. 北京：电子工业出版社，2018.

[8]　谢乾坤. 左手MongoDB，右手Redis[M]. 北京：电子工业出版社，2019.

[9]　林志鹏，李文金，苏凯雄. 基于Sharding-JDBC的海量北斗数据存储方案[J]. 电气开关，2020，58(01)：39-43+48.

[10]　赵博. 物联网开放体系架构的微服务网关的设计与实现[D]. 北京邮电大学，2018.

[11]　李浪.基于微服务网关Zuul的TCP功能扩展和限流研究[D].武汉理工大学，2019.DOI: 10.27381/d.cnki.gwlgu.2019.001665.

[12]　肖文超.基于微服务架构的多层负载均衡研究与工程应用[D]. 四川师范大学，2022.DOI: 10.27347/ d.cnki.gssdu.2022.001214.